U0872317

专用于国家职业技能鉴定
国家职业资格培训教程

核设施及核级设备焊接操作工

基础知识

中国核工业集团有限公司人力资源部
中国核工业建设股份有限公司
组织编写

中国原子能出版社

图书在版编目（CIP）数据

核设施及核级设备焊接操作工 ：基础知识 / 中国核工业集团有限公司人力资源部，中国核工业建设股份有限公司组织编写. -- 北京 ：中国原子能出版社，2024. 9.
ISBN 978-7-5221-3615-8

Ⅰ. TL

中国国家版本馆 CIP 数据核字第 20245MF922 号

核设施及核级设备焊接操作工:基础知识

出版发行	中国原子能出版社（北京市海淀区阜成路 43 号　100048）
责任编辑	王　为
责任校对	冯莲凤
责任印制	赵　明
印　　刷	北京中科印刷有限公司
经　　销	全国新华书店
开　　本	787 mm×1092 mm　1/16
印　　张	28.5
字　　数	693 千字
版　　次	2024 年 9 月第 1 版　2024 年 9 月第 1 次印刷
书　　号	ISBN 978-7-5221-3615-8　　**定　价　98.00 元**

发行电话：010-68452845

核设施及核级设备焊接操作工
基础知识

编审委员会

主　任	余剑锋
副主任	杨朝东　陈宝智　张卫兵　陆文江
委　员	孙占辉　陈璐璐　王冬娥　王林森　孙淑宜 骆书林
主　编	罗　峰
编　者	王海东　刘晓多　白　侠　王平安　宋书平 杨晓冬　孙秋阳　潘国伟　刘　城　杨武鸣
主　审	周　伟　何　石　张伟栋
审　者	罗开峰　张朝林　姚　军　程小华　张瑞辰 刘　红　董海霞

前　言

为贯彻落实《国务院关于推行终身职业技能培训制度的意见》(国发〔2018〕11 号)精神,中国核工业集团有限公司从 2019 年开始启动职业技能培训示范课程体系建设工作,为推行终身职业技能培训制度,大规模开展职业技能培训,以职业活动为导向,以职业标准为前提,以职业能力提升为核心。在人力资源和社会保障部职业技能鉴定司的大力支持下,中国核工业集团有限公司组织行业内专家完成《核设施及核级设备焊接操作工-国家职业技能标准》的修订,于 2020 年 4 月由人力资源和社会保障部正式颁布。

《核设施及核级设备焊接操作工》培训教材经中国核工业集团有限公司组织行业内多名专家审核,确定为从事核行业焊接操作人员的职业培训教材。本教材依据该职业的国家职业技能标准进行编制,包含初级工、中级工、高级工、技师和高级技师五个技能等级应该掌握的职业道德、基础知识和技能要求等内容。

本教材共分三册。

第一册为基础知识部分,该部分包含职业道德基本知识;核设施、核设备制造、安装与检修基础知识;识图知识;金属学及热处理知识;常用金属材料知识;焊接设备知识;焊接知识;焊接检验知识;电工基本知识;化学基本知识;安全文明生产和环境保护知识;冷加工基础知识;相关法律、法规知识。共计十三章,主要为核设施及核级设备焊接操作工应该掌握的基础理论知识、职业道德和核能从业人员所涉及的基础知识。

第二册包含初级工、中级工和高级工三个技能等级的操作技能知识。

第三册包含技师和高级技师两个技能等级的操作技能知识。

本教材的编写具有以下特点。

突出核行业特色,在理论知识部分,介绍了核设施及核设备制造、安装与检修的质量保证体系基本知识、辐射防护基本知识,以及核安全文化的基础知识。在技能操作内容中介绍了各等级核设备用低合金钢焊条电弧焊焊接要点;核反应堆安全壳钢衬里焊接要点;核设施、核设备的焊接质量验收;辐射环境下的焊接操作要点等具体的实施要领。

以培养生产一线的焊接操作人员适用教材为原则,教材涉及内容尽可能通俗易懂,从初级工到高级技师技能操作要求由易到难,阶梯式增加操作项目难度要求,适合焊接操作人员从板结构到管结构焊接;从简单焊接位置到辐射工况疑难位置焊接的渐进式技能提升的要求。

本书由中国核工业二三建设有限公司主笔编写，得到中国核工业第五建设有限公司、中国核工业华兴建设有限公司、中核四 0 四有限公司、中核检修有限公司、核工业工程研究设计有限公司等单位的支持，编写过程中，参阅了国内出版的相关教材、资料等，在此一并表示衷心感谢！

由于编者水平有限，书中漏误之处在所难免，恳请广大读者批评指正。

目　　录

第一章　职业道德……1
　第一节　职业道德基础知识……1
　第二节　职业守则……7
　复习思考题……12
第二章　核设施、核设备制造、安装与检修基础知识……13
　第一节　核安全文化知识……13
　第二节　核物理和核安全基本知识……14
　第三节　核反应堆基本知识……20
　第四节　核辐射防护基本知识……25
　第五节　核设施、设备制造安装与检修的质量保证体系基本知识……36
　复习思考题……40
第三章　识图知识……41
　第一节　机械识图知识……41
　第二节　焊缝符号及焊接方法代号表示方法……45
　第三节　焊接装配图识图知识……52
　复习思考题……56
第四章　金属学及热处理知识……57
　第一节　金属晶体结构……57
　复习思考题……64
　第二节　合金的组织结构……65
　复习思考题……67
　第三节　铁碳合金的基本组织与性能……67
　复习思考题……69
　第四节　铁碳合金相图的基本构造及应用……69
　复习思考题……73
　第五节　钢的热处理基本知识……73
　复习思考题……86
　第六节　焊接热处理工艺基础……86
　复习思考题……92
第五章　常用金属材料知识……93
　第一节　常用的金属材料……93
　复习思考题……103
　第二节　常用金属材料的性能和用途……103
　复习思考题……115

第三节　核安全设备常用材料的分类及用途 …… 115
复习思考题 …… 121
第六章　焊接设备知识 …… 122
第一节　焊接设备概述 …… 122
复习思考题 …… 125
第二节　电焊机基础知识 …… 125
复习思考题 …… 130
第三节　焊接设备选用 …… 130
复习思考题 …… 133
第四节　弧焊电源 …… 133
复习思考题 …… 138
第五节　焊条　电弧焊设备 …… 138
复习思考题 …… 141
第六节　钨极氩弧焊设备 …… 141
复习思考题 …… 150
第七节　熔化极气体保护焊设备 …… 150
复习思考题 …… 159
第八节　等离子弧焊设备 …… 159
复习思考题 …… 165
第九节　埋弧焊设备 …… 165
复习思考题 …… 168
第十节　带极埋弧堆焊设备 …… 168
复习思考题 …… 170
第十一节　螺柱焊设备 …… 171
复习思考题 …… 173
第十二节　电子束焊设备 …… 173
复习思考题 …… 178
第十三节　激光焊设备 …… 178
复习思考题 …… 183
第十四节　焊接机器人 …… 183
复习思考题 …… 198
第十五节　焊接设备维修 …… 198
复习思考题 …… 214
第七章　焊接知识 …… 215
第一节　核电行业焊接活动简介 …… 215
复习思考题 …… 218
第二节　核安全设备焊接活动使用标准规范 …… 218
复习思考题 …… 221
第三节　常用焊接方法及应用 …… 221

复习思考题……266
第四节　焊接接头种类及坡口制备……267
复习思考题……277
第五节　焊接应力与变形……277
复习思考题……286
第六节　焊接缺陷……286
复习思考题……300
第七节　焊接工艺文件……300
复习思考题……303
第八章　焊接检验知识……304
第一节　焊接检验概述……304
复习思考题……305
第二节　焊缝外观质量检验……305
复习思考题……306
第三节　无损检验的方法与特点……307
复习思考题……318
第四节　破坏性检验的方法与特点……318
复习思考题……329
第九章　电工基本知识……331
第一节　直流电和电磁基本知识……331
复习思考题……335
第二节　交流电基本概念……335
复习思考题……338
第三节　电流表与电压表的使用方法……338
复习思考题……340
第十章　化学基本知识……341
第一节　化学元素符号……341
复习思考题……343
第二节　原子结构……343
复习思考题……344
第三节　化学反应的基本知识……344
复习思考题……347
第十一章　安全文明生产和环境保护知识……348
第一节　安全文明施工……348
复习思考题……360
第二节　焊接环境保护及安全操作知识……361
复习思考题……372
第三节　焊接劳动保护知识……373
复习思考题……384

第四节　特殊环境安全操作知识……384
复习思考题……387
第五节　辐射环境下作业的防护知识……387
复习思考题……390
第十二章　冷加工基础知识……391
第一节　钳工基础知识……391
复习思考题……397
第二节　钣金工基础知识……397
复习思考题……414
第十三章　相关法律、法规知识……415
第一节《中华人民共和国劳动法》相关知识……415
复习思考题……419
第二节《中华人民共和国安全生产法》相关知识……419
复习思考题……422
第三节《中华人民共和国环境保护法》相关知识……422
复习思考题……425
第四节《中华人民共和国放射性污染防治法》相关知识……425
复习思考题……428
第五节《中华人民共和国核安全法》相关知识……428
复习思考题……432
第六节　核设施质量保证安全规定相关知识……433
复习思考题……440
第七节《民用核安全设备焊接人员资格管理规定》相关知识……441
复习思考题……443

第一章　职业道德

第一节　职业道德基础知识

学习目标：

- 掌握职业道德的内涵、意义、基本要素、特征；
- 掌握职业道德与企业发展；
- 掌握职业道德与人自身的发展；
- 掌握职业道德的基本规范。

一、职业道德

1. 职业道德的内涵

职业道德是指从事一定职业的人们在职业活动中应该遵循的，依靠社会舆论、传统习惯和内心信念来维持的行为规范的总和。它调节从业人员与服务对象、从业人员之间、从业人员与职业之间的关系。它是职业或行业范围内的特殊要求，是社会道德在职业领域的具体体现。

焊工职业道德是指从事焊工职业的人员在完成焊接及有关的各项劳动过程中，从思想到工作行为所必须遵守的焊接劳动的道德规范和行为准则。

2. 职业道德的意义

(1) 有利于推动社会主义物质文明和精神文明建设。

(2) 有利于行业、企业建设和发展。

(3) 有利于个人的提高和发展，在市场经济条件下，高素质的劳动者向高效益的企业流动，是社会发展的必然趋势。

3. 职业道德的基本要素

(1) 职业理想：即人们对职业活动目标的追求和向往，是人们的世界观、人生观、价值观在职业活动中的集中体现。它是形成职业态度的基础，是实现职业目标的精神动力。

(2) 职业态度：即人们在一定社会环境的影响下，通过职业活动和自身体验所形成的、对岗位工作的一种相对稳定的劳动态度和心理倾向。它是从业者精神境界、职业道德素质和劳动态度的重要体现。

(3) 职业义务：即人们在职业活动中自觉地履行对他人、社会应尽的职业责任。我国的每一个从业者都有维护国家、集体利益，为人民服务的职业义务。

(4) 职业纪律：即从业者在岗位工作中必须遵守的规章、制度、条例等职业行为规范。例如，国家公务员必须廉洁奉公、甘当公仆，公安、司法人员必须秉公执法、铁面无私等。这些规定和纪律要求，都是从业者做好本职工作的必要条件。

(5) 职业良心：即从业者在履行职业义务中所形成的对职业责任的自觉意识和自我评

价活动。人们从事的职业和岗位不同,其职业良心的表现形式也往往不同。例如,商业人员的职业良心是“诚实无欺”,医生的职业良心是“治病救人”。从业人员能做到这些,内心就会得到安宁;反之,内心则会产生不安和愧疚感。

(6) 职业荣誉:即社会对从业者职业活动的价值所作出的褒奖和肯定评价,以及从业者在主观认识上对自己职业活动的一种自尊、自爱的荣辱意向。当一个从业者职业行为的社会价值赢得社会公认时,就会由此产生荣誉感;反之,就会产生耻辱感。

(7) 职业作风:即从业者在职业活动中表现出来的相对稳定的工作态度和职业风范。从业者在职业岗位中表现出来的尽职尽责、诚实守信、奋力拼搏、艰苦奋斗等作风,都属于职业作风。职业作风是一种无形的精神力量,对其所从事事业的成功具有重要作用。

4. 职业道德的特征

职业道德作为职业行为准则之一,与其他职业行为准则相比,体现出以下特征。

(1) 鲜明的行业性:行业之间存在差异,各行各业都有特殊的道德要求。例如,商业领域对从业者的职业道德要求是“买卖公平,童叟无欺”,会计行业的职业道德要求是“不做假账”,驾驶员的职业道德要求是“遵守交规,文明行车”等,这些都是职业道德行业性特征的表现。

(2) 适用范围上的有限性:一方面,职业道德一般只适用于从业人员的岗位活动;另一方面,不同的职业道德之间也有共同的特征和要求,存在共通的内容,如敬业、诚信、互助等,但在某一特定行业和具体的岗位上,必须有与该行业、该岗位相适应的具体的职业道德规范。这些特定的规范只在特定的职业范围内起作用。只能对从事该行业和该岗位的从业人员具有指导和规范作用,而不能对其他行业和岗位的从业人员起作用。例如,律师的职业道德要求他们对当事人必须努力进行辩护,而警察则要尽力去搜寻犯罪嫌疑人的犯罪证据。可见,职业道德的适用范围不是普遍的,而是特定的、有限的。

(3) 表现形式的多样性:职业领域的多样性决定了职业道德表现形式的多样性。随着社会经济的高速发展,社会分工将越来越细,越来越专,职业道德的内容也必然千差万别。各行各业为适应本行业的行业公约、规章制度、员工守则、岗位职责等要求,都会将职业道德的基本要求规范化、具体化,使职业道德的具体规范和要求呈现出多样性。

(4) 一定的强制性:职业道德除了通过社会舆论和从业人员的内心信念来对从业者的职业行为进行调节外,它与职业责任和职业纪律也紧密相连。职业纪律属于职业道德的范畴,当从业人员违反了具有一定法律效力的职业规章、职业合同、职业责任、操作规程,给企业和社会带来损失和危害时,职业道德就将用其具体的评价标准,对违规者进行处罚,轻则受到经济和纪律处罚,重则移交司法机关,由法律来进行制裁,这就是职业道德强制性的表现。但在这里需要注意的是,职业道德本身并不存在强制性,而是其总体要求与职业纪律、行业法规具有重叠内容,一旦从业人员违背了这些纪律和法规,除了受到职业道德的谴责外,还要受到纪律和法律的处罚。

(5) 相对稳定性:职业一般处于相对稳定的状态,决定了反映职业要求的职业道德必然处于相对稳定的状态。如商业行业“童叟无欺”的职业道德、医务行业“救死扶伤,治病救人”的职业道德等,千百年来为从事相关行业的人们所传承和遵守。

(6) 利益相关性:职业道德与物质利益具有一定的相关性。利益是道德的基础,各种职业道德规范及表现状况关系到从业人员的利益。对于爱岗敬业的员工,单位不仅应该给予精神方面的鼓励,也应该给予物质方面的褒奖;相反,违背职业道德、漠视工作的员工则会受到批评，严重者还会受到纪律的处罚。一般情况下，当企业将职业道德规范，如爱岗敬业、诚实守信、团结互助、勤劳节俭等纳入企业管理时，都要将它与自身的行业特点、要求紧密结合在一起，变成更加具体、明确、严格的岗位责任或岗位要求，并制定出相应的处罚措施，与从业人员的物质利益挂钩，强调责、权、利的有机统一，便于监督、检查、评估，以促进从业人员更好地履行自己的职业责任和义务。

二、职业道德与企业发展

1. 企业文化

(1) 企业文化的内涵

企业文化，或称组织文化是一个组织由其价值观、信念、仪式、符号、处事方式等组成的其特有的文化形象。

广义上说，文化是人类社会历史实践过程中所创造的物质财富与精神财富的总和。狭义上说，文化是社会的意识形态以及与之相适应的组织机构与制度。

而企业文化则是企业在生产经营实践中逐步形成的为全体员工所认同并遵守的，带着本组织特点的使命、愿景、宗旨、精神、价值观和经营理念以及这些理念在生产经营实践、管理制度、员工行为方式与企业对外形象的体现总和。

(2) 企业文化的主要内容

企业环境、企业规章制度、企业价值观、企业经营之道、企业目标、企业作风、企业礼俗、员工文化和职业技能、员工职业道德、企业形象。

(3) 企业文化的价值和功能

自律功能、导向功能、整合功能、激励功能。

(4) 职业道德与企业文化的关系

职业道德在企业文化中占据重要地位。

2. 职业道德对增强企业凝聚力的作用

(1) 是协调员工同事关系的法宝；

(2) 有利于协调员工与领导之间的关系；

(3) 有利于协调员工与企业之间的关系。

3. 职业道德对提高企业竞争力的作用

(1) 有利于提高企业的产品和服务质量；

(2) 可以降低产品成本，提高劳动生产率和经济效益；

(3) 可以促进企业技术进步；

(4) 有利于企业摆脱困境，实现企业阶段性的发展目标；

(5) 有利于企业树立良好形象，创造著名品牌。

三、职业道德与人自身的发展

1. 从事一定的职业是人谋生的手段，是人的需求，是人全面发展重要的条件

(1) 职业是人谋生的手段

职业是指人们由于社会分工而从事具有专门业务和特定职责并以此作为主要生活来源

的工作。

(2) 从事一定的职业是人的需求

职业劳动是我们谋生的手段,但谋生并不是生活的全部。英国哲学家罗素在其《自由之路》中提到;贫困固然是一种极大的恶,但也不能说物质上的繁荣和富足本身就是一种最大的善。只有当物质上的繁荣和富足成为推进其他属于精神生活的更高的善的手段的时候,对社会才有真正的价值。

从事一定的职业对人的幸福和快乐是非常必要的

(3) 职业活动是人全面发展的最重要条件

首先,职业活动是人生历程中的重要环节;其次,职业活动是使人获得全面发展的重要途径;那么,我们在现实生活中又怎样才能满足自己对真善美的追求、对科学的探求、对我们所理解的生活意义的追寻呢?答案只有一个,那就是劳动。

2. 职业道德是人事业成功的保证

(1) 没有职业道德的人干不好任何工作

(2) 职业道德是事业成功的重要条件

卡耐基曾经说过:一个人在事业上的成功,只有 15%是由于他的专业技术,另外的 85%靠人际关系、处世技能(这里的处世技能是指人与人沟通和交往能力,以及宽容心、进取心、责任心和意志力等品质)。

这些在事业上成功的人具有一些重要的品质和能力,包括:

1) 不忘初衷而虚心好学的人;

2) 不墨守成规而经常出新的人;

3) 爱护公司,和公司成为一体的人;

4) 不怎自私而能为团体着想的人;

5) 作出正确价值判断的人;

6) 有自主经营能力的人;

7) 随时随地都是一个热忱的人;

8) 能够得体地支使上司的人;

9) 有责任意识的人;

10) 有气概担当公司经营重任的人。

(3) 每一个成功的人往往都具有较高的职业道德素质

职业道德反映一定的经济要求。当职业道德具体体现在一个人的职业生活中的时候它就具体内化表现为职业品格。

3. 职业道德是人格的一面镜子

(1) 人的职业道德反映着人的整体道德素质

人的道德素质是人的综合素质的一个方面,它自身包含着丰富的内容。

人的道德素质包括道德认识、道德意志、道德行为等内容;从道德可能涉及的领域来看,则包含恋爱、婚姻、家庭道德、职业道德和社会公德。

(2) 人的职业道德素质的提高,有利于人的思想道德素质的整体提高

职业劳动不仅是一种生产经营的职业活动,也是一种能力、纪律的品格的训练。

(3) 提高职业道德水平是人格升华的重要途径

1）唯有经过严格的职业训练和生活磨练的人，才能获得实际有用的知识和人生智慧。

2）一个想成就事业的人，必须经受得住形形色色的诱惑以及各种各样艰难困苦的考验。

3）最后，那些最伟大的人物无一不是经过严格职业训练，无一不是历尽千辛万苦才取得辉煌成就的。

四、职业道德的基本规范

1. 遵纪守法

遵纪守法指的是每个从业人员都要遵守纪律和法律，尤其要遵守职业纪律和与职业活动相关的法律法规。

职业纪律是特定的职业活动范围内从事某种职业的人们必须共同遵守的行为准则，它包括劳动纪律、财经纪律、保密纪律、组织纪律、群众纪律等纪律要求。

遵纪守法要求从业人员学法、知法，增强法制意识，遵纪守法，做文明公民。用法、护法，维护正当权益，遵守企业纪律和规范。

2. 爱岗敬业

爱岗就是热爱自己的工作岗位，热爱本职工作。敬业包含两层含义：一为谋生而敬业，二为真正认识到自己工作的意义而敬业。

爱岗敬业要求做到乐业、勤业、精业、干一行爱一行。

3. 诚实守信

诚实守信是指忠诚老实，信守诺言，是为人处世的原则。

诚实，就是忠诚老实，不讲假话。守信，就是信守诺言，说话算数，讲信誉，重信用，履行自己应承担的义务。简言之就是“言必信，行必果”。诚实守信不仅是做人的准则，也是做事的原则，更是树立行业形象的根本。

诚实守信要求从业人员做到诚信无欺、讲究质量、信守合同。诚信无欺，即待人接物诚恳可信，不采用欺骗手段。讲究质量，即要树立质量第一的观念，严把质量关。信守合同，即要说到做到，言而有信，认真履行承诺或合同。

4. 办事公道

办事公道是指从业人员在办事情、处理问题时，要站在公正的立场上，按照同一标准和同一原则办事的职业道德规范。

办事公道要求从业人员做到客观公正，照章办事。客观公正，即遇事从客观事实出发，并能做出客观、公正的判断和处理。照章办事，就是按照规章制度来对待所有的当事人，不徇情枉法、不徇私舞弊。办事公道的核心就是要克服私心，正直无私。要做到办事公道，还必须加强学习，不断提高认识能力，能明确是非标准，分辨善恶美丑，并有敏锐的洞察力。

5. 勤俭节约

节约是指“节俭”“节省”。职业活动中的节约，是指从业人员爱惜和节制、节省使用企业财物及社会资源的行为。它不单纯是个人生活范围内的问题，而是反映了一种对他人、公共财富如何使用的态度和行为。

可以说，从业人员是否具有节约的品质，是衡量其职业态度是否端正、是否具有职业责任感和职业理想的重要尺度。

勤俭节约要求从业人员做到对公物要爱护使用、不能占用公物，具备节约资源的意识、明确节约资源的责任和创新节约资源的方法，正确理解艰苦奋斗、树立不怕困难的精神和永远保持艰苦奋斗的作风。

6. 团结互助

团结互助是指人与人之间的关系中，为实现共同的利益和目标，相互帮助，相互支持，顾全大局，友爱亲善，真诚相待，平等尊重，搞好同事之间、部门之间的团结协作，以实现共同发展。

团结互助可以营造人际和谐氛围，增强企业内聚力。

团结互助基本要求：平等尊重，顾全大局，相互学习，加强协作。

(1) 平等尊重是指在社会生活和人们的职业活动中，都应一视同仁，平等相待，相互尊重，相互信任。

要求从业人员上下级之间平等尊重；同事之间相互尊重；师徒之间相互尊重；尊重服务对象。

(2) 顾全大局是指处理个人和集体利益的关系上，要树立全局观念，不计较个人利益，自觉服从整体利益的需要。

要求从业人员要处理好组织内部个人与个人的关系；处理好个人与集体、小集体与大集体、局部与全局的关系。

(3) 互相学习是指要求人们之间追赶先进，相互学习，取长补短，相互促进，更好地实现组织的共同利益和目标。

要求从业者向师长学，向同行学，向后生学，向社会各类有经验、有长处的人学习。

(4) 加强协作是指在职业活动中，为了协调从业人员之间的关系，完成职业工作任务，彼此之间相互帮助、相互支持、密切配合，搞好协作。

要求从业者正确处理好主角与配角的关系，正确看待合作与竞争。

7. 开拓创新

开拓创新是指人们为了发展的需要，运用已知的信息，不断突破常规，发现或产生某种新颖、独特的有价值的新事物、新思想的活动。

开拓创新是企业生存和发展之本，优质高效需要开拓创新，事业发展依靠开拓创新。

开拓创新要求从业人员要有创造意识和科学思维，要有坚定的信心和意志。

8. 服务群众

服务群众就是为人民群众服务。服务群众要求做到热情周到，满足需要。

热情周到，即从业人员对服务对象报以主动、热情、耐心的态度，把群众当作亲人，服务细致周到，勤勤恳恳。

满足需要，即从业人员努力为群众提供方便，想群众之所想，急群众之所急，关心他人疾苦，主动为他人排忧解难。最后，做每件事都要方便群众。

9. 奉献社会

奉献社会，就是全心全意为社会作贡献，是为人民服务精神的最高表现。

奉献，就是不期望等价的回报和酬劳，而愿意为他人、为社会，或为真理、为正义献出自己的力量，包括宝贵的生命。

奉献社会要求人们做到把公众利益、社会效益摆在第一位。奉献社会是职业道德的最高境界。奉献是一种人生境界，是一种融在一生事业中的高尚人格。

第二节　职业守则

学习目标：

● 掌握焊工职业守则相关知识。

一、传承“两弹一星”精神，弘扬“工匠精神”

1. 传承“两弹一星”精神

“两弹一星”精神、载人航天精神是我们党和民族宝贵的精神财富，是培养正确的世界观、人生观和价值观的鲜活教材。在表彰为研制“两弹一星”作出突出贡献的科技专家大会上，将“两弹一星”精神概括为“热爱祖国、无私奉献、自力更生、艰苦奋斗、大力协同、勇于登攀”。胡锦涛同志在庆祝“神舟七号”载人航天飞行圆满成功大会中指出：载人航天精神，是“两弹一星”精神在新时期的发扬光大，是以爱国主义为核心的民族精神和以改革创新为核心的时代精神的生动体现。弘扬“两弹一星”精神，对于进一步贯彻落实习近平总书记重要指示精神、加强团结引领服务知识分子，提高他们的道德素质和政治觉悟，具有重要的现实意义。

弘扬“两弹一星”精神，加强知识分子的爱国主义教育。很多从事“两弹一星”研究的科研人员都在国外学有所成。那时，国外的科研条件和生活条件都比国内优越，但他们为了新中国的建设事业，冲破重重障碍和阻力，毅然回国。几十年中，他们为了祖国和人民的利益而艰苦奋斗，以惊人的智慧和赤心奉国的爱国主义精神创造了人间奇迹。爱国主义是广大科研工作者创造、开拓的动力，也是他们克服一切困难的精神支柱。我们要弘扬“两弹一星”的精神，要确立为人民服务的理想，并掌握建设祖国的基本才干和技能，练就建设祖国的过硬本领。要培养务实精神，以振兴中华为己任，必须将报国之志落实到自己的行动中，树立主人翁观念，从我做起，从点滴做起，积极投身到建设中国特色社会主义伟大实践中，为实现中国梦作出自己的贡献。

弘扬“两弹一星”精神，加强艰苦奋斗和无私奉献精神教育。“两弹一星”的研制体现了艰苦奋斗的精神。正是有了这样的精神，广大科研工作者不惧严寒酷暑，不畏狂风暴沙，在茫茫戈壁滩上，在“一无所有”的情况下，以惊人的毅力和速度从无到有、从小到大，取得“两弹一星”的巨大的成功。我们要树立艰苦奋斗、无私奉献的精神教育，树立艰苦创业的意识，以自己的知识能力和顽强斗志，开创新事业。

弘扬“两弹一星”精神，加强团结互助的精神教育。在“两弹一星”的研制过程中，广大科研工作者互相帮助、团结友爱，充分体现了集体主义精神。研究人员来自五湖四海，为了祖国的强大和民族的振兴走到一起。面对重重困难，他们表现出同舟共济、同甘共苦、互助友爱、生死与共的集体主义精神。同事之间情同手足，战友之间情深似海，这种团结互助的集体主义精神，促使“两弹一星”研究集体凝聚成了一个向心力极强的战斗集体和一个具有强大战斗力的团队。正是因为这种团结一致的集体主义精神，广大科研工作者才战胜了重重困难，创造出惊天动地的丰功伟绩。在新的形势下，我们要用“两弹一星”精神中的团结互助的集体主义精神引导广大知识分子树立正确的世界观、人生观、价值观。

1964 年 10 月,我国第一颗原子弹爆炸成功;1967 年 6 月,我国第一颗氢弹空爆试验成功;1970 年 4 月,我国第一颗人造卫星发射成功。这是中国人民在攀登现代科技高峰的征途中创造的奇迹。研制“两弹一星”是在我国物质技术基础十分薄弱的条件下进行的,广大研制工作者在“两弹一星”事业的奋斗进程中,把热爱祖国、无私奉献、自力更生、艰苦奋斗、大力协同、勇于攀登的“两弹一星”精神永久地镌刻在中国大地上。

习近平总书记指出,“两弹一星”精神激励和鼓舞了几代人,是中华民族的宝贵精神财富。加强对广大青年的政治引领,是新时代中国青年发展的迫切需要。在党、国家、人民最需要科技创新发展战略支撑作用的紧要关头,青年一代知识分子,要把勇立潮头、引领创新作为必备品格,敢走“华山一条路”,瞄准关键领域,潜心钻研、协同创新、聚力攻关,为坚定不移走中国特色自主创新道路贡献自己的聪明才智,化“两弹一星”精神为不断进取的强大动力。

2. 弘扬“工匠精神”

“工匠精神”是一种严谨认真、精益求精、追求完美、勇于创新的精神。党的十八大以来,习近平总书记多次强调要弘扬工匠精神。党的十九大报告提出“弘扬劳模精神和工匠精神”。党的十九届四中全会《决定》提出“弘扬科学精神和工匠精神”。在新时代大力弘扬工匠精神,对于推动经济高质量发展、实现“两个一百年”奋斗目标具有重要意义。

我国自古就有尊崇和弘扬工匠精神的优良传统,一些工艺水平在世界上长期处于领先地位。瓷器、丝绸、家具等精美制品和许多庞大壮观的工程建造,都离不开劳动者精益求精的工匠精神。《诗经》中的“如切如磋,如琢如磨”,反映的就是古代工匠在切割、打磨、雕刻玉器等时精益求精、反复琢磨的工作态度。《庄子》中讲庖丁解牛游刃有余,“道也,进乎技矣”。可以说,我国古代非常注重工匠精神,形成了“尚巧工”的社会氛围。新中国成立以来,我们党在带领人民进行社会主义现代化建设的进程中,始终坚持弘扬工匠精神。无论是“两弹一星”、载人航天工程取得的辉煌成就,还是高铁、大飞机等的设计与制造,都离不开工匠精神,都展现出我们对工匠精神的继承与发扬。

弘扬工匠精神有助于提高创新能力、加快建设制造强国。我国是世界制造业第一大国,在世界 500 多种主要工业产品中,我国有 220 多种工业产品的产量位居世界第一。但总体而言,我国制造业大而不强,实现制造业转型升级迫在眉睫。加快建设制造强国,加快发展先进制造业,关键在于提高创新能力,而工匠精神是助推创新的重要动力。工匠精神不是因循守旧、拘泥一格的“匠气”,而是在坚守中追求突破、实现创新。把工匠精神融入生产制造的每一个环节,敬畏职业、追求完美,才有可能实现突破创新。我们要通过弘扬工匠精神,培育劳动者追求完美、勇于创新的精神,为实施创新驱动发展战略、推动产业转型升级奠定坚实基础,加快建设制造强国,推动经济高质量发展。

弘扬工匠精神有助于提升中国品牌国际形象。品牌是企业走向世界的通行证,也是国家竞争力的重要体现、国家形象的亮丽名片。近年来,我国品牌建设取得长足进步,但在国际上真正叫得响的品牌还不多,这与我国作为世界第二大经济体、第一制造业大国的地位很不相称。提升品牌形象,要求把工匠精神融入设计、生产、经营的每一个环节,做到精雕细琢、追求完美,实现产品从“重量”到“重质”的提升。通过弘扬工匠精神,让每个劳动者恪尽职业操守,崇尚精益求精,进而培育众多大国工匠,不断提高产品质量,打造更多享誉世界的中国品牌,建设品牌强国。

二、践行核安全文化和“四个一切”核工业精神

1. 践行核安全文化

(1) 坚决贯彻落实两个“零容忍”

核安全是国家安全的重要组成部分，务必严格做到“两个零容忍”，即对弄虚作假零容忍，对违规操作零容忍，把核安全监管各项要求落到实处。

(2) 坚持“1234”原则不动摇

1) “1”:个原则

一次就把事情做对，“一次做对”就是通过正确的态度、思路和方法一次性将事情做正确，是我们工作的终极目标，是最高的执行力，是核安全文化的重要体现。

员工应该将“工作零失误、设备零缺陷、安全零事故”作为自己工作的追求，应杜绝“差不多就行”“马马虎虎”的思想和工作误区。

2) “2”:个第一

安全第一、质量第一。

3) “3”:个认真

事前认真计划、事中认真操作、事后认真检查。

4) “4”:个凡事

凡是有章可循，凡是有人负责，凡是有人监督，凡是有据可查。

(3) 学大庆精神

“三老四严”“四个一样”是大庆石油职工在会战实践中形成的优良作风，是大庆石油工人高度的主人翁责任感和科学求实精神的具体体现。

1) 三老

- 做人要老实:恪守社会道德与职业道德;良好的职业操守、尽职尽责;实事求是、表里如一、不弄虚作假;
- 不欺上瞒下:遇事如实报告、不虚报浮夸;敢于报告工作中的不完善之处，寻求改进;
- 办老实事:具备正确完成工作的能力;知道工作的重要性、风险和后果。

2) 四严

- 严密的组织:组织机构的完整;职责权限清楚，分工明确;接口关系简单清晰;
- 制度健全:深入实际;强化监督;宽严相济;
- 严谨的作风:熟悉程序，掌握规范、标准的要求;按程序工作，实事求是形成记录;养成“停、想、干、检”的“明星”意识和习惯;
- 严肃的纪律:请示报告，不越权处理事件;政令畅通，不各取所需、自行其是，做到有令必行，有禁必止;建立奖罚制度、业绩考核和激励机制。

3) 四个一样

- 黑天和白天一样;
- 坏天气和好天气一样;
- 领导不在场和领导在场一样;
- 没人检查和有人检查一样。

2. “四个一切”核工业精神

“事业高于一切,责任重于一切,严细融入一切,进取成就一切”这“四个一切”的核工业精神,是中国核工业集团和中国核工业建设集团在 2005 年 1 月 15 日庆祝核工业创建 50 周年时首次提出的 24 字核工业精神。

核工业创建 50 周年总结指出:核工业人在中央的关怀和全国人民的支持下,能够在艰苦的环境里,干出惊天动地的事业,重要的是对于责任、对于使命的理解和认识。当他们意识到自己所从事的事业是祖国的企盼与需求的时候,奉献精神油然而生。是事业激发了我们的责任,是责任增添了我们的志气。为了完成这样的使命,实现这样的责任,成千上万的职工在茫茫无际的戈壁荒原,在人烟稀少的深山峡谷,隐姓埋名,以身许国,风餐露宿,不辞辛劳,经受了各种艰难险阻的考验。

“四个一切”总结了核工业人半个多世纪来两次创业的精神面貌、光辉业绩、共同价值和社会责任,表达了核工业人的真实感受和切身体会。

(1) 事业高于一切

事业高于一切,就是一切为了祖国,为了核科技事业,体现了核工业人共同拥有和信守的价值观念,既是核工业人的行为准则,也是核工业人的终生追求。强烈的事业心是一切成功人的必备素质与性格。

(2) 责任重于一切

一位核工业的老前辈说,世界上最重的东西莫过于责任。发展核工业关系到国家地位、国防安全、民族进步,具有十分重要的战略意义,责任重于泰山。当年党中央、毛主席把发展核工业任务交给我们,嘱咐说,这是决定命运的事情,一定要好好干!周总理说,核工业的几个厂是全国人民利益所在,是世界人民利益所在。我们能在艰苦的工作和生活条件下,干出惊天动地的事业,除了有党中央的关怀和全国人民的支持,重要的是我们对于责任、对于使命的理解和认识。是事业激发了我们的责任,是事业增添了我们的志气。

为了完成这样的使命,实现这样的责任,成千上万的职工在茫茫的戈壁荒原、深山峡谷隐姓埋名、以身许国,风餐露宿、不辞劳苦,经受了各种艰难险阻的考验。在这里,有与诺贝尔奖擦肩而过、在象牙塔里钻研基础理论,进入戈壁滩以身许国、隐姓埋名,一干就是十七年的老科学家王淦昌;有与工人一起倒班,解决了很难攻克的技术问题,到去世时仍与人合住在一起的科技工作者曹本熹;有喝黄泥汤、住地窝子没有怨言,以苦为乐的广大干部和职工……他们把个人的兴趣、个人的价值与国家安全、民族进步的伟大事业统一起来,形成平凡而伟大的风格;他们把艰苦的环境、恶劣的条件与为国争光的志气、革命乐观主义的精神统一起来,吃苦不叫苦,受累不埋怨,一心要把工程、产品、事业促上去。

(3) 严细融入一切

核工业发展历程,锤炼了核工业人严细成风、一丝不苟、科学态度、务真求实的内在品格。确保了核设施安全运行和国土不受污染。做到了事事处处让党中央放心,让全国人民放心。核无小事,“安全第一,质量第一”是核工业立业方针。当时,周恩来总理亲自提出了“严肃认真,周到细致,稳妥可靠,万无一失”和 “三高”要求,缔造了核安全文化的原型。周总理讲,二机部(当时的核工业部门)的工作要有高度的思想政治性,要有平凡而伟大的风格,要有终身为这项事业的思想;要有高度的科学计划性,要一环扣一环,采取科学的态度和方法;要有高度的组织纪律性,克服松、散、乱、慢的现象。

(4) 进取成就一切

核工业是尖端技术、战略产业。先进的技术是用金钱买不来的,最尖端的东西还得靠自己组织力量开发。唯有以千方百计、只争朝夕的精神,依靠自主创新,开拓进取,才能成就"两弹一艇"和核电建设这样伟大的事业。创业初期科技人员对核工业知之甚少。苏联停援后,形势更加严峻。科技人员组织三结合攻关,争分夺秒、日夜奋战,骑驴找马,终于找到了千里马。当核心部件还是可望而不可及的时候,核工业人制定了两年规划,倒排计划,顺排措施,向中央立下了军令状!有些项目,很多工程节点,不少科研课题,在当时看来难以办成、很难实现,但凭着一股韧劲,创造条件干,组织力量攻关,"死马当作活马医",最后都被一一攻破,使更多的千里马,驰骋在核工业的大地上。

今天,核科技实力在一个国家中具有重要的作用和意义。核工业是战略性高技术产业,是构筑我国大国地位的奠基石,是支撑民族自强的脊梁骨,是中华民族科技崛起的里程碑。伟大的事业需要伟大的精神,伟大的事业铸就伟大的精神。在艰苦历程中,形成的"四个一切"的核工业精神已经成为核工业人最为宝贵的精神财富,必将在核工业未来发展中转化为巨大的物质力量,成为核工业人创新发展、继续前进的强大动力。

三、遵守法律、法规和有关规定

热爱祖国,遵守我国的法律、法规,执行政策,是对公民的基本要求,也是一个合格公民应该做到的,只有成为合格公民,才能做一名合格的焊工。

企业为了正常运转,制定了各项规章制度,这些规章制度是保证企业高效运行的基础,作为焊工应该模范地遵守这些规章制度,并在工作中提出合理化建议,完善企业的规章制度,推动企业健康发展。

四、爱岗敬业,具有高度的责任心

焊接质量与焊工的敬业程度密切相关,敬业就是要求焊工能够按照图样的要求和工艺文件的规定,对焊接生产的备料、组对、焊接、焊后质量检验等操作精益求精,严格按有关文件规定执行,并使每道工序加工出的部件达到或超过文件的质量要求。

责任心就是对所承担的焊接工作或者焊接的辅助工作,一丝不苟,保质、保量、按时完成。

五、遵守工作规范,严格执行程序

焊接工艺文件规定了与制造焊件有关的加工方法和实施要求,包括焊接准备、材料选用、焊接方法选定、焊接参数、操作要求等,焊接工艺文件是制造焊接结构的指导性文件,严格执行焊接工艺文件是保证焊接质量的前提和基础。在焊接生产中,为了保证人身和设备安全,各种设备、仪器仪表、工具等都制定有操作规程,焊工需认真学习领会各种操作规程,并严格执行,以保证安全生产。

六、工作认真负责,团结合作

焊工认真负责是保证焊接质量的关键,所谓认真负责就是对所承担的焊接工作或者辅助工作,能够严格按图样和工艺文件的要求,高质量、安全、及时地完成任务。焊接是非常细致的工作,如出现气孔、裂纹等焊接质量问题,返修不仅浪费人力、物力、财力,而且一旦漏检,还可能造成极大的安全事故。因此,焊工应该在工作中小心谨慎,认真按照工艺文件的要求进行施工,团结协作,保证各道工序都能生产出合格的部件,做好工序的配合、焊工之间的配合、焊工与技术人员的配合,营造一个和谐、协作的工作环境。

七、爱护设备及工器具

设备摆放成行成列,排列整齐,通风良好,设备上不乱堆杂物,定时清理,保持设备外观整洁和性能良好,工器具应摆放整齐,定时清理。露天存放的设备及工器具,必须做到上盖下垫,防日晒雨淋及水泡,对设备及工器具要做到定时检查、定时维护、定时清洁等。设备操作员必须认真填写《设备使用记录》,真实客观地反映设备的使用情况。

八、保持工作环境清洁有序,文明生产

在焊接生产现场,焊接设备、各种工具等要有序摆放,生产的零部件要放到指定位置,焊接烟尘排放等卫生设施完好,生产场地清洁、有序,创造一个文明、舒适的工作环境,塑造企业的良好形象。

热爱本职工作,忠于职守;自觉遵守职业道德,有高度的组织观念;敢于同违法违纪现象作斗争;团结协作,互助友爱,树立集体主义思想;勤俭节约,爱护公物;钻研业务,提高焊接操作技术,这些是焊工提高职业道德的努力方向。

复习思考题

(1) 职业道德的内涵?

(2) 职业道德的基本要素有哪些?

(3) 职业道德的基本规范有哪些?

(4) 焊工应该遵守哪些职业守则?

第二章　核设施、核设备制造、安装与检修基础知识

第一节　核安全文化知识

学习目标：

- 掌握核安全文化的含义；
- 了解中国核安全文化的发展。

一、核安全文化的由来

随着各国核设施质量保证工作的不断深入。20 世纪 90 年代初，欧洲、中东和国际原子能机构相继召开过一些较大规模的国际质保研讨会总结质保实践经验，研讨改进质保有效性的措施。各国专家们在总结了苏联切尔诺贝利事故的教训的基础上，IAEA 发表了 INSAG-4 报告，在安全第一的观点、强制性质保体系以及纵深防御的概念上发展起来的一种划时代的核安全管理理论即核安全文化。

二、核安全文化的含义

核安全文化的定义是："安全文化是组织和个人具有的特性和态度的总和，它确立一种最优先的考虑，即核设施厂的安全问题以其重要性保证得到重视"。

从核安全文化的定义我们可以看到，安全文化与每个人的工作态度和思维习惯，以及单位的工作作风是联系在一起的。它强调安全文化既是态度问题，又是体制问题，既和单位有关，又和个人有关。安全文化示意图如图 2-1 所示。

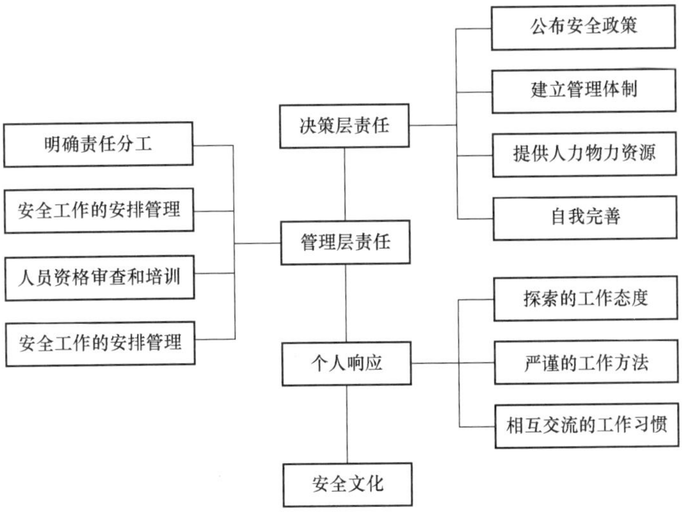

图 2-1　安全文化示意图

凡从事与核电厂安全有关活动的单位，其决策层都要发表安全政策声明，把其所承担的责任广而告之，让人人明白。该声明就是全体工作人员的行动指南，并宣告该单位的工作目标和公司管理人员在安全方面的公开承诺。

核安全文化作为一种现代安全管理理念已被所有核电企业所采纳，出现了核安全文化建设的热潮。在核安全文化建设中，必须要起点高、标准高。一是把“安全第一、预防为主”作为核安全文化的灵魂，把“关注安全、关爱生命”作为核电站安全文化的精髓，把“以人为本”作为核安全文化的核心价值观；二是把国家有关安全生产的法律、法规及相关规定作为核安全文化的制度保障；三是把先进的设计、设备，标准的作业环境作为核安全文化的物质基础。

核安全文化建设的基础是企业的全体职工。在核安全文化建设中起基础作用的是职工的安全意识和对安全的理解力。应使职工的安全态度从“要我安全”向“我要安全”转变，牢固树立“安全第一”的思想。

三、中国核安全文化的发展

核安全文化是核与辐射安全事业的灵魂，是核行业每一个从业人员的基本价值观。核安全文化水平是核行业安全发展程度的标志，我国核安全文化伴随着我国核工业的起步而生，吸纳了国际组织和各国先进的核安全文化理念，与我国社会文化相互交融，60 年的积淀与发展，全行业整体的核安全文化素养得到了全面发展和进步。

我国核安全文化适应我国国情并服务于产业发展和社会进步，需要因地制宜，通过扎实的工作，具体的行动，规范的程序，持续提高整体核安全文化水平，并根据我国国情的发展和不同阶段的核安全保障任务的要求不断发展创新，充分发挥服务功能，为持续保障核安全提供有力保障，进而促进核事业创新发展。

核安全文化不是一成不变的，是随着核能与核技术利用事业的发展、核安全形势的变化而不断改进完善的，需要用发展的眼光、更高的要求来建设和培育核安全文化体系，充分发挥政府、社会、行业的综合力量，通过培训、实践、监督等有效手段，把核安全文化培育工作做实，把核安全文化的要求落实到日常工作的每一个环节中，从而促进核事业安全发展。

四、核安全文化水平持续提高

纵观全球，世界一流核电站取得成功的一条重要的经验，就是实施了自我评估制度，并在此基础上，积极利用外部的监督检查（国家核安全局与国际原子能机构）及其核能界同行的评审。通过定期对安全管理各领域全面综合评估，以系统地发现管理及人因方面的缺陷，由此反映核电厂的安全文化水平。

依据 IAEA 推荐的 ASCOT 评估方法，制定“安全文化建设大纲”，建立自我评估制度，对核电站的安全文化状态进行有计划、规范性评估，以找出核电站安全文化建设方面的问题和不足，并有的放矢地采取纠正行动，将使核安全文化水平得到持续提高。

第二节　核物理和核安全基本知识

学习目标：

- 了解核物理和核安全基本知识；

- 了解核安全目标；
- 了解中国核安全的发展。

一、核物理基本知识

1. 物质的组成

世界上一切物质都是由原子构成的。任何原子都由带正电的原子核和绕原子核旋转的带负电的电子构成的。原子核一般是由质子和中子构成的，最简单的氢原子核只有一个质子，原子核中的质子数(即原子序数)决定了这个原子属于何种元素，质子数和中子数之和称为该原子的质量数。同一种元素原子具有相同的化学性质。它们原子核中的质子数相同，但是中子数可能不同。原子核中质子数相同而中子数不同的原子属于这种元素的同位素。因在元素周期表中占有同一位置而得名。

2. 核裂变与核聚变

在 50 多年前，科学家发现铀-235 原子核在吸收一个中子以后能分裂，同时放出 2～3 个中子和大量的能量。放出的能量比化学反应中放的能量大得多，这就是核裂变能，也就是我们所说的核能。裂变反应是由中子引起的，而反应结果又产生了新的中子。如果能用新的中子引起新的核裂变，裂变反应就能连续不断地进行下去，同时不断产生能量，人们找到了实现这种产生连续反应的条件，这种反应就叫链式裂变反应。

核能开发希望能实现受控核聚变，它是不同于核裂变获得核能的方式，核裂变是靠原子核分裂而释出能量，而核聚变时则由较轻的原子核聚合成较重的原子核释出能量。最常见的是由氢的同位素氘和氚聚合成较重的原子核如氦而释出能量。

3. 核能

目前人们利用的核能是裂变能，裂变是利用热中子轰击铀-235 的原子核时，它就会分裂成两个质量较小的原子核，同时产生 2～3 个中子和β、γ等射线，并释放出能量，其反应式为：

$$^{235}_{92}\mathrm{U}+^{1}_{0}\mathrm{n}\longrightarrow ^{90}_{38}\mathrm{Sr}+^{136}_{54}\mathrm{Xe}+10^{1}_{0}\mathrm{n}$$

铀-235 裂变方式有 40 余种，产生 80 种以上的裂变产物，上述反应式仅是其中之一。

这种裂变反应产生：

(1) 巨大能量；

(2) 释放出 2～3 个中子；

(3) 释放出放射性射线。

铀-235 俘获热中子而发生裂变，人们称它为裂变材料，另外还有铀-233 和钚-239 也是裂变材料，但是这两种元素都不存在于自然界，而是靠人工生产出来。

原子核裂变后其质量会亏损一部分，按照爱因斯坦著名的质量能量公式 $E=mC^2$(E 为能量，m 为物质质量，C 为光速)，这亏损的质量转变成公式中的热能 E。一个铀-235 核裂变放出的平均总能量约为 200 MeV(兆电子伏)，也就是说 1 kg 铀-235 全部裂变产生的能量约相当于 2 700 t 标准煤燃烧所产生的能量。由此可见核裂变产生的能量是多么的巨大。

当一个热中子轰击可裂变物质铀-235 产生 2～3 个高能中子，经过慢化剂慢化成为热中子，再去轰击下一个铀原子核，使它裂变，这样连续下去形成一连串的裂变反应，这种连续不断的核裂变过程就是链式反应。如果这种链式反应不加以控制，短时间内可产生巨大的爆破能量,这就是原子弹的原理。在核裂变反应过程中加入吸收中子的材料,仅允许每次裂变反应后保持一个中子去轰击其他裂变核,有控制地去维持链式反应,就是我们日常所说的核反应堆。

二、核安全基本知识

为保证核电厂(核设施)的安全所实施的国家监督管理。包括核安全立法,建立核安全监管机构,实行核安全许可证制度和营运组织的安全责任制度等。

核电厂包容了大量的放射性物质,一旦发生核事故,放射性物质大量逸出,将造成对工作人员和公众的辐射危害并污染环境,甚至可能造成超越国界的影响。因此,必须实行严格的国家监管。

1. 核安全导则 HAD 102/03 介绍

核安全导则《用于沸水堆、压水堆和压力管式反应堆的安全功能和部件分级》(HAD 102/03)就安全功能和部件分级做出了相关要求。

(1) 核电厂设计必须满足总的安全要求

1) 必须为在某些运行工况和事故工况期间与之后的安全停堆和维持安全停堆状况提供必要的手段;

2) 必须在某些运行工况和事故工况期间与之后,为停堆后从堆芯排出余热提供必要的手段;

3) 必须为减少可能的放射性物质释放,为保证运行工况和事故工况期间与之后的任何释放不超过规定限值、事故工况期间和之后的任何释放不超过可接受的限值提供必要的手段。

(2) 安全功能条目

为了能够保证设计满足上述总的安全要求,列出以下的"安全功能条目",例如:

1) 防止发生不可接受的反应性瞬变;

2) 在所有停堆动作完成后,将反应堆保持在安全停堆状态;

3) 按要求关停反应堆以防止预计运行事件发展为事故工况和减轻事故工况的后果等。

(3) 排列安全功能的顺序

在采用概率论方法按重要性排列安全功能的顺序时,要综合考虑:

1) 该安全功能失效的后果:

2) 要求执行该安全功能的概率;

3) 该安全功能在需要时不能被执行其功能的概率。

并且,这三个因子的乘积必须低于可接受的水平,即这三者的乘积必须是可以接受的。

(4) 安全等级分为四级

安全等级的划分是针对核电站可能发生的事故及其潜在后果而制定的一系列标准,将安全等级分为四级。安全一级对其安全的重要性最大,二、三、四级的重要性依次递减。(注:安全四级包括未进入一级、二级和三级的那些安全功能。)

(5) 安全等级的描述

1) 涉及的是确保在相关安全系统失效时,能够阻止堆芯裂变产物对周围环境造成实质性影响的必要安全功能。

安全一级主要是指反应堆冷却剂回路和其中的设备，例如，反应堆压力容器、蒸发发生器、稳压器、主泵等。

2）安全二级包括为减轻某一事故后果所必须的那些安全功能，如果没有这些安全功能的作用，该事故可能导致堆芯裂变产物总量会产生实质性影响的份额释放到周围环境。只有在另一个安全功能初始失效后才有必要考虑到这些属于二级的安全功能失效的后果。

3）安全三级包括对安全一、二、三级中的安全功能起支持作用的所有安全功能。由于认识到这些支持功能的失效不会直接引起辐射照射增大的后果，所以将它们划入安全三级。

4）安全四级是指包括未进入一级、二级和三级的那些安全功能（或称非核安全级）。

（6）安全等级的作用

设计、制造、检查等各种活动应遵守的各项规则均可根据其所属的安全等级来制定。

一旦确定了各种部件对某一安全功能的贡献，便能确定适用于该部件的各项规则。

2. 放射性物质的多层屏障

为使工作人员公众免遭辐射伤害，防止放射性裂变产物外逸，污染环境，按照纵深防御的原则，目前压水堆核电厂在核燃料和环境（外部空气）之间设置了三道屏障。

第一道屏障——燃料元件包壳。在燃料芯块外面用锆合金包起来，组成密封的燃料棒，称锆管为燃料包壳。燃料芯块经高温烧结而成，它把核裂变的固体产物留在陶瓷燃料芯块基体里，气体性的产物留在燃料芯块和燃料包壳之间的空隙里，使放射性的物质密封在燃料包壳之内，不让它泄漏。在核电厂正常运行时，绝大多数放射性产物保存在陶瓷燃料芯块基体和燃料包壳内。

第二道屏障——压力容器以及一回路主设备（反应堆冷却剂压力边界）。对压水堆核电厂来说，燃料包壳密封如果破损，放射性物质会泄漏到水中，但仍被密封在一回路系统之内。这个密闭的回路系统是用坚固壁厚的不锈钢管道和压力容器、主泵、蒸汽发生器、稳压器等组成的，以防止一回路水泄漏。

第三道屏障——安全壳。用预应力钢筋混凝土构筑，内表面加有 0.6 cm 的钢衬，可以抗御来自内部或外界的飞出物，防止放射性物质进入环境。一回路主要设备、管路都安放在安全壳内。即使一回路压力边界有破损，放射性物质也只能泄漏在安全壳内。安全壳具有良好的密封性能，可承受 5 bar 的内压，将可靠地把放射性物质包容在内，放射性的物质不会进入大气。安全壳在设计上除能承受内压和密封外，还要求具有抗飓风、飞射物撞击等外部试件的能力。

维护这三道屏障的完整，重点在于保持三个基本安全功能即控制功率、冷却燃料、包容放射性物质的完整和可靠。而保持这三个基本安全功能的工作有事故预防和事故缓解两个方面，应把重点放在事故预防上，特别是要预防堆芯损坏事故。当出现事故后，则应该采取缓解事故措施，减弱放射性物质释放影响。

3. 核安全的纵深防御

为了确保核电厂安全，在三道屏障的基础上，对于每道屏障又采用一系列的保护措施，来提高屏障的可靠性和安全性，防止它们遭受超过设计极限的工况，以及因损害而失效。这就是核安全的纵深防御原则，纵深防御原则一般可描述为五层防线。

第一层防线:精心设计、制造、施工,确保核电厂有精良的硬件环境。建立周密的程序,严格的制度,对核电厂工作人员有高水平的教育和培训,人人注意和关心安全,有完备的软件环境。

第二层防线:加强运行管理和监督,及时正确处理异常情况,排除故障。

第三层防线:在严重异常情况下,反应堆正常控制和保护系统动作,防止设备故障和人为差错造成事故。

第四层防线:发生事故情况时,启用核电厂安全系统,包括各外设安全系统,加强事故中的电站管理,防止事故扩大,保护反应堆厂房(安全壳)。

第五层防线:万一发生极不可能发生的事故,并伴有放射性外泄,启用厂内外应急响应计划,努力减轻事故对周围居民和环境的影响。

纵深防御措施采取三个安全保护层次:

第一个保护层次为预防,主要在设计上采取保守的设计法,提高安全系数;在建造和运行方面主要是建立完善的质量保证体系。从设计、建造、调试到运行的各个环节,进行严格的质量管理和监督,尤其是在运行后,加强运行人员的安全素养和培训,保证核电厂的稳定性、可靠性。日本福岛第一核电厂就是因为人们对海啸的危险估计不足,从设计基础上就发生了错误,致使出现了放射性失控释放的事故。由于是设计基准发生了问题,所以任何补救措施都显得苍白。

第二个保护层次为监控,加强对运行工况的全面监控是保证核电厂安全运行的一个重要措施,包括监控系统、保护系统、检查修理、应急电源和紧急停堆等,以消除故障或事故,保证燃料包壳和一回路承压边界完好无损。

第三个保护层次为限制事故后果,这个层次的关键是有专设安全措施。核电厂配置的安全系统的主要动作是:

(1) 隔离系统,用来将反应堆厂房隔离开来,主要有自动关闭穿过厂房的各条运行管道的阀门,收集厂房内泄漏物质,将其过滤后再排出厂外。

(2) 堆芯注水,在反应堆可能“失水”时,向堆芯注水,以冷却燃料组件,避免包壳破裂,注入水中含有硼,用以制止核链式反应。注水系统使用压力氮气,在无电流和无人操作情况下,在一定压力下可自动注水。

(3) 安全壳喷淋与冷却。事故冷却器和喷淋系统,用来冷却厂房以降低厂房的压力。在厂房压力上升时先启动空气冷却(风机—换热器)的事故冷却器;再进一步可以启动厂房喷淋系统将冷水或含硼水喷入厂房,以降热和降压。

以上所有安全保护系统均采用独立设备和冗余布置,均备有事故电源,安全系统可以抵御地震和在蒸汽-空气及放射性物质的恶劣环境中运行。

4. 核电厂的核安全监管

世界核电几十年和中国核电三十多年的发展经验表明,核电是一种安全、清洁的能源,迄今为止的核电厂运行安全记录是良好的。

但是,严重的核事故将对社会、环境和人民生命财产造成不可估量损失。核工业发展的局部性和核事故发生后影响的全局性使得国家必须负责对全国核设施安全实施统一监督,成立机构独立行使核安全监督。为此,我国于 1984 年成立了国家核安全局。1986 年国务院发布的《民用核设施安全监督管理条例》中指出："民用核设施的选址、设计、建造、运行和退役必须贯彻安全第一的方针；必须有足够的措施保证质量，保证安全运行，预防核事故，限制可能产生的有害影响；"从此，民用核设施的核安全监管走上了法制化管理的道路。

为了保障核安全，预防与应对核事故，安全利用核能，保护公众和从业人员的安全与健康，保护生态环境，促进经济社会可持续发展。2017 年 9 月 1 日全国人民代表大会常务委员会发布《中华人民共和国核安全法》，自 2018 年 1 月 1 日起施行。

5. 核安全目标

核安全是指完成正确的运行工况、事故预防或缓解事故后果从而实现保护厂区人员、公众和环境免遭过量辐射危害。这个总目标又可以分解为辐射防护目标和技术安全目标，这两个目标互相补充、相辅相成，技术措施与管理性和程序性措施一起保证对电离辐射危害的防御。

辐射防护目标：保证在所有运行状态下核动力厂内的辐射照射或由于该核动力厂任何计划排放放射性物质引起的辐射照射保持低于规定限值并且合理可行尽量低，保证减轻任何事故的放射性后果。实现该目标目前的手段是在保证减轻事故的放射性后果的基础上，实现辐射防护最优化。

技术安全目标：采取一切合理可行的措施防止核动力厂事故，并在一旦发生事故时减轻其后果；对于在设计该核动力厂时考虑过的所有可能事故，包括概率很低的事故，要以高可信度保证任何放射性后果尽可能小且低于规定限值；并保证有严重放射性后果的事故发生的概率极低。实现此目前的手段是纵深防御原则。

6. 核安全工作的基本特点

(1) 在核电厂的设计、建造、运行直到退役全过程中，各项活动必须严格遵循确定的程序和操作规程。程序和操作规程是施加于影响核电厂的安全性和可靠性的所有活动的基本要求，严格遵循是对全体人员最基本的纪律要求。

(2) 人的知识和能力。电厂的安全性所依赖的每一个人应该了解必要的科学知识，这些知识为其正确履行职责奠定了基础。必须通过不断的、有计划的培训、考核，确保相应的人员具备必须的知识和能力。

(3) 有效的权力与责任清晰的管理系统。在一个正确的直线制管理系统中，每个人包括管理者在履行他的职责时，只向他的单一上级报告。工作人员在一个具体活动中不必服从来自管理链中除他的直接上级一个人以外的其他人的指示。当然，在权力、责任链划分时要十分注意接口关系，保证有关活动的权力分配给承担这项活动的同一管理者。

(4) 严格遵照正确的、综合性的安全分析的结果来进行相关的设计、建造、运行和维修活动。例如：电厂安全分析的结果与安全操作的参数范围之间的关系。这个范围在相应的运行技术规格书中予以界定，操作范围中极限参数的确定必须通过分析和验证。这些分析和验证文件也被称为联接文件，基于概率论方法的安全分析也应作为联接文件的分析方法，以确保操作极限确定时所涉及的重要相关事项已被充分考虑。

(5) 在核电厂全寿期的运行实践中，所有的设备、部件，特别是安全相关系统的设备和部件的质量必须与设备的制造质量，或者换句话说与设备、部件的技术规格书的要求始终保持一致。这种一致性依赖于电厂对设备、部件的有效管理，包括老化管理。对相应的设备、部件和系统进行有计划，有明确质量、性能验收指标的维护、保养、检修、试验和更换。这对保证核电厂运行后期的安全尤为重要。

7. 我国的核安全监管

我国是联合国的常任理事国，也是国际原子能机构的成员国。核安全是没有“国界”的，我国政府面对国际社会和国内公众认真履行保证核安全的义务和职责，一贯对核安全极为重视。对于原子能的和平利用提出并坚决贯彻“安全第一”的方针。

国际上通用的核安全基本要素和原则均已被我国采用，这些要素和原则的应用可归纳为以下几点。

(1) 建立了较完善的核安全与辐射环境监督管理法规体系，也明确了当前参照使用的有关核安全审评和监督的技术准则文件和参照使用的有关工业标准。

(2) 国家核安全局对各类核设施独立地行使核安全与辐射环境监督管理。同时建立了独立于核工业体系和核设施营运单位的专职核安全与辐射环境审评、监督技术机构——生态环境部核与辐射核安全中心，专门为国家核安全局提供实施监督管理的技术支持和技术保障。

(3) 明确核设施营运单位对该设施的核安全与辐射环境安全负有最终责任。

(4) 由国家核安全局对各类核设施，根据其特点，从设施的选址、设计、建造、运行直到退役分阶段实施许可证管理。

(5) 由国家核安全局组织核与辐射安全中心和有关技术机构对各类核设施各阶段的活动，依照法规和标准的要求实施强制性的核安全与辐射环境安全的技术审评和监督。其审评、监督的结果作为国家核安全局对核设施营运单位颁发相应许可证的依据。

(6) 国家核安全局及其技术支持机构大力开展多边与双边的国际合作，积极开展国际交流和人员培训。充分注意收集和跟踪国内外有关核安全与辐射环境安全的经验反馈和最新研究成果，大力开展旨在提高监管能力的科学研究，并将研究成果加以应用。

第三节　核反应堆基本知识

学习目标：

- 了解核反应堆工作原理；
- 了解核反应堆分类；
- 了解世界核电发展概况。

一、核反应堆基本知识

1. 核反应堆工作原理

核反应堆是以铀或钚作核燃料，可控制地使一定数量的核燃料发生链式裂变反应，并持续不断地把裂变释放的能量带出做功的一种装置，反应堆内设置有实施链式裂变反应的核燃料和可控制核裂变速率达到启动、正常运行或停止核裂变反应的控制设备。

核反应堆里面装的能裂变反应的物质(如铀-235、钚-239 等)称为核燃料。按轰击裂变材料的中子能量可以将核反应堆分为两类：热中子反应堆和快中子反应堆。凡直接利用核裂变时放出高能量、高速度的快中子来引起链式反应的装置，称为快中子反应堆。凡利用慢化剂把快中子速度降低使成为热中子(或称慢中子)，再利用热中子来进行链式裂变反应的，称为热中子反应堆。

由于热中子更易引起铀-235 等裂变，这样用少量的裂变物质就可获得链式裂变反应。有效的慢化剂都是一些含轻元素而又吸收中子少的物质，如普通水(含氢)、重水(含氘)、铍、石墨等。热中子反应堆一般都是把燃料元件有规则地排列在慢化剂中，组成堆芯。链式反应就在堆芯中进行。

反应堆必须用冷却剂把裂变能带出堆芯。冷却剂也应该是吸收中子很少的物质。热中子反应堆最常用的冷却剂是轻水(即普通水)、重水等。快中子反应堆不能用慢化能力强的物质作冷却剂，一般都用导热性能良好的液态金属钠作冷却剂。

反应堆都必须用吸收中子能力很强的控制棒来控制链式裂变反应。控制棒吸收体的材料一般有碳化硼、银铟镉合金等。控制棒插在堆芯中，可以上下移动，把控制棒部分移出堆芯，就可以提升功率，反之，就可以降低功率和停堆。如果反应堆运行不正常，控制棒会自动快速插入堆芯，使链式裂变反应立即停止。

2. 核反应堆分类

核反应堆类型按照不同的方法可以将其归纳为：

(1) 按用途分类有研究堆、实验堆、辐照堆、生产堆、动力堆；

(2) 按中子能量分类有热中子堆、快中子堆；

(3) 按燃料分类有天然铀堆、浓缩铀堆和钚堆；

(4) 按冷却剂分类有水堆、气堆和熔盐堆；

(5) 按慢化剂分类有重水堆、轻水堆、石墨堆和铍堆。

核裂变时既释放出大量能量、又释放出大量中子。核反应堆有许多用途，但归结起来，一是利用裂变核能，二是利用裂变中子。其中裂变核能主要用于发电，但它在其他方面也有广泛的应用。例如，核能供热、核动力等。

把核能转变为电能的电厂，通常称为核电厂。由于核反应堆的类型不同，核电厂的系统和设备也有所差异。核电厂的类型是根据核反应堆类型来分类的，反应堆类型很多，现将主要的几种反应堆类型的核电厂介绍如下。

(1) 压水堆核电厂

压水堆核电厂的优点：反应堆的结构简单，功率密度高；汽轮机不带放射性，无须采取防护措施。其缺点：系统复杂，设备多；为得到较高的蒸汽参数，反应堆及一回路设备都要在很高的压力下工作，使其设计、制造困难。

目前，我国主要使用的是压水堆核电厂，在世界上使用最多的也是压水堆核电厂。

(2) 沸水堆核电厂

沸水堆核电厂的优点：系统简单(只有一个回路，设备少。无蒸汽发生器、稳压器、主泵及一回路主管道等)；在反应堆压力低的情况下可获得相对高的蒸汽参数。其缺点：反应堆结构复杂，功率密度低；汽轮机带有放射性，要采取防护措施。

沸水堆核电单机最大功率已达 1 300 MW。日本福岛第一核电厂使用的就是沸水堆。

(3) 重水反应堆核电厂

重水反应堆核电厂的优点：用天然铀作燃料，提高了铀资源的利用率，降低了燃料的成本；采用压力管，省去技术复杂、制造困难、价格昂贵的压力壳；能不停堆换料。其缺点是重水昂贵,发电成本高。

1956 年,加拿大建成了实验性的重水堆核电厂,后来又建造了电功率为 540 MW 和 750 MW 的重水堆核电机组。我国秦山三期使用的就是重水反应堆核电厂。

(4) 石墨反应堆核电厂

石墨反应堆核电厂的优点:用天然铀作燃料成本低;获得的蒸汽参数高,且为过热蒸汽。其缺点是:功率密度小,反应堆体积庞大;燃料装量大,燃耗浅,自耗功大,发电成本高。

苏联自第一座核电厂开始,一直在设计、建造石墨水冷堆核电厂,并在国内建造了一批功率为 1 000 MW 的这种核电机组。切尔诺贝利核电厂就是属于此类核电厂。

(5) 快中子堆核电厂

快中子堆核电厂用快中子(未经慢化的高能中子)轰击原子核产生裂变能发电。这种快中子反应堆在运行中,既消耗裂变材料,又生产裂变材料,而且产多于耗,实现裂变材料的增值。

(6) 高温气冷堆核电厂

高温气冷堆核电厂的优点是由于采用非能动余热载出方式,其单堆的输出功率受到限制,最大热功率只能达到 200~260 MW。其输出电功率只能达到 100 MW 规模容量,相比压水堆核电厂,其容量规模较小。其缺点是由于气体冷却剂的密度低,导热能力差。循环时消耗的功率大,因此工作压力需要提高。还有一些限制因素待解决:包括高燃耗包覆颗粒燃料元件的制备和辐照考验,高温高压氦气回路设备的工艺技术,燃料后处理及再加工等。

二、核电的优越性

核电之所以发展如此迅速的原因是在于核能具有安全、经济、负荷因子高和污染少等优点。

1. 高能量、少耗料

原子核裂变释放的能量,要比任何一种化学反应释放的能量大几百万倍。每千克铀-235 全部裂变所产生的能量相当于 2 500~2 700 t 优质煤燃烧时放出的能量。一座发电容量为 60 万 kW 的核电厂,每天仅需燃耗约 3 千克的铀-235。若反应堆初始装料约 1 500 千克铀-235,就足以供核电厂满功率连续发电一年半。而对于同样发电容量的一座火电站来说,一年半中将要烧掉 250 万 t 左右的煤(或 150 万 t 左右的重油)。这样,几乎每天要为火电站解决近万吨的送料和上千吨灰渣的运输问题。由于核电厂具有高能量、少耗料这个特点,它将大大减少了电站的燃料运输和储存。尤其是对于缺乏煤、石油和水力资源的地区,核发电就更有吸引力。

2. 核燃料转化或增殖

核燃料的燃烧方式与化石燃料的燃烧有着本质的差别。有机燃料的燃烧结果,剩下的几乎只是无价值的灰渣。而核燃料在反应堆内燃耗掉一部分,剩下一部分,同时在反应堆燃耗过程中还使一部分铀-238 或钍-232 转化为新的可裂变的核燃料钚-239 或铀-233。这些新产生的核燃料比自然界蕴藏的核燃料铀-235 具有更优良的性能,经过加工处理后可重新投入反应堆中使用,在地球上的铀矿藏中,铀-238 和钍-232 的蕴藏量要比铀-235 大千百倍,因此,利用核电厂反应堆的这样一个重要的转化或增殖特性,可以使自然界蕴藏着的大量铀、钍矿藏获得充分利用,这进一步又为核能发电提供了丰富的核燃料。

3. 核能是经济的能源

核电站的优点之一是能长期稳定在高功率条件下运行，而且这样运行最经济，运行成本低廉。核电站设计运行寿命在 40 年以上，其基本建设投资占发电成本的 60%，燃料只占 20%，其他 20%为运行和维修成本：虽然化石燃料的发电厂基本建设费明显低于核电，但是燃料成本所占比例高，燃煤为 50%，燃天然气比例高达 70%。如果将能量生产的间接费用包含在内，核能具有经济上的竞争力，核电废物处理包括在核电成本中，而使用化石燃料的电厂的废物处理成本尚无完整的计算，尤其对环境破坏后的处理更为艰巨。

4. 核能是可持续发展的能源

人类利用能源方式在变化，从焚烧木柴、木炭、煤、石油产品到核能利用，当前我国能源开发方针是“优先发展水电，优化火电，适当发展核电，重视新能源开发”。众所周知，能源对经济与社会发展及提高生活质量是至关重要的，然而人类在利用传统能源过程中产生的二氧化碳、尘埃和其他废物等对环境的负面影响将危及人类自身的生存。核能是至今为止找到的一种可持续发展的最好能源供应之一，通过几十年的经验总结证明核能是安全、经济、干净的。自然界已探明的煤可用 200 年，天然气可用 60 年，石油可用 40 年，而地壳里蕴藏的核燃料资源大于地球上有机燃料总和的 20 倍。截至 2009 年 1 月 1 日，全球已探明的铀储量达到 630.63 万 t；2006 年的资料显示，全球钍资源预计储量达 450 万 t。这些裂变燃料足够使用到聚变能时代。

聚变燃料主要是氘和锂，据估计地球上总的氘的储量约 40 万亿 t，锂的储量有 2 000 多亿 t。在海水中提取氘，每吨海水中氘所释放出的能量相当于 350 t 标准煤。按目前世界能源消费的水平，地球上可供原子核聚变的氘和氚，能供人类使用上千亿年。因此，有些能源专家认为，只要解决了核聚变技术，人类就将从根本上解决了能源问题。问题在于如何得到这些核燃料并充分利用它们。

5. 核能是一种安全可靠并且清洁的能源

核电厂是一个完全可以控制的核裂变装置，它不同于原子弹。即使在最严重事故的情况下也不会发生核爆炸。对于压水堆核电厂来说，可能出现的最严重事故是，一回路设备(如压力壳、主循环泵、蒸汽发生器及主管道)完全破裂而造成高温高压全部汽化，反应堆堆芯由于失水而造成熔化。但在这种情况下，核裂变反应也就停止了，因此不会发生核爆炸。虽然核电厂发生这种事故的可能性非常小，但是为了做到安全可靠，万无一失，并防止事故引起放射性扩散，核电厂中设置了三道放射性屏障和应急事故处理系统。

核电站正常运行时核岛内不向外释放任何废物，不管是气体、液体还是固体都封闭在安全壳内，排放物都满足国家控制标准。即使在事故情况下，一般也能将放射性物质控制在安全壳内。

对于核电厂放射性废物，采取各种必要措施，经过严格处理，在符合标准时才允许排放。从目前国外核电厂运行资料来看，在正常运行情况下核电厂主要排放的稀有气体、裂变产物及氚等总剂量率约为 1.2×10^{-11} μSv/(kW·h)[相应标准剂量率为 2.1×10^{-10} μSv/(kW·h)]，核动力活动产生的附加放射性对天然放射性本质而言可以忽略不计。一座 1 000 MW 单机组的核电站正常运行期间产生约 30 t 高放射性废燃料，800 t 中、低放射性废物，通过固化压实处理后约 30 m^3 被存放起来。美国拥有 100 多座核电站，全废物量约 3 000 m^3，而其他工业行业产生废物为 5 000 000 m^3。

然而全球对化石燃料的依赖正产生着严重的后果,烧煤的电站排放的灰尘中主要含有镭、钍等物质,其总剂量率约为 3.52×10^{-11} μSv/(kW·h)[相应标准剂量率为 10.6×10^{-10} μSv/(kW·h)]。因此,从放射性排放来看,核电厂对环境的污染比火电站小。而且一座 1 000 MW 烧煤的电厂每年约释放 6 000 000 t 二氧化碳;释放大量硫氧化物(不采用污染控制)或固体废物 500 000 t(采用除硫技术产生);氮氧化物 22 000 t;产生的灰渣 320 000 t,其中包括 400 t 重金属毒物,如镉、汞、铅等。

6. 核电站负荷因子高

核电站一般都具有在超负荷条件下长期运行的能力,而且希望在这种条件下运行以充分发挥燃料元件的潜能以增加燃耗深度,这也是核电站的优点之一。核电站长期稳定在满功率以上运行,将停堆检修、换料时间缩短,使得核电机组能取得很高的负荷因子。根据 1997 年世界范围内的统计大约 2.5%核电机组的平均负荷因子达到或超过 100%,最高可达 108%;平均负荷因子达到 62.1%的机组占 75%以上。这对其他种发电是很难实现的,即使设备允许也要增加能源消耗或维修成本。

7. 核电站功率调节能力强

核电机组易于控制和功率调节也是一大优点。核电站的运行是自动控制的,核反应性是通过控制棒的插入/提升和增加/减少冷却剂中的硼含量来控制功率的,核电站在满功率运行状态下,若需要紧急停堆,可将控制棒全部插入堆芯后终止核反应,落棒时间仅为 2.8 s。

三、世界核电发展

1938 年,科学家在一次试验中发现铀-235 原子核在吸收一个中子以后能分裂,在放出 2～3 个中子的同时产生一种巨大的能量,这种能量比化学反应所释放的能量大得多,这就是我们今天所说的核裂变能。人们随即开始了核能的应用研究。

1942 年,美国建成世界上第一座核反应堆,实现了链式反应,但还不能从反应堆中取得有用的热量。在第二次世界大战期间,几个大国致力发展核武器,战后各国才开始重视核电的研究。1954 年 6 月,苏联建成世界上第一座核电厂,其功率为 5 000 kW;1956 年 5 月,英国建设的第一座石墨气冷堆核电厂,其发电容量 5 000 kW。

70 多年来,核电经历了三代的发展。

第一代核电是 20 世纪 50—60 年代初苏联、美国等建造的第一批单机容量在 300 MWe 的原型核电厂,如美国的希平港核电厂和英第安角 1 号核电厂,法国的舒兹(Chooz)核电厂,德国的奥珀利海母(Obrigheim)核电厂,日本的美浜 1 号核电厂等。

第二代核电是指 20 世纪 70 年代到现在运行的大部分商业核电厂。所用的反应堆堆型主要有西方国家设计的压水堆、沸水堆、重水堆、石墨气冷堆和苏联设计的压水堆和石墨水冷堆。

第三代核电主要代表分别是美国的 AP1000、欧洲的 EPR 和中国具有知识产权的“华龙一号”“国和一号”。

第四代核能系统概念(有别于核电技术或先进反应堆),最先由美国能源部的核能、科学与技术办公室提出,始见于 1999 年 6 月美国核学会夏季年会,同年 11 月的该学会冬季年会上，发展第四代核能系统的设想得到进一步明确；2000 年 1 月，美国能源部发起并约请阿根廷、巴西、加拿大、法国、日本、韩国、南非和英国等国家的政府代表开会，讨论开发新一代核能技术的国际合作问题，取得了广泛共识，并发表了“九国联合声明”。随后，由美国、法国、日本、英国等核电发达国家组建了“第四代核能系统国际论坛(GIF)”，拟于 2～3 年内定出相关目标和计划；这项计划总的目标是在 2030 年左右，向市场推出能够解决核能经济性、安全性、废物处理和防止核扩散问题的第四代核能系统(Gen-Ⅳ)。

四、中国核电发展概况

截至2023年，我国大陆运行核电机组共55台(不含中国台湾地区)，装机容量5 703.134 万 kW(额定装机容量)，在建机组 26 台，装机容量约 3030 万 kW，多年来保持全球首位。2023 年 1—12 月期间，我国大陆共 55 台商运核电机组，累计发电量为 4333.71 亿 kW 时，约占全国累计发电量的 4.86%，较 2022 年有所上升，表明核电在我国能源供应中的角色正在逐渐增强。

经过 30 多年持续不断的发展，中国核电从无到有、从小到大，自主建设和引进消化吸收再创新同步进行，实现了三代核电技术设计自主化、重要关键设备国家产化；具有四代核电特征的高温气冷堆示范工程投入商运；在聚变堆研究方面，作为重要成员之一，中国积极参加国际热核聚变反应堆计划(ITER)，并在关键领域取得了重要进展。

切尔诺贝利事故和日本福岛核事故为世界核电界敲响了警钟，也促使中国核电行业进一步优化设计、加强安全监管和日常运行管理，不断提升核电安全运行水平。

长期以来，我国核电安全运行一直保持良好业绩，根据世界核电运行协会(WANO)的综合指数统计，2017 年，全球有 57 台机组获得满分 100 分，中国有 11 台；2018 年，全球 53 台机组获得满分 100 分，中国有 12 台。我国是世界上少数几个拥有完整核燃料循环体系的国家，几十年来核电建设步伐没有停止，积累的核电建造能力居世界前列，包括 AP1000、EPR 在内的三代核电率先在中国建成投运，自主三代核电“华龙一号”全球首堆福清 5 号、6 号核电机组投入商运海外“华龙一号”首批项目(巴基斯坦卡拉奇 2、3 号机组)也投入商运。

第四节　核辐射防护基本知识

学习目标：

- 了解辐射防护的概念；
- 了解辐射防护的目的、原则和标准；
- 掌握核辐射的防护与处理措施。

一、辐射防护的基本概念

核能作为一种新的能源，近几十年得到迅速的发展。但是，作为释放核能的反应堆，却是一个巨大的放射源。因此，在核能电站工作的人员除与其他电力部门的工作人员一样可能遭遇到一般工业安全方面的危险外，还可能遭遇到辐射照射的危险。

事实上，同样具有危险的条件下，核能工业是最安全的工业之一。科学已经就辐射对人体的影响进行了深入的研究，国际辐射防护委员会对人员的防护提出了一些有益的建议,其中包括一些特别的安全标准和安全规则。我国颁发了《辐射防护规定》等法规,在核电厂正常的生产活动中,只要工作人员严格执行和遵守《辐射防护规定》,就能确保辐射防护安全。

在自然界存在着各种各样的辐射,比如光辐射、电磁辐射和电离辐射等。

对于光辐射和热辐射,我们能感觉到。人们会自觉或不自觉地采用各种办法来对光辐射和热辐射进行防护。

电磁辐射是由电场和磁场交互变化的电磁波,过量的电磁辐射对人体也会产生有害的影响。放射性物质发出的射线与物质作用,会直接地或间接地使物质的原子发生电离,因此,人们把这种能产生电离的辐射称为电离辐射,也可称为核辐射。

电离辐射摸不着、看不见,人体受照射时也没有任何感觉,当剂量大到足以致人死时,体温的升高还不到 0.001 ℃。

而在核电站,反应堆堆芯中产生和包容着数量巨大的放射性物质,由于生产活动,放射性物质会被带到其他相关的系统和设备中,因此,在现场工作的人员就可能受到电离辐射的照射,人们必须想方设法对电离辐射进行防护。对电离辐射的防护,简称为辐射防护。

1. 电离辐射对人体的危害

人体细胞中原子受电离或激发后,有 3 种可能的后果,第一由于分子结构改变导致细胞暂时性受损,但可得到完全修复;第二种可能受损细胞可存活但修复不完善从而得到一个可存活,但改变了的细胞;第三种可能受损细胞无法修复。细胞、组织乃至器官被损伤后,即产生有害人体健康的效应。同时也可能对人们在精神上产生紧张、害怕等情绪,继而造成内分泌紊乱而影响人体健康。

电离辐射对人体的损伤程度受辐射剂量剂量率、射线种类、能量、传能线密度、辐照方式、辐照部位、面积及个体辐照敏感性等因素影响。根据辐射效应发生的机制,又可分为确定性效应和随机性效应。

(1) 确定性效应

确定性效应是指效应的严重程度与受照剂量有关的那些效应。确定性效应的形成机制中有一点是极其关键的,这就是对于某组织或器官的一种非随机性损伤来说,受损或死亡细胞必须达到一定份额才能达到可检测的水平,这就构成了一个阈,达到此阈后才能产生效应。在辐射防护实践中,认识确定性效应存在阈剂量,具有极为重要的意义。辐射防护工作人员有可能通过种种有效措施把受照人员所接受的剂量控制在某一阈剂量以下(见表 2-1),从而达到防止受照人员的特定组织或器官发生确定性效应的目的。

表 2-1 确定性效应主要阈值

器官或组织	确定性效应	单次照射的剂量阈值/Sv	单次照射的剂量阈值/Sv
生殖腺	永久不生育	3.5	
眼晶体	晶体混浊	0.5~2.0	>5
红骨髓	造血机能低下	0.5	
皮肤	湿性脱屑	20	

(2) 随机性效应

电离辐射还可以诱发另一类生物效应,此类效应的特征是以随机方式发生在受照群体或其后代中,而且发生效应的概率与该群体所接受的剂量有关,减少剂量可以降低随机效应的发生率,但是不能完全避免,因为所有人都会受到天然辐射和社会所应用的人造源产生的小剂量影响,效应的严重程度则与剂量无关。此类生物效应就是随机效应,与确定性效应不同的是,在没有其他的变异因子的情况下,所产生变化的严重程度应不会随剂量增大而增大。

电离辐射的各种生物效应主要临床表现见表 2-2。

表 2-2　电离辐射的各种生物效应主要临床表现

效应类别		随机效应	确定性效应
躯体效应	早期效应		皮肤良性损伤、造成血障碍、生育能力减退、眼晶体混浊、免疫能力下降等
	晚期效应	各种癌症	白内障、不痛症等
遗传效应		严重遗传疾患	

各种行业的危险度比较见表 2-3。

表 2-3　不同产业危险度比较

类别	危险/(人·年)$^{-1}$
农业	10^{-5}
商业	10^{-5}
纺织	2×10^{-5}
机械	3×10^{-5}
林业	5×10^{-5}
水利	10^{-4}
建材	2×10^{-4}
放射工作(5 mSv/a)	2×10^{-4}
冶金	3×10^{-4}
电力	3×10^{-4}
化工	3×10^{-4}
石油	5×10^{-4}
煤炭	10^{-3}

从表 2-3 可以看出,放射工作的危险度处于中等水平,约为 2×10^{-4}/(年·人)。近年来,由于辐射防护水平的不断提高,放射工作的安全性更得到了加强。

2. 影响辐射生物效应的因素

(1) 物理因素

物理因素主要是指:辐射类型、剂量、剂量率及分次照射、照射部位及照射面积和照射的几何条件。

(2) 生物因素

影响辐射生物学作用的生物因素主要是指生物体对辐射的敏感性。

3. 人类生活环境中的放射性

放射性是一种自然现象,任何人在任何时候都在受到射线的照射,只是以前对放射性危害知之甚少,表 2-4 列出了日常生活中的辐射。

表 2-4 常见人类活动所接受的照射

项目	所受到的剂量/μSv
我国居民的平均天然辐射年有效剂量	2 300
胸部 X 射线照相一次	100
吸烟(每天 20 支)	50
看电视(每天 2 h)	10
乘飞机从上海往返北京 1 次	10

最近几十年来,随着人们对放射性认识的深入,放射性已广泛运用到消防、医疗、农业、工业、军事等领域,在给人们带来益处的同时,也给我们带来烦恼,诸如放射性对人体的危害、放射性对周围环境的影响等。为了更好地了解放射性辐射,根据放射性的来源,我们将其分为:天然放射性和人工放射性。

(1) 天然放射性

人类的历史,可以说是处在天然辐射照射下生存和进化的历史。当然这种称为天然本底辐照的照射水平都比较低。天然辐射源主要有三种来源:宇宙辐射、地壳中的放射性物质和体内放射性物质。

(2) 人工辐射源

人工辐射是指人们由于核试验、医疗、核动力生产所产生的放射性。人工辐射源主要包括医疗照射、公众照射和职业照射三个方面。

我国不同职业工作人员所受职业性照射的平均年个人剂量和年集体有效剂量列于表 2-5,由表中可见,从年平均个人剂量看,有色金属地下矿工所受剂量最高,比铀矿地下工作人员还高 65%。其次是地下煤矿工作人员。从集体剂量看,最大的是煤矿,其次是有色金属,二者相加占总剂量的 99.45%。另一些值得注意的问题是:在核技术和辐射应用中,工作人员所受平均剂量虽然最低,但其潜在照射的危险很大,必须采取严格有效的措施降低事故发生率;核工业安全记录虽然较好,其事故发生概率虽然极低,但严重事故的可能性并不等于零。因此,必须进一步加强管理,防止事故的发生,降低工作人员所受剂量。

表 2-5　我国不同职业工作人员受照人均年个人剂量和集体剂量

职业类别		平均年个人剂量/mSv	年集体有效剂量	
			剂量值/(人·Sv)	占总剂量的百分比/%
核工业	铀矿山	约 10	约 0.7×10^2	0.23
	其他	4.5		
核和辐射技术应用		2	约 2.2×10^2	0.72
地下煤矿		4.3	2.6×10^4	85
有色金属地下矿山		约 17	4.3×10^3	14.05
总计			3.059×10^4	100

二、辐射防护的目的、原则和标准

1. 辐射防护目的

辐射防护是既要允许进行那些可能产生辐照的必要实践，又要保障放射工作人员、公众及其后代的健康和安全，并提高辐射防护措施的效益，进而促进放射工作健康发展。所以辐射防护的目的在于防止有害的确定性效应的发生，并将随机性效应的发生概率降低到合理可行尽量低的水平。

2. 辐射防护原则

(1) 辐射实践的正当化

任何包含着辐射的实践，都可能对人体和环境造成危害。因此任何含辐照的实践都必须有正当理由。在判断辐射实践正当化时，一般需要综合考虑政治、经济、社会等许多方面的因素，辐射防护仅是其中一个方面。

(2) 辐射防护的最优化

对于小剂量的危害，人们普遍认为：剂量无论如何小，均会引起有害的辐射效应，且剂量与效应发生的概率成正比关系，即剂量与效应发生概率的线性无阈值假设(见图 2-2)。因此，必须尽量降低工作人员接受剂量水平，以减少健康损害代价。

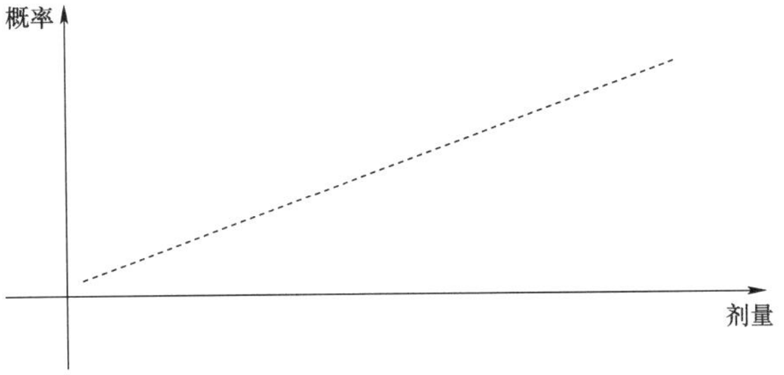

图 2-2　剂量与效应发生的概率关系

（3）个人剂量限制

对个人剂量的限制，即个人所接受的辐射剂量不能超过有关法规规定的剂量限值。个人剂量限值是不允许接受剂量范围的下限，而不是可允许接受剂量的上限。也就是说，接受剂量高于规定限值是不允许的，但不是只要低于限值就一定安全合理。个人剂量限值不是目标值，不能看作是安全与危险的分界线。个人剂量限值分为：基本限值、次级限值、导出限值、管理限值和参考水平五个级别。在实际工作中运用较多的是基本限值、管理限值和参考水平。

1）基本限值

基本限值是辐射防护的基本标准。我国从 2003 年开始执行的国家标准《电离辐射防护与辐射源安全基本标准》(GB 18871—2002)对职业照射工作人员的个人剂量限值规定为：

① 由审管理部门决定的连续 5 年的平均有效剂量为 20 mSv；

② 任何一年中的有效剂量为 50 mSv；

③ 眼晶体的年当量剂量为 150 mSv；

④ 四肢(手和脚)或皮肤的年当量剂量为 500 mSv。

2）管理限值

这是由主管部门确定的量。这些值的选定要确保个体或关键人群组的成员不会受到超过基本限值或次级限值的剂量。管理限值通常比导出限值还更严一些。

3）参考水平

参考水平不是限值，是为了有效地实施辐射防护，由辐射防护部门确定的行动参考水平，包括：记录水平、调查水平和干预水平。

① 记录水平：是值得记录存档的水平。低于此水平可不予记录，这样可大大简化监测结果的记录。

② 调查水平：是指需进一步调查的剂量当量或摄入量的水平。超过此数值的监测结果应作进一步调查，弄清产生的原因及评价其后果。

③ 干预水平：是指需采取干预行动的剂量当量或摄入量的水平。超过此水平的监测结果应进行干预。由于需采取干预行动的异常情况下采取与正常操作程序不同的一些行动，牵涉的因素多，所以不可能建议一些适用于所有场合的干预水平。

3. 辐射防护相关法规、标准介绍

我国的辐射防护法规标准体系自上而下主要可以分为法律、行政法规、部门规章和技术标准四个层次。这些法规标准构成了我国辐射防护的基础结构，为保障放射工作人员及公众的安全保驾护航。

作为第一层次的法律，是全国人大制定的，由国家主席公布施行。与辐射防护直接相关的有《中华人民共和国放射性污染防治法》和《中华人民共和国职业病防治法》。

行政法规是国务院常务会议审议通过后由国务院总理发布施行的。与辐射防护直接相关的有《放射性同位素与射线装置安全和防护条例》《中华人民共和国民用核设施安全监督管制条例》《核电厂核事故应急管理条例》《中华人民共和国核材料管理条例》等行政法规。

部门规章指各有关部委为更好执行有关法律法规而制定的管理文件。与辐射防护直接相关的有生态环境部、卫生部、公安部、国防科技工业局等政府部门制定的一系列管理文件，如《放射性同位素与射线装置安全许可管理办法》《核与放射事故管理规定》《放射工作人员健康管理规定》《核动力厂设计及运行安全规定》《放射性物质运输管理办法》等。

技术标准是具体做好辐射防护工作的基本依据，有国家标准、行业标准、地方标准等。常用的辐射防护标准有 GB 18871—2002《电离辐射防护与辐射源安全基本标准》、GB 11806—2004《放射性物质安全运输规程》、GB 14500—2002《放射性废物管理规定》、GBZ 98—2002《放射工作人员健康标准》、GBZ 113—2002《电离辐射事故干预水平及医学处理原则》等。

三、放射性的危害及防护

1. 外照射的危害及防护

(1) 外照射的基本概念

外照射是指放射源在人体之外对人体产生的照射，包括体表放射性污染引起的照射。外照射可引起内部器官组织或皮肤的损伤。

(2) 外照射的来源

在核电厂，可能引起外照射的射线是γ、β和中子(n)，下面对它们分别介绍。

1) γ射线引起的外照射

在核电厂，γ射线是主要的外照射形式，它主要来自核反应的裂变产物和被中子强烈活化的部件。由于管道中活化腐蚀产物的出现 ^{60}Co，尤其是在停堆大修期间，γ射线是外照射剂量的主要来源。γ射线能穿透人体深处，对人体所在器官和组织都能造成电离辐射损伤。

2) β射线引起的外照射

核电厂在正常情况下，放射性物质放出的β粒子完全被管道屏蔽，所以不存在β射线引起的外照射。当打开回路时行检修或回路泄漏造成工作场所的放射性污染时，β放射性物质可能造成人体体表污染，β射线有一定的穿透能力，在较浅的深度中释放全部能量，尽管它不会对内部器官和组织造成辐射损伤，但会产生皮肤剂量。

3) 中子(n)产生的外照射

在核电厂，中子主要是裂变中子，它仅存在于机组运行时的反应堆厂房内。中子的穿透性很强，可以对人体的器官和组织产生辐射剂量。一般在停堆在役检查阶段不存在中子辐照风险。

(3) 外照射的监测

1) 外照射剂量的监测

辐射工作人员的外照射剂量通常利用热释光个人剂量计和直读式电子剂量计进行监测。

个人剂量监测是保护工作人员健康安全的重要措施，是评价工作人员放射损伤和安全防护设施效能的依据。热释光个人剂量计(TLD)是进行外照射剂量监测的法定计量器具。它是一种累积式个人剂量监测计，具有组织等效好、体积小、灵敏度高、量程宽、能量响应好、可重复使用等优点。规定定期更换。一般应佩戴在左胸前，若身体某部位可能受到较大照射，则应在该部位佩戴 TLD。

直读式电子剂量计是记录放射性工作人员一次进入放射性区域工作所受到的剂量。电子剂量计可设置剂量报警和剂量率报警两种工作方式。如果达到报警设定值，电子剂量计会发出刺耳的鸣叫声,同时剂量计的红色指示灯会连续闪烁,提醒你现在必须注意自己的累积剂量或周围环境的剂量率已经达到预定的设置值,需要你采取行动,避免自己受到更多的辐射照射。电子剂量计必须夹在前胸左上方口袋内。

2) 外照射剂量率的监测

工作场所剂量率监测的目的是判断和评价工作场所防护设施和措施的有效性,及时发现异常情况和为评价工作人员所受剂量提供佐证。外照射监测仪大多是便携的,但有时也用固定式的。有的固定式监测仪有多个探头,分布在工作场所的不同部位,且有报警装置,一旦剂量率超过限值,立即报警。这在操作大剂量γ源或中子源场所中很有用。剂量率的单位一般用μSv/h 和 mSv/h。

(4) 外照射的防护

降低外照射的方法有:减少在放射源附近工作时间即时间防护、增大工作人员和放射源之间的距离即距离防护、在工作人员和放射源之间添置屏蔽,以吸收辐射即屏蔽防护、让放射源衰变到一定的程度后再接近它即源强防护。

1) 时间防护

所谓时间防护,就是尽量减少辐射源对人体的照射时间,以减少人体的受照剂量。这与受阳光晒伤的道理一样:如果你不想被晒伤就不要在太阳底下呆很长的时间。例如,某区域内放射性水平是 150 μSv/h,而且要在该区域待 6 h 完成一项工作,则接受的剂量为:150 μSv/h×6 h=900 μSv。

但好的工作计划能缩减工作时间到 3 h,则吸收的剂量为:150 μSv/h×3 h=450 μSv。

在从事伴有辐射的操作时,动作应迅速,尽量缩短操作时间,必要时,事先应进行一定的模拟操练,以提高操作的熟练程度。需要在一个强辐射场工作时,在进入工作现场前,应安排好工作程序,从设备、人员材料等各方面做好充分的准备,以便用最短的时间去完成任务。实践证明,良好的事先准备可以大大缩短工作需要的时间。在一个人因操作时间过长而会受到过量的照射时,就应采取剂量分担措施,以降低个人受照剂量,遵守个人剂量限值。

2) 距离防护

如果增大工作人员与一个放射源的距离,你所在的辐射场会有明显的下降。因为对于一个一定的点源,剂量率与离源的距离的平方成反比,即:$D_1/D_2=R_2^2/R_1^2$。

其中,D_1、D_2 分别为距辐射源 R_1、R_2 处的剂量率;R_1、R_2 分别为源到 1、2 点的距离。

在实际工作中,常用远距离操作工具,如长柄钳子,机械手,远距离自动控制装置等,以增加人体与辐射源之间的距离。待命、操作中间需休息时,应转移到低剂量率的地方。在操作中间遇到问题时,应转移到低剂量率的地方,与有关人员讨论措施。核电厂的工作现场情况复杂,辐射可能来自四面八方,因此在工作前必须对工作现场剂量率进行测量,工作时尽量不要靠近剂量率高的"热点"。

3) 屏蔽防护

实际工作中,当距离、时间等条件无法改良时,为降低工作人员受照剂量至容许剂量水平,只有采取屏蔽防护。屏蔽防护就是在人体与辐射源之间设置屏蔽物,以减少人体的受照剂量。

根据不同防护要求,屏蔽物可以是固定式的,也可以是移动式的。墙壁、天花板、防护门等属固定式屏蔽物,而各种包装容器、铅屏风、铅砖、铅衣裤、铅眼镜等属移动式屏蔽物。

4）源强防护

减少辐射的另一种方法是降低源的强度。降低源强的方法有多种：① 涉及的是短半衰期的辐射源，如果条件允许，待辐射水平衰变到一定水平后再进行工作；② 在机组大修之前，对一回路系统采取氧化、净化等措施，以降低一回路的放射性水平，从而降低系统和设备的剂量率；③ 对污染程度严重造成工作场所辐射水平较高的设施和设备（管道、容器等），采取去污措施，以降低工作场所剂量率；④ 如果同样能达到工作目的，应选用小源而不用大源等。

辐射场每经过一个半衰期辐射水平就会下降为原来的一半，尤其是核电站停堆后的一段时间内，辐射场随时间的推移下降的速度很快，因此在核电站大修检查时，等待衰变是减少剂量的很好的办法。

2. 内照射的危害及防护

（1）内照射的基本概念

进入体内的放射性核素作为辐射源对人体的照射称为内照射。内照射与外照射的区别在于：外照射只在放射性场所工作时发生，工作人员一旦离开，外照射即可避免，而放射性物质一旦进入体内，会时时刻刻对人体产生照射。

（2）内照射的危害

放射性物质对人体造成的内照射伤害往往比外照射更大。这是因为：① 照射是连续的，且几乎不能用人为的方法加以改变，一般只能按照其自身的固有规律在人体内进行代谢；② 某些放射性核素会有选择地沉积在它所亲和的某些器官或组织中，例如，碘主要沉积在甲状腺中，锶主要沉积在骨中等；③ 外照射很弱的 α 粒子和低能 β 粒子对人体器官或组织伤害尤其严重；④ 一些放射性核素，除有放射性危害外，还有化学毒性危害。

（3）放射性物质内污染的途径

放射性物质主要通过吸入、食入和破损的皮肤或伤口等途径进入人体。通过吸入进入人体的放射性物质主要有放射性气体和气溶胶。通过食入途径进入人体的方式，主要是食用受到被放射性物质污染的食物，而直接食入放射性物质则一般极少发生。当皮肤有伤口时，放射性物质就可通过伤口直接进入人体。进入人体的放射性物质，部分可以通过呼气、粪便、尿液和痰排出人体。

（4）内照射的监测

职业性个人内照射监测是指对体内（全身或特定器官）及排泄物中的放射性物质含量时行测量，进而估算放射性物质的摄入量和特定器官的待积剂量当量和有效剂量当量，从而达到限制工作人员的辐射剂量和证明防护结果是遵守剂量限值和管理规定的，同时对受到内污染人员进行医学防护；为制定和修改辐射防护规定提供必要的依据。

（5）内照射的防护

放射性物质进入体内的途径有：食入、吸入、从裸露伤口进入、通过皮肤渗入等；防护的关键在于切断造成内污染的各种途径。

1）防止放射性物质经由呼吸道进入体内

由于放射性粉尘或放射性气体逸入空间，可能造成工作场所的空气污染，空气污染是造成放射性物质经呼吸道进入体内的主要途径，从防护的形式来讲分为集体防护和个人防护。

① 集体防护措施

a. 空气净化：通过空气过滤、除尘等方法，尽量降低空气中放射性粉尘或放射性气溶胶的浓度。

b. 稀释：稀释是不断地排出被污染的空气并换以清洁空气，换气次数视空气被污染的水平确定。为防止环境的放射性污染，污染空气一般应该经过滤器过滤后才排入大气。

c. 防止放射性物质扩散：在可能产生空气污染的工作现场设立负压工作棚（静态封闭），或在可能产生放射性空气污染的设备开口处加负压抽吸机（动态封闭），这样就可以避免放射性物质的扩散。

② 个人防护措施

个人防护就是工作人员佩戴呼吸保护装置，防止放射性物质被吸入人体。呼吸装置分为开放式和密闭式两种。开放式的防护装置为高效的防护口罩，采用活性炭等物质隔离和吸附放射性物质。密闭式的防护装置本身提供可供人体呼吸的气源，因此可根本地避免放射性物质的吸入。一种装置自身配备压缩空气气瓶，包括气瓶、面具和连接供气管线等组成部分。

优点是工作人员可自由移动，不会受区间的限制。缺点是工作时间有限且较笨重。另一种由压缩空气系统（SAT）供气，包括通风气衣和面罩及连接供气管线组成，由 SAT 系统供气。这类装置的优点是较轻便，供气时间不受限制，但活动范围有限。

2）防止放射性物质经口进入体内

防止放射性物质经口进入体内，主要从管理及工作习惯上解决。存在放射性内照射风险的环境，严禁吃、喝、抽烟等，平时养成良好的工作习惯，工作时不用手抚摸面部等。

3）防止放射性物质经皮肤和伤口进入体内

为了防止放射性物质经皮肤进入体内，工作时必须穿戴个人防护用品，尽量减少暴露的皮肤面积，而且不用有机溶剂洗手或涂敷皮肤，否则会增加放射性物质的渗透性。

要小心工作，不要让粘有放射性物质的设备尖角、断口等割裂皮肤，若有了伤口，无论伤口在何处，则必须立即停止工作，不准带裸露伤口进入控制区从事放射性工作。

不准患有大面积皮肤病的人员不经妥善处理就进入控制区工作，不准带裸露的伤口进入控制区工作。这些考虑都是为了防止放射性物质经伤口直接进入体内，因为裸露的伤口为污染物进入血液提供了直接的途径。

3. 放射性环境中应特别注意的事项

（1）工作开始前，应进行辐射风险分析。

（2）工作开始前，应检查程序文件、工具、备品备件的准备情况。

（3）工作开始前，应对现场剂量率进行检查，标识出“热点”。

（4）工作时要注意提高工作效率，养成良好的工作习惯，尽量缩短工作时间，避免不必要的照射。

（5）工作中要随时跟踪现场的剂量率和表面污染情况。

（6）在电子剂量计报警时，应立即撤离工作场，查明情况再进行工作。

（7）在作业现场剂量率较高，污染严重或情况不明时，应要求核电站辐射防护人员进行协助。

(8) 工作结束后,将工作现场恢复到工作状态。

四、辐射控制区的管理

1. 辐射工作场所的分区

辐射工作场所分为控制区和监督区,以便于辐射防护管理和职业照射控制。

(1) 控制区

控制区是需要和可能需要专门防护手段或安全措施的区域,设置控制区的目的在于控制正常工作条件下的正常照射或防止污染扩散,预防落在照射或限制潜在照射的范围。

在控制区的进出口及其他适当位置处,设立醒目的电离辐射警告标本,并给出相应的辐射水平和污染水平的指示。

应运用行政管理程序(如进入控制区的工作许可证制度)和实体屏障(包括门锁和联锁装置)限制进出控制区,限制的严格程度应与预计的照射水平和可能性相适应。

在控制区的入口处,根据需要提供防护衣具、监测设备和个人衣物贮存柜。

在控制区的出口处,根据需要提供皮肤和工作服的污染监测仪、被携出物品的污染监测设备、冲洗或淋浴设施以及被污染防护衣具的贮存柜。

对于范围比较大的控制区,如果其中的照射或污染水平在不同的局部变化比较大,需要实施不同的专门防护手段或安全措施,则根据需要再划分出不同的子区,以方便管理。

(2) 控制区子区

根据辐射水平将控制区进一步细分为四类子区,并以不同的颜色为标志,它们是绿区(常规工作区)、黄区(间断工作区)、橙区(限定工作区)和红区(特许工作区)。这样做的目的是为方便控制和管理,以针对各子区不同的辐射和污染水平,采取相应的防护措施。

控制区子区的划分主要根据场所剂量率大小。各子区的边界一般利用现有的建筑物作实体隔离,在各子区的入口处均设置了明显的相应颜色的标志。

以 Dr 表示某场所的最大环境剂量率,此四类子区划分标准见表 2-6。

表 2-6 控制区子区划分标准

区域	剂量当量率/(μSv/h)	备注
绿区	$7.5<Dr\leqslant 25$	工作人员长期在此区域工作不会超过年剂量当量限值
黄区	$25<Dr\leqslant 2\ 000$	工作人员可进入工作,但必须控制时间
橙区	$2\ 000<Dr\leqslant 10^5$	限制进入,工作人员进入需经特殊批准
红区	$Dr>10^5$	一般情况下禁止进入

这里的最大环境剂量率是一个相对平均的概念,如果某一场所中个别点剂量率明显高于该场所的平均剂量率,则称其为“热点”。“热点”剂量率水平不作为场所等级划分的依据。

(3) 监督区

监督区是未被指定为控制区的辐射工作场所。在监督区作业,通常不需要专门防护手段或安全措施,但辐射防护部门需要经常对职业照射条件进行监督和评价。

（4）电离辐射标志

电离辐射标志的基本图形为国际通用的三叶形(见图 2-3)。辐射标志的三叶形图案有绿、黄、橙、红四种颜色，与控制区子区的颜色相对应。

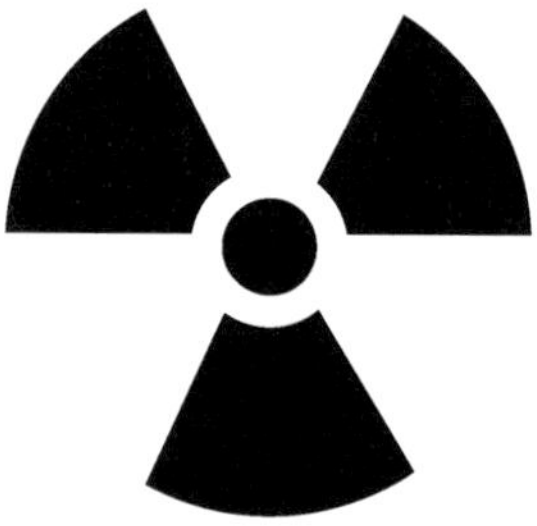

图 2-3　电离辐射标志

2. 控制区基本管理规定

任何人进入控制区必须严格遵守以下规定：

（1）进入控制区必须持有 RP 证或临时 RP 证；

（2）禁止将手表、项链、戒指等个人物品带入控制区；

（3）禁止裸露外伤和大面积皮肤病人员进入控制区；

（4）必须按规定完整穿戴个人防护用品；

（5）控制区内谢绝喝水、进食、吸烟；

（6）控制区内严禁乱坐乱躺、随地吐痰、随地大小便等不良工作习惯；

（7）控制区内严禁乱闯乱窜、无故逗留；

（8）从事高辐射风险作业，必须事先办理辐射工作许可证；

（9）严禁穿越控制区边界；

（10）严禁用个人剂量计测量场所剂量率；

（11）控制区内产生的废物必须按规定分类进行收集和处理；

（12）发现事故，必须立即报告；

（13）所有离开控制区的人和物必须经过污染检测；

（14）不得随处乱扔废物，工作结束时，将废物送到指定地点；

（15）在工作过程中严禁用污染的手套触摸脸、头部；

（16）不得用裸手触摸设备；

（17）在穿、脱特殊防护用品(如气衣)时听从现场服务人员的指挥；

（18）禁止将鞋套穿出污染区；

（19）未经辐射防护人员批准，不得将铅屏蔽或其他防护设施挪动或移作他用；

（20）禁止跨越控制区的隔离栏；

（21）发现厂房内跑、冒水或其他异常情况下，应及时报告；

（22）不得无故在高放区长期逗留；

（23）不得无故进入红、橙区。

第五节　核设施、设备制造安装与检修的质量保证体系基本知识

学习目标：

- 了解质量保证的定义；
- 了解质量保证的法规；
- 掌握核电厂的质量保证要求。

一、质量保证的基本概念

1. 质量保证的定义

《核电厂质量保证安全规定》(HAF 003)中对质量保证的定义:为使物项或服务与规定的质量要求相符合并提供足够的置信度所必需的一系列有计划的系统化的活动。

国家标准 GB/T 19000—2008/ISO 9000:2005 对于质量保证的定义:质量管理的一部分,致力于提供质量要求会得到满足的信任。

质量保证,首先应理解为是一项完整的活动,而且是“一系列”的、“有计划的”和“系统化”的活动。它的目的是使物项或服务要与规定的质量要求相符合,同时需要提供能充分说明质量符合规定要求的客观证据以确保活动的完成。

质量保证活动是指为管理、指挥和实施质量保证大纲所进行的一切活动。有时,单从字面上来看,有可能会把质量保证活动误解为专职质量保证人员所从事的那部分管理和验证活动,这就大大影响了对质量保证的正确理解。质量保证人员只是在建立、推动和实施质量保证大纲方面起部分管理作用,而全面的质量保证活动是由各项具体工作的执行者、验证者和领导管理者共同完成的。

2. 质量保证的作用和意义

核电厂建设是一个高度综合和复杂的工程技术项目,从选址、设计、建造、调试、运行,直至退役的每一个环节的质量都可能影响核电厂的安全性和经济性。同时,核电厂涉及的技术工种、学科和领域非常众多,这就需要许多单位长期共同协作来完成。为此,必须运用系统(即质量保证体系)的概念和方法,把核电厂建设的各个阶段、每个环节和各有关单位的质量工作组织起来,形成一个既有明确目的、任务、职责和权限,又能相互协调和促进的有机整体。即通过建立核电厂的质量保证体系来促进和达到所要求的质量。

同时,为了保证核电厂的核安全,人们采取了多种措施,其中重要措施之一就是将质量保证贯穿到核电厂的各个阶段(如核电厂的选址、设计、建造、运行和退役)的所有与核安全有关的活动中去,即将一切影响核安全的质量活动都置于有效的控制之下,通过保证物项和活动的质量,从而保证核电厂的核安全。

所以我们说:质量保证是“有效管理”的一个实质性方面,也是保证核电厂安全、可靠地运行必不可少的一种手段。

3. 核电厂质量保证的历史

质量保证作为一门科学,它是科学技术发展和生产力水平提高的必然结果。

在工业革命以前,由于生产力水平较低,主要依靠操作者本身的手艺和经验来保证质量,即所谓“操作者的质量管理”。进入 20 世纪以后,随着生产规模的不断扩大以及企业内部分工的细化,使执行质量管理的责任由操作者转移到工长,即所谓“工长的质量管理”。后来,随着企业规模的扩大和产量的增加,大多数企业开始设置专职的检验部门,负责全厂各生产部门的产品检验工作,即进入“检验员的质量管理”阶段。但这种“事后检验”无法在生产过程中起到预防和控制作用。

20 世纪 20 年代,生产力得到进一步发展,如何控制大批量生产的产品质量成为一个突出的问题。欧美的数理统计学家着手研究采用数理统计原理,用来预防产生废品和检验产品的质量,使质量管理进入“统计质量管理”阶段。

进入20世纪50年代以后,科学技术迅猛发展,生产力的水平飞速提高。在这种情况下,仅在制造过程中实施质量控制已不足以保证产品的质量。产品的质量在很大程度上依靠对各种影响质量的因素的控制来实现。因此,必须用新的理论、技术和手段来进行质量管理。于是,20世纪50年代初开始研究可靠性专业技术;20世纪60年代美国的菲根堡姆提出了较系统的“全面质量管理”的概念。这一新的技术和理论要求企业致力于加强内部的质量管理,同时开始实施外部的质量保证,并形成一种世界性的趋势,以取得更好的经济效益和力争在市场的竞争中取胜。这些新的技术和理论逐渐被世界各国所接受。

由于产品结构和制造工艺日趋复杂,以及产品发生故障和失效造成的巨大损失,必须在产品质量的形成过程中加强管理和实施监督,并要求生产厂商(供方)建立相应的质量体系和提供能充分说明质量符合规定要求的客观证据。1959 年,美国颁布了世界上第一个质量保证标准 MIL-Q-9858A《质量大纲要求》,要求军品的承制企业应在实现合同的所有领域和过程中充分保证质量。

20 世纪 70 年代初,美国颁布了联邦法规 10CFR50《生产和使用核设施的许可证审批》的附录 B《核电厂和燃料后处理厂的质量保证大纲》;美国国家标准协会借鉴军用标准 MIL-Q-9858A《质量大纲要求》制定了美国国家标准 ANSI N45.2《核电厂质量保证大纲要求》。此后,国际原子能机构在其基础上,并结合其他成员国的质量保证活动的经验,于 1978 年颁布了 50-C-QA《核电厂安全质量保证实施法规》,推荐各成员国使用。

随着我国核电工业的起步,以国际原子能机构的实施法规为蓝本,我国于 1986 年 7 月 7 日颁布了《核电厂质量保证安全规定》,以后又陆续颁布了 10 个有关质量保证的核安全法规导则。由于此法规及其导则的颁布和实施,有助于促成核电厂质量保证体系的建立,有助于企业质量管理水平的提高,使核电产品的质量受到重视并有所提高,为核电厂安全和可靠地运行打下良好的基础。

此外,用户对常规产品(除军工、核电和航天产品外)的期望也越来越高。国际标准化组织(ISO)于 1987 年发布了产品或服务的质量管理和质量保证系列标准 ISO 9000。我国于 2000 年由国家技术监督局等同采用上述国际标准(即成为我国 GB/T 19000 系列标准),并要求各行各业贯彻执行。

二、核电厂质量保证法规

我国的核安全法规和安全守则是以国际原子能机构(IAEA)的法规和安全守则为蓝本,经过适当修改编写而成的,这些文件的发布和实施对我国核电厂建造、安全运行起了十分重要的作用。

我国于 1986 年 7 月 7 日颁布了第一部有关质量保证的核安全法规:HAF 0400《核电厂质量保证安全规定》,以后又陆续颁布了质量保证安全法规的 10 个导则。该法规和导则是以 IAEA 50-C-QA《核电厂安全质量保证实施法规》为蓝本,并参考 ISO 6215《核电厂-质量保证》国际标准而制定。

切尔诺贝利核电站事故之后,IAEA 对国际核安全法规进行了修订。同样我国国家核安全局也对HAF系列核安全法规进行了修订,但于1991年7月27日发布的HAF 0400(91)《核电厂质量保证安全规定》的内容其实未作实质性修改。

2001 年 6 月 18 日，根据国核安函〔2001〕40 号《关于核安全法规编号体系修订的通知》文件的要求，国家核安全局对核安全法规按其覆盖的技术领域重新进行了编号，如原《核电厂质量保证安全规定》的编号由 HAF 0400 变更为 HAF 003，同样的，原质量保证安全法规的 10 个导则的编号也进行了变更，并沿用至今。

三、质量保证体系基本知识

1. 质量保证体系的概念

质量保证体系（quality assurance system，QAS）指企业以提高和保证产品质量为目标，运用系统方法，依靠必要的组织结构，把组织内各部门、各环节的质量管理活动严密组织起来，将产品研制、设计制造、销售服务和信息反馈的整个过程中影响产品质量的一切因素统统控制起来，形成的一个有明确任务、职责、权限，相互协调、相互促进的质量管理的有机整体。

2. 质量保证体系的运行

质量保证体系的运行应以质量计划为主线，以过程管理为重心，按 PDCA 循环进行，即通过计划（plan）→实施（do）→检查（check）→处理（action）的管理循环步骤展开控制，提高保证水平。PDCA 循环具有大环套小环、相互衔接、相互促进、螺旋式上升，形成完整的循环和不断推进等特点。

(1) 计划阶段（P）

计划（plan）即确定质量管理的方针、目标，以及实现方针、目标的措施和行动计划；质量保证体系主要内容是制定质量目标、活动计划、管理项目和措施方案。步骤：

1) 分析现状，找出存在的质量问题；

2) 分析产生质量问题的各种原因和影响因素；

3) 从各种原因中找出质量问题的主要原因；

4) 针对造成质量问题的主要原因，制定技术措施方案，提出解决措施的计划并预测预期效果，然后具体落实到执行者、时间进度、地点和完成方法等各个方面。

(2) 实施阶段（D）

实施（do）包含计划行动方案的交底和按计划规定的方法及要求展开的施工作业技术活动；就是将指定的计划和措施，具体组织实施。

(3) 检查阶段（C）

检查（check）就是对照计划，检查执行的情况和效果，包括检查是否严格执行了计划的行动方案和检查计划执行的结果；主要是在计划执行过程中或执行之后，检查执行情况，是否符合计划的预期结果。

(4) 处理阶段（A）

处理（action）以检查结果为依据，分析检查的结果，总结经验，吸取教训。包括两个步骤：

1) 总结经验教训，巩固成绩，处理差错；

2) 将未解决的问题转入下一个循环，作为下一个循环的计划目标。

复习思考题

(1) 核安全文化的含义是什么?

(2) 物质的组成有哪些?核能是怎么产生的?

(3) 核安全的含义?核安全的纵深防御措施有哪些?

(4) 核反应堆的类型有哪些?

(5) 常见的电离辐射有哪些?

(6) 辐射防护的措施有哪些?

(7) 中国核电发展情况如何?

(8) 核电厂质量保证法规有哪些?

第三章　识图知识

第一节　机械识图知识

学习目标：

- 了解部件的作用和工作原理；
- 了解各零件间的装配关系、拆装顺序及各零件的主要结构形状和作用；
- 了解主要尺寸、技术要求和操作方法，在设计时，还要根据装配图画出该部件的零件图。

一、读机械装配图及由机械装配图拆画零件图的方法和步骤

1. 概括了解

读装配图时，首先由标题栏了解机器或部件的名称；由明细栏了解组成机器或部件的各零件的名称、数量、材料及标准件的规格，估计部件的复杂程度；由画图的比例、视图大小和外形尺寸，了解机器或部件的大小，由产品说明书和有关资料，并联系生产实践知识，了解机器或部件的性能、功用等，从而对装配图的内容有一个概括的了解。

2. 分析视图

根据装配图中的视图，了解图中采用的表达方法、投影关系和剖切位置，了解每个视图的表达重点，为下一步深入读图作准备。

3. 分析零件，读懂零件的结构形状

分析零件，就是弄清每个零件的结构形状及其作用。一般应先从主要零件入手，然后是其他零件。当零件在装配图中表达不完整时，可对有关的其他零件仔细观察和分析，然后再作结构分析，从而确定该零件的内外结构形状。

4. 分析装配关系和工作原理

对照视图仔细研究部件的装配关系和工作原理，是深入看图的重要环节。在概括了解装配图的基础上，从反映装配关系、工作原理明显的视图入手，找到主要装配干线，分析各零件的运动情况和装配关系；再找到其他装配干线，继续分析工作原理、装配关系、零件的连接、定位以及配合的松紧程度等。

5. 由装配图拆画零件图

由装配图拆画零件图是设计过程中的重要环节，也是检验看装配图和画零件图能力的一种常用方法。拆画零件图前，应对所拆零件的作用进行分析，然后把该零件从与其组装的其他零件中分离出来。分离零件的基本方法是：首先在装配图上找到该零件的序号和指引线，顺着指引线找到该零件；再利用投影关系、剖面线的方向找到该零件在装配图中的轮廓范围。经过分析，补全所拆画零件的轮廓线。有时，还需要根据零件的表达要求，重新选择主视图和其他视图。选定或画出视图后，采用抄注、查取、计算的方法标注零件图上的尺寸，并根据零件的功用注写技术要求，最后填写标题栏。

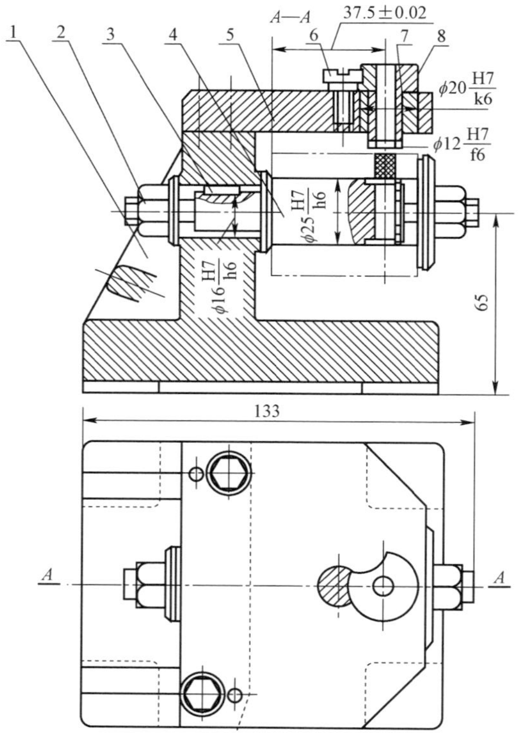

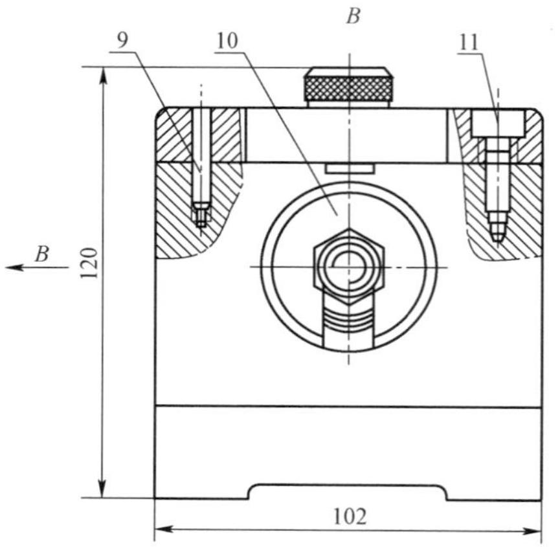

技术要求

1. 快换钻套8孔中心线对夹具体1底面的垂直度为0.01/100。
2. 定位销4与夹具体1底面的平行度为0.01。

序号	名称	数量	材料	备注
11	内六角螺钉	2	35	GB/T 70.1—2000
10	开口垫圈	1	Q235	
9	锥销	2	35	GB/T 117—2000
8	快换钻套	1	45	
7	衬套	1	20	
6	螺钉	1	35	GB/T 65—2000
5	钻模板	1	HT150	
4	定位销	1	45	GB/T 119.1—2000
3	键	1	45	GB/T 1096—2003
2	螺母	2	Q235	GB/T 6170—2000
1	夹具体	1	HT150	

钻夹具		共 张	第 张	比例
		数 量		图号
制图			(校名) (班级 学号)	
审核				

图 3-1 钻夹具装配图

二、读装配图及由装配图拆画零件图举例

如图 3-1 所示的钻夹具装配图为例，介绍装配图的读图与零件图拆画的一般方法和步骤。

1. 对装配图中的零件进行分类

根据装配图的零件序号和明细栏，对零件进行如下分类。

(1) 标准零件。这类零件可以从市场采购，无须画出零件图，如图 3-1 中的 2 号件螺母。

(2) 特殊零件。特殊零件是设计时经过特殊考虑和计算所确定的重要零件，这类零件应按给出的图样或数据资料拆画零件图。

(3) 借用零件。借用零件就是借用的一些定型产品上的零件，可利用已有的零件图，不必另行拆画其零件图。

(4) 一般零件。一般零件是进行拆画的主要对象。对于这类零件必须按照装配图中所表达的形状结构、尺寸大小和有关技术要求来拆画零件图。

如图 3-1 所示的钻夹具装配图，共有 11 种零件，除去 7 种标准件，4 种为一般零件，需要拆画零件图。此部件中无借用零件和特殊零件。

2. 构思零件的结构形状

装配图的主要作用是反映装配体工作原理和装配关系，由于在装配图中零件与零件之间相互遮挡，又经常采用一些特殊画法或简化画法，使零件的结构表达不清楚、不完整。在读懂装配图的基础上，根据零件的作用、投影关系及与相邻零件的关系进行分析和构思，画出零件的零件图。图 3-2 为夹具体的轴测图。

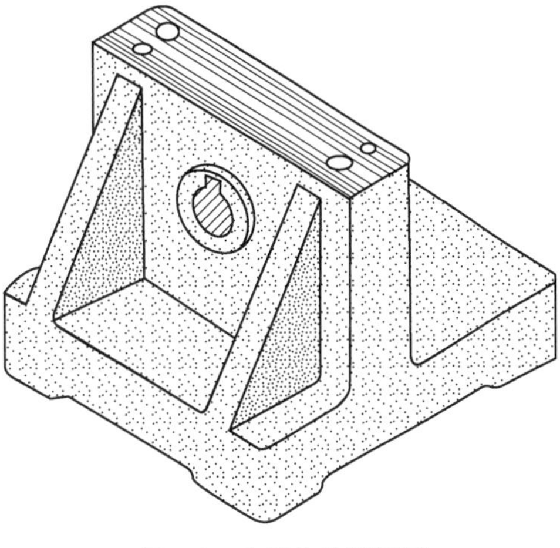

图 3-2　夹具体的轴测图

3. 正确选择零件图的表达方案

拆画零件图时不应照抄零件在装配图中的表达方法，应根据零件的结构特点；需要选择适当的方案。拆画零件图时注意以下问题。

(1) 零件图的表达方案应主要考虑零件应表达的内容，兼顾到装配图的对应关系，必要时也可不顾及该零件在装配图中的表达方案。

(2) 在装配图中被省略的工艺结构、细小结构，在零件图中都要表达清楚和完整。

(3) 零件在装配图中被遮挡的结构和线条，在零件图中应补齐，必要时应补相应的视图。

夹具体的主视图方向符合工作位置。在各视图中，将装配图中省略的零件工艺结构补齐，如倒角、倒圆、退刀槽、轴的中心孔等，如图 3-3 所示。

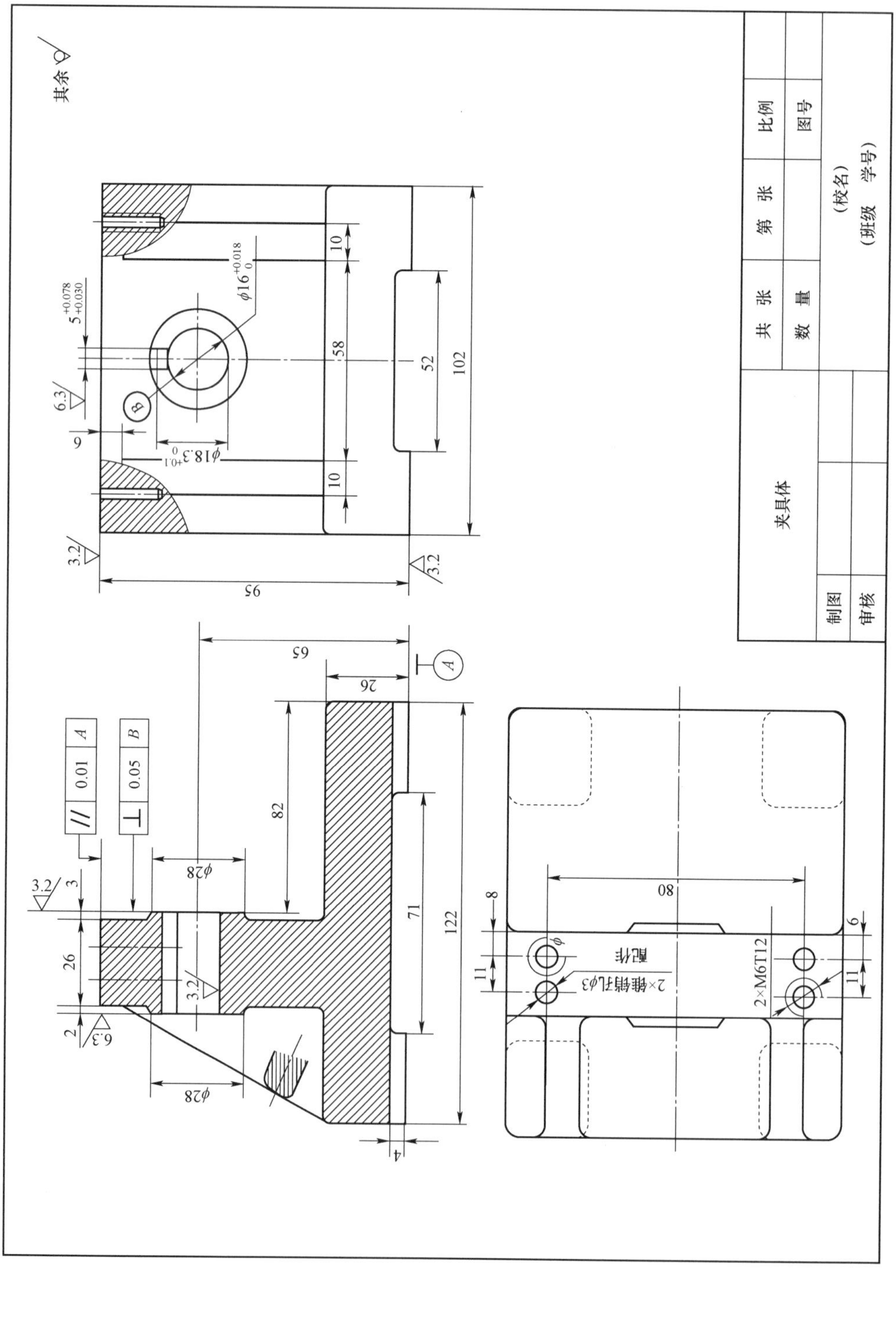

图 3-3 夹具体零件图

4. 正确、完整、清晰、合理地标注尺寸

拆画零件图时，其尺寸由以下方法得到。

(1) 抄注。装配图中已经标注出的有关零件尺寸，应直接抄注在相关零件图上，不得随意更改。如图 3-3 所示夹具体零件图中的 65、102 等。

(2) 查表。一般标准化或规格化的结构，应从有关的标准手册中查出尺寸数值进行标注。如图 3-3 所示夹具体零件图中轮毂上键槽的尺寸。

(3) 计算。某些零件的尺寸可根据装配图中给出的尺寸参数，计算出有关数值。

(4) 量取。对装配图中未标注出，而零件图中又必须标注尺寸，可用分规在装配图中量取，按比例计算后，再圆整成标准数值注在零件图上。零件图中许多尺寸均用这种方法获得。

注意，在装配体中有配合和装配关系的相关零件之间，有关尺寸不能在标注时出现矛盾。

5. 零件图技术要求的确定

零件图的技术要求是根据零件在装配图中的作用、装配要求和工作条件等来确定的，是保证零件质量的重要内容。拆画零件图时可以从以下几方面确定技术要求。

(1) 尺寸公差可根据装配图的配合代号查表确定。

(2) 可根据装配体中零件间的配合性质、活动情况和接触情况，参照类似品的产品用类比方法确定。

(3) 可根据生产单位的加工条件和加工方法，查阅有关资料及手册，结合经验，并加以比较确定。

在拆画零件图时，首先要保证所拆画的零件图正确、完整，然后再对零件图的各项内容进行仔细核对。核对时考虑的内容有：各种尺寸和各项技术要求是否完整、合理；与装配图中相关的尺寸、技术要求是否一致；零件图的名称、材料、编号等是否与装配图明细栏的内容相符。

第二节　焊缝符号及焊接方法代号表示方法

一、焊缝符号、标注方法及焊接技术要求

焊缝符号是用在焊接结构的图样上，标注焊缝形式、焊缝尺寸、焊接方法等的工程语言，又是进行焊接施工的主要依据，所以焊工和焊接技术人员必须熟悉常用焊缝符号的标注方法及其含义。

GB/T 324—2008《焊缝符号表示法》规定，焊缝符号一般由基本符号与指引线组成，必要时还可以加上辅助符号、补充符号和焊缝尺寸符号。

1. 基本符号

基本符号是表示焊缝横截面形状的符号。焊缝基本符号有 13 种，常用的焊缝基本符号见表 3-1。

表 3-1　常用的焊缝基本符合

序号	名称	示意图	符号
1	卷边焊缝(卷边完全熔化)	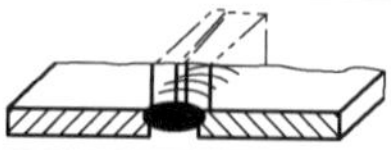	
2	I 形焊缝	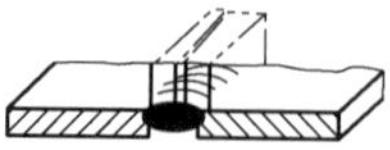	
3	V 形焊缝		
4	单边 V 形焊缝		
5	带钝边 V 形焊缝		
6	带钝边单边 V 形焊缝		
7	带钝边 U 形焊缝		
8	带钝边单边 J 形焊缝		
9	封底焊缝	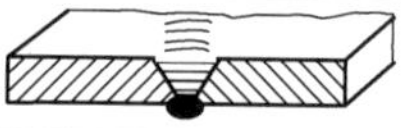	
10	角焊缝	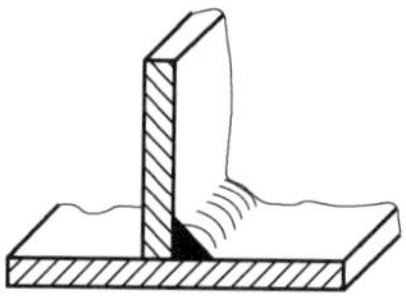	
11	塞焊缝或槽焊缝	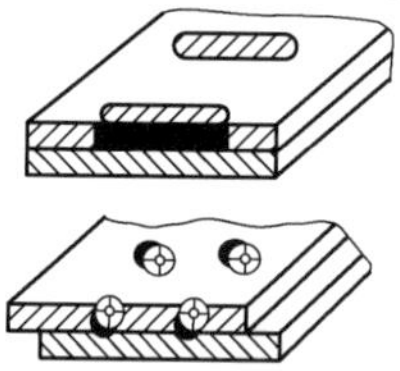	
12	点焊缝	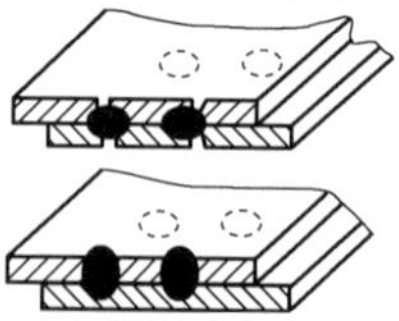	
13	缝焊缝	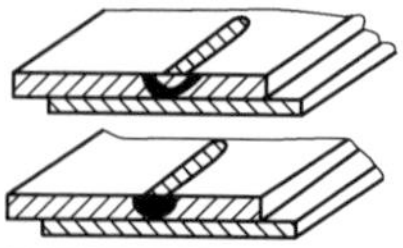	

2. 辅助符号

辅助符号是表示焊缝表面形状特征的符号,采用实线(线宽与基本符号相同)绘制。辅助符号有三种,分别用于焊缝表面平齐、焊缝表面凹陷、焊缝表面凸起,见表 3-2。当不需要明确说明焊缝的表面形状时,可以不标注该符号。焊缝辅助符号应用示例见表 3-3。

表 3-2　焊缝辅助符号

序号	名称	示意图	符号	说明
1	平面符号		—	焊缝表面齐平
2	凹面符号	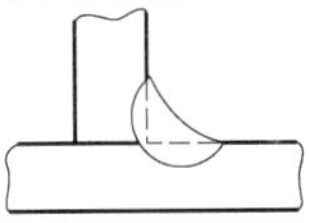		焊缝表面凹陷
3	凸面符号	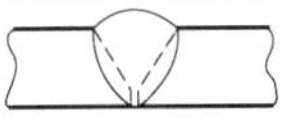		焊缝表面凸起

表 3-3　焊缝辅助符号应用示例

序号	名称	示意图	符号
1	平面 V 形对接焊缝		
2	凸面 X 形对接焊缝		
3	凹面角焊缝	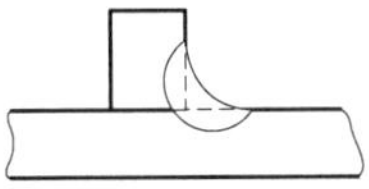	
4	平面封底 V 形焊缝	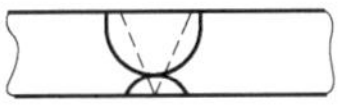	

3. 补充符号

补充符号是为了补充说明焊缝的某些特征而采用的符号，焊缝补充符号见 3-4，焊缝补充符号应用示例见表 3-5

表 3-4　焊缝补充符号

序号	名称	示意图	符号	说明
1	带垫板符号			表示焊缝底部有垫板
2	三面焊缝符号	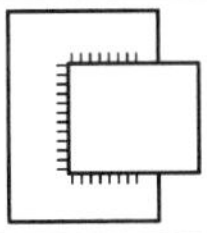		表示三面带有焊缝
3	周围焊缝符号	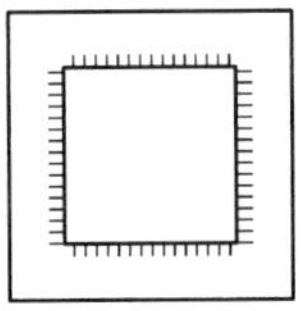		表示环绕焊件周围的焊缝
4	现场符号			表示在现场或工地上进行焊接

续表

序号	名称	示意图	符号	说明
5	尾部符号		<	参照 GB/T 5189—2005《焊接及相关工艺方法代号》标注焊接工艺方法等内容

表 3-5　焊缝补充符号应用示例

示意图	标注示例	说明
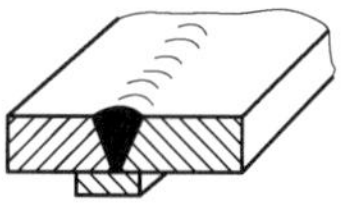	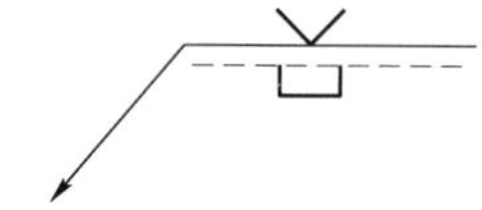	垫板
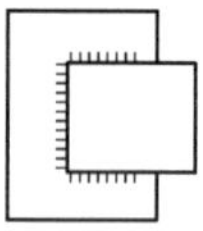	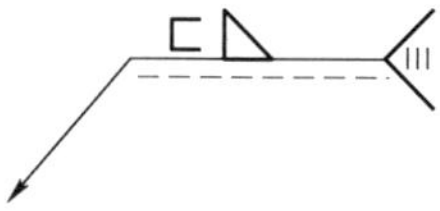	工件三面带有焊缝,焊接方法为焊条电弧焊
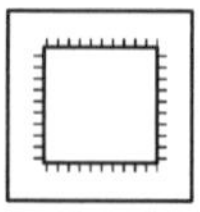	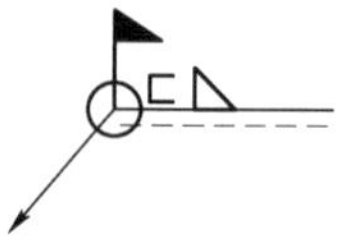	表示在现场沿工作周围施焊

为了完整地表示焊缝,除了以上符号外,还应包括指引线、尺寸符号及数据。

4. 指引线及焊缝基本符号的标注

指引线一般由带箭头的引线(简称箭头线)和两条基准线(一条为实线,另一条为虚线)两部分组成,基准线的虚线可以画在基准线实线的上侧或下侧。基准线一般应与图样底边平行,特殊条件下可以与底边垂直,如图 3-4(a)所示;标注焊缝所用的指引线采用细实线绘制,必要时可加上尾部(90°夹角的实线)符号。当焊缝在接头的非箭头侧时,则将基本符号标在基准线的虚线侧,如图 3-4(b)和(c)所示;标注对称焊缝及双面焊缝时,可以不加虚线,如图 3-4(d)所示。

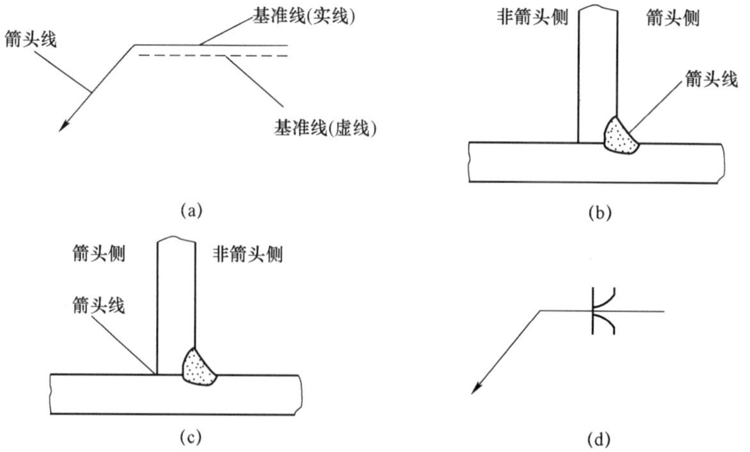

图 3-4　指引线及标注

(a) 指引线的组成;(b) 焊缝在接头的箭头侧;(c) 焊缝在接头的非箭头侧;(d) 双面焊缝

5. 焊缝尺寸符号及其标注

(1) 焊缝尺寸符号

焊缝尺寸符号是表示坡口和焊缝各特征尺寸的符号。焊缝尺寸符号见表 3-6。

表 3-6　焊缝尺寸符号

符号	名称	示意图	符号	名称	示意图
δ	焊件厚度	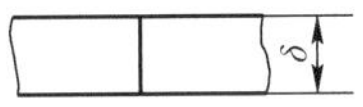	e	焊缝间距	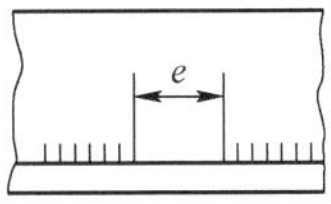
α	坡口角度	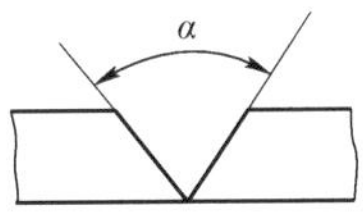	K	焊脚尺寸	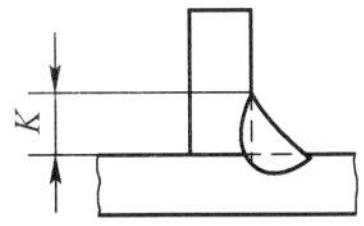
b	根部间隙	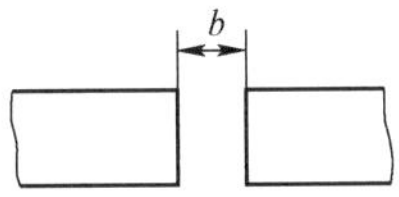	d	熔核直径	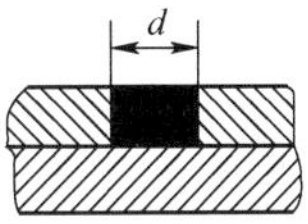
p	钝边	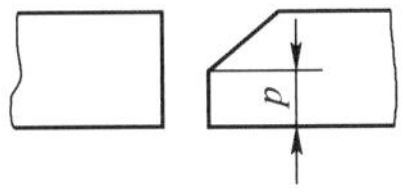	S	焊缝有效厚度	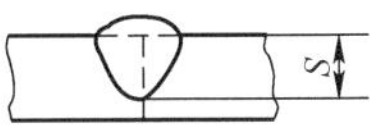
c	焊缝宽度	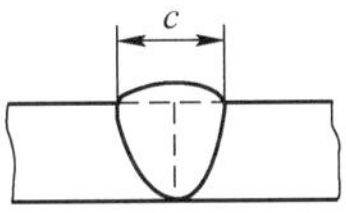	N	相同焊缝数量	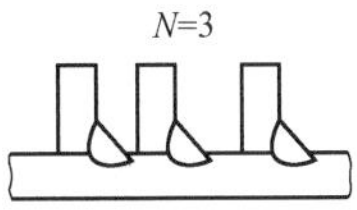
R	根部半径	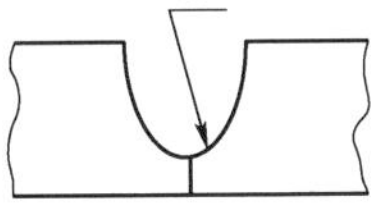	H	坡口深度	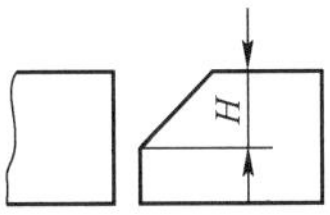
l	焊缝长度	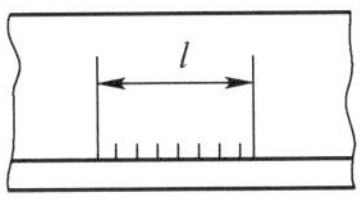	h	余高	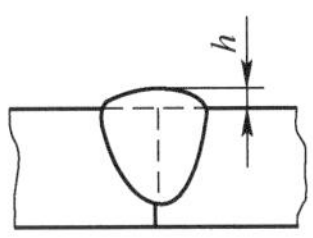
n	焊缝段数	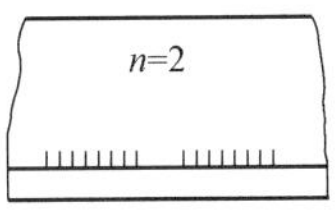	β	坡口面角度	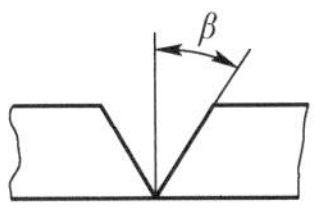

(2) 焊缝尺寸符号的标注

1) 焊缝尺寸标注。当需要注明尺寸要求时才标注焊缝尺寸。焊缝尺寸标注示例见表 3-7。

表 3-7 焊缝尺寸标注示例

序号	名称	示意图	焊缝尺寸符号	示例
1	对接焊缝	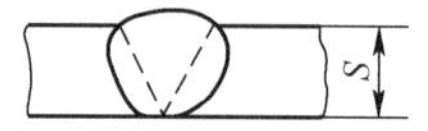	S：焊缝有效厚度	
		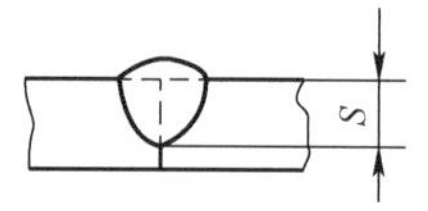		
		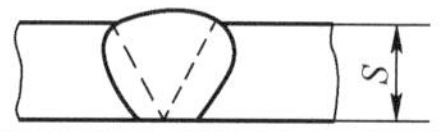		
2	卷边焊缝	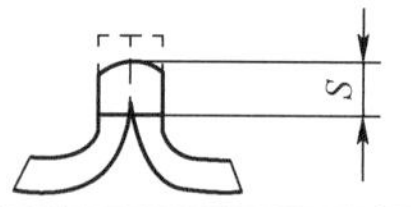	S：焊缝有效厚度	
		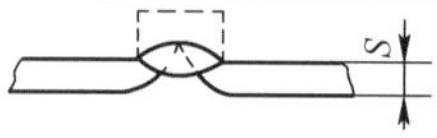		
3	连续角焊缝	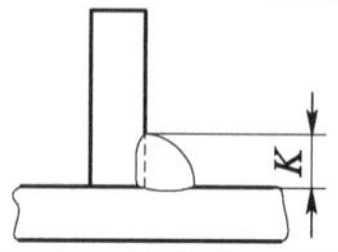	K：焊脚尺寸	
4	断续角焊缝	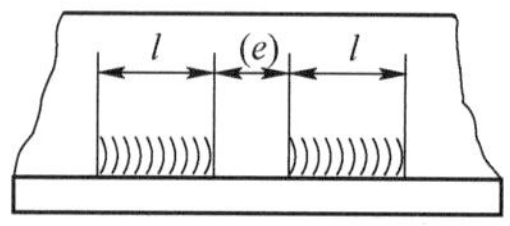	l：焊缝长度 （不计弧坑） e：焊缝间距 n：焊缝段数	
5	交错断续角焊缝	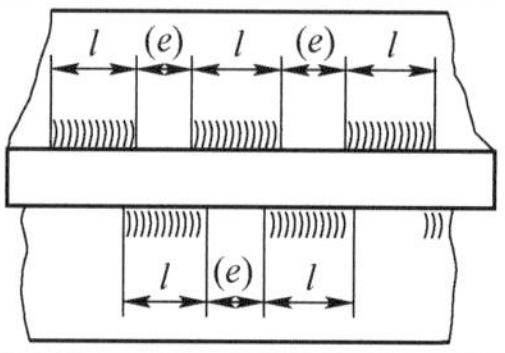	l e } 见序号 4 n K：见序号 3	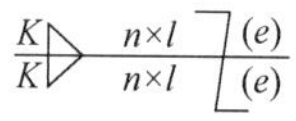

2）焊缝尺寸及数据标注原则。如图 3-5 所示，焊缝尺寸及数据标注原则如下：

① 焊缝横截面上的尺寸标注在基本符号的左侧；

② 焊缝长度方向尺寸标在基本符号的右侧；

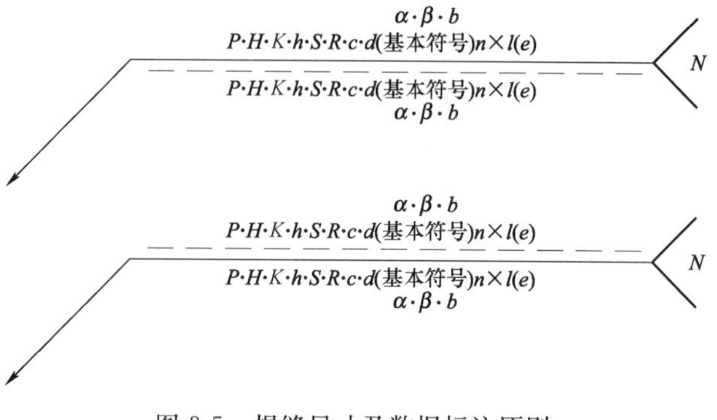

图 3-5 焊缝尺寸及数据标注原则

③ 坡口角度、坡口面角度、根部间隙等尺寸标在基本符号的上侧或下；

④ 相同焊缝数量符号标在尾部；

⑤ 当需要标注的尺寸数据较多而又不易分辨时，可在数据前面增加相应尺寸符号。

6. 特殊焊缝符号

生产实践中，在图样上对有特殊要求的焊缝进行标注时使用的符号叫特殊焊缝符号。特殊焊缝符号的标注见表 3-8。

表 3-8　特殊焊缝符号的标注

序号	符号	示意图	标注方法
1		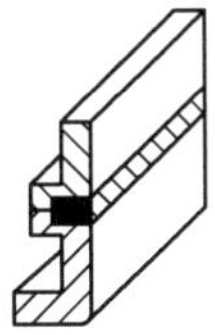	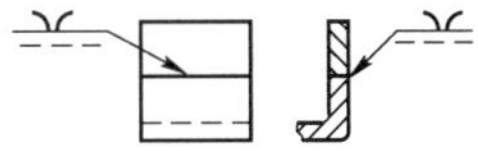
2		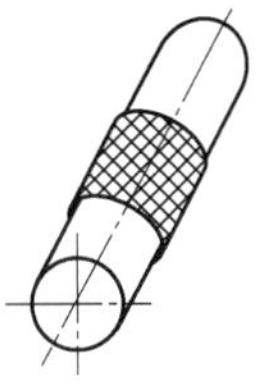	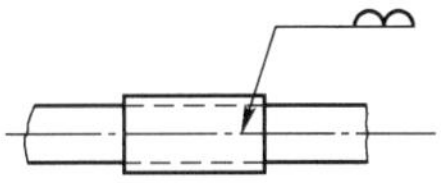
3		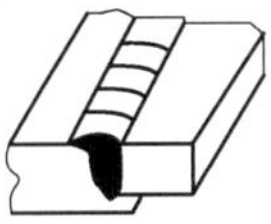	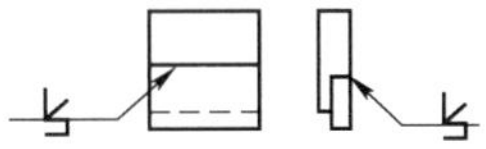

二、常用焊接方法在图样上的标注

常用焊接方法在图样上的标注参考国家标准 GB/T 5185—2005《焊接及相关工艺方法代号》。

（1）需要对某种工艺方法做完整的标注时，应采用完整的标注方法，即“工艺方法+标准编号+工艺方法代号”，如摩擦焊方法可标注为“摩擦焊 GB/T 5185—42”。在不会产生误解的情况下，一般可以采用简化的方法，即仅标注代号，如摩擦焊方法可采用“42”表示。

（2）每种工艺方法可通过代号加以识别。焊接及相关工艺方法一般采用三位数代号表示。其中，一位数代号表示工艺方法大类，两位数代号表示工艺方法分类，而三位数代号表示某种工艺方法。

（3）常用焊接及相关工艺方法代号见表 3-9。

表 3-9　常用焊接及相关工艺方法代号

代号	焊接方法	代号	焊接方法
1	电弧焊	11	无气体保护的电弧焊
101	金属电弧焊	111	焊条电弧焊

续表

代号	焊接方法	代号	焊接方法
112	重力焊	45	扩散焊
12	埋弧焊	48	冷压焊
121	单丝埋弧焊	5	高能束焊
125	药芯焊丝埋弧焊	51	电子束焊
13	熔化极气体保护电弧焊	52	激光焊
131	熔化极惰性气体保护电弧焊(MIG)	7	其他焊接方法
135	熔化极非惰性气体保护电弧焊(MAG)	72	电渣焊
14	非熔化极气体保护电弧焊	78	螺柱焊
141	钨极惰性气体保护电弧焊(TIG)	8	切割和气刨
15	等离子弧焊	81	火焰切割
18	其他电弧焊方法	82	电弧切割
2	电阻焊	83	等离子弧切割
21	点焊	84	激光切割
22	缝焊	9	硬钎焊、软钎焊及钎接焊
23	凸焊	91	硬钎焊
24	闪光焊	924	真空硬钎焊
25	电阻对焊	93	其他硬钎焊
29	其他电阻焊方法	94	软钎焊
3	气焊	942	火焰软钎焊
311	氧乙炔气焊	952	烙铁软钎焊
4	压力焊	96	其他软钎焊
41	超声波焊	97	钎接焊
42	摩擦焊	971	气体钎接焊
441	爆炸焊	972	电弧钎接焊

第三节　焊接装配图识图知识

一、焊接装配图识读步骤

焊接装配图供焊接施工使用,是用来表达需要焊接的产品上相关焊接技术要求的图样。

焊接装配图必须清楚地表达与焊接有关的技术要求,如接头形式、坡口形式、焊接方法、焊接材料型号及焊缝验收技术要求等。

为了简化焊接装配图的画法,国家标准规定采用特定的符号来表示焊缝,从而比较简单、明确地表示所要说明的焊缝,且不增加过多的焊缝注释,以方便识读。

识读焊接装配图的目的是通过焊缝符号标注来了解构件间焊缝的要求，包括接头形式、坡口形式、焊脚尺寸、焊接方法、使用的焊接材料及焊缝检查验收技术要求等。要正确地识读焊接装配图，除了需要掌握有关机械制图的识图知识外，还需要懂得焊缝符号表示方法的有关国家标准规定。

识读焊接装配图的步骤如下：

第一，看标题栏和明细表，了解焊接结构件的名称、材质、焊接件的板厚、焊缝长度、结构件的数量等；

第二，通过焊接结构视图，了解焊缝符号标注内容，包括坡口形式、坡口深度、焊缝有效厚度、焊脚尺寸、焊接方法和焊缝数量等；

第三，分析各部件间的关系，以及焊接变形趋势，分析确定合理的组装和焊接顺序；

第四，通过想象分析焊缝空间位置，判断焊缝能否施焊，以便为焊缝确定较为适宜的焊接位置；

第五，分析焊缝的受力状况，明确焊缝质量要求，包括焊缝外观质量、内部无损检测质量等级和对焊缝力学性能的要求；

第六，选择适宜的焊接方法和焊接材料，确定合理的焊接工艺；

第七，了解对焊缝的其他技术要求，例如，焊后打磨、后热、焊后热处理和锤击要求等。

二、焊接装配图识读介绍

下面以支架焊接装配图和筒体焊接装配图为例来介绍焊接装配图的识读。

1. 支架焊接装配图

如图 3-6 所示为支架焊接装配图，从装配图可以看出：

(1) 图 3-6 所示支架为一焊接组合件。

(2) 主视图中的焊接符号说明，竖板(件 2)与底板(件 1)之间采用焊脚尺寸为 10 mm 的对称焊接，这样的焊缝共有两处(竖板有左、右两件，各有两条焊缝)。焊缝基本符号的右侧无任何标注且又无其他说明时，意味着焊缝在竖板(件 2)的全长上是连续的。

(3) 左视图中的焊接符号说明，扁钢(件 3)与左侧竖板采用焊接连接，此处焊接在现场装配时进行，选用的焊脚尺寸为 6 mm 的单面角焊缝，三面施焊。三面焊缝符号的开口方向与焊缝的实际方向一致，表明扁钢(件 3)与销轴(件 4)之间没有焊缝。

(4) 技术要求中的第一条指明上述几处焊缝的焊接方法均采用焊条电弧焊。

2. 筒体焊接装配图

如图 3-7 所示为筒体焊接装配图。该筒体为焊接组合件，由 7 种零件采用焊条电弧焊焊成，焊缝要求均在主视图中注明。现对照主视图，将各处焊缝符号的意义简述如下。

(1) 主视图右上角的两处焊缝符号表明：大法兰(件 1)与大圆柱壳体(件 3)之间用焊脚高度为 5 mm 角焊缝沿内、外圆周施焊。

(2) 大法兰(件 1)与大圆柱壳体(件 3)之间用肋板(件 2)支撑加强。主视图左上角的两处焊缝符号表明，用焊脚高度为 4 mm 的对称角焊缝将肋板与上述两零件焊接在一起，肋板沿直角两个方向正、反两面施焊，这样的焊缝共有 6 处(该肋板共有 6 块)。

(3) 主视图右侧中部的焊缝符号表明，大圆柱壳体(件 3)与锥形壳体(件 4)之间，采用 I 形焊缝沿接合面在装配现场施焊。

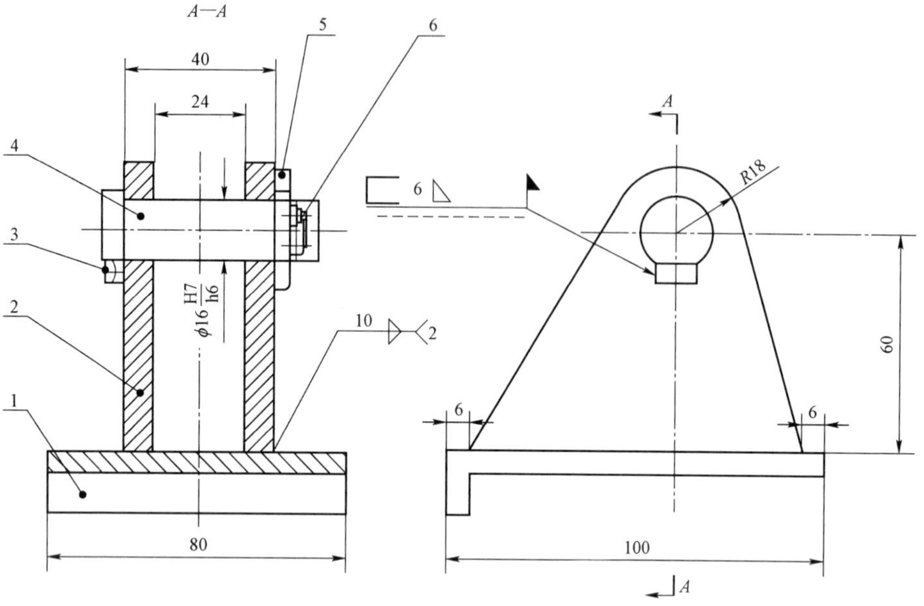

技术要求

1. 全部焊缝采用焊条电弧焊。
2. 所有焊缝不得有熔蚀等缺陷。
3. 序号3、4、5、6可在总装时进行焊接装配。

6		销	1	45	GB/T 91—2000
5		垫圈	1		GB/T 97.1—2002
4	ZJ-04	销轴	1	25	
3	ZJ-03	扁钢	1	Q235	
2	ZJ-02	竖板	2	Q235	
1	ZJ-01	底板	1	Q235	
序号	代号	名称	数量	材 料	备 注
支架焊接装配图			共 张	第 张	比例
			数 量		图号
制图	(姓名)	(日期)			
审核	(姓名)	(日期)			

图 3-6 支架焊接装配图

(4) 主视图右侧中下部位的焊缝符号表明,锥形壳体(件 4)与小圆柱壳体(件 6)之间,也采用 I 形焊缝沿接合面施焊。

(5) 主视图右下角两处焊缝符号表明,小圆柱壳体(件 6)与小法兰(件 7)之间,也采用焊脚高度为 5 mm 的角焊缝沿内、外圆周施焊。

(6) 小圆柱壳体(件 6)与小法兰(件 7)之间,采用 4 块肋板(件 5)加强。主视图左下角的焊缝符号表明,采用焊脚高度为 4 mm 的双面角焊缝将肋板与上述两零件焊接在一起,沿箭头所指的三个方向,正、反两面施焊。这样的焊缝共有 4 处(该肋板有 4 块)。

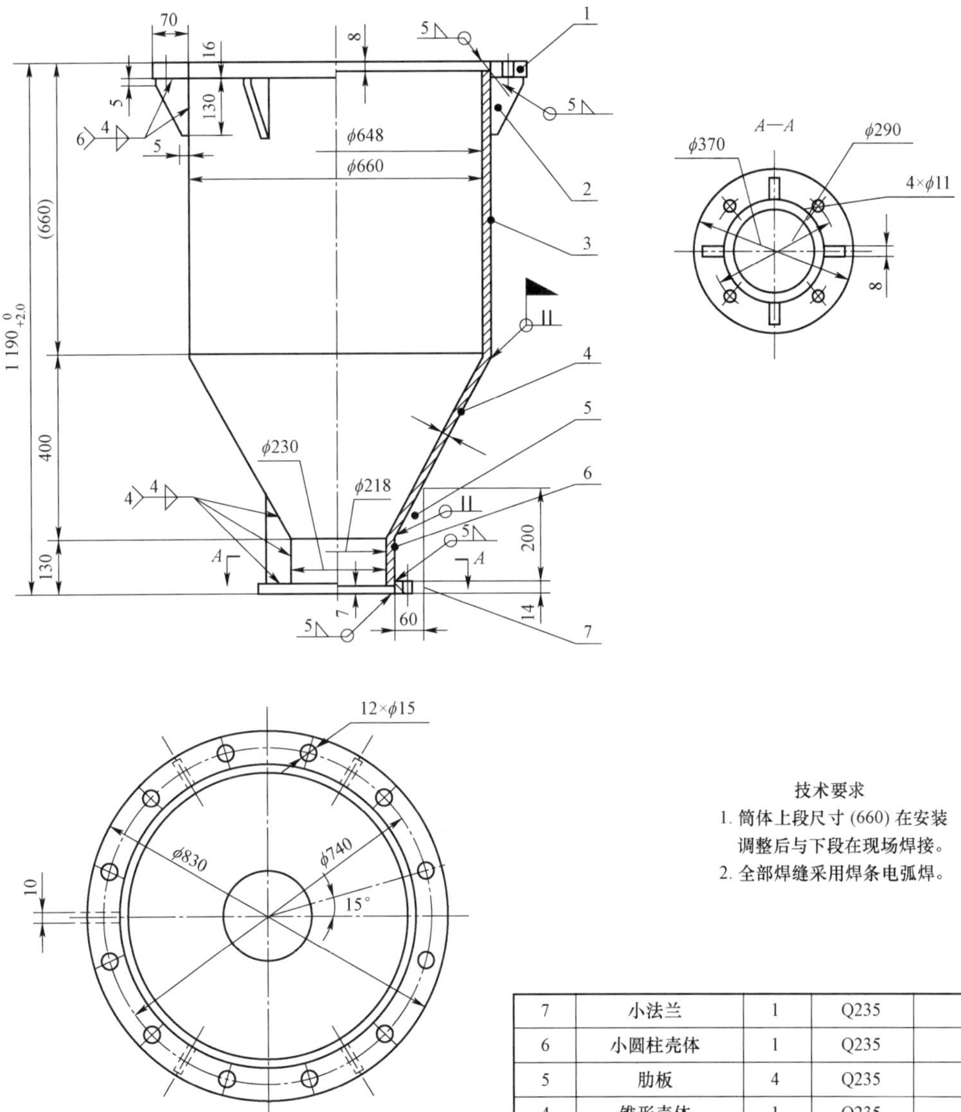

技术要求

1. 筒体上段尺寸 (660) 在安装调整后与下段在现场焊接。
2. 全部焊缝采用焊条电弧焊。

7	小法兰	1	Q235	
6	小圆柱壳体	1	Q235	
5	肋板	4	Q235	
4	锥形壳体	1	Q235	
3	大圆柱壳体	1	Q235	
2	肋板	6	Q235	
1	大法兰	1	Q235	
序号	名　称	数量	材　料	备　注

筒　体		共　张	第　张	比例	
		数　量		图号	
制图	(姓名)	(日期)			
审核	(姓名)	(日期)			

图 3-7　筒体焊接装配图

复习思考题

(1) 识读机械装配图及由机械装配图拆画零件图的方法和步骤有哪些?

(2) 焊缝符号的组成部分有哪些?

(3) 钨极惰性气体保护电弧焊的工艺方法代号是多少?

第四章 金属学及热处理知识

第一节 金属晶体结构

学习目标：

- 了解晶体的特征；
- 了解晶体结构和空间点阵；
- 了解三种典型的金属晶体结构；
- 了解晶体三种缺陷的几何特征；
- 了解金属的结晶过程和同素异构转变。

一、晶体的特征

由于晶体中的原子呈一定规则重复排列着，这就造成晶体在性能上区别于非晶体的重要特点。首先，晶体具有一定的熔点（熔点就是晶体向非结晶状态的液体转变的临界温度）。在熔点以上，晶体变为液体，处于非结晶状态；在熔点以下，液体又变为晶体，处于结晶状态。从晶体至液体或从液体至晶体的转变是突变的。而非晶体则不然，它从固体至液体，或从液体至固体的转变是逐渐过渡的，没有确定的熔点或凝固点，所以可以把固态非晶体看成为过冷状态的液体，它只是在物理性质方面不同于通常的液体而已，玻璃就是一个典型的例子。

晶体的另一个特点是在不同的方向上测量其性能（如导电性、导热性、热膨胀性、弹性和强度等）时，表现出或大或小的差异称之为各向异性或异向性。非晶体在不同方向上的性能则是一样的，不因方向而异，称之为各向同性或等向性。

由此可见，晶体与非晶体之间存在着本质的差别，但这并不意味着两者之间必然存在不可逾越的鸿沟。在一定条件下，可以将原子呈不规则排列的非晶体转变为原子呈规则排列的晶体，反之亦然。例如，玻璃经长时间高温加热后能形成晶态玻璃；用特殊的设备，使液态金属以极快的速度冷却下来，可以制出非晶态金属。当然这些转变的结果，必然使其能发生极大的变化。

二、晶体结构和空间点阵

晶体结构是指晶体中原子在三维空间有规律的周期性的具体排列方式。晶体中原子的排列可用 X 射线分析等方法测定。组成晶体的原子种类不同或者排列规则不同，就可以形成各种各样的晶体结构，也就是说，实际存在的晶体结构可以有很多种。晶体中最简单的原子排列情况如图 4-1(a)，即假定金属晶体中的原子都是固定的刚球，晶体就由这些刚球堆垛而成，图 4-1(a)中所示即为这种原子堆垛模型。从图中可以看出，原子在各个方向的排列都是很规则的。这种模型的优点是立体感强，很直观；缺点是很难看清原子排列的规律和特点，为了便于研究和清楚地表明原子在空间排列的规律性，常将构成晶体的原子忽略，而将其抽象为单纯的几何质点,称之为阵点。这些阵点可以是原子的中心,也可以是彼此等同的原子群的中心,所有阵点的物理和几何环境都相同。由这些阵点有规则的周期性重复排列所形成的三维空间阵列称为空间点阵。为了方便起见,并假设用直线把这些点连接起来形成空间格架,称之为晶格(见图 4-1(b))它的实质仍是空间点阵。

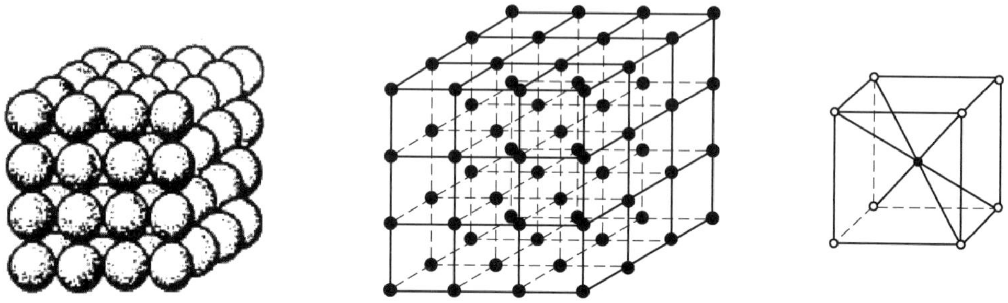

(a) (b) (c)

图 4-1 晶体中原子排列示意图

(a) 原子堆垛模型;(b) 晶格;(c) 晶胞

由于晶格中原子排列具有周期性的特点,因此,为了简便起见,一般从晶格中选取一个能够完整反映晶格特征的最小的几何单元来分析晶体中原子排列的规律性,这个最小几何单元称为晶胞(见图 4-1(c)。晶胞的大小和形状常以晶胞的棱边长度和棱边夹角表示,如图 4-2 所示。图中沿晶胞三条相交于一点的棱边设置了三个坐标轴(或晶轴)x、y、z。习惯上,以原点的前、右、上方为轴的正方向,反之为负方向。晶胞的棱边长度一般称为晶格常数点阵常数,在 x、y、z 轴上分别以 a、b、c 表示。晶胞的棱间夹角又称为轴间夹角,通常 y—z 轴、z—x 轴和 x—y 轴之间的夹角分别用 α、β 和 γ 表示。

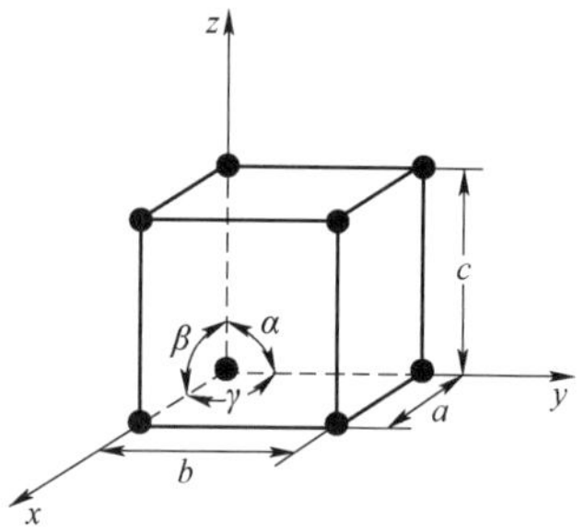

图 4-2 晶胞的晶格常数和轴间夹角表示方法

三、三种典型的金属晶体结构

自然界中的晶体有成千上万种,它们的晶体结构各不相同,但根据晶胞的三个晶格常数和三个轴间夹角的相互关系对所有的晶体进行分析,共有 14 种类型的空间点阵,称为布拉菲点阵。根据空间点阵的基本特点进一步归纳整理,可将 14 种空间点阵分为 7 个晶系。由于金属原子的排列较为紧密,所以在常用的金属元素中,大多数的晶体结构都是比较简单的,其中较为典型的金属晶体结构有 3 种类型,即体心立方结构、面心立方结构和密排六方结构。

1. 体心立方结构(bcc)

体心立方结构的晶胞是一个立方体,其晶胞模型如图 4-3 所示,原子位于立方体的 8 个顶角上和立方体的中心。晶胞的 3 个棱边长度相等,3 个轴向夹角均为 90°。具有这种晶格类型的金属有 α-铁(α-Fe)、铬(Cr)、钒(V)、钨(W)及钼(Mo)等。这类金属一般都具有相当高的强度和较好的塑性。

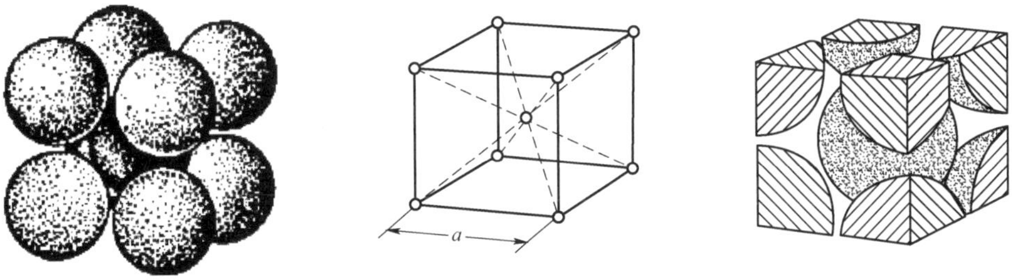

(a)　(b)　(c)

图 4-3　体心立方结构晶胞

(a) 模型;(b) 质点模型;(c) 晶胞原子数

2. 面心立方结构(fcc)

面心立方晶格的晶胞也是一个立方体,其晶胞模型如图 4-4 所示,原子位于立方体的 8 个顶角上和立方体 6 个面的中心。具有这种晶格类型的金属有 γ-铁、铝(Al)、铜(Cu)、铅(Pb)及镍(Ni)等。这一类金属一般都具有很好的塑性。这类金属一般都具有很好的塑性。

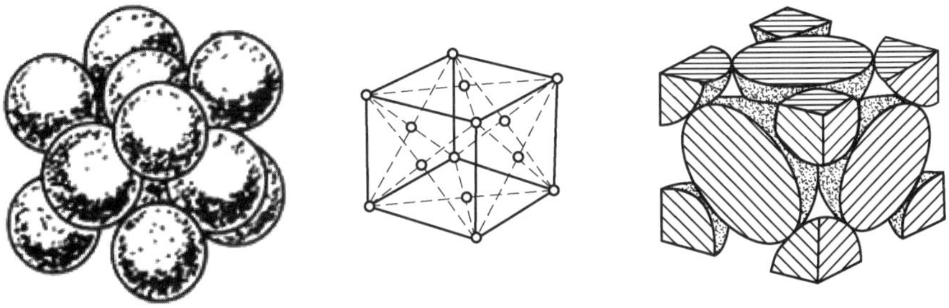

(a)　(b)　(c)

图 4-4　面心立方结构晶胞

(a) 模型;(b) 质点模型;(c) 晶胞原子数

3. 密排六方结构(hcp)

密排六方结构的晶胞是一个正六棱柱体,其晶胞模型如图 4-5 所示,原子位于柱体的每个顶角和上、下底面的中心,另有 3 个原子排列在柱体内,如图 4-5 所示。属于这种晶格类型的金属有锌(Zn)、镁(Mg)、镉(Cd)及铍(Be)等。

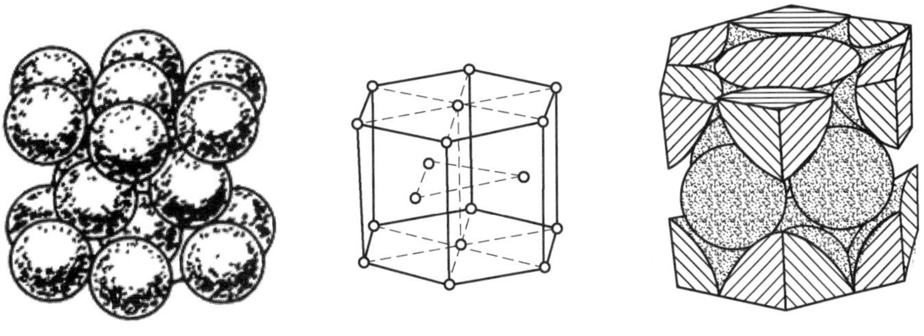

(a)　(b)　(c)

图 4-5　密排六方结构晶胞

(a) 模型;(b) 质点模型;(c) 晶胞原子数

上述三种典型的金属晶体结构模型是从“静态”出发的，实际上晶格中的原子并非静止不动的，而是按照一定的振幅围绕着结点振动。随着材料温度的升高，原子的振幅增大，活动能力随之增强，这对金属在高温条件下的结构与性能变化有很大影响。同时不同晶格原子排列紧密程度不同，当金属从面心立方晶格向体心立方晶格转变时，体积会发生变化。这就是钢在淬火时因相变而发生体积变化的原因。不同晶体结构中原子排列的方式不同，将会使金属的形变能力不同。

四、实际金属的晶体结构

如果一个晶体内部的原子排列的方向完全一致，则称这个晶体为单晶体。一般只有采用特殊方法才能获得单晶体，如单晶硅、单晶锗等。实际使用的金属材料即使体积是很小，其内部仍包含了许多颗粒状的小晶体，各小晶体中原子排列的方向不尽相同。这种由许多晶粒组成的晶体称为多晶体，如图 4-6 所示。晶体学位向相同的晶体称为晶粒，晶体结构相同但位向不同的晶粒之间的界面处称为晶粒间界，简称晶界。

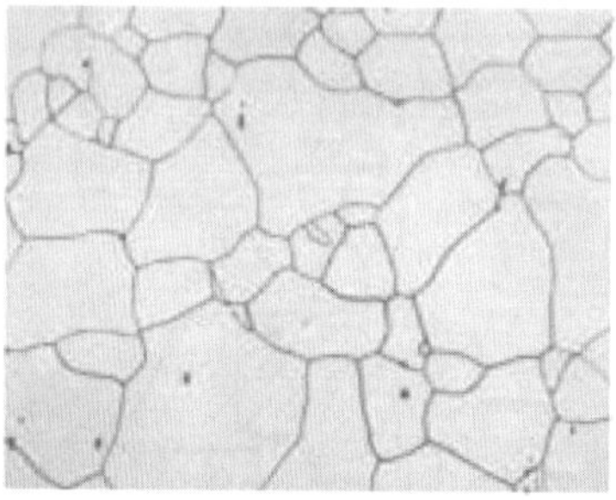

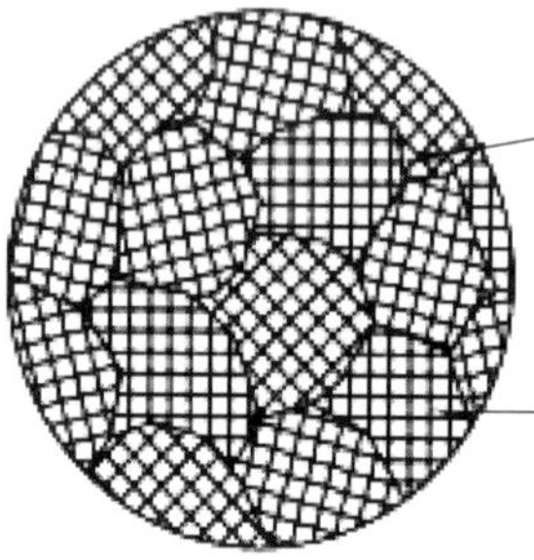

图 4-6 多晶体的晶粒和晶界示意图

由于一般的金属都是多晶结构，所以通常测出的性能都是各个位向不同的晶粒的平均性能，结果就使金属显示出各向同性。在晶界上原子的排列不像晶粒内部那样有规则，这种原子排列不规则的部位称为晶体缺陷。一般情况下，在金属中这些偏离其规定位置的原子数目很少，在最严重的情况下，金属晶体中位置偏离很大的原子数目占原子总数的 1/1 000。总体来看，其结构还是接近完整的。但这些晶体缺陷的存在对金属及合金的性能的影响还是很大的，尤其是那些对结构敏感的性能，如塑性、强度、电阻等，同时在扩散、相变、塑性变形和再结晶等过程中也扮演着重要角色。

根据晶体缺陷的几何形态特征，可将它们分为以下三类：

1. 点缺陷

点缺陷是晶体中呈点状的缺陷，特征是三维空间上的尺寸都很小，相当于原子的尺寸，例如，晶格空位、置换原子和间隙原子等如图 4-7 所示。由于点缺陷的出现使周围的原子出现“撑开”或“靠拢”的现象，这种现象称为晶格畸变。晶格畸变的存在，使金属产生内应力。晶体性能发生变化，如强度、硬度和电阻增加，体积发生变化，它也是强化金属的手段之一。

2. 线缺陷

线缺陷是指在三维空间的两个方向上尺寸很小的晶体缺陷，线缺陷主要是指位错。所谓位错是指晶格中一列或若干列原子发生了某种有规律的错排现象。位错的形式很多，其中最基本的类型是刃型位错（见图 4-8）和螺型位错（见图 4-9），其中刃型位错较常见。

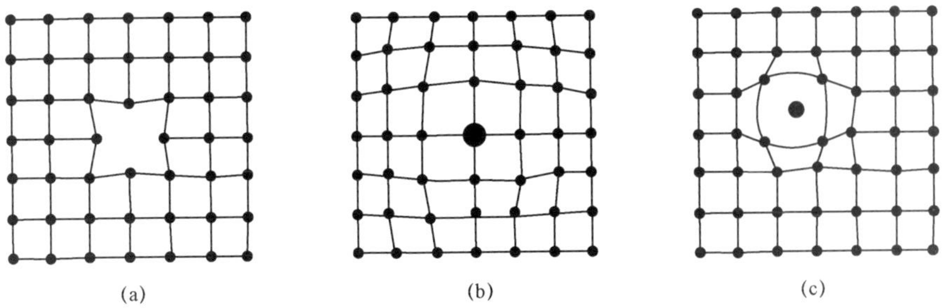

图 4-7　点缺陷示意图

(a) 晶格空位;(b) 置换原子;(c) 间隙原子

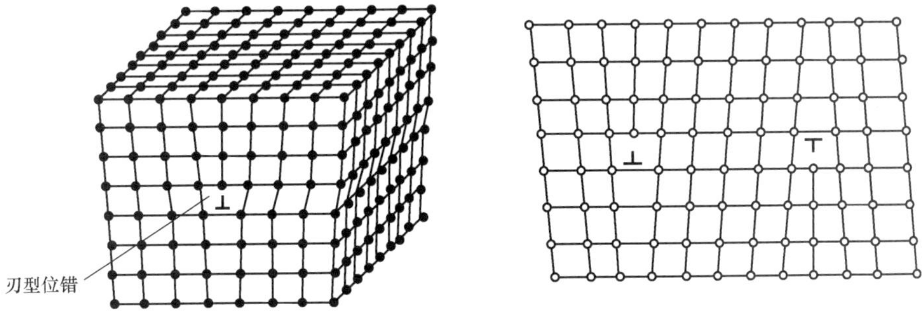

图 4-8　刃型位错示意图

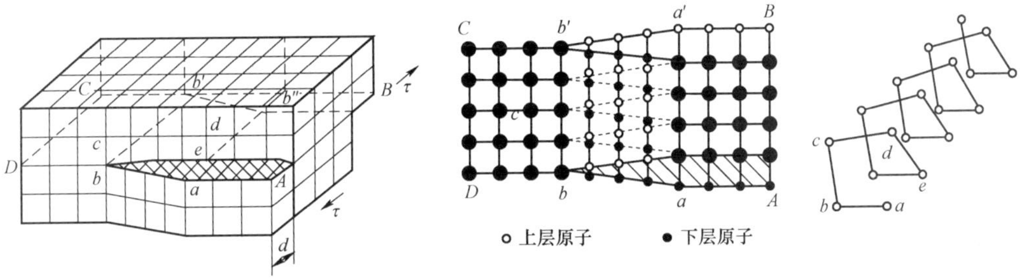

图 4-9　螺型位错示意图

由于位错存在,造成金属晶格畸变,对金属的性能,如强度、塑性、疲劳,及原子扩散、相变过程等都将产生重要影响。例如,当金属材料处于退火状态时,位错密度较小,强度最低;若金属材料经过冷变形加工后,位错密度增大,提高了金属的强度。

3. 面缺陷

面缺陷是指在二维方向上尺寸都很大、在第三个方向上的尺寸却很小、呈面状分布的缺陷,通常都是指晶界。实际金属材料都是多晶体结构,在多晶体中两个相邻晶粒之间的晶格位向是不同的,所以晶界处的原子的排列是不规则的,它是从一种位向逐渐过渡到另一种位向的过渡层,如图 4-10 所示。由于原子呈不规则排列,使晶格处于畸变态,即晶界处有较高的硬度和强度。当晶粒越细小时,晶界的

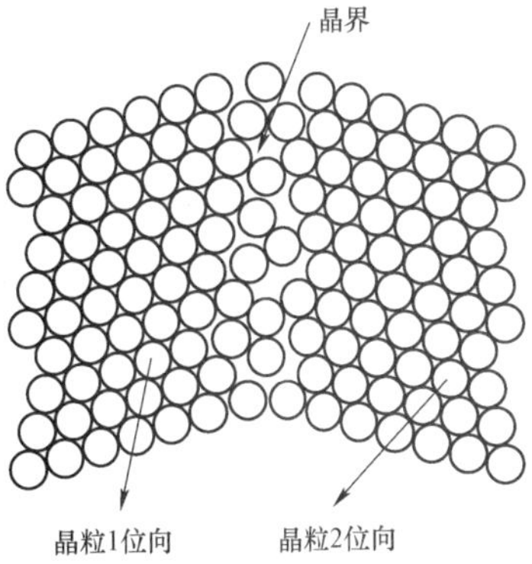

图 4-10　晶界的过渡层结构示意图

面积越多,对金属塑性变形的阻碍越大,金属的强度和硬度也越高。此外,晶界处原子扩散速度较快,熔点低和容易被腐蚀等。

五、金属的结晶过程和同素异构转变

1. 金属的结晶过程

金属的性能与其组织有关,而金属的晶粒、晶界及各种晶体缺陷都是在结晶过程中形成的,金属中杂质的分布也与结晶有密切关系。所以为了便于控制结晶过程,得到所希望形成的组织和性能,就要了解金属的结晶规律。

(1) 结晶的概念

除少数粉末冶金制品外,绝大多数金属制件都是经过熔炼和铸造而获得的,这种由液态转变为固态的过程称为凝固。一般金属固态下都是晶体,在凝固过程中原子由不规则排列的液态,逐渐转变为有规则排列的晶体状态,因而金属凝固过程可称为结晶。

(2) 纯金属的冷却曲线

纯金属都有一个固定的熔点(或结晶温度),高于此温度熔化,低于此温度才能结晶成为晶体。金属的结晶温度通常用热分析等实验方法来测定。图 4-11 所示为纯金属的冷却曲线,其原理是在液态金属的缓慢冷却的过程中,每隔一定时间测量并记录一次温度,直到冷却至室温。然后将测量的结果绘制在温度—时间的坐标上,就可得到纯金属的冷却曲线。

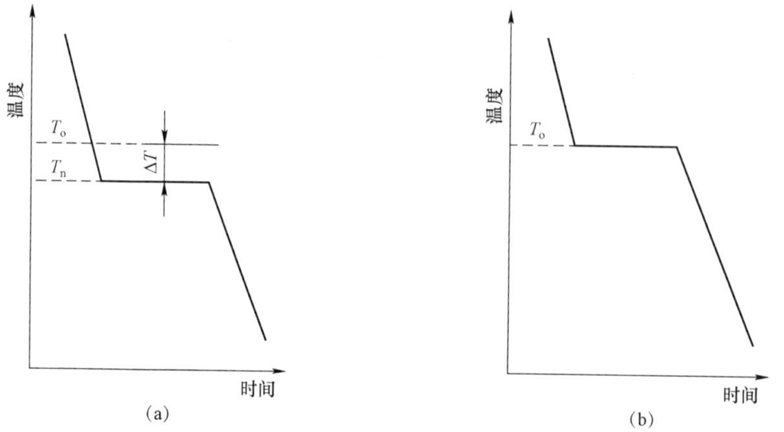

图 4-11 纯金属结晶的冷却曲线

(a) 理论结晶;(b) 实际结晶图

由冷却曲线可见,液态金属随时间的延长,它所含的热量不断散失,其温度也不断下降,但当冷却到某一温度时,冷却的时间虽然增加,但温度并不下降,在冷却曲线上出现了一个水平线段,这个水平线段所对应的温度就是纯金属进行结晶的温度。出现水平线段的原因,是由于结晶时放出的结晶潜热补偿了散失向外界的热量。结晶完成后,由于金属继续向周围环境散热,故温度又重新下降。

(3) 纯金属的冷却曲线

理论上金属冷却时的结晶温度(凝固点)与加热时熔化温度是同一温度,即金属的理论结晶温度 T_0。但在实际生产中,金属由液态结晶为固态都有较大的冷却速度,此时金属要在理论结晶温度以下某一温度才开始进行结晶，这一温度称为实际结晶温度 T_n。金属的实际结晶温度低于理论结晶温度的现象称为过冷现象。而理论结晶温度与实际结晶温度之差称为过冷度，用 ΔT 表示，即 $\Delta T = T_0 - T_n$。金属结晶时的过冷度大小与冷却速度有关，冷却速度越大，过冷度就越大，即金属的实际结晶温度越低。

(4) 纯金属的结晶过程

液态金属的结晶是在一定过冷度的条件下，首先从液体中形成一些极细小的晶体，这些极细小的晶体称为晶核，然后以它为核心，不断吸附周围液体中的原子而长大。与此同时，在液体中又不断产生新的晶核并相继长大，直到全部液体凝固为止。因此，液体金属的结晶过程就是不断地形成晶核和晶核不断地长大两个基本过程，而且这两个过程是同时进行的。纯金属的结晶过程如图 4-12 所示。

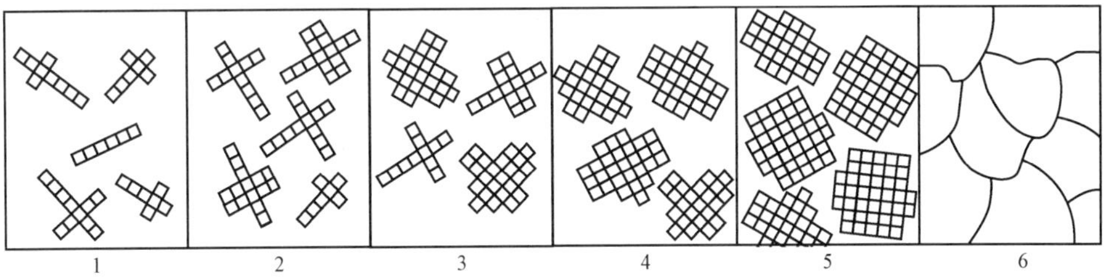

图 4-12　纯金属结晶过程示意图

(5) 合金的结晶特点

合金的结晶过程与纯金属结晶遵循共同的规律，也是在过冷条件下由形成晶核与晶核长大两个过程所组成，最后形成多晶体。但合金是由两种或两种以上的组元所组成，而且组成的比例还可有多种变化，所以其结晶过程比纯金属结晶要复杂很多。

1) 纯金属的结晶是在恒温下进行的，而合金的结晶过程是在一定温度范围内进行，即结晶开始和结束的温度不同。

2) 合金从结晶开始到结束，液体金属与已凝固的固态金属的成分不同，而且两者成分都随温度而改变，最后通过原子扩散而达到均匀化。

3) 纯金属结晶后是单相组织，而合金，特别是多元合金较多的是双相或多相组织。

(6) 金属结晶后晶粒的大小

1) 金属结晶后是由许多晶粒组成的多晶体。金属晶粒的大小对金属的力学性能有很大的影响。一般情况下，晶粒越细小，晶界就越多，金属的强度、塑性和韧性越好。

2) 为了得到细晶组织，提高金属的力学性能，因此必须了解影响晶粒大小的因素及其控制方法。结晶后的晶粒大小主要取决于形核率 N(单位时间、单位体积内所形成的晶核数目)与晶核的长大速率 G(单位时间内晶核向周围长大的平均线速度)。显然，凡能促进形核率 N，抑制长大速率 G 的因素，均能细化晶粒。在生产中，常采用增加过冷度、变质处理、振动处理的方法获得细晶粒组织。

2. 金属的同素异构转变

大多数金属结晶后形成的晶格类型保持不变。但有些金属(如铁、锰、钛、锡等)在结晶成固态后继续冷却时，其晶格类型还会发生变化。一种金属能够以几种晶格类型存在的性质称为同素异构性。金属在固态下,其晶格类型随着温度的变化而改变的过程称为金属的同素异构转变。

金属的同素异构转变是通过金属原子的重新排列来实现的,它与液态金属结晶过程很相似,其实质也是一种结晶过程,也要遵循结晶的一般规律,即晶体类型的转变也存在一定的转变温度,而且也需要冷(或过热),转变过程也包括晶核的形成和晶核的成长两个阶段。为了与液态金属转变为固态的一次结晶相区别,通常将这一转变过程称为二次结晶(或重结晶)。

由于在固态下原子的扩散比液态下困难得多,因此同素异构转变应具有较大的过冷度。此外,由于晶格类型不同,其原子排列的致密度不同,将会使金属的体积发生变化并产生较大的内应力,因此同素异构转变还会引起一些其性质的变化。下面以铁为例来进一步了解同素异构转变,如图 4-13 所示。

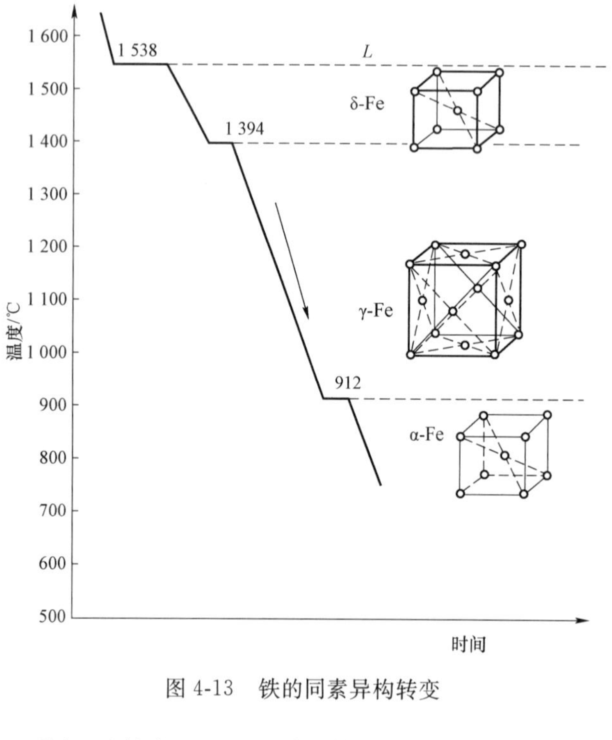

图 4-13　铁的同素异构转变

从图 4-13 中可以看出,纯铁在 1 538 ℃ 时开始结晶,在 1 394～1 538 ℃ 时为体心立方晶格,称为 δ-Fe;温度下降到 912～1 394 ℃ 时为面心立方晶格,称为 γ-Fe;在 912 ℃ 以下为体心立方晶格,称为 α-Fe。纯铁的同素异构转变过程可概括如下:

$$\delta\text{-Fe} \xrightarrow{1\,394\ ℃} \gamma\text{-Fe} \xrightarrow{912\ ℃} \alpha\text{-Fe}$$

复习思考题

(1) 什么是晶体和非晶体?它们在性能上有何不同?

(2) 什么是晶格和晶胞?金属中有哪几种常见的晶体结构?

(3) 简述纯金属的结晶过程。

第二节　合金的组织结构

学习目标：

- 掌握合金的基本概念，如组元、合金系、相及组织。
- 了解合金的三种相结构类型；
- 了解两种固溶体类型。

一、合金的基本概念

纯金属虽然具有较好的导电性、导热性和良好的塑性等优点，但由于其力学性能的强度、硬度较低，不能满足工业上使用性能的要求，且冶炼困难、价格较高，因此应用较少。一般工业中广泛使用的金属材料是合金，所谓合金就是一种金属元素与其他金属元素或非金属元素，经熔炼、烧结或其他方法结合成具有金属特性的物质称为合金，如碳钢是铁和碳组成的合金；黄铜是铜和锌组成的合金。应用最广泛的就是铁碳合金(钢铁)。

1. 组元

组成合金的最基本、能独立存在的物质称为组元(简称元)。一般来说，组元是组成该合金的元素，有时也可以是稳定的化合物。例如，黄铜的组元是铜和锌，青铜的组元是铜和锡，而在铁碳相图中的组元则是铁和稳定化合物 Fe_3C。由两个组元组成的合金称为二元合金，三个组元组成的合金称为三元合金，由三个以上组元组成的合金称为多元合金。

2. 合金系

由给定的组元可以按不同的比例制成一系列成分不同的合金，这一系列合金就构成一个合金系。例如，凡是由铜和锌组成的合金，不论其成分如何，都属于铜锌二元合金系，或称铜锌合金；铁和碳组成的合金称为铁碳二元合金系，也称铁碳合金。

3. 相

当不同的组元经熔炼或烧结成为合金时，这些组元间由于物理的、化学的相互作用，形成具有一定晶体结构和一定成分的相。相是指在合金中结构相同、化学成分和性能均一并以界面相互分开的组成部分。各相之间有明显的分界线，称为相界。

同样是固态物质，有时物质是单相的，而有时是多相的，如铁碳合金中珠光体是由铁素体和渗碳体两相组成。

合金与纯金属一样也属于晶体，原子的排列是规则的。但合金的晶体结晶往往随其组成不同而发生变化。例如，在铜锌合金中，w_{Zn} 为 30%时，合金为面心立方晶格；当 w_{Zn} 为 48%时，合金则为体心立方晶格；当 w_{Zn}=65%时，呈复杂立方晶格。

4. 组织

在金属与合金中，由于形成条件的不同，可能形成不同的相，相的数量、形态及分布状态也可能不同，从而形成不同的组织。相是组织的基本组成部分，但是同样的相，当他们的形态及分布不同时，就会出现不同的组织，使材料表现出不同的性能，因此组织是决定材料最终性能的关键。

二、合金的组织

合金在液态下,各组元相互溶解,只有一种液相。在固态下合金中的相可分为固溶体和金属化合物两大基本类型,由于各组元相互作用不同,合金的相结构可分固溶体、金属化合物和机械混合物 3 种形式。

1. 固溶体

溶质原子溶入溶剂晶格中仍保持溶剂晶格类型的合金相称为固溶体。形成固溶体后,晶格保持不变的组元称为溶剂;晶格消失或被溶解的组元称为溶质。由此可知,固溶体的晶格类型与溶剂组元相同,显微形貌也与溶剂相同。

固溶体的浓度通常是指固溶体中溶质所占的质量百分数。在一定条件下,溶质元素在固溶体中的极限浓度称为固溶体的溶解度。凡溶解度有一定限制的固溶体称为有限固溶体,若两个组元可以以任意比例相互溶解,则称为无限固溶体。

根据溶质原子在溶剂晶格分布的不同情况,固溶体可分为置换固溶体和间隙固溶体两种。

(1) 置换固溶体

溶质原子替代溶剂晶格结点上的部分原子所而形成的固溶体,称为置换固溶体,如图 4-14(a)所示。一般情况是当溶质原子与溶剂原子直径差别不大时,易于形成置换固溶体。通常两组元原子半径差别较小,晶格类型相同,原子结构相似,固溶体溶解度大,可以形成无限固溶体,如铜和镍组成的合金,在固态下形成无限固溶体。

(2) 间隙固溶体

溶质原子溶入溶剂晶格一些空隙处而形成的固溶体称为间隙固溶体,如图 4-14(b)所示。试验证明,溶质原子半径与溶剂原子半径:$r_{溶质}/r_{溶剂}<0.59$ 时,才有可能形成间隙固溶体。形成固溶体的溶质元素,都是一些原子半径很小的非金属元素碳(C)、氮(N)、氢(H)、硼(B),而溶剂元素都是过渡族金属。间隙固溶体的溶解度都是有限的。

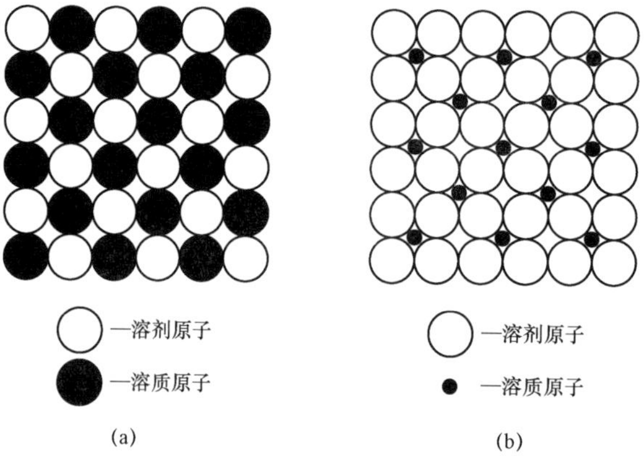

图 4-14 固溶体结构示意图
(a) 置换固溶体;(b) 间隙固溶体

(3) 固溶体的力学性能

无论是置换固溶体还是间隙固溶体,溶质原子的溶入,都会使晶格发生畸变,同时晶体的晶格常数也要发生变化,原子尺寸相差越大,畸变也越大,使塑性变形阻力增加,从而提高了合金的强度和硬度,而塑性下降,这种现象称为固溶强化。固溶强化是提高金属材料力学性能的重要途径之一。

2. 金属化合物

合金组元间相互作用,除可形成固溶体外,当溶质含量超过溶剂的溶解度后,还可形成金属化合物,又称中间相。金属化合物的晶格类型和性能完全不同于任一组元,一般可用化学式表示,如碳钢中的 Fe_3C,黄铜中的 CuZn 等。

由于化合物的结合键及晶格类型的多样性,使它具有许多特殊的物理化学性能,其中已有不少正在开发应用,作为新的功能材料和耐热材料,对现代科学技术进步起着重要的推动作用。例如,核反应堆材料 Zr_3Al、记忆合金 NiTi 和 CuZn 及作为新一代能源的储氢材料 $LaNi_5$ 等。

金属化合物一般具有熔点高、硬度高、脆性大的特点,在合金中主要作为强化相,如 Fe_3C 在钢中存在,将使钢的强度、硬度、耐磨性提高,但使钢的塑性和韧性下降。因此,强化金属材料的重要途径之一就是利用改变金属化合物的数量、形状、大小和分布来提高金属材料的力学性能。

3. 机械混合物

机械混合物是两种或两种以上的相,按一定质量百分数混合而成的物质,固溶体、金属化合物是组成合金的基本相。例如,铁素体和渗碳体在某种条件下形成的机械混合物称为珠光体。机械混合物的性能取决于各组成相的性能,以及各相的数量、形状、大小和分布。

复习思考题

(1) 什么是合金组元、合金系、相及组织?

(2) 合金组织有哪三种形式?

(3) 什么是固溶强化?

第三节 铁碳合金的基本组织与性能

学习目标:

- 了解铁的同素异构转变;
- 了解铁碳合金的基本组织;
- 了解各种组织的基本性能。

一、铁碳合金的基本组织

铁碳合金是以铁和碳两种主要元素组成的合金,它是现代工业中应用最广泛的金属材料。钢和铁(生铁、铸铁)均属铁碳合金范畴。不同成分的铁碳合金,在不同的温度下,具有不同的组织,因而表现出不同的性能。

在金属晶体结构章节介绍了铁是具有同素异构的金属。当低于 912 ℃时,Fe 呈体心立方晶格(α-Fe),在 912～1 394 ℃时,Fe 呈面心立方晶格(γ-Fe),在 1 394～1 538 ℃时,Fe 又呈体心立方晶格(δ-Fe)。

铁碳合金在液态时,铁和碳可无限互溶;在固态时碳能溶于铁的晶格中,形成间隙固溶体。当含碳量超过铁的溶解度时,多余的碳与铁形成化合物 Fe_3C。此外,还可以形成固溶体与 Fe_3C 组成的机械混合物。铁碳合金的基本组织有 5 种,其中铁素体、奥氏体、渗碳体都是单相组织,是基本相,而珠光体、莱氏体是由基本相混合组成的两相组织。

1. 铁素体

铁素体是碳溶于 α-Fe 中所形成的间隙固溶体,用符号 α 或 F 表示。它仍保持 α-Fe 的体心立方晶格。因为 α-Fe 的间隙半径很小,所以溶碳能力很小,在 727 ℃时最大 w_C 仅为 0.021 8%,室温时几乎等于零。

由于铁素体的溶碳能力小,所以它的性能几乎与纯铁相同,即强度、硬度低,塑性较好。在显微镜下观察铁素体为均匀明亮的多边形晶粒。铁素体在 770 ℃以下具有铁磁性,而在 770 ℃以上则失去铁磁性。

2. 奥氏体

奥氏体是碳溶于γ-Fe 中所形成的间隙固溶体,用符号 A 或γ表示。它仍保持γ-Fe 的面心立方晶格。由于γ-Fe 的间隙半径较大,所以溶碳能力比α-Fe 强,在 727 ℃时 w_C 为 0.77%;1 148 ℃时 w_C 达到 2.11%的最大值。

奥氏体的强度、硬度较低,并具有良好的塑性和较低的变形抗力,是绝大多数钢种在高温下进行压力加工的理想组织。稳定的奥氏体在钢中存在的最低温度是 727 ℃。在显微镜下观察,奥氏体晶粒呈多边形,其晶界较铁素体平直。

3. 渗碳体

渗碳体是铁与碳形成的稳定化合物 Fe_3C,它是一种具有复杂晶体结构的金属化合物(图 4-15)。其含碳量为 6.69%。

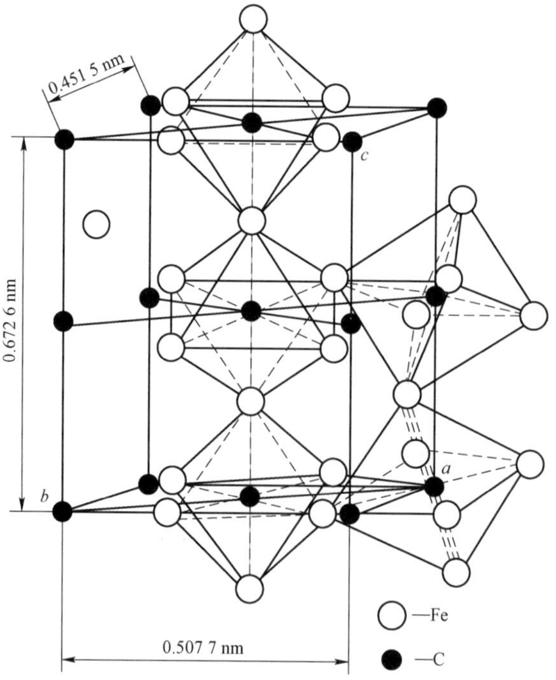

图 4-15　渗碳体晶胞示意图

渗碳体硬度很高(>800 HB),塑性和韧性几乎为零,脆性很大。渗碳体不能单独使用,在钢中一般是与铁素体混合在一起,是钢中的主要强化相,它的数量、形态(片状、粒状、网状等)、大小和分布对钢的性能有很大影响。渗碳体在一定条件下(如高温长期停留或缓慢冷却)可分解成铁和石墨。

4. 珠光体

珠光体是铁素体与碳化物(包括渗碳体)薄层(片)交替重叠组成的共析组织。珠光体平均含碳量为 0.77%,用符号 P 表示。

由于细晶强化和第二相强化作用,珠光体组织具有较高的强度和硬度(σ_b=770 MPa,180 HB),又具有一定的塑性和韧性(δ= 20%～35%,A_{KU}=24～32 J),是一种综合力学性能较好的组织。

珠光体适于压力加工及切削加工。

5. 莱氏体

高温莱氏体是含碳量为 4.3%的液态合金,当温度缓慢冷却到 1 148 ℃时,同时结晶出奥氏体和渗碳体的共晶体,用符号 Ld 表示。

低温莱氏体(或变态莱氏体)是高温莱氏体冷却到 727 ℃ 时奥氏体转变为珠光体的组织,所以室温下莱氏体由珠光体和渗碳体组成,用符号 L′d 表示。

莱氏体含 Fe_3C 64%以上,硬度很高(>700 HB),塑性很差,脆性很大,是白口铁的基本组织。

复习思考题

(1) 铁素体的基本概念和性能特点是什么?

(2) 奥氏体的基本概念和性能特点是什么?

(3) 渗碳体的基本概念和性能特点是什么?

第四节　铁碳合金相图的基本构造及应用

学习目标:

- 了解铁的同素异构转变;
- 了解铁碳合金的基本组织;
- 了解各种组织的基本性能。

为了研究合金的性能与其成分、组织的关系,首先必须了解和掌握铁碳合金中各种组织的变化规律,主要是组织、成分与温度之间的关系。铁碳合金相图就是分析合金状态及其变化规律的基本工具。目前铁碳合金相图的含碳量是研究 w_C 为 0～6.69%的部分,即 Fe 作为一个组元,含碳量 6.69%的 Fe_3C 作为另一组元的 Fe-Fe_3C 二元合金相图,而不是 0～100%的完整的图形,因为钢的含碳量小于 2.11%,生铁(铸铁)的含碳量为 2.11%～6.69%,大于 6.69%的铁碳合金工业上没有使用价值;Fe-Fe_3C 相图的左上角部分为包晶相图,生产中使用意义不大,为便于研究分析,因此将其进行简化,得到简化后的 Fe-Fe_3C 相图,如图 4-16 所示。

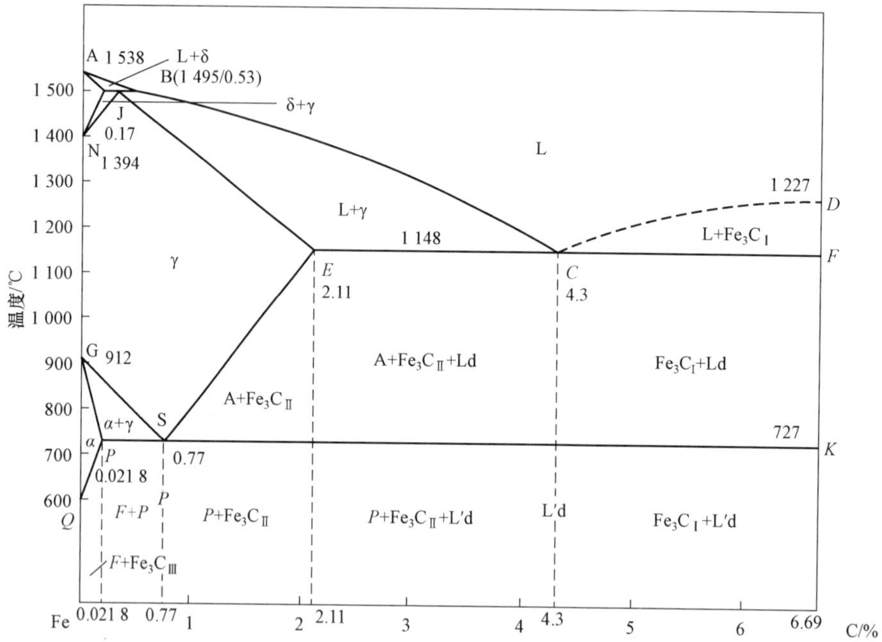

图 4-16　Fe-Fe_3C 相图

一、相图中的点、线、区及其意义

1. Fe-Fe_3C 相图中的主要特性点(见表 4-1)

表 4-1　Fe-Fe_3C 相图主要特性点

特性点	温度/℃	含碳量/%	含义
A	1 538	0	纯铁的熔点
C	1 148	4.3	共晶点，$L_C \longrightarrow A_E + Fe_3C$
D	1 227	6.69	Fe_3C 的熔点
E	1 148	2.11	碳在 γ-Fe 中的最大溶解度
G	912	0	纯铁的同素异构转变点 α-Fe⟶γ-Fe
P	727	0.021 8	碳在 α-Fe 中的最大溶解度
S	727	0.77	共析点，A_S

2. Fe-Fe_3C 相图中的主要特性线(见表 4-2)

表 4-2　Fe-Fe_3C 相同主要特性线

特性线	含义
ACD	液相线
AECF	固相线

续表

特性线	含义
GS	A_3线，冷却时，由奥氏体析出铁素体的开始线
ES	A_{cm}线，碳在奥氏体中的固溶线
ECF	共晶线，$L_C \longrightarrow A_E+Fe_3C$
PSK	共析线，$A_S \longrightarrow F_P+Fe_3C$

（1）*ACD* 线——液相线

此线以上区域全部为液相，用 L 来表示。金属液冷却到此线开始结晶，在 *AC* 线以下从液相中结晶出奥氏体，在 *CD* 线以下结晶出渗碳体。

（2）*AECF*——固相线

金属液冷却到此线全部结晶为固态，此线以下为固态区。

液相线与固相线之间为金属液的结晶区域。这个区域内金属液与固相并存，*AEC* 区域内为金属液与奥氏体，*CDF* 区域内为金属液与渗碳体。

（3）*GS* 线——A_3线

GS 线为冷却时从奥氏体中析出铁素体的开始线（或加热时铁素体转变成奥氏体的终止线）常用符号 A3 表示。奥氏体向铁素体的转变是铁发生同素异构转变的结果。

（4）*ES* 线——A_{cm}线

ES 线是碳在奥氏体中的溶解度线，常用符号 A_{cm} 表示。

在 1 148 ℃时，碳在奥氏体中的溶解度为 2.11%（即 E 点含碳量），在 727 ℃时降到 0.77%（相当于 S 点）。从 1 148 ℃缓慢冷却到 727 ℃的过程中，由于碳在奥氏体中的溶解度减小，多余的碳将以渗碳体的形式从奥氏体中析出。为了与自金属液中直接结晶出的渗碳体（称为一次渗碳体）相区别，将奥氏体中析出的渗碳体称为二次渗碳体（Fe_3CⅡ）。

（5）*PSK* 线——共析线（A_1线）

共析线，常用符号 A_1 表示。当合金冷却到此线时（727 ℃），将发生共析转变（一定成分的固溶体，在某一恒温下，同时析出两种固相的转变称为共析转变），从奥氏体中同时析出铁素体和渗碳体的混合物，即珠光体。

二、Fe-Fe_3C 相图中的相区

相图中有 5 个基本相，相应地有 5 个基本相区，还有 7 个两相区。两相区分别存在于两个单相区之间；此外，水平线 *HJB*、*ECF* 和 *PSK* 均可以看作三相区，如表 4-3 所示。

表 4-3 Fe-Fe_3C 相图的相区

单相区			两相区		三相区	
相区范围	相组成	代号	相区范围	相组成	相区范围	相组成
ABCD 线以上	液相	L	*ABHA*	L+δ	HJB 线	L+δ→A
AHNA	δ 铁素体（δ 固溶体）	δ	*NHJN*	δ+A	ECF 线	$L \rightarrow A+Fe_3C$

续表

单相区			两相区		三相区	
相区范围	相组成	代号	相区范围	相组成	相区范围	相组成
NJESGN	奥氏体	A 或 γ	*BCEJB*	L+A	PSK 线	A→F+Fe_3C
GPQ 线以左	铁素体	F 或 α	*CDFC*	L+Fe_3C		
DFK 垂线	渗碳体	Fe_3C	*GSPG*	A+F		
			ESKFE	A+Fe_3C		
			PSK 线以下	F+Fe_3C		

三、相图的分析和使用

Fe-Fe_3C 相图在生产实践中具有重大的意义,主要应用在钢材料的选用和热加工工艺的制定两方面。

1. 作为选用钢材料的依据

铁碳合金相图所表明的成分、组织和性能的规律,为钢材料的选用提供了依据。如制造要求塑性、韧性好,而强度不太高的构件,则应选用含碳量较低的钢;要求强度、塑性和韧性等综合性能较好的构件,则选用含碳量适中的钢;各种工具要求硬度高及耐磨性好,则应选用含碳量较高的钢。

2. 制定铸、锻和热处理等热加工工艺的依据

(1) 在铸造生产上的应用

根据 Fe-Fe_3C 相图的液相线可以找出不同成分的铁碳合金的熔点,从而确定合适的熔化、浇注温度。从图 4-17 中可以看到钢的熔化与浇注温度均比铸铁高,还可以看出,靠近共晶成分的铁碳合金不仅熔点低,而且凝固温度区间也较小,故具有良好的铸造性能。这类合金适宜于铸造,在铸造生产中获得广泛的应用。

(2) 在锻造工艺上的应用

钢经加热后获得奥氏体组织,它的强度低、塑性好,便于塑性变形加工。因此,钢材轧制或锻造的温度范围多选择在单一奥氏体组织范围内。其选择原则是开始轧制或锻造的温度不得过高,以免钢材氧化严重,甚至发生奥氏体晶界部分熔化,使工件报废。终止温度也不能过低,以免钢材塑性差,锻造过程中产生裂纹。

(3) 在热处理工艺上的应用

热处理与 Fe-Fe_3C 相图有着更为直接的关系。根据对工件材料性能要求的不同,各种不

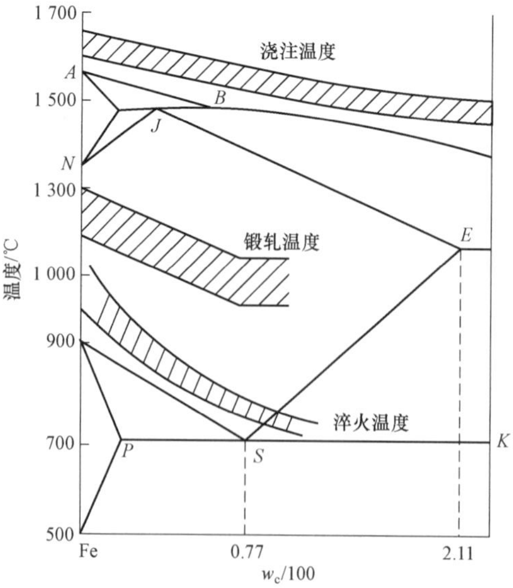

图 4-17 Fe-Fe_3C 相图与热加工工艺之间的关系

同热处理方法的加热温度都是参考 $Fe\text{-}Fe_3C$ 相图选定的,这将在热处理章节中详细讨论。

(4) 在焊接方面的应用。

化学成分对铁碳合金的焊接性有很大影响。碳的质量分数越高,焊接性就越差。而且焊接时由于焊缝周围各部分温度不同,在随后的冷却中将会得到不同的组织,因而力学性能也不一样。

低碳钢(碳的质量分数小于 0.25%)具有良好的焊接性,可以获得良好的焊接接头,无须采用特殊的工艺措施。中碳钢(碳的质量分数为 0.25%～0.6%)的焊接性较低碳钢差。焊接中碳钢时,易产生低塑性的淬硬组织,同时,容易在焊缝中引起裂纹,特别是收尾处产生裂纹的倾向更大。为了获得优质焊缝,可将焊接件预热至 150～250 ℃。高碳钢(碳的质量分数大于0.6%)的焊件由于碳的质量分数高,淬硬倾向比中碳钢还大。同时,由于导热性差,焊接处与未焊接部分之间温差显著,会造成较大的内应力,因此更容易产生裂纹。焊件一般要经 300～500 ℃ 的预热,焊后应进行消除应力热处理,稳定组织。

四、$Fe\text{-}Fe_3C$ 相图的局限性

相图是在极缓慢的加热或冷却条件下得到的。如果加热或冷却速度加快,则不仅组织转变的温度、相区范围可能与相图有所偏离,而且还可能出现相图上所没有的不平衡组织。对这些问题的分析,$Fe\text{-}Fe_3C$ 相图不能解决。

从相图可以看出铁碳合金可能进行哪些相变,但不能看出相变过程所经历的阶段和时间,即不能解决相变的机理和动力学问题。

相图是用极纯的铁和碳配制的合金测定的,而实际应用的钢铁材料中含有多种杂质元素,如锰、硅、硫、磷等,这些元素对临界点和相的成分都会有影响。对于品种繁多的合金钢,该相图也无法确切表示,必须借助于三元或多元相图。

尽管如此,相图仍是研究钢铁材料的基础。例如,对于合金元素含量不多的合金钢,一般只要将合金元素相图的影响考虑进去,就可借助于 $Fe\text{-}Fe_3C$ 相图对之进行研究。

复习思考题

(1) 什么是铁的同素异构转变?

(2) 铁碳合金的基本组织包括哪些?

(3) 简述其中三种基本组织的基本性能?

第五节 钢的热处理基本知识

学习目标:

- 了解热处理的概念及热处理的目的;
- 了解热处理的分类;
- 了解热处理的工艺。

钢材经冶炼轧制后出厂的性能是不太高的,这对一般不重要的机器零件和构件虽能满

足要求,但远不能满足日益更新和更高的要求;此外,材料在加工中也会发生许多问题,给加工过程和保证产品质量带来困难。解决这些问题最简便有效的方法,就是根据使用要求和加工工艺过程选用最适当的热处理工艺方法。表 4-4 能很好地说明上述论断。

表 4-4 45 钢经 840 ℃ 加热以不同条件冷却后的力学性能

冷却方法	抗拉强度/MPa	屈服强度/MPa	断后伸长率/%	断面收缩率/%	硬度/HRC
随炉冷却	530	280	32.5	49.3	15～18
空气中冷却	670～720	340	15～18	40～50	18～24
油中冷却	900	620	18～20	48	45～50
水中冷却	1 100	720	7～8	12～14	52～60

由表 4-4 可以看出,由于热处理的方法不同,45 钢最终性能差别很大。又如工具钢在未经淬火和回火之前,硬度很低,根本不能用作工具使用,但经淬火和低温回火之后,硬度可高达 60HRC 以上,具有很高的耐磨性,能制作多种刃具、模具和量具使用;大型、重要的焊接件焊后若不进行消除应力退火,就会产生裂缝而使焊件报废造成重大经济损失。因此,为使金属工件具有所需要的力学性能、物理性能和化学性能,除合理选用材料和各种成形工艺外,热处理工艺往往是必不可少的。

目前改善钢铁材料性能的途径主要有合金化和热处理,合金化为通过在钢中加入合金元素,调整钢的化学成分,从而获得优良的性能。热处理,即将金属在固态下经加热、保温和冷却,以改变金属的内部组织和结构,从而获得优良的性能。

一、钢的热处理原理

1. 热处理概念

金属热处理是将金属工件放在一定的介质中加热到适宜的温度,并在该温度中保持一定时间,又以一定的速度冷却到室温的一种工艺方法。

热处理的目的是改变钢的内部组织结构,以改善钢的性能。通过适当的热处理可以显著提高钢的力学性能,延长机器零件的使用寿命。热处理工艺不但可以强化金属材料、充分挖掘材料性能潜力、降低结构重量、节省能源,而且能够提高机械产品质量、大幅度延长机械产品质量、大幅度延长机器零件的使用寿命。

热处理的三个过程为加热、保温、冷却,有时只有加热和冷却两个过程。这些过程互相衔接,不可间断。如图 4-18 所示为热处理工艺曲线示意图。

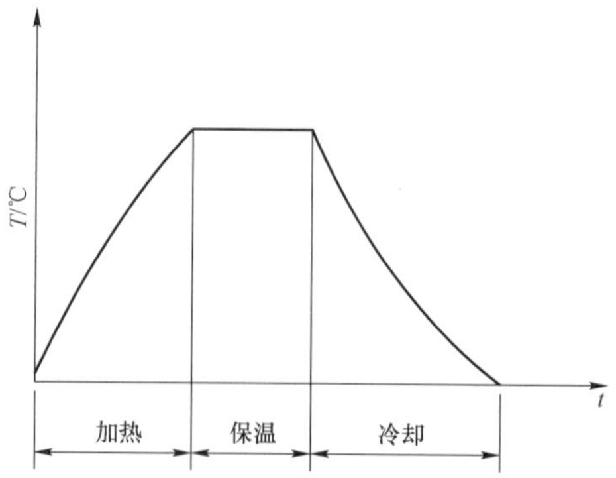

图 4-18 热处理工艺曲线示意图

热处理的三大要素是加热、保温、冷却。加热是热处理的重要步骤之一。金属热处理的加热方法很多,最早是采用木炭和煤作为热源,进而应用液体和气体燃料。电的应用使加热易于控制,且无环境污染。利用这些热源可以直加热保温冷却接加热，也可以通过熔融的盐或金属，乃至浮动粒子进行间接加热。金属加热时，工件暴露在空气中，常常发生氧化、脱碳(即钢铁零件表面碳含量降低)，这对于热处理后零件的表面性能有很不利的影响。因而金属通常应在可控气氛或保护气氛中、熔融盐中和真空中加热，也可用涂料或包装方法进行保护加热。加热温度是热处理工艺的重要工艺参数之一，选择和控制加热温度，是保证热处理质量的主要问题。加热温度随被处理的金属材料和热处理的目的不同而异，但一般都是加热到相变温度以上，以获得需要的组织。

另外组织转变需要一定的时间，因此当金属工件表面达到要求的加热温度时，还需在此温度保持一定时间，使内外温度一致，使显微组织转变完全，这段时间称为保温时间。采用高能密度加热和表面热处理时，加热速度极快，一般就没有保温时间或保温时间很短，而化学热处理的保温时间往往较长。

冷却也是热处理工艺过程中不可缺少的步骤，冷却方法因工艺不同而不同，主要是控制冷却速度。一般退火的冷却速度最慢，正火的冷却速度较快，淬火的冷却速度更快。但还因钢种不同而有不同的要求，例如，空硬钢就可以用正火一样的冷却速度进行淬硬。

加热是实现熔焊的必要条件，其加热是经过低温—高温—低温的过程，可以把熔焊过程作一次自发的热处理。焊件在熔焊过程中，组织与性能的变化也遵循金属在热处理过程中变化规律。因此，热处理基础知识，是判断焊接接头组织与性能的理论基础。

2. 金属热处理的分类

(1) 根据热处理的目的、要求和工艺方法的不同分类

1) 整体热处理：包括退火、正火、淬火、回火和调质等；

2) 表面热处理：包括表面淬火、物理和化学气相沉积等；

3) 化学热处理：渗碳、渗氮、碳氮共渗等。

(2) 按热处理在工件生产过程中的位置和作用不同分类

1) 预备热处理：为随后的加工或热处理做准备；

2) 最终热处理：赋予工件所需的力学性能。

热处理是机械零件和工件模具制造过程中的重要工序之一。大体来说，它可以保证和提高工件的各种性能，如耐磨性、耐腐蚀性等；还可以改善毛坯的组织和应力状态；以利于进各种冷、热加工。

零件的典型加工工艺路线：

毛坯 ⟶ 预备热处理 ⟶ 机加工 ⟶ 最终热处理 ⟶ 精加工
(锻件)　(退火、正火)　(车削)　(淬火、回火)　(磨削)

3. 钢的热处理过程

热处理之所以能使钢的性能发生变化，其根本原因是铁的同素异构转变使钢在加热和冷却过程中内部组织与结构发生变化。因此，要正确掌握热处理工艺，必须首先了解在不同加热和冷却条件下，钢的组织变化规律。

4. 钢加热时的组织转变

两种加热方式如图 4-19 所示：第一种加热方式发生在临界温度 A_{c_1} 以上，一定有组织转变，是一种相变过程。第二种加热方式发生在临界温度 A_{c_1} 以下，不一定有组织转变。钢的第一种加热过程，加热主要目的就是使钢的组织转变为奥氏体组织，即获得均匀细小的奥氏

体组织。该过程又称为钢的奥氏体化。钢在固态下进行加热、保温和冷却时将发生组织转变，转变临界点根据 $Fe\text{-}Fe_3C$ 相图确定。

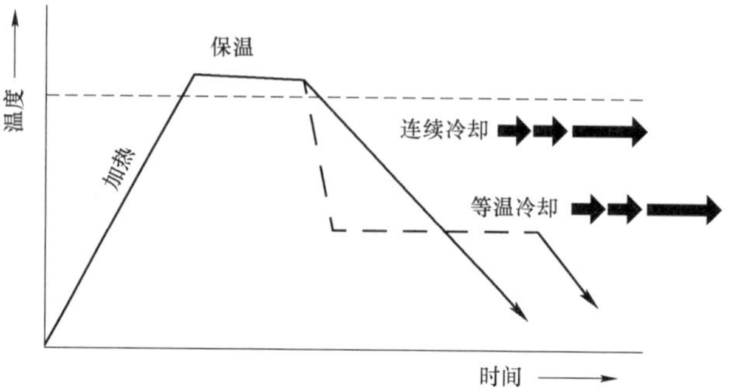

图 4-19　钢的两种加热方式热处理工艺简图

5. 钢在冷却时的转变产物及过程

被过冷至临界温度(A_1)以下、在热力学上不稳定、即将发生分解(即奥氏体转变为其他组织)的奥氏体，称为过冷奥氏体。热处理中采用不同的冷却方式，过冷奥氏体将转变为不同组织，性能具有很大的差异。

过冷奥氏体转变产物有珠光体(P)、马氏体(M)、贝氏体(B)。

(1) 珠光体(pearlite，符号 P)

过冷奥氏体以缓慢的冷却速度冷却至室温，或过冷奥氏体在临界温度以下的高温范围内等温，将转变成珠光体。典型的冷却方式：炉冷(退火)。珠光体相比马氏体和贝氏体，其强度和硬度较低。珠光体又分为片状珠光体(见图 4-20)和粒状珠光体。通过球化退火可以获得粒状珠光体。如图 4-21 所示为粒状珠光体的组织形态。

图 4-20　片状珠光体组织形态图

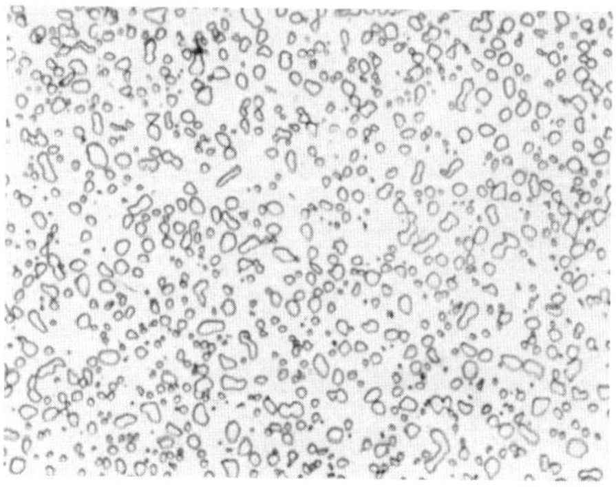

图 4-21　粒状珠光体组织形态

(2) 马氏体(martensite，符号 M)

过冷奥氏体以极快的冷却速度冷却至室温，将转变成马氏体。典型的冷却方式主要为水或油冷(淬火)，马氏体具有很高的强度和硬度。马氏体含碳量越高，其正方度越大，晶格畸变越严重，故硬度越高。获得马氏体组织是强化钢铁材料的重要手段之一。图 4-22 为板条马氏体的示意图及显微组织，图 4-23 为针状马氏体的显微组织。

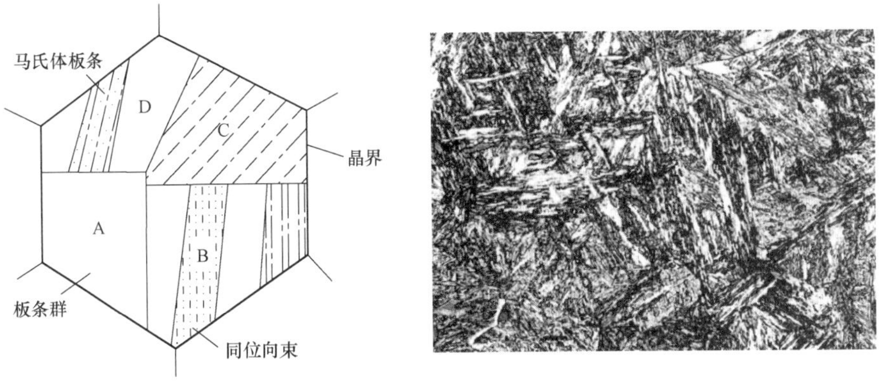

图 4-22　板条马氏体的示意图及显微组织

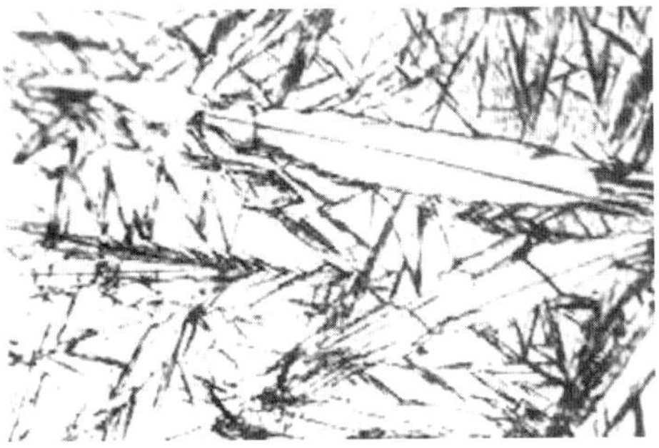

图 4-23　针状马氏体显微组织

(3) 贝氏体(bainite,符号 B)

过冷奥氏体在临界温度以下的中温范围内等温,将转变成贝氏体,贝氏体的强度和硬度介于珠光体和马氏体之间。贝氏体转变在临界温度以下的中温范围(550 ℃～M_s)内进行。贝氏体转变具有 P 转变和 M 转变的某些特点,又具有自身的一些特点。上贝氏体的显微组织呈羽毛状,上贝氏体的显微组织图如 4-24 所示。下贝氏体金相组织呈黑针状,电镜下可观察到在 F 板条内分布着细小、弥散的粒状或短条状 Fe_3C,其显微组织图如 4-24 所示。

图 4-24　上贝氏体的金相组织(羽毛状)

图 4-25　下贝氏体的金相组织(黑针状)

(4) 魏氏组织

经锻造、热轧、焊接的中、低碳钢中晶粒往往很粗大,空冷之后容易出现魏氏组织,如图 4-26 所示。含碳量小于 0.6%的亚共析钢或含碳量大于 1.2%的过共析钢由高温以较快速度冷却时,先共析铁素体或先共析渗碳体从奥氏体晶界上沿着奥氏体的一定晶面向晶内生长,呈针片状析出。在金相显微镜下可以观察到从奥氏体晶界上生长出来的铁素体或渗碳体近乎平行,呈羽毛状或三角形,其间存在着珠光体的组织,这种组织称为魏氏组织。

图 4-26 魏氏组织形态

魏氏组织常伴随着奥氏体晶粒粗大面出现,使钢的力学性能尤其是塑性和冲击韧性显著降低,还会使脆性转折温度升高。因此,比较重要的工件都要对魏氏组织进行检验和评级。实际生产中遇到的多是铁素体魏氏组织,很少遇到渗碳体的魏氏组织。消除魏氏组织常用的方法是细化晶粒的正火、退火以及锻造等,如果程度严重还可以采用正火。

二、钢的热处理工艺

1. 退火与正火

生产中常把热处理分为预备热处理和最终热处理两类。最终热处理是为了满足成品的使用性能,预备热处理是为了消除前道工序产生的某些组织缺陷,为随后的切削加工和最终热处理做好组织准备。退火与正火主要用于钢的预备热处理,对于某些不太重要的工件,也可作为最终热处理工序。

(1) 钢的退火

将钢件加热到适当温度(A_{c_1} 以上或以下),保持一定时间,然后缓慢冷却以获得接近于平衡状态组织的热处理工艺称为退火。

钢退火的目的:

- 降低硬度,提高塑性,改善切削加工性能。钢经过适当退火处理后,一般硬度在 200～250 HBS,切削加工性较好。
- 细化晶粒,改善组织,提高力学性能。
- 消除内应力,稳定结构尺寸,防止变形与开裂。
- 为淬火做好组织准备。

根据钢的成分和工艺目的不同,退火工艺方法有很多,但应用最广的有完全退火、球化退火和去应力退火。

1）完全退火

将亚共析钢(w_C=0.3%～0.6%)加热到 A_{c_3} +(30～50)℃，完全奥氏体化后，保温缓冷(随炉、埋入砂、石灰中等)，以获得接近平衡状态的组织的热处理工艺称为完全退火。完全退火能够细化晶粒、均匀组织、消除内应力、降低硬度、改善切削加工性能。完全退火采用随炉缓冷可以保证先共析铁素体的析出和过冷奥氏体在 A_{r1} 以下较主温度范围内转变为珠光体。工件在退火温度下的保温时间不仅要使工件烧透，即工件心部达到要求的加热温度，而且要保证全部得到均匀化的奥氏体，达到完全重结晶。完全退火工艺曲线如图 4-27 所示。

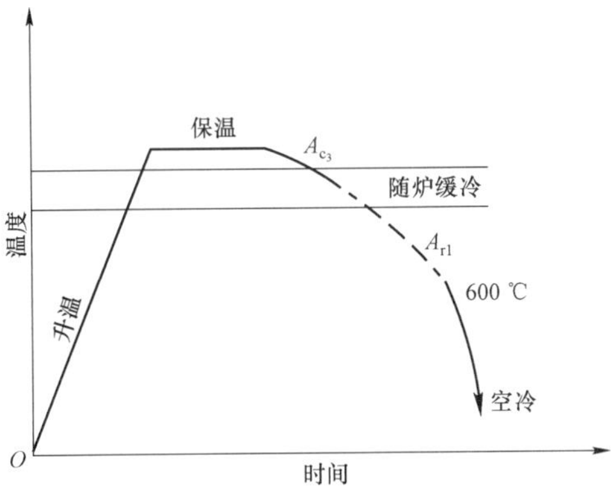

图 4-27　完全退火工艺曲线

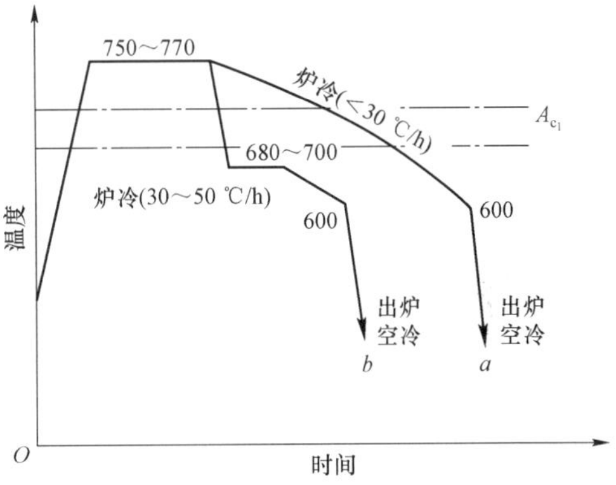

图 4-28　球化退火工艺曲线

完全退火保温时间与钢材成分、工件厚度、装炉量和装炉方式等因素有关。实际生产时，为了提高生产率，退火冷却至 600 ℃左右即可出炉空冷。完全退火适用于中碳钢和中碳合金钢的铸、焊、锻、轧制件等。低碳钢和过共析钢不宜采用完全退火。低碳钢完全退火后硬度偏低，不利于切削加工。

2）球化退火

使钢中碳化物球状化而进行的退火工艺称为球化退火。一般球化退火工艺在 A_{c_3} +(10～20) ℃保温一段时间后随炉冷至 500～600 ℃空冷。球化退火工艺曲线如图 4-28 所示。球化退火能降低硬度、改善组织、提高塑性和切削加工性能。主要用于共析钢、过共析钢的刃具、量具、模具等。过共析钢中有网状二次渗碳体时，不仅硬度高，难以进行切削加工，而且增大钢的脆性，容易产生淬火变形及开裂。为此，钢热加工后必须加一道球化退火工序，使网状二次渗碳体和珠光体中的片状渗体发生球化，得到球状珠光体。

冷却速度和等温温度也会影响碳化物球化的效果，冷却速度快或等温温度低，珠光体在较低温度下形成，碳化物颗粒太细，聚集作用小，容易形成片状碳化物，从而使硬度偏高。如果冷却速度过慢或等温温度过高，形成碳化物颗粒较粗大，聚集作用也很强烈，易形成粗细不等的粒状碳化物，使硬度偏低。球化退火前，若钢原始组织中有严重网状渗碳体存在时，应先进行一次正火处理，以消除网状渗碳体。

3）去应力退火

为去除由于塑性变形加工、焊接等而造成的应力以及铸件内存在的残余应力而进行的退火称为去应力退火。

将工件缓慢加热到 A_{c_1} 以下:100～200 ℃(500～600 ℃)保温一定时间(1～3 h)后随炉缓冷至 200 ℃,再出炉冷却。

钢的去应力退火加热温度一般在 500～600 ℃;铸铁的去应力退火加热温度一般在 500～550 ℃,超过 550 ℃时容易造成珠光体的石墨化;焊接件的去应力退火加热温度一般为 500～600 ℃。去应力退火可以消除铸件、锻件、焊件、冷冲压件以及机加工工件中的残余应力,以稳定钢件的尺寸,减少变形,防止开裂。对于大型焊接结构件,由于体积庞大,无法装炉退火,这时可用火焰加热或感应加热等局部加热方法,对焊缝及热影响区进行局部去应力退火。

(2) 钢的正火

正火是工业上常用的热处理工艺之一。正火既可作为预备热处理工艺,为后续热处理工艺提供适宜的组织状态;也可作为最终热处理工艺,提供合适的力学性能。此外,正火处理也常用来消除某些缺陷,例如,消除粗大铁素体块和魏氏组织等。

将钢件加热到 A_{c_3}(或 A_{cm})以上:30～50 ℃,保温适当时间后;在静止空气中冷却的热处理工艺称为钢的正火。

正火与退火的目的基本相同,但正火的冷却速度比退火快,冷却后容易得到托氏体或索氏体组织,强度、硬度比退火钢高。

正火保温时间和完全退火相同,应以工件透烧,即心部达到要求的加热温度为准,还应考虑钢材、原始组织、装炉量和加热设备等因素。正火冷却方式最常用的是将钢件从加热炉中取出在空气中自然冷却。对于大件也可采用吹风、喷雾和调节钢件堆放距离等方法控制钢件的冷却速度,达到要求的组织和性能。

正火主要应用有以下几个方面。

1) 改善钢的切削加工性能

碳的含量低于 0.25%的碳素钢和低合金钢,退火后硬度较低,切削加工时易于"粘刀",通过正火处理,可以减少自由铁素体,获得细片状珠光体,使硬度提高,可以改善钢的切削加工性,提高刀具的寿命和工件的表面光洁程度。

2) 消除热加工缺陷

中碳结构钢铸、锻、轧件以及焊接件在加热加工后易出现粗大晶粒等过热缺陷和带状组织。通过正火处理可以消除这些缺陷组织,达到细化晶粒、均匀组织、消除内应力的目的。

3) 消除过共析钢的网状碳化物,便于球化退火

过共析钢在淬火之前要进行球化退火,以便于机械加工并为淬火做好组织准备。但当过共析钢中存在严重网状碳化物时,将达不到良好的球化效果。通过正火处理可以消除网状碳化物。

4) 提高普通结构零件的力学性能

一些受力不大、性能要求不高的碳钢和合金钢零件采用正火处理,达到一定的综合力学性能,可以代替调质处理,作为零件的最终热处理。

(3) 退火和正火的比较与选择

正火的冷却速度比退火稍快,过冷度较大,正火后所得到的组织比较细,强度和硬度比退火高一些。

1) 含碳量小于 0.25%的低碳钢,通常采用正火代替退火。正火比退火生产周期短,生

产成本低，操作方便。因为较快的冷却速度可以防止低碳焊接金属学钢沿晶界析出游离三次渗碳体，从而提高冲压件的冷变形性能；用正火可以提高钢的硬度、低碳钢的切削加工性能；在没有其他热处理工序时，用正火可以细化晶粒，提高低

2）含碳量在 0.25%～0.5%的中碳钢也可用正火代替退火，虽然接近上限碳量的中碳碳钢强度。钢正火后硬度偏高，但尚能进行切削加工，而且正火成本低、生产率高。

3）含碳量在 0.5%～0.75%之间的钢，因含碳量较高，正火后的硬度显著高于退火后的硬度，难以进行切削加工，故一般采用完全退火，降低硬度，改善切削加工性。

4）含碳量大于 0.75%的高碳钢或工具钢一般均采用球化退火作为预备热处理，如有网状二次渗碳体存在，则应先进行正火消除。

在焊接结构制造中，常应用以正火状态供货的钢，这类钢称为正火钢，它强度高、焊接性能好，焊接后不需要进行热处理。对某些厚板、高强度钢焊接件，如高压容器、重要受力机架等则要求焊接后消除焊接应力，或进行正火以消除焊接应力和改善焊缝组织。需热处理的中小件一般在制造厂的热处理炉中进行，但对个别特大型焊接件的去应力退火，多用远红外线辐射板对焊接接头进行局部热处理。常用退火、正火的加热温度范围及热处理工艺曲线如图 4-29 所示。

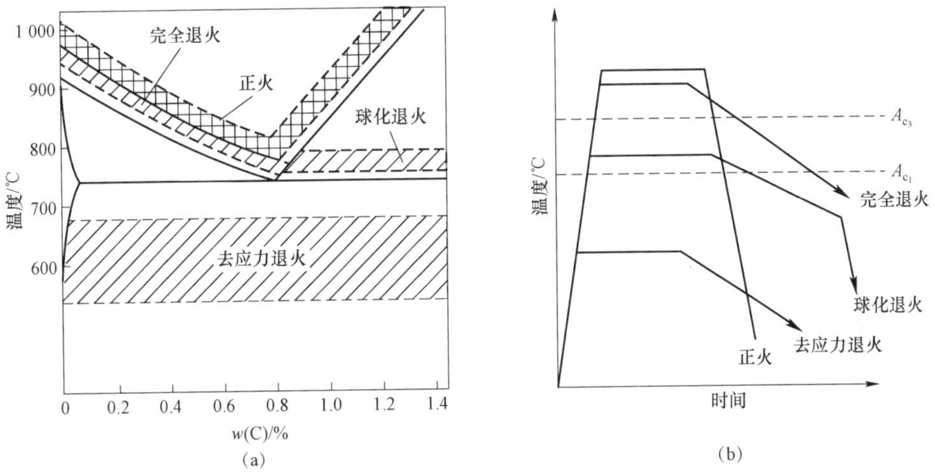

图 4-29　退火、正火的加热温度范围及热处理工艺曲线

（a）退火、正火的加热温度范围；（b）热处理工艺曲线

2. 淬火与回火

钢的淬火与回火是紧密衔接的两个工艺过程，淬火是为回火时调整和改善钢的性能做好材料内部组织准备，而回火则决定了工件的使用性能和寿命。只有两者相互正确配合，才能收到预期的良好的热处理效果。

（1）钢的淬火

钢的淬火是将钢件加热到 A_{c_3} 或 A_{c_1} 以上某一温度，保持一定时间。然后以适当速度冷却获得马氏体或下贝氏体组织的热处理工艺。

钢的淬火是热处理工艺中最重要，也是用途最广泛的工序。淬火的目的是得到全部细小的马氏体，提高钢的强度和硬度。

1）淬火的加热温度

碳钢的淬火加热温度范围由 Fe-Fe_3C 相图来确定，如图 4-30 所示。亚共析钢加热到 A_{c_3} +(30～50) ℃，可获得细小的、均匀的马氏体，如温度过高则有晶粒粗化现象，淬火后获得粗大的马氏体，使钢的脆性奥氏体增大；如温度过低则淬火后获得马氏体和铁素体，有铁素体出现，淬火硬度不足。共析钢与过共析钢加热到 A_{c_3} +(30～50) ℃，由于有高硬度的渗碳体和马氏体存在，能保证得到高的硬度和耐磨性。如果加热温度超过 A_{cm}，将会使碳化物全部溶入奥氏体中，使奥氏体中的含碳量增加，淬火后残余奥氏体量增多，降低钢的硬度和耐磨性；淬火温度过高，奥氏体晶粒粗化、含碳量又高，淬火后易得到含有显微裂纹的粗片状马氏体，使钢的脆性增大。

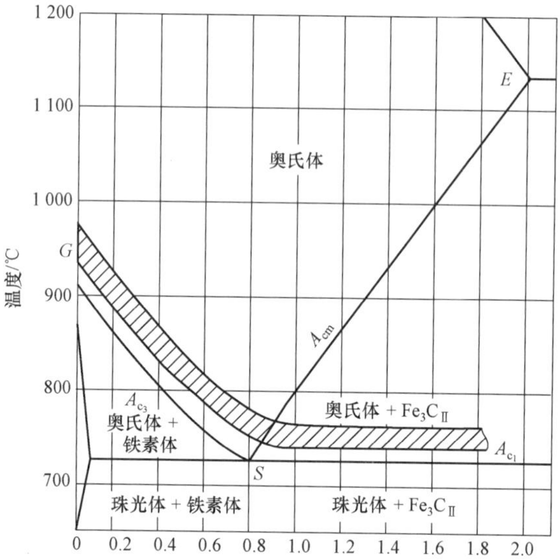

图 4-30 碳钢的淬火加热温度范围

2）合金钢的淬火加热温度

有阻碍奥氏体晶粒长大的强碳化物形成元素（如钛、铌等），淬火加热温度可以高些，以加速其碳化物的溶解，获得较好的淬火效果。对含有促进奥氏体晶粒长大的元素（如锰等），淬火加热温度应低一些，以防止晶粒粗大。

淬火加热时间包括升温时间和保温时间两部分。升温时间是指工件装入炉中后炉温升到规定加热温度所需的时间，它决定于装炉量和炉子的升温能力；保温时间是指工件内外温度一致达到奥氏体化的时间，即所谓"烧透"的时间，它决定于钢材成分、工件的尺寸与形状、加热介质和炉温的高低等多种因素。

3）淬火介质

冷却是淬火中最重要的一步。它必须保证工件获得马氏体而又不开裂，引起的内应力尽可能小，尽量减少工件的变形。淬火的冷却速度取决于淬火冷却介质，因此，选择好冷却介质是决定钢的淬火质量的一个关键。理想的冷却速度是 650 ℃以上应当慢冷，以尽量降低淬火热应力；650～400 ℃之间应当快速冷却，以通过过冷奥氏体最不稳定的区域，避免发生珠光体或贝氏体转变；400 ℃以下至 M_s 点附近应当缓冷，以尽量减小马氏体转变时产生的组织应力。根据非合金钢的过冷奥氏体等温转变曲线,希望淬火冷却介质具有如图 4-31 所示的理想冷却速度。要达到理想的淬火冷却速度,目前主要从寻找一种比较理想的淬火冷却介质和改进淬火的冷却方法两方面去研究,但到目前为止,还没有找到一种十分理想的淬火冷却介质。常用淬火冷却介质有水、油等。

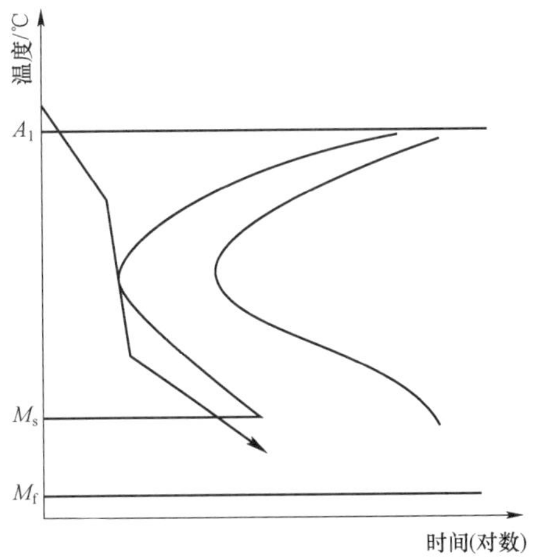

图 4-31　钢淬火时的理想冷却速度

- 水:650～400 ℃ 范围内冷却速度较小,不超过 200 ℃/s,但在需要慢冷的马氏体转变温度区,其冷却速度又太大,在 340 ℃时最大冷却速度高达 775 ℃/s,很容易引起工件变形和开裂。此外,水温对水的冷却特性影响很大,水温升高,高温区的冷却速度显著下降,而低温区的冷却速度仍然很高。因此淬火时水温不应超过 30 ℃,加强水循环和工件的搅动可以加速工件在高温区的冷却速度。水虽不是理想淬火介质,但适用于尺寸不大、形状简单的碳钢工件淬火。在水中加盐类、碱类物质,形成盐水、碱水等。
- 油:在 650～550 ℃ 范围内冷却较慢,不适用于碳钢,300～200 ℃ 范围内冷却很慢有利于淬火工件的组织应力,减少工件变形和开裂倾向。与水相反,提高油温可以降低黏度,增加流动性,故可以提高高温区的冷却能力。但是油温过高,易着火,一般应控制在 60～80 ℃。适用于对过冷奥氏体比较稳定的合金钢。
- 其他:水与油作为淬火介质各有优缺点,均不属于理想的冷却介质。水的冷却能力很大,但冷却特性不好;油冷却特性较好,但其冷却能力又低。因此,寻找冷却能力介于油水之间,冷却特性近于理想淬火介质的新型淬火介质是人们努力的目标。由于水是价廉、容易获得、性能稳定的淬火介质,因此目前世界各国都在发展有机水溶液作为淬火介质。美国应用浓度为 15%聚乙烯醇、0.4%抗黏附剂、0.1%防泡剂的淬火介质,国内使用比较广泛的新型淬火介质有过饱和硝盐水溶液等。它们的共同特点是冷却能力介于水、油之间,接近于理想淬火介质,在 398 ℃ 时最大冷速为 418 ℃/s,30～200 ℃时的平均冷速为 190 ℃/s。主要用于贝氏体等温淬火、马氏体分级淬火,常用于处理形状复杂、尺寸较小和变形要求严格的工件。

4) 淬火方法

单从淬火冷却介质方面去研究,还难以达到理想的淬火冷却速度,所以必须在淬火的方法上加以研究,根据钢的化学成分,工件的形状、大小和所要求的性能,选择最适宜的淬火方法。最常用的几种淬火方法如下。

- 单液淬火:单液淬火是把加热到淬火温度的工件,经保温后放入一种淬火介质中冷至和冷却介质一致的温度的操作方法(见图 4-32 中曲线 a)。这是一种常用的最简单的淬火方法,易实现机械化,应用广泛。但是水中淬火变形与开裂倾向大;油中淬火冷却速度小,淬透直径小,大件无法淬透。
- 双介质淬火:在水中或盐水中淬火,易引起很大的内应力,增加变形、开裂倾向。若采用油淬火,又易产生硬度不足的现象。为此,可把加热到淬火温度的工件,经保温后,先放在水或盐水中冷却至 300～400 ℃,迅速移到油或空气中冷却(见图 4-32 中曲线 b)。这种水淬油冷法称为双液淬火法。只要掌握好在水中的停留时间,即可有效地防止开裂。优点为减少热应力与相变应力,从而减少变形、防止开裂。缺点是工艺不易掌握,要求操作熟练。适用于中等形状复杂的高碳钢和尺寸较大的合金钢工件。

- 马氏体分级淬火:单液淬火法存在着工件表面和心部温差较大的问题。为此,可把加热到淬火温度的工件经保温后,迅速放入到 M_s 点附近温度的硝盐浴中,稍加停留,待其表面与心部温差减小后,再取出空冷,这种方法称为分级淬火(见图 4-32 中曲线 c)。它比双液淬火法进一步减小了内应力和变形,但因硝盐浴中冷却能力不够大,只适用于尺寸比较小的工件。当使用分级淬火的方法时,要掌握好停留时间问题,时间太短,无法减少内应力;时间太长,则发生贝氏体转变,使硬度降低。优点是使过冷奥氏体在缓冷条件下转变成马氏体,从而减少变形。缺点为只适用于尺寸较小的零件,否则淬火介质冷却能力不足,温度也难以控制。

- 贝氏体等温度淬火:把加热到淬火温度的工件,经保温后,放入稍高于 M_s 点的等温盐浴或碱浴中,待奥氏体转变成下贝氏体后再取出空冷,这种淬火方法称为等温淬火(见图 4-32 中曲线 d)。经等温淬火后工件硬度为 40～55 HRC,韧时间性较高,由于工件的中心与表面在恒温下发生相交,变形很小,一般情况下可不回火。此法缺点是等温转变需要较长时间,生产周期长。多用于尺寸较小的工件。优点是下贝氏体的硬度略低于马氏体,但综合力学性能较好,应用广泛。

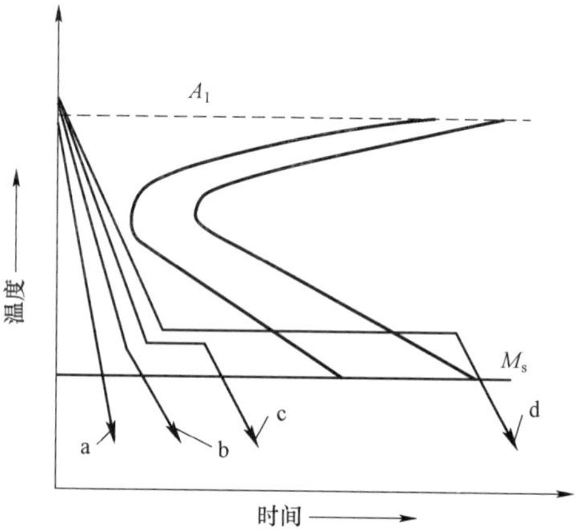

图 4-32 常用淬火方法的冷却曲线

5）钢的淬透性与淬硬性

- 钢的淬透性:钢的淬透性,是指钢在淬火后能获得淬硬层深度的一种性能。在规定条件下,淬硬层越深,就表明钢的淬透性越好。如前所述,淬火处理一般是为了获得马氏体组织,如果工件整个截面都能得到马氏体就说明工件已淬透。但有时工件表面淬成马氏体,而心部却未得到马氏体,这说明工件未淬透。这是因为在冷却过程中,沿整个工件截面其表层及中心冷却速度不同。如果工件表层冷却速度大于临界冷却速度,而中心低于临界冷却速度,则表层得到马氏体,中心不是马体,如图 4-33 所示。

- 钢的淬硬性:钢的淬硬性是指钢在淬火后获得马氏体组织能达到的最高硬度。它主要取决于马氏体的含碳量。值得注意的是:钢的淬透性与淬硬性是两个不同的概念。淬透性好的钢其淬硬性不一定高,而淬火后硬度低的钢也可能是具有高的淬透性。如低合金钢淬透性相当好,但其淬硬性却不高;高碳钢的淬硬性高,但其淬透性却很差。

- 钢的淬透性是钢材本身的固有属性,与外部因素无关;工件的淬透深度取决于钢材淬透性,还与冷却介质、工件尺寸等外部因素有关。同一材料的淬硬层深度与工件的尺寸、冷却介质有关。工件尺寸小、介质冷却能力强,淬硬层深。淬透性与工件尺寸、冷却介质无关,它只用于不同材料之间的比较,只是在尺寸、冷却介质相同时,用不同材料的淬硬层深度来进行比较的。

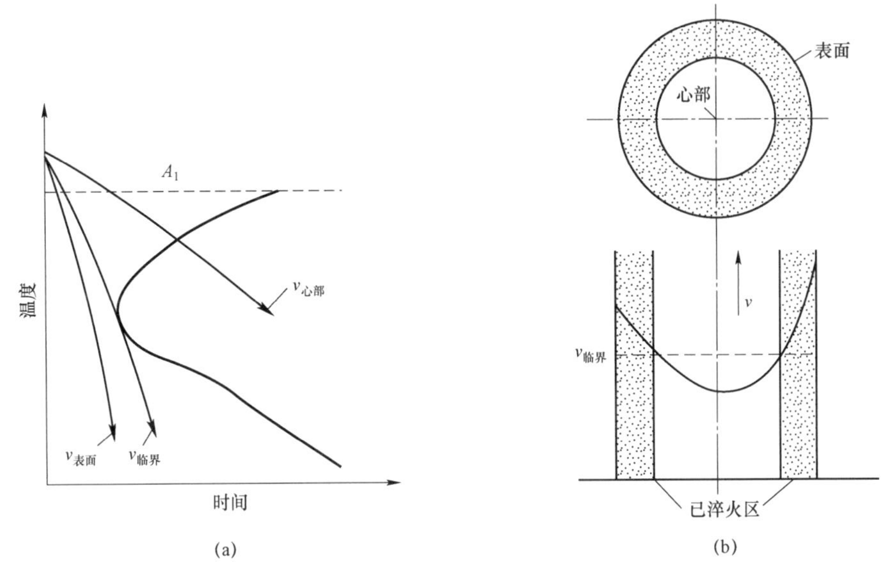

图 4-33　工件淬硬层与冷却速度的关系示意图

(a) 零件截面的不同冷却速度；(b) 未透区的示意图

(2) 钢的回火

由于钢经淬火后得到的马氏体组织硬而脆，并且工件内部存在很大的内应力，如果直接进行磨削加工则往往会出现龟裂，一些精密的零件在使用过程中将会引起尺寸变化从而失去精度，甚至开裂。因此，淬火钢必须进行回火处理。

所谓回火是把淬火钢加热到 A_{c_1} 以下某一温度，经过保温，然后缓慢冷却或快速冷却的热处理工艺过程。

1) 回火的目的

回火主要是为了调整力学性能。因淬火后的工件硬度很高，脆性很大，为了达到实际所需的硬度、强度、塑性和韧性要求，其一是需经回火来降低硬度，提高塑性和韧性；其二是消除或降低内应力，若不进行及时回火，工件容易产生变形和开裂；其三是稳定组织和尺寸。

淬火得到的马氏体和残余奥氏体是不稳定组织，有自发地向稳定组织转变的倾向。转变的过程中会引起工件外形和尺寸的变动，从而降低工件的精度。回火后能得到稳定的组织，从而稳定工件的性能和尺寸。

2) 回火的方法和应用

● 低温回火：低温回火目的是保持淬火零件高的硬度值，并降低淬火的内应力，在一定程度上稳定组织。回火的温度范围是 150～250 ℃，合金钢还需要适当提高回火温度。回火过程中，马氏体会分解成回火马氏体，而残余奥氏体基本保持不变。因此回火后的零件具有高的硬度和耐磨性。和淬火马氏体相比，回火马氏体既保持了钢的高硬度、高强度和良好耐磨性，还适度增强了合金工具钢制成的刃具、量具、模具及滚动轴承的性能，此外还提高了经过渗碳、碳氮共渗处理的表面硬化。

● 中温回火：中温回火目的是适当降低淬火钢硬度，提高强度尤其是弹性极限，恢复一定程度的韧性和塑性，消除内应力。回火温度范围为 350～500 ℃。回火时使回火马氏体继续分解，同时残余奥氏体也发生分解，均转变为回火托氏体。由于回火托氏体中的碳化物呈极细的颗粒状,此时碳化物开始聚集,基体开始恢复,淬火应力基本消失,所以钢的强度、弹性较高并有一定的韧性,主要用于弹性件及模具处理。如车床上使用的弹簧夹头,制作过程中就要经淬火和中温回火。

- 高温回火:淬火加高温回火叫调质处理,是许多机械零件常用的热处理方法,其目的是获得良好的力学性能。回火温度范围为 500~650 ℃,组织为回火索氏体,广泛用于各种重要结构件。钢经正火后和调质处理后的硬度很相近,但重要的结构件一般都要进行调质处理而不采用正火。在抗拉强度大致相同的情况下,经调质处理后的屈服强度、塑性和韧性指标均显著超过正火,尤其塑性和韧性更为突出。

复习思考题

(1) 简述热处理的概念及分类。

(2) 热处理有哪些工艺?

(3) 钢进行退火的目的有哪些?

第六节 焊接热处理工艺基础

学习目标:

- 了解焊接热处理的概念;
- 掌握焊接热处理的分类;
- 掌握焊后热处理的目的。

焊接工作由焊接、热处理和检验三个环节构成,国家相关标准也强调了这是三道重要的工序。这里说的热处理不是机械零件热处理,而是焊接件热处理。

钢结构焊接件的热处理工作是改善焊接接头性能、确保焊接质量的重要环节。可以有效避免焊接材料引起的氢致裂纹,减小焊接件变形应力,降低焊接结构的拘束度,进而提高焊接头的抗裂性,使焊接裂纹发生率降低。重要结构的焊接件,中厚钢板、合金钢材料(如锰钢、不锈钢等)的焊接件要加强焊接热处理管理。应配置热处理设备和有焊接件热处理资质的人员,严禁无资质人员对焊接件热处理结果进行分析和评价。

一、焊接热处理的概念及分类

在焊接之前、焊接过程中或焊接之后,将焊件全部或局部加热到一定的温度,保温的时间,然后以适当的速度冷却下来,以改善工件的焊接工艺性能和力学性能,是改善焊接头的金相组织的一种工艺方法。焊接热处理包括预热、后热和焊后热处理。

1. 焊前预热

焊前预热是焊接开始前,对焊件的全部或局部进行加热的一种焊接热处理工艺。

(1) 焊前预热的主要作用

重要构件的焊接、合金钢的焊接及厚部件的焊接,都要求在焊前必须预热。焊前预主要作用如下所示。

1）预热能减缓焊后的冷却速度，有利于焊缝金属中扩散氢的逸出，避免产生氢致裂纹。

2）预热能减少焊缝及热影响区的淬硬程度，控制钢材组织转变，避免在热影响区形成脆性马氏体，提高了焊接接头的抗裂性。

3）预热可降低焊接应力。均匀地局部预热或整体预热，可以减少焊接区域被焊工件之间的温度差(也称为温度梯度)。一方面降低了焊接应力，另一方面降低了焊接应变速率，有利于避免产生焊接裂纹。

4）预热可以降低焊接结构的拘束度，对降低角接接头的拘束度尤为明显，随着预热温度的提高，裂纹发生率下降。

5）预热可降低焊接所需热量，从而改善焊接工艺性。

(2) 预热方式

预热方式分为局部预热和整体预热。

1）局部预热：对于短小焊缝和返修焊缝采用氧气+乙炔火焰或柔性陶瓷电加热方法进行预热(见图 4-34(a))。火焰(有气体火焰和燃油喷嘴等)加热适用于现场局部预热。局部加热区的宽度则不少于焊件厚度的5倍，且不小于100 mm。预热的时间延长作业开始时间。有条件整体加热的，则可以适当降低预热温度。

2）整体预热：整体预热适用于焊缝较长、刚性较大的工件，一般可采用：感应加热、柔性陶瓷电加热(见图 4-34(b))、电阻炉加热等方法进行。电加热(含远红外和感应加热等)适用于整体预热和局预热。

(3) 预热温度

确定焊件的预热温度时，应综合考虑以下几个因素。

1）钢材的焊接性：对低碳钢和低合金钢而言，碳当量是钢材焊接性的一个指标。碳当量是把钢中的合金元素(包括碳)的含量，换算成碳的相对含量。

2）焊件厚度、接头形式：钢板越厚，所需要的预热温度越高，例如，10 mm 钢板和 20 mm 钢板焊接，预热温度取决于 20 mm 厚度。又如，T 形接头应比对接接头的预热温度高 25 ℃，若 T 形接头两侧角焊缝同时焊接，应按对接接头确定预热温度。

3）环境温度：高强钢的环境温度低于 20 ℃时，应采取适当的预热方法。当环境温度低于 0 ℃时不允许进行焊接。否则需在采取预热并保温措施的前提下，由技术员确认及指导才能进行施焊。

4）焊接材料的潜在含氢量和结构拘束度：含氢量和结构拘束度会增加钢的冷裂纹倾向，对冷裂纹倾向大的低合金钢应该考虑含氢量和结构拘束度，制定合理的预热温度，比如为减少低合金钢冷裂纹倾向，需要修订冷裂纹敏感系数，方可估算预热温度的范围。如湿度过大会影响高强钢焊缝的扩散氢含量。环境相对湿度大于 60%，应进行适当的焊前预热处理(见图 4-34)；如大于 90%，则应停止焊接。

5）其他：其他情况包括异种钢焊接时，预热温度的选择应根据合金成分高的一侧或焊接性差的一侧进行选择。一般钢板强度级别越高，所需要的预热温度越高，如 Q460 和 Q690 钢板焊接，预热温度取决于 Q690 钢板。

重新焊接时，按要求应该预热的焊件在重新焊接时应重新预热。

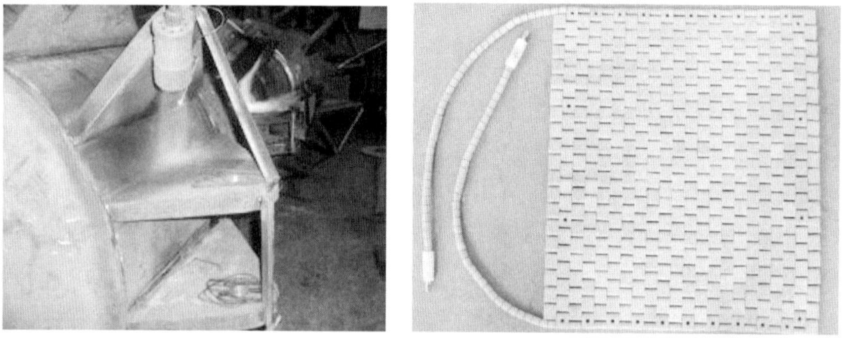

(a)　　　　　　　　　　(b)

图 4-34　焊前预热加热

(a) 火焰加热加热部位;(b) 陶瓷电加热器

(4) 层间温度

层间温度是指多层焊缝中在施焊后续焊道时,其前一相邻焊层所保持的温度。

在焊接金属合金含量高、厚度大的工件时,层间温度的控制是焊接过程的重要环节,否则会出现裂纹。所以确定层间温度、监督和检验层间温度是焊接过程中的重要环节。焊接工艺人员根据工件金属材料的化学性质和厚度确定。

在核电领域的焊接施工过程中对温度控制要求较为严格,要求对道间温度进行控制,即对前一相邻的焊道所保持的温度。

综上所述,预热温度和层间温度的选择不仅与钢材和焊条的化学成分有关,还与焊接结构的刚性、焊接方法、环境温度等有关,应综合考虑这些因素后确定。另外,预热温度在钢材板厚方向的均匀性和在焊缝区域的均匀性,对降低焊接应力有着重要的影响。若预热不均匀,不但不会减少焊接应力,反而会出现增大焊接应力的情况。过高的预热温度可能增加焊缝附近的液化裂纹,扩大热影区粗晶粒的晶粒尺寸,韧性恶化,同时也恶化焊工的劳动条件。

准确的温度应根据焊接性实验结果来确定,但这需要一定时间和费用。一般的结构件以用碳当量计算法或连续冷却组织转变图推算法或者冷裂纹指数的计算法等来确定准确温度。

预热温度检测须在检测部位停止加热后进行测量。例如,高强钢焊缝采用氧—乙炔(丙烷)燃烧方式(或专用火焰加热器)进行加热,预热温度用测温仪测量,预热区域在焊缝左右 150 mm 区域内。对于热量大小不同的加热器,要使用测温仪严格控制预热的温度。在反面进行预热,预热后待温度均匀后,在正面测量温度。

如不能在反面预热,也可在正面预热,但必须清除加热过程中在焊缝及焊缝周围 25 mm 内产生的积炭。目前常用红外测温仪进行温度测量,常用的红外测温仪如图 4-35 所示。

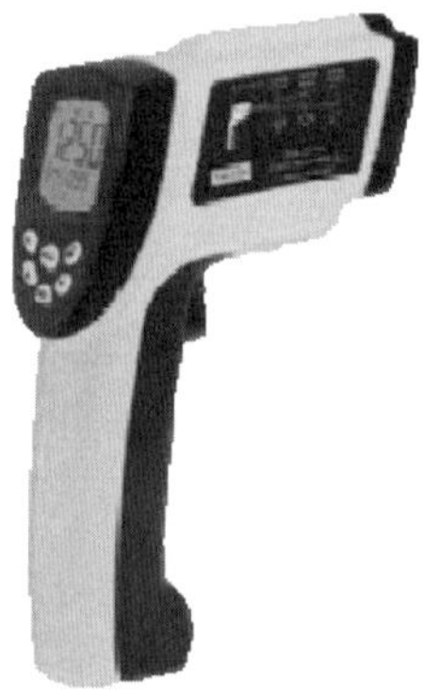

图 4-35　红外测温仪

2. 后热

后热指在焊接工作停止后,立即将焊件加热到一定的温度(200～400 ℃)、保温设定的时间(2～4 h),使焊件缓慢冷却下来,以加速氢的逸出的一种焊接热处理工艺。

(1) 后热目的

1) 使焊缝中的扩散氢尽快逸出,避免氢致裂纹;

2) 适当减缓焊接接头残余应力水平,防止冷裂纹和再热裂纹的发生。

(2) 后热规范

后热的加热温度一般为 200～300 ℃,但不得低于预热温度,保持时间为 0.5～6.0 h,加热温度高低视钢材合金元素含量多少而定,保持时间则主要根据焊接件的厚度确定。

有冷裂纹倾向的焊件,当焊接工作停止后,若不能立即进行焊后热处理,应进行后热。其加热宽度应不小于预热时的宽度。例如,对于拘束度或较大的低合金钢部位,为避免出现焊接裂纹,焊后可以立即采用石棉进行保温处理,保温时间按复合板厚每 25 mm 小于 0.5 h,且总保温时间不得小于 1 h 来确定,达到保温时间后应缓冷到常温。亦可在技术人员指导下,增加后热工序进行消氢处理,采用火焰加热器等进行加热,加热温度控在 200～250 ℃。

3. 焊后热处理

焊后热处理是指焊接工作完成后,将焊件加热到一定的温度(材料的相变温度 A_{c_1} 下),保温一定的时间,使焊件缓慢冷却下来,以改善焊接接头的金相组织和性能或消除残余应力的一种焊接热处理工艺。

(1) 焊后热处理的目的

焊后热处理的目的有三个:

1) 降低焊接残余应力;

2) 改善组织和提高焊接接头的综合性质;

3) 除氢,防止后期氢致裂纹。

(2) 焊后热处理温度选择原则

1) 不能超过 A_{c_1} ,一般应在 A_{c_1} 以下 30～50 ℃;

2) 对于调质钢,应低于调质处理时回火温度;

3) 对于异种钢,按合金成分低一侧钢材的 A_{c_1} 选择。

(3) 焊后热处理的种类

1) 消应力热处理:在焊接过程中,由于加热和冷却的不均匀性,以及构件本身产生拘束或外加拘束,在焊接工作结束后,在构件中总会产生焊接应力。焊接应力在构件中的存在,会降低焊接头区的实际承载能力,产生塑性变形。严重还会导致构件的破坏。消应力热处理是通过焊好的工件在高温状态下屈服强度下降,来达到松弛焊接应力的目的。

2) 常用的方法有两种:一种是整体高温回火,即把焊件整体放入加热炉内,缓慢加热到一定温度,然后保温一段时间,最后在空气中或炉内冷却,用这种方法可以消除 80%～90%的焊接应力;另一种是局部高温回火,即只对焊缝及其附近区域进行加热,然后缓慢冷却,降低焊接应力的峰值,使应力分布比较平缓,起到部分消除焊接应力的目的。

3) 改善接头组织的热处理:有些合金钢材料在焊接以后,其焊接接头会出现淬硬组织,使材料的力学性能变差。此外,这种淬硬组织在焊接应力及氢的作用下,可能导致接头的破坏。经过热处理以后,接头的金相组织得到改善,提高了焊接头的塑性、韧性,从而改善了焊接接头的综合力学性能。

(4) 焊后热处理规范

焊后热处理规范包括热处理方法、加热温度、保温时间、升降温度的速度等。

1) 热处理方法：焊后热处理方法一般参考正火和高温回火。

2) 加热温度：焊接工艺人员根据工件金属材料的化学性质和厚度一般在 500～780 ℃范围内确定。

3) 保温时间：保温时间也叫保持时间或恒温时间，是指将焊接件加热到焊后热处理规定温度后，在此温度范围内的保持时间。

4) 保温目的：使被处理的焊接件整个被均匀热透，达到内外温度均匀。

5) 保温时间的确定：保温时间的确定与钢材种类、结构刚性、材料厚度和热处理方法有关。一般以材料厚度为主，选定保温时间。焊接工艺人员一般在 0.5～6.0 h 范围内确定。

6) 升降温度的速度：加热和降温过程的控制是焊接接头热处理的关键环节，只有通过合理的控制，才能有效地达到热处理的目的。否则，将起到相反的作用，如果达不到降低残余应力的目的，调整不了焊接接头组织和改善不了焊接接头力学性能，反而容易造成局部力集中和产生再热裂纹等。

(5) 需要焊后热处理的焊接接头

焊接热处理适用于通过焊接的方法制作或连接的部件。不适用于没有实施焊接的部件，不适用于采用机械方法、振动方法、爆炸方法和超声波方法等非直接加热的方法进行的去应力处理的部件，不适用于奥氏体不锈钢的焊缝部位、水工金属钢结构和一般金属钢结构。下列焊接接头通常需要焊后热处理：

1) 壁厚＞30 mm 的低碳钢管件；

2) 壁厚＞32 mm 的低碳钢压力容器及结构；

3) 壁厚＞28 mm 的普低钢压力容器及结构；

4) 耐热钢管件及结构；

5) 堆焊焊条的堆焊结构；

6) 强腐蚀介质中的受载不锈钢结构及黄铜结构件；

7) 氢含量较高的焊缝结构。

对不同的材料及结构采取不同的热处理方法，对于低碳钢及低碳低合金钢刚性结构、在强腐蚀介质中存在拉应力作用的不锈钢结构、在氯化物的介质中使用的黄铜构件，焊后均应进行去应力处理。对于已出现σ相的奥氏体不锈钢接头进行固溶处理。对于有析出σ相倾向的奥氏体不锈钢，焊后应进行稳定化处理。对于淬硬倾向较大的合金钢及堆焊材料，焊后应进行高温回火处理。

二、热处理热源的选择及加热宽度

1. 热处理热源的选择

本着使接头各点间由于热处理加热形成的温差应力与其他应力总和小于材料的强度极限的原则及所需热源功率的大小进行选择。

对于淬硬倾向小、结构刚性较大的钢结构进行消氢处理和去应力处理，可以采用火焰加热。对于淬硬倾向较大的钢种，结构应力较小时，可采用电阻炉、远红外线炉加热。对于淬硬倾向很大或淬硬倾向较大、结构应力也较大的钢种及结构采用感应加热。各种热源所适应的材料及厚度见表 4-5。

表 4-5　各种热源所适应的材料及厚度

材料类别	不同热源火焰适应的工件厚度/mm		
	火焰	电阻炉、红外线炉	电感应炉
低碳钢、普低钢	＜20	20～35	35
中碳钢、中低合金钢	＜12	12～20	＞20
高合金结构钢	—	≤10	＞10
堆焊焊层	—	各种厚度	—

应使热源输出功率大于加热所需功率。电阻加热：据加热所需的功率、外形尺寸选择。测温：对于电阻炉、红外线炉、感应加热，应采用固定热电偶测温；对于火焰加热，采点温度计间断测温。测温点的设置，对于厚度＞25 mm 工件自焊缝到边至少有两个测温点。对热处理条件要求严格的材料，应另外装设不少于两个的备用测温元件。下部、上部、焊缝及要求加热宽度的边缘。控温：对于采用电阻炉、红外线炉、感应加热的主蒸汽、再热蒸汽、给水管道及其他硬淬倾向大的中、高合金钢工件应采用自动控温装置控温及记录；对于其他热处理要求不十分严格的薄壁中、低合金及低碳钢工件可以采用人工控温方式进行控温和记录。热处理用的全部仪器、仪表、设备及其附件在使用前进行检查和校验。

2. 热处理加热宽度

对于对接焊缝、角接焊缝，应自焊缝中心起母材两侧大于等于 3B，且大于等于 30 mm(B 为焊缝宽度)的范围进行加热，对于堆焊层，应比堆焊部位增加 25～30 mm，或进行整体加热。

发热元件的宽度应比加热每侧增宽 20～30 mm。当工件厚度＜25 mm 时，采用较小值，当厚度＞25 mm 时采用较大值。保温层的宽及厚度，其宽度应比发热元件每侧增宽 120～240 mm，且增宽值＞保温层厚度。厚度与预热要求相同。保温材料可采用硅酸铝及石棉等保温材料。

三、焊接件热处理后注意事项及检验

1. 焊接件热处理后注意事项

在所处理的接头上打上热处理工的代号钢印，整理好记录交给班组存档。

(1) 当工件厚度＞50 mm 时，易裂纹的材料应进行中间去应力处理。每 25 mm 进行一次，温度为 520～560 ℃、恒温 0.5 h，其他参数同前。

(2) 避免加热温度达到 A_{c_1}，对于有较大软化倾向的钢禁止超过原始处理温度。

(3) 对于含有强碳化物形成元素如 V、C、Mo、T、Nb 的钢，应避开(避免长时间留)600 ℃左右的再热裂纹敏感区。

(4) 对于铁素体耐热钢，应避开 475 ℃ 及 650～850 ℃ 脆化区。

(5) 奥氏体耐热钢应避开 400～875 ℃ 脆化区。

(6) 补偿导线必须与热电偶相匹配。

2. 焊接件热处理检验

焊接件热处理后,应对以下方面进行检验:

(1) 焊接件热处理方案;

(2) 热处理记录图及统计表;

(3) 热处理自动记录曲线图;

(4) 热处理硬度报告;

(5) 被处理的焊接件表面无裂纹及不允许的缺陷。

复习思考题

(1) 简述焊接热处理的概念;

(2) 焊接热处理分为哪几类?

(3) 焊后热处理的目的有哪些?

第五章　常用金属材料知识

第一节　常用的金属材料

学习目标：

- 了解金属材料的分类及钢的几种分类方法；
- 了解钢的编号原则；
- 了解合金元素对相变的影响；
- 了解金属结构材料的力学性能。

一、金属材料的分类

1. 钢铁金属和非铁金属

常用金属材料可分为两大类：钢铁（黑色金属）和非铁金属（或有色金属）。

钢铁是钢和生铁的统称。钢和生铁都是以铁与碳为主要元素组成的合金。钢铁材料是工业中应用最广、用量最大的金属材料。工业用钢中的碳素钢，由于价格低廉、便于冶炼、易于加工，且通过含碳量的增减和不同的热处理可使其性能得到改善，因此能满足很多生产上的要求，至今仍是应用最广泛的钢铁材料。

随着现代科学技术的发展，对钢铁材料的性能提出了越来越高的要求，即使采用各种强化途径，如热处理、塑性变形等，碳钢的性能在很多方面仍然不能满足要求。所以，在碳钢的基础上有意地加入一种或几种合金元素，使其使用性能和工艺性能得以提高的以铁为基的合金即为合金钢。但合金钢并不是在一切性能上都优于碳钢，也有些性能指标不如碳钢，且价格比较昂贵，所以应该正确地认识并合理使用合金钢，才能使其发挥出最佳效用。

有色金属是指非铁金属及非铁金属的合金，包括铝、镁、钛、铜、锌、镍等及其合金，非铁合金大体可分：

（1）轻有色合金：铝合金、钛合金、镁合金、铍合金等；

（2）重有色合金：铜合金、锌合金、锰合金、镍合金等；

（3）低熔点合金：铅、锡、镉、铋、铟、镓、汞及其合金；

（4）难熔合金：钨合金、钼合金、铌合金、钽合金等；

（5）贵金属：金、银、铂、钯等和稀土金属等。

2. 钢材的分类和编号

生产上使用的钢材品种很多，性能也千差万别，为了便于生产管理、选用以及研究和教学方便，根据某些特性，从不同角度把钢划分为具有若干共同特点的类别，而每一类别所包含的每一种钢都要冠以一定的钢号作为标记。钢号的表示方法与钢种的分类方法有着密切的关系。

(1) 钢的分类

1) 按用途分类:按用途分是主要的分类方法,根据钢材的用途可以分为三类。

- 结构钢:用于制造各种工程结构(船舶、桥梁、车辆、压力容器等)和各种机器件(轴、齿轮、各种联接件等)的钢种称为结构钢。其中用于制造工程结构的钢又称为程用钢或构件用钢;机器零件用钢则包括渗碳钢、调质钢、弹簧钢、滚动轴承钢等。
- 工具钢:是用于制造各种加工工具的钢种。根据工具的不同用途,又可分刃具钢、模具钢、量具钢。
- 特殊性能钢:是指具有某种特殊的物理或化学性能的钢种,包括不锈钢、耐热钢、耐磨钢、电工钢等。

2) 按化学成分分类:可分为碳素钢和合金钢两大类。碳素钢又分为以下三类:

- 低碳钢 $w_C \leqslant 0.25\%$;
- 中碳钢 $w_C = 0.25\% \sim 0.6\%$;
- 高碳钢 $w_C > 0.6\%$。

3) 合金钢根据合金元素含量也可分为:

- 低合金钢,合金元素总含量 $w \leqslant 5\%$;
- 中合金钢,合金元素总含量 $w = 5\% \sim 10\%$;
- 高合金钢,合金元素总含量 $w > 10\%$。

另外,根据钢中所含主要合金元素种类的不同,也可分为锰钢、铬钢、铬镍钢、硼钢等。

4) 按显微组织分类:

- 按平衡状态或退火状态的组织可分为亚共析钢、共析钢、过共析钢和莱氏体钢。
- 按正火组织可分为珠光体钢、贝氏体钢、马氏体钢和奥氏体钢。
- 按室温时的显微组织可分为铁素体钢、奥氏体钢和双相钢。

5) 按品质分类

主要以钢中有害杂质 P、S 的含量来分类,可分为普通质量钢、优质钢、高级优质钢和特级优质钢。例如,优质碳素结构钢的优质钢等级 w_P、w_S 均 $\leqslant 0.035\%$,高级优质钢等级 w_P、w_S 均 $\leqslant 0.030\%$;合金结构钢的优质钢等级 w_P、w_S 均 $\leqslant 0.035\%$,高级优质钢等级 w_P、w_S 均 $\leqslant 0.025\%$。

(2) 钢的编号

我国钢产品的编号采用汉语拼音字母、化学元素符号和阿拉伯数字相结合的原则。即:

- 钢号中的化学元素采用国际化学元素符号表示,如 Si、Mn、Cr、W 等,其中只有稀土元素由于其含量不多但种类却不少,因此用"RE"表示其总含量;
- 产品名称、用途、特性和工艺方法等,采用汉语拼音字母来表示,如表 5-1 所示。下面介绍我国钢产品的编号方法。

表 5-1　常用钢产品的名称、用途、特性和工艺方法表示符号（GB/T 221）

名称	采用汉字	采用符号	名称	采用汉字	采用符号	名称	采用汉字	采用符号
碳素结构钢	屈	Q	钢轨钢	轨	G	沸腾钢	沸	F
低合金高强度钢	屈	Q	铆螺钢	铆螺	ML	半镇静钢	半	b
易切削钢	易	Y	汽车大梁用钢	梁	L	镇静钢镇	镇	Z
碳素工具钢	碳	T	压力容器用钢	容	R	特殊镇静钢	特镇	TZ
滚动轴承钢	滚	G	桥梁用钢	桥	q	质量等级	-	ABCDE
焊接用钢	焊	H	锅炉用钢	锅	g			

1）碳素结构钢和低合金高强度结构钢

这两类钢采用表示屈服点的拼音首位字母“Q”+屈服点数值(单位为 MPa)+质量等级+脱氧方法等符号表示,按顺序组成牌号。

例如,碳素结构钢牌号表示为 Q235AF、Q235BZ 等;低合金高强度结构钢牌号表示为 Q345C、Q345D 等。

质量等级由 A 到 E,磷、硫含量降低,钢的质量提高。碳素结构钢牌号中表示镇静钢的符号“Z”和表示特殊镇静钢的符号“TZ”可以省略;低合金高强度结构钢都是镇静钢或特殊镇静钢,其牌号中没有表示脱氧方法的符号。

低合金高强度结构钢是在碳素结构钢(w_C=0.1%～0.2%)的基础上加入少量锰、硅等(w_{Me}<3%)合金元素而制成的工程用钢,通常在热轧、正火状态下使用,产品同时保证力学性能和化学成分。低合金高强度结构钢屈服点较碳素结构钢提高 30%以上,并具有良好的塑性、韧性、焊接性能及较好的耐蚀性。

2）优质碳素结构钢

优质碳素结构钢中硫、磷的质量分数(w_P、w_S)≤0.035%,常用来制作各种较重要的机器零件,通常都要经过热处理后使用。其牌号用两位数字表示钢中平均碳的质量分数的万分之几。例如,20,45,60 分别表示钢中的 w_C 为 0.20%,0.45%,0.60%。

根据钢中含锰量的不同,优质碳素结构钢可分为正常含锰量(w_{Mn}<0.8%)和较高含锰量(w_{Mn}=0.7%～1.2%)两种。较高含锰量的钢材在其牌号后面加“Mn”,如 45Mn,65Mn。

3）碳素工具钢

碳素工具钢主要用来制造各种刀具、量具和模具。在牌号前加“T”以表示碳素工具钢,其后的数字表示含碳量的千分之几,如平均含碳量 w_C=0.8%的钢,其钢号为“T8”。含锰量较高者,在牌号后标以“Mn”,如“T8Mn”。高级优质碳素工具钢在牌号后加“A”,如“T10A”。w_C=0.7%～1.4%的优质碳钢或高级优质钢,其含碳量越高,则硬度和耐磨性越好,但韧性越差。

4）合金结构钢

合金结构都是优质钢,它是在优质碳素结构钢的基础上加入一些合金元素而形成的钢种。合金结构钢的牌号由三部分组成,即“数字+合金元素符号+数字”。前面的两位数字表示平均含碳量的万分之几，合金元素后面的数字表示合金元素的平均含量，一般以百分之几表示，当其平均值 w<1.5%时，牌号中一般只标明元素符号而不标明其含量。若其平均值 w≥1.5%、≥2.5%、≥3.5%……时，则在元素后面相应地标出 2、3、4……。若为高级优质钢，则在牌号后面加“A”。如含碳量为 w_C=0.35%、w_{Si}=1.1%～1.4%、w_{Mn}=1.1%～1.4%的钢，其牌号为“35SiMn”。

钢中的 V、Ti、Al、B、RE 等合金元素，虽然它们的含量很低，但在钢中能起相当重要的作用，应在牌号中标出。如 w_C=0.20%、w_{Si}=1.0%～1.3%、w_v=0.07%～0.12%、w_B=0.001%～0.005%的钢，其牌号为“20MnVB”。

5）合金工具钢

合金工具钢的编号原则与合金结构钢大体相同，所不同的只是含碳量的表示方法不同，如平均含碳量 w_C≥1.0%，则不标出含碳量；如平均含碳量 w_C<1.0%时，则在牌号前以千分之几表示。如“CrMn”中的 w_C=1.3%～1.5%；“9Mn2V”中的 w_C=0.85%～0.95%。合金元素的表示方法与合金结构钢相同，只有平均含铬量 w_{Cr}<1.0%的合金工具钢，其含铬量以千分之几表示，并在数字前加“0”，以示区别。如平均 w_{Cr}=0.6%的低铬工具钢“Cr06”。

在高速钢的牌号中，一般不标出含碳量，只标出合金元素含量平均值的百分之几。如“W18Cr4V”等。

6）铬滚动轴承钢

铬滚动轴承钢是由 GCr+数字组成，数字表示铬含量平均值的千分之几，如“GCr15”就是铬的平均含量为 w_{Cr}=1.5%的滚动轴承钢。

7）不锈钢与耐热钢

不锈钢与耐热钢（珠光体型耐热钢除外）的牌号由“数字+合金元素符号+数字”组成。通常，前面的两位数字表示平均含碳量的万分之几。如“95Cr18”表示平均含碳量为 w_{Cr}=0.95%。但当 w_{Cr}≤0.08%时，以“06”表示，如 06Cr19Ni10；当 w_{Cr}≤0.03%时，以“022”表示，如 022Cr19Ni10；当 w_{Cr}≤0.01%时，以“008”表示，如 008Cr30Mo2。

二、合金元素在钢中的作用

在碳素钢中加入合金元素后可以改善钢的使用性能和工艺性能，使合金钢得到许多碳钢所不具备的优良的或特殊的性质。例如，合金钢具有高的强度与韧性的配合，良好的耐蚀性，在高温下具有较高的硬度和强度，良好的工艺性能如冷变形性、淬透性、耐回火性和焊接性等。合金钢之所以具备这些优异的性能，主要是合金元素与铁、碳以及合金元素之间的相互作用，改变了钢的相变过程和组织。

1. 合金元素在钢中的分布

在钢中经常加入的合金元素有 Si、Mn、Cr、Ni、Mo、W、V、Ti、Nb、Zr、Al、Co、B、RE 等，在某种情况下 P、S、N 等也可以起合金元素的作用。这些元素加入到钢中之后究竟什么状态存在呢？一般来说，它们或是溶于碳钢原有的相（如铁素体、奥氏体、渗碳体等）中，或者是形成碳钢中原来没有的新相。概括来讲，它们有以下四种存在形式。

（1）溶入铁素体、奥氏体和马氏体中，以固溶体的溶质形式存在；

(2) 形成强化相，如形成合金渗碳体、形成元素本身的碳化物或形成金属化合物；

(3) 形成非金属夹杂物，如合金元素与 O、N、S 作用形成氧化物、氮化物和硫化物等；

(4) 有些元素如 Pb 等既不溶于铁，也不形成化合物，而是在钢中以游离状态存在。在高碳钢中碳有时也以自由状态(石墨)存在。

在这四种可能的存在形式中，合金元素究竟以哪一种形式存在，主要取决于合金元素的本质，即取决于它们与铁和碳的相互作用情况。

2. 合金元素与铁和碳的相互作用

(1) 合金元素与铁的相互作用

合金元素对铁的同素异构转变有很大影响，主要通过合金元素在 α-Fe 和 γ-Fe 中的固溶度及其对 γ 相区的影响表现出来，体现为合金元素与铁构成的二元合金相图的不同类型。

各种合金元素对铁的同素异构转变的影响是不同的，可将合金元素分为两大类：将扩大 γ 相区的元素称为奥氏体形成元素；将缩小或封闭 γ 相区的元素称为铁素体形成元素。这种分类方法很有实际意义，若欲发展具有特殊性能的奥氏体钢时，需加入 Ni、Mn、N 等元素；而欲发展具有特殊性能的铁素体钢时，则需加入大量的 C、Si、Al、Mo、Ti 等铁素体形成元素。

(2) 合金元素与碳的相互作用

按照与碳的相互作用情况，可将合金元素分为两大类：

1) 非碳化物形成元素：这一类元素有 Ni、Si、Co、Al、Cu 等，通常固溶于铁素体或奥氏体中，起固溶强化作用，有的可形成非金属夹杂物和金属间化合物，如 Al_2O_3、AlN、SiO_2、FeSi、Ni_3Al 等。另外，Si 的含量高时，可能使渗碳体分解，使碳游离呈石墨状态存在，有所谓石墨化作用。

2) 碳化物形成元素：这一类元素按与碳的亲和力从大到小的次序排列有 Zr、Ti、Nb、V、W、Mo、Cr、Fe 等过渡族元素。合金元素与碳的亲和力越大，所形成碳化物的稳定性越大。其中 Zr、Ti、Nb、V 为强碳化物形成元素，与碳有极强的亲和力，只要有足够的碳，就能形成碳化物，仅在缺少碳的情况下，才以原子状态溶入固溶体中；Mn 为弱碳化物形成元素，除少可溶于渗碳体中形成合金渗碳体外，几乎都溶解于铁素体和奥氏体中；中强碳化物形成元素为 W、Mo、Cr，当其含量较少时，多溶于渗碳体中形成合金渗碳体，当其含量较高时，则可能形成新的碳化物。

根据碳原子半径 r_C 与金属原子半径 r_M 的比值，可以将碳化物分为两类：

- 当 $r_C/r_M>0.59$ 时，形成间隙化合物，如 $Cr_{23}C_6$、Cr_7C_3、Mn_3C、Fe_3C 等。
- 当 $r_C/r_M<0.59$ 时，形成间隙相，或称为特殊碳化物，如 WC、VC、TiC、W_2C、Mo_2C 等，与间隙化合物相比，它们的熔点、硬度较高，很稳定，加热时不易溶于奥氏体中，回火析出温度较高，且不易长大。

合金元素还可以溶于碳化物中形成多元碳化物，如 Fe_4Mo_2C、$Fe_{21}Mo_2C_6$、$Fe_{21}W_2C_6$ 等。碳化物是钢中的重要组成相之一，其类型、数量、大小、形态及分布对钢的性能有显著影响。

3. 合金元素对相变的影响

(1) 合金元素对 $Fe\text{-}Fe_3C$ 相图的影响

由于 $Fe\text{-}Fe_3C$ 相图是研究钢中相变和对碳钢进行热处理时选择加热温度的依据，因此在研究合金元素对相变的影响之前，应当首先了解合金元素对 $Fe\text{-}Fe_3C$ 相图的影响。

钢中的合金元素按其对奥氏体相区的作用可分为两类。一类是扩大奥氏体相区的元素，如 Ni、Co、Mn、N 等。当这些元素含量足够高(如 $w_{Mn}>13\%$或 $w_{Ni}>9\%$)时 A_3 温度降至 0 ℃ 以下，钢在室温下为单相奥氏体组织，称为奥氏体钢。

另一类是缩小奥氏体相区的元素，如 Cr、Mo、Si、Ti、W、Al 等。当这些元素含量足够高(如 $w_{Cr}>13\%$)时，奥氏体相区消失，钢在室温下为单相铁素体组织，称为铁素体钢。

(2) 合金元素对钢加热转变的影响

合金元素对钢奥氏体化过程的影响表现在两方面。一方面，为了获得成分均匀的奥氏体，希望有尽可能多的合金元素溶解于奥氏体中，发挥其提高淬透性的作用，必须将合金钢加热到更高的温度和保温更长的时间。这是由于大多数合金元素(Ni、Co 除外)均减慢奥氏体的形成过程，奥氏体成分均匀化的时间要比碳钢长得多。另一方面，所有的合金元素(Mn、P、C、N 除外)都有阻碍奥氏体晶粒长大的作用，但作用的强弱程度有所不同。一些强碳化物形成元素，如 Zr、Ti、Nb、V 都有强烈阻止奥氏体晶粒长大的作用，所以含有这些元素的合金钢即使在高温下加热，也易于获得细晶粒组织。

(3) 合金元素对冷却时过冷奥氏体转变的影响

合金元素对过冷奥氏体转变的影响主要体现为对过冷奥氏体等温转变图的影响。除 Co 之外，所有溶入奥氏体中的合金元素均使C曲线右移，其中碳化物形成元素还使C曲线的形状发生变化，提高过冷奥氏体的稳定性，从而提高了钢的淬透性，这是合金化的主要目的之一。

(4) 合金元素对淬火钢回火转变的影响

回火过程是使钢获得预期性能的关键工序，合金元素的主要作用是提高了钢的耐回火性(即钢对回火时发生软化过程的抵抗能力)，使回火过程各个阶段的转变速度大大减慢，将其推向更高的温度。对马氏体分解、残余奥氏体转变和 α 相恢复再结晶等方面都有影响。

三、金属结构材料的力学性能

金属材料的性能指标很多，包括力学性能、物理性能、化学性能和工艺性能等。但是，金属材料作为结构材料，其发挥作用的是其力学性能，其他性能研究都是围绕力学性能进行研究的。比如金属材料的密度、熔点、热膨胀性等物理性能是力学性能的基础，金属材料的耐酸性耐碱性、抗氧化性等化学性能和铸造性能、可锻性、焊接性、切削加工性等工艺性能是在各种环境条件和使用条件下维持力学性能的能力，因此金属材料的力学性能就显得十分重要了。

1. 基本定义

(1) 力学性能：金属材料在外力作用下所表现出来的抵抗能力，称为材料的力学性能，旧称机械性能。金属材料的力学性能主要有：强度、塑性、硬度、冲击韧度和疲劳强度等。

(2) 载荷：金属材料在加工及使用过程中所受的外力称为载荷。根据载荷作用性质的不同：可分为静载荷、冲击载荷及交变载荷三种；根据载荷作用形式不同：可分为拉伸载荷、压缩载荷、弯曲载荷、剪切载荷和扭转载荷。图 5-1 所示为载荷的不同形式。

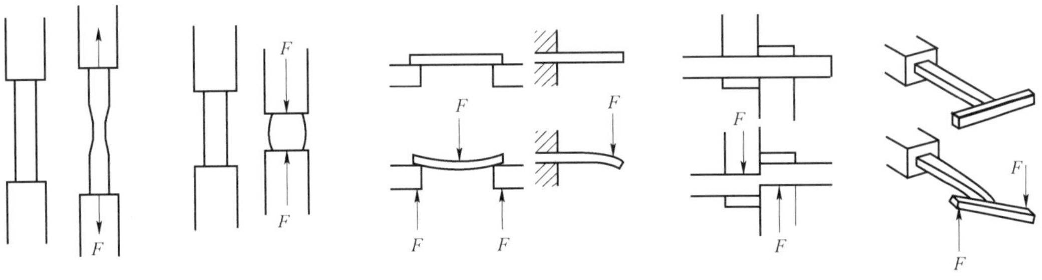

图 5-1　载荷的形式

(a) 拉伸载荷;(b) 压缩载荷;(c) 弯曲载荷;(d) 剪切载荷;(e) 扭转载荷

(3) 变形的概念:金属材料受到载荷作用而产生的几何形状和尺寸的变化称为变形。变形一般分为弹性变形和塑性变形两种。随载荷的消除而消失的变形称为弹性变形;不能随载荷的去除而消失的变形称为塑性变形。

(4) 应力的概念:金属受外力作用时,为保持其不变形,在材料内部作用与外力相对抗的力,称为内力。单位面积上的内力称为应力。金属受拉伸载荷或压缩载荷作用时,其横截面积上的应力按下式计算:

$$\sigma=F/S \tag{5-1}$$

式中:σ——应力,Pa,1 Pa=1 N/m^2,当面积用 mm^2 时,则应力可用 MPa 为单位,1 MPa=1 N/mm^2=10^6 Pa;

F——外力,N;

S——横截面积,m^2。

2. 强度

强度是在静载荷的作用下,材料抵抗塑性变形和断裂的能力。强度的大小通常用应力来表示。

按照载荷作用方式不同,强度可分为抗拉强度、抗压强度、抗弯强度、抗剪强度和抗扭强度等。在工程上常用来表示金属材料强度的指标有屈服强度和抗拉强度。抗拉强度是通过拉伸试验测定的。

(1) 拉伸试样

拉伸试样的形状一般有圆形和矩形两类。在国家标准(GB/T 228)中,对试样形状、尺寸及加工要求均有明确的规定。图 5-2 所示为圆形拉伸试样。

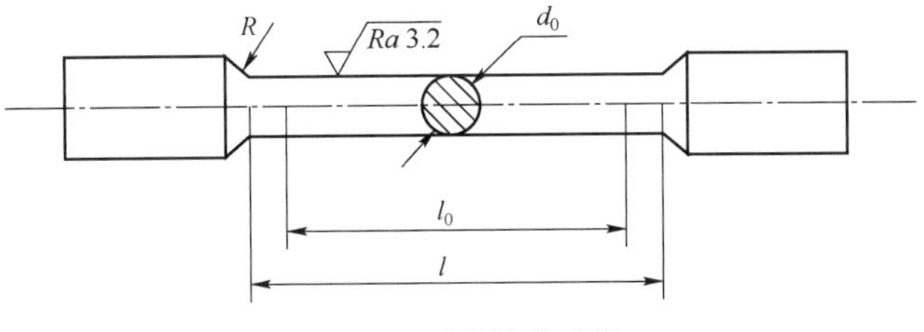

图 5-2　圆形拉伸试样

(2) 金属拉伸曲线

拉伸试验中得出的拉伸力与伸长量的关系曲线称为力—伸长曲线,也称为拉伸曲线图。图 5-3 是典型的金属拉伸曲线,图中纵坐标表示力 F,单位为 N;横坐标表示伸长量ΔL,单位为 mm。

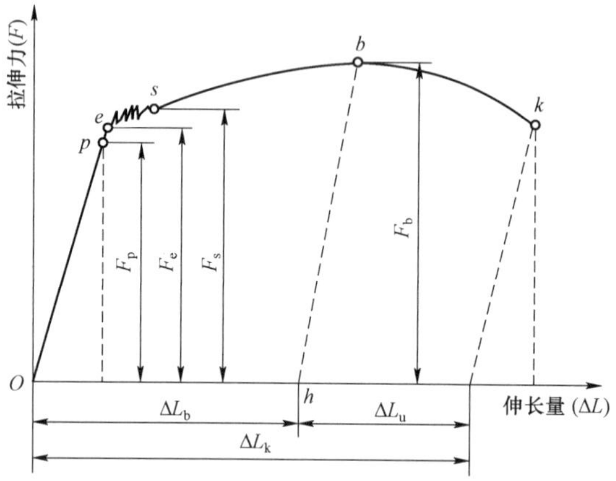

图 5-3 典型的金属拉伸曲线

在图 5-3 中,各阶段分析如下所示。

1) Oe——弹性变形阶段:试样变形完全是弹性的,此时如果卸载,试样即恢复原状。这种随载荷的存在而产生、随载荷的去除而消失的变形称为弹性变形。F_e 为试样能恢复到原始形状和尺寸的最大拉伸力。

2) es——屈服阶段:当载荷超过 F_e 再卸载时,试样的伸长只能恢复部分,而保留一部分残余变形。这种不能随载荷的去除而消失的变形称为塑性变形。

3) 当载荷增加到 F_s 时,图上出现平台或锯齿状,这种在载荷不增加或略有减小的情况下试样还继续伸长的现象称为屈服,F_s 称为屈服载荷,屈服后,材料开始出现明显的塑性变形。

4) sb——强化阶段:在屈服阶段以后,欲使试样继续伸长,必须不断加载。随着塑性变形增大,试样变形抗力也逐渐增加,这种现象称为形变强化(或加工硬化),此阶段试样的变形是均匀发生的。F_b 为试样进行拉伸试验时的最大载荷。

5) bk——颈缩阶段(局部塑性变形阶段)。当载荷达到最大值 F_b 后,试样的直径发生局部收缩,称为“颈缩”。由于试样颈缩处横截面积减小,试样变形所需的载荷也随之降低,这时伸长主要集中于颈缩部位,直至断裂。

6) 工程上使用的金属材料,多数没有明显的屈服现象。有些脆性材料,不仅没有屈服现象,而且也不产生“颈缩”,如铸铁、高碳钢等。

(3) 强度指标

1) 屈服强度:在拉伸试验过程中,载荷不增加(保持恒定),试样仍能继续伸长时的应力称为屈服强度。用符号 R_e 表示,计算公式为:

$$R_e = F_s / S_0 \tag{5-2}$$

式中:R_e——屈服强度,MPa;

F_s——试样屈服时的载荷,N;

S_0——试样原始横截面积,mm^2。

机械零件在工作时如受力过大,则会因过量的塑性变形而失效。当零件工作时所受的应力低于材料的屈服强度或规定残余伸长应力时,则不会产生过量的塑性变形。材料的屈服强度或规定残余伸长应力越高,允许的工作应力也越高,则零件的截面尺寸及自身质量就可以减小。因此,材料的屈服强度或规定残余伸长应力评定金属材料性能的重要指标。

2) 抗拉强度:材料在拉断前所能承受的最大应力称为抗拉强度,用符号 R_m 表示。计算公式如下:

$$R_m=F_m/S_0 \tag{5-3}$$

式中:R_m——抗拉强度,MPa;

F_m——试样拉断前承受的最大载荷,N;

S_0——试样原始横截面积,mm^2。

零件在工作中所承受的应力,不允许超过抗拉强度,否则会产生断裂。也是机械零件设计和选材的重要依据。

3. 塑性

断裂前金属材料产生永久变形的能力称为塑性。塑性指标也是由拉伸试验测得的,常用伸长率和断面收缩率来表示。

(1) 伸长率

试样拉断后,标距的伸长与原始标距的百分比称为伸长率,用符号 A 表示。其计算公式如下:

$$A=(L_u-L_0)/L_0\times100\% \tag{5-4}$$

式中:A——伸长率,%;

L_u——试样拉断后的标距,mm;

L_0——试样的原始标距,mm。

必须说明,同一材料的试样长短不同,测得的伸长率是不同的。

(2) 断面收缩率

试样拉断后,颈缩处横截面积的缩减量与原始横截面积的百分比称为断面收缩率,用符号 Z 表示。其计算公式如下:

$$Z=(S_0-S_u)/S_0\times100\% \tag{5-5}$$

式中:Z——断面收缩率,%;

S_0——平行长度部分的原始横截面积,mm^2;

S_u——断后最小横截面积,mm^2。

金属材料的伸长率(A)和断面收缩率(Z)数值越大,表示材料的塑性越好。塑性好的金属可以发生大量塑性变形而不被破坏,易于通过塑性变形加工成复杂形状的零件。例如,工业纯铁的 A 可达 50%,Z 可达 80%,可以拉制细丝、轧制薄板等。

4. 硬度

材料抵抗局部变形特别是塑性变形、压痕或划痕的能力称为硬度。

硬度是各种零件和工具必须具备的性能指标。机械制造业所用的刀具、量具、模具等，都应具备足够的硬度，才能保证使用性能和寿命。有些机械零件如齿轮等，也要求有一定的硬度，以保证足够的耐磨性和使用寿命。因此硬度是金属材料重要的力学性能之一。

硬度值又可以间接地反应出金属的强度及金属在化学成分、金相组织和热处理工艺上的差异，而与拉伸试验相比，硬度试验简便易行，因而硬度试验应用十分广泛。硬度测试的方法有很多，最常用的有布氏硬度试验法、洛氏硬度试验法和维氏硬度试验法三种。常用的硬度计如图 5-4 所示。

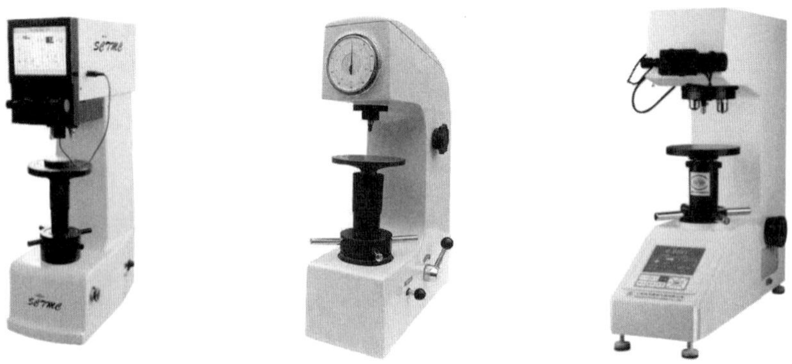

(a)　(b)　(c)

图 5-4　常用的硬度计

(a)布氏硬度计；(b) 洛氏硬度计；(c) 维氏硬度计

5. 冲击韧性

许多机械零件在工作中，往往要受到冲击载荷的作用，如活塞销、锤杆、冲模和锻模制造这类零件所用的材料，其性能指标不能单纯用静载荷作用下的指标来衡量，而必须考虑材料抵抗冲击载荷的能力。金属材料抵抗冲击载荷作用而不被破坏的能力称为冲击韧性。

(1) 冲击试样

为了使试验结果可以互相比较，必须采用标准试样。冲击试样的类型很多，可根据国家标准有关规定来选择。常用的试样有 10 mm×10 mm×55 mm 的U形缺口和V形缺口试样，其尺寸如图 5-5 所示。

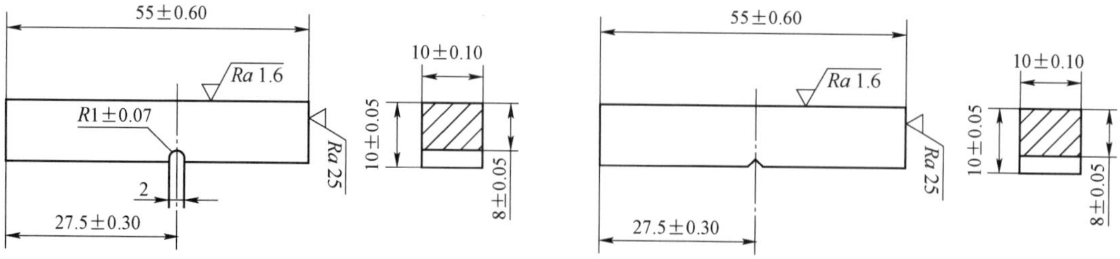

(a)　(b)

图 5-5　冲击试样图

(a) U形缺口冲击试样；(b) V形缺口冲击试样

(2) 冲击试验的原理及方法

1) 冲击试验的原理：冲击试验是利用能量守恒原理：试样被冲断过程中吸收的能量等于摆锤冲击试样前后的势能差。

2) 冲击试验的方法：将待测的金属材料加工成标准试样，然后放置于试验机的支座上，放置时试样缺口应背向锤的冲击方向，如图 5-6(a)所示，再将具有一定重量 G 的摆锤升至一定的高度 h 图 5-6(b)，使其获得一定的势能(Gh)，然后使摆锤自由落下，将试样冲断。摆锤的剩余势能为 Gh'。试样被冲断时所吸收的能量即是摆锤冲击试样所做的功，称为冲击吸收功，用符号 A_k 表示。

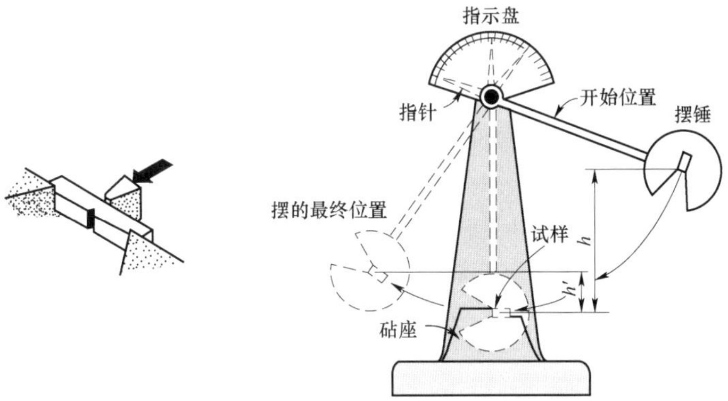

(a)　(b)

图 5-6　冲击试验示意图

冲击吸收功(A_k)除以试样缺口处截面积(S_0)，即可得到材料的冲击韧性。

复习思考题

(1) 金属材料主要分为哪两类?简述钢的几种分类方法；

(2) 合金元素对相变有哪些影响?

(3) 金属结构材料的力学性能有哪些?

第二节　常用金属材料的性能和用途

学习目标：

- 了解碳素结构钢的性能和用途；
- 了解合金结构钢的性能；
- 了解有色金属的分类和性能。

一、碳素结构钢的性能和用途

碳素结构用钢又称普碳钢，其产量约占钢总产量的 70%～80%，其中大部分用作钢的结构件，少量用作机器零件。由于普碳钢易于冶炼，价格低廉，性能也基本满足了一般构件的要求,所以工程上用量很大。普碳钢常以热轧状态供货,一般不经热处理强化。为了满足工艺性能和使用性能的要求,其 w_C=0.2%。

此类钢可制成各种型材,用在建筑、车辆等行业,还可做其他构件用钢。

按钢的脱氧程度和浇注方法又可将普碳钢分为沸腾钢镇静钢和半镇静钢类。

● 沸腾钢的优点是钢锭缩孔小、切除量小、成材率高。缺点是沸腾钢的偏析较严重,锭中心区域富集 S、P、C 等元素,冲击韧性、冷脆倾向性、时效敏感性及焊接性能较差。沸腾钢不适于在高冲击载荷及低温条件下工作,尤其当钢材厚度较大时,其心部的不良影响尤甚。但总的来看沸腾钢的成材率高、价格低廉,在能满足使用要求时应尽量选用。

● 镇静钢的优点是偏析程度小,含气体量少,质量较高。只是成材率低,成本高。所以使用条件要求较高时,往往多用镇静钢。

试验表明,低碳沸腾钢加热到 Ac_3 以上并在水中急冷,可在提高强度的同时,大大降低其冷脆应变时效及淬火时效的倾向。经这种处理所得组织为细晶粒铁素体与细片状的珠光体,所以确切地说应叫快冷正火。沸腾钢经快冷正火后,甚至可以具有比相同含碳量的镇静钢更好的性能。

普碳钢经快冷正火后,有时为了消除应力,还要在 400 ℃ 左右回火。通常将普碳钢在 950 ℃ 加热后水冷和在 400 ℃ 回火处理,称水韧处理。经此处理后可使时效倾向性大为降低。

采用快冷正火的好处是大大发挥了普碳钢的性能潜力,不利之处是增加一道热处理工序,提高了成本。但可将此工艺与生产实际结合起来进行,如在热轧后直接喷水冷却。生产上为了适应特殊用途的需要还常在普碳钢的基础上进一步提出某些特殊的要求,从而形成一系列专用的构件用钢。如冷冲压用钢桥梁用钢、锅炉用钢、船舶用钢等。

二、合金钢的性能和用途

1. 合金钢的分类

合金钢种类繁多,为了便于生产、保管、选用和研究,必须对合金钢进行分类。合金钢的分类方法较多,按不同需要或不同场合,可采用不同的分类方法。在有些情况下还可将几种分类方法混合使用。目前常用的分类方法有:

(1) 按合金元素的含量分类

1) 低合金钢,钢中合金元素总含量 $w_{Me}<5\%$

2) 中合金钢,钢中合金元素总含量 $w_{Me}=5\%\sim10\%$

3) 高合金钢,钢中合金元素总含量 $w_{Me}>10\%$。

(2) 按合金元素种类分类

有铬钢、锰钢、铬锰钢、铬镍钢、铬钼钢、硅锰钢、硅锰钼钒钢、铬镍钼钢、锰钒硼钢等。

(3) 按主要用途分类

1) 建筑及工程用结构钢(简称建造用钢)。主要用于建筑、桥梁、船舶、锅炉或其他工程上制作金属结构件,这类钢大多为低碳钢,主要包括低合金结构钢、钢筋钢等。

2) 机械制造用结构钢。主要用于制造机械设备上结构零件。这类钢基本上都是优质钢或高级优质钢,包括合金结构钢、易切削结构钢、弹簧钢和滚动轴承钢。

(4) 工具钢:用于制造各种工具,包括合金工具钢和高速工具钢。

(5) 特殊性能钢:是指用特殊方法生产,具有特殊物理、化学性能或力学性的钢,包括不锈钢、耐热钢、耐磨钢、磁钢、超高强度钢(σ>1 400 MPa)等。

(6) 按正火后的金相组织分类

合金钢在空气中冷却后,按所得到的组织不同,可分为珠光体钢、贝氏体钢、奥氏体钢和碳化物钢(最典型的是高速工具钢)。

2. 合金结构钢的性能和用途

用于制造重要工程结构和机器零件的钢种称为合金结构钢。主要有工程结构用钢和机械制造用钢,机械制造用钢又按含碳量和其用途可以分为合金渗碳钢、合金调质钢、合金弹簧钢、滚珠轴承钢。

(1) 低合金高强度结构钢性能和用途

这类钢主要用于各类工程结构中梁、柱、车辆、舰船、各类压力容器、重型机械的机架、箱体等。其使用状态为热轧或正火,冶金厂大都是轧制成钢板、型钢和钢管供制造厂家选用。经成形、焊接和少量切削加工而制成的产品,除厚板、高强度钢焊接件外,一般不进行热处理。常用低合金高强度结构钢具体的成分、性能与用途可以参考 GB/T 1591。此处对其主要性能特点进行介绍,包括:

1) 高的屈服强度与良好的塑性、韧性

由于合金元素的强化作用,其屈服强度较非合金钢提高 30%～50%,特别是比(σ_s/σ_b)提高更为显著,故常称它为低合金高强度结构钢。

2) 良好的低温韧性

由于含碳量低,含锰量在 1.8%以下时仍保持良好的塑性与韧性。特别是具有良好的韧性,韧性转变温度在−40 ℃左右,适宜制作在寒冷地区工作的构件。

3) 良好的焊接性

该类钢的碳质量分数低,合金元素含量又少,所以焊接时不必采取特殊工艺措施即可得到高质量焊接接头。只是对于屈服强度较高的钢,为了防止出现焊接裂纹,才需采取如预热、保温的工艺措施。该类钢冲压时回弹大,对模具磨损大,焊前进行冷弯、冲压、卷边等成形工序时应注意。

4) 较高的抗大气与海水腐蚀性

由于加入 P、Cu 等元素,它在大气、淡水、海水和土壤中的抗蚀性能比非合金钢大 2～3 倍。

(2) 机械制造用钢性能和用途

这类钢种类很多,按使用状态和用途,应用较多的有合金渗碳钢、合金调质钢、合金弹簧钢和滚动轴承钢等。

1) 合金渗碳钢

合金渗碳钢是典型的表面强化钢之一。它主要用于制造表面硬而耐磨、心部有足够韧性的能承受冲击载荷作用的零件。如汽车、拖拉机的各种齿轮、活塞销、凸轮轴、轴套以及大型轴承和部分工具与量具等。

合金渗碳钢中含碳量一般在 0.15%～0.25%范围内。为提高心部强度,有时也采用含碳量为0.30%的钢进行渗碳。低的含碳量可以保持零件心部有足够的韧性,能承受冲击力的作用。钢中加入钛、锰、镍和硼元素,以细化晶粒和提高钢的淬透性与韧性

2) 合金调质钢

机器上许多重要零件,如压缩机曲轴、连杆、活塞杆、变速箱里的齿轮、蜗杆、机床主轴、高压螺栓、高压鼓风机叶片等,要求其制造材料具有良好的综合力学性能通常采用调质钢,即采用调质处理的碳素结构钢或合金结构钢。优质碳素结构钢中 40、45、50 钢是常用且价廉的调质钢,但是由于这些钢存在淬透性差、回火稳定性差、调质处理后综合力学性能不够理想等缺点,许多场合必须用合金调质钢。

合金调质钢属于中碳钢,其含碳量通常为 0.27%~0.45%。用于制造要求以强度、硬度、耐磨性为主的零件,含碳量选择上限;用于制造要求具有较高的塑性、韧性的零件,含碳量依照下限选择。其中加入合金元素 Mn、Si、Cr、Ni、B 等,可提高淬透性并强化铁素体,加入 W、Mo、V、T 等元素可以细化晶粒,提高回火稳定性,同时进一步强化铁素体作用。同时 W、Mo 在减少或消除第二类回火脆性方面效果较好。另外,在氮化钢(如 38 CrMoAlA)中,加入 Al 以形成 AlN 保护层,可提高表面硬度强度和耐蚀性。

3) 合金弹簧钢

具有高的强度、高的疲劳极限、足够的塑韧性的弹簧钢是用于制造弹簧和弹性零件的结构钢。弹簧是机器上常用的零件,如汽车上用的板簧、火车上用的螺旋弹簧等,其作用是储存能量和减轻振动,因此,弹簧应有高的屈服强度和抗拉强度,而且还要求具有高的疲劳强度、良好的工艺性能及足够的韧性和塑性。特殊环境下使用的弹簧,还要具有一定的耐热性和耐蚀性。

为了获得高的强度,合金弹簧钢的含碳量为 0.45%~0.70%。加入硅(过高易脱碳)、锰(过高易过热)主要用于提高钢的淬透性,同时提高钢的弹性极限,尤其是硅;加入铬、钒、钨可以防止脱碳和过热。

4) 滚动轴承钢

滚动轴承钢是制造滚动轴承套圈、滚珠、滚柱的专用钢种,也可以用于制造工具、量具和模具等。上述零件都要求高的硬度和耐磨性与高的弹性极限和接触疲劳强度,足够的韧性和一定的耐蚀性,因此必须提高钢中碳的质量分数,一般碳含量在 0.95%~1.15%范围内,才能保证淬火后获得具有高硬度和耐磨性的马氏体。加入的合金元素主要是铬,控制在 0.40%~1.65%范围内,要求比较严格,铬不但能提高钢的淬透性,而且能生成细小而均匀的合金碳化物,提高钢的耐磨性。对大型轴承等零件的用钢,为了进一步提高淬透性,常采用添加锰和硅的铬锰硅钢。

GCr15 是目前使用最广并具有代表性的铬轴承钢,其加工工艺比较成熟,性能比较稳定。其他使用较多的还有 CCr19、GC5MnSi 等。

3. 合金工具钢的性能和用途

工具钢可以分为碳素工具钢和合金工具钢两种,碳素钢容易加工,价格便宜,但淬透性差,容易变形和开裂,切削中易软化,热硬性(又叫红硬性,指在较高温度下,仍能保持较高硬度的性能)只有 200 ℃。因此尺寸大、精度高和形状复杂的磨具、量具及切削速度较高的刀具,均采用合金工具钢。

合金工具钢分为合金刃具钢、合金模具钢和合金量具钢三种。

(1) 合金刃具钢

合金刃具钢主要用来制造车刀、铣刀、钻头等金属切削刀具。

1) 低合金刃具钢

低合金刃具钢是指在碳素工具钢的基础上加入少量合金元素而形成的钢。主要加入的合金元素有铬、锰、硅、钨、钒等,加入铬、锰、硅等,提高钢的淬透性,同时提高钢的强度和硬度;加入钨、钒等强碳化物形成元素,提高钢的硬度和耐磨性,防止过热,保持晶粒细小;合金量少,故一般工作温度不超过 300 ℃。

代表钢种是 9SiCr,主要用来制造丝锥、板牙、铰刀等。CrWMn 主要用来制造长铰刀、拉刀等。预备热处理是球化退火,最终热处理是淬火后低温回火。

2) 高速钢(HSS)

高速钢(HSS)是一种具有高热硬性、高耐磨性的高合金工具钢。高的含碳量(0.7%~1.5%)是为了形成足够量的合金碳化物,并使高速钢具有较高的硬度和耐磨性;W、Mo 元素是提高热硬性的主要元素;Cr 主要提高钢的淬透性;V 能显著提高钢的硬度、耐磨性和热硬性,并细化晶粒;故高速钢(HSS)的热硬性可达 600 ℃,又称为锋钢。典型钢牌号是 W18Cr4V、W6Mo5Cr4V2。

高速钢主要应用于制造切削速度较高的刀具(如车刀、铣刀、钻头等)和形状复杂的成形刀具。此外还可以制造冷挤压模具及某些耐磨零件。

(2) 合金模具钢

合金模具钢主要用来制作各种金属成形用的模具。按其工作条件不同可分为冷作模具钢和热作模具钢两种。

1) 冷作模具钢

冷作模具钢主要用来制作使金属在冷态下变形的模具,如冷压模、冷冲模和拉丝模等,工作中受力。这类模具要求冷作模具钢具有一定的耐磨性、高的强度和硬度以及一定的韧性与抗疲劳性,大型模具也要求良好的淬透性。

冷作磨具钢主要有小型冷作模具钢和大型冷作模具钢两类。典型的小型冷作模具钢钢种为 T10A、T12、9SiCr、CrWMn 等。大型冷作模具可用 Cr12、Cr12MoV 等高碳铬钢制造,这类钢具有较高的硬度、强度和耐磨性。

2) 热作模具钢。

热作模具钢主要用来制作使金属在较高温度下成形的模具,如热锻模、热挤压模和压铸模等。此类模具要求在高温下工作,且承受很大的冲击力,因此要求热作模具钢具有较高的热强性和热硬性、高温耐磨性和高的抗氧化性,以及高的抗热疲劳性和导热性。

热作模具钢一般用中碳(0.3%~0.6%)合金钢制造,如 5CrMnMo 和 5CrNiMo 制造热锻模;采用 3Cr2W8V 制造热挤压模和压铸模;热处理工艺是淬火+中温回火(或高温回火),以保证足够的塑韧性。

(3) 合金量具钢

量具是测量工件的尺寸的工具,如游标卡尺、量规和样板等。它们工作时要求高的硬度、耐磨性与高的尺寸稳定性和足够的韧性。制造量具没有专用钢种。碳素工具钢、合金工具钢和滚动轴承钢均可用来制造量具。精度要求较高的量具,一般均采用微变形合金工具钢制造,如 CrWMn、CrMn、GCr5 等。量具钢淬火后要在 150～170 ℃范围内长时间低温回火,以稳定尺寸。对精密量具,为了保证使用过程中尺寸的稳定性,淬火后要进行(−70～−80 ℃)的冷处理,使残余奥氏体转变,然后再长时间低温回火。在研磨或精磨前,还要进行时效处理(在 120～150 ℃保温 24～36 h)以进一步消除内应力。

4. 特殊性能钢的性能和用途

具有特殊物理、化学性能的钢称为特殊性能钢。这类钢在机械制造业中常用的有不锈钢、耐热钢和耐磨钢等。

(1) 不锈钢

常用不锈钢的分类方法很多,广泛采用的是按其组织状态分为马氏体不锈钢、铁素体不锈钢、奥氏体不锈钢和奥氏体—铁素体不锈钢四类。另外,可按成分分为铬不锈钢、铬镍不锈钢和铬锰氮不锈钢等。

1) 马氏体不锈钢

马氏体不锈钢含有较高的铬(12%～19%)和较高的碳(0.08%～0.45%),如 1Cr13、2Crl3、3Cr13、3Cr13Mo 等。因此,它有较高的强度、硬度和耐磨性。由于钢中有较高的碳,对其耐蚀性有一定的削弱作用,因此这类钢用于力学性能要求较高、耐蚀性能要求一般的一些零件上,如弹簧、汽轮机叶片、水压机阀等。为了改善切削加工性和提高塑性,这类钢锻造后要进行退火,深拉过程中要进行再结晶退火。

2) 铁素体不锈钢

铁素体不锈钢含有较高的铬(12%～30%)和较低的碳(<0.15%),如 1Cr17、00Cr30Mo2 等。铬是封闭γ相区的元素,在没有奥氏体化元素存在的情况下,呈铁素体组织。这类钢能耐大气、硝酸及盐水溶液的腐蚀,并具有高温抗氧化性能好、热膨胀系数小等特点。这类钢用于硝酸及食品工厂设备,也可用于在高温下工作的零件,如燃气轮机零件等。但是这类钢的铁素体晶粒变粗大后不能用热处理来改善,只能用塑性变形再结晶来改善,所以锻造时要仔细掌握变形量与终锻温度。

这类钢的热处理一般是在 750～850 ℃的范围内进行退火。为了很快地通过 475 ℃脆性温度范围,退火后应迅速冷却,一般采用空气冷却或水冷。

3) 奥氏体不锈钢

奥氏体不锈钢是目前工业上应用最广泛的不锈钢。它含碳量较低,一般在 0.10%左右,有的更低,它含有 12%～25%Cr、1%～29%Ni,如 0Cr18Ni9、1Cr18Ni9 等。这类钢在室温下呈奥氏体状态,具有良好的韧性、塑性、焊接性和耐蚀性。如果在这类钢中加入 Mo 和 Cu,能显著提高在稀硫酸、磷酸、尿素中的耐蚀性。0Cr19Ni9 钢是奥氏体不锈钢中典型的钢种,钢中含有 18%～20%Cr 和 8%～10.5%Ni。

这类钢用来制作耐酸设备,如耐蚀容器及设备衬里、输送管道、耐硝酸的设备零件等。这类钢常用的热处理有固溶处理、稳定化处理和除应力处理三种。

(2) 耐热钢

在高温下具有较高的抗氧化性能和较高强度的钢,称为耐热钢。耐热钢可分为以下两类。

1) 抗氧化钢

抗氧化钢是在高温下具有较好的抗氧化能力且具有一定强度的钢。主要用于制造长期在高温下工作但强度要求不高的零件，如各种加热炉的炉底板、渗碳处理用的渗碳箱等。抗氧化钢中加入的合金元素有铬、硅、铝等，它们在表面形成一层致密的、高熔点的、稳定的氧化膜，牢固地覆盖在钢的表面，使钢与高温氧化性的气体隔绝，从而避免钢的进一步氧化。

2）热强钢

热强钢是在高温下具有良好抗氧化能力且具有较高的高温强度的钢；为了提高钢的抗氧化能力和高温下的强度，常在钢中加入铬、钨、钼、钛、钒等合金元素。常用的热强钢有 15CrMo、4Cr14Ni14W2Mo 等；15CrMo 是典型的锅炉用钢，可用在 300～500 ℃ 条件下长期工作的零件。4C14N14W2Mo 可用在制造 600 ℃ 以下工作的零件，如汽轮机叶片、大型发动机排气阀等。

（3）耐磨钢

耐磨钢主要用于运转过程中承受严重磨损和强烈冲击的零件，如车辆履带、挖掘机铲斗破碎机鄂板和铁轨分道叉等。要求有很高的耐磨性和韧性。高锰钢是目前最主要的耐磨钢。

其高碳的成分特点是为了保证钢的耐磨性和强度，但碳过高时，淬火后韧性下降，且易在高温时析出碳化物，因此，其碳含量不能超过 1.4%。锰是扩大奥氏体区的元素，它和碳配合，保证完全获得奥氏体组织。锰和碳的含量比值为 10～12(锰含量为 11%～14%)。含有一定量的可改善钢水的流动性，并起固溶强化的作用，但其含量太高时，易导致晶界出现碳化物，故其含量为 0.3%～0.8%。高锰钢由于机械加工困难，故基本上是铸态下使用。常用的是 ZGMn13。

除高锰钢外，20 世纪 70 年代初由我国发明的 Mn-B 系空冷贝氏体钢也是一种很有发展前途的耐磨钢。它是一种热加工后空冷所得组织为贝氏体或贝氏体—马氏体复相组织的钢类。由于免除了传统的淬火或淬火回火工序，从而大大降低了成本，避免了淬火过程中产生的变形、开裂、氧化和脱碳等缺陷，而且产品能够整体硬化，强韧性好，综合力学性能优，因此，该钢种得到了广泛的应用，如贝氏体耐磨钢球、高硬度高耐磨低合金贝氏体铸工程锻造用耐磨件、耐磨传输管材等。

三、铸铁的性能和用途

铸铁是含碳量大于 2.11%的铁碳合金。工业上常用的铸铁，含碳量一般在 2.5%～4.0%的范围内，此外还有硅、锰、硫、磷等元素。铸铁和钢的性能相比，虽然力学性能较低，但它具有优良的铸造性能和切削加工性能。

铸铁中的碳主要以渗碳体和石墨两种形式存在，铸铁中碳的存在形态如图 5-7 所示。根据碳的存在形式不同，铸铁可以分为白口铸铁、灰铸铁、可锻铸铁、球墨铸铁。

（1）白口铸铁：白口铸铁中的碳主要以渗碳体形式存在，其断口呈银白色，所以称为白口铸铁。这类铸铁的性能既脆又硬，很难进行切削加工，所以很少直接用来制造机器零件。

（2）灰铸铁：碳大部分或全部以石墨形式存在，其断口呈灰暗色，故称灰铸铁。它是目前工业生产中应用最广泛的一种铸铁。灰口铸铁的牌号由“灰铁”汉语拼音字母字头“HT”及后面的一组数字组成，数字表示最低抗拉强度。例如，HT200 表示最低抗拉强度为 200 MPa 的灰铸铁。

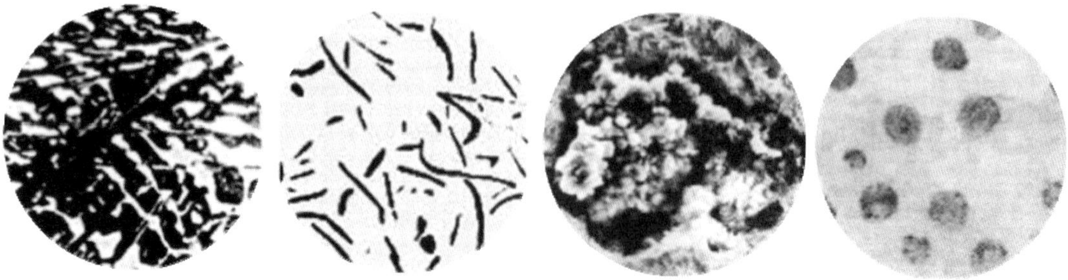

(a) (b) (c) (d)

图 5-7 铸铁中碳的存在形态

(a) 白口铸铁;(b) 灰铸铁;(c) 可锻铸铁;(d) 球墨铸铁

(3) 可锻铸铁:可锻铸铁其组织中的碳几乎全部或极大部分以团絮状石墨存在。因团絮状石墨能吸收振动而使铸铁韧性较好,故称可锻铸铁,但并非可以锻造。断口因表层脱碳而呈外层白亮、心部暗灰色状。具有一定的塑性变形的能力,故得名可锻铸铁,实际上可锻铸铁并不能锻造。可锻铸铁的牌号是由三个字母及两组数字组成。前面两个字母"KT"是"可铁"两个字的汉语拼音的第一个字母,第三个字母代表可锻铸铁的类别,H、Z 分别为铁素体和珠光体基体。后面两组数字分别代表最低抗拉强度和伸长率的数值。如 KTH300-06 表示黑心可锻铸铁,其最低抗拉强度为 300 MPa,最低伸长率为 6%;KTZA50-06 表示珠光体可锻铸铁,其最低抗拉强度为 450 MPa,最低伸长率为 6%。

(4) 球墨铸铁:铁水经过球化处理而使石墨大部分或全部呈球状的铸铁称为球墨铸铁。球墨铸铁的石墨呈球状,使其既具有很高的强度,又有良好的塑性和韧性,力学性能损失小,所以球墨铸铁是力学性能最好的一种铸铁。

四、常用的有色金属

通常把铁及其合金(钢铁)称为黑色金属,而把黑色金属以外的金属称为有色金属,也称为非铁金属。有色金属中密度小于 4.5 g/cm^3 的(铝、镁、铍等)称为轻有色金属;密度大于 4.5 g/cm^3 的(铜、镍、铅等)称为重有色金属。

有色金属的产量及用量虽然不如黑色金属,但由于它具有许多特殊的性能,如导电性和导热性良好,密度及熔点较低,力学性能和工艺性能良好,因此也是现代工业,特别是国防工业不可缺少的材料。常用的有色金属有铝及其合金、铜及其合金、钛及其合金等。

1. 铝及其合金

纯铝的相对密度为 2.72 g/cm^3,仅为铁的 1/3。铝合金的相对密度与纯铝相近。铝合金(强化后)的强度与低合金高强钢的强度相近,铝合金强度比一般高强钢高得多。铝的导电性好,仅次于银、铜和金,在室温时的导电率约为铜的 64%。铝及铝合金有相当好的抗大气腐蚀能力,铝及铝合金磁化率极低,接近于非铁磁性材料。铝及铝合金(退火状态)的塑性很好,可以冷成形。切削性能也很好,超高强铝合金成形后可通过热处理,获得很高的强度。铸铝合金的铸造性能极好。由于上述优点,铝及铝合金在电气工程、航空及宇航工业、一般机械和轻工业中都有广泛的用途。

(1) 纯铝

1) 高纯铝:纯度为 99.93%~99.99%,牌号 L01、L02、L03、L04,编号越大,纯度越高。高纯铝主要用于科学研究及制作电容器等。

2) 工业高纯铝:纯度为 98.85%~99.9%,牌号 L0、L00,用于制作铝箔、包铝、冶炼铝合金的原料。

3) 工业纯铝:纯度为 98.0%~99.0%,牌号 L1、L2、L3、L4、L5,编号越大,纯度越低。用于制作电线、电缆、器皿及配制合金。

(2) 铝合金

铝中加入合金元素后,可获得铝合金。铝合金具有较高的强度、良好的加工性能。许多铝合金不仅可通过冷变形提高强度,而且可用热处理来大幅度地改善性能。铝合金可用于制造承受较大载荷的机器零件和构件。

根据成分及工艺特点,铝合金分变形铝合金和铸造铝合金两类,如图 5-8 所示。

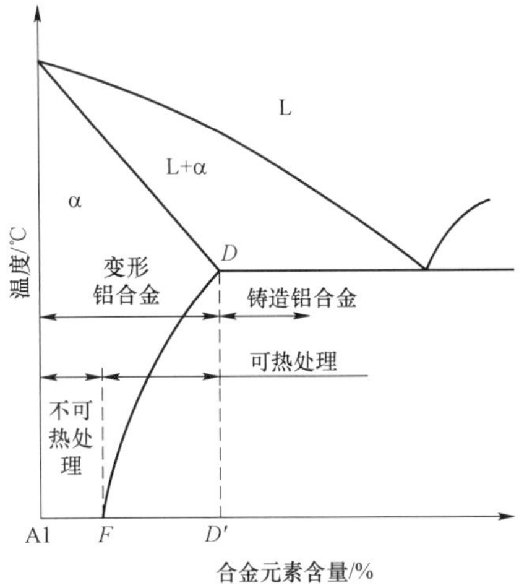

图 5-8 铝合金的分类图

1) 变形铝合金

成分低于 D 的合金,加热时能形成单相固溶体组织,塑性较好,适于变形加工,称为变形铝合金。变形铝合金包括防锈铝合金、硬铝合金、超硬铝合金及锻铝合金四类。另根据可否通过热处理强化分为以下两类:

- 不可热处理强化的铝合金。铝合金中成分低于 F 的合金,因不能进行热处理强化,称为不可热处理强化的铝合金。
- 可热处理强化的铝合金成分位于 F 与 D 之间,可进行固溶—时效强化,称为可热处理强化的铝合金。

2) 铸造铝合金

成分高于 D 的合金,由于冷却时有共晶反应,流动性较好,适于铸造生产,称为可铸造铝合金。铸造铝合金可按照其中主要合金元素的不同,分为铝硅、铝铜、铝镁及铝锌合金等。

- 铝硅系铸造铝合金:又称硅铝明。其中 Z102 是含 Si 为 12%的常用铝硅二元合金,称为简单硅铝明,其铸造性能很好,焊接性能也好,密度小,并有相当好的抗蚀性和耐热性,但不能时效强化,强度较低。
- 铝铜系铸造铝合金:这类合金的耐热性好,强度较高;但密度大,铸造性能、耐蚀性能差,有热裂和疏松倾向。强度低于 Al-Si 系合金。常用代号有 ZL201、ZL203 等。主要用于制造在较高温度下工作的高强零件,如内燃机汽缸头、汽车活塞等。
- 铝镁铸造铝合金:这类合金的耐蚀性好、强度高、密度小;但铸造性能差、耐热性低、可进行时效处理(自然时效)。常用代号为 ZL301、ZL303 等。主要用于制造外形简单、承受冲击载荷、在腐蚀性介质下工作的零件,如舰船配件、氨用泵体等
- 铝锌系铸造铝合金:这类合金的价格便宜,铸造性能好,经变质处理和时效处理后强度较高,可自然时效化;但密度大,耐蚀性较差热裂倾向大。常用代号为 ZL401、ZL402 等。

主要用于制造形状复杂受力较小的汽车、飞机、仪器零件。

2. 铜及其合金

纯铜导电性、导热性极佳,铜合金的导电、导热性也很好。铜及铜合金对大气和水的抗蚀能力很高。铜是抗磁性物质。塑性很好,容易冷、热成形;铸造铜合金有很好的铸造性能。例如,优良的减摩性和耐磨性(如青铜及部分黄铜),高的弹性极限和疲劳极限(如铍青铜等)

(1) 纯铜(紫铜)

纯铜呈紫红色,故常称紫铜。纯铜的密度是 8.961 0 g/cm^3,熔点为 1 083 ℃,其导电性和导热性仅次于金与银,是常用的导电和导热性材料。纯铜的塑性非常好,易于冷、热压力加工,在大气及淡水中有良好的抗蚀性能。

铜中常含的主要杂质含量为 0.03%~0.05%(主要是铅、铋、氧、硫、磷等),它们对铜的力学性能和工艺性能有很大的影响。

工业纯铜分为四种:T1、T2、T3、T4。编号越大,纯度越低。

纯铜的强度低、塑性好,不宜做结构材料,便于进行冷、热锻压加工,用来制作油管、铆钉、垫圈和各种型材。铜的化学稳定性较好,因而抗蚀性较好,它又有良好的导电、导热性,且无磁性,因此广泛用来制作导线、散热器、冷凝器、抗磁性的仪器仪表等。

(2) 铜合金

工业广泛应用的是铜合金。常用的铜合金可分为黄铜、青铜、白铜三类。

1) 黄铜

以锌为主要合金元素的铜合金称为黄铜。按照化学成分,黄铜分普通黄铜和特殊(复杂)黄铜两种。

普通黄铜是铜锌二元合金,普通黄铜的牌号用“H”表示。其中“H”表示普通黄铜的“黄”字汉语拼音首字母,数字表示平均含铜量的百分数。如 HPb59-1 表示铜含量为 59%、铅含量为 1%的铅黄铜。常用的单相黄铜有 H80、H70、H68 等,塑性很好,适于制作冷轧板材、冷拉线材、管材及形状复杂的深冲零件。常用的双相黄铜有 H62、H59 等,可进行热变形,通常热轧成棒材、板材,可以铸造。

特殊(复杂)黄铜是在普通黄铜中加入铅、铝、锰、锡、硅、铁、镍等合金元素所组成的多元合金称为特殊黄铜。牌号用“H”+主加元素符号+铜的质量分数+主加元素质量百分数表示。如 HPb59-1、HSn62-1、HAl60-1 等。铸造黄铜的牌号由“Z”(“铸”字汉语拼音首字母)、Cu、主要合金元素的化学符号及其名义百分含量组成。特殊黄铜中加入的合金元素较少,则塑性较好,也称为压力加工特殊黄铜;加入的合金元素较多,则强度和铸造性能好,称为铸造用特殊黄铜,牌号用“Z”表示。加入铝、锡、锰、镍的合金还能提高抗蚀性和耐磨性。压力加工黄铜通常采用退火热处理。

2) 青铜

除了黄铜和白铜(铜和镍的合金)外,所有的铜基合金都称为青铜。按照加入合金元素的种类的不同,分为锡青铜、铝青铜、铍青铜、硅青铜等。青铜也可分为压力加工青铜(以青铜加工产品的形式供应)和铸造青铜两类。

青铜的代号由 Q+主加入合金元素的符号和含量+其他元素的含量组成。其中 Q 表示青铜的青字汉语拼音首字母。如 QSn4-3 表示含锡 4%，含锌 3%，其余为铜的锡青铜。QAl7 表示含铝 7%，其余为铜的铝青铜。铸造青铜的表示和铸造黄铜的方法相同。

3）白铜

以镍为主要合金元素的铜合金称为白铜。在固态下，铜与镍无限固溶，因此工业白铜的组织为单相α固溶体。它有较好的强度和优良的塑性，能进行冷、热变形。冷变形能提高强度和硬度。它的抗蚀性很好，电阻率较高。用于制造船舶仪器零件、化工机械零件及医疗器械等。锰含量高的锰白铜可制作热电偶丝。常用白铜有 B30、B19、B5、BZn15-20、BMn3-12、BMn40-1.5 等。

3. 钛及其合金

钛是 20 世纪 50 年代发展起来的一种重要的结构金属，近年来，钛及钛合金的发展迅速。目前，它已成为工业生产中重要的金属材料，其原因不仅由于钛在地壳中的蕴藏量十分丰富，而且还由于其自身具有许多优良性能。例如，钛和钛合金质量轻、比强度高、高温强度好、低温韧性好、耐蚀性良好等。

（1）纯钛

钛为银白色金属，密度 4.5 g/cm^3，熔点 1 668 ℃，具有同素异晶转变，在 882 ℃ 以下密排六方晶格，称为α钛，在 882 ℃ 以上呈体心立方晶格，称为β钛。

钛和氧有较强的亲和力，钛很容易与氧结合而形成一层致密的氧化物薄膜，其稳定性高于铝和不锈钢的氧化膜，故钛的抗氧化能力比铬镍奥氏体不锈钢更优良。纯钛的强度低、塑性好，易于加工成形。工业上可直接用来制造在 350 ℃ 以下工作的受力小的零件和冲压件。化工机械上用于制造泵壳、叶轮、管道、设备衬里等。

根据杂质的含量，工业纯钛有 TA1、TA2 和 TA3 等。其中“T”为钛的汉语拼音首字母，编号越大，则杂质越多。

（2）钛合金

为了提高钛在室温时的强度和高温下的耐热性等性能，常加入铝、铅、钼、钒、锰、铬、铁等元素，它们能溶于钛中或形成钛化物，促使合金强化，并提高合金的耐蚀性能。

根据常温状态的组织，钛合金可分为三类：α 相钛合金、β 相钛合金和(α+β)相钛合金，其牌号分别用汉语拼音字母“TA”“TB”和“TC”与编号数字来表示。如 TA7 表示 7 号 α 钛合金，TB1 表示 1 号 β 钛合金，TC4 表示 4 号(α+β)钛合金。

1）α 相钛合金

是α相固溶体组成的单相合金，不论是在一般温度下还是在较高的实际应用温度下，均是α相，组织稳定，耐磨性高于纯钛，抗氧化能力强。在 500～600 ℃ 的温度下，仍保持其强度和抗蠕变性能，但不能进行热处理强化，室温强度不高。用于制造导弹的燃料罐、超声速飞机的涡轮机匣等部件。

2）β 相钛合金

是β相固溶体组成的单相合金，未热处理即具有较高的强度，淬火、时效后合金得到进一步强化，室温强度可达 1 372～1 666 MPa；但热稳定性较差，不宜在高温下使用。性能不够稳定，熔炼工艺较复杂，目前应用不多。用于制造压气机叶片、轴、轮盘等重载荷旋转件、飞机构件等。

3) (α+β)相钛合金

是双相合金,具有良好的综合性能,组织稳定性好,有良好的韧性、塑性和高温变形性能,能较好地进行热压力加工,能进行溶火、时效使合金强化。热处理后的强度比退火状态提高 50%～100%;高温强度高,可在 400～500 ℃ 的温度下长期工作,其热稳定性次于α钛合金。(α+β)相钛合金是应用最广泛的一种轻合金,通常均含有一定数量的 β 相稳定元素如钒,与 α 相稳定元素如铝。这类合金的主要优点是在室温条件下强度很高,具有优良的塑性,容易锻造、轧制和冲压,并可通过淬火和时效进行强化,热处理后的强度比退火状态强度提高 50%～100%。用于制造要求有一定高温强度的发动机零件,火箭、导弹的液氢燃料箱部件等。

4. 镍及镍合金

镍是元素周期表中的过渡族元素,晶体结构为面心立方,无同素异构转变 1 455 ℃,20 ℃ 时的密度为 8.9 g/cm^3。镍耐腐蚀、耐热,金属键强,蠕变起始温度高,常温下镍表面形成具有保护作用的致密氧化膜,800 ℃ 下不会发生强烈氧化,因此是配制耐腐蚀、抗氧化高温合金的基本元素之一。镍的室温强度不高,但塑性好,可进行各种冷、热加工。纯镍的牌号以“N”后附以数字表示,数字代表镍的等级,如 N6 代表六级镍。除制备镍基高温合金外,纯镍可用于电镀、配制钢铁及其他有色合金,其板材、线材等半成品还常用于电子工业。

(1) 镍基合金的合金化

$w_{Ni}>50\%$的合金称为镍基合金,而镍基高温合金是加入了多种可形成耐热强化相的合金元素所形成的镍基合金。镍基高温合金合金化的设计原则与铁基奥氏体类似,目标在于提高合金的热稳定性和热强性。合金的热稳定性通过 Cr 在合金表面形成致密的氧化膜,以及 Si、Al 等加入后对合金抗氧化能力的提高来达到。合金高温强度的提高是通过加入合金元素所产生的固溶强化、第二相强化和晶界强化作用来实现的。

(2) 镍基高温合金的分类和特点

镍基高温合金按成形方法,分为铸造镍基高温合金和变形镍基高温合金。镍基高温合金是最重要的一类高温合金,在 650～1 000 ℃ 温度范围内具有较高的强度、良好的抗氧化性和抗腐蚀性,主要用于制造航空涡轮发动机各种燃气轮机热端部件,如涡轮工作叶片、导向叶片、涡轮盘和燃烧室等。与铁基高温合金相比,镍基高温合金的工作温度高,组织稳定性好抗氧化及抗腐蚀性能高。目前,变形镍基合金的使用温度达 950 ℃,铸造镍基高温合金的使用温度可达 1 000 ℃,已接近镍基高温合金熔点的 90%。镍基高温合金的性能在一定程度上反映了一个国家喷气发动机的水平。

1) 变形镍基高温合金

指可用压力加工方法使毛坯成形的镍基高温合金,合金中的主要合金化元素有 Cr、W、Mo、V、B、Al、Ti、稀土元素等,按合金化特点和强化方式,变形镍基高温合金又分为固溶强化型合金和时效强化型合金两种类型。

2) 铸造镍基高温合金

随着合金强度和 Al、Ti 质量分数的增加,镍基高温合金的再结晶温度提高,变形温度变窄,高温塑性降低,热加工性能变差,当γ'相的质量分数超过 45%时,合金很难采用热加工成形,只能用铸造等途径成形,即为铸造合金。变形合金与铸造合金的区分不只依赖于合金的成分，还有其他因素，如部件的形状、成本等。与变形合金相比，铸造镍基高温合金具有更高的持久强度和蠕变强度，铸造合金还易制成空心或多孔型叶片，进行对流和气膜冷却，可有效提高工作温度。因此铸造合金是目前使用温度最高的镍基合金。

常用铸造镍基高温合金有 K1、K3、K5、K7 合金等。其中 K1 合金的 Cr 质量分数较高，具有较好的抗氧化能力，但合金化程度低，因而热强性相对较低，常用作 900 ℃ 以下的导向叶片。K3、K5 及 K17 由于合金化程度较高，故热强性相对较高，常用于制造 950 ℃ 左右工作的涡轮导向叶片，但因为这几种合金的铬含量较低，抗氧化能力较差，一般需要采用渗铝或其他涂层的方法进行表面防护。

复习思考题

(1) 简述碳素结构钢的性能和用途。

(2) 简述合金结构钢的分类性能。

(3) 有色金属的主要分为哪几类。

第三节　核安全设备常用材料的分类及用途

学习目标：

- 了解核安全设备 ASME 规范中常用的材料；
- 了解核安全设备法国 RCCM 规范中常用的材料。

一、美国 ASME 规范中的材料

ASME 规范对核安全设备的材料要求包括两部分：一是第Ⅱ卷材料标准；二是第Ⅲ卷各分卷中的第 2000 章。

第Ⅱ卷材料标准是针对各种锅炉和压力容器材料的通用要求，共有四篇，分别为：

- A 篇铁基材料；
- B 篇非铁基材料；
- C 篇焊条、焊丝和填充金属；
- D 篇性能。

第Ⅱ卷中 A 篇和 B 篇每一材料标准除正文规定外，均有“补充要求”的规定，当采购方有特殊要求时，可根据这些补充要求在采购单中予以规定，这些补充要求包括有力学性能试样的模拟焊后热处理、Charpy V 形缺口冲击转变曲线、落锤试验、化学成分、加工工艺（精炼、真空处理、热处理）及无损检验等。采购方在制定核安全设备材料采购技术条件时，可以根据核安全设备的核安全功能、核安全级别、性能要求及制造工艺特点等对上述内容提出附加要求。

第Ⅲ卷 NB2000 章主要对材料的通用要求（N2100）、铁素体钢材的试件和试样的要求（N2200）、材料的断裂韧性的要求（N2300）及承压材料的检验和修补（N2500）等进行了规定。

1. ASME 规范第Ⅱ卷材料的分类

ASME 规范第Ⅱ卷 A、B 篇材料技术条件与美国材料与试验学会(ASTM)的材料技术条件相同或类似，ASME 规范材料技术条件编号之首冠以“S”表示，如 ASTM 标准的技术条件 A-508，ASME 规范写作 SA-508。

ASME 规范第Ⅱ卷 C 篇焊接材料标准与美国焊接学会(AWS)的材料标准相同或类似。

ASME 规范材料表示方法为：S+A 或 B 或 FA+标准号+型号或等级分类号，其中：

(1) SA 或 SB 或 SFA

可以从标准编号之首的字母看出 ASME 三大类材料：

1) SA 表示 ASME 规范的钢铁材料；

2) SB 表示 ASME 规范的有色金属材料；

3) SFA 表示 ASME 规范的焊接材料(其中“F”表示填充的意思)。

(2) 标准号

标准号一般是 2～3 位阿拉伯数字，如“210”“387”“517”等。标准号没有一个明确说法，不能直观地做出判断。

(3) 型号或等级分类号

标准号后的字母、数字或钢号等表示材料等级(通常指强度等级)、产品形式或主要合金元素等，举例说明如下所述。

标准 SA-106 中有 A、B、C 三个强度等级的钢，用以区分钢中碳含量不同而导致强度级别不同的三种成分性能的碳钢，分别表示为 SA-106 Gr.A，SA-106 Gr.B，SA-106 Gr.C(Gr 可省略))。

标准 SA-533 中根据化学成分不同有 A、B、C、D 类型；根据强度级别不同有 1、2、3 级。

2. ASME 钢铁材料的分类

ASME 是根据通用的使用目的将钢铁材料分为十一大类。

(1) 钢管(tube)

主要指小直径管，用符号“T”表示。如 SA-213 Gr.T12《锅炉、过热气和换热气用无缝铁素体和奥氏体合金钢管(Tube)标准》中 12 表示主要化学成分为 Cr 为 0.80%～1.25%，Mo 为 0.44%～0.65%。

(2) 钢管(pipe)

主要指大直径管，用符号“P”表示，如 SA-335 Gr.P22《高温用无缝铁素体合金钢标准》中“22”表示主要化学成分 Cr 为 1.90%～2.60%，Mo 为 0.87%～1.13%；又如 SA-369 PF2《高温用碳钢和铁素体钢锻造和扩孔管标准》中“F2”的“F”表示锻件“2”表示主要化学成分 Cr 为 0.50%～0.81%，Mo 为 0.44%～0.65%。

(3) 钢法兰、配件、阀和零件

如 SA-182《高温用锻制或轧制合金钢公称管道法兰、锻制管配件、阀门和零件》标准包括所有不同类型的低合金钢和不锈钢，如 SA-182 F304L 表示超低碳奥氏体不锈钢锻件“F”表示锻件，“304”指主要化学成分为 18Cr-8Ni，L 表示超低碳。

(4) 压力容器用钢板、薄板和带钢

如 SA-204《压力容器用钼合金钢板标准》中的 SA-204 B 表示“B”类强度级别的压力容

器用钼合金钢板。

(5) 结构钢

用 A、B、C、D 四个字母把结构钢分为四类不同强度级别的钢。如 SA-283《中低强度碳素钢钢板》中的 SA-283 D 表示强度级别为“D”类(415～550 MPa)的中低强度碳钢板。

(6) 棒钢和铆钉钢

如 SA-479 316LN《锅炉和其他压力容器用不锈钢棒材和型材技术条件》中的 316LN 中的“L”表示超低碳,“316”表示主要化学成分为 18Cr-8Ni-Mo,“N”表示控氮钢。

(7) 钢螺栓材料

如 SA-540 B21《专门用途的合金钢螺栓材料》中的“B21”是指铬钼钒钢类。

(8) 钢坯和锻件

SA-508《压力容器用淬火和回火的真空处理的碳钢和合金钢锻件》分有不同级别,如 1、1A、2、3、4N、5、22、3V 级等,每个级别化学成分不同;每一级别还有不同的类,如:2 级的 1 和 2 类,其力学性能不同。

(9) 铸钢件

如 SA-351《承压元件用奥氏体、奥氏体一铁素体铸件》中 SA-351 CF8M 中的“C”表示铸件,“8”表示含碳量≤0.08,“M”表示含有钼;SA-217《高温承压零件用马氏体不锈和合金钢铸件》中 SA-217 C5 表示铸件的化学成分主要为 5Cr-0.5Mo;SA-216《可熔焊高温用碳钢铸件》中 SA-216WCB 中的“W”表示可焊焊件,“B”表示强度级别为 B 级。

(10) 耐腐蚀和耐热钢

该类钢包括所有不同类型的碳钢、合金钢、不锈钢等耐腐蚀钢和耐热钢,采用三位数字代号表示,例如,SA-182 F347 中 347 表示主要化学成分为 18Cr-8Ni-Nb。

(11) 锻钢、铸铁和可锻铸铁

3. ASME 规范对核安全设备用钢的要求

(1) 第Ⅲ卷 NB2000 章对承压材料的通用要求

核安全 1 级承压材料和与之焊接的材料要满足第Ⅱ卷 D 篇第一部分中表 2A 和 2B 的要求,同时满足第Ⅲ卷 NB2000 章的要求。

对承压材料要求有材料鉴定试验报告,并随材料一起提供。此外,该节还对材料使用过程中的识别、材料因使用条件对材料性能影响后的校核要求等进行了规定。

(2) 第Ⅲ卷 NB2000 章对材料断裂韧性的要求

第Ⅲ卷 NB2330 章对核安全 1 级容器材料规定了测定 RT_{NDT} 的方法和验收准则。对容器、管道、泵、阀门按壁厚(>60 mm 或≤60 mm)分别对冲击试验要求和验收准则进行了规定。

该节还针对不同产品形式(板材、锻件和铸件、棒材、管材和管件、螺栓)规定了冲击试验的次数,复验要求及仪器和设备的标定要求。

(3) 反应堆压力容器用钢的要求

ASME 第Ⅱ卷材料中对反应堆压力容器 SA-508 Gr.3 钢规定了室温(20 ℃)下的抗拉强度 R_m、屈服强度 $R_{p0.2}$、延伸率 A 及断面收缩率 Z 值,不要求测定高温(350 ℃)下的力学性能,冲击性能只要求 4.4 ℃ 时的三个试样的最低平均值及一个试样的最低值,而不要求其他温度下的系列冲击值,也不要求在两个方向上(轴向和周向)截取冲击试样。在合同要求时,可采用附加要求,例如,通过采用低于 4.4 ℃ 温度下的冲击试验,进行系列冲击试验以确定 Charpy V 冲击转变曲线并记录每个冲击试样的剪切断口百分率和侧向膨胀值,也可以要求进行落锤试验,测定 T_{NDT} 或进行冲击和落锤试验代替冲击试验以测得 RT_{NDT}。

(4) 与 RCC-M 不同之处

与 RCC-M 不同之处在于,ASME 没有见证件的要求,对试料和试样的保存期限没有特殊规定。

4. 核安全设备常用 ASME 规范的钢材

压水堆核电厂主设备反应堆压力容器、蒸汽发生器和稳压器的封头、筒节、法兰和管板锻件等主要采用的是美国 ASME 规范的 SA-508 Gr.3 钢或与之类似的法国 RCC-M 规范的 16MND5 钢。SA-508 Gr.3 和 16MND5 是成分十分相似的锰镍铝钢。我国秦山一期和秦山二期一台反应堆压力容器选用的就是 SA-508Gr.3 钢。SA-508 Gr.3 钢的一些核电特殊要求在 ASME 规范 SA-508 Gr.3 标准中是以补充要求提出的,如上面提到的力学性能试样的模拟焊后热处理、Charpy V 形缺口冲击试验、落锤试验等。

冲击试验、落锤试验的具体要求,如试验类型、取样要求、冲击方向、试验要求和验收准则、冲击试验要求次数、复验要求、仪表和设备的校准等则应遵循第Ⅲ卷 NB-2300 的规定,如第Ⅲ卷 NB-2330 规定对核安全 1 级容器承压材料必须进行落锤试验和系列冲击试验以确定参考临脆转变温度 RT_{NDT}。

压水堆核电厂主管道的材料主要采用 ASME SA-451 CPF8M 离心铸造奥氏体不锈钢,或技术条件为 SA-182 和 SA-376 的不锈钢锻件和钢管。秦山三期主热传输泵泵壳材料选用 SA-216 GrWCC 的碳钢铸件。主泵叶轮和轴主要分别采用 ASME SA-351 CF8 不锈钢铸件和 ASME SA-182 F347 不锈钢锻件,如秦山二期的主泵叶轮和轴。

反应堆压力容器主螺栓材料主要选用的是 ASME SA540 牌号为 B24Gr.3 合金钢螺栓用钢 SA-540 技术条件按照不同钢号和钢材尺寸将力学性能数据划分为若干个级别,如 B24 钢分为 5 个级别,B24V 钢分为 3 个级别。

主设备反应堆压力容器、蒸汽发生器、稳压器的接管安全端均选用奥氏体不锈钢锻件,相应的供货技术条件为 ASME SA-182。

控制棒驱动机构管座选用技术条件为 SB-167 的镍铬铁合金无缝管,该技术条件根据管材的供货状态和规格规定力学性能值。蒸汽发生器传热管的材料选用 SB-163 N06690 的镍铬铁合金无缝管(Inconel-690)。

ASME 标准中核安全设备常用钢材的标准号及标准名称见表 5-2。

表 5-2 ASME 标准中核安全设备常用钢材的标准号及标准名称

标准号	标准名称
SA-508	压力容器用淬火和回火的真空处理的碳钢和合金钢锻件
SA-533	压力容器用经淬火和回火锰和锰钼镍钢板
SA-182	高温用锻制或轧制合金钢管道法兰、锻制管配件、阀门和零件
SA-540	专门用途的合金钢螺栓材料

续表

标准号	标准名称
SA-451	高温用离心铸造奥氏体钢
SA-351	承压元件用奥氏体、奥氏体一铁素体铸件
SA-336	高温承压件用合金解件
SA-312	无缝和焊接奥氏体不锈钢管
SA-376	高温中央电站奥氏体不锈钢管
SB-163	无缝镍和镍合金冷凝器和热交换器传热管
SB-167	镍铬铁无缝管和传热管
SA-193	高温合金钢和不锈钢螺栓材料

二、法国 RCC-M 规范中的材料

法国 RCC-M 标准对核安全设备的材料要求包括两部分，一是第Ⅱ卷材料，二是第Ⅰ卷各分卷B、C、D篇等的第2000章。第Ⅱ卷基本由如下两部分组成：一是针对钢和合金及其零件和制品的总要求(M100、M200、M300)；二是针对给定核安全设备部件的材料采购的技术规范。

第Ⅰ卷的各分卷B、C、D篇等的第2000规定了如何使用第Ⅱ卷的要求，规定了材料采购规格书中的某一部分是否可用，或者只能用总的规定。

RCC-M标准第Ⅱ卷核电用钢主要有碳钢、合金钢、不锈钢、特殊合金(镍合金、铜铝金、钛合金等)其他钢和合金、铸铁等。表5-3按物理性能对RCC-M中用到的材料进行了分类。

RCC-M 标准第Ⅱ卷的最大特点是针对核安全设备的具体部件给出材料技术规范，每一材料技术规范有一编号，如 M2111 为承受强辐照的反应堆压力容器筒体用的锰—镍—铝合金钢件；M3305 为压水堆冷却剂系统管路 Z2 CN 19-10 和 Z2 CND 18-12 控氮奥氏体不锈钢挤压锻管；M4101 为压水堆蒸汽发生器传热管束的镍—铬—铁合金无缝管。

RCC-M标准第Ⅰ卷针对核安全设备的各主要部件规定了所采用的材料，表B2200列出每一设备部件对应的材料采购规格书的编号，这些设备包括反应堆压力容器、稳压器、蒸汽发生器、控制棒驱动机构、主泵等。

如对于反应堆压力容器的不同部件分别规定了零件采购技术规范；对于承受强辐照的筒体和不承受强烈辐照的筒体、过渡段和法兰、管嘴等，用同一钢种16MND5；但对P、S含量临脆转变参考温度 RT_{NDT} 有特殊要求。

P、S 含量因筒节受辐照的强弱而有所差别，受强烈辐照的筒体(M2111)的 P、S 含量为0.008%，而不承受强烈辐照的其他筒体(M2112)的 P、S 含量可分别放宽到≤0.015%和0.012%。

表 5-3 RCC-M 标准材料分类

类别	1			2		3			4	
名称	碳钢、碳锰钢和低合金钢			铬钢		奥氏体不锈钢			镍基合金	
小类	1.1	1.2	1.3	2.1	2.2	3.1	3.2	3.3	4.1	4.2
名称	最大含量为 0.3%的碳和 3.5%镍的碳钢和碳锰钢	含碳量大于0.3%碳钢和碳锰钢	C-Mn-Ni-Mo 钢	低铬钢 Cr:≤3%	高铬钢 Cr:12%～17%	18.10 型钢	17.12Mo 钢	时效硬化钢	Ni-Cr-Fe	N i-Cr-Fe-Nb
母材	TS37B TS42B TU42C TU48C A37 A42 P235GH P265GH P295GH P355GH 2C22 20M5M 20MN5M 23M5M	2CA55or 3C45 30M5	16MND5 18MND5	20CD4M 42CrMo4 42CDV4 20NCD14-07 40NCD07-03 40NCDV07-03	Z5CN13-04 Z5CN16-04 Z6CNUD15-04 Z6CNUD17-04 Z6CNU17-04 Z6CND17-04 Z10C13 Z12C13	Z2CN18-10 Z2CN18-10 controlled nitrogen content Z3CN18-10 controllen nitrogen content Z3CN20-09M Z4CN20-09M Z5N18-10 Z6CN8-10 Z6CNNb18-11 Z8CNT8-11	Z2CND17-12 Z3CND17-12 controlled nitrogen content Z4CND19-10M Z6CND17-12 Z8CNDT18-12 Z8CNDNb18-12 Z5CND17-12	Z6NCTDV 25-15	NC15Fe NC30Fe	NC15FeTNbA NC19FeNb
焊接熔敷金属	E5101B E70S6 E70T1 E70EM12K E70S1		EF2 E70T2 E7018 E8018		X5Cr-Ni13-04	ER308L(ZCN20-10) E308L(Z19-9L) 308L(SA19-9L) E309(Z23.12L) 309L(SA23-12L)	ER316L (Z2CND19-13) E316L (Z19.12.3L) 316L (SA19.12.2L)		ERN i-Cr3 ENi-Cr-Fe3 ERN i-Cr-Fe7 ENi-Cr-Fe7	

RT_{NDT}温度也有差别，M2111 规范要求 $RT_{NDT}\leq 0$ ℃（最好 ≤ -12 ℃）。而 M2112 只要求 16 ℃（最好 ≤ 0 ℃）。

我国大亚湾和岭澳压水堆核电厂反应堆压力容器筒节和上下封头采用的是法国牌号 16MND5 钢。大亚湾主泵泵壳采用 RCC-M 规范 M3401 Z3 CN 20-09 M 不含钼的镍铬奥氏体-铁素体不锈钢，秦山二期主泵由日本三菱重工供货，但泵壳由法国供货。RCC-M 规定主泵泵壳螺栓螺母采用 M2312 40NCD7-03 镍铬铝锻棒。大亚湾主泵叶轮采用 M3405 泵不承压内件 Z3 CN 20-09 M 钢铸件，是不含钼的超低碳不锈钢。大亚湾的主管道直管采用 RCC-M3406 离心铸件 Z3 CN 20-09 M，弯管采用 RCC-M3403 普通砂型铸件 Z3 CN 20-09 M。

三、“华龙一号”NB 规范中的材料

中国核电在发展过程中形成了一批三代核电的技术和品牌。“华龙一号”的最大特点是自主创新，拥有完全的自主知识产权。福清核电 5 号机组作为“华龙一号”全球首堆，因此关键材料的国产化意义重大。采用 177 个燃料组件的反应堆堆芯、多重冗余的安全系统、单堆布置、双层安全壳，全面平衡贯彻了“纵深防御”的设计原则，设置了完善的严重事故预防和缓解措施。其中很多材料也实现了国产化，结束了我国高级别核电用钢长期依赖进口的局面。

“华龙一号”示范项目所使用的堆内构件用不锈钢材料从产品性能到规格尺寸创造了多个“世界第一”。该项目不仅对材料的耐高温、耐高压、耐腐蚀性能要求很高，而且许多是超厚、超长、超重，规格尺寸超过了以往所有项目，最大单板重达 23 t，生产难度极大。

NB/T 20005《压水堆核电厂用碳钢和低合金钢》与 NB/T 20006《压水堆核电厂用合金钢》、NB/T 20007《压水堆核电厂用不锈钢》、NB/T 20008《压水堆核电厂用其他材料》和 NB/T 20009《压水堆核电厂用焊接材料》共同构成了压水堆核电厂核岛机械设备用材料系列标准，该规范中的材料除填充材料外在 NB/T 20005 至 NB/T 20008 中进行了介绍。

为了促进和支撑核电自主化发展，核电标准体系的建立与我国核电发展形势是密不可分的，尤其在 NB 这套标准体系中的材料部分的建立，给我国材料的国产化进行了规范，是结合我国国情，技术先进、完整统一的核电标准体系，满足我国核电自主化发展的需求，全面和系统地筹划我国核电站建设用钢的需求。

复习思考题

（1）简述核安全设备美标 ASME 规范中常用的材料分为哪十一类？

（2）简述法国 RCC-M 规范中常用的材料按物理性能分为哪几类？

第六章　焊接设备知识

第一节　焊接设备概述

学习目标：

- 了解焊接设备的发展历史；
- 掌握焊接设备常用术语；
- 掌握焊接设备的分类。

一、焊接设备的发展

2018年全年中国的粗钢产量为9.283亿t，大约有三分之一的钢铁产品需要经过焊接加工，焊接装备蕴涵着巨大的市场需求。焊接技术的发展与近代工业和科学技术的发展紧密相连。弧焊电源和设备又是弧焊技术发展水平的主要标志，与弧焊技术的发展是相互促进和密切相关。1892年出现了金属极电弧焊接方法以后，电弧焊真正应用于工业生产。当时，电力工业快速发展，弧焊电源本身也有了很大的改进。到20世纪20年代，除弧焊发电机外，已开始应用结构简单、成本低廉的弧焊变压器。随着生产的进一步发展，许多产品对焊接的产量要求大幅增加，而且对焊接质量也有了更高要求，加上焊接冶金科学的发展，20世纪30年代，在薄药皮焊条的基础上研制成功了焊接性能优良的厚药皮焊条，使焊接技术比起其他技术显示出更多的优越性。同时，随机械制造及自动控制等科学技术的发展，也为实现焊接过程机械化、自动化提供了物质条件和技术保障。20世纪30年代后期，研制成功了埋弧焊。20世纪40年代初，由于航空、核能等科学技术的发展，迫切需要大量使用铝、镁、钛、锆及其合金等轻金属或合金材料，这些材料的化学性能活泼，其产品对焊接质量的要求很高，氩弧焊就是为了满足上述要求而发展起来的新的焊接方法。20世纪50年代起又相继出现了二氧化碳焊等各种气体保护电弧焊，以及能够焊接高熔点金属材料的等离子弧焊。焊接技术在不断发展的同时，工业机器人的研究与发明起源于20世纪40年代中后期，于20世纪50年代以后美国人戴沃尔最早提出工业机器人的概念，并申请了专利。1959年，UNIMATION公司的第一台工业机器人在美国诞生，开创了机器人发展的新纪元。20世纪50年代末，美国研制出通用性的、独立的工业用自动操作装置，并将其称为工业机器人。20世纪60年代初，美国研制成功两种工业机器人，并很快在工业生产中得到应用。1969年，美国通用汽车公司用21台工业机器人组成了焊接轿车车身的自动生产线，标志着焊接机器人正式进入工业化生产。

各种焊接方法的问世促进了弧焊电源与设备的飞速发展，20世纪40年代开始出现了用硒片制成的弧焊整流器。到了20世纪50年代末，大容量硅整流器件和晶闸管的问世为发展新的弧焊整流器提供了有力的技术支持。20世纪70年代以来，又相继成功研制了脉冲弧焊电源、逆变式弧焊电源、矩形交流弧焊电源等。

为了能达到既满足弧焊工艺的基本要求、参数调节精确和控制灵活，同时又符合节能、节材和环保的要求。弧焊电源的发展总是围绕着外特性的调节和控制方式进行的。早期的弧焊电源主要是机械调节型，后来逐步发展为电磁控制型，而近年已发展为电子控制型。目前国内应用仍以机械调节型和电磁控制型为主，虽然它们的结构特点决定了具有控制参数少、调节精度低和稳定性较差等缺点，但由于价格较便宜，维修方便，仍然受到一些中、小型企业欢迎。从弧焊电源的发展趋势看，逆变焊机已经形成普遍推广的势头，特别是逆变 CO_2 焊机获得了普遍应用；高效节能的 CO_2 焊机、埋弧焊机的应用率将得到大幅度提高；以焊接机器人为代表的焊接自动化装备的数量将大幅度增加，应用日益广泛。

二、焊接设备常用术语

根据 GB 15579.1 的规定，常用的焊接设备常用术语见表 6-1。

表 6-1 焊接设备常用术语定义

术语	定义
弧焊电源	提供电流和电压，并具有适合于弧焊和类似工艺所需特性的设备
工业和专业使用	仅供专业人员和受过培训的人员使用
专业人员（行业人员，熟练工）	受过专业训练，具有一定的设备知识和足够的经验，能判断和处理
受过培训的人员	熟悉所指派的工作并了解可能因故障引起各种事故风险的人员
下降特性	在正常焊接范围内，焊接电源具有在焊接电流增大时，电压降低大于 7 V/100 A 的静态外特性
平特性	在正常焊接范围内，焊接电源具有在焊接电流增大时，电压降低小于 7 V/100 A 或电压增高小于 10 V/100 A 的静态外特性
静特性	在约定焊接条件下，焊接电源的负载电压与其焊接电流的关系
焊接回路	包括焊接电流所要通过的所有导电材料的电路。 注：① 在电弧焊中，电弧是焊接回路的一部分； ② 在有些电弧焊过程中，电弧可以在二个电极中形成，在这种情况下，工件不一定是焊接回路的一部分
焊接电流	在焊接过程中焊接电源输出的电流
负载电压	焊接电源在输送焊接电流时，其输出端之间的电压
空载电压	在外部焊接回路开路时，焊接电源输出端之间的电压（不包括任何稳弧或引弧电压）
额定值	制造厂为了明确部件、装置或设备的运行条件而规定的值
额定性能	一组额定值和工作状态
额定输出	焊接电源的输出额定值
额定最大焊接电流（I_{2max}）	在约定焊接状态下，焊接电源在最大调节位置时所能获得的约定焊接电流的最大值

续表

术语	定义
额定最小焊接电流(I_{2min})	在约定焊接状态下,焊接电源在最小调节位置时所能获得的约定焊接电流的最小值
额定空载电压(U_0)	在额定输入电压和频率或额定空载转速下,不受任何负载影响时系统所能产生或维持的电压。这一参数是电力系统、焊接电源及电子设备设计中的一个基本指标,它不仅关系到设备的稳定性和可靠性,还直接影响着设备的安全运行和能效
额定输入电压(U_1)	焊接电源设计制造所依据的输入电压有效值
额定输入电流(I_1)	在额定的约定焊接状态下,焊接电源输入电流的有效值
额定空载电流(I_0)	焊接电源在额定空载电压下的输入电流
额定最大输入电流(I_{1max})	额定输入电流的最大值
负载持续率(X)	给定的负载持续时间与全周期时间之比。 注:① 这一比值在 0～1 之间,可用百分数表示; ② 对本部分而言,一个全周期时间为 10 min,例如,在 60%负载持续率时,施加负载 6 min,接着空载 4 min
电气间隙	两个导电部件之间在空气中的最小距离
防触电装置	用以减小可能由空载电压引起触电危险的一种装置
电压降低装置	不焊接时能自动降低空载电压的一种防触电装置
交流电切换成直流电的装置	不焊接时能自动将交流电切换成直流电,而在焊接时能恢复为交流的一种防触电装置
Ⅰ类保护设备	该类设备的带电部件与外露导电部件之间有基本绝缘,而外露导电部件与外部保护性导体用连接装置予以连接; 注:① Ⅰ类保护设备的部件可以用双重绝缘或加强绝缘; ② 不要把Ⅰ类保护和Ⅰ类保护与某些国家使用的焊接工艺分类相混淆
Ⅱ类保护设备	该类设备的防直接接触保护不仅靠基本绝缘,而且配备附加安全措施,以避免带电部件与可触及表面之间的漏电。 注:不要把Ⅰ类保护和Ⅱ类保护与某些国家使用的焊接工艺分类相混淆
基本绝缘	带电部件的绝缘,它的损坏会造成触电危险
安全(特低)电压 SELV	在通过安全隔离变压器这种装置与供电电源隔离的电路里,导体之间或导体与地之间的电压不超过交流 50 V 或直流(无纹波)电压 120 V。 注:① 低于交流 50 V 或直流(无纹波)电压 120 V 的最大电压可规定在特殊要求中,尤其是允许直接接触带电部件时; ② 当电源作为安全隔离变压器时,电压在满载和空载之间的任何负载时也不能超过电压限制; ③ “无纹波”通常是指不超过直流 10%的(无纹波)有效值电压:对通常 120 V 的(无纹波)直流系统来说,最大峰值电压不超过 140 V,而对 60 V(无纹波)直流系统来说不能超过 70 V
等离子喷嘴	提供等离子弧穿过的压缩孔的部件

三、焊接设备的分类

焊接设备按照焊接热源的不同进行分类,常用的焊接设备分类如图 6-1 所示。

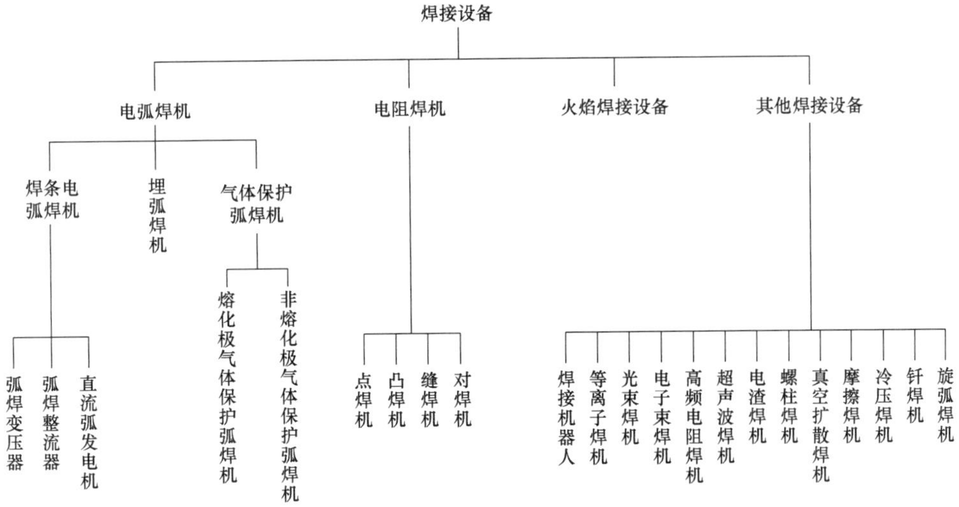

图 6-1　焊接设备分类图

本教材主要介绍核设施及核级设备焊接操作一般应用的焊接设备,包含气焊设备、焊条电弧焊设备、手工钨极氩弧焊设备(非熔化极气体保护自动焊设备)、熔化极气体保护焊设备、药芯焊丝电弧焊设备、等离子弧焊设备、埋弧焊设备、带极堆焊(埋弧)设备、螺柱焊设备、电子束焊设备、激光焊设备以及焊接机器人等。

复习思考题

(1) 弧焊电源定义及其常用的焊接设备术语是什么?

(2) 焊接设备按照热源不同如何分类?

第二节　电焊机基础知识

学习目标:

- 了解电焊机的定义、结构;
- 掌握电焊机的型号及铭牌的含义;
- 掌握电焊机的安全技术要求。

电焊机是将电能转换为焊接能量,使金属或非金属工件的焊接部分熔化或塑性挤压,达到原子间结合的一种热加工设备。

一、电焊机的结构

电弧焊机通常由机体、焊接电源和控制器三部分组成。但不同焊机的结构有很大不同，如最简单的手工电弧焊机，仅含弧焊电源和焊钳，焊条送进和焊钳沿焊缝移动则完全由焊工操作；而自动电弧焊机的机体则包括输送焊丝和移动电弧机构、保护介质（Ar、CO_2 气体和焊药）的输送和冷却系统等。电阻焊机一般由装有电阻变压器、加压机构、气液压系统和电极的机体及控制器等组成。

二、电焊机的型号及铭牌

1. 电焊机的型号

（1）电焊机型号编制方法（GB/T 10249）

电焊机产品型号的编制如下：

1）型号中 2、4 各项用阿拉伯数字表示；

2）型号中 3 项用汉语拼音字母表示；

3）型号中 3、4 项如果不用可空缺改进序号按产品；

4）改进程序用阿拉伯数字编号。

（2）电焊机产品符号代码的编制（GB/T 10249）

产品符号代码的编制如下：

1）产品符号代码中 1、2、3 各项用汉语拼音字母表示；

2）产品符号代码中 4 项用阿拉伯数字表示；

3）附注特征和系列序号用于区别同小类的各系列和品种，包括通用和专用产品；

4）产品符号代码中 3、4 项如果不需表示，可以只用 1、2 项；

5）可同时兼作几大类焊机使用时，其大类名称的代表字母按适用范围选取；

6）如果产品符合代码的 1、2、3 项的汉语拼音字母表示的内容，不能完整表达该焊机的功能或有可能存在不合理的表述时，产品的符号代码可以由该产品的产品标准规定；

7）电焊机部分产品符号代码参见标准（GB/T 10249）中附表，本教材不多描述；

8）标志方法：电弧焊机的大小类名称及其代表符号见表 6-2 所示；

表 6-2 电焊机主要类型的品种分类

大类			小类			基本规格	举例
名称	简称	代表符号	名称	简称	代表符号		
弧焊发电机	发	A	下降特性	下	X	额定电流/A	AX-320 AP-1000
			平特性	平	P		
			多特性	多	D		
弧焊变压器	变	B	下降特性	下	X	额定电流/A	BX1-330 BP-3*500
			平特性	平	P		

续表

大类			小类			基本规格	举例
名称	简称	代表符号	名称	简称	代表符号		
弧焊整流器	整	Z	下降特性	下	X	额定电流/A	ZX7-400ST ZPG1-500
			平特性	平	P		
			多特性	多	D		

9）附加特征：附加特征名称及其代表符号见表 6-3 所示，如焊接发电机为柴油机驱动，焊接变压器为铝绕组，焊接整流器为硅整流器等；

表 6-3　电焊机主要类型的品种分类

大类名称	附加特征名称	简　称	代表符号
弧焊发电机	同轴电动发电机组	同轴	AX
	单纯电动发电机	单	D
	汽油机驱动	汽	Q
	柴油机驱动	柴	C
弧焊整流器	硒整流器	硒	X
	硅整流器	硅	G
	锗整流器	锗	Z
弧焊变压器	铝绕组	铝	L
埋弧焊机	螺柱焊	螺	L
明弧焊机	氩	氩	A
	氢	氢	H
	二氧化碳	碳	C
	螺柱焊	螺	L
对焊机	螺柱焊	螺	L

10）特殊环境：特殊环境名称及其代表符号见表 6-4 所示。

表 6-4　电焊机主要类型的品种分类

特殊环境名称	简称	代表符号
热带用	热	T
湿热带用	湿热	TH

续表

特殊环境名称	简称	代表符号
干热带用	干热	TA
高原用	高原	G
水下用	水下	S

2. 电焊机的铭牌

每台电焊机上都有铭牌,在铭牌上都列有该台焊机的型号和主要参数,如输入的初级电压、相数、功率、发电机,还列有接法、转数、功率;输出的次级列有空载电压、工作电压、电流调节范围、负载持续等内容。

三、电焊机主要技术参数

为了保证电焊机在规定的技术条件下满足不同用户的使用要求,各类电焊机标准对主要技术参数做出规定。

1. 电弧焊机

包含额定电流、额定负载持续率、工作周期、电流调节范围、额定负载电压、送丝速度、焊接速度等。

2. 电阻焊机

包含额定容量、额定负载持续率、二次空载电压调节范围、最大短路电流、最大电极压力、最大顶锻力、最大夹紧力等。

3. 特种焊接设备

介绍几种主要特种焊接设备的技术参数。电子束焊机:加速电压、电子束流、真空室容积、真空度等。激光焊机:输出功率。超声波焊机:输出功率。摩擦焊机:顶锻压力、旋转速度。冷压焊机:顶锻压力。电渣焊机:额定电流、送丝速度。真空扩散焊机:真空室容积、真空度、加热温度、加压范围等。

额定负载持续率 F_s 按下式计算

$$F_s=t/T\times 100\%$$

式中:t——一个周期内焊机连续工作的时间;

T——一个周期的时间(10 min)。

GB/T 8118 标准对焊机的额定负载持续率做了详细规定,包括 20%、35%、60%、80%和100%五个等级。这些额定负载持续率的定义是,在额定焊接电流下,焊机能够持续工作的规定时间比率。例如,如果一个焊机的额定负载持续率为 60%,则意味着在 10 min 的工作周期内,该焊机可以连续工作 6 min,然后需要休息或冷却 4 min 才能再次工作。这样的设计是为了保证焊机在运行时不会因过热而损坏,确保焊接作业的连续性和安全性。

我国电阻焊机的额定容量以额定功率表示,对于电焊机、凸焊机、缝焊机规定(kVA):5、10、16、25、40、63、80、100、125、160、200、250、315、400,当小于 5 kVA 和大于 400 kVA 时,由制造厂和用户商定。

四、电焊机安全技术要求

使用电焊机时，操作人员需要更换焊条、焊丝或调节焊头、电极，常与焊机的输出回路接触，因此，除了规定操作人员在进行焊接作业时必须遵守一定的操作规程外，对电焊机的安全技术也提出了严格的要求。国际电工委员会(IEC)第 26 技术委员会(TC26)专门负责制定电焊机安全技术的国际标准。我国也采用了有关条款，并制定了相应的国家标准。

我国电弧焊设备安全技术要求现有三个国家标准，即 GB 15579.1、GB 15579.11 和 GB 15579.12，分别对焊接电源、电焊钳和焊接电缆耦合装置的安全技术要求作出了规定。国家标准中对电弧焊电源规定外壳最低防护等级应为 IEC 60529 规定的 IP 21，户外使用的应是 IP 23。电源输出端应予以防护，防止人体或金属物件的无意识接触。空载电压会直接危及操作者的安全，不同工作条件下允许的空载电压值见表 6-5 所示。

表 6-5　电焊机允许的空载电压值

序号	工作条件	空载电压/V
1	触电危险性较大的环境	DC $U_{max}\leqslant 113$　AC $U_{max}=68$ 和 $U_{rms}=48$
2	触电危险性不大的环境	DC $U_{max}\leqslant 113$　AC $U_{max}=113$ 和 $U_{rms}=80$
3	对操作人员加强保护的机械夹持焊枪	DC $U_{max}\leqslant 141$　AC $U_{max}=141$ 和 $U_{rms}=100$
4	特殊工艺	DC $U_{max}\leqslant 141$　AC $U_{max}=710$ 和 $U_{rms}=500$

对于电焊工高空作业，或在封闭金属容器或不能处于自然位置下焊接等焊接触电危险性较大的环境中，电弧焊机应加装防触电装置，以减少触电危险，保证焊工安全。

标准中还对电弧焊设备的绝缘电阻、介电强度、电气间隙、爬电距离、温升限值和外壳、手把、提升装置的耐冲强度等作出了规定。国家标准 GB 15578《电阻焊机的安全要求》规定电阻焊控制器的外壳防护等级为 IP 20；金属操作手柄的温度不能超过 100 ℃，非金属材料不能超过 300 ℃；可能触及的金属表面壳体温升不超过 200 ℃，非金属材料不超过 400 ℃。此外，对电阻焊机的绝缘电阻、介电强度、器件温升，气路、油路、水路耐压及各种保护装置也作出了相应规定。

触电是所有焊接操作共同的主要危险，焊接设备作为带电载体，是触电危险发生的源头，焊接设备的安全操作规程如下。

1）电弧焊电源连接网路的输入动力线的导电截面积要足够大。其允许的电流值应等于或稍大于电弧焊电源的一次额定电流。导线长度适宜，一般不超过 3 m。

2）电弧焊电源安装使用前应清除灰尘，检查绝缘电阻，确保绝缘良好，并有良好的接地装置。

3）电弧焊电源的接线柱等带电部分不得外露，应有良好的安全防护。

4）设备安放要平稳，使用环境要干燥，通电好，应与设备技术说明书的规定相符。

5）设备在使用、运输中要注意防止碰撞、剧烈振动。在露天使用必须防尘沙、雨、雪。

6）安装电弧焊电源时，必须装有单独使用的电源开关，其位置应在近处，便于操作，并保持周围通道没有障碍物。当开关电路超负荷时，电源应能够自动切断。

7）在室外临时使用电源时,应按照临时动力线架设要求布设动力线,且不得沿地面拖拉,架设高度不得低于 2.5 m。临时工作完毕后,应立即拆除动力线。

8）电弧焊电源壳体上禁止放置工具和其他物品。

9）电焊钳、焊枪等不得放置于焊件或电源上,以防启动电源时发生短路。

10）工作完毕或焊工临时离开焊接现场时,必须切断电源。

11）焊接场地如果有粉尘飞扬,或有腐蚀性气体及湿度大、易导电的气体,必须做好隔离防护。

12）对周围环境应注意防止焊接时的飞溅或电源漏电引起的电火花造成火灾事故。

13）电源应定期检查保养。

14）电源安装,检修应由电工专门负责。

15）焊条电弧焊机应安装焊机自动断电装置,使焊机空载电压降至安全电压范围内,既能防止触电,又能降低空载损耗,具有安全和节电的双重作用。这种装置国内已有不少单位研制和生产。选用时应要求其主要技术参数满足以下要求:引弧启动时间≤40 ms;空载电压≤18 V;断电延时为(1±0.5)s;起动电阻为 300～500 Ω。

16）焊机工作负荷不应超出铭牌规定,即在允许的负载持续率下工作,不得任意长时间超载运行。焊机应及时检修,保持绝缘良好。

17）所有交流、直流电焊机的外壳,均必须装设保护性接地或接零装置。

18）焊机的接地装置可用铜棒或无缝钢管作接地极,打入地面深度不小于 1 m,接地电阻小于 4 Ω。

19）焊机的接地装置可以广泛利用自然接地极,例如,铺设于地下的属于本单位独立系统的消防水管,或与大地有可靠性连接的建筑物的金属结构等。但氧气和乙炔管道,以及其他可燃、易爆用品的容器和管道,严禁作为自然接地极。

20）自然接地极电阻超过 4 Ω时,应采用人工接地极。

21）弧焊变压器的二次线圈与焊件,不应同时存在接地(或接零)装置。

22）所有电焊设备的接地(或接零)线,不得串联接入接地体或零线、干线。

23）连接接地线或接零线时,应首先将导线接到接地体上或零线、干线上,然后将另一端接到电焊设备外壳上;拆除接地线或接零线的顺序则恰好与此相反,应先将接地(或接零)线从设备外壳上拆下,然后再解除与接地体或接零线、干线的连接,不得颠倒顺序。

复习思考题

(1) 电焊机型号的编制方法是什么?

(2) 电焊机的安全技术要求有哪些?

第三节　焊接设备选用

学习目标:

- 掌握焊接设备的选用原则;
- 掌握焊接设备的管理要求。

一、焊接设备的选用原则

焊接设备的选用是制定焊接工艺的一项重要内容，对顺利完成焊接任务至关重要。选用焊接设备的一般原则如下。

1. 适用性

(1) 被焊接的材料：焊接普通低碳钢时，选用弧焊变压器即可；焊接合金钢及难熔、活泼和耐腐蚀的金属时，则要根据具体情况，可选用惰性气体保护焊机、等离子弧焊机和电子束焊机等要求稳定性好、控制较准确的焊接设备。

(2) 焊接对象的结构形式及尺寸大小：视实际情况采用适宜的焊接方法而选用不同类型的设备，如电渣焊机、埋弧焊机、气体保护弧焊机、焊条电弧焊机和电阻焊机等。

(3) 焊件的质量要求：焊件的质量要求高，则应选用调节性能和可靠性较高的焊接设备。

(4) 设备的使用场合和环境：流动使用的设备其尺寸和重量不宜过大；野外作业无电源和气源时，应选用柴油机驱动的发电机等。

(5) 根据焊条类型：如果用酸性焊条焊接，应首先考虑选用 BX3-300、BX3-500、BX1-300、BX1-500 等交流弧焊机；如果用碱性焊条焊接，应首先选用 ZX3-250、ZX3-400、ZX5-250、ZX5-400、ZX7-315、ZX-400 等焊接设备。

(6) 采用计算机控制或机器人焊接的自动生产线应选用控制特性好、易于实现互联控制的设备，如晶体管焊接电源、逆变焊接电源等。

(7) 设备的特性(综合功能)及技术参数的调节范围应满足焊接对象对焊接工艺提出的要求。

(8) 对焊后不允许再加工或热处理的精密机件，应选用能量集中，不需添加填充金属、热影响区小，精度高的电子束焊机。

2. 经济性

(1) 在满足焊接工艺要求的情况下，尽可能地选用节能、低耗、功率因数高的设备，如低功率输入的弧焊变压器和逆变式弧焊整流器等。

(2) 焊接对象固定、生产批量大的产品应选用高效率的设备，如专用自动焊机的电阻焊机。

3. 成套性

(1) 应选用所需的焊接辅助材料(气体、焊丝、电极等)来源方便的焊接设备；

(2) 应首先考虑选用的辅机、附件、易损零件是否配套，来源是否可靠，自制是否方便的焊接设备。

4. 安全性

(1) 应选用有可靠的安全保险装置的焊机，以保证操作人员的人身安全和设备运行安全；

(2) 应首先选用噪声低、排放的污物少、符合工业卫生标准要求的焊接设备，以加强对工人的劳动保护。

5. 利于维护性

(1) 应首先选用结构可靠、零件耐用、故障少，维修费用低的焊接设备；

(2) 应首先选用维修方便、装拆快、器件标准化、通用性好的焊接设备；

(3) 应首先选用与工厂的维修能力相适应的焊接设备。

二、焊接设备的管理

1. 焊接设备的配置

(1) 焊接设备和使用条件应满足相关设备许可规则的强制性要求。

(2) 焊接设备应满足使用时的焊接工艺要求。

(3) 购置焊接设备时，其型号、规格、生产厂家等，应事先征求焊接责任人的意见。

2. 焊接设备的验收、调试和安装

(1) 新购置的焊接设备应由生产部门会同生产车间、焊接责任人、设备管理员负责开箱验收，根据装箱单清点并登记附件、工具和技术文件。常用随机附件、工具由生产车间操作人员领用保管，随机技术文件与资料由设备管理员登记后归档，每台设备逐一编号、贴上设备标签。

(2) 焊接设备可由设备供应商负责调试，由生产部门、生产车间、焊接责任人共同验收，验收合格后填写“设备安装、调试验收记录”，由参加验收人员签字后正式移交生产车间投入使用。

(3) 焊接设备应安装在干燥，通风良好、无腐蚀气体、无剧烈振动的环境中，周围的环境温度一般不宜超过 400 ℃。在室外安装焊接设备要采用必要的防潮措施。

(4) 焊接设备必须有单独的开关熔断器接入电网，以保证安全。

(5) 新焊接设备或长期搁置的焊接设备安装前，应用压缩空气吹去灰尘，然后检查其绝缘电阻。整个焊接设备的绝缘电阻一般应在 0.5 MΩ以上，低于该值时则应对焊接设备进行干燥处理。

(6) 安装前应检查焊接设备内部接线端连接是否良好，有无松动。

(7) 焊接设备机壳必须有可靠接地，接地线与外壳的连接点应保证接触良好。

(8) 安装台夹具使用高度应适宜，基础牢固，此外还应校准水平。

(9) 焊接设备接入电网，应检查开关及全部接线，确保接法正确，连接可靠，输出端无短路；应检查焊接设备输出端的空载电压是否正常，电流调节范围及其他各项功能是否正常可靠。

3. 焊接设备的使用

(1) 焊工除应了解和熟悉焊接设备的基本构造、主要技术指标和使用、维护、保养知识外，还应具有鉴别焊接设备是否出现异常现象的能力，一旦发现异常情况应及时停机并与电工共同检查处理。

(2) 焊接设备启动前应检查焊钳(焊枪)或焊丝是否与工件接触，禁止在二次线短路的情况下启动。对采用直流电源的焊接设备，还应注意或鉴别输出端焊接电缆的极性接法是否正确。

(3) 应避免焊接设备在过载状态下运行。

(4) 使用硅整流电源的焊接设备时，要特别注意防止硅整流器件过热，要经常检查冷却风扇是否正常，以防止烧坏硅整流器件。

(5) 埋弧焊机施焊前应根据焊丝直径正确选择导电嘴尺寸，以免造成焊丝接触不良或送丝不畅。

(6) 工作完毕或离开焊接场地时，必须切断焊接设备的电源。

4. 焊接设备的维护保养

(1) 焊接设备应经常维护和保养，使其在良好的状态下运行。

(2) 焊接设备上安装的电流表、电压表应定期检测，保证其在检验周期内。

(3) 定期检查由设备使用人员负责，定期检查项目包括：焊机的电源开关是否正常，焊接电缆连接处是否接触良好，接地线连接处是否牢固，电缆线绝缘层有无损坏。对交流弧焊机，应常调整电流机构保持转动灵活，并定期给螺栓加油润滑。对硅整流焊机，要特别注意保持硅整流器件及有关电子线路的清洁、干燥，经常检查风扇的冷却效果，不得在不通风的状态下使用。对埋弧焊机，每日工作完毕后，应将焊接小车或机头部位的焊剂、渣壳及碎末清理干净，保持机头及各活动部件清洁。

(4) 焊接设备发生事故应及时通知生产部门。焊接设备的封存、启用、报废由生产部门会同生产车间及相关人员共同决定。

复习思考题

(1) 焊接设备的选用原则有哪些？

(2) 对焊接有哪些管理要求？

第四节　弧焊电源

学习目标：

- 掌握弧焊电源的分类；
- 对弧焊电源的通用要求。

一、弧焊电源分类

弧焊电源是对电弧焊接提供电能的专用设备，是一种二次电源，所谓二次电源就是在一次电源（电力网）和负载之间的电能变换器。其作用是从一次电源获得电能，并转化为负载所需要的形式。在二次电源的设计与使用中主要的问题是电源负载的特性，在弧焊电源中的负载就是焊接电弧，焊接电弧的特性包括电弧的静态特性和动态特性两部分。核设施及核级设备制造和安装常用的焊接方法有焊条电弧焊、钨极氩弧焊、埋弧焊、熔化极气体保护焊、等离子焊等。这些方法都是通过电弧的热量来熔化焊材和工件达到焊接的目的，弧焊电源是各类电弧焊机的核心部分，是用来对焊接电弧提供电能的一种专用设备，在焊接设备（焊机）中是决定焊接活动电气参数的关键部分。

弧焊电源按照输出电流种类以及组成不同等差异性，主要分为以下 5 种。

(1) 交流弧焊电源:交流弧焊电源输出的电流波形有两种。一种是近似正弦波,即普通工频交流电的波形,其电源称为弧焊变压器;另一种是矩形波,又称为方波,其电源称为矩形波(方波)交流弧焊电源,它是近年发展起来的新型电源。弧焊变压器是用近似正弦波的交流电形式向焊接电弧输送电能的设备。主要用于焊条电弧焊、埋弧焊和 TIG 焊,一般具有下降的外特性。常见的交流弧焊机有动铁式弧焊变压器和动圈式弧焊变压器两种。

(2) 直流弧焊电源:随着焊接工艺技术的发展,交流电源已经不能满足要求,因此直流弧焊电源就应运而出。最早的直流弧焊电源是由电动机拖动的特殊设计的弧焊发电机构成。发电机的常规伏安特性为CV(恒压),为了满足焊条电弧等的CC(恒流)特性要求,采用了输出电流负反馈控制发电机励磁电流的方式,可以使发电机的输出电压随着输出电流的增加而下降。弧焊发电机优点是可靠性高,特别在野外工作。弧焊发电机的缺点是制造成本高、体积大、重量大、效率低、噪声大,特别是空载损耗大,因此作为耗能产品,早在 20 世纪 80 年代就被淘汰了。20 世纪中期,随着半导体整流器件的出现,各种整流弧焊电源也随之出现。弧焊整流器是将交流电经过变压和整流后获得直流电输出的弧焊电源,它是随着大容量、高性能整流器件和控制器件的发展而发展的。弧焊整流器与直流弧焊发电机相比,具有制造维护简单、噪声小、空载损耗小、节省能源和材料、质量轻、成本低和效率高优点。因此,弧焊整流器的应用越来越广泛,目前已取代了直流弧焊发电机。

(3) 脉冲弧焊电源:脉冲弧焊电源输出的焊接电流是周期变化的脉冲电流,它是为焊接薄板和热敏感性强的金属及全位置焊接而设计的。脉冲弧焊电源最大的特点是能提供周期性脉冲焊接电流,包括基本电流(维弧电流)和脉冲电流;可调参数多,能有效控制热输出和熔滴过渡,可以用低于喷射过渡临界电流的平均电流来实现喷射过渡,对全位置焊接有独特的优越性;应用范围很广泛,现已用于熔化极和非熔化极电弧焊、等离子弧焊等焊接方法中。由于脉冲电流焊接可以精确地控制焊缝的热输入,使熔池体积及热影响区减少,高温停留时间缩短,因此无论是对薄板还是厚板,普通金属、稀有金属和热敏感性强的金属都有较好的焊接效果。

(4) 逆变式弧焊电源:由于焊接电弧的低电压、大电流性质,作为焊接电源必须使用变压器降压,即使是直流弧焊电源,也必须先降压、再整流,如晶闸管整流式弧焊电源。在大功率电源中,变压器占据了电源主要的体积、重量和材料成本。作为电源技术领域的一项革命就使用 20 kHz 以上的中频变压器取代传统的 50/60 Hz 工频变压器。根据电磁感应原理,变压器的感应电压 $U=KfNSB_m$。

式中:f——电源频率;

N——线圈匝数;

S——铁芯断面面积;

B_m——铁心磁饱和密度;

K——变换系数,一般取 $K=4.44$。

对于固定的电压 U 和磁饱和密度 B_m,fNS 为一常数。变压器的体积、重量由线圈匝数 N 和铁心断面面积 S 决定,因此如果提高电源频率 f 就可以降低 NS,即降低变压器的体积和重量。同等功率的变压器,在 20 kHz 下的体积重量仅是 50 Hz 的十几分之一。要获得这种优点,首先是将 50 Hz 交流电整流,再将直流电变为 20 kHz 以上的中频交流电,将直流变为交流就是逆变技术。由于逆变技术是这种电源的关键技术,因此采用逆变技术的电源也被称为逆变电源。逆变电源对于电弧焊技术的作用,不仅仅是提供了轻巧的电焊机,而且更重要的是逆变电源具有极高的响应速度,这对电弧焊过程提供了有效的控制手段。因此可以说,在近十几年来电弧焊领域所取得的技术进步中,一个必要条件就是逆变电源具有快速响应特性。

(5) 全数字化弧焊电源:数字化焊接电源是数字化电源的一种,或者说是数字化电源在焊接中的应用。电源数字化的这个含义实际上是比较模糊的,因为从根本上来说,电源都是模拟的。即使用模拟—数字转换器(ADC)和数字信号处理器(DSP)取代误差放大器和脉冲宽度调制器的数字化开关电源也仍然需要电压基准、电流检测电路和 IGBT 或 MOSFET 驱动器。此外,从现有知识和技术的角度看,电感器或变压器和电容器在实现数字电源时也是不能没有的。因此从这个意义上看,数字化电源只是一种采用数字化电源控制器的电源。现在的数字化电源或者说数字化电源控制器都是针对逆变弧焊电源而言,而且数字化控制已经成为一种趋势。弧焊电源数字化控制器主要包含 4 个方面的基本内容:① 数字化焊接数据库和操作界面;② 数字化焊接电源特性控制器;③ 数字化 PWM 控制器;④ 弧焊电源特殊控制技术。从理论上讲,实现其中任意功能都可称为数字化弧焊电源。所谓的全数字化电源在理论上是不存在的。因为即使上述 4 个方面都实现了数字化控制,决定电源性能的还有很多模拟器件(环节)。

二、弧焊电源的要求

弧焊电源与一般二次电源的相同之处:从经济观点出发,要求结构简单轻巧、制造容易、消耗材料少、节省电能;从使用观点出发,要求使用方便、可靠、安全、性能良好和容易维修。

由于焊接电弧特殊的电特性,弧焊电源有许多不同于一般二次电源的特点。弧焊电源的特点主要在于应该能适应弧焊工艺的需要,特别是新的弧焊工艺不断出现,对弧焊电源还可能提出新的要求。在焊接过程中,焊接电源不仅仅是简单地提供电弧能源,而且是控制电弧及其焊丝的熔化过程,满足焊接工艺的要求。从这角度出发,也可以将焊接电源看作一个“功率放大器”。因此,弧焊电源要能保证焊接引弧容易,保证电弧稳定,保证焊接规范稳定,保证具有足够的焊接规范调节范围。为了满足工艺要求,弧焊电源的电气性能应该考虑 5 个方面的基本要求。

1. 对外特性的要求

电源外特性在电源内部参数一定的条件下,改变负载时,电源输出的电压稳定值与输出的电流稳定值之间的关系曲线,称为电源的外特性。由于不同的焊接方法使用的电弧静特性区段不同,为满足系统稳定工作,不同的焊接方法需要不同的电源外特性。常用的电源外特性形状及适用范围参见图 6-2。

类型	平特性	缓降特性	陡降特性	垂直下降特性	垂直下降带外拖特性
形状	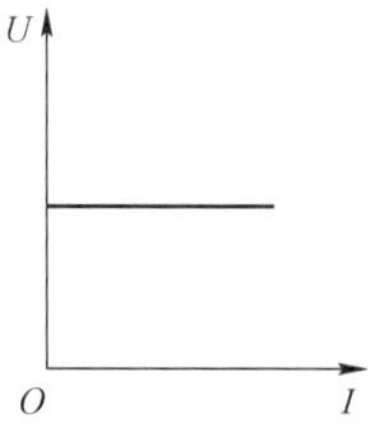	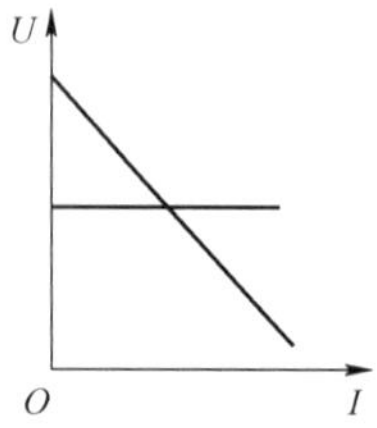	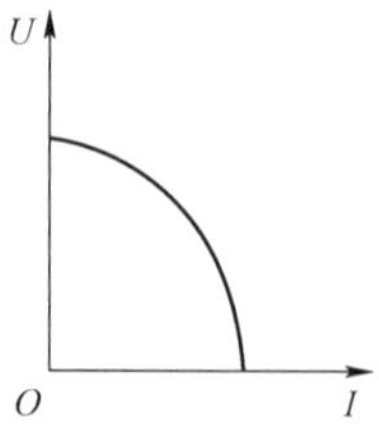	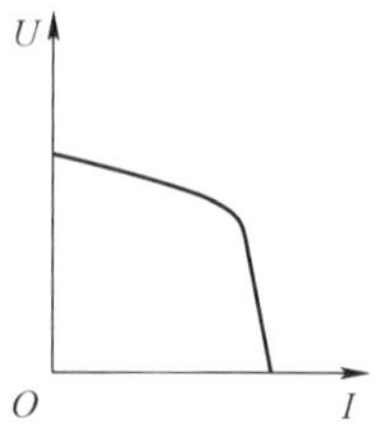	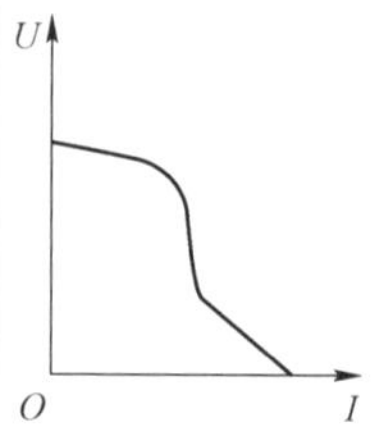
适用范围	CO_2保护焊、熔化极气保护焊	等速送丝埋弧焊、熔化极气保护焊	手弧焊、均匀调节埋弧焊、熔化极气保护焊	非熔化极气体保护焊	非熔化极气体保护焊

图 6-2　常用电源外特性形状及适用范围

2. 对焊接电流和负载电压的要求

按照焊接方法区分,电弧电压应符合表 6-6 规定。

表 6-6　各种焊接方法的电弧电压要求

焊接方法	电弧电压公式	电流≥600 A 时电压要求
药芯焊条电弧焊	U_2=20+0.04I_2	电压保持 44 V 恒定
TIG 焊	U_2=10+0.04I_2	电压保持 34 V 恒定
MIG/MAG 焊	U_2=14+0.05I_2	电压保持 44 V 恒定
埋弧焊(下降特性)	U_2=20+0.04I_2	电压保持 44 V 恒定
埋弧焊(平特性)	U_2=14+0.05I_2	电压保持 44 V 恒定

3. 对空载电压的要求

弧焊电源空载电压 U_0 越高越容易引弧,对交流电压来说,高的空载电压能使电弧燃烧稳定。但空载电压高,则设备的容量增大,体积增加,消耗材料增多,不经济;同时,高的空载电压也使触电的危险性增大。确定空载电压的原则:在确保引弧容易、燃弧稳定的前提下,尽可能用较低的空载电压。国家标准 GB 15579.1 规定了不同环境下各类弧焊电源的额定空载电压值,详见表 6-7 所述。

表 6-7　额定空载电压值要求

工作条件	额定空载电压值
在触电危险性较大的环境中使用的额定空载电压	额定空载电压不应超过:a)直流 113 V 峰值;b)交流 68 V 峰值和 48 V 有效值。对于整流式直流焊接电源的结构。要求在整流器损坏(例如,开路、短路或一相有故障)时,空载电压仍不超过上述限值
在触电危险性不大的环境中使用的额定空载电压	额定空载电压不应超过:a)直流 113 V 峰值;b)交流 68 V 峰值和 80 V 有效值

续表

工作条件	额定空载电压值
对操作人员加强保护的机械夹持焊炬情况下使用的额定空载电压	额定空载电乐不应超过:a)直流 141 V 峰值;b)交流 141 V 峰值和 100 V 有效值; 上述数值仅适用于满足下述要求的情况:a)焊炬不用手持;b)焊接停止时空载电压应能自动切断; c)防直接接触带电部件应具有:最低防护等级 IP2X;或有防触电装置
特殊工艺如等离子切割使用的额定空载电压	额定空载电压不应超过 500 V 直流峰值。 如果完全满足下述要求。可以使用超过 113 V 直流峰值的额定空载电压:a)如果与等离子切割电源配套的割炬从焊接电源拆除或未安装割炬,则安全装置应能防止空载电正的输出;b)控制电路(如启动开关)切断后的 2 s 内空载电压降至 68 V 峰值以下;c)当导弧和主电弧熄灭而使得电弧电流中断时,喷嘴与工件或地之间的电压不超过 68 V 峰值。 应在使用说明书中给出符合这些要求的条件

4. 对调节特性的要求

弧焊电源能满足不同工作电压、电流需求的可调性能为其调节性能。通过电源外特性来体现。调节焊接规范,即在给定电弧电压时调节电弧电流,或在给定电弧电流时调节电弧电压,可以通过调节弧焊电源空载电压和等效阻抗来实现。针对下降外特性弧焊电源,其可调参数有:工作电流、工作电压、最大焊接电流、最小焊接电流、电流调节范围。对平外特性弧焊电源,其可调参数有:工作电流、工作电压、最大工作电压、最小工作电压、工作电压调节范围等。

弧焊电源能输出多大功率,与其温升有密切关系。温升除取决于焊接电流大小外,还决定于负荷的状态,即长时间连续通电还是间歇通电。同一容量的电源在断续焊时,弧焊电源允许使用的电流较连续焊大些。这里引入了负载持续率的概念,负荷持续率 F_s 用于表示某种负荷状态,即:

$$F_s=\frac{\text{负载持续运行时间}}{\text{负载持续运行时间}+\text{休止时间}}\times 100\%=\frac{t}{T}\times 100\% \tag{6-1}$$

负载工作的持续时间与选定的工作时间周期的比值,称为负载持续率。我国国标规定,对于主要用作手工焊的焊机,选定的工作时间周期为 10 min。负载持续率有 20%、35%、60%、80%、100%。

弧焊电源的额定电流就是该负载持续率条件下允许的最大输出电流。

电源的负载持续率是以输出电流为基础的,实际工作时间与工作周期之比称为实际负载持续率。不同的实际负载持续率条件下允许使用的输出电源可按式(6-2)计算:

$$I=\sqrt{DY_r/DY}\times I_r \tag{6-2}$$

式中:I——实际负载持续率时的允许使用电流;

I_r——额定负载持续率时的额定电流;

DY_r——额定负载持续率;

DY——实际负载持续率。

例:一台60%负载持续率下额定电流300 A的电源,在100%的实际负载持续率下允许输出的最大电流为多少?

$$I=\sqrt{60/100}\times300=232(\mathrm{A})$$

该电源在连续工作(100%负载持续率)情况下允许输出的最大电流为232 A。

5. 对动特性的要求

弧焊电源动特性是指电弧负载状态发生突然变化时,弧焊电源输出电压与电流的响应过程。它说明弧焊电源对负载瞬变的适应能力。对于焊条电弧焊电源,瞬时短路电流峰值和恢复电压最低值是其主要的衡量指标;对于短路过渡细丝 CO_2 用电源,短路电流增长速度、空载电压恢复速度和短路电流峰值是衡量弧焊电源动特性好坏的关键。这些指标合适,说明这种弧焊电源的动特性好,引弧和重新引弧容易,电弧稳定和飞溅小。

复习思考题

(1) 弧焊电源如何进行分类?

(2) 对弧焊电源有哪些要求?

第五节 焊条 电弧焊设备

学习目标:

- 了解焊条电弧焊常用的设备及工机具组成;
- 掌握焊条电弧焊常用设备的维护及保养。

一、焊条电弧焊常用设备及工机具

1. 基本焊接电路

图6-3是焊条电弧焊的基本电路。它由焊接电源(交流或直流弧焊电源)、电缆、焊钳、焊条、电弧、工件及地线等组成。

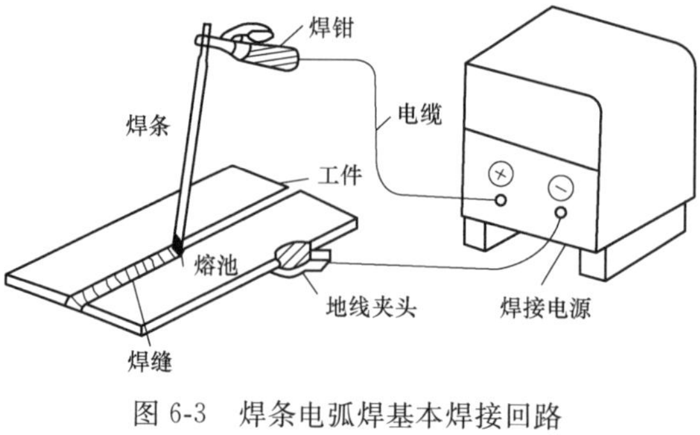

图6-3 焊条电弧焊基本焊接回路

2. 弧焊电源

(1) 电源种类与比较

焊条电弧焊采用的焊接电流既可以是交流电也可以是直流电,所以焊条电弧焊电源既有交流电源也有直流电源。目前，我国焊条电弧焊用的电源有三大类：弧焊变压器、直流弧焊发电机和弧焊整流器（包括逆变弧焊电源），前一种属于交流电源，后两种属于直流电源。弧焊变压器、直流弧焊发电机及弧焊整流器的性能比较见表 6-8。

表 6-8　弧焊变压器、直流弧焊发电机和弧焊整流器性能比较

项目	弧焊变压器	弧焊整流器	直流弧焊发电机
电弧稳定性	差	稳定	稳定，输出电流脉动小
磁偏吹影响	无	有	有
极性可换性	无	有	有
空载电压	较高	较低	较低
触电危险	较大	较小	较小
构造与维护	简单	较复杂	复杂
噪声	小	较小	大
成本	低	高	高
供电	一般单相	一般三相	
重量	较轻	较重、逆变电源轻	重

弧焊变压器用以将电网的交流电变成适宜于弧焊的交流电，与直流电源相比，具有结构简单、制造方便、使用可靠、维修容易、效率高和成本低等优点。直流弧焊发电机虽然稳弧性好，经久耐用，电网电压波动的影响小，但硅钢片和铜导线的需要量大，空载损耗大，效率低，结构复杂笨重，成本高，已属于淘汰产品，但由于某些行业（如长输管道）野外作业的特殊性，施工中仍使用（由柴油机、汽油机拖动）。逆变弧焊电源体积小、质量轻、高效节能、引弧容易、性能柔和、电弧稳定、飞溅少，适用于焊条电弧焊的所有场合，已在核设施及核级设备制造和安装中广泛应用。

（2）电源的选择

焊条电弧焊要求电源具有陡降的外特性、良好的动特性和合适的电流调节范围。选择焊条电弧焊电源应主要考虑以下因素：

1）所要求的焊接电流的种类；

2）所要求的电流范围；

3）弧焊电源的功率；

4）工作条件和节能要求等。

电源的种类有交流、直流或交直流两用，主要是根据所使用的焊条类型和所要焊接的焊缝形式进行选择。低氢钠型焊条必须选用直流弧焊电源，以保证电弧稳定燃烧。酸性焊条虽然交、直流均可使用，但一般选用结构简单且价格较低的交流弧焊电源。

其次，根据焊接产品所需的焊接电流范围和实际负载持续率来选择弧焊电源的容量，即弧焊电源的额定电流。额定电流是在额定负载持续率条件下允许使用的最大焊接电流，焊

接过程中使用的焊接电流值如果超过这个额定焊接电流值，就要考虑更换额定电流值大一些的弧焊电源或者降低弧焊电源的负载持续率。不同负载持续率时，弧焊电源所允许的焊接电流值用如下计算：

$$I=I_r(FG_r/FC)1/2 \quad (6\text{-}3)$$

式中：FG_r——额定负载持续率；

FC——实际负载持续率；

I_r——额定负载持续率下的额定电流；

I——实际负载持续率下的允许电流。

根据式（6-3），降低焊接电流可以提高实际的负载持续率，反之降低负载持续率可以提高实际允许的焊接电流。但是后者通常受到电源最大输出电流的限制。

在一般生产条件下，尽量采用单站弧焊电源，在大型焊接车间，可以采用多站弧焊电源。直流弧焊电源需用电阻箱分流而耗电较大，应尽可能少用。弧焊电源用电量较大，应尽可能选用高效节能的电源，加逆变弧焊电源，其次是弧焊整流器、变压器，尽量不用弧焊发电机。

另外，必须考虑焊接现场一次电源的情况，如果可以利用电力网，则应查明电源是单相还是三相。如果不能利用电力网，就必须使用发动机驱动的直流或交流发电机电源。如野外长输管道的焊接施工时，主要采用的是柴油机或汽油机驱动的直流弧焊电源。

二、焊条电弧焊设备维护与保养

1. 交流弧焊电源（又称交流弧焊机、弧焊变压器）的维护保养

（1）使用新焊机或启用很久不用的焊机时，应仔细检查焊机有无损坏之处，应按产品说明书或有关技术要求进行检查。

（2）焊机一次侧、二次侧的绝缘电阻应分别在 0.5 MΩ 和 0.2 MΩ 以上。若低于此值，应加以干燥处理，损坏处需要修复。

（3）从焊机连接到焊接工件的焊接电缆应采用橡胶绝缘多股软电缆。当焊机距焊接工件超过 10 m 时，必须适当加大两根焊接电缆的截面积，使焊接电缆的电压降不超过 4 V 为宜，否则将影响引弧及电弧燃烧稳定性。

（4）工作中应该使用规定截面尺寸的焊接电缆，一根接工件，一根接焊钳。不允许使用铁板搭接等方法来代替电缆，否则将因接触不良或电压降过大而使电弧不稳定，影响焊接质量。另外，应采用 YHH 型橡胶套电缆或 YHHR 型特软电缆。

（5）焊机和电缆接头处必须拧紧，否则不良的接触不但造成电能的损耗，而且会导致接线过热，甚至将接线板烧毁。

（6）经常清扫，不使焊机内部存在灰尘和铁屑等，并经常检查焊机的接线柱是否拧紧，保证接触良好。

2. 直流弧焊电源（又称直流弧焊机）的维护保养

（1）每天检查直流弧焊机和电源开关，焊接电缆连接处是否松动等。

（2）直流弧焊发电机整流子的维护。换向器表面要保持光滑，不应有划伤、烧伤或炭屑痕迹，要经常擦去尘屑。发现表面粗糙时，要及时用细砂纸在运转中磨光。长期运转或修复后，换向器的云母片常高出或平齐表面，必须刻低云母片，但不要刻得过低。

(3) 电刷的维护。电刷在换向器表面应有适当的均匀压力,使所有电刷承受均负载。电刷磨损过多时,必须更新。更新的同型号、同规格电刷必须按照换向器圆弧磨好。

(4) 滚珠轴承维护。轴承应经常保持清洁和润滑,轴承损坏时应更换新的。

(5) 调节电流和变换极性接法,应在空载下进行。

(6) 按照焊机额定的焊接电流和负载持续率进行工作,不使电焊机过载而损坏。

(7) 保持焊机内外清洁,焊机的表面要清扫干净,绕组内部及焊机各间隙中的灰尘要吹净。绕组和换向器上的油渍、污物要用四氯化碳和汽油的混合物及时擦干净。

(8) 检查换向器是否有烧灼痕迹、云母高出等,必须将云母高出的部分刻低。

3. 弧焊整流器(硅整流焊机)的维护保养

(1) 焊接前,仔细检查焊机各部分是否正确,接头是否拧紧,焊接电缆的接头是否拧紧,以防接头过热烧损。

(2) 电源接通后不得随意移动焊机,如工作需要移动,一定要切断电源后进行。

(3) 特别注意硅整流焊机中各元器件的保护和冷却。硅整流元器件损坏时,必须先排除故障,然后更换新元器件。

(4) 要特别注意保持硅整流元器件及有关电子线路清洁干净,长期停用时,要做外部或内部(先轻载通电)干燥处理。

(5) 磁铁放大器铁芯用冷轧硅钢片等高导磁材料制成,勿强烈振击,以防磁性变坏。

(6) 焊机必须在负载持续率的许用值下工作,不允许超负荷使用。如果焊机在最大负荷下工作时间长,则缩短焊机的使用寿命。

(7) 焊机通风系统(冷风扇)发生故障,必须进行修理后再使用。

复习思考题

(1) 焊条电弧焊常用的设备及工机具有哪些?

(2) 选择焊条电弧焊电源考虑的主要因素有哪些?

(3) 焊条电话焊设备的维护保养要求有哪些?

第六节　钨极氩弧焊设备

学习目标:

- 了解钨极氩弧焊常用的设备及工机具组成及分类;
- 掌握钨极氩弧焊设备的维护及保养;
- 掌握非熔化极气体保护自动焊设备的构成及维护。

一、手工钨极氩弧焊设备组成

手工钨极氩弧焊设备由焊接电源、引弧及稳弧装置、焊枪、供气系统、水冷系统和焊接程序控制装置等部分组成。图 6-4 表示手工钨极氩弧焊设备系统示意图,其中控制系统内已包括了引弧及稳弧装置、焊接程序控制装置等。

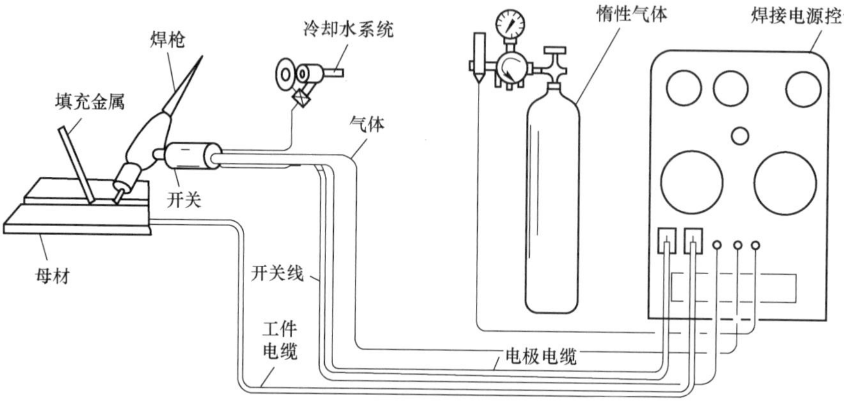

图 6-4 手工钨极氩弧焊设备构成

二、手工钨极氩弧焊设备的分类

手工钨极氩弧焊采用电源通常可分为直流(包含逆变式直流)、交流,近些年又发展了脉冲钨极氩弧焊等新型焊接设备。

1. 直流钨极氩弧焊机

(1) 直流钨极氩弧焊特点和适用范围

直流钨极氩弧焊电弧燃烧很稳定。当采用直流正接时,钨极是阴极,钨极的熔点高,在高温时电子发射能力强,电弧燃烧稳定性更好。

1) 直流反极性

虽很少采用直流反极性,但是因为它有一种去除氧化膜的作用(一般称“阴极破碎”或“阴极雾化”作用)。这种作用在交流焊的反极性半波也同样存在。它是钨极氩弧焊能焊接铝、镁及其合金的重要因素。但是,直流反极性的热作用对焊接是不利的,因为钨极氩弧焊时阳极产生热量多于阴极。反极性时电子轰击钨极,放出大量热量,很容易使钨极过热熔化。由于在焊件上放出的能量不多,焊缝熔深浅而宽,生产率低,而且只能焊接约 3 mm 厚的铝板,所以在钨极氩弧焊中直流反极性除了焊铝、镁薄板外很少应用。

2) 直流正极性

采用直流正极性时,有如下优点:

① 焊件为阳极,焊件上接受电子轰击时放出的全部动能和位能(逸出功),产生大量的热,因此熔池深而窄,生产率高,焊件的收缩力和变形都小。

② 钨极上接受正离子轰击时放出的能量比较小,且由于钨极在发射电子需要付出大量逸出功,总的来说,钨极上产生的热量比较少,因而不易过热,所以对于同一焊接电流可以采用直径较小的钨棒。同样通过 125 A 焊接电流选用 1.6 mm 直径的钨棒就够了,而直流反极性时需用 6 mm 直径的钨棒。

③ 钨棒的热发射能力很强,当采用小直径钨棒时,电流密度大,有利于电弧稳定,所以,电弧稳定性也比反极性好。总之,直流正极性的优点多,因此,除了焊接铝、镁极其合金外,如钢钛、镍及高温合金时多采用直流正极性。

（2）直流钨极氩弧焊机

焊接电源能够提供直流电流的氩弧焊机称为直流钨极氩弧焊机。一般常采用正接方法焊接，即工件接电源正极，焊枪接负极。因正极的发热量远大于负极，所以正接时，钨极发热量较小，不易过热，可以在较大电流下焊接。同时，工件发热量大、熔深大、生产率高，而且由于钨极为负极，热电子发射能力强，电弧稳定而集中。直流钨极氩弧焊机的原理如图 6-5 所示。电源由电网取得，经变压器降压后由整流器整流得到所需直流电压，经调整、滤波形成焊接所需的直流电流，焊接具有下降外特性。

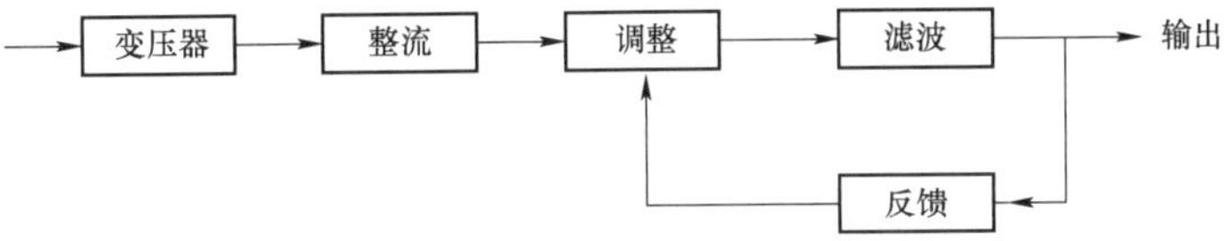

图 6-5　直流 TIG 焊机的原理图

按照整流器件不同，直流钨极氩弧焊机可分为硅整流式、晶闸管式和晶体管式。

（3）逆变式直流钨极氩弧焊机

在电路中将直流电转换成交流电的过程称为逆变。用以实现这种转换的电路称为逆变电路。采用逆变技术做成的焊机则为逆变焊机。逆变式直流钨极氩弧焊机工作原理如图 6-6 所示。

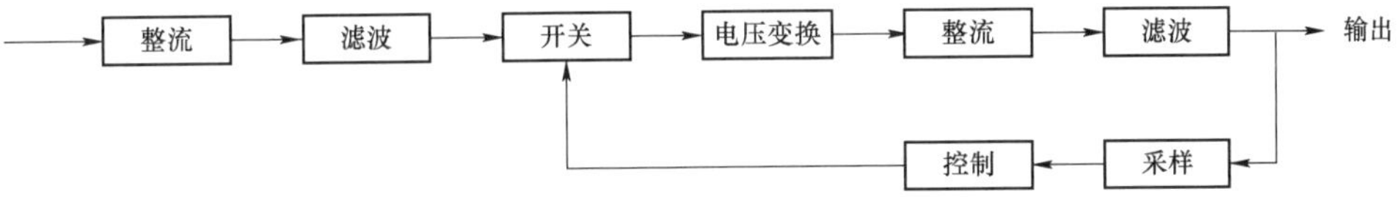

图 6-6　逆变式直流钨极氩弧焊机工作原理图

1）逆变焊接电源的优点

① 高效节能、体积小、质量轻。逆变技术的根本是提高工作频率，一般为 20 kHz 左右。而变压器铁芯截面面积与绕组的乘积与工作频率成反比，所以逆变焊接电源主变压器体积大大减小，质量降低。这样，其铜损和铁损也随之减小。

同时，由于逆变电源采用开关控制，因此比模拟控制功率损耗小得多。另外，它由电网直接整流得到高压，在同样输出功率的条件下，控制功耗小，逆变器转换时励磁电流很小。

除此之外，电路工作在中频范围内，使电路中滤波电感减小，因此，可提高逆变电源的效率至 80%～90%。功率因数高，降低了电能消耗。

② 特性便于控制。由于工作频率高，所以逆变电源有良好的动态响应，可以进行高速控制，达到良好的焊接工艺性能。同时，可以根据不同弧焊方法的需要，设计出不同的外特性。

③ 调节速度快。所有焊接参数均可无级调节，可实现计算机或单旋钮控制。

2）逆变焊接电源的分类

逆变焊接电源根据采用功率开关器件的种类不同，可分为晶闸管逆变电源、晶体管逆变电源、场效应管逆变电源和绝缘栅双极型晶体管（IGBT）逆变电源四种方式。

2. 交流钨极氩弧焊机

(1) 交流钨极氩弧焊的特点和适用范围

在生产实际中，焊接铝、镁时一般都采用交流电，这样在交流负极性的半波里(铝焊件为阴极)，阴极有去除氧化膜的作用，它可以清除熔池表面的氧化膜。同时发射足够的电子，有利于电弧稳定，使两者都能兼顾，焊缝过程得以顺利进行。

(2) 普通交流钨极氩弧焊机

普通交流钨极氩弧焊机可分动铁心式和动线圈式两种，分别用可动铁心和可动线圈来调节焊接电流，另有隔直流电路、引弧装置、稳弧电路、程序控制电路等。但这两种焊机均不能实现焊接电流的缓升和缓降。

(3) 方波交流钨极氩弧焊机

形成交流方波的方式有磁放大器式、二极管整流式、晶闸管整流式和逆变式。

3. 脉冲钨极氩弧焊机

(1) 脉冲钨极氩弧焊的特点和适用范围

1) 适用范围

脉冲钨极氩弧焊和一般钨极氩弧焊的主要区别在于它采用低频调制的直流或交流脉冲电流加热焊件。电流幅值(或交流电流的有效值)按一定频率周期地变化，脉冲电流时焊件上形成熔池，基值电流时熔池凝固，使操作更容易，成形更美观。

调节脉冲波形、脉冲电流幅值、基值电流大小、脉冲电流持续时间和基值电流持续时间，可以对焊接热输入进行控制，从而控制焊缝及热影响区的尺寸和质量。

2) 钨极脉冲氩弧焊的优点

① 可以控制对焊件的热输入和熔池尺寸，提高焊缝抗烧穿和熔池的保持能力，易获得均匀的熔深。钨极脉冲氩弧焊的焊接参数选定后，熔池体积和熔深基本上不受焊件厚度的影响，这是区别于普通氩弧焊的一个重要特点。该方法适用于薄板全位置焊接。

② 每个焊点加热和冷却迅速，所以适用于焊接导热性能和厚度差别大的焊件。

③ 脉冲电弧可以用较低的焊接热输入来获得较大的熔深，在同样条件下能减小焊接热影响区和焊件变形，这对薄板、超薄板焊接尤为重要。

④ 焊接过程中熔池金属冷凝快，高温停留时间短，可减小热敏感材料焊接时产生裂纹的倾向。

(2) 直流脉冲钨极氩弧焊机

直流脉冲钨极氩弧焊机的种类较多，但它们都是在直流氩弧焊机的基础上加以脉冲控制实现的。

(3) 交流钨极脉冲氩弧焊机

在交流钨极脉冲氩弧焊机中，交流脉冲波形是通过接在交流回路中的交流断续器来控制的，交流断续器实际上就是一个交流开关，目前最常用的是由两只晶闸管反并联所构成。通过控制电路控制晶闸管的导通及过零自然关断，起到了交流开关的作用。

因此，交流钨极脉冲氩弧焊机的电路由两大部分组成，一是带有交流开关的主电路，二是交流开关的控制电路。控制电路中设置了脉冲频率、占空比、脉冲幅度等调节功能。

三、手工钨极氩弧焊设备的常用配置

手工钨极氩弧焊设备的构成还包含以下部件。

1. 焊枪

(1) 钨极氩弧焊焊枪的要求

钨极氩弧焊焊枪的作用是夹持钨极，传导焊接电流和输送保护气体，它应满足下列要求：

1) 保护气流具有良好的流动状态和一定的挺度，以获得可靠的保护；

2) 有良好的导电性能；

3) 充分地冷却，以保证持久工作；

4) 喷嘴与钨极间绝缘良好，以免喷嘴和焊件接触时产生短路、打弧；

5) 重量轻，结构紧凑，可达性好，装拆维修方便。

(2) 钨极氩弧焊焊枪的类别

钨极氩弧焊焊枪分气冷式和水冷式两种，前者一般用于小电流(≤150 A)或不连续焊接。图 6-7 为一种水冷式焊枪结构，其中喷嘴的形状对气流的保护性能影响大。为了使出口处获得较厚的层流层，以取得良好的保护效果，采取以下措施。喷嘴上部有较大的空间作为缓冲室，以降低气流的初速度。

(3) 钨极氩弧焊焊枪的喷嘴

喷嘴的材料有陶瓷、纯铜和石英三种。高温陶瓷喷嘴既绝缘又耐热，应用广泛，但通常焊接电流不能超过 350 A。纯铜喷嘴使用电流可达 500 A，需用绝缘套将喷嘴和导电部分隔离。石英喷嘴较贵，但焊接时可见度好。当前生产中使用的喷嘴形式有三种，喷嘴断面为收敛型、等断面型和扩散型，如图 6-8 所示。其中等断面形喷嘴喷出气流有效保护区域最大，应用最广泛，收敛形喷嘴电弧可见度较好，又便于操作，应用也很普遍，扩散型通常用于熔化极气体保护焊。

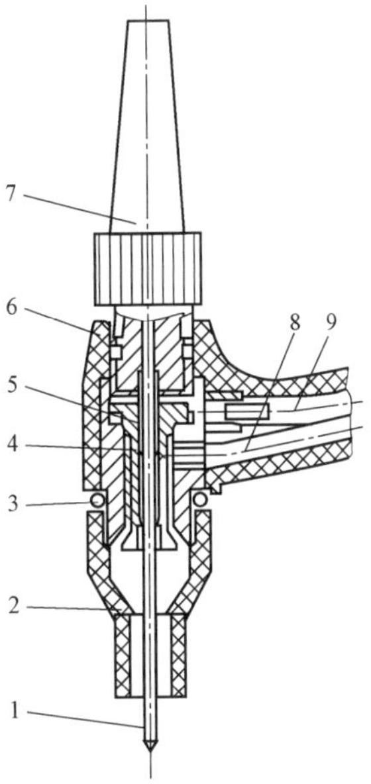

图 6-7　PQ1-150 水冷式焊枪结构

1—钨极；2—陶瓷喷嘴；3—密封环；4—轧头套管；5—电极轧头；6—枪体塑料压制件；7—绝缘帽；8—进气管；9—冷却水管

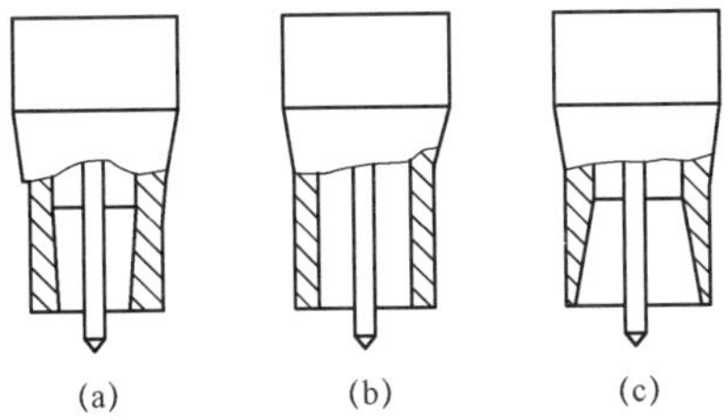

图 6-8　常见的喷嘴形式

(a) 断面呈收敛型；(b) 等断面型；(c) 断面呈扩散型

2. 氩气减压器

气瓶中的气体压力较高，不能直接用于焊接或切割，必须通过氩气减压才能使用。这就需要用到减压器。

（1）减压器的作用

氩气减压器的主要作用有两个：一是减压作用，即将气瓶的压力降低后再输送到软管中去；二是稳压作用。在使用过程中，气瓶的压力是逐渐降低的，在焊接过程中，减压器前的压力可以降低，但减压器后的压力则必须稳定，这也是靠减压器来完成。

（2）氩气减压器的选用

1）进气压力。进气压力就是气瓶压力，一般看氩气减压器压力表的量程。在选用时压力表的量程一定要大于气瓶最高压力的 1/4。

2）气体流量。根据焊接的需要，气体流量不能小于所需的流量。

3）气体种类。一般来说，应按减压器上所标的使用气体来选用减压器，如氩气减压器用于氩气瓶；氮气减压器用于氮气瓶；氢气减压器用于氢气瓶，这是选择减压器的一般原则。但在特殊情况下也允许代用，如氧气减压器可代替氩气减压器用于氩气瓶，也可代替氮气减压器用于氮气瓶。但要注意燃气减压器不可随便代用，尤其不能与软管一起代用。

四、手工钨极氩弧焊设备维护与保养

手工钨极氩弧焊设备的维护保养要求如下。

1）操作者必掌握手工钨极氩弧焊焊机的一般构造、电气原理以及使用方法。

2）焊机应按外部接线图正确安装，焊机外壳必须可靠接地。

3）必须建立焊机定期维修制度。

4）经常检查电源的接触器及继电器触点的工作情况，发现烧损或接触不良者，要及时修理或更换。

5）必须注意焊机在使用前，必须检查水管、气管的连接，保证焊接时能正常供水、供气。

6）大电流钨极氩弧焊机应更加重视定期检查焊枪的弹性、钨极夹头的夹紧状况和喷嘴的绝缘性能是否良好。

7）经常检查供气系统工作情况，防止漏气，焊枪分流环堵塞等工作不正常问题，保证保护气流均匀畅通。

8）工作完毕或因故离开，要关闭气路和水路，切断一切电源。

五、非熔化极气体保护自动焊设备

用自动焊接装置完成全部焊接操作的焊接方法称为自动焊，采用钨极作为电极的气体保护焊接(英文简称 GTAW，ISO 代号为 141)就是属于非熔化极气体保护自动焊。2007 版 HAF 603 根据自动化程度将钨极氩弧焊分为手动钨极氩弧焊 HWS 和自动钨极氩弧焊 HWZ。在 2019 版 HAF 603 中自动钨极氩弧焊代号为 GTAW-A。自动钨极氩弧焊的应用有管板自动焊或其他专机焊接。工业自动化是必然的发展方向，焊接行业的自动化程度越来越高，焊接设备的研发趋向于专机研发。本节简要介绍管板自动焊设备和纵缝自动焊接装置。

1. 管板自动焊设备

换热器管子-管板的连接通过焊接工艺实现,是蒸汽发生器或热交换器制造过程中的关键环节,焊缝为全位置焊接,焊接工作量巨大、焊接难度大,焊缝是换热器产品的最薄弱环节,为保证焊缝质量,提高生产效率,针对这类焊缝已经广泛采用了管板自动焊机。一般为脉冲电流钨极氩弧半自动焊机,可以实现自动加丝功能,焊接过程机头围绕中心任意角度进行 360° 旋转,需要手动方式移动机头位置来实现不同管板焊缝的焊接。典型的管板自动焊机如图 6-9 所示。

图 6-9 管板自动焊机

管板自动焊机根据国内各换热器、压力容器、锅炉等生产厂家的实际工况而研制,焊机配备专用焊接机头、操作机架、弧焊电源、PLC 控制系统等。一般用于管板与管头的自动焊接,可适用外角焊、平焊、内缩焊;可送丝或不送丝;可焊接材料为碳钢、不锈钢、钛及钛合金、紫铜及 Cr-Mo 钢、镍合金等材料。以 POLYSOUDE/TS 2000 管板自动焊机为例,其技术参数如表 6-9 所示。

表 6-9 POLYSOUDE/TS 2000 管板自动焊机技术参数

品牌:POLYSOUDE/宝利苏迪	型号:TS 2000	控制类型:自动 TIG 焊机
结构类型:旋转焊头式	电源类型:直流	额定电流等级:315 A
工作周期:连续	电源控制方法:电子控制型	引弧方式:高频引弧
是否数控:是	送丝系统:集成式/外置式	冷却方式:水冷
水下作业:不支持	控制方式:自动	额定负载持续率:315 A/40%
焊接电流范围:315 A	额定输入电压:380 V	空载电压:70 V
额定输入容量:三相 380 kVA	适用板厚:NA mm	焊接材质:不锈钢、钛等
功率因数(COSφ):NA	输出电流调节范围:±1%或 1 A	空载耗损:NA W
绝缘等级:F	后吹时间:N/As	外壳防护等级:IP21
外形尺寸:NA mm	重量:9 kg	是否可填丝:可填丝
可焊最小管内径:10 mm		

管板自动焊机主要参数设置有:旋转设置、弧长设置、气体设置、基本设置、送丝设置等。实际生产应用证明管板自动焊机能采用计算机编程控制,焊接过程稳定、可靠,自动化程度高。操作方便,适合于换热器管子-管板接头的自动焊接。使用管板自动焊机,焊接过程劳动强度低,生产效率高;焊缝成形均匀、美观、质量可靠。

2. 纵缝自动焊接设备

应用于筒体类或板类纵缝拼接的自动焊接设备。采用非熔化极气体保护焊实现自动填丝焊接,保证焊缝溶合深,外表光滑无砂眼、气孔、夹渣、裂纹等缺陷。纵缝自动焊接设备采用工件固定、焊枪运动的焊接方式。直缝焊机的芯梁支承工件,压缩空气使气囊膨胀带动琴键,来实现对工件的压紧作用。焊接小车沿着直线轨做平稳的直线匀速运动,焊枪随着焊接小车运动,完成对工件的焊接过程。其设备简图如图 6-10 所示。

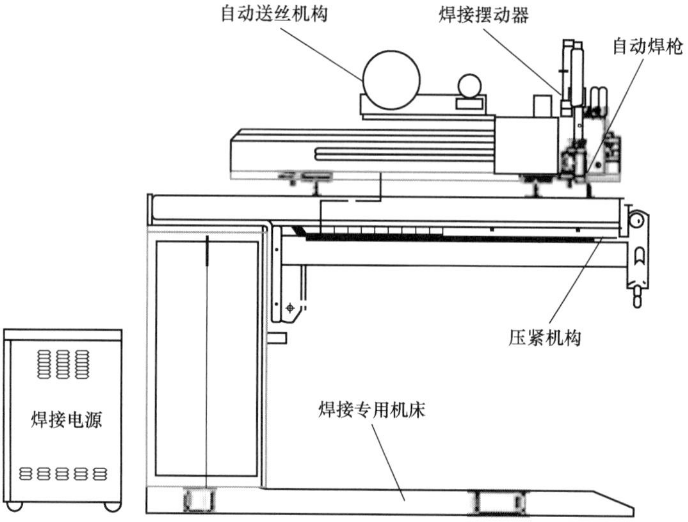

图 6-10　设备简图

(1) 纵缝自动焊接设备组成及其作用

1) 机架:采用悬臂式结构,方便工件装卸,由钢板焊接后加工制造。

2) 压板机构:采用气动琴键压板夹具,用于压紧工件使其稳定。保证工件受压紧力均匀以及焊接热影响区均匀,避免磁偏吹现象;琴键间距可整体可调,以适应不同工件,如图 6-11 所示。

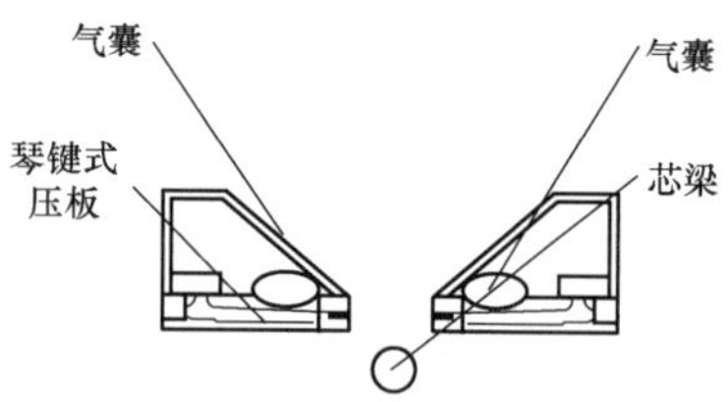

图 6-11　工件压紧机构

3) 焊接小车行走机构:用于实现焊枪自动焊接过程,交流变频减速电机驱动,齿轮齿条配合直线滑轨传动,其移动速度为无级可调,可空程快速回车,如图 6-12 所示。

4) 焊枪提升机构:结构简单可靠,动作反应及时,方便焊枪维护和工件装卸。

5) 焊接芯梁:由厚壁无缝钢管加工,其上设置有铜衬垫并有成形槽、底部有保护气小孔,保证工件焊接过程中的双面成形和散热,底部保护气由芯梁后部一电磁阀控制开关;芯梁装有定位板,可保证工件定位的可靠,芯梁装有定位板,如需要可在其上安装引收弧板,内部设冷却水道,可根据需要通水冷却以保证焊接工艺需要。

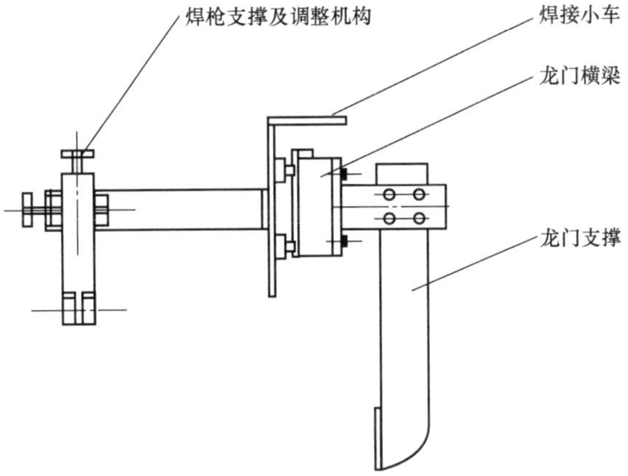

图 6-12 焊接小车行走机构

6) 焊枪三维调节机构:用于焊枪初始焊接位置的微调和对中。

7) 焊缝对中机构:采用翻板刀口两点定位方式,确保焊缝与焊枪行走轨迹吻合。

8) 送丝机构:送丝机构应保证送丝稳定性好,送丝速度均匀,送丝速度调整范围大,送丝直径范围广。

9) 焊接摆动器:焊接摆动系统是一种通用的焊接辅助设备,其工作方法是通过微机控制给出数字信号,驱动步进电机来带动滚珠丝杠,最终实现焊枪沿焊缝方向左右精确摆动。焊接过程中,能有效增加焊缝宽度,一次焊接获得多次焊接的效果,大大地提高生产率;改善熔池边缘成形,消除“咬边”缺陷;焊缝表面清洁,尤其适合于较厚板材和宽焊缝的金属填充焊接和盖面焊接。

10) 自动弧长控制器:自动焊接弧长控制系统是一种通用的焊接辅助设备。其工作方法是通过传感器实时检测由于工件外形变化引起的电弧电压及电流变化,并将变化信号转化为数字信号送交微机处理后,再控制焊接机头及时动作,实现焊接过程中焊枪沿焊缝垂直方向自动上下移动,自动控制电弧电压,恒定焊枪与工件间距,从而保证焊缝不规则的工件达到完美的焊接效果。

11) 电气控制系统:整机控制采用 PLC 可编程控制器作为主控单元,独立焊枪行走机构调速电路。可实现焊接过程的自动完成。

12) 焊接电源:选配适合的 TIG 焊接电源。

(2) 自动焊接设备使用介绍

直缝自动焊接机床采用工件固定、焊枪运动的焊接方式。直缝焊机的芯梁支承工件,压缩空气使气囊膨胀带动琴键,来实现对工件的压紧作用。焊接小车沿着直线轨做平稳的直线匀速运动,焊枪随着焊接小车运动,完成对工件的焊接过程。

1) 接通焊接机主机电源,接通氩弧焊机电源,送氩气;调整焊枪对准焊缝、钨针离工件的距离,设定焊接小车的行走整顿秩序度。

2) 设定 TIG 焊送丝机的送丝速度,点动送丝,使得焊丝处于即将填丝状态;设置焊机焊接工艺参数、电流电压、保护气体流量,以及脉冲和起收弧参数。

3) 调整焊接芯梁的高度,琴键压板离焊缝的水平距离;调整吊耳的松紧度,松开吊耳。

4) 初始化,各动作元件处于原点位置,焊接小车在最左端,焊枪在高位,吊耳处于自由状态。

5）放下对中器,放入工件,挂上吊耳,根据对中器放置焊缝的一侧母材,启动琴键压板,压紧工件,回收对中器,再放置焊缝母材另一侧。

6）按启动按钮,焊枪下降到低位,起弧,焊接小车行走,电弧电流转变为正式焊接电流(有时需要脉冲),送丝机开始送丝,开始正常焊接。

7）焊到焊缝终点位置,收弧,停止送丝,焊拉小车停止前进;焊枪提升至高位,焊接小车快速返回至原点。

8）琴键压板松开,手动松开吊耳,取下工件,完成一个工件循环。

(3）自动焊接设备维护与保养

1）焊接电源的维护保养与 TIG 焊接电源的维护一致。

2）焊接小车的行走轨道需要周期性检查、除尘。

3）焊接前对设备涉及的机械传动部件进行试启动,观察是否有动作异常,有动作延缓、不顺畅的需要查找原因后再试启动。

4）经常检查设备的电气线路绝缘情况,特别是移动部件与固定部件之间的电气连接线缆的表面完好情况需要查验。

复习思考题

(1）钨极氩弧焊设备如何分类?

(2）钨极氩弧焊设备有哪些维护及保养要求?

(3）试举例说明非熔化极气体保护自动焊设备的构成及维护有哪些内容?

第七节　熔化极气体保护焊设备

学习目标:

- 了解熔化极气体保护焊设备的组成;
- 掌握药芯焊丝电弧焊设备的组成;
- 掌握熔化极气体保护焊设备维护与保养。

一、熔化极气体保护焊设备组成

GMAW 设备可分为半自动焊和自动焊两种类型。焊接设备主要由焊接电源、送丝系统、焊枪和行走系统(自动焊)、供气系统和冷却系统、控制系统 5 部分组成,如图 6-13 所示。焊接电源用来提供焊接过程所需的能量,维持焊接电弧的稳定燃烧。送丝机将焊丝从焊丝盘中拉出并将其送给焊枪。焊丝通过焊枪时,与铜导电嘴的滑动接触而带电,导电嘴将电流从焊接电源输送给电弧。供气系统提供焊接时所需要的保护气体,它是通过焊枪喷嘴将电弧、熔池及焊丝端头保护起来。如果采用水冷焊枪,则还应配有冷却水系统。控制系统主要是控制和调整焊接程序、开始和停止输送保护气体和冷却水、启动和停止焊接电源接触器,以及按要求控制送丝速度和焊接小车行走方向与焊接速度。

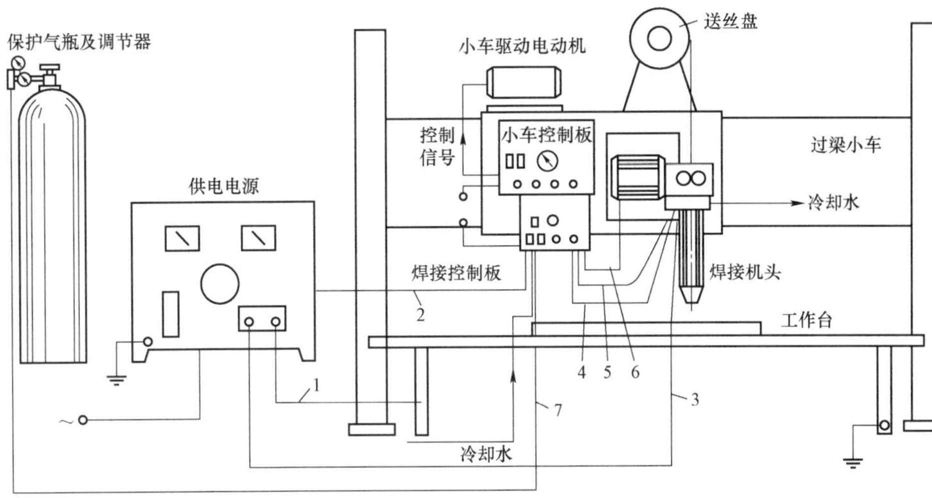

图 6-13　熔化极气体保护电弧焊的设备组成

1—工件插头及连线；2—输入到焊接控制箱的交流电；3—输入到焊接控制箱的保护气；4—送丝控制输入；5—冷却水输入；6—保护气输入；7—供电电缆

1. 焊接电源

熔化极气体保护电弧焊通常采用直流焊接电源，这种电源可为变压器—整流器式、原动机—发电机式和逆变式电源。GMAW 所需求的电流通常在 50～500 A 之间，特种应用要求 1 500 A。电源的负载持续率通常为 60%～100%范围，对于便携式焊机可为 30%。空载电压在 55～85 V 范围。

(1) 焊接电源的外特性

GMAW 的焊接电源按其特性类型可分为三种：平特性（恒压）、陡降型（恒流）和缓降型。当采用惰性气体或活泼性气体作为保护气体，焊丝直径小于ϕ1.6 mm 时，常常选用平特性电源。这是因为平特性电源配合等速送丝系统具有许多优点。这里平特性电源可以是"L"形外特性，还可以是水平外特性。前者可以改变"L"形特性的给定信号调节电弧电压，而后者可以通过改变电源空载电压调节电弧电压。可见焊接参数调节方便，同时使用这种电源，当弧长变化时能引起较大的电流变化，从而产生较强的弧长自调节作用，在引弧时能产生较大的短路电流上升速度和较大的短路电流，有利于引弧。实际使用的平特性电源其外特性并不都是平直特性，往往都带有一定的下斜特点，但下降斜率一般不大于 4 V/100 A，否则将减弱弧长自调节作用。

当焊丝直径较粗（大于ϕ2 mm），生产中一般采用下降外特性电源，配用变速送丝系统。由于焊丝直径较粗，电弧的自身调节作用较弱，弧长变化后恢复速度较慢，仅仅依靠控制电弧的自身调节作用难以保证稳定的焊接过程。因此也像一般埋弧焊那样需要外加弧压反馈电路，将电弧电压（弧长）的变化及时反馈到送丝控制电路，如弧长增大时，将使较大的电弧电压信号反馈到送丝控制电路，使送丝速度增大，从而使弧长能及时恢复，反之亦然。对于铝及铝合金的焊丝（直径小于ϕ1.6 mm），其熔滴过渡特点与钢不同，它通常采用亚射流过渡形式（它为射滴过渡与短路过渡的混合形式）。当弧长改变时，电弧具有较强的固有自身调节能力，所以这时不再选用平特性电源，而采用陡降特性电源。不仅能获得稳定的焊接过程,而且还能改善焊缝成形。

(2) 焊接电源的动特性

焊接电源的动特性概念随着科学技术的进步,其含义也发生变化。电源动特性是指当负载状态发生瞬时变化时,焊接电流和输出电压与时间的关系,用以表征对负载瞬变的反应能力。在 GMAW 工艺中,短路过渡时负载周期性地发生很大变化,如果电源不能适应负载变化的需要,则将破坏焊接过程的稳定性,引起强烈飞溅和不良焊缝成形。

(3) 电源输出参数的调节

GMAW 电源的主要技术参数有:输入电压(相数、频率、电压)、额定焊接电流、额定负载持续率、空载电压、负载电压范围、焊接电流范围、电源外特性曲线类型(平特性、陡降外特性和缓降外特性)等。根据焊接工艺的需要确定对焊接电源技术参数的要求,然后选用能满足要求的焊接电源。在焊接过程中可以根据工艺需要对电源的输出参数、电弧电压及焊接电流及时进行调节。

1) 电弧电压

电弧电压是指焊丝端头和工件之间电压降。不是电源电压表指示的电压(电源输出端的电压)。电弧电压的调节,对于“L”形外特性是通过改变电压给定信号来实现的,而对于平特性电源主要是通过调节空载电压来实现。对于陡降特性电源,通过调节控制系统的电压给定信号来实现。

2) 焊接电流

平特性电源的电流大小主要通过调节送丝速度来实现。对于陡降特性电源,则主要通过调节电源外特性来实现。

2. 送丝系统

送丝系统通常是由送丝机(包括电动机、减速器、矫直轮和送丝轮)、送丝软管及焊丝盘等组成。盘绕在焊丝盘上的焊丝经过矫直轮后,再经过安装在减速器输出轴上的送丝轮,最后经过送丝软管送到焊枪(推丝式)。或者焊丝先经过送丝软管,然后再经过送丝轮送到焊枪(拉丝式)。根据送丝方式不同,送丝系统可分为 3 种类型,如图 6-14 所示。

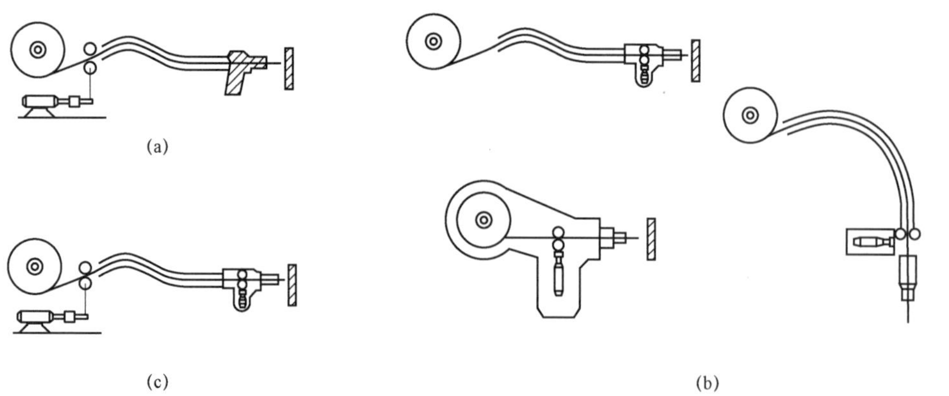

图 6-14 送丝方式示意图

(a) 推丝式;(b) 拉丝式;(c) 推拉丝式

（1）推丝式

推丝式是半自动熔化极气体保护焊应用最广泛的送丝方式之一。这种送丝方式的焊枪结构简单、轻便、操作和维修都比较方便。但焊丝送进的阻力较大，随着软管的加长，送丝稳定性变差，特别是对于较细、较软材料的焊丝。一般送丝软管长为 3～5 m。

（2）拉丝式

拉丝式可分为 3 种形式。一种是将焊丝盘与焊枪分开，两者通过送丝软管连接。另一种是将焊丝盘直接安装在焊枪上。这两种都适用于细丝半自动焊，但前一种操作比较方便。还有一种是不但焊丝盘与焊枪分开，而且送丝电动机也与焊枪分开，这种送丝方式可用于自动熔化极气体保护电弧焊。

（3）推拉丝式

这种送丝方式的送丝软管最长可以加长到 15 m 左右，扩大了半自动焊操作距离。送进焊丝时既靠后面送丝机的推力，又靠前面送丝机的拉力。但是拉丝速度应稍快于推丝，做到以拉丝为主。这样在送丝过程中，始终能保持焊丝在软管中处于拉直状态。这种送丝方式常被用于半自动熔化极气体保护电弧焊。

目前我国与大部分国家一样，主要使用对滚轮送丝机。送丝电动机与驱动轮相连接，该驱动轮在运行过程中将力传递给焊丝，一方面从焊丝盘拉出焊丝，另一方面通过软管和焊枪把焊丝推出。送丝机可用二轮或四轮驱动装置，如图 6-15 和图 6-16 所示。其中二轮送丝装置中，轮间的压紧力可以调节，该力的大小决定于焊丝直径和焊丝种类(如实芯和药芯焊丝，硬的或软的焊丝)。在送丝轮前后设有输入和输出导向管，其作用是使焊丝准确地对准送丝轮沟槽和尽量缩短导向管到送丝轮之间的距离，以便支撑焊丝并防止焊丝失稳而弯折。四轮送丝装置中，有两对滚轮压紧焊丝，这就保证了在送丝力相同时，减小滚轮对焊丝的压紧力，适合用于送进软的焊丝，如铝焊丝和药芯焊丝。

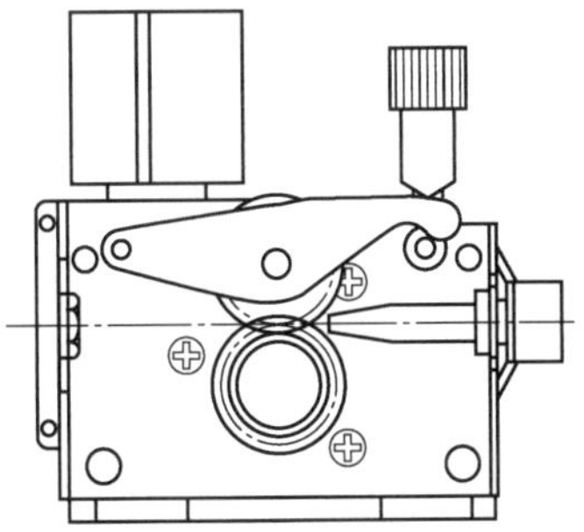

图 6-15 二滚轮送丝机构

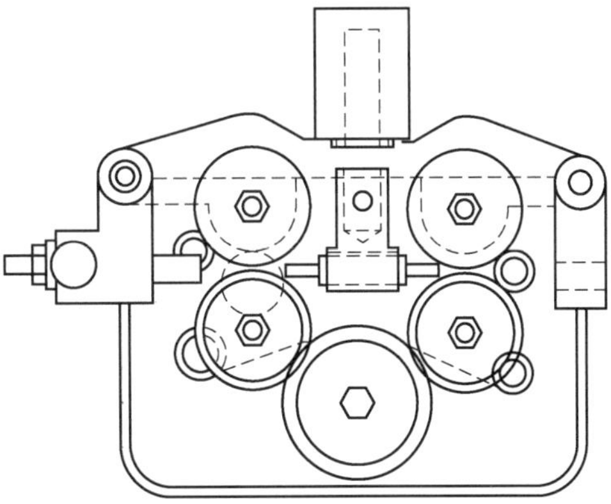

图 6-16 四滚轮送丝机构

通常用于实芯焊丝的送丝滚轮形式示于图 6-17。这里沟槽轮与平的支承轮相配合。V 形沟槽常用于实芯硬焊丝，如碳钢、不锈钢；U 形沟槽适用于软焊丝，如铝。

滚花送丝轮与滚花支承轮相配合，如图 6-18 所示，常用于药芯焊丝。滚花的作用是可以把最大的驱动力转移到焊丝上，但驱动轮对焊丝的压力却减小。

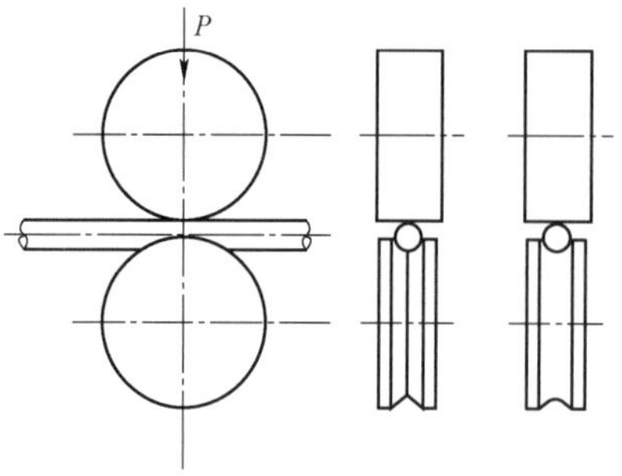

图 6-17　送丝轮的沟槽形状

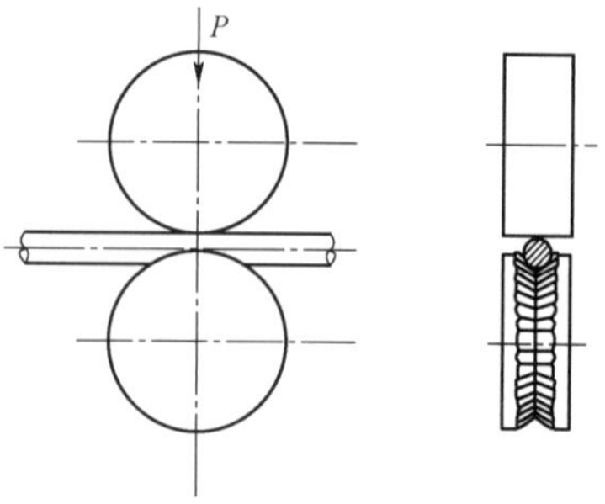

图 6-18　滚花送丝轮适用于药芯焊丝

为了保证送丝速度稳定和调节方便，送丝电动机一般采用直流型。细焊丝采用等速送丝方式，运行中应保持送丝速度不变，所以送丝电动机采用他励式或永久磁铁型。对于粗焊丝采用恒流型电源和变速送丝，所以这类送丝电动机除可用上述电动机外，还可以采用串励式电动机。等速送丝机的送丝速度范围为 2～16 m/min，而变速送丝机的送丝速度为 0.2～5 m/min。

3. 焊枪及软管

GMAW 用焊枪可用来进行手工操作(半自动焊)和自动焊(安装在机械装置上)。这些焊枪包括用于大电流、高生产率的重型焊枪和适用于小电流、全位置焊的轻型焊枪。

还可以分为水冷或气冷及鹅颈式或手枪式，这些形式既可以制成重型焊枪，也可以制成轻型焊枪。

GMAW 用焊枪的基本组成有导电嘴、气体保护喷嘴、焊接软管和导丝管、气管、水管、焊接电缆、控制开关。在焊接时，由于焊接电流通过导电嘴将产生电阻热和电弧的辐射热，将使焊枪发热，所以常常需要冷却。气冷焊枪在 CO_2 焊时，由于 CO_2 气体具有冷却作用，一般可使用高达 600 A 的电流。但是在使用氩气或氦气保护焊时，通常只限于 200 A 电流。超过上述电流时，应该采用水冷焊枪。半自动焊枪通常有两种形式：鹅颈式和手枪式。鹅颈式焊枪应用最广泛，它适合于细焊丝，使用灵活方便，可达性好。典型鹅颈式焊枪示图 6-19。而手枪式焊枪适用于较粗的焊丝，它常常采用水冷，如图 6-20 所示。自动焊焊枪的基本构造与半自动焊焊枪相同，但其载容量较大，工作时间较长，一般都采用水冷。

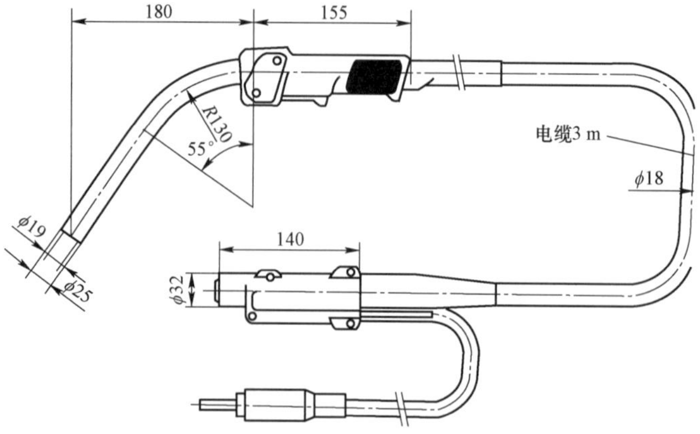

图 6-19　典型鹅颈式气冷 GMAW 焊枪

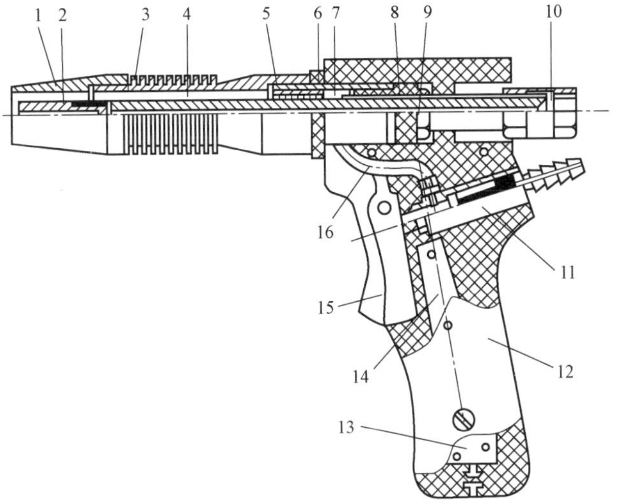

图 6-20 手枪式焊枪

1—喷嘴；2—导电嘴；3—套筒；4—导电杆；5—分流环；6—挡圈；7—气室；8—绝缘圈；9—紧固螺母；10—锁母；11—球形气阀；12—枪把；13—退丝开关；14—送丝开关；15—扳机；16—气管

导电嘴是由铜或铜合金制成。因为焊丝是连续送给的，焊枪必须有一个滑动的电接触管（一般称导电嘴），由它将电流传给焊丝。导电嘴通过电缆与焊接电源相连。导电嘴的内表面应光滑，以利于焊丝送给和良好导电。

一般导电嘴的内孔应比焊丝直径大 0.13～0.25 mm，对于铝焊丝应更大些。导电嘴必须牢固地固定在焊枪本体上，并使其定位于喷嘴中心。导电嘴与喷嘴之间的相对位置取决于熔滴过渡形式。对于短路过渡，导电嘴常常伸到喷嘴之外；而对于喷射过渡，导电嘴应缩到喷嘴内，最多可以缩进 3 mm。

焊接时应定期检查导电嘴，如果发现导电嘴内孔因磨损而变椭圆或由于飞溅而堵塞时就应立即更换。为便于更换导电嘴，它常采用螺纹连接。磨损的导电嘴将破坏电弧稳定性。

喷嘴应使保护气体平稳地流出，并覆盖在焊接区。其目的是防止焊丝端头、电弧空间和熔池金属受到空气污染。根据应用情况可选择不同尺寸的喷嘴，一般直径为 10～22 mm。较大的焊接电流产生较大的熔池，则用大喷嘴。而小电流和短路过渡焊接时用小喷嘴。对于电弧点焊，焊枪喷嘴端头应开出沟槽，以便气体流出。

焊接软管和导丝管应安装在接近送丝轮处，送丝软管支撑、保护和引导焊丝从送丝轮到焊枪。导丝管可作为焊接软管的一个组成部分，还可以分开。无论哪种情况，导丝管材料和内径都十分重要。钢和铜等硬材料推荐用弹簧钢管；铝和镁等软材料推荐用尼龙管。导丝管必须定期维护，以保证它们清洁和完好。应特别注意不能将软管盘卷和过度弯曲。

此外，保护气、冷却水和焊接电缆、控制线也应接到焊枪上。除了上述两种推丝焊枪外，还有两种拉丝焊枪。其中一种在焊枪上装有小型送丝机构，通过焊丝软管与焊丝盘相连，如图 6-21 所示。还有一种焊枪上不但装有小型送丝机构，而且还装有小型焊丝盘，焊丝重约 5 kg，如图 6-22 所示。这种焊枪主要用于细焊丝和软焊丝（如铝焊丝）。但

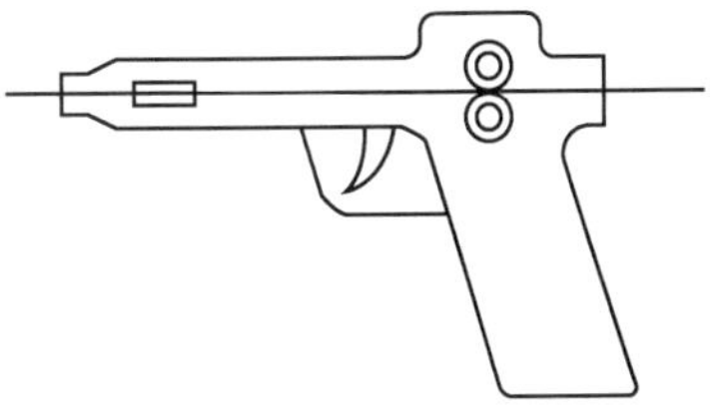

图 6-21 拉丝式 GMAW 焊枪

是由于枪体较重,不便使用。另外由于推丝焊枪轻便、灵活,但难以长距离送丝,如果再与拉丝枪结合起来,就可以形成推拉式送丝方式,这样一来既保持了操作的灵活性,又有利于扩大工作范围。

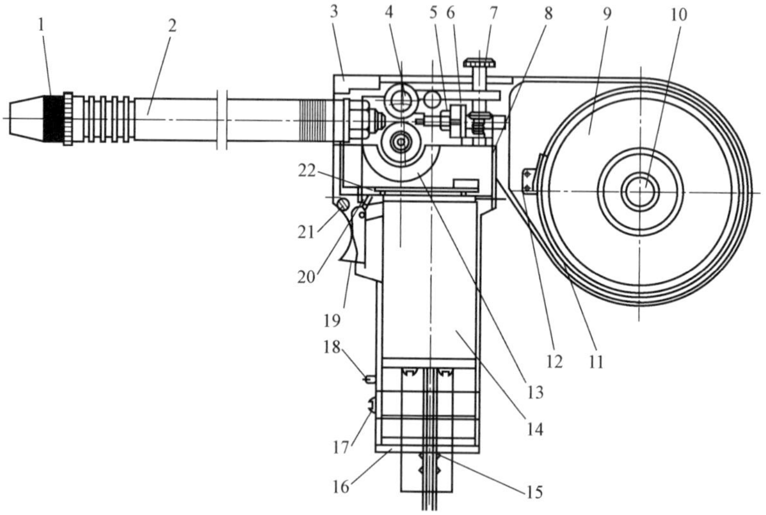

图 6-22 带有焊丝盘的拉丝式焊枪

1—喷嘴;2—外套;3—绝缘外壳;4—送丝滚轮;5—螺母;6—导丝杆;7—调节螺杆;8—绝缘外壳;9—焊丝盘;10—压栓;11、15,17,21,22—螺钉;12—压片;13—减速器;14—电动机;16—底板;18—退丝按钮;19—扳机;20—触点

4. 供气系统与冷却水系统

供气系统通常与钨极氩弧焊类似。对于 CO_2 气体,通常还需要安装预热器、减压阀、流量计和气阀。如果气体纯度不够,还需要串接高压干燥器和低压干燥器,以吸收气体中的水分,防止焊缝中生成气孔,如图 6-23 所示。对于熔化极混合气体保护电弧焊还需要安装气体混合装置。若采用双层气体保护,则需要两套独立的供气系统。

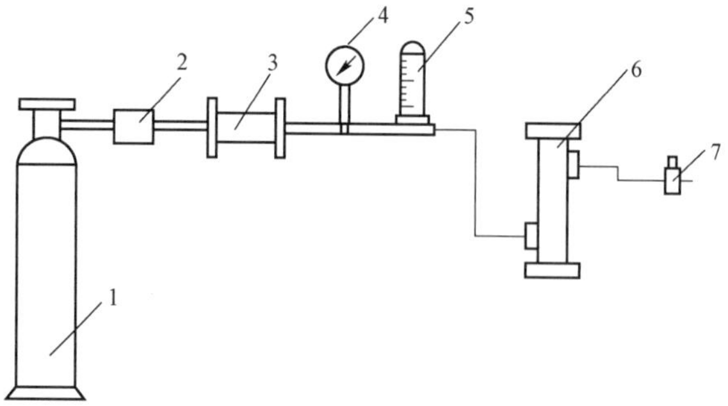

图 6-23 供气系统示意图

1—气源;2—预热器;3—高压干燥器;4—气体减压阀;5—气体流量计;6—低压干燥器;7—气阀

水冷式焊枪的冷却水系统由水箱、水泵、冷却水管和水压开关组成。水箱里的冷却水经水泵流经冷却水管和水压开关后流入焊枪,然后经冷却水管再回流入水箱,形成冷却水循环。水压开关的作用是保证当冷却水未流经焊枪时,焊接系统不能启动焊接,以保护焊枪,

避免过热而烧坏。

5. 控制系统

控制系统由基本控制系统和程序控制系统组成。基本控制系统主要包括:焊接电源输出调节系统、送丝速度调节系统、小车或(工作台)行走速度调节系统和气体流量调节系统。它们的作用是在焊前或焊接过程中调节焊接电流、电压、送丝速度和气体流量的大小。焊接设备程序控制系统的主要作用是如下所述。

1) 控制焊接设备的启动和停止。

2) 控制电磁气阀动作,实现提前送气和滞后停气,使焊接区受到良好的保护。

3) 控制水压开关动作,保证焊枪受到良好的冷却。

4) 控制引弧和熄弧。

GMAW 的引弧方式一般有三种:爆断引弧(焊丝接触工件并通以电流使焊丝与工件接触处熔化,焊丝爆断后引燃电弧)、慢送丝引弧(焊丝缓慢送向工件,与工件接触引燃电弧后,再提高送丝速度达到正常值)和回抽引弧(焊丝接触工件,通电后回抽焊丝引燃电弧)。熄弧方式有两种:电流衰减(送丝速度也相应衰减,填满弧坑,防止焊丝与工件粘连)和焊丝反烧(先停止送丝,经过一定时间后切断焊接电源)。

5) 控制送丝和小车(或工作台)移动。程序控制是自动切换的。半自动焊的焊接启动开关装在焊枪上。当焊接启动开关闭合后,整个焊接过程按照设定的程序自动进行。程序控制的控制器由延时控制器、引弧控制器和熄弧控制器等组成。

程序控制系统将焊接电源、送丝系统、焊枪和行走系统、供气和冷却水系统有机地组合在一起,构成一个完整的、自动控制的焊接设备系统。除程序系统外,高档焊接设备还有参数自动调节系统。其作用是当焊接参数受到外界干扰而发生变化时可自动调节,以保护有关焊接参数的恒定,维持正常稳定的焊接过程。

6. 自动气体保护焊设备

GMAW 是一种简易的机械化焊接法。在机械化、自动化或机器人化设备之中的主要构成与半自动焊设备基本相同。常常在焊接小车上搭载着焊接机头(包括焊枪和送丝机),其特点是将工件夹紧并固定,焊接时只是机头运动。另一种情况是焊接机头不动,而工件移动(平移或旋转),焊接机头可以作适当的摆动,用来调整机头对准焊缝跟踪。根据移动系统的移动范围、移动轨迹和过程控制特点,来决定它是哪一种控制系统,可以是机械化的、自动化的、机器人化的或自适应控制的。

7. 设备的选择

用户选择焊接设备时,主要考虑到产品的焊接工艺及焊接技术所提出的要求,根据工件材料、板厚和焊接位置等提出具体焊接设备性能,如输出功率范围、电源的空载电压、电源的静特性、动特性、输出电流类型、焊接参数的调节范围和送丝速度范围等。例如,当焊接铝合金薄板时,需选用细直径铝焊丝,为保证送丝稳定,应考虑选用推—拉丝送丝机和选择脉冲焊机。又如焊接钢结构件时,因钢焊丝的刚性较好,采用简单的推丝机构和平特性直流焊机就能满足要求。

购置新设备时,应满足焊接现场的使用条件,如工作环境、水与电的供应条件,操作人员的技术素质等。如果工件没有特殊要求,应尽量采用标准化设备。只有在特殊情况下,才选用非标设备。另外,还应根据焊接产品的产量进行选择,如果是单件或小批量的产品,应选用多功能焊机;而如果是大量生产的产品,则应选用单一功能的设备。总之应降低设备的成本和提高设备的利用率。

8. 药芯焊丝电弧焊设备组成

药芯焊丝是一种新型的焊接材料,适用于多种焊接方法,大多数使用实芯焊丝的焊接设备,也可用于药芯焊丝。

(1) 弧焊电源

实芯—药芯焊丝两用焊机,是在焊接实芯焊丝的基础上添加了下面所列一种或两种功能。

1) 极性转换:正极性/反极性转换装置。

2) 电源外特性微调:在平特性的基础上,微调外特性,调节范围在微翘和缓降之间。

3) 电弧挺度调节:调节电弧挺度,可实现对熔滴过渡形态的调节,减少飞溅并可改善全位置焊接性能。

(2) 送丝机

1) 两对主动轮送丝

一般实芯焊丝送丝机采用一只主动轮送丝,药芯焊丝送丝机则采用两对主动轮送丝。其优越性是减少施加在药芯焊丝上的正压力,可减少药芯焊丝截面形状的变化,提高送丝的稳定性。

2) 上下轮均开 V 形槽

一般实芯焊丝送丝机不开槽,而药芯焊丝送丝机上下轮均开 V 形槽,增加受力点,从而减少药芯焊丝截面形状的变化,提高送丝的稳定性。

3) 槽内压花

槽内压花处理后的送丝轮提高摩擦系数来提高送丝力,不仅提高了送丝的稳定性,同时也改善了导电性能。

二、熔化极气体保护焊设备维护与保养

熔化极气体保护焊机的维护保养要求如下。

1) 操作者应掌握焊机的一般构造、电气原理以及使用方法。

2) 焊机应按外部接线图正确安装,焊机外壳必须可靠接地。

3) 经常检查电源和控制部分的接触器及继电器触点的工作情况,发现烧损或接触不良者,要及时修理或更换。

4) 经常检查送丝电动机和小车电动机的工作状态,发现炭刷磨损、接触不良或打火时要及时修理或更换。

5) 经常检查送丝滚轮的压紧情况和磨损程度。

6) 经常检查加热器、干燥器的工作情况,发现异常应及时修理或更换。

7) 定期检查送丝软管的工作情况,及时清理管内污垢,避免增加送丝阻力。

8) 注意导电嘴和焊丝的接触情况,当导电嘴孔径严重磨损时要及时更换。

9) 注意喷嘴与导电杆之间的绝缘情况,防止喷嘴带电并及时清除附着的飞溅金属。

10) 经常检查供气系统工作情况,防止漏气、焊枪分流环堵塞、加热器以及干燥工作不正常问题,保证气流均匀畅通。

11) 工作完毕或因故离开,要关闭气路和水路,切断一切电源。

12）必须建立焊机定期维修制度。

13）当焊机出现故障时，不要随便拨弄电气元件，应停电检查修理。

复习思考题

（1）熔化极气体保护焊设备由哪些系统组成？

（2）熔化极气体保护焊设备维护与保养有哪些内容？

第八节　等离子弧焊设备

学习目标：

- 了解等离子弧焊设备的组成；
- 掌握等离子弧焊设备的维护及保养。

一、等离子弧焊设备组成

等离子弧焊机的结构如图 6-24 所示，由焊接电源、等离子弧引燃装置、焊枪、供气系统、冷却水路系统等组成。若是自动焊则还有焊接小车或转动夹具的行走机构和控制电路。

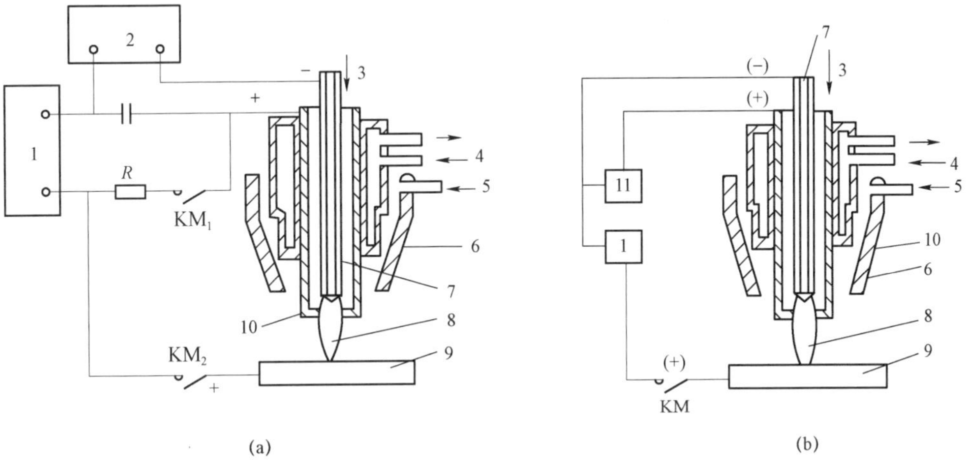

图 6-24　等离子弧焊机的结构

（a）大电流等离子；（b）微束等离子

1—焊接电源；2—高频振荡器；3—等离子气；4—冷却水；5—保护气；6—保护气罩；7—钨极；8—等离子弧；9—工件；10—喷嘴；11—维弧电源；KM_1、KM_2—接触器触头

1. 焊接电源

具有下降或恒流特性的电源可作为等离子弧焊电源。若离子气用氩气(Ar)或含少量氢气(H_2)(7%以下)的混合气体时，空载电压要求为 65～80 V；若用氦气(He)或氢气含量>7%的氩气与氢气的混合气体时，为了可靠引弧，空载电压必须提高到 110～120 V。大电流等离子弧焊接时，先引燃非转移弧，再引燃转移弧。转移弧引燃后，立即切除非转移弧，非转移弧是短时间存在的。因此，非转移弧电源可以由同一焊接电源串一电阻 R 取得，即转移弧和非转移弧可以共用一个电源，如 6-25(a)所示。微束等离子弧焊用联合型，转移弧和非转移弧

同时存在,所以转移弧和非转移弧各有自己的独立电源,如图 6-25(b)所示。

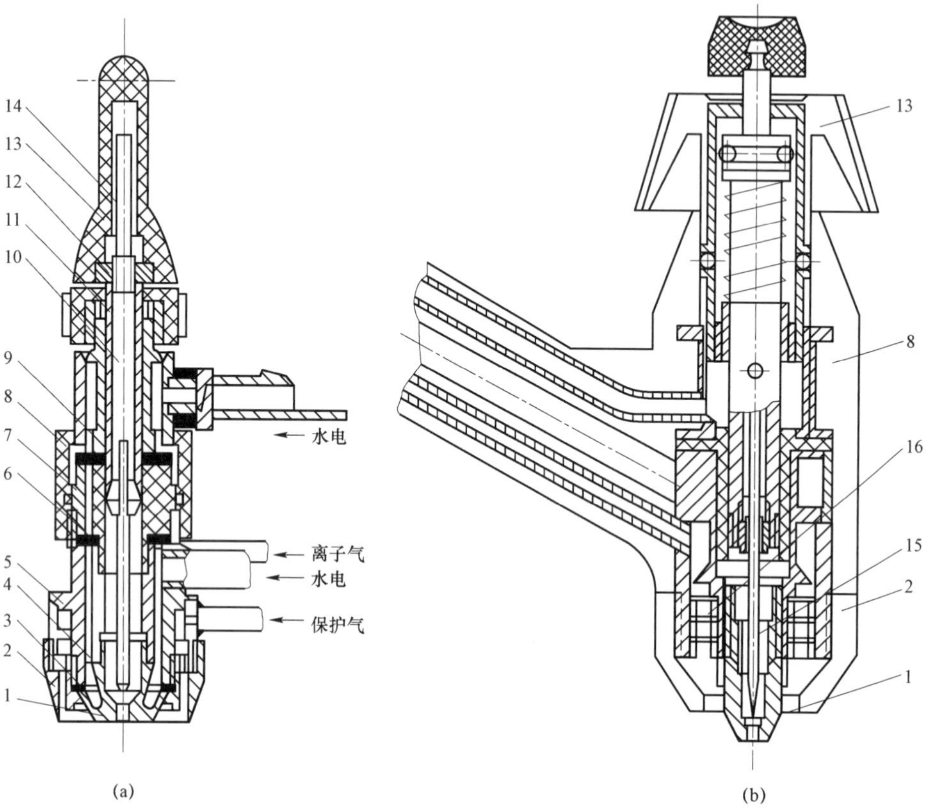

图 6-25　等离子弧焊枪

(a) 大电流等离子弧焊枪;(b) 微束等离子弧焊枪

1—喷嘴;2—绝缘罩;3、4、6—密封垫圈;5—下枪体;7—绝缘柱;8—绝缘套;9—上枪体;10—电极夹头;11—套管;12—小螺母;13—胶木套;14—钨极;15—瓷对中块;16—透气网

2. 等离子弧引燃装置

(1) 对于大电流等离子弧焊接系统,可在焊接回路中叠加高频振荡器或小功率高压脉冲器。依靠它们产生的高频火花或高压脉冲,在钨极与喷嘴之间引燃非转移弧。

(2) 对于微束等离子弧焊接系统,引燃非转移弧的方法是利用焊枪上的电极移动机构(弹簧或螺钉调节)向前推进电极,当电极与喷嘴接触后回抽电极。

(3) 采用高频振荡器引燃非转移弧。

3. 焊枪

(1) 对焊枪的性能要求

1) 方便引弧并保证焊接过程中电弧稳定。

2) 钨极对中精确、容易,装配、调节和更换喷嘴方便,绝缘可靠,水、气密封良好。

3) 离子气和保护气各自有单独通道,保证对焊接区有良好的保护作用。

4) 方便焊工观察焊缝,以便于控制焊接质量。

5) 焊枪的可达性要好,以便焊接时能接近焊件的待焊接位置。

(2) 焊枪的结构　如图 6-25 所示。

等离子弧焊枪由上枪体、下枪体和喷嘴三部分组成。图 6-25(a)所示为大电流(300 A)等离子弧焊枪的典型结构，上枪体组件主要包括上枪体、电极夹头、小螺母、绝缘罩与水电接头等，作用是夹持并冷却钨极，对钨极导电、调节钨极的对中与内缩长度等；下枪体组件是由下枪体、等离子气室、保护气气室、进气管和水电接头等组成，作用是对下枪体及喷嘴进行冷却，安装喷嘴与保护罩，输送等离子气与保护气及对喷嘴导电等。由于上、下枪体都接电且极性不同，故上、下枪体之间用一个绝缘柱和绝缘套相连接。

图 6-25(b)所示为微束等离子弧(16 A)焊枪的结构。与上述大电流等离子弧焊枪的区别在于喷嘴采用间接水冷，大电流等离子弧焊枪则采用直接水冷，冷却水从下枪体 5 进，经上枪体 9 出，上、下枪体之间由绝缘柱 7 和绝缘套 8 隔开进出水口，也是水冷的电缆接口，电极夹在电极夹头 10 中并通过小螺母 12 锁紧，电极夹头从上冷却套(上枪体)插入，并借助带绝缘套的小螺母 12 锁紧。离子气和保护气分两路进入下枪体。

微束等离子弧焊枪中电极夹头有一压紧弹簧，按下电极夹头顶部可实现接触短路回抽引弧。

(3) 压缩喷嘴

压缩喷嘴简称喷嘴，是等离子弧焊枪的关键零件，它的结构、尺寸和与钨极的相互位置对等离子弧性能起决定性作用。钨极、喷嘴与工件的相互位置及主要尺寸如图 6-26 所示。

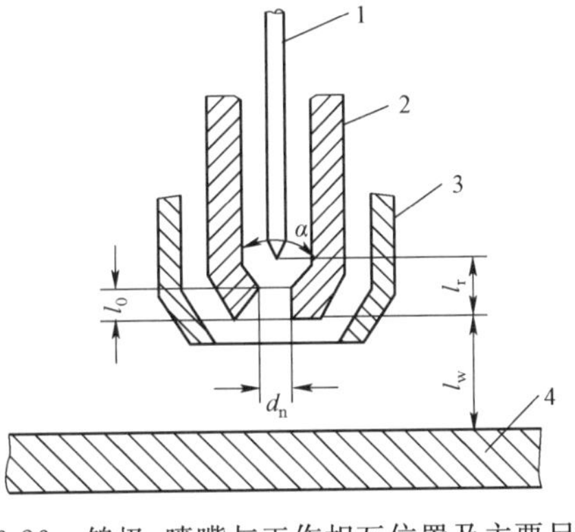

图 6-26　钨极、喷嘴与工作相互位置及主要尺寸

1—钨极；2—压缩喷嘴；3—保护罩；4—工件；d_n—喷嘴孔径；l_0—喷嘴孔道长度；l_r—钨极内缩长度；l_w—喷嘴到工件距离；α—压缩角

4. 电极

(1) 电极材料

等离子弧焊焊枪主要采用铈钨。铈钨放射性弱且耐烧损。钨极直径的许用电流见表 6-10。

表 6-10　钨极的许用电流

钨极直径/mm	0.25	0.5	1.0	1.6	2.4	3.2	4.0	5.0～9.0
许用电流(钨极负)/A	<15	5～20	15～48	70～150	150～250	240～400	400～500	500～1 000

(2) 电极端部形状

常用的电极端部形状如图 6-27 所示。为了便于引弧并保证等离子弧的稳定性，电极端部一般磨成 30°～60° 的尖锥角，顶端稍微磨平。当钨极直径大、电流大时，电极端部也可磨成其他形状，以减小烧损。

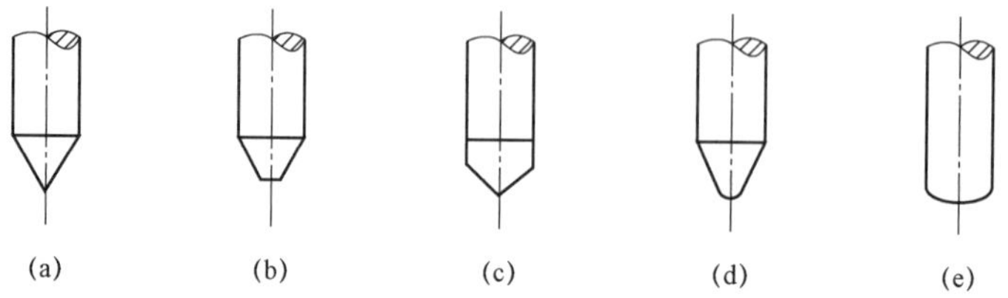

图 6-27 常用的电极端部形状

(a) 尖锥形；(b) 圆台形；(c) 圆台尖锥形；(d) 锥球形；(e) 球形

(3) 电极的内缩长度 l_r

如图 6-28(a)所示，电极的内缩长度 l_r 由钨棒安装位置确定，它对于等离子弧的压缩稳定性有很大的影响。一般选取 $l_r=(1\pm0.2)$ mm，l_r增大，则压缩程度提高；l_r过大，则易产生双弧现象。

(4) 电极与喷嘴的同轴度

电极同轴度与高频火花的分布如图 6-28(b)所示。同轴度对于等离子弧的稳定性和焊缝成形有重要的影响。电极偏心会造成等离子弧偏斜、焊缝成形不良且容易形成双弧。电极的同轴度可根据电极与喷嘴之间高频火花的分布情况，用一平镜放在喷嘴下方进行检测，如图 6-28(b)所示。焊接时，一般要求高频火花布满圆周的 75%以上。

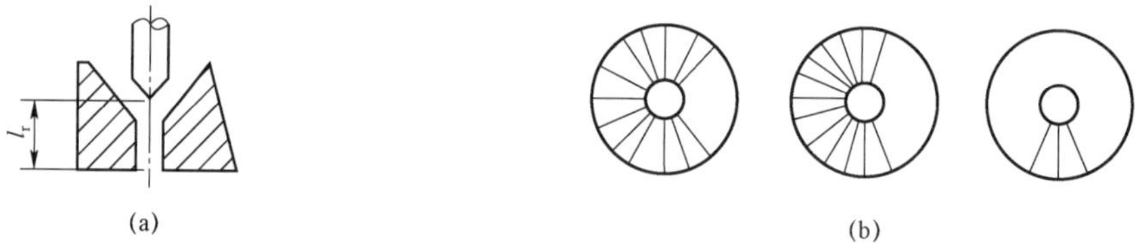

图 6-28 电极的内缩长度和同轴度

(a) 电极的内缩长度；(b) 电极同轴度与高频火花的分布

5. 供气系统

等离子弧焊机混合气体供气系统如图 6-29 所示，它比氩弧焊要复杂，通常包括离子气、焊接区保护气、背面保护气和尾罩保护气等。为保证收弧质量，等离子气可分为两路供气，其中一路经储气罐由气阀放入大气，实现等离子气衰减。离子气和保护气最好由独立气瓶分开供气，以消除保护气对等离子气的干扰，采用氩气的混合气体作为等离子气时，气路中一般设有专门的引弧气路，以降低对电源空载电压的要求。

6. 冷却水路系统

冷却水路系统与氩弧焊相似。为了保证冷却效果，冷却水从焊枪下部通入，先冷却喷嘴，然后冷却电极，最后由焊枪上部送出，要求进水压力为 0.2～0.4 MPa。

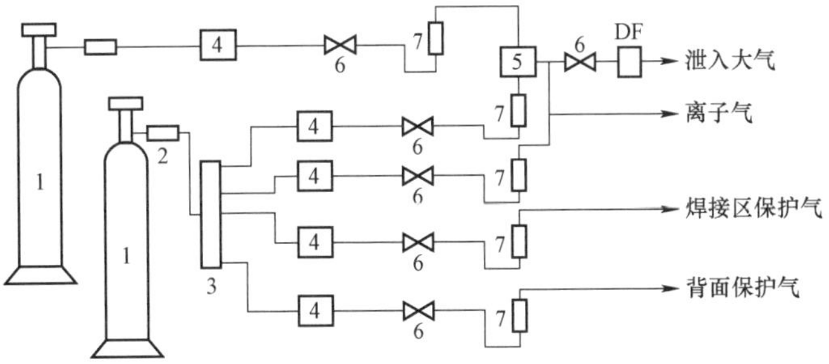

图 6-29　等离子弧焊机混合气体供气系统

1—气瓶；2—减压表；3—气流汇流筒；4—气阀；5—储气筒；6—调节阀；7—流量计；DF—衰减气阀

7. 主电路

等离子弧焊主电路如图 6-30 所示。焊接电源通常采用具有下降或下垂特性的弧焊整流器或直流弧焊发电机。用纯氩气作为离子气时，要求电源空载电压为 65～80 V；用氩—氢混合气体作为等离子气时，要求电源空载电压为 110～120 V。引弧一般采用高频振荡器，小电流时常用接触引弧。

微束等离子弧焊机是有两组下降特征（或下垂特性）的直流弧焊电源。非转移弧电源的电流一般≤5 A，空载电压为 70～140 V，工作电压为 18～25 V；转移弧电源的空载电压为 70～120 V，工作电压为 19～30 V。

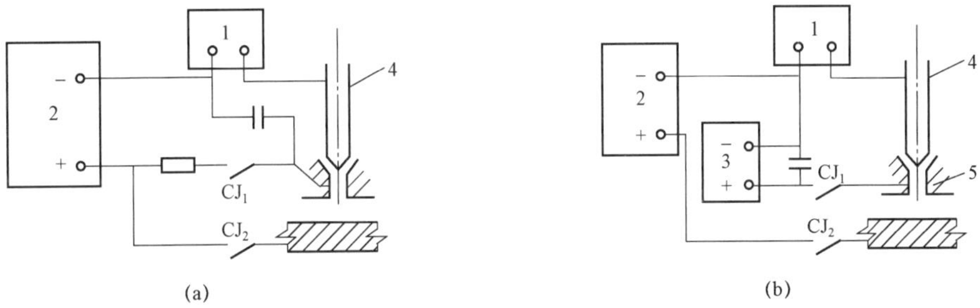

图 6-30　等离子弧焊主电路

(a) 转移型弧；(b) 联合型弧

1—高频引弧器；2—弧焊电源；3—维弧电源；4—钨极；5—工件

8. 控制系统

等离子弧焊机的控制系统一般由高频引弧器、行走小车和填充焊丝拖动控制电路、衰减控制电路及程序控制电路组成。程序控制电路应包括提前送保护气、高频引弧和转弧、离子气递增、预热（延迟行走）、电流衰减和气流稳弧及延迟停止送气等环节。如果在焊接过程中发生故障，应能紧急停车并自动停止焊接过程。

二、等离子弧焊设备的使用及维护

1. 等离子弧焊设备的使用

等离子弧焊机焊前应制备工件坡口，然后将工件装配、夹紧，再进行焊机操作。等离子弧焊机的使用应注意以下问题。

(1) 焊接电弧必须对准焊缝

等离子弧的直径较小，只要稍微偏离焊缝，就会导致焊不上。在自动焊时尤为重要。

(2) 焊接速度要调整适当

焊接电流确定以后，焊接速度的控制直接关系到焊接质量。为了确保焊接质量，应在焊前通过试焊来验证焊速是否合适。

(3) 焊前应检查电弧分布

焊接前应先引燃非转移弧，检查电弧的分布情况。如果严重偏心，应调整钨极。如果钨极端部的形状不好，应进行修磨。

(4) 焊机的安装

1) 安装离子气气路。离子气气路从焊枪至气瓶的方向安装或从气瓶至焊枪安装均可。安装时要注意胶管内部的清洁。

2) 安装保护气气路。保护气气路与离子气气路的安装相同。

3) 安装电路。应先装焊接电缆和控制电路的电缆，再安装电源端电缆。

4) 调整焊机。检查各气路、电路和机械部分的工作情况，气路、电路装好后，要进行通电、通气试验，确认工作良好后再进行试焊。确认气路畅通后，分别调好离子气和保护气的气压，经试焊检验确认焊接参数正确后，准备工作完毕。

5) 焊接操作。由于各焊机的结构不同，所焊的工件不同，焊接操作也有差别。但不论哪种焊机，焊接操作都必须注意以下几点。

① 对于自动焊来说，必须保证焊接过程中电弧始终对准焊缝，为此，在进行准备时，应先使焊枪对准焊缝试走一趟。

② 焊接过程要注意检查各焊接参数和焊接方向上有无妨碍焊接的情况。

③ 一条焊缝必须一次焊完，若遇到特殊情况停止焊接后继续焊接时，应注意接头必须接好，不得有焊接缺陷。

④ 焊接至终点时应过终点后再按停止按钮。对于环缝来说，应使焊缝头、尾有 5～10 mm 的重叠。

2. 等离子弧焊设备的维护保养

等离子弧焊设备的维护保养要求如下：

(1) 安装设备置于干燥、清洁且通风良好的场所；

(2) 设备应有保护接零，即将机壳部分与三相四线中的零线连接(带电源插头的产品出厂时已内接)；

(3) 要经常注意焊枪冷却系统的工作状态，防止漏水或烧毁焊枪；

(4) 要定期用干燥的压缩空气清洁焊机内部，保持焊机清洁、控制电路等系统的可靠，如发现问题，应及时修理或更换；

(5) 要经常注意焊枪离子气与保护气系统工作状态及保护气的配比，发现漏气应及时解决；

(6) 要经常仔细观察焊枪的工作情况，发现焊嘴损坏要及时更换，防止烧毁焊枪；

(7) 钨极的修磨应用专用研磨机，不得偏心，否则易产生双弧；

(8) 装配钨极时，要保证气体分配器、钨极、焊嘴等必须同心；

(9) 根据工件的厚度、材质,选择合适的焊接参数,并把焊嘴与工件之间距离调整在合理的位置上;

(10) 经常排除过滤减压阀中的积水,即逆时针旋转最下部螺钉,排除积水后再拧紧,若压缩空气中含水量过多,应考虑在过滤减压阀与气源间再外加一只过滤阀,否则将影响切割质量;

(11) 未进行焊接操作时,尽量少按动焊枪按钮,以免损坏机件;

(12) 焊接操作全部结束后,切断电源开关和气源阀。

复习思考题

(1) 等离子弧焊设备由哪些系统组成?

(2) 等离子弧焊设备的维护及保养有哪些内容?

第九节 埋弧焊设备

学习目标:

- 了解埋弧焊设备的组成;
- 掌握埋弧焊设备的维护及保养。

一、埋弧焊设备组成

常用的埋弧焊机有等速送丝和变速送丝两种。它们一般都由机头、控制箱、导轨(或支架)以及焊接电源组成。等速送丝埋弧焊机采用电弧自身调节系统,变速送丝埋弧焊机采用电弧电压自动调节系统。埋弧焊机按照工作需要,做成不同的形式。

1. 埋弧焊电源

埋弧焊工艺可以采用交流电源或直流电源,在双丝和多丝焊工艺中也可以采用交流电源和直流电源配合使用。直流电源包括弧焊发电机、硅弧焊整流器、晶闸管弧焊整流器和逆变式弧焊机等多种形式,可提供平特性、缓降特性、陡降特性、垂降特性的输出。交流电源通常是弧焊变压器类型,一般提供陡降特性的输出。电源外特性的选用视具体应用而定,在细焊丝薄板焊接时,电弧具有上升静特性,根据前面电弧调节系统的介绍,宜采用平特性电源;而对于一般的粗焊丝埋弧焊,电弧具有水平静特性,应采用下降外特性电源。埋弧焊通常是高负载持续率、大电流的焊接过程,所以一般埋弧焊机电源都具有大电流、100%负载持续率的输出能力。

随着大功率软开关逆变技术的发展,以及并联均流技术的采用,逆变埋弧焊机得到了较快的发展和普及。与传统工频交流焊机相比较,交流相位可调、热输入可控的逆变交流方波埋弧焊机在电弧稳定性以及焊接工艺控制上具有明显的优势。

(1) 直流电源

直流电源的外特性可以是平特性,缓降特性、垂降或者陡降特性,也可能同时具有多种外特性。一般直流电源用于小电流范围、快速引弧、短焊缝、高速焊接、所采用焊剂的稳弧性差以及焊接参数稳定性要求较高的场合。采用直流电源进行埋弧焊时，极性不同将产生不同的焊接效果。直流正接（焊丝接负）时，焊丝熔敷率高；直流反接（焊丝接正）时，熔深大。

（2）交流电源

一般交流电源输出为陡降特性，在极性换向时，输出电流下降到零，反向再引弧要求空载电压较高。为了利于引弧，埋弧焊的交流电源空载电压一般都高于 80 V，同时使用交流电源进行埋弧焊时对焊剂的要求较高，一般适合直流埋弧焊的焊剂不一定适合交流埋弧焊。采用交流电源时，焊丝熔敷率及焊缝熔深介于直流正接和直流反接之间，而且电弧的磁偏吹最小，因此交流电源多用于大电流埋弧焊和采用直流磁偏吹严重的场合。表 6-11 为单丝埋弧焊常用的电源类型。

表 6-11 单丝埋弧焊常用的电源类型

埋弧焊方法	焊接电流/A	焊接速度/(cm/min)	电源类型
半自动焊	300～500	—	直流
自动焊	300～500	>100	直流
	600～900	3.8～75	交流、直流
	1 200 以上	12.5～38	交流

2. 埋弧焊辅助设备

自动埋弧焊中为了调整施焊位置、控制焊接变形或者控制焊缝成形，一般都需要有相应的辅助设备与焊机相配合，埋弧焊的辅助设备大致有以下几种类型。

（1）焊接夹具

使用焊接夹具的作用在于使工件准确定位并夹紧，以便于焊接。这样可以减少或免除定位焊缝和减少焊接变形。有时焊接夹具往往与其他辅助设备联用，如单面焊双面成形装置等。

（2）工件变位设备

这种设备的主要功能是使工件旋转、倾斜、翻转，以便把待焊的接缝置于最佳的焊接位置，达到提高生产率、改善焊接质量、减轻劳动强度的目的。工件变位设备的形式、结构及尺寸因焊接工件而异。埋弧焊中常用的工件变位设备有滚轮架、翻转机等。

（3）焊机变位设备

焊机变位设备也称为焊接操作机，其主要功能是将焊接机头准确地送到待焊位置，焊接时可在该位置操作，或是以一定速度沿规定的轨迹移动焊接机头进行焊接。它们大多与工件变位机配合使用，完成各种工件的焊接。基本形式有平台式、悬臂式、伸缩式、龙门式等几种。

（4）焊缝成形设备

埋弧焊的电弧功率较大，钢板对接时，为防止熔化金属的流失和烧穿并促使焊缝背面成形，往往需要在焊缝背面加衬垫。最常用的焊缝成形设备除前面已提到的铜垫板外，还有焊剂垫。焊剂垫有用于纵缝和用于环缝的两种基本形式。

(5) 焊剂回收输送设备

用来在焊接中自动回收并输送焊剂，以提高焊接自动化的程度。

二、埋弧焊设备维护与保养

建立和实行必要的维护保养制度，要重点做好以下几方面。

(1) 焊接电源、控制箱、焊机的接地线要可靠。要注意感应电动机的运转方向是否正确。若用直流焊接电源时，要注意电表和电极的极性不要接反。

(2) 焊机必须根据设备使用说明书进行安装，外接电源电压应与设备要求电压一致，外部电器线路的安装要符合规定。

(3) 外接电缆要有足够的容量(粗略按 $5\sim7\ A/mm^2$ 计算)和良好的绝缘。连接部分的螺母要拧紧，带电部件的绝缘情况要经常检查，避免造成短路或触电事故。

(4) 线路接好后，先检查一遍接线是否完全正确，再通电检查各部分运转、动作是否正常，以免造成设备事故，影响生产甚至影响人身安全。

(5) 定期检查控制线路中的电气元件，如接触器或中间继电器的触点是否有烧毛或熔化等，发现后立即清理或更换。

(6) 定期检查送丝滚轮的磨损情况，发现有明显磨损时应予以更换。

(7) 定期检查、更换送丝机构和自动焊车减速箱内的润滑油。

(8) 经常检查焊嘴与焊丝的接触情况，若接触不良必须更换，以免导致电弧不稳定。

(9) 为保证焊机在使用中各部分动作灵活，要随时保持焊机清洁，特别是机头部分的清洁。避免焊剂、渣壳的碎末阻塞活动部件，以免影响正常运行和增加机件磨损。埋弧焊机的维护保养见表 6-12。

表 6-12 埋弧焊机的维护保养

保养部位	保养内容	保养周期
焊接小车	清理焊接小车上的焊剂、焊渣的碎末，保持机头及各活动部件清洁和运转自如	每日1次
焊接小车和焊丝送进机构、变速箱	检查是否漏油，经常更换润滑油	每年1次
送丝滚轮	检查磨损程度，及时更换磨损严重的滚轮	每年1次
控制电缆	检查外部绝缘层是否损坏、内部电缆线是否断线或短路	半年1次
接触器、继电器	检查触点是否接触不良或熔化	半年1次
控制电缆插接件	检查插接件是否松动、电缆线与插接件连接处是否虚焊或断线	3个月1次
电源、控制箱	内外除尘，检查各接头处的螺钉是否松动	每周1次
导电块	检查磨损程度及烧损程度	随时更换

复习思考题

(1) 埋弧焊设备由哪些部分组成?

(2) 埋弧焊设备的维护及保养有哪些内容?

第十节　带极埋弧堆焊设备

学习目标:

- 了解带极埋弧堆焊的组成;
- 了解带极埋弧堆焊的应用实例。

一、带极堆焊设备组成

1. 弧焊电源

为了得到稳定的带极埋弧堆焊过程,应该选用平特性的直流焊接电源,匹配等速的送丝机构。采用平特性电源,当网路电压波动时电源的电弧电压变化较下降特性小。送带速度波动时,平特性电源的电压变化很小而电流变化较大,致使焊接过程自调节性能好,电弧电压稳定。带极埋弧堆焊,一般采用直流反极性接法(焊带接正)。直流正接时熔深更浅,熔敷效率更高,焊缝更厚,但容易在焊缝的搭接处产生缺陷。带极堆焊的电源必须要有足够大的容量,电源的容量应根据焊带的规格来选择。对于60 mm×0.5 mm的焊带来说,至少应选择负载率为100%时,容量为1 000 A以上的电源。

2. 焊机

带极堆焊用机头既要保证焊带按给定的速度均匀、稳定、准确地送到指定的位置,又要保证焊接电流在整个焊带宽度上均匀地分布。由于在焊接过程中机头要承受熔池长时间的高温辐射,为防止机头过热,机头应具有良好的散热和冷却功能。带极埋弧堆焊设备可用一般埋弧焊机改装,也可使用专用设备。

HC-2带极埋弧堆焊机也是瑞典ESAB焊接设备公司的先进产品,与HNG-T窄间隙埋弧焊机配套使用,实现厚板的窄间隙焊和内壁堆焊。HC-2焊机采用与HNG-T相同的焊接电源和配套设备,利用可控硅整流,直流反接。带极堆焊或窄间隙焊的选用只需要更换机头即可实现。带极堆焊效率高、质量好。HC-2带极埋弧堆焊机与窄间隙焊机一样,采用计算机编程控制,焊接电流和弧压稳定,焊接质量好。

3. 辅助设备

与HNG-T窄间隙埋弧焊机配套的辅助设备相同,主要是ESAB 100 t变位器、500 t防窜滚轮架和DSA 3235/300自动磨挫机,以及一些小的工装、工具,如调整焊件倾斜或偏移量的水平仪,调整焊道搭接量的模板、尺子等焊带定位装置以及打磨用的铝基无铁砂轮等。

二、带极埋弧堆焊设备应用

核设施许多容器中，出于对流体介质的防腐要求，需要对其内表面堆焊一层耐腐层，如低碳不锈钢。一回路设备：反应堆压力容器、稳压器、蒸汽发生器；二回路设备：低压加热器、高压加热器、汽水分离再热器等设备制造中，有许多地方需要堆焊。对于大面积堆焊而言，焊条电弧焊和丝极自动堆焊不但效率低，堆焊层内部和表面质量差，而且在堆焊层与基层母材结合处往往易产生缺陷；带极堆焊具有效率高、堆焊层内部质量均匀、堆焊表面平整光滑等特点，且由于稀释率较低，堆焊金属与基体母材之间的结合面处不易产生焊接缺陷和发生质量问题。带极机头较重，难于实现手工焊，因此带极自动堆焊技术应运而生，成都焊研威达自动焊接设备有限公司较早开始了带极自动堆焊机的研制，现已广泛用于容器内壁、容器管板、封头等的自动带极堆焊。

稳压器是一个立式圆柱形高压容器，典型几何尺寸为高 13 m，直径ϕ2.5 m，上下端均为半球形封头；蒸发器有立式和卧式，由封头、管板、筒体组件、传热管束等组成，外径 4.5 m，总高 21 m；高/低压加热器主体结构亦可分为筒节、封头、管板等组件。综合分析工件结构特点，将大面积堆焊件分解为筒节、管板、球形封头三种基本形式。

筒节内壁堆焊设备组成如图 6-31 所示。采用防窜滚轮架驱动工件转动，滚轮架的滚动速度即为焊接速度，带极机头装配在操作机的横梁端部，伸入筒节内进行焊接，通过操作机横梁伸缩实现滑雪焊接或螺旋焊接。

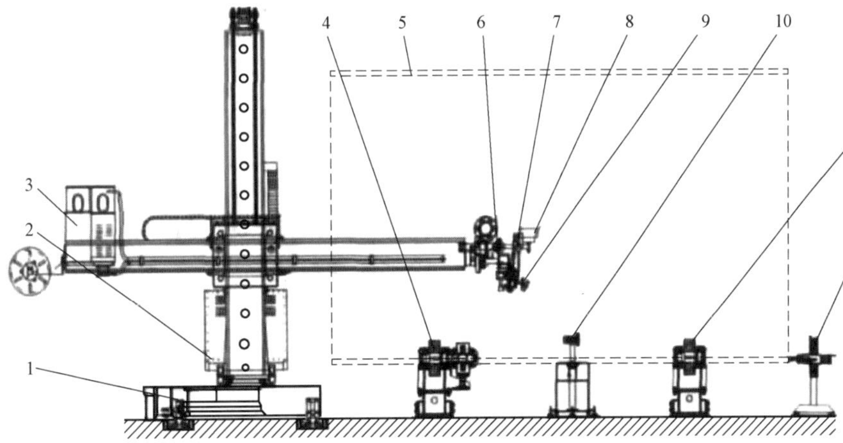

图 6-31　筒节内壁设备组成

1—焊接操作机；2—焊接电源；3—焊剂自动添加回收系统；4—防窜滚轮架主动轮架；5—工件；6—焊带驱动机构；7—带级堆焊头；8—焊接控制箱；9—跟踪系统；10—周长检测装置；11—防窜滚轮架从动轮架；12—防窜检测装置

管板带极堆焊设备组成如图 6-32 所示。采用水平回台驱动工件回转，回转速度即为焊接速度，通过操作机横梁伸缩，实现滑雪换道或螺旋焊接。封头带极堆焊设备组成如图 6-33 所示。采用变位机驱动工件回转，变位机回转速度为焊接速度，变位机翻转，调整工件堆焊时焊道始终处于水平位置，通过操作机横梁伸缩，实现滑雪换道或螺旋焊接。

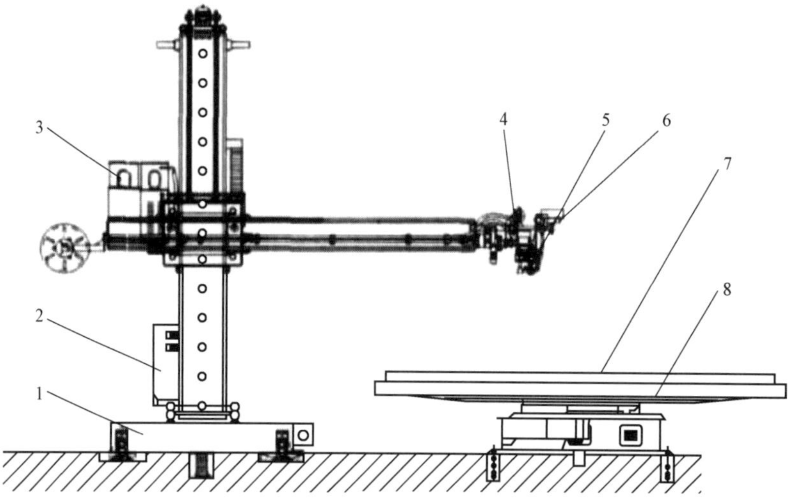

图 6-32 管板的带极堆焊设备

1—焊接操作机；2—焊接电源；3—焊剂自动添加回收系统；4—焊带驱动机构；5—带极堆焊头；6—焊接控制箱；7—工件；8—水平回台

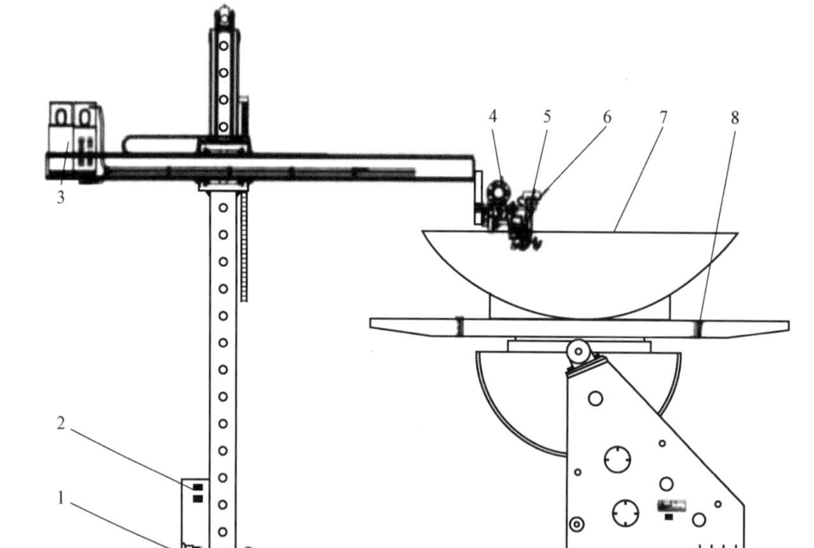

图 6-33 封头带极堆焊设备组成

1—焊接操作机；2—焊接电源；3—焊剂自动添加回收系统；4—焊带驱动机构；5—带极堆焊头；6—焊接控制箱；7—工件；8—变位机

复习思考题

带极埋弧堆焊由哪些系统组成？

第十一节　螺柱焊设备

学习目标：

- 了解螺柱焊设备的组成；
- 掌握螺柱焊设备的维护及保养。

一、螺柱焊设备组成

螺柱焊分为电容放电尖端引燃螺柱焊和拉弧式螺柱焊两大类。在电容放电尖端引燃螺柱焊中又依据电弧引燃时螺柱放电尖端与工件的间隙情况分为直接接触式和有引燃间隙式两种方法；拉弧螺柱焊则包含用陶瓷环或气体保护拉弧螺柱焊、短周期拉弧螺柱焊和电容放电拉弧螺柱焊三种工艺。

1. 电容放电尖端引燃螺柱焊设备

电容放电尖端引燃螺柱焊是以电容组作为电源，电容所储存的能量快速放电供给电弧。使用高容量电源，峰值电流可以达到 10 000 A。电容放电尖端引燃螺柱焊设备由电源、控制系统和焊枪三部分组成。通常电源与控制系统是集成在一起的。直接接触式和预留间隙式电容尖端放电螺柱焊电源是相同的，可以通用。

2. 拉弧式螺柱焊设备

拉弧式螺柱焊的电弧引燃与焊条的引燃原理相同，都是短路提升引弧。但是拉弧式螺柱焊的三种工艺过程却存在着一定的差别。

拉弧式螺柱焊三种工艺有所区别，其相应的设备也各有特点。

(1) 陶瓷环或气体保护拉弧螺柱焊设备

陶瓷环或气体保护拉弧螺柱焊采用整流器或变流器供电，为了使焊接过程稳定，要求电源为直流下降特性，具有良好的动特性。螺柱焊电源的负载持续率一般为3%～10%，空载电压在 70～100 V 之间，电源的最大焊接电流可达 3 000 A。

陶瓷环或气体保护拉弧螺柱焊电源普遍采用整流器分级调节或移相触发晶闸管整流，后者控制性能好，对网路电压波动具有较强的补偿能力。

(2) 短周期拉弧螺柱焊设备

短周期螺柱焊最容易实现自动化，成套设备包括电源、控制装置、送整流器料机及焊枪。短周期螺柱焊电源可以是整流器、电容器组，也可以是逆变器。当采用整流器或电容器组为短周期拉弧螺柱焊电弧提供电能时，通常使用两个单元并联，分别为先导电弧和焊接电弧供电。只有采用逆变器时可以采用一个电源。逆变式螺柱焊电源已经形成了系列产品，但是大多数应用于短周期拉弧螺柱焊。

(3) 电容放电拉弧焊设备

电容放电拉弧焊设备给电源供电的电源由两部分组成，其一是由 R3-L-VT3-R4-VD2-UR 构成的整流器，其作用是为先导电弧提供电能；其二是以电容器组为核心的储能式电源，为焊接电弧提供能量。

3. 螺柱焊设备通用组成

螺柱焊的设备主要由电源、焊枪及控制装置等部分组成，如图 6-34 所示。专用焊机常把电源和控制器做成一体。

(1) 电源

一般焊条电弧焊焊接用的直流电源都可以用于电弧螺柱焊，但必须配备一个控制箱，以进行电源的通断、引弧和燃弧时间的控制。由于螺柱焊焊接电流比焊条电弧焊的焊接电流大得多，对大直径螺柱的焊接可以用两台以上普通弧焊电源并联使用。螺柱焊电源的负载持续率很低，相当于焊条电弧焊的 1/3～1/5，若有可能宜选购专为电弧螺柱焊设计的电源。

(2) 焊枪

螺柱焊枪有手持式和固定式两种，其工作原理相同。手持式焊枪应用较普遍，图 6-35 为手持式电弧螺柱焊焊枪的典型结构。

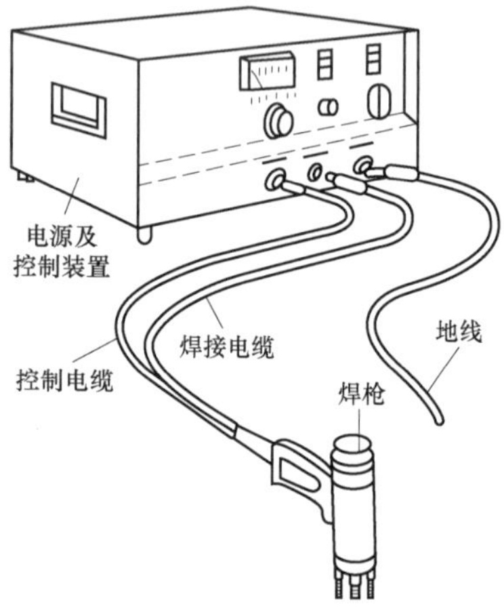

图 6-34 螺柱焊设备组成图

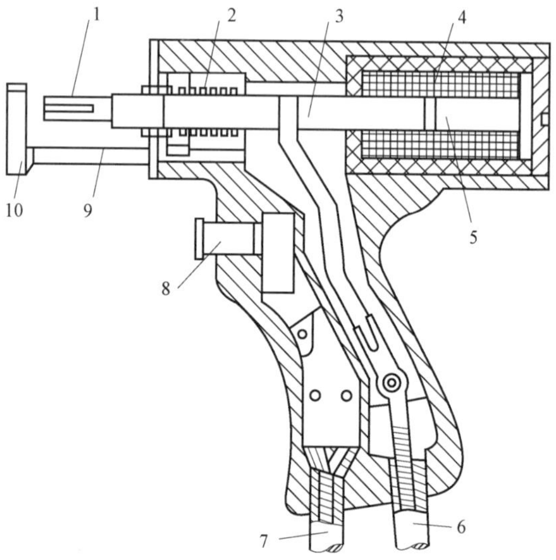

图 6-35 电弧螺柱焊焊枪结构图

1—夹头；2—拉杆；3—离合器；4—电磁线圈；5—铁心紧固腔；6—焊接电缆 7—控制电缆 8—扳机 9—支杆 10—脚盖

预接触式焊枪结构简单由螺柱夹持机构和将螺柱压入熔池的弹簧压下机构组成；预留间隙式焊枪则需增加提升螺柱的机构，通常是采用电磁线圈，施焊前线圈起作用使螺柱悬在焊件上方，施焊时，线圈断电，由弹簧使螺柱移向焊件；拉弧式焊枪的结构与电弧螺柱焊枪相类似。

二、螺柱焊设备维护与保养

1. 螺柱焊设备维护注意事项

影响焊接质量的主要工艺参数有：焊接电流、起弧电压、焊接时间、螺柱提升高度、气压、螺柱外伸长度和套圈夹头的同轴度等，不同的参数设置会产生不同的焊接效果，因此，设置合理的工艺参数显得尤其重要，属于工艺管理范畴。

特别强调：维护时，设备维修人员不得擅自设置或改动工艺参数。维护前应提前准备工具及附具：实施维护前应准备活络扳手、内六角扳手、尖嘴钳、气枪（或气管接头）以及抹布等常用工具。

2. 设备维护分级管理

(1) 初级清扫项目：每班使用后对主机各个表面清擦，做到无灰尘，无油污等。

(2) 使用前自检项目，每班使用前进行以下项目自检，然后开机操作：

1) 检查各指示灯显示是否正常；

2) 检查气路有无泄漏，气管是否老化；

3) 检查气压是否正常（$P \geqslant 0.6$ MPa）；

4) 检查电缆是否完好、接地线是否牢靠；

5) 检查导电夹头有无松动；

6) 检查灭弧罩是否完好，并对其进行一次清擦。

(3) 使用中巡检项目：

1) 检查主机有无异响、异味；

2) 各连接电缆是否完好、接地线是否牢固；

3) 检查各指示灯显示是否正常；

4) 检查导电夹头有无松动等，发现异常情况，立即排除。

(4) 手动枪的维护操作技巧

为了延长手动枪易磨损机械部件的更换周期，需要对零件进行定期保养。维护的操作顺序：

1) 用手拧下灭弧罩本体；

2) 用活动扳手逆时针方向拧下导电夹头固定螺母；

3) 拆下手动枪上的部件；

4) 检查导电夹头尾部顶杆锁紧螺母有无松动；

5) 用尖嘴钳清理灭弧罩；

6) 清理完毕后，顺次将零部件安装好，对焊枪表面及电缆进行清理，做到无灰尘、油污等。

复习思考题

(1) 螺柱焊设备的组成有哪些？

(2) 螺柱焊设备的维护及保养有哪些内容？

第十二节 电子束焊设备

学习目标：

- 了解电子束焊设备的组成；
- 了解电子束焊设备的使用。

一、电子束焊设备组成

真空电子束焊的焊接设备通常是由电子枪、高压电源、真空室(也称工作室)、运动系统、真空系统及电气控制系统等部分组成。

1. 电子枪

电子束焊的焊接设备中用以产生和控制电子束的电子光学系统称为电子枪。图6-36为三极电子枪枪体结构示意图。现代电子束焊机多采用三极电子枪,其电极系统由阴极、聚束极(栅极)和阳极组成。阴极处于高的负电位,它与接地的阳极之间形成电子束的加速电场。聚束极相对于阴极呈负电位,通过调节其负电位的大小和改变其电极形状及位置可以调节电子束流的大小和改变电子束的形状。

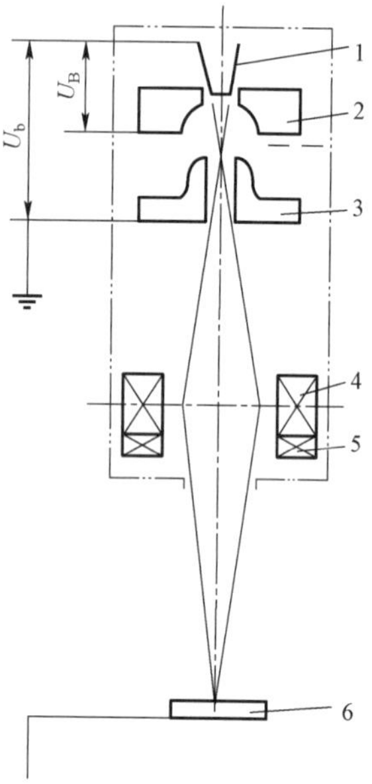

图6-36 三极电子枪枪体结构示意图
1—阴极;2—聚束极;3—阳极;4—聚焦线圈(电磁透镜);5—偏转线圈;6—工件;U_b—加速电压;U_B—偏压

2. 供电电源

供电电源是指电子枪所需要的供电系统,通常包括高压电源、阴极加热电源和偏压电源。这些电源装在充油的箱体中,称为高压油箱。纯净的变压器油既可作绝缘介质,又可作为传热介质将热量从电气元件传送到箱体外壁。电气元件都装在框架上,该框架又固定在油箱的盖板上,以便维修和调试。

(1) 高压电源

加速电压是施加于阴极和阳极之间的负直流高压,在阴、阳极间形成静电场对电子进行加速。高压的稳定可靠性、波形的平滑特性等是保证电子束斑点质量的关键。为了获得直流高压电源,须将交流电经整流和滤波形成稳定、平滑的负直流电压。高压电源获得方法经过了从工频、中频到高频的发展过程。在早期采用晶闸管直接调节电网输入电压,再经工频高压变压器升压到额定值,这种方法简单可靠,但对电网电压冲击较大,且变压器庞大,需要很大的滤波电容,从而纹波系数及电源储能都较大。在20世纪70年代开始逐步采用了中频发动机—发电机组的方式,通过发电机产生400 Hz中频电压后,经高压变压器升压。电压频率的提高降低了变压器的体积,发电机组稳定、可靠,不受电网波动的影响,纹波及动态特性得到了一定程度的提高。

(2) 阴极加热电源

直热式阴极加热电源应采用具有良好滤波的直流电源,在要求不高的某些专用焊机可采用交流供电。电源的输出电压和电流取决于所用阴极形状和尺寸。对于带状钨极,加热电压为 5~10 V,加热电流为 10~70 A 间热式阴极通常为电子轰击式,除加热灯丝的电源外,轰击电压为若干千伏,轰击电流为100~200 mA。

(3) 偏压电源

三极枪的偏压电源应能使电子束流从零到额定值连续可调。一般偏压应能在 100~

2 000 V 之间调节。为了使电子束流稳定在允许的范围内(一般应为± 1%),偏压电源及其控制回路应有良好的调节特性。常用的偏压电源是调节偏压变压器低压输入端电压的整流电源。为了改善偏压电源的动态特性,可以采用逆变电源,也可以直接控制偏压电源的高压输出端电压。对于后者,由于偏压电源接在电子枪的负高压端,所以在控制系统中采用了光导纤维来传输控制信号,以解决高压绝缘问题。

3. 真空系统

真空系统是对电子枪和真空室(也称工作室)抽真空用的。该系统中大多使用三种类型的真空泵。一种是活塞式或叶片式机械泵,也称为低真空泵,能够将电子枪和工作室从大气压抽到 10 Pa 左右。在低真空焊机、大型真空室或对抽气速度要求较高的设备中,这种机械泵应与双转子真空泵(也称罗茨泵)配合使用,以提高抽速并使工作室压强降到 1 Pa 以下。另一种是油扩散泵,用于将电子枪和工作室压强降到 10^{-2} Pa 以下。油扩散泵不能直接在大气压下启动,必须与低真空泵配合组成高真空抽气机组。在设计抽真空程序时应严格按照真空泵和机组的使用要求,否则将造成扩散泵油氧化、真空容器的污染甚至损坏真空设备等后果。还有一种是涡轮分子泵,它是抽速极高的高真空泵,又不像油扩散泵那样需要预热,同时也避免了油的污染,多用于电子枪的真空系统。

4. 真空室

真空室(也称工作室)提供了进行电子束焊的真空环境,同时将电子束与操作者隔离开来,防止电子束焊接时产生的 X 射线对人体和环境的伤害。真空室的尺寸及形状应根据焊机的用途和被加工的零件来确定。真空室一般采用低碳钢和不锈钢制成,碳钢制成的工作室内表面应镀镍或作其他处理,以减少表面吸附气体、杂质及飞溅油污等,缩短抽真空时间和便于真空室的清洁工作。

真空室的设计应满足承受大气压所必需的刚性、强度指标和 X 射线防护的要求。中低压电子束焊机(加速电压小于或等于 60 kV),可以靠真空室钢板的厚度和合理设计工作室结构来防止 X 射线的泄漏。高压电子束焊机(加速电压高于 60 kV)的电子枪和真空室必须设置严密的铅板防护层,铅防护层通常黏结在真空室的外壁上。

真空室可采用整板结构和带加强肋的薄板结构。10 m^3 容积以下的真空室尽可能采用整板结构,这种结构的真空室制造工艺简单,易于黏结铅防护板,但真空室笨重,刚性差。采用加强肋的薄板结构,其真空室刚性强,但制造工艺复杂。

真空室的容积和形状应根据焊机的用途来选择。通用型电子束焊机的真空室容积大,多呈长方形或圆柱形。对专用型电子束焊机应根据被焊工件来设计工作室,特别是对生产率高的焊机,应尽量减小真空室容积,以减少抽真空时间。由于电子束焊适用范围很广,所以电子束焊机真空室的结构多种多样,其尺寸也大小不一。目前电子束焊机真空室的容积范围是从几升到数千立方米。电子束焊机的使用者未得到焊机设计者的允许,不得随意改装真空室,以免出现 X 射线的泄漏、真空室的变形等问题。

5. 运动系统

运动系统使电子束与被焊零件产生相对移动,实现焊接轨迹,并在焊接过程中保持电子束与接缝的位置准确和焊接速度的稳定,一般由工作台、转台及夹具组成。

电子束焊机大多将电子枪固定在真空室顶部,运动系统使工件运动来实现焊接。高压电子束焊机给电子枪供电的电缆粗大、柔性差,一般采用定枪结构。对大型真空室的中低压电子束焊机,为了充分利用真空室,也可以使工件不动,而使电子枪运动进行焊接。图 6-37 是典型的通用高压真空电子束焊机的运动系统,采用定枪结构以及可移出真空室的数控工作台和转台。

为了提高生产率,可采用多工位夹具,抽一次真空可以焊接多个零件。图 6-38(a)所示的多工位焊接夹具装在真空室内,同时装有 14 个零件,一次焊接完成。图 6-38(b)所示的是两工位齿轮组合体电子束焊机,一个工位在真空室外进行装配和拆卸已焊好的齿轮,另一工位在真空室内进行焊接。由于多工位夹具应用于大批量生产中,对其重复定位精度要求很高。

图 6-37　1ZD150-15A 高压电子束焊机

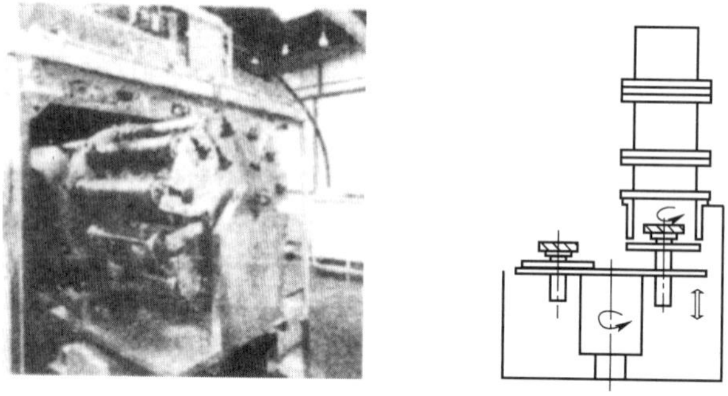

(a)　(b)

图 6-38　多工位装配焊接夹具

6. 电气控制系统

控制系统就是电子束焊机的操作系统,通过将上述各部分功能进行组合,完成优质的焊缝,也标志着电子束焊机工业应用的成熟程度。

图 6-39(a)所示是保存在德国慕尼黑博物馆 1958 年生产的世界首台真空电子束焊机,手动操作,各部分之间没有协调关系。图 6-39(b)为当代先进的电子束焊机,采用可编程序控制器(PLC)或工控机控制各部分的逻辑关系,实现焊接过程自动化。

(a)　(b)

图 6-39　世界首台和当代先进的真空电子束焊机

二、真空电子束焊机的正确使用

1. 真空系统启动

(1) 接通冷却水。真空系统必须在接通冷却水后才能启动工作。

(2) 打开机械泵抽气口阀门,启动机械泵,开始抽真空。机械泵启动时,必须先打开机械泵抽气口的阀门,使其与大气相通,待其运转正常后迅速与大气切断,而转向需要抽气的部件。

(3) 当真空度达到 5×10^{-2} Torr(1 Torr=133.322 Pa)时,启动扩散泵。扩散泵必须在机械泵的预抽真空度达到 5×10^{-2} Torr 时才能加热工作。停止加热后,至少冷却 0.5 h 才能关闭机械泵,以免扩散泵油氧化。

(4) 关闭机械泵抽气口阀门,停止机械泵。停止机械泵前,必须先关闭机械泵抽气口阀门,使其与真空系统断开,再与大气相通,以免机械泵油进入真空系统。

(5) 真空系统和工作室内部应保持干净,不能有污物、尘埃和潮气等。停止工作时必须保持其内部有一定的真空度。

2. 焊接操作

(1) 启动

在工作室内将被焊工件安装就绪后,关闭工作室门,然后接通冷却水,合上总电源开关。按真空系统的操作顺序启动机械泵和扩散泵,待工作室内的真空度达到 5×10^{-4} Torr 以上时,即可进入施焊阶段。

(2) 焊接

将电子枪的高压电源、聚焦偏转电源、灯丝电源和偏转电源接通,并逐步升高加束电压使达到所需数值。然后调节灯丝电流和轰击电压,使有适当的电子束流射出,在工件上能看出电子束焦点,再调节聚焦电流,使电子束的焦点达到最佳状态。假如焦点偏离接缝,可调节偏转线圈的电流或使电子枪做横向移动使其对中。调节轰击电源使电子束的电流达到预定的数值,此时按下启动按钮,工件便按预定速度移动,进入正常焊接过程。在电子束焊接过程中,电子束的焦点应能始终准确对准焊缝,这是获得满意焊接质量的前提。对中的方法有观察法、反射电子法和探针法三种。

1) 观察法

电子束焦点可以通过工作室的观察窗直接进行观察,也可以借助光学系统精确测量电子束焦点的位置,来实现电子束与焊缝的对中。光学系统适用于小功率电子束焊时的目测对中。电子束焊机的光学观察系统如图 6-40 所示。

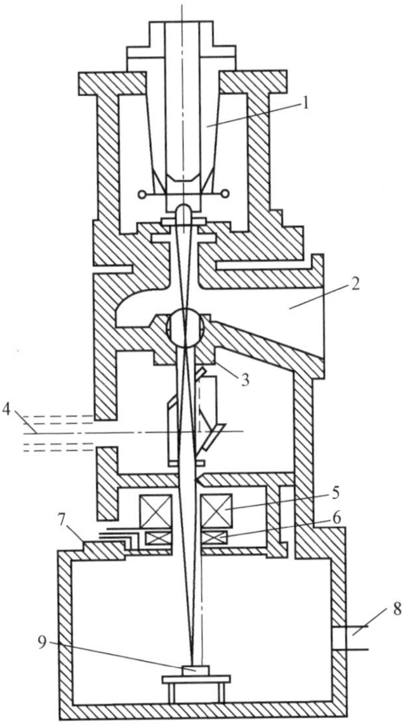

图 6-40　电子束焊机的光学观察系统
1—电子枪;2、8—接真空系统;3—柱阀;4—光学观察系统;5—磁聚焦线圈;6—偏转线圈;7—水冷防热屏;9—工件

在大功率电子束焊时,由于焊接时蒸发的大量金属蒸气会污染光学镜片,所以只能在焊前用小功率电子束进行调整时使用,而焊接时不能继续使用,应该用挡板遮蔽光学系统。如果在光学系统中装电视摄像系统,就可以进行电视摄像观察,并能进行远距离监视。

2) 反射电子法

当被焊工件接缝紧密接触(无间隙装配)时,则难以用光学系统观察,而应用电子扫描装置和反射电子法观察电子束焦点与接缝的相对位置,从而进行对中。反射电子法的工作原理是用一个功率很小,但电压与焊接电压相同的小能量电子束流垂直于接缝进行往复扫描。由于金属表面反射电子的能力与接缝不同,因此将反射的电子接入示波器显示出波形。借助脉冲线路,瞬时中断扫描线路,此时扫描轨迹出现一个亮点,根据亮点的位置即可确定电子束焦点的位置,此种方法的精度可达 0.025 mm。

3) 探针法

探针法对中是一种电气—机械跟踪控制系统对中方法。其工作原理是装在电子枪上的探针位于接缝处,由它检测的位移信息经变换器传递给控制系统以保证电子枪自动对中焊缝。跟踪控制系统有两种类型:当焊接直焊缝时,电子枪沿真空室的长度方向(x 轴)做直线运动,而跟踪系统使工作台根据变换器发出的信号在 y 轴方向移动;当焊接曲线焊缝时,跟踪系统使电子枪旋转,使探针始终位于曲线接缝的切线位置上,电子枪与工件的移动根据 x–y 轴坐标与探针的角位移相配合,使电子枪匀速精确地跟踪曲线接缝。

(3) 停止

焊接结束时,必须先把偏转电压逐渐减小使电子束焦点离开焊缝,然后把加速电压降低到零,并把灯丝电源和传动装置的电源电压降到零,此后切断高压电源、聚焦偏转电源和传动装置电源的按钮开关,这样便完成了一次焊接操作。待工件冷却后,按真空操作程序从工作室中取出被焊工件。

复习思考题

(1) 电子束焊设备由哪些系统组成?

(2) 电子束焊设备正确的操作步骤有哪些?

第十三节　激光焊设备

学习目标:

- 了解激光焊设备的组成;
- 了解激光焊设备的一般应用。

一、激光焊设备组成

激光焊接是利用高能量密度的激光束作为热源的一种高效精密焊接方法。激光焊接因具有高能量、高密度、可聚焦、深穿透、高产率、高精度、适应性强等优点而受到人们的重视,并已应用于航空航天、核能、汽车制造、电子轻工等领域。

激光焊设备主要由激光器、光学系统、机构系统、控制与监测系统及一些辅助装置等组成。其中,用于焊接的激光器主要有 YAG 固体激光器和 CO_2 气体激光器两大类。光学系统包括导光及聚焦系统、光学元器件的冷却系统、光学系统的保护装置等;机构系统主要包括工作台和计算机控制系统(或数控工作台);控制与监测系统主要进行焊接过程与质量的监控。另外,还有光束检测仪及其他辅助装置和保护气、冷却系统等。光束检测仪的作用是监测激光器的输出功率,有的还能测量光束横截面上的能量分布状况,判断光束模式。

激光焊接设备的组成如图 6-41 所示。多工位激光加工中心(CO_2 激光器)如图 6-42 所示;激光加工机器人(YAG 激光器)如图 6-43 所示。

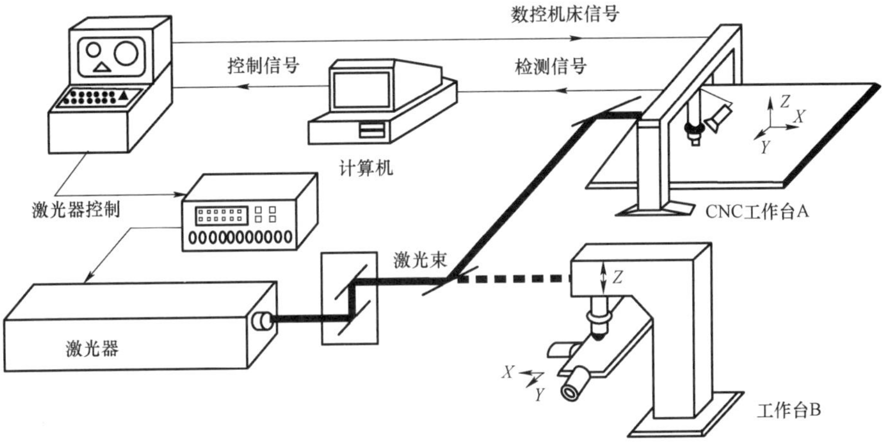

图 6-41 激光焊接设备的组成

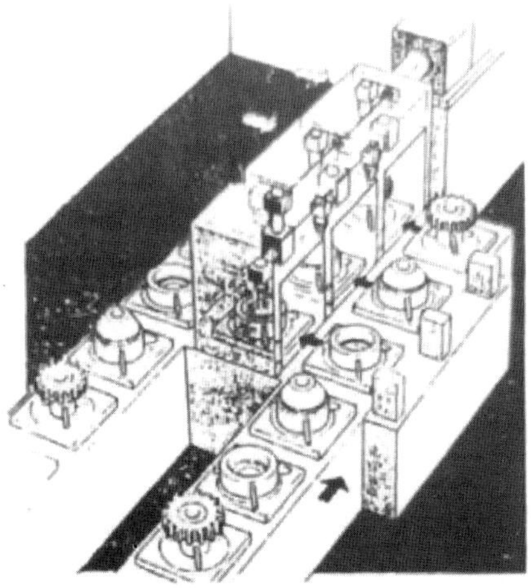

图 6-42 多工位激光加工中心(CO_2 激光器)

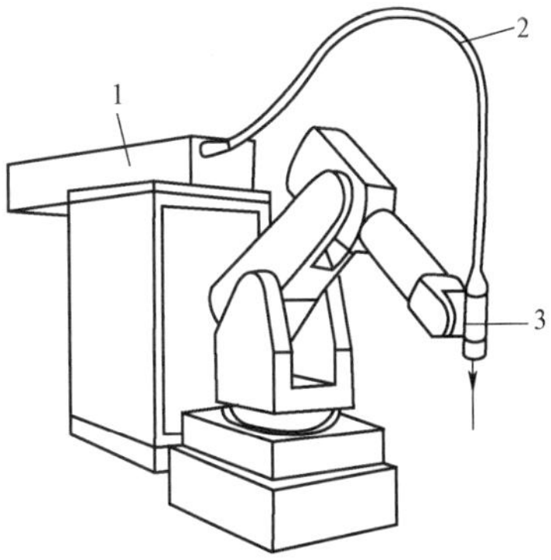

图 6-43 激光加工机器人(YAG 激光器)

二、激光焊设备应用

1. 常用激光焊机

(1) 固体激光焊机

激光焊机主要由激光器、控制系统、光束传输和聚焦系统、焊枪、电源、工作台及气源、水源、操作盘、带传动机械等组成。固体激光焊接设备如图 6-44 所示。

1) YAG 固体激光器。激光焊接使用 YAG 激光器,其工作物质为掺钕的忆铝石榴石晶体,平均输出功率为 0.3～3 kW,最大功率可达 4 kW。YAG 激光器可在连续或脉冲状态工作,也可在断续状态下工作。典型 YAG 激光器的结构如图 6-45 所示。

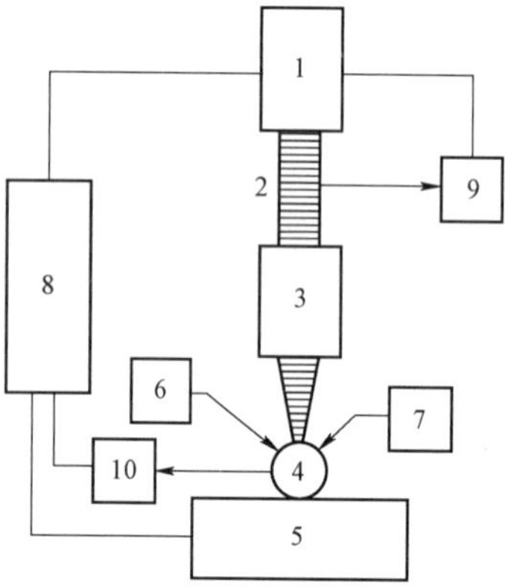

图 6-44 固体激光焊接设备

1—激光器;2—激光光束;3—光学系统;4—焊件;5—转胎;6—观测瞄准系统;7—辅助能源;8—程控设备;9、10—信号器

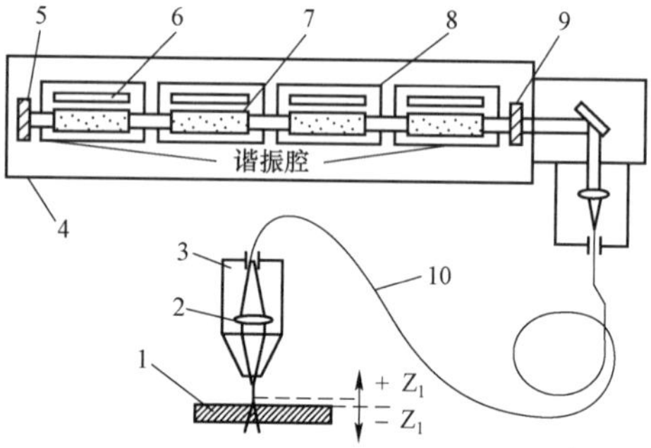

图 6-45 典型 YAG 激光器的结构图

1—工件;2—输出透镜;3—工作头;4—激光头;5—后反射镜;6—氙灯;7—YAG 激光器;8—聚光器;9—前反射镜;10—光纤

2) 光学聚焦系统。激光发生器辐射出的激光束,其能量密度不足,通过聚焦系统的作用,使能量进一步集中后,才能用来进行焊接。由于激光的单色性和方向性好,因此可用简单的聚焦透镜或球面反射镜进行聚集。

3) 观察系统。由于激光束斑很小,为了找准接缝部位,必须采用观察系统。观察系统主要由测微目镜、菱形棱镜、正像棱镜、小物镜、大物镜组成。利用观察系统可放大 30 倍左右。

4) 电源。为保证激光器稳定运行,均采用快响应,恒稳定性高的固态电子控制电源。

5) 工作台。伺服电动机驱动的工作台可供安放工件实行焊接。

6) 控制系统。多采用数控系统。

(2) 气体激光焊机

气体激光焊机的组成部分除了用 CO_2 激光器代替固体激光器外,其他部分基本上与固体激光器焊机相同。气体激光器主要是指 CO_2 激光器,它的工作介质是 CO_2、N_2、He 的混合气体,其配比为 60%:30%:7%(体积分数)。按气体的流动方式不同分为密闭式、横流式、轴流式三种类型。

1) 密闭式 CO_2 激光器的结构如图 6-46 所示。工作介质气体封闭在玻璃管内,在电极间加直流高压，使混合气体辉光放电，激励 CO_2 分子产生“集居数反转”，为形成激光创造条件。每 1 m 玻璃管可获得 50 W 左右的激光功率，常采用并、串联方式扩大激光功率范围。

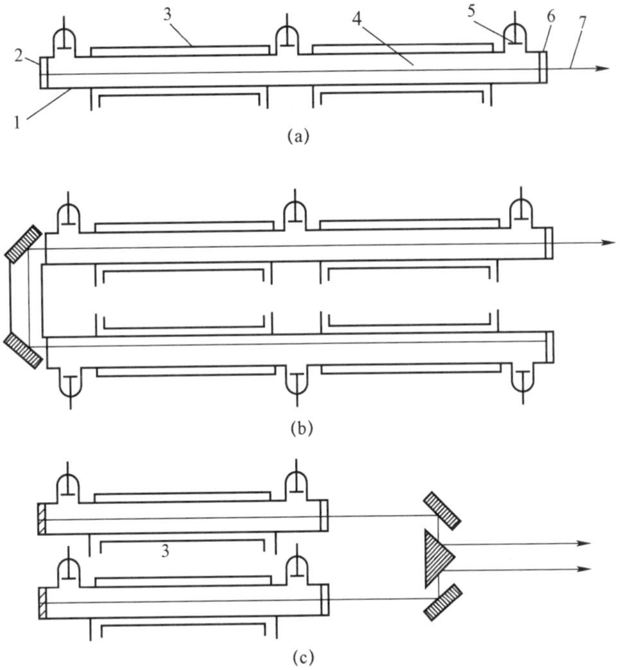

图 6-46　密闭式 CO_2 激光器的结构

(a) 单联式；(b) 折叠式；(c) 多管并联式

1—放电管；2—全反射镜；3—冷却水套；4—激光工作气体；5—电极；6—输出窗口；7—激光束

2)横流式 CO_2 激光器的结构如图 6-47 所示。混合工作气体在垂直光轴方向以 50 m/s 速度流动。气体直接与换热器进行交换，冷却效果良好，因而获得 2 000 W/m 的激光输出功率。

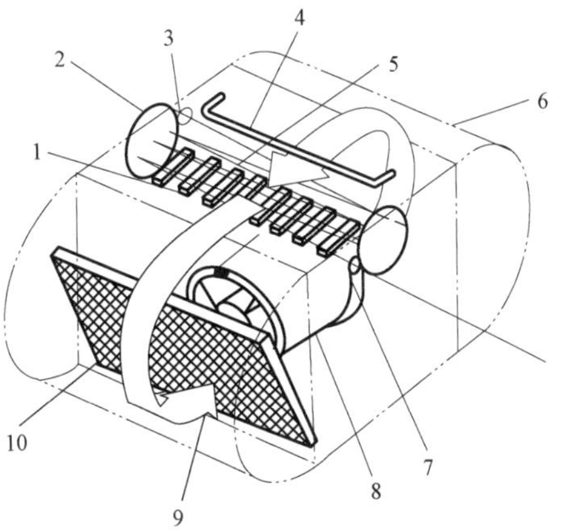

图 6-47　横流式 CO_2 激光器的结构

1—平板式阳极；2—折叠镜；3—后腔镜；4—阴极；5—放电区；6—密封壳体；7—输出反射镜；8—高速风机；9—气流方向；10—热交换器

3）快速轴流式 CO_2 激光器的结构如图 6-48 所示。混合工作气体在放电管中接近声速沿光束轴向流动，可获得 500～2 000 W/m 激光功率输出。输出模式为(TEM_{00}+TEM_{01})，特别适于焊接和切割加工。

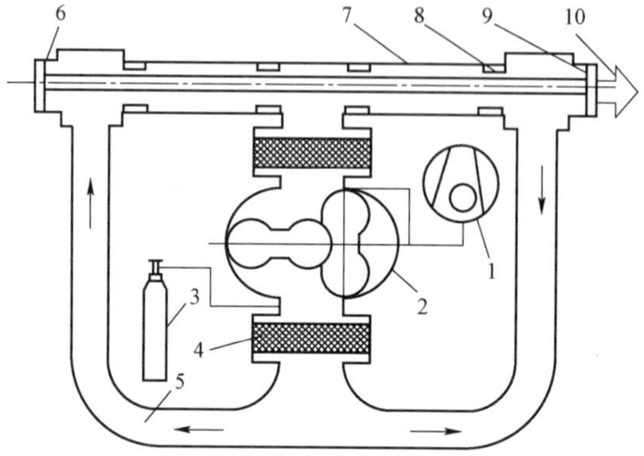

图 6-48 快速轴流式 CO_2 激光器的结构

1—真空系统；2—罗茨风机；3—激光工作气体源；4—热交换器；5—气管；6—全反射镜；7—放电管；8—电极；9—输出窗口；10—激光束

(3) 汉普斯(HPS)系列激光焊机

HPS 系列激光焊接机采用电动调节激光器焦点的高低，通过面板上的手动按钮，可方便快速地调节激光焦点。焊缝平整、宽度窄，热影响区小，能完成传统工艺无法实现的精密焊接。这类激光焊机适用于各种材料的点焊、对接焊、叠焊、密封焊，适用于小件的精密焊接，完成平面直线、圆弧和任意轨迹的焊接。

(4) 单片机控制(YAG)激光焊机

这类激光焊接机采用单片机控制，主要型号有 RL-LWY180、RL-LWY300、RL-LWY400、RL-LWY500 等。单片机控制激光焊接机是应用高能脉冲激光对物件进行焊接。通过激光电源对氙灯充放电，形成一定频率和脉宽的光波经聚光腔辐射到 YAG 晶体，晶体发光经谐振后发出 1 064 nm 的脉冲激光，再经扩束、反射、聚焦后进行焊接。设备配备单片机控制的工作台，焊接时通过对激光频率、脉宽、工作台速度、移动方向进行高精度控制。设备主要采用单片机操作台编程，可完成点焊、对接焊、叠焊、密封焊；完成复杂的平面直线、圆弧和任意轨迹的焊接；可焊接金、银、白金、不锈钢、钛、铝等金属及其合金材料。此类设备已广泛应用于航空、船舶、石化、家电、日用品、医疗器械、仪表、电子、汽车等行业。

2. 激光焊机的选用

在实际焊接生产中，要正确选择合适的激光焊机，一般应注意以下几点。

1）根据加工要求，合理选择焊机。

被选用激光焊机的种类，重点考虑输出激光的波长、功率、模式和传输方式。

2）输出功率。

焊接是个热过程，其所需热量来自激光束能量。为了有效地进行激光焊接，至少需要输出 500 W 高质量光束能量，经聚焦而在工件内部形成熔深小孔。由于小孔深度取决于输出功率，因此功率越大，熔深就越大。如果影响熔深的其他因素(如功率分布、光斑大小)不变，对相同熔深而言，增加输出功率可提高焊接速度。除额定功率外，还要考虑功率的可变性，选择具有较宽调节范围(如 200～1 500 W、200～3 000 W)的激光焊机。

3) 投资和运行费用。

如一次性投资的比较、电能、冷却水和工作气体特别是氦气的消耗水平等。

4) 生产现场环境。

现场环境下运行的可靠性、调整和维修的方便性、连续运转和待机使用时间、激光器故障诊断水平、腔体准直工序的可掌握程度等。

5) 生产或销售厂商的经济和技术实力、可信程度。

6) 易损、易耗件的价格、来源，零配件可获得的难易程度。

选择或购买激光焊机时，应根据工件尺寸、形状、材质和特点、技术参数、适用范围和经济效益等综合考虑。微型件、精密件的焊接可选用小功率焊机；点焊可选用脉冲激光焊机；直径为 0.5 mm 以下金属丝、丝与板或薄膜之间的点焊，特别是微米级细丝、箔膜的点焊等则应选择小功率脉冲激光焊机。随着焊件厚度的增大，应选用功率较大的焊机。大功率连续激光焊机大多是 CO_2 激光焊机，主要用于形成连续焊缝和厚板的熔深焊。快速轴流式 CO_2 激光焊机因消耗大量氦气，运行成本比较高，选择时应适当考虑。此外，还应注意激光焊机是否具有监控保护等功能。

复习思考题

(1) 激光焊设备的组成及分类有哪些?

(2) 激光焊设备的选用有哪些内容?

第十四节 焊接机器人

学习目标：

- 了解焊接机器人的组成；
- 了解焊接机器人的技术指标。

一、机器人焊接概述

焊接机器人是工业机器人中的一种，是在焊接生产领域代替焊工从事焊接任务的工业机器人。据不完全统计，全世界在役的工业机器人中，大约近一半用于各种形式的焊接加工领域。对焊接作业而言，焊接机器人是能够自动控制、可重复编程、多功能、多自由度地焊接操作机。目前在焊接生产中使用的主要是点焊机器人、弧焊机器人、钎焊机器人和激光焊接机器人，其中应用最普遍的是点焊机器人和弧焊机器人。

多数焊接机器人是通用工业机器人装上某种焊接工具而构成的。在多任务环境中，一台机器人甚至可以完成包括焊接在内的抓物、搬运、安装、焊接、卸料等多种任务。机器人可以根据程序要求和任务性质，自动更换机器人手腕上的工具，完成相应的任务。因此，从某种意义上来说，工业机器人的发展历史就是焊接机器人的发展历史。

二、焊接机器人组成

1. 工业机器人的工作原理及构成

现在广泛应用的焊接机器人都属于第一代工业机器人，它的基本工作原理是示教再现。示教也称导引，即由用户导引机器人，一步一步按实际任务操作一遍，机器人在导引过程中自动记忆示教的每个动作的位置、姿态、运动参数、工艺参数等，并自动生成一个连续执行全部操作的程序。完成示教后，只需给机器人一个启动命令，机器人将精确地按示教动作，一步一步完成全部操作。这就是示教与再现。实现上述功能的主要工作原理简述如下。

(1) 机器人的系统结构

一台通用的工业机器人，按其功能划分，一般由三个相互关联的部分组成：机械手总成、控制器总成、示教系统，如图 6-49 所示。

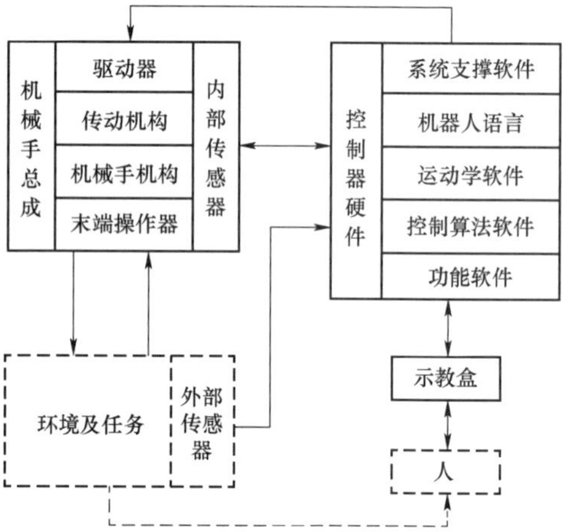

图 6-49 工业机器人的基本结构

机械手总成是机器人的执行机构，它由驱动器、传动机构，机器人臂，关节、末端操作器以及内部传感器等组成。它的任务是精确地保证末端操作器所要求的位置、姿态和实现其运动。

控制器是机器人的神经中枢。它由计算机硬件软件和一些专用电路构成，其软件包括控制器系统软件、机器人专用语言、机器人运动学和动力学软件、机器人控制软件、机器人自诊断和自保护功能软件等，它处理机器人工作过程中的全部信息和控制其全部动作。

示教系统是机器人与人的交互接口，在示教过程中它将控制机器人的全部动作，并将其全部信息送入控制器存储器中，它实质上是一个专用的智能终端。

(2) 机器人手臂运动学

机器人的机械臂是由数个刚性杆体以旋转或移动关节串联而成，是一个开环关节链，开链的一端固接在基座上，另一端是自由的，安装着末端操作器(如焊枪)。在机器人操作时，机器人手臂前端的末端操作器必须与被加工工件处于相适应的位置和姿态，而这些位置和姿态是由若干个臂关节的运动所合成的，因此机器人运动控制中，必须要知道机械臂各关节变量空间，末端操作器的位置和姿态之间的关系，这就是机器人运动学建模。一台机器人机械臂结构几何参数确定后，其运动学模型即可确定，这是机器人运动控制的基础。

(3) 机器人轨迹规划

机器人机械手端部从起点(包括位置和姿态)到终点的运动轨迹空间曲线叫路径，轨迹规划的任务是用一种函数来“内插”或“逼近”给定的路径，并沿时间轴产生一系列“控制设定点”，用于控制机械手运动。

目前常用的轨迹规划方法有关节变量空间关节插值法和笛卡尔空间规划两种方法。

(4) 机器人机械手的控制

当一台机器人机械手的动态运动方程已给定，它的控制目的就是按预定性能要求保持机械手的动态响应。但是由于机器人机械手的惯性力、耦合反应力和重力负载都随运动空间的变化而变化，因此要对它进行高精度、高速、高动态品质的控制是相当复杂而困难的，现在正在为此研究和发展许多新的控制方法。目前工业机器人上采用的控制方法是把机械手上每一个关节都当作一个单独的伺服机构，即把一个非线性的、关节间耦合的变负载系统，简化为线性的非耦合单独系统。每个关节都有两个伺服环，外环提供位置误差信号，内环由模拟器件和补偿器(具有衰减速度的微分反馈)组成，两个伺服环的增益是固定不变的。因此基本上是一种比例积分微分控制方法(PID 法)。这种控制方法，只适用于目前速度、精度要求不高和负荷不大的机器人控制，对常规焊接机器人来说，已能满足要求。

(5) 机器人编程语言

机器人编程语言是机器人和用户的软件接口，编程语言的功能决定了机器人的适应性和给用户的方便性，至今还没有完全公认的机器人编程语言，每个机器人制造厂都有自己的语言。实际上，机器人编程与传统的计算机编程不同，机器人操作的对象是各类三维物体，运动在一个复杂的空间环境，还要监视和处理传感器信息。因此其编程语言主要有两类：面向机器人的编程语言和面向任务的编程语言。面向机器人的编程语言的主要特点是描述机器人的动作序列，每一条语句大约相当于机器人的一个动作，整个程序控制机器人完成全部作业。面向任务的机器人编程语言允许用户发出直接命令，以控制机器人去完成一个具体的任务，而不需要说明机器人需要采取的每一个动作的细节。如美国的 RCCL 机器人编程语言，就是用 C 语言和一组 C 函数来控制机器人运动的任务级机器人语言。

焊接机器人的编程语言，目前都属于面向机器人的语言，面向任务的机器人语言尚属开发阶段，大都是针对装配作业的需要。

2. 工业机器人的基本构成

工业机器人的基本构成可参见图 6-50 和图 6-51。图 6-50 为一台电动机驱动的工业机器人，图 6-51 为一台液压驱动的工业机器人。焊接机器人基本上都属于这两类工业机器人，弧焊机器人大多采用电动机驱动机器人，因为焊枪重量一般都在 10 kg 以内。点焊机器人由于焊钳重量都超过 35 kg，也有采用液压驱动方式。因为液压驱动机器人抓重能力大，但大多数点焊机器人仍是采用大功率伺服电动机驱动，因它成本较低，系统紧凑。工业机器人是由机械手、控制器、驱动器和示教盒四个基本部分构成。对于电动机驱动机器人，控制器和驱动器一般装在一个控制箱内，而液压驱动机器人，液压驱动源单独成一个部件。

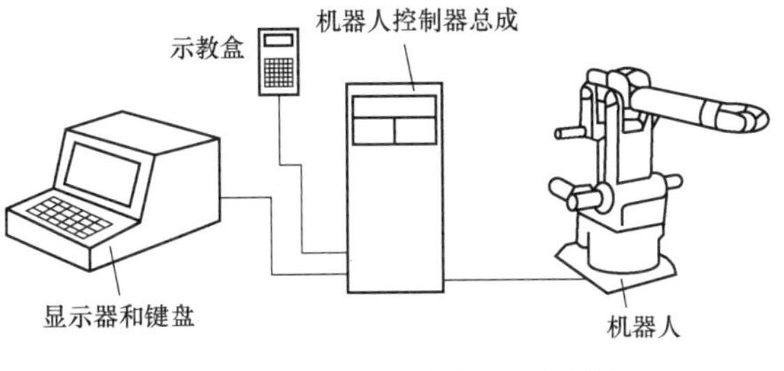

图 6-50 电动机驱动的工业机器人

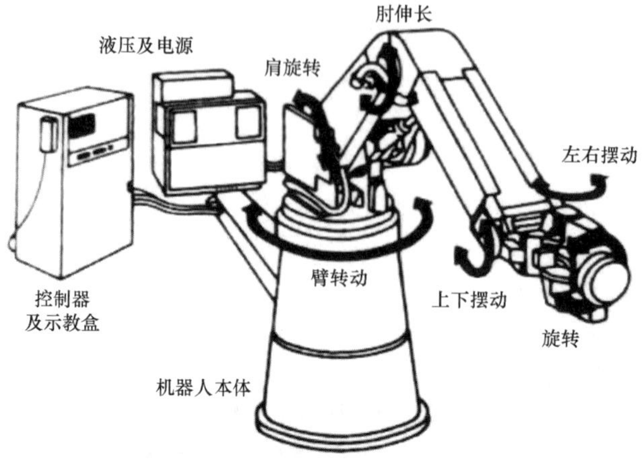

图 6-51　液压驱动的工业机器人

(1) 机械手

机器人机械手又称操作机,是机器人的操作部分,由它直接带动末端操作器(如焊枪、点焊钳)实现各种运动和操作,它的结构形式多种多样,完全根据任务需要而定,其追求的目标是高精度、高速度、高灵活性、大工作空间和模块化。现在工业机器人机械手的主要结构形式有如下三种。

1) 机床式

这种机械手结构类似机床。其达到空间位置的三个运动(x、y、z)是由直线运动构成,其末端操作器的姿态由旋转运动构成,如图 6-52 所示,这种形式的机械手优点是运动学模型简单,控制精度容易提高;缺点是机构较庞大,占地面积大、工作空间小。简易和专用焊接机器人常采用这种形式。

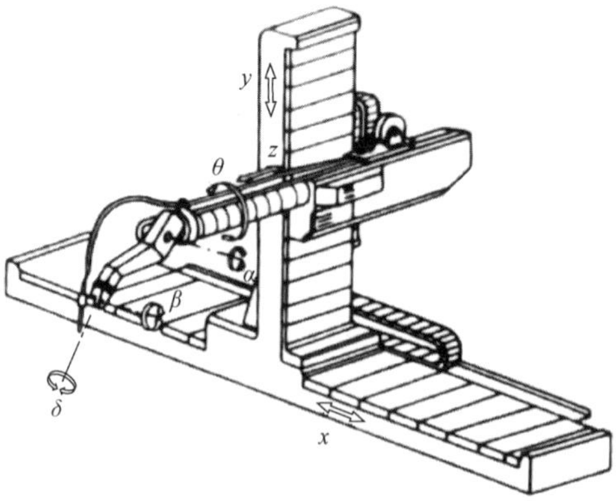

图 6-52　机床式机械手

2) 全关节式

这种机械手的结构类似人的腰部和手臂,其位置和姿态全部由旋转运动实现,图 6-53 为正置式全关节机械手,图 6-54 为偏置式全关节机械手。这是工业机器人机械手最普遍的结构形式。其特点是机构紧凑、灵活性好、占地面积小、工作空间大;缺点是高精度控制难度大。偏置式与正置式的区别是手腕关节置于小臂的外侧或小臂关节置于大臂的外侧一边,以扩大腕或手的活动范围，但其运动学模型要复杂一些。目前焊接机器人主要采用全关节式机械手。

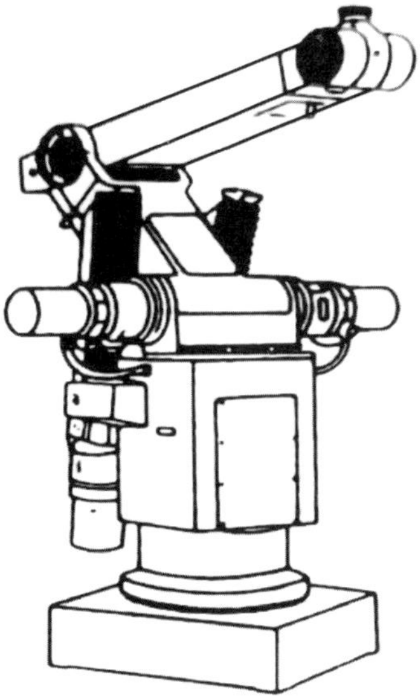

图 6-53　正置式关节机械手

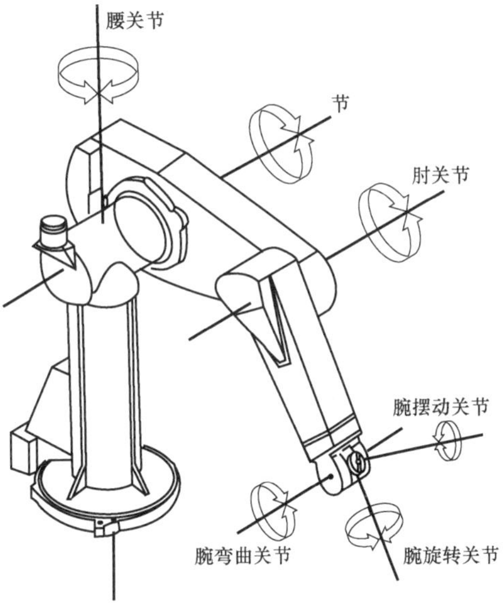

图 6-54　偏置式关节机械手

3）平面关节式

这种机械手的机构特点是上下运动由直线运动构成，其他运动均由旋转运动构成。这种结构在垂直方向刚度大、水平方向又十分灵活，较适合以插装为主的装配作业，所以被装配机器人广泛采用，又称为 SCARA 型机械手。机器人机械手的具体结构虽然多种多样，但都是由常用的机构组合而成。现以美国 PUMA 机械手为例来简述其内部机构，如图 6-55 所示。它是由机座、大臂、小臂、手腕四部分构成，机座与大臂、大臂与小臂、小臂与手腕有三个旋转关节，以保证达到工作空间的任意位置，手腕中又有三个旋转关节：腕转、腕曲、腕摆，以实现末端操作器的任意空间姿态。手腕的端部为一法兰，以连接末端操作器。

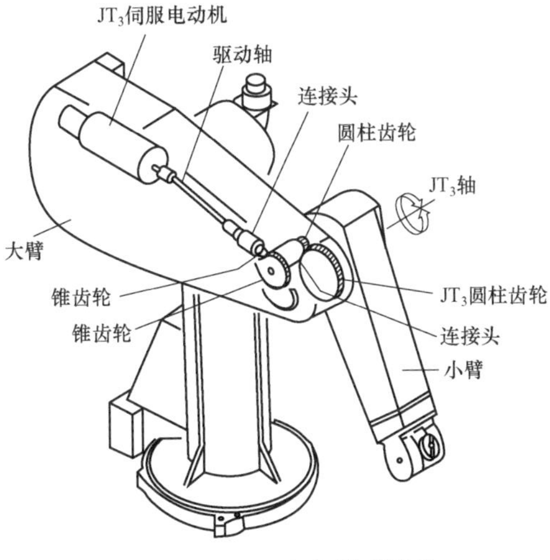

图 6-55　PUMA 机械手机构

(2) 驱动器

由于焊接机器人大多采用伺服电动机驱动,这里只介绍这类驱动器。工业机器人目前采用的电动机驱动器可分为四类。

1) 步进电动机驱动器

它采用步进电动机,特别是细分步进电动机为驱动源,由于这类系统一般都是开环控制,因此大多用于精度较低的经济型工业机器人。

2) 直流电动机伺服系统驱动器

它采用直流伺服电动机系统,由于它能实现位置、速度、加速度三个闭环控制,精度高、变速范围大、动态性能好,因此是较早期工业机器人的主要驱动方式。

3) 交流电动机伺服系统驱动器

它采用交流伺服电动机系统,这种系统具有直流伺服系统的全部优点,而且取消了换相电刷,不需要定期更换电刷,大大延长了机器人的维修周期,因此是现在机器人主要的驱动方式。

4) 直接驱动电动机驱动器

这是最新发展的机器人驱动器,直接驱动电动机一般有大于 1:10 000 的调速比,在低速下仍能输出稳定的功率和高的动态品质,在机械手上可直接驱动关节,取消了减速机构,既简化机构又提高效率,是机器人驱动的发展方向,美国的 Adapt 机器人是直接驱动机器人。工业机器人的驱动器布置都采用一个关节一个驱动器。一个驱动器的基本组成为:电源、功率放大板、伺服控制板、电动机、测角器、测速器和制动器。

(3) 控制器

机器人控制器是机器人的核心部件,它实施机器人的全部信息处理和对机械手的运动控制。图 6-56 是控制器的工作原理图。工业机器人控制器大多采用二级计算机结构,虚线框内为第一级计算机,它的任务是规划和管理。机器人在示教状态时,接受示教系统送来的各示教点位置和姿态信息、运动参数和工艺参数,并通过计算把各点的示教(关节)坐标值转换成直角坐标值,存入计算机内存。

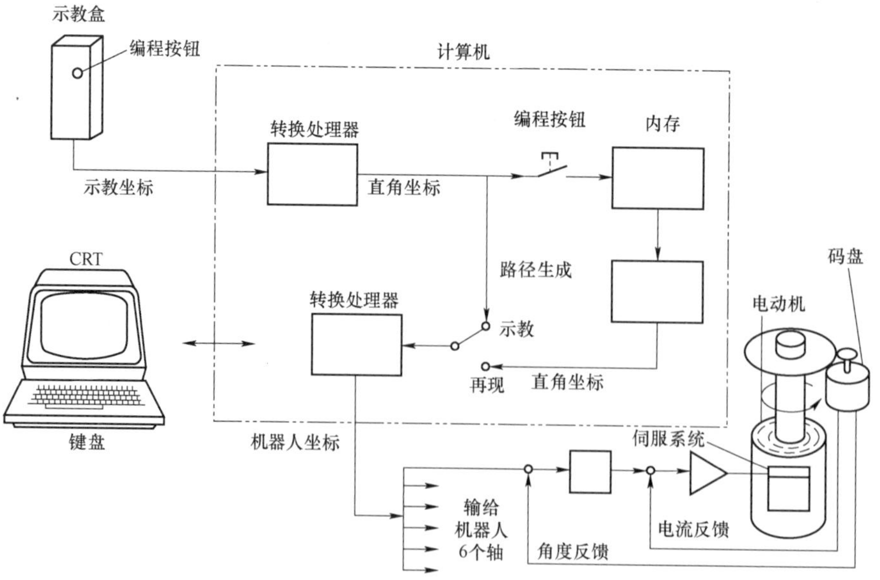

图 6-56 控制器的工作原理图

机器人在再现状态时，从内存中逐点取出其位置和姿态坐标值，按一定的时间节拍(又称采样周期)对它进行圆弧或直线插补运算，算出各插补点位置和姿态坐标值，这就是路径规划生成。然后逐点把各插补点的位置和姿态坐标值转换成关节坐标值分送各个关节。这就是第一级计算机的规划全过程。

第二级计算机是执行计算机，它的任务是进行伺服电动机闭环控制。它接收了第一级计算机送来的各关节下一步期望达到的位置和姿态后，又作一次均匀细分，以求运动轨迹更为平滑，然后将各关节的下一细步期望值逐点送给驱动电动机，同时检测光电码盘信号，直到其准确到位。以上均为实时过程，上述大量运算都必须在控制过程中完成。以 PUMA 机器人控制器为例，第一级计算机的采样周期为 28 ms，即每 28 ms 向第二级计算机送一次各关节的下一步位置和姿态的关节坐标，第二级计算机又将各关节值等分 30 细步，每 0.875 ms 向各关节送一次关节坐标值。

(4) 示教盒

示教盒是人机交互接口，目前人对机器人示教有三种方式。

1) 手把手示教

这种方式又称全程示教。即由人握住机器人机械臂末端，带动机器人按实际任务操作一遍。在此过程中，机器人控制器的计算机逐点记下各关节的位置和姿态值，而不作坐标转换，再现时，再逐点取出，这种示教方式需要很大的计算机内存，而且由于机构的阻力，示教精度不可能很高。目前主要在喷漆、喷涂机器人示教中应用。

2) 示教盒示教

即由人通过示教盒操纵机器人进行示教，这是最常用的机器人示教方式，目前焊接机器人都采用这种方式。

3) 离线编程示教

即无须人操作机器人进行现场示教，而可根据图样，在计算机上进行编程，然后输给机器人控制器。它具有不占机器人工时、便于优化和更为安全的优点，所以是今后发展的方向。图 6-57 为 ESAB 焊接机器人的示教盒，它通过电缆与控制箱连接，人可以手持示教盒在工件附近最直观的位置进行示教。示教盒本身是一台专用计算机，它不断扫描盒上的功能和数字键、操纵杆，并把信息和命令送给控制器。各厂家的机器人示教盒都不相同，但其追求目标都是为方便操作者。

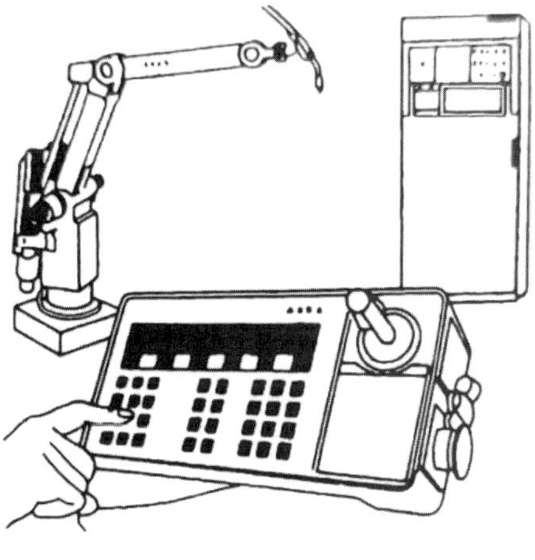

图 6-57 焊接机器人的示教盒

示教盒上的按键主要有三类：

① 示教功能键，如示教/再现、存入删除修改、检查、回零、直线插补、圆弧插补等，为示教编程用；

② 运动功能键，如 X 向动、Y 向动、Z 向动、正/反向动、1～6 关节转动等，为操纵机器人示教用；

③ 参数设定键，如各轴速度设定、焊接参数设定、摆动参数设定等。

3. 典型焊接机器人及其系统

(1) 点焊机器人

点焊机器人的典型应用领域是汽车工业。一般装配每台汽车车体需要完成 3 000-4 000

个焊点,而其中的 60%~90%是由机器人完成的。在有些大批量汽车生产线上,服役的机器人台数甚至高达 300 台以上。汽车工业引入机器人已取得下述明显效益:如实现多品种的混流生产(柔性生产);提高焊接质量稳定性;提高生产效率;把操作工人从繁重的劳动环境中解放出来等。现在机器人已经成为汽车生产行业的支柱。

典型点焊机器人的规格:以持重 100 kg、最高速度 4 m/s 的六轴垂直多关节点焊机器人为例,由于实用中几乎全部用来完成间隔为 30~50 mm 的打点作业,运动中很少能达到最高速度,因此,改善最短时间内频繁短节距启、制动的性能是本机追求的重点。为了提高加速度和减速度,在设计中注意了减轻手臂的重量,增加驱动系统的输出力矩。同时,为了缩短滞后时间,得到高的静态定位精度,该机采用低惯性、高刚度减速器和高功率的无电刷伺服电动机。由于在控制回路中采取了加前馈环节和状态观测器等措施,控制性能大大得到改善,50 mm 短距离移动的定位时间被缩短到 0.4 s 以内。

1) 点焊机器人及其系统的基本构成

① 点焊机器人的结构形式

点焊机器人系统虽然有多种结构形式,一般由机器人本体、点焊控制器、机器人控制柜、点焊钳、点焊辅助设备(线缆包、水汽单元、焊接工装、电极修磨器、水冷单元、安全光栅)等构成。

② 点焊机器人焊接系统

电阻焊四大工艺方法包括电阻点焊、电阻凸焊、电阻缝焊和电阻闪光对焊,这些方法在汽车行业有着广泛的应用,尤其是电阻点焊,占汽车焊接量的 80%以上,这些焊接方法有个共同的特点:在形成焊接接头的过程中,一是必须向接头提供大的焊接电流,二是要向接头提供压力。点焊机器人焊接设备主要由焊接控制器、焊钳(含电弧焊变压器),及水、电、气等辅助部分组成。

2) 点焊机器人的选择

① 机器人抓重

由于点焊钳相对重量较大,机器人抓重一般多选择 150~250 kg,除考虑抓重能力外,高速运转时,还应该考虑惯量问题;特别要指出的是,部分厂家的机器人抓重是以第 5 轴和第 6 轴的旋转轴线交叉点为基准,而非第 6 轴末端,在计算载荷和惯量时要特别注意。

② 运动范围和结构

根据被焊工件和点焊钳的尺寸,机器人运动半径通常选择 2.00~3.00 m,在点焊钳结构尺寸确定后,最好通过模拟验证机器人运动范围是否满足要求;同时希望机器人结构刚性好,结实可靠,减小运动中的惯性冲击。

③ 重复定位精度

点焊机器人要求相对较低,一般为 0.1~0.5 mm。

④ 焊钳和点焊控制的选择

焊钳和点焊控制是点焊机器人辅助设备中最重要的设备,基本采用一体化焊钳,在可能的情况下,最好选择中频点焊控制器,降低变压器质量和体积。根据上面的基本要求,再从经济效益、社会效益方面进行综合论证,以决定是否采用机器人及所需的台数,机器人选型等。

（2）弧焊机器人

1）弧焊机器人概述

① 弧焊机器人的应用范围

随着弧焊工艺在各行业的普及，弧焊机器人已经在汽车零部件、通用机械、金属结构等许多行业中得到广泛运用。在我国，弧焊机器人主要应用于汽车、工程机械、摩托车、铁路、航空/航天、军工、自行车、家电、船舶等多种行业，其中以汽车零部件行业为最多，工程机械次之；随着机器人技术、传感技术和焊机的发展，用户对机器人应用特点等认知度的提高，以及国内机器人系统集成商的逐步成熟，越来越多的行业开始应用弧焊机器人。

② 弧焊机器人的作业性能

在弧焊作业中，要求焊枪跟踪工件的焊道运动，并不断填充金属形成焊缝（Bead Weld），因此运动过程中速度的稳定性和轨迹精度是两项重要的指标。一般情况下，焊接速度为5～50 mm/s，轨迹精度为±0.2～0.5 mm。由于焊枪的姿态对焊缝质量也有一定影响，因此希望在跟踪焊道的同时，焊枪姿态的可调范围尽量大。作业时，为了得到优质焊缝，往往需要在动作的示教以及焊接条件（电流、电压、速度）的设定上花费大量的人力和时间，所以，除了上述性能方面的要求外，如何使机器人便于操作也是一个重要课题。

③ 弧焊机器人的分类

从结构形式划分，既有直角坐标型的弧焊机器人，也有关节型的弧焊机器人。对于小型、简单的焊接作业，机器人有四五轴即可以胜任。对于复杂工件的焊接，采用六轴机器人对调整焊枪的姿态比较方便。对于特大型工件焊接作业，为加大工作空间，有时把关节型机器人悬挂起来，或者安装在运载小车上使用。

④ 规格

举一个典型的弧焊机器人加以说明。图6-58和表6-13分别是主机的简图和规格。

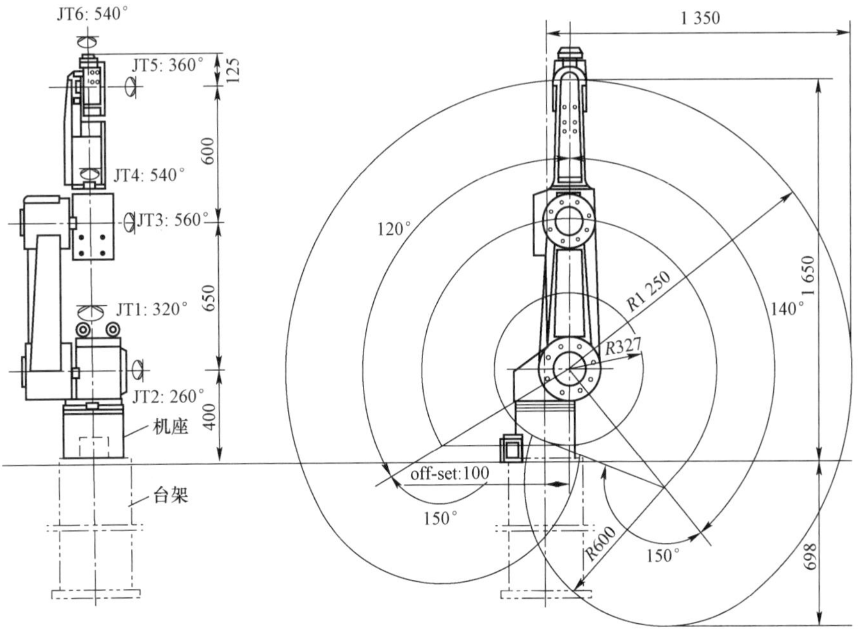

图6-58　典型弧焊机器人的主机简图

表 6-13 典型弧焊机器人的规格

抓重	5～6 kg，承受焊枪所必需的负荷能力
重复定位精度	±0.1 mm，高精度
可控轴数	6 轴同时控制，便于焊枪姿态调整
动作方式	各轴单独插补（PTP 方式），焊枪端部等速控制 CP 方式（直线插补、圆弧插补等）
速度控制	焊枪端部最大直线速度为 2～3 m/s，调速范围广，从极低速到高速均可调
焊接功能	焊接电流、电弧电压设定，允许在焊接过程中改变焊接条件，断弧、黏丝检测保护功能；焊枪摆动条件（摆幅、频率、角度等）设定
存储功能	IC 存储器、硬盘等
辅助功能	定时、运算、平移等功能，外部输入/输出接口
应用功能	程序编辑，外部条件判断，异常检测，传感器接口等

2）弧焊机器人系统的构成

弧焊机器人可以被应用在所有电弧焊、切割技术范围及类似的工艺方法中。最常用的应用范围是结构钢和 Cr-Ni 钢的熔化极活性气体保护焊（CO_2 焊、MAG 焊）；铝及特殊合金熔化极惰性气体保护焊（MIG），Cr-Ni 钢和铝的加冷丝和不加冷丝的钨极惰性气体保护焊（TIG）以及埋弧焊。除气割、等离子弧切割及喷涂外，还实现了在激光焊接和切割上的应用。

图 6-59 为典型弧焊机器人系统基本构成，其主要包括：机器人系统（机器人本体、机器人控制柜、示教盒）、焊接电源系统（焊机、送丝机、焊枪、焊丝盘支架）、焊枪防碰撞传感器、变位机、焊接工装系统（机械、电控、气路/液压）、清枪器、控制系统（PLC 控制柜、HMI 触摸屏、操作台）、安全系统（围栏、安全光栅、安全锁）和排烟除尘系统（自净化除尘设备、排烟罩、管路）等。弧焊机器人工作站通常采用双工位或多工位设计，采用气动/液压焊接夹具，机器人（焊接）与操作者（上下料）在各工位间交替工作；当操作人员将工件装夹固定好之后，按下操作台上的启动按钮，机器人完成另一侧的焊接工作，马上会自动转到已经装好的待焊工件的工位上接着焊接，这种方式可以避免或减少机器人等候时间，提高生产效率。

① 弧焊机器人基本结构

弧焊用的工业机器人通常有 5 个自由度以上，具有 6 个自由度的机器人可以保证焊枪的任意空间轨迹和姿态。图 6-59 为典型的弧焊机器人的主机简图。点至点方式移动速度可达 60 m/min 以上，其轨迹重复精度可达到±0.1 mm，它们可以通过示教和再现方式或通过离线编程方式工作。

这种焊接机器人应具有直线及环形内插法摆动的功能。如图 6-60 所示的 6 种摆动方式，以满足焊接工艺要求。机器人的负荷一般为 5～16 kg。

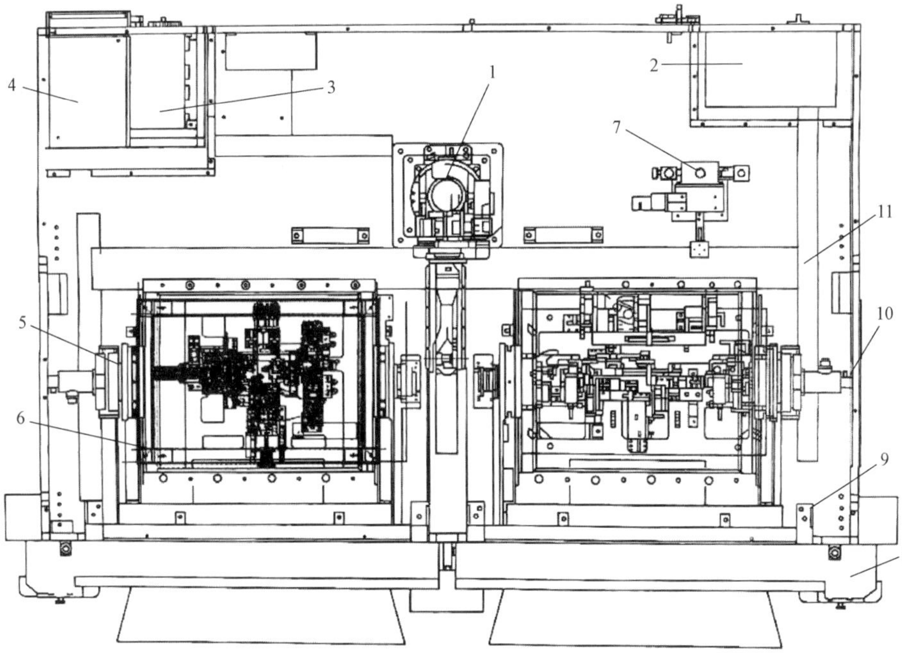

图 6-59 典型弧焊机器人工作站

1—机器人；2—PLC 控制柜；3—焊机；4—机器人控制柜；5—变位机；6—工装；
7—剪丝装置；8—卷帘门；9—安全光栅；10—安全围栏；11—电缆线槽

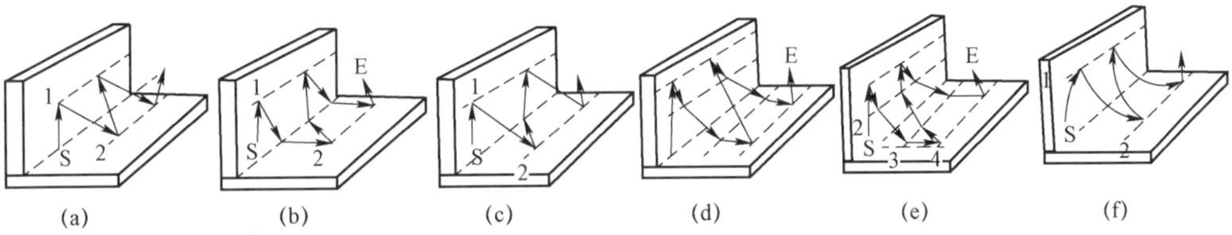

图 6-60 弧焊机器人的 6 种摆动方式

弧焊机器人的控制系统不仅要保证机器人的精确运动，而且要具有可扩充性，以控制周边设备，确保焊接工艺的实施。

② 弧焊机器人周边设备

弧焊机器人只是焊接机器人系统的一部分，还应有行走机构及小型和大型移动机架。通过这些机构来扩大工业机器人的工作范围，同时还具有各种用于接受、固定及定位工件的转胎(见图 6-61)、定位装置及夹具。

在最常见的结构中，工业机器人固定于基座上，工件转胎则安装于其工作范围内。为了更经济地使用工业机器人，至少应有两个工位轮番进行焊接。所有这些周边设备其技术指标均应适应弧焊机器人的要求，即确保工件上焊缝的到位精度达到 ± 0.2 mm。以往的周边设备都达不到机器人的要求。为了适应弧焊机器人的发展，新型的周边设备由专门的工厂进行生产。

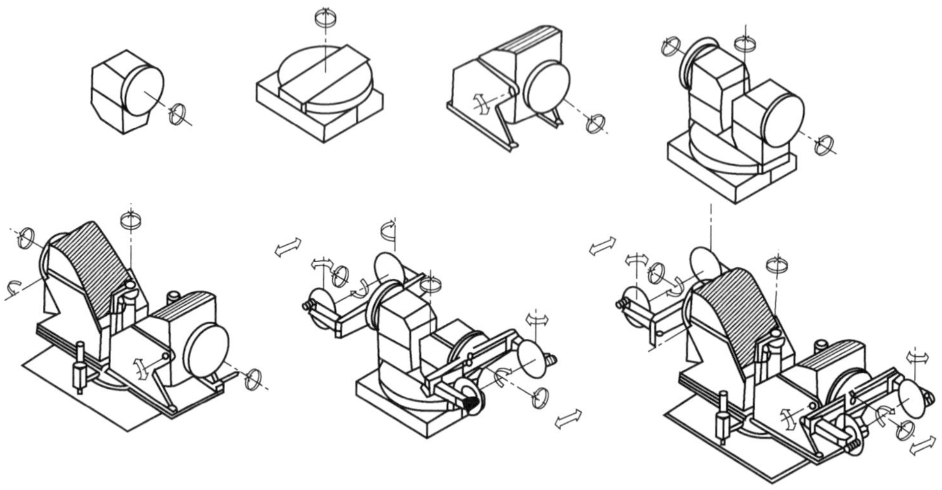

图 6-61 各种机器人专用胎具

变位机作为机器人焊接生产线及焊接柔性加工单元的重要组成部分,已经基本实现标准化,其作用是将被焊工件旋转(平移)到达最佳的焊接位置。在焊接作业前和焊接过程中,变位机通过夹具来装卡和定位被焊工件,在一定程度上焊接夹具是整个机器人系统成败的关键,它的主要作用体现在以下几个方面:

a. 准确、可靠地定位和夹紧,减小工件的尺寸偏差,提高工件的制造精度;

b. 有效地防止和减小焊接变形;

c. 使工件处于最佳的施焊部位,保证焊缝成形良好,工艺缺陷明显降低,焊接速度得以提高;

d. 可以扩大先进的工艺方法的使用范围,促进焊接结构的生产机械化和自动化的综合发展。

针对不同类型的工件,工装会采用不同的设计方式,可分为:定位型、强制压紧型、反变形型等。定位型工装一般只对工件起到定位和固定的作用,对装配质量(定位、间隙、错边等)、焊后尺寸及焊接过程热变性等几乎没有任何作用;强制压紧型工装一般通过外力(气缸、夹钳等)使工件发生一定的弹性变形,保证装配质量,同时对焊接过程热变形等也有一定的抑制作用,通常可以较好地保证焊后尺寸;反变形型工装是通过外力(液压、气缸等)使工件发生较大的弹性变形或塑性变形,保证装配质量,特别对焊接过程热变形等也有较好的抑制或抵消作用,通常是为了保证焊后工件尺寸或形状,反变形量和压力设计是此类工装的难点。

根据转胎及工具的复杂性,机器人控制与外围设备之间的信号交换是不同的,这一信号交换对于工作的安全性有很大意义。

③ 焊接设备

随着焊接自动化的不断升级换代,焊接机器人成为焊接自动化中的高端主流配置,成为焊接自动化的发展方向。而焊接电源作为机器人焊接系统的重要组成部分,基于焊接电源与机器人通信要求及其自身的特点,机器人用焊接电源相对于手工焊电源有了较大变化,主要体现在功能全面化、数据库专业化、性能稳定化,且对送丝系统及焊枪的要求有了较大的修正。

在机器人焊接工程中,焊接电源的性能和选用是一项极为重要的技术,因为焊点或焊缝质量的优劣与控制,大都与焊接电源有着直接的关系。机器人用焊接电源鉴于应用范围和技术特点,需满足一定的要求:

a. 焊接电弧的抗磁偏吹能力;

b .焊接电弧的引弧成功率;

c. 熔化极弧焊电源的焊缝成形要求;

d. 机器人与弧焊电源的通信要求;

e. 机器人对自动送丝机的要求;

f. 机器人对所配置焊枪的要求。

机器人用电弧焊设备配置的焊接电源需要具有稳定性高、动态性能好、调节性能好的品质特点,同时具备可以和机器人进行通信的接口,这就要求焊接设备具备专家数据库和全数字化系统。其中一些中高端客户需要焊接电源具有焊接参数库功能的一元化模式、一元化设置模式和二元化模式。

送丝机需要配置自动化送丝机,可以安装在机器人的肩上,且在一些高端配置中,焊接电源需要有进退丝功能,同时送丝机上也配置点动送丝/送气按钮。

④ 控制系统与外围设备的连接

工业控制系统不仅要控制机器人机械手的运动,还需控制外围设备的动作、开启、切断以及安全防护,图 6-62 是典型的控制框图。

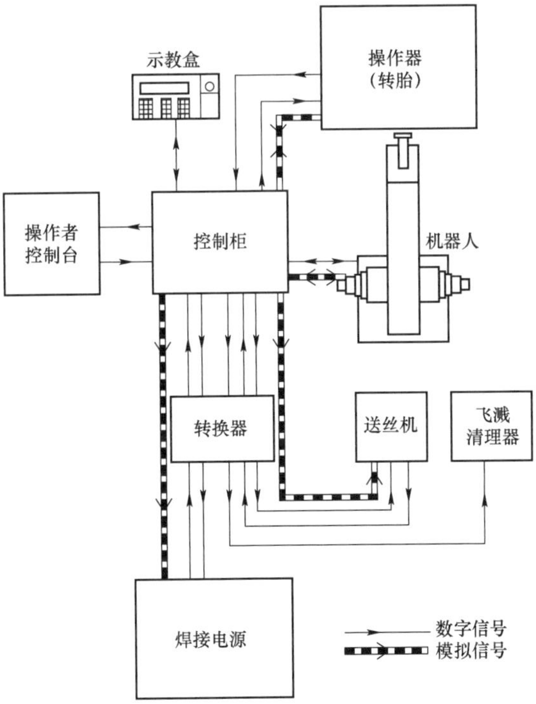

图 6-62　典型的控制框图

控制系统与所有设备的通信信号有数字量信号和模拟量信号。控制柜与外围设备用模拟信号联系的有焊接电源、送丝机构以及操作机(包括夹具、变位器等)。这些设备需通过控制系统预置参数，通常是通过D/A数模转换器给定基准电压，控制器与焊接电源和送丝机构电源一般都需有电量隔离环节，防止焊接的干扰信号对计算机系统的影响，控制系统对操作机电动机的伺服控制与对机器人伺服控制电动机的要求相仿，通常采用双伺服环，确保工件焊缝到位精度与机器人到位精度相等。

数字量信号负担各设备的启动、停止、安全以及状态检测。

三、焊接机器人主要技术指标

选择和购买焊接机器人时，全面和确切地了解其性能指标十分重要。使用机器人时，掌握其主要技术指标更是正确使用的前提。各厂家在其机器人产品说明书上所列的技术指标往往比较简单，有些性能指标要根据实用的需要在谈判和考察中深入了解。

焊接机器人的主要技术指标可分两大部分：机器人的通用指标和焊接机器人的专用指标。

1. 机器人通用技术指标

1）自由度数

这是反映机器人灵活性的重要指标。一般来说，有 3 个自由度数就可以达到机器人工作空间的任何一点，但焊接不仅要达到空间某位置，而且要保证焊枪(割具或焊钳)的空间姿态，因此焊接机器人至少需要 5 个自由度。目前，大部分机器人都具有 6 个自由度。

2）负载

指机器人末端能承受的额定载荷。焊枪及其电缆、割具及气管、焊钳及电缆、冷却水管等都属负载，因此弧焊和切割机器人的负载能力为 6～10 kg；点焊机器人如使用一体式焊钳，其负载能力应为 60～120 kg，如用分离式焊钳，其负载能力应为 30～60 kg。

3）工作空间

厂家所给出的工作空间是机器人未装任何末端操作器情况下的最大可达空间，有用图形来表示。应特别注意的是，在装上焊枪(或焊钳)等后，又需要保证焊枪姿态。实际的可焊接空间会比厂家给出的小一些，需要认真地用比例作图法或模型法核算一下，以判断是否满足实际需要。

4）最大速度

这在生产中是影响生产效率的重要指标。产品说明书给出的是在各轴联动情况下，机器人手腕末端所能达到的最大线速度。由于焊接要求的速度较低，最大速度只影响焊枪(或焊钳)的到位、空行程和结束返回时间。一般情况下，焊接机器人的最高速度达 1～1.5 m/s，已能满足要求。切割机器人要视不同的切割方法而定。

5）重复定位精度

这是机器人性能的最重要指标之一。对点焊机器人，从工艺要求出发，其精度应达到焊钳电极直径的 1/2 以下，即 1～2 mm。对弧焊机器人，则应小于焊丝直径的 1/2，即 0.4～0.6 mm

6）轨迹重复精度

这项指标对弧焊机器人和切割机器人十分重要；但各机器人厂家都不给出这项指标，因为测量比较复杂，但各机器人厂家内部都做这项测量，应坚持索要其精度数据，对弧焊和切割机器人，其轨迹重复精度应小于焊丝直径或割具切孔直径的 1/2，一般需要达到 0.3～0.5 mm 以下。

7）用户内存容量

指机器人控制器内主计算机存储器的容量大小，这反映了机器人能存储示教程序的长度，它关系到能加工工件的复杂程度。即示教点的最大数量。一般用能存储机器人指令的系数和存储总字节(Byte)数来表示，也有用最多示教点数来表示。

8）插补功能

对弧焊、切割和点焊机器人，都应具有直线插补和圆弧插补功能。

9）语言转换功能

各厂机器人都有自己的专用语言，但其屏幕显示可由多种语言显示，例如，ASEA 机器人可以选择英、德、法、意、西班牙、瑞士等国语言显示。这对方便他国工人操作十分有用。我国国产机器人用中文显示。

10）自诊断功能

机器人应具有对主要元器件、主要功能模块进行自动检查、故障报警、故障部位显示等功能。这对保证机器人快速维修和进行保障非常重要。因此自诊断功能是机器人的重要功能，也是评价机器人完善程度的主要指标之一。现在世界上名牌工业机器人都有自诊断功能项，用指定代码和指示灯方式向使用者显示其诊断结果及报警。

11）自保护及安全保障功能

机器人有自保护及安全保障功能。主要有驱动系统过热自断电保护、动作超限位自断电保护、超速自断电保护等，它起到防止机器人伤人或周边设备，在机器人的工作场所装有各类触觉或接近觉传感器，并能使机器人自动停止工作。

2. 焊接机器人专用技术指标

1）可以适用的焊接或切割的方法

这对弧焊机器人尤为重要，这实质上反映了机器人控制和驱动系统抗干扰的能力，现在一般弧焊机器人只采用熔化极气体保护焊方法，因为这些焊接方法不需采用高频引起弧焊，机器人控制和驱动系统没有特殊的抗干扰措施，能采用钨极氩弧焊的弧焊机器人需要有一定的特殊抗干扰措施。这一点在选用机器人时要加以注意。

2）摆动功能

这对弧焊机器人甚为重要，它关系到弧焊机器人的工艺性能。现在弧焊机器人的摆动功能差别很大，有的机器人只有固定的几种摆动方式，有的机器人只能在 XY 平面内任意设定摆动方式和参数，最佳的选择是能在空间(XYZ)范围内任意设定摆动方式和参数。

3）焊接 P 点示教功能

这是一种在焊接示教时十分有用的功能，即在焊接示教时，先示教焊缝上某一点的位置，然后调整其焊枪或焊钳姿态，在调整姿态时，原示教点的位置完全不变。实际是机器人能自动补偿由于调整姿态所引起的 P 点位置的变化，确保 P 点坐标，以方便示教操作者。

4）焊接工艺故障自检和自处理功能

这是指常见的焊接工艺故障，如弧焊的黏丝、断丝、点焊的黏电极等，这些故障发生后，如不及时采取措施,则会发生损坏机器人或报废工件等大事故,因此机器人必须具有检出这类故障并实时自动停车报警的功能。

5) 引弧和收弧功能

为确保焊接质量,需要变参数,在机器人焊接中,在示教时应能设定和修改,这是弧焊机器人必不可少的功能。

复习思考题

(1) 焊接机器人的组成包含哪些系统?

(2) 焊接机器人的技术指标有哪些内容?

第十五节 焊接设备维修

学习目标:

- 了解焊接设备维修基本知识;
- 掌握常用焊接设备故障产生的原因和识别一般故障。

一、焊接设备维修基本知识

1. 焊接设备故障分类

任何种类的焊接设备,经过一段时间的使用,会产生各种各样的故障。焊接设备的故障是指由于种种原因致使设备的电气线路(包括元器件)或机构的损坏,使其不能正常工作,从而丧失功能的过程和结果。为了深入了解焊接设备故障并及时采取技术措施来解决,焊接设备故障可从不同角度来进行分类。

(1) 设备故障存在的位置

1) 外部故障:指设备不需拆除机壳在外面就能观察到的故障,如手弧焊机受外力撞击使焊机调节电流的手柄倾斜,影响了电流调节功能的顺畅。

2) 内部故障:故障在设备壳内,查找、观察和修理时必须打开机壳仔细查找,有时还需用借助仪表进行一系列的测试才行。焊机的故障,绝大部分属于此类。

(2) 设备故障产生的原因

1) 外因故障:设备因受外力因素、环境条件或外接电源(如电网三相供电不平衡)等原因产生的故障,外因故障的表现处不一定在设备的外部,有时也会在设备的内部。

2) 内因故障:使设备产生故障的因素发生在设备内部,如设备某个元件损坏、某段导线断开或虚连、某个紧固螺栓松动等。此类故障占设备故障的绝大部分。

(3) 设备故障产生的时间特点

1) 间歇性故障:指设备正常使用一段时间后,产生了故障,而经过间歇一段时间之后该设备的故障自愈,功能恢复,由此周而复始地重复以上现象。

2) 永久性故障:设备的故障一旦产生便永久存在,只有将损坏了的元器件或电路更换或修好后,设备才能恢复其功能。

(4) 设备故障产生的速度

1) 突发性故障:设备在没有预兆的条件下突然发生的故障。这类故障操作者不能预知。

2) 渐发性故障:设备的故障能够早期发现,故障在最终出现之前,往往出现一系列现象,操作者能有预感,如设备的变压器发热烫手,则预示着如果不及早排除故障变压器将会被烧毁。

(5) 设备故障对功能的影响

1) 局部性故障:设备的某些个别功能丧失。

2) 全部性故障:设备的全部或大部分功能丧失。

(6) 设备故障的外表特征

1) 显性故障:有明显的外表特征极易被发现的故障。这类故障在产生过程中和故障出现以后,都有明显的物理、化学现象同时或相继发生,如接触器线圈过电压烧毁会有线圈冒烟、焦煳味、变色等现象发生。

2) 隐蔽性故障:没有外表特征的故障,这类故障不易被发现,如绝缘硬导线的内部折断,在外表根本看不出来。

(7) 设备的使用寿命

1) 磨损性故障:设备因长年正常使用自然损耗而产生的故障。

2) 错用性故障:指设备虽远未达到试用期,但因操作者使用不当产生的故障。

3) 薄弱性故障:是指设备因设计和制造不当出现性能缺陷的产品,此类故障无修复价值。

(8) 设备故障的维修费用

1) 可修复性故障:设备的故障不严重,修复代价不大的故障。

2) 不可修复性故障:这里所指不可修复,是指设备损坏严重,修复起来工作量大,修复耗用材料多,修复的费用接近或超过原设备的价值。

2. 焊接设备维修方法

由于焊接设备的原理,结构及制造和焊接工艺的特点不同,涉及机械、电气、电子、自控和气(液)压传动等专业技术不同,要求设备维修人员的技艺范围较广,应具备一职多能的本领。焊接设备故障的维修工作一般应经过现场调查、分析原因、查找故障、维修和试运行等步骤。

(1) 现场调查

焊接设备维修人员要亲自到出现故障的现场,向设备的操作者详细了解出现故障的情况,了解焊工的操作过程。维修人员要仔细观察现场环境有无异常,查看设备的外观有无损坏,查看被焊工件的状况,检查焊接回路有无异常,检查设备的一次输入电路及电源网络状况等。现场调查进行得越详细,检查得越仔细越利于故障的判断。

(2) 分析原因

根据现场调查所获得的故障现象、设备工作原理知识的掌握(可看设备的原理电路图),进行故障原因的分析,确定故障可能发生的部位。

(3) 查找故障

进行设备内检查,分为断电设备内检查和带电设备内检查。查找故障应首先进行断电状态的设备内检查,通常采用感官检查法和万用表电阻检测法。对设备的某些故障,经断电设备内检查就能找到;但有些故障在断电状态仍然查不到,那就可以进行设备带电空载机内查找。这时可以使用验电笔法、亮灯检查法和仪表测量法等。如果在已确定的范围内没有查出故障,就应重新分析判断以便扩大查找范围。如果仍未查出故障,就可以考虑进行设备带电有载查找,即设备进行在维修人员监视下在试件上施焊,观察设备内各元器件运行状况和设备是否会出现故障重现的现象。具体焊接设备故障查找方法有以下几项。

1) 感官检查法

这是一种设备断电的检查法。它是利用维修人员感官的感觉去直接查找故障,包括:

① 问。维修者询问操作者和现场目击者看到的故障现象、焊机操作过程及使用规范、故障发生时有何异常等,据此直接寻找故障点。

② 闻。维修者以鼻子接近被检查的电器元器件,闻其周围是否有异味,如绝缘物烧煳的焦味或塑料烧熔的刺鼻辣味,依此判断故障点。

③ 看。维修者观察设备元器件的外观、接线端及其活动部分(如动触点),有无烟痕、烧熔、脱落、断头及活动障碍等现象,以此判断故障点。

④ 听。有的电器元件在故障产生的当时或其后会发出异常的声音,如接触器通电后噪声很大,电动机通电后只“嗡嗡”响而不转动等都是故障。维修者可以根据声响来判断其故障点。

⑤ 摸。在距设备出现故障短时间内,在断电的前提下维修者可以用手去触摸待查元器件的表面,感觉其温度是否有过热,绝缘是否破坏;同时可以用手轻轻拉动元器件的连接导线,检查是否有掉头或松动现象,由此可以确定某些故障点。

2) 验电器检查法

这是一种设备带电的故障检查法。用验电器在一个待测的电路,对电路裸露点的电位进行定性不定量的测试方法。当验电器触及被测点时,验电器的氖管灯亮时表示该点有电(或电路通),如果验电器不亮即为该点没电(或电路断),便可找到有故障的电路元件和导线。

3) 亮灯检查法

这是一种电路带电的故障检查法,就是用一个有灯泡(最好装在金属网罩内)的灯头,接上两根导线作为检测工具。检测时,将灯泡的一根带鳄鱼夹的引出线接在待查元器件电路的一端,而用灯泡的另一根带测试棒的引出线,依次触及电路中的各待查点,用灯泡的“亮”与“不亮”来判定该待查元件的好坏。选用灯泡的额定电压要与待测电路的电压相适应,功率以 15～40 W 为宜。

4) 仪表测量法

① 这是设备的带电检测法。即使用万用表电压挡测量电源、某段电路或某个元器件的电压值,以此判断其工作是否正常。一般来说,电压值偏差超过 10%,就应引起注意,某处可能有故障。

② 这是设备不带电的测量方法。在设备的故障检测中。用万用表的电阻挡测量可有两种用法:a. 定量测定电路中电阻元件的电阻值,以确定其功能的好坏;b. 定性检查焊机中某段电路或某个元件、某根导线是否有断点,以确定电路的导电状况和工作状态。

③ 这是不带电的测量。即使用绝缘电阻表定量测定某个元器件或某段电路对地(通常

是对机壳)的绝缘电阻值,或测某一部件与另一部件(如变压器一次绕组与二次绕组)之间绝缘电阻值。

④ 使用钳形电流表,在设备带电状态下测定设备某个电路的交流电流值。电流的测量是以测定的电流值与设备正常工作时的电流值比较,其差值超过正常值的 10%时为异常,应查找原因。

5) 状态比较法

是以故障发生时设备所表现的状态与设备正常工作时的状态比较,以此作为依据来找出设备故障的原因、发生处或范围的方法。

6) 短接法

短接法是检查电路中断路故障的一种带电检测方法,即利用一段绝缘导线,在带电的电路中将怀疑有断路的导线(或元件)两端短接起来。如果此时电路通了,该电路的功能恢复了,证明该处断路的判断正确;然后将其断电,对该断路的导线或元件进行技术处理,排除故障。假如用导线短接起来后可疑断路处状况依然如故,则说明该处并未断路,应另行查找其他处。短接法是维修人员手拿绝缘导线带电操作,一定要注意安全,以防触电。短接法只适用于压降极小的导线和触点之间的断点故障查寻。对于压降较大的电器元件,如接触器的线圈或电阻,不能使用此法;否则,会发生短路事故,并灼伤维修人员的手。对某些要害部位,必须保证设备不会出现新的故障情况下才可以使用此法。

7) 置换法

在复杂的焊接设备电路中出现了故障,经初步分析认为可能是某个元件有故障,可以选择与故障元件规格型号相同的完好元件与其置换,代替故障元件,待设备通电以观其效。如果此时设备的功能恢复如初,说明替代正确,故障也排除了;假如置换后经试验设备的故障依旧,则表明被置换的元件并未有故障,仍应置换回去,重新分析故障原因。

8) 电路分割法

焊接设备的构成除去机械部分以外,就是电气部分,电气部分是由电路构成的。一个复杂的电路,都是由若干个单独的电路所组成。每个单独的电路都有自己独立的功能。而电气故障的出现,意味着电路功能的丧失,所以设备的电气故障总是发生在某个或几个单独的电路之中。用电路分割法,就是将分割的单独电路逐一查寻,实质上是缩小查寻范围,简化电路。

9) 故障再现法

为了能准确、迅速地判断找到并排除故障,维修人员有时还要求焊工重新按照出现故障时的操作重复一遍,重现故障。只适用于设备的小型故障,而对于重大的、对人对设备会带来危险性的故障是不可用的。

10) 清单法

根据设备的故障现象特征,经过充分分析,将产生故障的所有原因详尽地列出清单,逐项查找验证,最后查出原因并加以排除。

(4) 维修与试运行

故障维修是排除故障的中心工作,就是将故障点的故障进行技术处理,如更换损坏了的元器件、更换折断了的导线、重新包扎漏电处的绝缘、重焊虚焊点等手段完成维修。维修完成后,焊接设备要经过试运行来检验故障排除的维修效果。如果设备恢复了原有的功能,说明维修工作完成;如果试运行中又发现了新的故障现象,则应继续维修,直至修好为止。

通常,现场调查、分析原因、查找故障、维修和试运行的维修步骤并不是互相独立的,而是互相穿插进行。常用的焊接设备维修流程如图 6-63 所示。

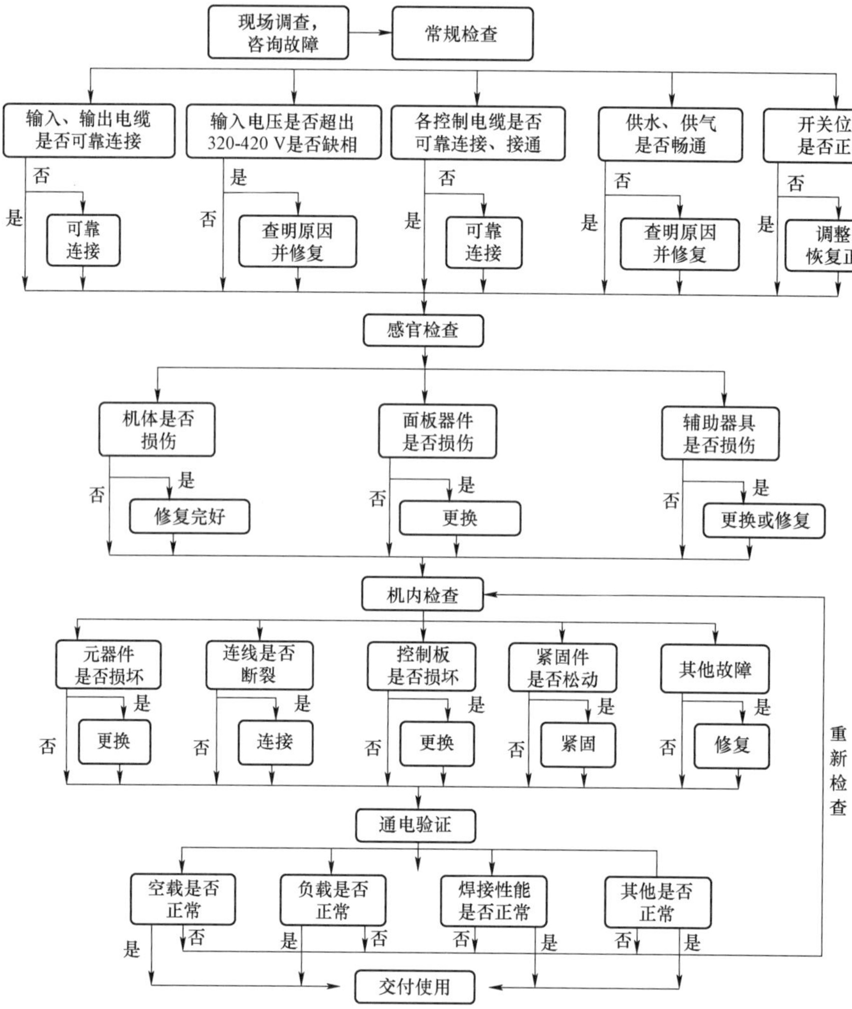

图 6-63 常用焊接设备维修流程图

3. 焊接设备维修常用仪表与工具

进行焊接设备的检查和维修工作需要常用的仪表与工机具如下。

(1) 验电笔

验电笔又称测电笔、电笔、试电笔等。一般的焊接设备属于低压电器,即电源电压和工作电压均低于 500 V 的电器。所以,一般电工所用的验电笔,都是低压验电笔。

使用验电笔时,正确的持笔方法很重要。以常规式验电笔为例,使用时,持验电笔手的食指要始终接触着验电笔尾端的金属帽,然后再用验电笔的测试端去触及测试点,验电笔才能正确显示(氖管亮或不亮);反之,测试时持笔手的食指如果不触及验电笔尾端的金属帽或金属笔卡,被测点就是带电而氖管也不会亮,将会造成误测。

(2) 万用表

万用表是一种多用途、多量程的可携式仪表。由于它可以进行交直流电压、电流以及电阻等多种电量的测量。因此,在电气安装、维修、检查等工作中应用极为广泛。目前,常用的万用表有两种:指针式万用表和数字式万用表。

(3) 钳形电流表

钳形电流表(见图 6-64)简称钳流表或钳形表,是一种不需断开电路就可直接测电路中交流电流的携带式仪表,在电气检修中使用非常方便。钳形电流表的工作部分主要由一只电磁式电流表和穿心式电流互感器组成。穿心式电流互感器铁心制成活动开口成钳形,故名钳形电流表。穿心式电流互感器的二次绕组缠绕在铁心上且与交流电流表相连,它的一次绕组即为穿过互感器中心的被测导线。旋钮实际上是一个量程选择开关,扳手的作用是开合穿心式互感器铁心的可动部分,以便使其嵌入被测导线。

图 6-64　钳形电流表

(4) 绝缘电阻表

绝缘电阻表(见图 6-65)是一种专门用于测量最大电阻值、绝缘电阻的电气检测工具。它的标度单位是兆欧(MΩ),自带高压电源,可以在测量端施加高压以确保准确测量绝缘电阻。主要由直流高压发生器、测量回路和显示三部分组成。这三部分相互协作,共同完成对电气设备绝缘性能的准确测量。绝缘电阻表通常具有多个电压等级选项,常见的有 50 V、100 V、250 V、500 V 和 1 000 V 等。这些电压等级的选择主要基于被测设备的额定工作电压和测试要求。

(5) 电烙铁

是电子制作和电器维修的必备工具,主要用途是焊接元件及导线,按机械结构可分为内热式电烙铁和外热式电烙铁,按功能可分为无吸锡电烙铁和吸锡式电烙铁,根据用途不同又分为大功率电烙铁和小功率电烙铁。电烙铁用在锡焊中,锡焊是焊锡丝的锡在助焊剂(焊锡膏)和烙铁加热条件下与零件脚的铜合金发生反应,生成了一种新的金属氧化物。锡焊属于钎焊中的软钎焊,钎料熔点低于450 ℃,习惯把钎料称为焊料,采用铅锡焊料进行焊接称为铅锡焊。电烙铁按功率来分一般可分为:100 W、60 W、45 W、40 W、30 W、20 W 等;功率的大小决定了烙铁发热产生温度的高低,因此选用不同温度的烙铁,首先要考虑其功率是否合适。

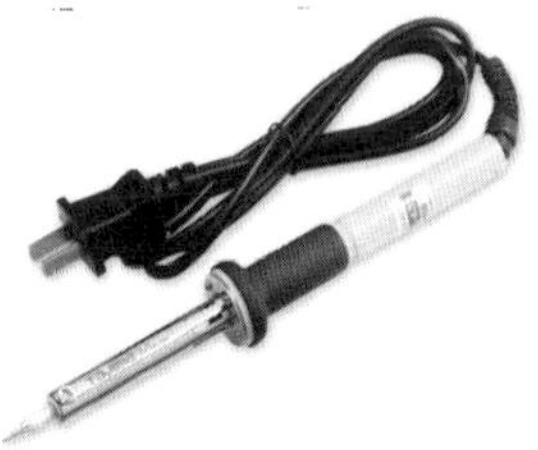

(a)

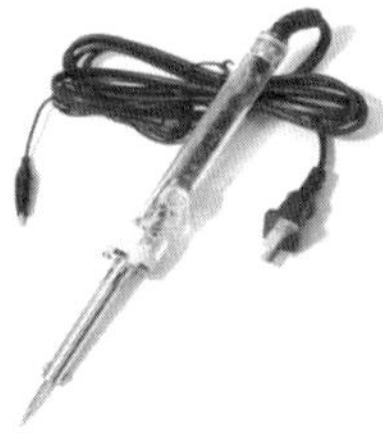

(b)

(c)

(d)

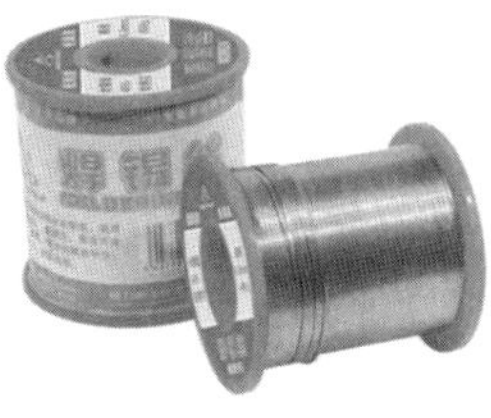

(e)

图 6-65　(a) 普通电烙铁;(b) 恒温电烙铁;(c) 调温电烙铁;(d) 焊锡膏;(e) 焊锡丝

(6) 其他常用工具

焊接设备修理的其他常用工具包括各种规格的螺丝刀(一字头和十字头)、扳手、电工刀、电工专用钳子;手电钻、角向磨光机、模具电磨(棒砂轮)等电动工具;测量工具有卷尺、钢直尺、卡尺、90°角尺等。此外,各种钳工工具也要经常用到,如台虎钳和手锤、手工钢锯和锯条、各种规格的钢锉,及各种直径的钻头和攻螺纹、套螺纹的工具。焊接设备维修常用的螺纹为 M2~M6,还需要配置与其相配的钻孔钻头,套螺纹 M6~M20 的板牙和与其相配的杆件。

二、常用焊接设备故障与维修

1. 弧焊电源常见故障及排除

(1) 直流弧焊发电机常见故障及排除方法参见表 6-14 所示。

表 6-14 直流弧焊发电机常见故障及排除方法

故障现象	故障原因	排除方法
电动机反转	三相异步电动机与电网接线错误	将三相线的任意两线调换
电动机不启动并发出嗡嗡响声	1. 三相熔丝中某一相烧断; 2. 电动机定子线圈断线	1. 更换熔丝; 2. 排除断线现象
焊接过程电流忽大忽小	1. 网络电压波动; 2. 电缆与焊件接触不良; 3. 电流调节器可动部分松动; 4. 电刷与整流子接触不良	1. 调整网络电压; 2. 使电缆与焊件接触良好; 3. 固定好电流调节器松动部分; 4. 使电刷与整流子接触良好
电刷有火花,使整流子发热	1. 电刷没磨好; 2. 电刷盒的弹簧压力弱; 3. 电刷在刷盒中跳动或摆动; 4. 电刷架歪曲或未拧紧; 5. 电刷与整流片边缘不平行; 6. 整流子云母片凸出; 7. 整流子脏污	1. 根据电刷维护方法研磨电刷,更换新电刷时,一次更换的数量不得超过总数的 1/3; 2. 调整压力,必要时更换框架; 3. 检查电刷在刷夹中的间隙,电刷应能自由移动,电刷与刷夹间隙不超 0.3 mm; 4. 检查刷架并固定好; 5. 割除凸出的云母片,并打磨整流子; 6. 校正各组电刷,使其与整流子排成一直线; 7. 用略蘸汽油的干净抹布擦净整流子
整流子大部分烧黑	1. 整流子振动; 2. 整流子在刷夹中卡住	1. 用千分表检查整流子,如摆动超过 0.03 mm,需进行加工; 2. 见本表上项故障的排除方法"3"
电刷下有火花,且个别整流片下有炭迹	整流子分离,即个别整流片凸出或凹下	如故障不显著,可用油石研磨,若磨后无效,则需机加工
一组电刷中的个别电刷跳火	1. 电刷与整流子接触不良; 2. 无火花电刷的刷绳线间接触不良,引起相邻电刷过载并跳火	1. 仔细观察接触表面并松开接线,认真清除污物; 2. 更换不正常的电刷

续表

故障现象	故障原因	排除方法
发电机不发电	1. 整流子不干净; 2. 励磁电路断线; 3. 自励式发电机已去磁	1. 擦拭整流子; 2. 检查励磁回路的各连接处; 3. 充磁
电动机运转中断	1. 负荷超过允许值; 2. 整流子过热、污垢多或电刷压力较大,整流子表面不平,导致换向不良	1. 降低电动机负荷; 2. 擦拭、研磨整流子,换向不良应找出原因并排除,电刷压力不应人为增加,机组经常擦拭并用压缩空气吹净
发电机电枢强烈发热	1. 长时间超负荷工作; 2. 电枢绕组短路;整流子短路	1. 停止工作; 2. 擦拭整流子并排除短路
导线接触处过热	接线处电阻过大或接线处螺母过松	清理接线处表面,拧紧螺母

(2) 弧焊整流器常见故障及排除方法参见表 6-15 所示。

表 6-15 弧焊整流器常见故障及排除方法

故障现象	故障原因	排除方法
空载电压太低	1. 网络电压过低; 2. 变压器一次绕组匝间短路; 3. 开关接触不良	1. 调整电源电压; 2. 消除短路; 3. 使开关接触良好
焊接电流调节失灵	1. 控制绕组匝间短路; 2. 焊接电流控制器接触不良; 3. 控制整流回路整流元器件击穿	1. 消除短路; 2. 消除接触不良; 3. 更换元器件
焊接电流不稳定	1. 主回路交流接触器抖动,风压开关抖动; 2. 控制绕组接触不良	1. 消除抖动; 2. 消除控制绕组接触不良
风扇电动机不转	1. 熔断器烧断; 2. 电动机引线或绕组断线; 3. 开关接触不良	1. 更换熔断器; 2. 接线或修理电动机; 3. 消除开关接触不良
工作中焊接电压突然降低	1. 主回路部分或全部短路; 2. 整流元器件击穿; 3. 控制回路断路	1. 修复线路; 2. 检查保护电路,更换元器件; 3. 检修控制回路
外壳带电	1. 电源线误碰机壳,变压器,电抗器、风扇及控制电路元器件等碰机壳; 2. 未安地线或接触不良	1. 检查并消除碰机壳现象; 2. 接好地线
电表无指示	1. 主回路出现故障; 2. 饱和电抗器和交流绕组断线; 3. 电表或回路的接线短路	1. 修复主回路故障; 2. 消除断线故障; 3. 检修电表

(3) 整流弧焊机常见故障及排除方法参见表 6-16 所示。

表 6-16 整流弧焊机常见故障及排除方法

故障现象	故障原因	排除方法
无输出	1. 弧焊变压器损坏; 2. 电抗器损坏; 3. 滤波电感损坏	1. 重新绕制变压器; 2. 查修电抗器 DK; 3. 查修滤波电感 CB
开机烧熔断器	1. 弧焊变压器短路; 2. 整流管击穿短路; 3. 保护电容损坏	1. 修复; 2. 更换整流管; 3. 更换保护电容
焊接时,电压突然降低	主回路短路或整流元器件击穿,控制回路断线	更换元器件修复线路,并检查保护线路;检修控制回路,并修复
电流调节不良	控制线圈匝间短路,电流控制器接触不良,控制整流回路击穿	消除短路,包括重绕线圈,使电流控制器接触良好;更换已损元器件
空载电压太低	电网电压太低,变压器一次绕组匝间短路,磁力起动器接触不良	调整电压值;消除短路,包括重绕线圈;使磁力起动器接触良好
风扇电动机不转	熔丝烧断,电动机线圈断线或按钮开关触点接触不良	更换熔丝;重焊或重绕线圈,修复或更换按钮开关

(4) 交直流弧焊机常见故障及排除方法参见表 6-17 所示。

表 6-17 交直流弧焊机常见故障及排除方法

故障现象	故障原因	排除方法
焊机输出端不引弧,无电流输出	1. 输入端电源无电压输入; 2. 开关损坏或内部接线脱落	1. 检查输入电源断路器或熔丝是否完好; 2. 拆去外壳检查有否脱线或脱焊,并焊接或旋紧螺钉
焊机引弧困难或易断弧	1. 网络电压过低或输入电压低于额定输入电压; 2. 输出电缆线过长或截面积过小	1. 按要求输入额定电压; 2. 按输出电流大小配置足够截面积的电缆线,且一般电缆长度不宜超过 10 m,并保护搭铁电缆线与工件的接触良好
焊机工作后发烫、温升高或有不正常气味冒出	1. 未按额定负载持续率工作或焊机选型过小; 2. 新焊机初次工作有轻微的绝缘漆气味; 3. 线圈短路	1. 按铭牌上所标负载率掌握焊机工作时间,不宜大电流长时间连续焊接; 2. 属正常; 3. 二次绕组匝间短路外拨开后包扎,线圈短路损坏严重需返厂检查修复
冷却风扇不转	1. 风机电源插线脱落或接触不良; 2. 风机损坏	1. 重新插上或夹紧; 2. 更换新风机

续表

故障现象	故障原因	排除方法
焊机噪声过大	1. 外壳或底架螺钉松； 2. 动铁心振动； 3. 线圈或铁心紧固螺栓不紧	1. 重新紧固螺钉； 2. 调整动铁心螺钉，使弹簧片压力加大； 3. 压紧线圈紧固螺栓或铁心紧固螺栓
机箱内发出很响的“嗡…”短路声	一般判定为 VD1-VD4 中的二极管损坏	脱开二极管的连接线，用万用表 Q 挡测量正反向电阻，正向电阻为几百欧姆，反向电阻为几千欧姆；若正反向电阻都为几百欧姆，则应更换二极管
焊机电流无法达到最大	1. 输入电源线截面积过小； 2. 输出电缆过小或过长； 3. 动铁心无法摇出来	1. 按铭牌一次电流选择足够大的电源线； 2. 加大焊接电缆线或减短过长的焊接电缆线； 3. 检查机械运动部分，排除机械故障
外壳带电	1. 电源接线处有碰壳； 2. 焊机内部有线碰壳； 3. 线圈搭铁； 4. 过分潮湿； 5. 焊钳潮湿或地面潮湿	1. 检查接线是否安全； 2. 拆除外壳，检查是否有线与外壳相碰； 3. 找到搭铁短路点，修复； 4. 将外壳良好接地； 5. 输出为安全电压，有轻微麻感属正常，穿绝缘鞋、戴绝缘手套

2. 埋弧焊机常见故障及排除

(1) 半自动埋弧焊机常见故障及排除方法参见表 6-18 所示。

表 6-18　半自动埋弧焊机常见故障及排除方法

故障现象	故障原因	排除方法
按下起动开关，电源接触器不接通	1. 熔断器有故障； 2. 断电器损坏或断线； 3. 降压变压器有故障； 4. 启动开关损坏	检查、修复或更新
启动后，线路工作正常，但不起弧	1. 焊接回路未接通； 2. 焊丝与焊件接触不良	1. 接通焊接回路； 2. 清理焊件
送丝机构工作正常，焊接参数正确，但焊丝送给不均匀或经常断弧	1. 焊丝压紧轮松； 2. 焊丝送给轮磨损； 3. 焊丝被卡住； 4. 软管弯曲太大或内部太脏	1. 调节压紧轮； 2. 更换焊丝送给轮； 3. 整理被卡焊丝； 4. 软管不要太弯，用酒精
焊机工作正常，但焊接过程中电弧常被拉断或粘住焊件	1. 前者为网络电压突然升高； 2. 后者是网络电压突然降低	1. 减小焊接电流； 2. 增大焊接电流
焊接过程中，焊剂突然停止下漏	1. 焊剂用光； 2. 焊剂漏斗堵塞	1. 添加焊剂； 2. 疏通焊剂漏斗

续表

故障现象	故障原因	排除方法
焊剂漏斗带电	漏斗与导电部件短路	排除短路
导电嘴被电弧烧坏	1. 电弧太长； 2. 焊接电流太大； 3. 导电嘴伸出太长	1. 减小电弧电压； 2. 减小焊接电流； 3. 缩短导电嘴伸出长度
焊丝在送给轮和软管口之间常被卷成小圈	软管的焊丝进口离送给轮距离太远	缩短距离
焊丝送给机构正常，但焊丝送不出	1. 焊丝在软管中塞住； 2. 焊丝与导电嘴熔接住	1. 用酒精洗净软管； 2. 更换导电嘴
焊接停止时，焊丝与焊件粘住	停止时焊把未消及时移开	停止时及时移开焊把

（2）自动埋弧焊机常见故障及排除方法参见表 6-19 所示。

表 6-19　自动埋弧焊机常见故障及排除方法

故障现象	故障原因	排除方法
接通转换开关，焊机不转动	1. 转换开关损坏或接触不良； 2. 熔断器烧断； 3. 电源未接通	1. 修复或更换转换开关； 2. 换熔断器； 3. 接通电源
当按下焊丝“向上”“向下”按钮时，焊丝不动作或动作不对	1. 控制线路中有故障（如辅助变压器、整流器损坏，按钮接触不良）； 2. 感应电动机方向接反； 3. 发电机或电动机电刷接触不良	1. 检查控制线路中有关部件并修复； 2. 改换电动机的输入接线； 3. 调节电刷，使之接触良好
按下启动按钮，线路工作正常，但引不起弧	1. 焊接电源未接通； 2. 电源接触器接触不良； 3. 焊丝与焊件接触不良； 4. 焊接电路无电压	1. 接通焊接电源； 2. 检查、修复接触器； 3. 清理焊丝与焊件接触点； 4. 检查电路，恢复电压
按下按钮后焊丝一直向上抽	1. 电弧反馈线断开或未接上； 2. 极性开关接反	1. 接上电弧反馈线； 2. 把极性开关接到另一侧
线路工作正常，焊接规范正确，但焊丝送给不均匀，电弧不稳	1. 送丝压紧轮太松或已磨损； 2. 焊丝被卡住； 3. 焊丝送给机构有故障； 4. 网络电压波动太大	1. 调整或调换送丝滚轮； 2. 清理焊丝； 3. 检查焊丝送给机构； 4. 焊机使用专用线路
焊接过程中焊剂停送或输送量很小	1. 焊剂用完； 2. 焊剂斗阀门处被渣壳等堵塞	1. 添加焊剂； 2. 清理并疏通焊剂斗

续表

故障现象	故障原因	排除方法
焊接过程中一切正常，而焊车突然停止行走	1. 焊车离合器脱开； 2. 焊车车轮被电缆等阻挡	1. 添加离合器； 2. 排除车轮阻挡物
按下启动按钮后，继电器动作，接触器不能正常动作	1. 中间继电器失常； 2. 接触器线圈损坏； 3. 接触器磁铁接触而生锈或污垢太多	1. 检修中间继电器； 2. 检修接触器； 3. 清理或检修及更换接触器
焊机起动后，焊丝末端周期性地与焊件“粘住”或常常断弧	1. “粘住”是因电弧电压太低，焊接电流太小或网络电压太低； 2. 断弧是因电弧电压太高、焊接电流太大或网络电压太高	1. 增加电弧电压或焊接电流，改善网络负荷状态； 2. 减小电弧电压或焊接电流
焊接电路接通后，电弧未引燃，焊丝粘在焊件上	焊丝与焊件之间在起动前接触过紧	使焊丝或焊件轻微接触
焊丝在导电块上摆动，导电块以下的焊丝不时变红	1. 导电嘴磨损； 2. 导电不良	1. 换用新导电嘴； 2. 清理导电嘴
导电嘴末端随焊丝一起融化	1. 电弧太大，焊丝伸出太短； 2. 焊丝送给和焊车皆已停止，电弧仍在燃烧； 3. 焊接电流太大	1. 增加焊丝送给速度和焊丝伸出长度； 2. 检查焊丝、焊车停止原因； 3. 减小焊接电源
焊丝没有与焊件接触，而焊接回路有电	焊车与焊件间绝缘破坏	检查焊车车轮绝缘情况，检查焊车下是否有金属与焊件短路
焊接过程中，机头或导电嘴的位置不时改变	焊车有关部件有游隙	检查消除游隙或更换磨损零件
焊接停止后，焊丝与焊件“粘住”	1. “停止”按钮按下速度太快； 2. 不经“停止 1”按钮而直接按下“停止 2”按钮	1. 慢慢按下“停止”按钮； 2. 先按“停止 1”按钮，待电弧自然熄灭后，再按“停止 2”按钮

（3）操作不当产生的常见故障及排除方法参见表 6-20 所示。

表 6-20　操作不当产生的常见故障及排除方法

故障现象	故障原因	排除方法
焊丝送给不均匀或正常送丝时电弧熄灭	1. 送丝机中焊丝未夹紧； 2. 送丝滚轮磨损； 3. 焊丝在导电嘴中卡死	1. 调整压紧机构； 2. 换送丝轮； 3. 调整导电嘴
焊接过程中机头及导电嘴位置变化不定	1. 焊接小车调整机构有间隙； 2. 导电装置有间隙	1. 更换零件； 2. 重新调整

续表

故障现象	故障原因	排除方法
焊机无机械故障，但常粘丝	电网电压太低，电弧过短	进行调节
焊机无机械故障，但常熄弧	电网电压太高，电弧过长	进行调节
焊剂供给不均匀	1. 焊剂斗中焊剂用完； 2. 焊剂斗阀门卡死	1. 添焊剂； 2. 修阀门
焊接过程中焊机突然停止行走	1. 离合器脱开； 2. 有异物阻拦； 3. 电缆拉得太紧； 4. 停电或开头接触不良	1. 关紧离合器； 2. 清理障碍； 3. 放松电缆； 4. 对症处理
焊缝粗细不均	1. 电网电压不稳； 2. 导电嘴接触不良； 3. 导线松动； 4. 送丝轮打滑； 5. 焊件缝隙不均匀	对症处理
焊接时焊丝通过导电嘴产生火花，焊接发红	1. 导电嘴磨损； 2. 导电嘴安装不良； 3. 焊丝有油污	1. 修理导电嘴； 2. 重装导电嘴； 3. 清理焊丝
导电嘴与焊丝一起熔化	1. 电弧太长； 2. 焊丝伸出太短； 3. 焊接电流太大	认真调节焊接参数
焊机停车时焊丝与工件粘连	返烧过程控制不当，焊接电源停电过早	调整返烧过程
焊接电路接通，电弧未引燃，而且焊丝与导电嘴焊合	焊丝与工件接触太紧	调整焊丝与工件的接触状态

3. 气体保护焊机常见故障及排除

（1）熔化极气体保护焊机常见故障及排除方法参见表 6-21 所示。

表 6-21　熔化极气体保护焊机常见故障及排除方法

故障现象	故障原因	排除方法
按启动开关时送丝电动机不转	1. 焊枪开关接触不良或控制电路断线； 2. 控制继电器触点磨损； 3. 调速电路故障； 4. 电动机电刷磨损； 5. 电枢、励磁整流器损坏； 6. 熔断器断路	1. 检修、接通电路； 2. 修理触点或更换； 3. 检修； 4. 更换电刷； 5. 更换整流器； 6. 更换熔断器

续表

故障现象	故障原因	排除方法
焊丝在送丝滚轮和软管进口间卷曲、打结	1. 弹簧管内径小或阻塞； 2. 送丝滚轮和软管进口距离太大； 3. 送丝滚轮压力太大，焊丝变形； 4. 导电嘴与焊丝接触太紧； 5. 软管接头磨损严重	1. 清洗或更换弹簧管； 2. 减小距离； 3. 调整压紧力； 4. 更换导电嘴； 5. 更换软管接头
焊接过程中焊接参数不稳定	1. 焊丝送给不均匀； 2. 焊丝、焊件有污物，接触不良； 3. 焊接电源故障； 4. 焊接参数选择不合适	1. 检查导电嘴及送丝滚轮； 2. 清理污物； 3. 检修焊接电源； 4. 调整焊接参数
焊丝送给不均匀	1. 送丝滚轮压力调整不当； 2. 送丝滚轮 V 形槽口磨损； 3. 减速箱故障； 4. 送丝电动机电源插头插得不紧； 5. 焊枪开关或控制线路接触不良； 6. 送丝软管接头或内层弹簧管松动或堵塞； 7. 焊丝绕制不好。时松时紧或弯曲； 8. 焊枪导电部分接触不良，导电嘴孔径不合适	1. 调整送丝轮压力； 2. 更换新滚轮； 3. 检修； 4. 检修、插紧； 5. 检修、拧紧； 6. 清洗、修理； 7. 更换一盘或重绕、调直焊丝； 8. 更换
送丝电动机停止运行或电动机运转而焊丝停止送给	1. 电动机本身故障(如电刷磨损)； 2. 电动机电源变压器损坏； 3. 熔丝烧断； 4. 送丝轮打滑； 5. 继电器的触点烧损或其线圈烧损； 6. 焊丝与导电嘴熔合在一起； 7. 焊枪开关接触不良或控制线路断路； 8. 控制按钮损坏； 9. 焊丝卷曲卡在焊丝进口管处； 10. 调速电路故障如下： 1) 硅元件击穿；2)控制变压器损坏；3)接触不良或断线；4)晶闸管调整线路故障：① 电位器接触不良或烧坏；② 晶体管击穿；③ 晶闸管击穿	1. 检修或更换； 2. 更换； 3. 换新熔丝； 4. 调整送丝轮压紧力； 5. 检修、更换； 6. 更换导电嘴； 7. 更换开关，检修控制线路； 8. 更换； 9. 将焊丝退出剪掉一段； 10. 排除调速电路故障如下： 1)更换；2)更换；3)拧紧或接通；4)排除晶闸管调速线路故障：检修、更换
气体保护不良	1. 气路阻塞或接头漏气； 2. 气瓶内气体不足甚至没气； 3. 电磁气阀或其电源故障； 4. 喷嘴内被飞溅物阻塞； 5. 预热器断电造成减压阀冻结； 6. 气体流量不足； 7. 焊件上有油污； 8. 工件场地空气对流过大	1. 检查气路，紧固接头； 2. 换新气瓶； 3. 检修； 4. 清理喷嘴； 5. 检修预热器，接通电路； 6. 加大流量； 7. 清理焊件表面； 8. 设置挡风屏障

续表

故障现象	故障原因	排除方法
焊接过程中发生熄弧现象和焊接参数不稳	1. 焊接参数选得不合适; 2. 送丝滚轮磨损; 3. 送丝不均匀,导电嘴磨损严重; 4. 焊丝弯曲太大; 5. 焊件和焊丝不清洁,接触不良	1. 调整焊接参数; 2. 更换; 3. 检修调整送丝,更换导电嘴; 4. 调直焊丝; 5. 清理焊件和焊丝
焊丝在送丝滚轮和软管进口处发生卷曲或打结	1. 送丝滚轮、软管接头和焊丝接头不在一条直线上; 2. 导电嘴与焊丝粘住; 3. 导电嘴内孔太小; 4. 送丝软管内径小或堵塞; 5. 送丝滚轮压力太大,焊丝变形; 6. 送丝滚轮离软管接头进口处太远	1. 调直; 2. 更换导电嘴; 3. 更换导电嘴; 4. 清洗或更换软管; 5. 调整压力; 6. 缩短两者之间距离
焊接电压低	1. 网络电压低; 2. 三相变压器单相断电或短路; 3. 三相电源单相断路: 1) 硅器件单相击穿;2)单相熔丝熔断	1. 调大挡; 2. 分开元器件与变压器的连接线,用兆欧表测量,找出损坏的线包且更换之; 3. 用万用表测量各元器件正反向电阻,找出原因: 1)更换损坏器件;2)更换熔丝
电压失调	1. 三相多线开关损坏; 2. 继电器触点或线包烧损; 3. 线路接触不良或断线; 4. 变压器烧损或抽头接触不良; 5. 移相和触发电路故障; 6. 大功率晶体管击穿; 7. 自饱和磁放大器故障	1. 检修或更换; 2. 检修或更换; 3. 用万用表逐级检查; 4. 检修; 5. 检修并更换新元器件; 6. 用万用表检查并更换; 7. 检修
焊接电流小	1. 电缆接头松; 2. 焊枪导电嘴间隙大; 3. 焊接电缆与焊件接触不良; 4. 焊枪导电嘴与导电杆接触不良; 5. 送丝电动机转速低	1. 拧紧; 2. 更换合适的导电嘴; 3. 拧紧连接处; 4. 拧紧螺母; 5. 检查电动机及供电系统
焊接电流失调	1. 送丝电动机或其线路故障; 2. 焊接回路故障; 3. 晶闸管调速线路故障	用万用表逐级检查并排除

(2)二氧化碳气体保护焊机常见故障及排除方法参见表 6-22 所示。

表 6-22　二氧化碳气体保护焊机常见故障及排除方法

故障现象	故障原因	排除方法
焊丝送给不均匀	1. 送丝电动机电路故障； 2. 减速箱故障； 3. 送丝轮滚轮压力不当或磨损； 4. 送丝软管接头处堵塞或内层弹簧松动； 5. 焊枪导电部分接触不好或导电嘴孔径大小不合适； 6. 焊丝绕制不好，时松时紧或有弯折	1. 检修电动机电路； 2. 检修； 3. 调整滚轮压力或更换滚轮； 4. 清洗软管接头或修理内层弹簧； 5. 检修或更换导电嘴； 6. 调直焊丝
焊接过程中发生熄弧和焊接规范参数不稳	1. 导电嘴打弧烧坏； 2. 焊丝送给不均匀，导电嘴磨损过大； 3. 焊接参数选择不合适； 4. 焊件和焊丝不清洁，接触不良； 5. 焊接回路各部件接触不良； 6. 送丝滚轮磨损	1. 更换导电嘴； 2. 检查送给系统，更换导电嘴； 3. 调整焊接参数； 4. 清理焊件和焊丝； 5. 检查电路元器件及导线连接； 6. 更换滚轮
焊丝停止送给和送丝电动机不转	1. 送丝滚轮打滑； 2. 焊线与导电嘴熔合； 3. 焊丝卷曲卡在焊丝进口管处； 4. 熔丝烧断； 5. 电动机电源变压器损坏； 6. 电动机电刷磨损； 7. 焊枪开关接触不良或控制线路断线； 8. 控制继电器烧坏或其触点烧损； 9. 调速电路故障	1. 调整滚轮压力； 2. 连同焊丝拧下导电嘴，更换； 3. 将焊丝退出，剪去一段焊丝； 4. 更换； 5. 检修或更换； 6. 更换电刷； 7. 检修和接通线路； 8. 更换继电器或修理触点； 9. 检修调速电路
焊丝在送给滚轮和软管进口之间发生卷曲和打结	1. 弹簧管内径太小或阻塞； 2. 送丝滚轮离软管接头进口太远； 3. 送丝滚轮压力太大，焊丝变形； 4. 焊丝与导电嘴配合太紧； 5. 软管接头内径太大或磨损严重； 6. 导电嘴与焊丝粘住或熔合	1. 清洗或更换弹簧管； 2. 移近距离； 3. 适当调整压力； 4. 更换导电嘴； 5. 更换接头； 6. 更换导电嘴
气体保护不良	1. 电磁气阀故障； 2. 电磁气阀电源故障； 3. 气路阻塞； 4. 气路接头漏气； 5. 喷嘴因飞溅物而阻塞； 6. 减压表冻结	1. 修理电磁气阀； 2. 修理电源； 3. 检查气路导管； 4. 紧固接头； 5. 清除飞溅物； 6. 查清冻结原因可能是气体消耗量过大，或预热器断路或未接通

4. 等离子弧焊机常见故障及排除

等离子弧焊机常见故障及排除方法参见表 6-23 所示。

表 6-23 等离子弧焊机常见故障及排除方法

故障现象	故障原因	排除方法
合上电源开关，电源指示灯不亮	1. 供电电源开关中熔断器断； 2. 电源箱后熔断器断； 3. 控制变压器坏； 4. 电源开关坏； 5. 指示灯坏	1. 更换； 2. 检查更换； 3. 更换； 4. 更换； 5. 更换
不能预调气体压力	1. 气源未接上或气源无气； 2. 电源开关不在“通”位置； 3. 减压阀坏； 4. 电磁阀接线不良； 5. 电磁阀坏	1. 接通气源； 2. 扳到“通”位置； 3. 修复或更换； 4. 检查接线； 5. 更换
工作时按下按钮无气流	1. 管路泄漏； 2. 电磁阀坏	1. 修复泄漏部分； 2. 更换
高频启动后控制熔丝断	1. 高级变压器损坏； 2. 控制变压器损坏； 3. 接触器线圈短路	1. 检查并更换； 2. 检查并更换； 3. 更换
总电源开关熔丝断	1. 整流元器件短路； 2. 主变压器故障； 3. 接触器线圈短路	1. 检查并更换； 2. 检查并更换； 3. 检查并更换
有高频发生但不起弧	1. 整流元器件坏(机内有异常声响)； 2. 主变压器坏	1. 检查并更换； 2. 检查并更换
长期工作中断弧不起	1. 主变压器温度太高，热控开关动作； 2. 线路故障	1. 待冷却后再工作，注意降温风扇是否工作及风向； 2. 检查并修复

复习思考题

(1) 焊接设备故障的类别有哪些？

(2) 常用焊接设备故障产生的原因和排除方法有哪些？

第七章 焊接知识

第一节 核电行业焊接活动简介

学习目标：

- 了解焊接活动的发展历史；
- 了解焊接活动的重要性和特殊性；
- 掌握焊接的定义及分类。

一、焊接活动简介

焊接在现代工业中已成为一种重要的金属加工工艺。随着科学技术的发展,它已成为一门独立的科学,广泛应用于冶金、桥梁、船舶、航空、原子能、化工、建筑、交通运输、海洋工程、核电建设等各行各业。在日常生活和工作中,到处可以看到焊接的足迹,特别是在电力建设和检修部门,焊接占有极为重要的地位。可以毫不夸大地说,没有现代焊接方法的发展就不会有现代工业和科学技术的今天。一个国家的焊接技术发展水平往往也是一个国家工业和科学技术现代化发展的一个标志。

由于现代工业和科学技术不断地发展,许多设备日益向着高参数、大容量、高寿命、大型化的方向发展,因而不断提出许多具有特殊性质的材料、特殊结构形式的连接问题。如高强度钢、超高强度钢、不锈钢、耐腐蚀钢、铝合金、钛合金、耐热合金、各种活性金属、难熔金属、异种金属以及金属与非金属的连接等,都对焊接技术的经济性、质量和可靠性提出了越来越高的要求,同时为焊接基础理论的研究开拓了新的思路、新的方向。

随着现代工业的高速发展和焊接技术的不断进步,焊接作为一种金属连接的工艺方法在金属结构生产中得到了广泛的应用。与其他连接方法相比,焊接技术具有许多突出的优点,如下所述。

1. 接头质量好

焊接工艺方法可以确保获得优质的焊接接头,现代的检验手段可以使焊接接头的质量得到保证。

2. 生产效率高

焊接接头所占空间小,金属材料利用率高,焊接生产制造成本低,生产制造效率高;焊接可适应不同位置、不同结构、不同金属材料的连接,施工操作相对简便,易实现机械化和自动化。

3. 使用中,接头性能稳定

焊接连接是一种金属原子间的连接,其承载能力强,可以承受静载荷也可以承受动载荷,特别是全焊透的熔焊接头,也能较好地承受各方向产生疲劳应力的载荷,使用寿命长久。

同时，与其他工艺技术一样，焊接技术也有其自身的薄弱环节。特别是焊接过程金属材料的性能变化剧烈而复杂，焊接过程中母材、焊材和焊剂熔化、混合再凝固；温度在短时间从低到高再到低，最终焊接接头的性能不易把握，容易产生缺陷。

现代焊接技术已使焊接接头的性能接近母材的性能，但焊接作为一种特种工艺，质量还是特别依赖于采用的焊接工艺、焊工的技术水平和工艺过程的控制。

二、核安全设备焊接活动的重要性和特殊性

核安全设备是核电厂安全屏障的主要组成部分，其中的核安全机械设备主要包括反应堆压力容器、蒸汽发生器、稳压器、主泵、主管道和其他核级容器、管道、泵、阀门等。这些设备中的大部分是由不同部件经焊接而成，这些部件和焊接接头大多是压力边界的组成部分，这些焊接接头的焊接质量直接影响反应堆冷却剂系统的完整性和运行的可靠性，一旦出现破裂将可能带来严重的放射性释放后果。由此可见焊接活动在民用核安全设备制造中具有的重要作用。焊接作为一种特种工艺，其在民用核安全设备制造安装活动中的特殊性主要表现在以下几方面。

1. 焊接设计控制

反应堆压力容器、蒸汽发生器、稳压器、主泵、主管道等核岛主设备，由于长期处于高温、高压和强辐射环境下运行，要求其制造用原材料包括焊接材料具有较高的塑性和韧性、良好的焊接性及抗辐射和耐腐蚀等性能。对于焊接的结构和强度设计，应遵循核安全设备活动适用规范的要求。

2. 焊接人员资质

从事民用核安全设备制造安装活动的焊工和焊接操作工必须按照《民用核安全设备焊接人员操作考试技术要求》和《民用核安全设备焊工焊接操作工技能评定》取得相应资质并进行严格的管理。

3. 焊接工艺控制

民用核安全设备制造安装单位应具有相应的程序或细则用于焊接工艺评定、焊接工艺规程和检验规程的编制和批准，并指导焊工的焊接操作和检验人员的检验。核安全设备焊接工艺评定需评定的项目比常规压力容器的评定项目多。如法国 RCC-M 对于反应堆压力容器、蒸汽发生器、稳压器等一回路主设备压力容器主焊缝的焊接工艺评定要求进行高温力学性能和冲击试验等；对于不锈钢设备要求进行晶间腐蚀和δ铁素体的测定等。

4. 焊接过程控制

要求焊工在操作过程中严格执行焊接工艺规程，尤其是采用机械化焊接时，要克服麻痹思想，认真操作，加强自检，直至焊接完成。在焊接过程中，焊工和质检人员应做好焊接参数记录工作。

5. 焊接质量检验

民用核安全设备焊接质量检验按不同阶段分类可以分为：入厂检验、工序检验、成品检验等。对于壁厚较大设备的焊缝，通常要进行多次无损检验，采用的无损检验方法也不止一种。各项检验均应事先编制检验规程，检验完成后按规定要求完成检验报告。

6. 见证件

法国 RCC-M 规范和国家能源局发布的 NB/T 20002 均对核安全设备中一些重要部件的焊缝，如核1、2、3级主设备的焊缝，管子与管板的焊缝等还应按规范的要求设置见证件，用来模拟实际产品焊缝的施焊条件，进行破坏性检验以鉴定与产品的符合性。

三、焊接分类

焊接是指通过加热或加压或二者并用，并且用或不用填充材料，使工件达到结合的一种方法。按照焊接过程的特点，焊接分为熔焊、压焊和钎焊三大类。每一类依据工艺特点又分成若干不同方法，如图 7-1 所示。

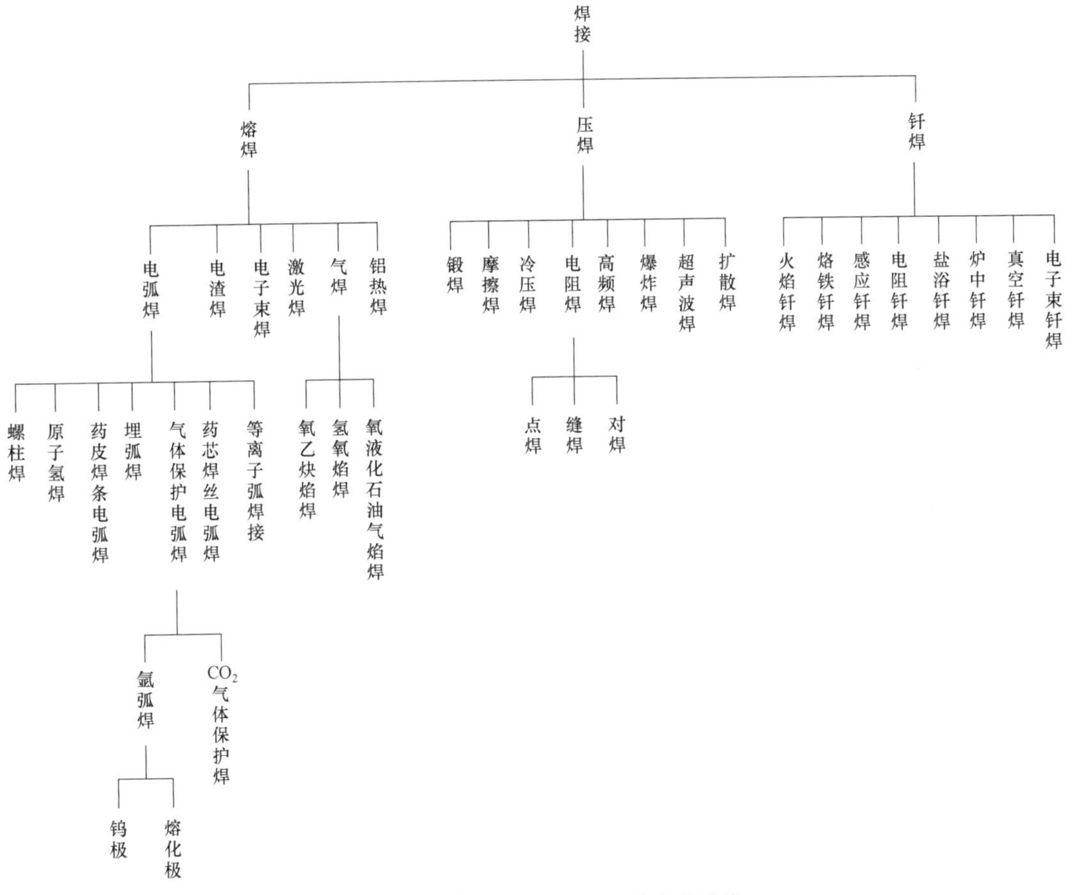

图 7-1　焊接方法按工艺过程特点的分类

1. 熔焊

将待焊处的母材金属熔化以形成焊缝的焊接方法称为熔焊(熔化焊)。为了实现熔化焊接，关键是需要一个能量集中、温度足够高的局部加热热源。按照热源形式不同，熔化焊接基本方法分为：气焊(以氧乙炔或其他可燃气体燃烧火焰为热源)；铝热焊(以铝热剂放热反应热为热源)；电弧焊(以气体导电时产生的热为热源)；电渣焊(以熔渣导电时电阻热为热源)；电子束焊(以高速运动的电子流为热源)；激光焊(以单色光子流为热源)等若干种。

为了防止局部熔化的高温焊缝金属因与空气接触而造成成分、性能的恶化，熔化焊接过程一般都必须采取有效的隔离空气的保护措施，其基本形式是：真空、气相和渣相保护 3 种。因此，保护形式常常是区分熔化焊接方法的另一个特征。例如，熔化焊接方法中最重要的电弧焊方法就可按保护方法不同分为埋弧焊、气电焊等很多种。此外，电弧焊方法还按电极特征分为熔化电极和非熔化电极两大类。

2. 压焊

焊接过程中，必须对焊件施加压力(加热或不加热)，以完成焊接的方法叫压焊。包括锻焊、摩擦焊、冷压焊、扩散焊、爆炸焊及电阻点/缝/对焊等。固相焊接时通常都必须加压，因此通常这类加压的焊接方法也称为压焊。为了使固相焊接容易实现，固相焊接大都在加压同时伴随加热措施，但加热温度通常都远低于焊件的熔点。因此固相焊接一般都无须保护措施(扩散焊等除外)。

按照加热方法不同，固相焊接的基本方法有：冷压焊(不采取加热措施的压焊)、摩擦焊、超声波焊、锻焊、扩散焊、电阻对焊、闪光对焊等若干种。

应该注意的是，通常所指的电阻焊都可称为压焊(焊接过程中都要加压)，即属于固相焊接。但有些电阻焊(点焊、缝焊)接头形成过程伴随有熔化结晶过程，则属于熔化焊接。

3. 钎焊

钎焊是硬钎焊和软钎焊的总称。采用比母材熔点低的金属材料作钎料，将焊件和钎料加热到高于钎料熔点，低于母材熔化温度，利用液态钎料润湿母材，填充接头间隙并与母材相互扩散实现连接焊件的方法称为钎焊。显然钎焊过程也必须采取加热(以使钎料熔化，但母材不熔化)和保护措施(以使熔化的钎料不跟空气接触)。按照热源和保护条件不同，钎焊方法分为：火焰钎焊(以氧乙炔燃烧火焰为热源)；真空或充气感应钎焊(以高频感应电流的电阻热为热源)；电阻炉钎焊(以电阻炉辐射热为热源)；盐浴钎焊(以高温盐浴为热源)等若干种。

复习思考题

(1) 焊接在民用核安全设备制造安装活动中的特殊性有几个方面？

(2) 焊接的定义？

(3) 焊接分为哪三大类？

第二节　核安全设备焊接活动使用标准规范

学习目标：

- 了解核安全焊接标准规范；
- 了解华龙一号所用的标准。

目前，国际上核电厂建造主要遵循以下几个核电标准体系：美国机械工程师学会(ASME)的《锅炉及压力容器规范》(以下简称“ASME 规范”)；法国 RCC 系列，包括 RCC-P、

RCC-M、RCC-E、RCC-G、RCC-I、RCC-C 和 RSEM 等;德国 KTA 标准;俄罗斯的 ПНАЭ Г 标准,以及日本和韩国的标准规范。

一、国内核安全设备焊接标准规范

自从1972年8月,我国开始核电厂的设计制造以来,我国为实现核安全设备的国产化进行了不懈努力。但由于种种原因,我国的核安全设备目前只能使用国外的规范标准。

我国秦山第一、第三核电厂和山东海阳核电厂等执行的是美国 ASME 规范;大亚湾、岭澳和辽宁红沿河、广东阳江等核电厂执行的是法国《压水堆核岛机械设计建造规则》(以下简称"RCC-M 规则"),连云港田湾核电厂执行俄罗斯的 ПНАЭ Г 标准。以上3个规范标准为核安全设备现行规范标准。由于各个规范标准在不停变动,因此对于具体的核工程,核安全设备所用规范为国家核安全局在安全分析报告中批准的规范标准。

随着核安全设备国产化的进一步开展,我国的核电规范标准体系将逐渐建立和完善。我国在建的具有自主知识产权的第三代核反应堆"华龙一号"所使用的焊接规范标准是 NB/T 20002《压水堆核电厂核岛机械设备焊接规范》。NB/T 20002 由国家能源局发布,主要参照《压水堆核岛机械设备设计和建造规则》(RCC-M)编写,代替 EJ/T 1027—96。

二、美国 ASME 规范体系

美国的核电标准多是由行业协会制定的,如机械工程师协会(ASME)、材料与试验协会(ASTM)、电气和电子工程师协会(IEEE)、核学会(ANS)等,美国国家标准协会(ANSI)起到总的协调作用。ASME 规范是一个权威性规范,它已成为许多工业国家设计、制造、订货以及制定本国标准的依据,尤其是在核动力设备设计、制造和安装等活动中被许多国家直接采用。

ASME 规范对核安全设备制造安装活动中焊接技术的要求包括四大部分。

1. 焊接通用要求

第Ⅸ卷《焊接及钎焊评定》(2004 版)主要对锅炉及压力容器的焊接工艺评定、焊工技能评定及焊接资料(焊接工艺规程制定和格式、焊接工艺评定记录和格式)3 方面进行了规定,属于通用性要求。第Ⅱ卷C篇《焊条、焊丝及填充金属》与之配套。

2. 材料要求

第Ⅸ卷《焊接和钎焊评定》(2004 版)对焊接工艺评定的母材进行了分组,目的是减少焊接工艺评定的数量。

3. 核安全设备要求

第Ⅲ卷各分卷(NB、NC、ND 等)中2400、3350、4000及5000章规定了各类核安全设备的材料、设计、制造和检验等方面的要求。其中:

(1) 3350章把各类焊接接头分为A、B、C和D类,不同的焊接接头应符合相应的制造和检验要求;

(2) 4000章主要针对制造过程中的成形、装配和对中、焊接评定、施焊要求、检验和补焊的规则、热处理等进行规定;

(3) 5000章主要是检验的通用要求,对焊缝的检验及检验标准等做了规定。

4. 材料理化检验方法和功能性试验

ASME规范中材料理化检验方法的依据标准为美国材料与试验学会的标准。ASME规范中设备的功能性试验依据美国国家标准，如阀门的结构和功能试验要求依据ANSI 16.34、ANSI 16.41等，管件制品试验依据ANSI 16.9等。

三、法国RCC-M规范体系

法国核电厂RCC规范系列包括RCC-P、RCC-G、RCC-M、RSEM、RCC-E、RCC-I和RCC-C等，覆盖了核电厂系统、构筑物、机械设备、在役检查、电气设备、防火、燃料组件等几乎全部的核电厂领域。

RCC-M规则由法国核岛设备设计建造规则协会(AFCEN)编制，该协会是由法国电力公司(EDF)、法玛通原子能公司(FRAMATOME)和诺瓦通原子能公司(NOVATOME)于1980年10月19日组建成立的，其主要任务是：编制核电厂核岛设备的设计、建造、安装和调试的规则；根据经验、技术进展和管理要求的变化对规则进行修订；颁布这些规则及其后续修改的相应条文。

RCC-M规则主要适用于压水堆核岛机械设备，其中设计方面的规定是基于美国ASME规范第Ⅲ卷核动力装置设备NB、NC、ND、NF和NG分卷，同时吸收了法国在工业发展实践中所取得的成果。RCC-M规范中的制造和检验规定以法国的制造和检验标准为基础，是法国本身核工业实践经验的具体体现。

RCC-M规范对核安全设备制造安装活动中焊接技术的要求包括两部分。

1. RCC-M第一卷

RCC-M第一卷的第二册B、C、D篇对核安全1、2、3级设备在设计、制造和检验方面做了一些规定。3350章焊接结构的设计、4000章制造及检验，其中4400章焊接及其技术，主要援引S7000一章。

2. S篇

S篇主要针对压水堆核岛机械设备在焊接生产中的焊接填充材料验收及评定、焊接工艺评定、焊工和焊接操作工的考核、制造车间的技术评定、核岛机械设备焊接要求、检验项目、检验方法及标准等进行了规定，S7000专门规定了焊接全过程的控制，包括坡口制备对口组装、坡口的检验、定位焊的实施、焊接过程、焊缝焊后加工、焊缝检验和热处理等相关工序。

四、俄罗斯核电厂标准法规

俄罗斯在核能使用方面的标准分为3个级别：法律法令、核安全法规及核安全导则、专业技术标准。法律法令为最高级别，一般有国际基本协议、联邦法规、总统令、政府决定及核能利用方面的几个部门间协议。

俄罗斯核电标准中用于核安全设备制造安装活动中焊接技术的标准主要有以下几项。

1. 焊工考核方面

- ПНАЭГ-7-003《核电厂设备和管道焊工考核规则》；
- РД 34.15.013《苏联国家核动力监督局监督的核能站安全壳和安全隔离系统厂房密封衬里焊工培训标准》。

2. 焊接工艺评定及焊接接头验收准则方面

- ПНАЗ Г-7-010《核动力装置设备及管道焊接接头和堆焊检验规程》。

3. 焊接过程控制方面

- ПНАЗ Г-7-008《核动力装置的设置和设备及管道的安全运行规程》;
- ПНАЗ Г-7-009《核动力装置的设备管道焊接和堆焊的基本规则》;
- ПНАЗ Г-10-31《核电厂安全隔离系统部件焊接基本规则》;
- ПНАЗ Г-10-32《核电厂安全隔离系统部件监测规则》;
- РТД 2730.300.02《核设备和管道》;
- 10ГН2МФА,10ГН2МФАЛ,15Х2НМФА 和 15Х2НМФА-А《核设备和管道钢制零件焊接,堆焊的焊接接头热处理》。

复习思考题

(1) “华龙一号”所使用的焊接规范是什么?
(2) 秦山一期核电厂执行的焊接规范是什么?
(3) 大亚湾核电站厂执行的焊接规范是什么?

第三节　常用焊接方法及应用

学习目标:

- 掌握焊接方法代号;
- 了解各焊接方法的特点;
- 掌握焊接参数对焊接的影响。

民用核安全设备焊接活动中常用的焊接方法分类和代号见表 7-1,表 7-1 中的各类焊接方法之间不能相互代替。焊接方法可表现为手工焊、机械化焊和自动焊等方式。

表 7-1　常用的焊接方法分类和代号

焊接方法	代号
气焊	OFW
焊条电弧焊	SMAW
钨极氩弧焊	GTAW
熔化极气体保护电弧焊	GMAW
药芯焊丝电弧焊	FCAW
等离子弧焊	PAW
埋弧焊	SAW

续表

焊接方法	代号
电子束焊	EBW
螺柱焊	SW
电阻焊	ERW
激光焊	LBW

一、气焊

气焊是利用气体火焰作为热源的焊接方法。气焊的应用已有近百年的历史。最早的气焊是利用氢气和氧气的混合燃烧,由于其燃烧温度较低(2 000 ℃左右),且容易发生爆炸事故,所以,未被广泛应用于工业生产,仅用于铅的焊接。

目前,气焊是利用可燃气体与助燃气体混合燃烧生成的火焰为热源,熔化焊件和焊接材料达到原子间结合的一种焊接方法。

气焊主要用于焊接薄钢板、有色金属、补焊铸铁件和堆焊硬质合金,以及补焊磨损零、部件等。气焊在核安全设备中使用得不多,大多只是用于在阀门密封面堆焊。由于所用储存气体的气瓶为压力容器、气体为易燃易爆气体,所以该方法是所有焊接方法中危险性最高的。

气焊应用的设备包括氧气瓶、乙炔发生器(或溶解乙炔瓶)以及回火保险器等,应用的工具包括焊炬、减压器以及橡皮气管等。

气焊的优点是:设备简单、使用灵活;对铸铁及某些有色金属的焊接有较好的适应性;在电力供应不足的地方需要焊接时,气焊可以发挥更大的作用。

气焊的缺点是:生产效率较低;焊接后工件变形和热影响区较大;较难实现自动化;加热速度低,对于加热过程中容易被氧化的材料、在高温下容易出现晶粒长大而产生脆化的材料不适于气焊。

助燃气体主要为氧气,可燃气体主要采用乙炔、液化石油气等。所使用的焊接材料主要包括可燃气体、助燃气体、焊丝、气焊熔剂等。焊接设备主要包括氧气瓶、乙炔瓶(如采用乙炔作为可燃气体)、减压器、焊枪、胶管等。

气焊时,焊丝不断地送入熔池内,并与熔化的基本金属熔合形成焊缝。焊缝的质量在很大程度上与气焊丝的化学成分和质量以及火焰成分有关。

气焊、气割或火焰加工所应用的乙炔、丙烷、氢气都是易燃易爆气体,而氧气与油脂或易燃物质接触容易引起自燃,造成火灾或爆炸。氧气瓶、溶解乙炔瓶、液化石油气瓶和乙炔发生器都属于有压力的容器。由于气焊、气割操作中需要与可燃气体和有压力的容器接触同时又使用明火,因此,焊工必须保持焊接设备、工具完好和遵守安全操作规程,这样才能杜绝爆炸和火灾事故的发生。

二、焊条电弧焊

1. 概述

焊条电弧焊是用手工操纵焊条进行焊接的电弧焊方法。焊接时，利用焊条和焊件之间产生的电弧将焊条和焊件局部加热到熔化状态，焊条端部熔化后的熔滴和熔化的母材融合在一起形成熔池。随着电弧向前移动熔池液态金属逐步冷却结晶。

由于焊条电弧焊设备简单、操作方便适应性强，能在空间任何位置进行焊接，可焊接碳钢、低合金钢、不锈钢和镍基合金等各种材料。因此，焊条电弧焊在核安全设备制造和安装中应用十分广泛。

2. 焊接参数

选择合适的焊接参数是保证质量，提高效率的重要条件。影响焊条电弧焊焊接质量的主要焊接参数有：焊条种类、牌号和直径、焊接电源种类和极性、焊接电流、焊接电压、焊接速度及焊接层次等。

(1) 焊条种类和牌号的选择

焊条的选择原则：一般的碳钢和低合金钢按等强度的原则选取；对于有特殊性能要求的重要构件应选用能保证熔敷金属的性能与母材相近的焊条。

(2) 焊接电源种类和极性的选择

通常根据焊条类型选择电源种类和极性。酸性焊条一般采用交流电源，碱性焊条除低氢钠型焊条必须采用直流反接外，低氢钾型焊条可采用直流反接或交流。

(3) 焊条直径的选择

在考虑焊件的厚度、所处的焊接位置以及接头形式等条件下，为了提高焊接生产率，应尽可能选用较大直径的焊条。对于厚板焊件应选用较大直径的焊条，但厚板对接接头坡口内的第一层焊道应选用较细的焊条。对于根部要求焊透的角焊缝和对接焊缝，第一道焊缝用的焊条直径一般不超过ϕ3.2 mm。焊条直径和焊接厚度的关系见表 7-2。

表 7-2　焊条直径的选择

焊接厚度/mm	焊条直径/mm
≤4	2.5～3.2
4～12	3.2～5
＞12	≥5

(4)焊接电流的选择

焊接电流是焊条电弧焊的重要焊接参数。增大焊接电流能提高生产率，增大熔深(熔宽和余高变化不大)；但焊接电流过大，焊条熔化快，药皮易发红脱落、飞溅和烟雾大，焊件边缘熔合不好，易产生咬边等缺陷。焊接电流过小，电弧燃烧不稳定，焊缝与母材熔合不良，焊条易粘在焊接上，容易产生夹渣、未焊透等缺陷。

选择焊接电流，要考虑的因素较多，主要由焊条直径、焊接位置和焊道层次决定。焊条直径越大，选择电流越大。表 7-3 给出了可供选用电流的参考值。

表 7-3 各种碳钢焊条及低合金钢焊条不同直径在平焊位置时使用电流的参考值

焊条直径/mm	1.6	2.0	2.5	3.2	4.0	5.0	5.8
焊接电流/A	25～40	40～65	50～80	100～130	160～210	200～270	260～300

奥氏体不锈钢及镍基合金材料在横焊、立焊、仰焊位置焊接时,焊接电流应比平焊位置小 10%～20%。

对于焊道层次,打底焊道选择较小的焊接电流,便于控制、操作;填充焊道,为了提高生产率,保证熔合良好,应选择较大的电流;盖面层,为便于操作,防止咬边,获得较美观的表面成形,应选择稍小的焊接电流。

(5) 电弧电压的选择

电弧电压就是电弧两端(两极)之间的电压降,包括阴极压降、阳极压降和弧柱压降。

电弧电压主要影响焊缝的宽窄,电弧电压越高,焊缝越宽。但在实际操作中,焊条电弧焊焊缝宽度主要靠焊条的横向摆动来控制,电弧电压的影响有限。

当调节好弧焊电源空载电压和等效阻抗后,电焊机的外特性曲线就能确定。因此电弧电压实际上与弧长有关。电弧越长,电弧电压越高;电弧越短,电弧电压越低。但电弧过长时,会造成电弧燃烧不稳、易摇易跳、挺度不足、飞溅大、熔深小、易产生咬边、气孔等缺陷;若电弧太短,熔化金属过渡时可能出现短路,易粘焊条。按一般规律,电弧长度不应超过焊条芯的直径。

(6) 焊接速度的选择

合适的焊接速度能获得美观的焊道成形。过高的焊接速度会使熔深减小,焊缝边缘产生咬边,除渣困难。过低的焊接速度,焊道宽、熔深增大。因此,在满足焊缝所要求的尺寸,保证熔合良好的情况下,为提高生产率,应选择合理的焊接速度。

(7) 焊接层次的选择

多层多道焊有利于提高焊缝金属的力学性能。多层焊的前一条焊道对后一条焊道起预热作用,而后一条焊道对前一条焊道起热处理作用。通常每层的厚度不超过 4～5 mm,否则对金属的塑性等有不利影响。在中厚板的焊条电弧焊时,通常采用多层多道焊。

3. 焊接操作

(1) 引弧

焊条电弧焊常见的引弧方法有两种,即划擦法和直击法。

划擦法:将焊条端部对准待焊部位,然后将焊条在焊件上划擦一下,发生短路,此时接触面积很小,温度急剧上升,在焊条末端未熔化前,迅速将焊条提起,在空气中产生电弧。注意焊条提起不能太高,否则电弧将熄灭。引弧后,使弧长保持在焊条直径范围内稳定燃烧。核电焊接一般不采用此法。

直击法:使焊条与焊件保持一定距离,然后垂直落下,敲击焊件,发生短路后,迅速将焊条提起,产生电弧,保持弧长在焊条直径范围内稳定燃烧。

引弧对焊缝质量有一定影响,在引弧处常常产生缺陷。因此,焊工在引弧时应注意以下几点。

1) 焊件待焊部位应彻底清理干净。

2）焊条与焊件接触后，焊条提起时间要适中，提起的高度要合理。太快、太高，电可能熄灭；太慢，焊条将与焊件粘连。

3）焊条端部要有裸露部分，且应均匀。

4）引弧位置要适当，在焊接中断重新引弧时，应注意引弧位置。一定要在离停弧点后10～20 mm 焊缝上引弧，然后移至始焊点，待熔池熔透后再继续向前移动，将可能产生的引弧缺陷留在焊缝表面，在下一层焊道焊接之前将前一焊道表面清理干净，去除缺陷。

（2）收弧

焊接结束或电弧中断，都会产生弧坑，若收弧不当，弧坑处常常会出现裂纹、气孔等缺陷。为了克服弧坑缺陷，可采用下述两种收弧方法

1）划圈收弧法

焊条在收尾处做圆圈运动，直至将收尾处弧坑填满，再拉断电弧。

2）转移收弧法

焊条在弧坑处稍做停留，慢慢将电弧提高，同时引向边缘坡口侧。凝固后一般不会出现缺陷。适用于换焊条或临时停弧。

（3）运条

运条是决定焊缝质量和外形尺寸优劣的基本因素，是焊工技术水平的具体表现。

1）基本动作

运条有 3 个基本动作，即沿焊条轴线向熔池方向的送进，沿焊缝轴线方向的纵向移动和横向摆动。

沿焊条轴线向熔池方向的送进，焊条熔化，电弧逐渐变长，要保持电弧不灭，应将焊条向熔池送进，且送进速度应与焊条熔化速度相等。

焊缝沿轴线方向的移动，合适的移动速度，能使焊条熔敷金属与熔化的母材金属良好熔合形成美观的焊缝。若移动速度太快，电弧来不及熔化足够的焊条金属与母材金属熔合，则易产生未熔合，未焊透等缺陷，且焊缝外形尺寸窄；若移动速度太慢，则会造成焊缝高而宽，在打底和薄板焊接时易焊穿。

焊条的横向摆动，焊条的横向摆动可以获得一定宽度的焊缝。正常的摆动宽度一般不超过焊条直径的 2～5 倍。横向摆动力求均匀，才能获得美观整齐的焊道。

2）运条方法

运条方法很多，但在核电产品中常用的有 3 种形式，即直线形运条法、锯齿形运条法和月牙形运条法。常用运条方法及适用范围见表 7-4。

表 7-4　常用运条方法及适用范围

运条方法	示意图	适用范围
直线形运条法		适用于平、横、仰焊位置
锯齿形运条法		适用于立焊和全位置焊接
月牙形运条法	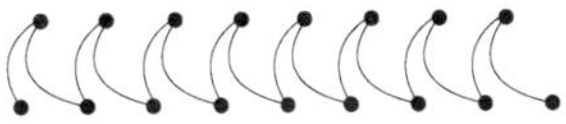	适用于立焊和全位置焊接

注：立焊和全位置焊接摆动幅度不能超过焊条直径的 3 倍。

3）运条规定

立焊和管水平固定或斜 45°固定位置焊接可以摆动,但摆动幅度不能超过焊条直径的 3 倍,其余位置(平、横、仰)为不摆动,多道直道焊。

(4) 焊道接头

焊道接头即后焊焊缝与先焊焊缝的连接处。

1）焊道接头的要点

工件待焊部位应彻底清理干净。

焊条与工件接触后,焊条提起时间要适中,提起的高度要合理。太快、太高,电弧可能熄灭;太慢,焊条将与工件粘连。

需用整根焊条,端部要有裸露部分,且应均匀。

引弧位置要适当,在焊接中断重新引弧时,应注意引弧位置,一定要在离始焊点后 10～20 mm 焊缝上引弧,然后移至始焊点,待熔池熔透后再继续向前移动,将可能产生的引弧缺陷留在焊缝表面,在下一层焊道焊接之前将前一焊道表面清理干净,去除缺陷。

2）焊道接头的连接方法

焊道接头的连接方法共有 4 种:中间接头、分段退焊接头、相背接头和相向接头。如图 7-2 所示。

中间接头:如图 7-2(a)所示,即后焊焊缝 2 起焊处与先焊焊缝 1 尾部相连的接头。要求先将焊缝 1 弧坑缺陷清除干净,然后在离弧坑后 10 mm 左右的焊缝上引弧,稍拉长电弧将电弧移至弧坑后,压低电弧稍作摆动,即可向前焊接。

分段退焊接头:如图 7-2(b)所示,即后焊焊缝 2 尾部与先焊焊缝 1 起焊处相接的接头。将焊缝 1 头部缺陷清除干净并打磨出斜坡,当焊缝 2 靠近焊缝 1 起头处时,改变焊条角度,使焊条指向焊缝 1 的起头处,稍作停留,待填满斜坡后,快速略向前一段,熄弧。

相背接头:如图 7-2(c)所示,即后焊焊缝 2 头部与先焊焊缝 1 头部相接接头。将焊缝 1 头部缺陷清除干净并打磨出斜坡,在离斜坡处约 10 mm 的焊缝上引弧,略拉长电弧移至斜坡处,稍作摆动,再向前正常焊接。此种接头在全位置焊接时出现。

相向接头:如图 7-2(d)所示,即两条焊缝的尾部相接。将焊缝 1 尾部收弧处打磨干净,当焊缝 2 靠近焊缝 1 尾部时,改变焊条角度,使焊条指向前焊缝的尾端,稍作停留,待填满弧坑后,快速略向前一段,熄弧。

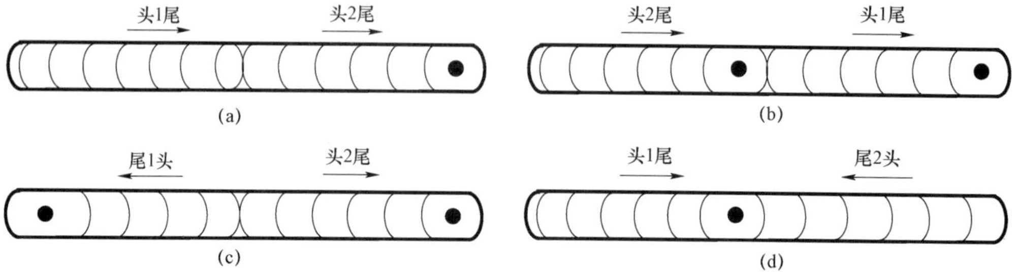

图 7-2　焊接接头的 4 种情况

(a) 中间接头;(b) 分段退焊接头;(c) 相背接头;(d) 相向接头

三、钨极氩弧焊

1. 概述

钨极惰性气体保护焊，如图 7-3 所示。它是以纯钨或活化钨（钍钨、铈钨等）电极的惰性气体保护焊，也就是人们常说的 TIG 焊接。它以燃烧于非熔化电极与焊件间的电弧作为热源，电极、电弧区及熔化金属都用一层惰性气体保护，使之与空气隔离。

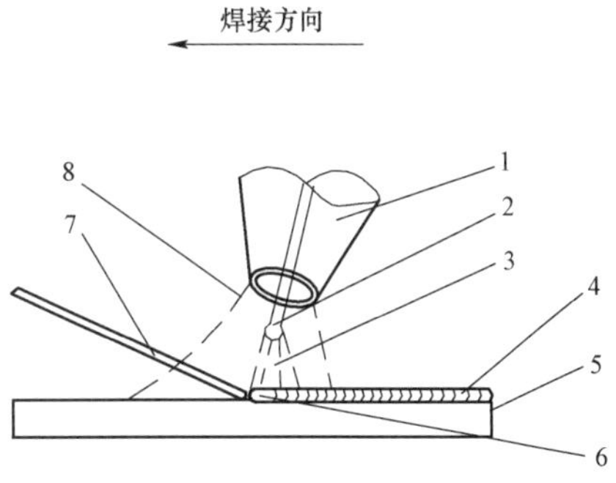

图 7-3　钨极惰性气体保护焊示意图
1—喷嘴；2—钨极；3—电弧；4—焊缝；5—焊件；6—熔池；7—焊丝；8—惰性气体

钨极惰性保护气体焊的电极通常是用钨或钨合金棒。焊接时，填充焊丝从钨极的前方添加。当焊件厚度小于 3 mm 时，一般不需开坡口和加填充金属。焊接过程可用手工进行，也可以自动化送丝。保护气体可采用氩气、氦气或氩氦混合气体。在特殊应用场合，可添加少量的氢。用氩气作为保护气体的称钨极氩弧焊，用氦气的称钨极氦弧焊。由于氦气价格昂贵，在工业上钨极氩弧焊的应用要比氦弧焊广泛得多。

2. 钨极氩弧焊的特点

(1) 钨极氩弧焊具有下列优点

1) 氩气能有效地隔绝周围空气，它本身不溶于金属、不与金属反应；焊接过程中电弧还有自动清除焊件表面氧化膜的作用，因此，钨极氩弧焊可用来焊接易氧化、易氮化、化学活泼性强的有色金属、不锈钢和各种合金。

2) 钨极电弧稳定。即使在很小的焊接电流（<10 A）下仍可稳定燃烧，特别适用于薄板、超薄板材料焊接。热源和填充焊丝可分别控制，因而热输入容易调节，可进行各种位置的焊接，也是实现单面焊双面成形的理想方法。

3) 焊缝成形美观。由于填充焊丝不通过电弧，故不会产生飞溅。

(2) 钨极氩弧焊的缺点

1) 熔深浅，熔敷速度小，生产率较低。

2) 钨极承载电流的能力较差，过大的电流会引起钨极熔化和蒸发，其微粒有可能进入熔池，造成污染（夹钨）。

3) 氩气较贵，与其他电弧焊方法（如焊条电弧焊、埋弧焊、CO_2 气体保护焊等）比较，生产成本较高。

3. 钨极氩弧焊焊接参数

钨极氩弧焊的主要焊接参数有：坡口形式、钨极直径、焊接电流、电弧电压、焊接速度、电源种类和极性、钨极伸出长度、喷嘴直径及端部形状、喷嘴与焊件间距离及氩气流量等。焊接参数及其他因素对焊缝成形和质量的影响如下所述。

(1) 焊前清理对焊缝成形和质量的影响

钨极氩弧焊时，对材料和填充焊丝的表面质量要求很高，焊前必须经过严格清理，去除填充焊丝及焊件坡口两侧表面 30 mm 范围内的油污、水分、灰尘、氧化膜等。否则在焊接过程中，将影响电弧稳定性，恶化焊缝成形，并可能导致气孔、夹渣、未熔合等缺陷。

(2) 氩气对焊缝成形和质量的影响

氩气是一种惰性气体，在常温下与其他物质均不起化学反应，在高温下也不溶于液态金属中。因此可以避免焊缝金属中合金元素的烧损和由此带来的其他焊接缺陷，使焊接冶金反应变得简单和容易控制，为获得高质量焊缝提供了良好条件。

(3) 焊接电流对焊缝成形和质量的影响

焊接电流大小是决定焊缝熔深的主要参数并与焊丝的熔化量基本上成正比。焊接电流越大，母材的熔化量越多，熔透深度越大。在相同的焊丝直径、电弧电压、焊接速度的条件下，焊接电流增加时，熔深增大，焊缝宽度与余高稍增加，但增加得很少。

焊接电流增大时，应相应增大电弧电压，否则，焊缝的熔深剧增，熔宽略增，形成窄而深的焊缝，即焊缝成形系数变小，容易产生气孔和热裂纹。但应注意：焊接电流过大时，容易引起烧穿、焊漏和产生裂纹等缺陷，且焊件的变形大，焊接过程中飞溅也很大；而焊接电流过小时，容易产生未焊透、未熔合和夹渣等缺陷以及焊缝成形不良。

(4) 焊接速度对焊缝成形和质量的影响

焊接速度对焊缝的成形和焊接接头的性能都有着很大的影响。在其他焊接参数不变的情况下，增大焊接速度，会使电弧对单位长度焊接接头的热输入减小，导致熔深减小，熔宽变窄；同时单位长度焊接接头上焊丝熔敷量减小，焊缝宽度和余高也有所减小，容易产生咬边、未熔合、未焊透、焊缝高而窄、两侧熔合不好等缺陷，甚至由于保护变坏而产生气孔。如果焊接速度过小，导致焊缝宽度增大，易产生烧穿、焊瘤等缺陷。另外，还会降低生产率，增大焊接变形。

(5) 钨极形状对焊缝成形和质量的影响

钨极直径是按焊接电流选择的，一定的钨极直径具有一定的极限电流。如果焊接电流低于极限电流，由于电流密度低，钨极端部温度不够，电弧会在钨极端部不规则地飘移，电弧很不稳定，从而破坏氩气保护区，使熔池被氧化；如果焊接电流高于极限电流，由于电流密度太高，钨极端部温度大于钨极的熔点，可看到钨极端部出现熔化迹象，端部很亮，当电流继续增大时，熔化了的钨极在端部形成一个小尖状凸起，逐渐变大形成熔滴，电弧随熔滴尖端飘移，很不稳定，不仅会破坏氩气保护区，使熔池被氧化，焊缝成形不好，而且熔化的钨滴落入熔池后将产生夹钨缺陷。

钨极尖端角度对焊缝熔深和熔宽有一定的影响。减小锥角，焊缝熔深减小而焊缝熔宽增大，反之增大锥角，焊缝熔深增大则焊缝熔宽减小。

(6) 气体流量对焊缝成形和质量的影响

在一定条件下，保护气体的流量和喷嘴直径有一个最佳配合范围。此时，气体保护效果最好，有效保护区也最大。

对于一定孔径的喷嘴，流量过小，气流挺度太差，排除周围空气的能力弱，轻微的侧向风也能使其偏离和散乱，保护效果不好，会产生大颗粒飞溅，电弧不稳，焊缝易产生气孔。但流量过大，喷出的气流近壁层流很薄，甚至为湍流，则易混入空气，保护效果不好。

在流量一定时，喷嘴的孔径过小，保护范围小，因气流速度过高而形成湍流；喷嘴的孔径过大，不仅妨碍焊工观察焊缝及熔池的视线，而且由于孔径过大，气流速度过低，挺度小，同样保护效果也不好。

保护气体流量合适时，熔池平稳，表面明亮没有渣，焊缝外形美观，表面没有氧化痕迹；若流量不合适，熔池表面上有渣，焊缝表面发黑或有氧化皮。

(7) 喷嘴直径与氩气流量的选择

喷嘴直径(指内径)越大，保护区范围越大，要求保护气的流量也越大。可按下式选择喷嘴内径：

$$D=(2.5\sim4.5)d_w \tag{7-1}$$

式中：D——喷嘴内径，mm；

d_w——钨极直径，mm。

通常焊枪选定以后，喷嘴直径很少能改变，因此实际生产中并不把它当作独立焊接参数来选择。当喷嘴直径决定以后，决定保护效果的是氩气流量。氩气流量太小时，保护气流软弱无力保护效果不好；氩气流量太大，容易产生湍流，保护效果也不好。带走电弧区的热量也多，不利于电弧的稳定燃烧。保护气流量合适时，喷出的气流是层流，保护效果好。可按式(7-2)计算氩气的流量：

$$Q=(0.35\sim0.85)D \tag{7-2}$$

式中：Q——氩气流量，L/min；

D——喷嘴内径，mm。

D 较小时 Q 取下限；D 较大时 Q 取上限。

选择氩气流量时还要考虑以下因素。

1) 外界气流和焊接速度的影响。焊接速度越大，保护气流遇到空气阻力越大，它使保护气体偏向运动的反方向；若焊接速度过大，将失去保护。因此，在增加焊接速度的同时应相应地增加气体的流量。

在有风的地方焊接时，应适当增加氩气流量。一般最好在避风的地方焊接。

2) 焊接接头形式的影响。对接接头和 T 形接头焊接时，具有良好的保护效果，在焊接这类焊件时，不必采取其他工艺措施；而进行端头焊及端头角焊时，除增加氩气流量外，还应加挡板。

(8) 焊件背面保护的选择

对碳钢、低合金钢、低合金耐热钢，原则上焊件背面可以不用氩气保护，但对高合金钢(如不锈钢)、镍及镍合金、钛及钛合金、紫铜等，焊件背面均应采用氩气保护，防止背面氧化。

4. 钨极氩弧焊的电源

钨极氩弧焊通常可分为交流和直流两类，近些年又发展了脉冲钨极氩弧焊。

(1) 直流钨极氩弧焊特点和适用范围

直流钨极氩弧焊电弧燃烧很稳定。当采用直流正接时，钨极是阴极，钨极的熔点高，在高温时电子发射能力强，电弧燃烧稳定性更好。

1) 直流反极性

虽很少采用直流反极性，但是因为它有一种去除氧化膜的作用(一般称“阴极破碎”或“阴极雾化”作用)，这种作用在交流焊的反极性半波也同样存在。它是钨极氩弧焊能焊接铝、镁及其合金的重要因素。但是，直流反极性的热作用对焊接是不利的，因为钨极氩弧焊时阳极产生热量多于阴极。反极性时电子轰击钨极，放出大量热量，很容易使钨极过热熔化；由于在焊件上放出的能量不多，焊缝熔深浅而宽，生产率低，而且只能焊接约 3 mm 厚的铝板，所以在钨极氩弧焊中直流反极性除了焊铝、镁薄板外很少应用。

2）直流正极性

采用直流正极性时，有如下优点。

① 焊件为阳极，焊件上接受电子轰击时放出的全部动能和位能（逸出功），产生大量的热，因此熔池深而窄，生产率高，焊件的收缩力和变形都小。

② 钨极上接受正离子轰击时放出的能量比较小，且由于钨极在发射电子需要付出大量逸出功，总的来说，钨极上产生的热量比较少，因而不易过热，所以对于同一焊接电流可以采用直径较小的钨棒。

③ 钨棒的热发射能力很强，当采用小直径钨棒时，电流密度大，有利于电弧稳定，所以，电弧稳定性也比反极性好。总之，直流正极性的优点多，因此，除了铝、镁极其合金外，焊接如钢、钛、镍及高温合金时多采用直流正极性。

（2）交流钨极氩弧焊的特点和适用范围

在生产实际中，焊接铝、镁时一般都采用交流电，这样在交流负极性的半波里（铝焊件为阴极），阴极有去除氧化膜的作用，它可以清除熔池表面的氧化膜。同时发射足够的电子，有利于电弧稳定，使两者都能兼顾，焊缝过程得以顺利进行。

（3）脉冲钨极氩弧焊的特点和适用范围

1）适用范围

脉冲钨极氩弧焊和一般钨极氩弧焊的主要区别在于它采用低频调制的直流或交流脉冲电流加热焊件。电流幅值（或交流电流的有效值）按一定频率周期地变化，脉冲电流时焊件上形成熔池，基值电流时熔池凝固。使操作更容易，成形更美观。

调节脉冲波形、脉冲电流幅值、基值电流大小、脉冲电流持续时间和基值电流持续时间，可以对焊接热输入进行控制，从而控制焊缝及热影响区的尺寸和质量。

2）钨极脉冲氩弧焊的优点

① 可以控制对焊件的热输入和熔池尺寸，提高焊缝抗烧穿和熔池的保持能力，易获得均匀的熔深，钨极脉冲氩弧焊的焊接参数选定后，熔池体积和熔深基本上不受焊件厚度的影响，这是区别于普通氩弧焊的一个重要特点。适用于薄板全位置焊接。

② 每个焊点加热和冷却迅速，所以适用于焊接导热性能和厚度差别大的焊件。

③ 脉冲电弧可以用较低的焊接热输入而获得较大的熔深，故同样条件下能减小焊接热影响区和焊件变形，这对薄板、超薄板焊接尤为重要。

④ 焊接过程中熔池金属冷凝快，高温停留时间短，可减小热敏感材料焊接时产生裂纹的倾向。

5. 手工钨极氩弧焊

（1）手工钨极氩弧焊焊接操作

手工钨极氩弧焊是一种需要双手同时操作的焊接方法，这一点有别于焊条电弧焊。操作时，双手要互相协调配合，才能焊出质量符合要求的优质焊缝。从这方面说，它的操作难度比焊条电弧焊大。基本操作技术主要包括引弧、焊枪运行轨迹、送丝、收弧和焊道接头等。

手工钨极氩弧焊的引弧方法有两种。一种是借助引弧器的非接触引弧；另一种是短路的接触引弧。

1）非接触引弧

利用高频振荡器产生的高频高压击穿钨极与焊件之间的根部间隙(2～4 mm)而引燃电弧或在钨极与焊件之间加一高压脉冲，使氩气电离而引燃电弧。

非接触引弧特点：钨极与焊件不接触就能在施焊点直接引燃电弧，钨极端头损耗小；引弧处焊接质量高，不会产生夹钨缺陷。

缺点是焊机构造较复杂，且在焊接区域周围瞬间会产生高频电磁场，接触人体会产生感应的脉冲电流，对焊工的健康有一定的影响。但对于直流氩弧焊机，由于引弧时间较短，前后仅有几秒钟高频电磁场就消失，所以影响并不大。为了提高焊接质量，特别是核电产品的手工钨极氩弧焊必需采用引弧器引弧。

2）短路接触引弧

短路接触引弧，依靠钨极和引弧板或紫铜板接触引弧。

无引弧器时的短路接触引弧。不可在焊件坡口内引弧，以免打伤金属表面或产生夹钨，有时钨极端部还会粘住基本金属，产生短路。为此可在引弧点近旁放一块紫铜板，先在其上引弧，使钨极端部加热至一定温度后，再引到坡口根部指定位置，以防钨粒进入熔池污染焊缝。

若采用短路接触引弧，钨极烧损是初学者遇到的第一个难题。原因是引弧时，画弧的动作太重造成的。正确的引弧方法是画弧的动作要轻快，比画火柴的动作还要轻。防止碰断钨极或造成电弧不稳定而产生缺陷。当钨极烧损时，应重新修磨成所需的标准几何形状。采用短路接触引弧优点是：焊接设备简单；其缺点是引弧时产生很大的短路电流，使钨极损耗大，端部形状容易被破坏，故建议核电焊接尽量不用此种方法引弧。

(2) 定位焊

为了防止焊接时焊件受热膨胀引起变形，必须保证定位焊缝的长度，定位焊缝将是焊缝的一部分，必须焊牢，不允许有缺陷，如果该焊缝要求单面焊双面成形，则定位焊缝必须焊透。

(3) 填丝

手工钨极氩弧焊是一种不熔化电极的焊接方法，即钨极在焊接过程中不熔化，填充金属依靠不带电的焊丝来补充，两者分开，互不干扰。因此焊接时可以根据具体情况添加填充焊丝或不添加焊丝，这对于控制熔透程度、掌握熔池大小、防止烧穿等带来很大的方便，所以也容易实现全位置焊接。下面主要介绍焊接时添加填充焊丝的基本操作技术。

1）填丝的基本操作技术

① 连续填丝。这种填丝操作技术使得焊接质量较好，对保护层的扰动小，但比较难掌握。连续填丝时，要求焊丝比较平直。焊接时，左手小指和无名指夹住焊丝控制方向、大拇指和食指有节奏地将焊丝送入熔池区连续填丝时手臂动作不大，待焊丝快用完时才前移。当填丝量较大，采用焊接电流等参数较大时多采用此法。

② 断续填丝(又叫点滴送丝)。左手大拇指、食指和中指捏紧焊丝，小指和无名指夹住焊丝控制方向，焊丝末端应始终处于氩气保护区内以免被空气氧化。填丝动作要轻，不得扰动氩气保护层，禁止跳动，以防空气侵入。更不能像气焊那样在熔池中搅拌，而是靠手臂和手腕的上下往复动作，将焊丝端部的熔滴送入熔池，全位置焊时多用此法。

③ 特殊填丝法。焊丝贴紧坡口与钝边一起熔入(即将焊丝弯成弧形，紧贴在坡口根部间隙处，焊接电弧熔化坡口与钝边的同时也熔化了焊丝)。这时要求根部间隙小于焊丝直径，此法可避免焊丝遮住焊工视线，适用于困难位置的焊接。

2）填丝的要点

① 熔透。打底焊时，必须等坡口两侧熔化后才填丝，以免造成熔合不良；当焊至打磨过的弧坑处时，应稍加焊丝使接头平整，待出现熔孔后再正常填加焊丝，以使接头处熔池铁水送入根部，保证接头处熔透。

② 角度。外填丝时，焊丝应与焊件表面水平夹角成 15°～20°，敏捷地从熔池前沿点进，随后撤回，如此反复动作。

③ 速度。填丝要均匀，快慢适当。过快，焊缝熔敷金属加厚；过慢易产生下凹或咬边；焊丝端部始终处于氩气的保护区内。

④ 摆动。根部间隙大于焊丝直径时，焊丝应跟随电弧同步作横向摆动。无论采用哪种填丝动作，送丝速度均应与焊接速度相适应。

⑤ 位置。填充焊丝时，不应把焊丝直接置于电弧下面，把焊丝抬得过高也是不适宜的，不应让熔滴向熔池“滴渡”。

⑥ 打磨。操作过程中，如不慎使钨棒与焊丝相碰，发生瞬间短路，将产生很大的飞溅和烟雾；会造成焊缝污染和夹钨。这时应立即停止焊接，用砂轮磨掉焊件和焊缝上的被污染处，直至磨出金属光泽。被污染的钨棒应重新磨尖后，方可继续焊接。

⑦ 防氧化。撤回焊丝时，切记不要让焊丝端头撤出氩气的保护区，以免焊丝端头被氧化，在下次点进时，被氧化端头进入熔池，会造成氧化物夹渣或产生气孔。

(4) 收弧

当焊接终止时，就要收弧，而收弧的好坏，将直接影响焊缝质量和成形的美观。由于收弧方法不正确，在收弧处容易发生弧坑裂纹、气孔和烧穿等缺陷。

收弧一般有 4 种方法：增加焊接速度法；焊缝增高法；应用熄弧板法和焊接电流衰减法。在采用增加焊接速度收弧法时，焊枪前移速度要逐渐加快，焊丝的送给量逐渐减少，直到母材不熔化为止。

使用没有熄弧板或焊接电流衰减装置的氩弧焊机，收弧时，不要突然拉断电弧，要往熔池里多填充金属，填满弧坑，然后缓慢提起电弧。若还存在弧坑缺陷，可重复动作。

一般常用的收弧法是焊接电流衰减法。常用氩弧焊设备都配有焊接电流自动衰减装置，熄弧时，焊接电流自动减小，氩气开关延时 5～10 s 关闭，以防焊缝金属在高温下氧化。

(5) 焊道接头

在焊接过程中，由于某种原因，一条焊缝没有焊完，中途停止，就叫熄弧。再引燃电弧继续焊接，就出现了焊道接头(以下简称接头)。

无论焊接打底层焊道或填充层焊道，控制接头的质量很重要，因为接头是两段焊缝交接的地方。由于温度的差别和填充金属量的变化，该处易出现未焊透、夹渣、气孔和成形不良等缺陷，所以焊接过程中应尽量避免停弧，减少接头次数。但是在实际操作时，需要更换焊丝、更换钨极、焊接位置的变化，或要求对称分段焊等，必须停弧，因此接头是不可避免的。我们能做到就是应尽可能地控制接头质量。

接头要采取正确的方法，即先将收弧处磨出圆滑过渡的斜坡状并检查是否清除缩孔、裂纹等缺陷，然后在离弧坑斜后 10～15 mm 处引弧，等熔池基本形成后，如图 7-4 所示，再向后压 1～2 个波纹。接头起点不加或稍加焊丝，焊接速度由快逐渐转慢并压低电弧进行焊接(此时，由起弧处到弧坑的轮廓线处出现一条由细渐粗小尾巴状焊缝)，当运丝至弧坑处时，将焊丝尽量下伸，稍作停顿，焊枪也在弧坑处的地方稍做停顿，待弧坑处的铁水填满时，即可转入正常焊接。

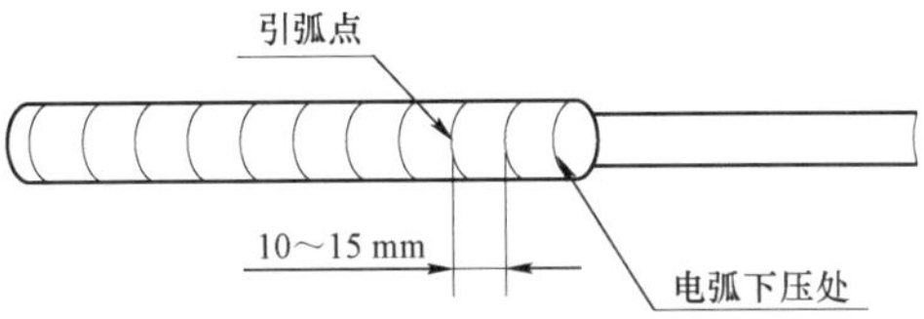

图 7-4　焊道接头操作技术示意图

6. 自动热丝钨极氩弧焊

在自动钨极氩弧焊中较为典型的是自动热丝钨极氩弧焊。热丝钨极氩弧焊在民用核安全设备制造、航天、电站锅炉、压力容器、管道、造船业等领域中已成功用于低碳钢、低合金钢、不锈钢、镍和钛等焊接，其独有的特性得以充分发挥。

对于有色金属铝和铜，由于电阻率小，要求很大的加热电流，从而造成过大的焊接电弧偏吹和熔化不均匀，所以目前不推荐采用热丝钨极氩弧焊。

(1) 自动热丝钨极氩弧焊概述

对熔化极气体保护焊的填充金属熔化特性进行研究时发现，当电流通过焊丝时，焊丝伸出长度部分的电阻热不仅能提高熔化速度，并且即使在无电弧的情况下，通过控制热能的大小，使焊丝温度达到熔点，就可在焊件上熔敷形成焊道，而无须其他辅助热源，这就是热丝熔敷系统。其组成如图 7-5 所示，与熔化极气体保护焊非常相似，只需控制热量和送丝速度，并使其保持平衡不产生电弧。但是，由于热丝熔敷系统没有附加的外部热源，焊丝本身产生的热量只是将移动的焊丝温度提高至熔点，而没有多余的热量熔化母材，因此，熔敷层会从焊件上剥离掉，要实现焊接或堆焊是不可能的。

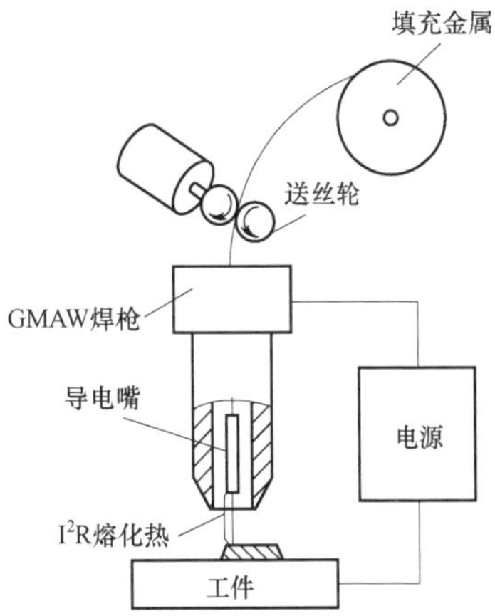

图 7-5　无电弧的热丝熔敷系统

如果填充焊丝在进入熔池之前约 10 cm 处开始由加热电源通过导电块对其通电，依靠电阻热将焊丝加热至预定温度，与钨极成 30°～60°角，从电弧后面送入熔池，则可充分发挥各自的优点，这就形成了自动热丝钨极氩弧焊。可在高熔敷率的情况下能得到高质量的焊缝。

自动热丝钨极氩弧焊示意图如图 7-6 所示。与普通的自动冷丝钨极氩弧焊相比，只是在焊丝与焊件之间多加了一个热丝电源，送丝系统看起来与自动冷丝自动钨极氩弧焊不一样，但其作用是相同的。焊接时，焊丝接触到焊件表面就产生了电流，形成热丝回路，填充金属在热源的作用下，经加热后以一定角度和相对焊枪固定的接触点送入焊接熔池，形成焊缝。大多数情况下，电弧在前面熔化母材，热丝从电弧后面送入熔池。

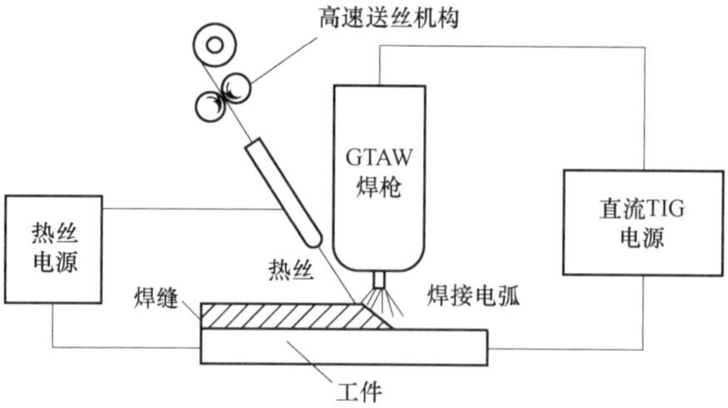

图 7-6 自动热丝钨极氩弧焊结构示意图

(2) 自动热丝钨极氩弧焊的特点

1) 增加钨极氩弧焊的工艺灵活性

焊丝加热到一定温度后送入焊接熔池，可显著地增加钨极氩弧焊的工艺灵活性，自动热丝钨极氩弧焊的熔敷速度比自动冷丝钨极氩弧焊高得多，甚至可以与熔化极气体保护焊的熔敷速度相比。例如，当 GTAW 焊电弧能量为 4 000 W(电流 330 A、电压 12 V)时，冷丝自动钨极氩弧焊适用的最大熔敷率为 1.362 kg/h，而自动热丝钨极氩弧焊可达 3.632 kg/h，如果采用摆动的话，熔敷率还可进一步提高。当然，实际应用时无须这么大的熔敷率，但熔敷率的这一突破，无疑对提高生产率有着重要的影响。由于电弧功率和送丝速度是分别控制的，焊接参数选择范围较广，允许采用接近于零到任何焊接电流时最大的熔敷速度。

2) 具有在较宽熔敷率范围内焊接高质量焊缝的能力

当焊丝接近焊接熔池时，其伸长量部分的电阻热已将焊丝表面的易挥发物去除干净了。由于焊丝表面的水分、油锈等是造成焊缝中产生气孔的主要原因，因此自动热丝钨极氩弧焊还能有效地消除焊缝中的气孔，从而提高焊接质量。

3) 减少焊接热输入，保证焊接质量

自动热丝钨极氩弧焊能非常有效地利用焊接热输入，焊接电弧的能量主要用于熔化母材，形成熔池。而焊丝靠本身的热丝电源加热，热丝熔化所需能量的 85%是由热丝系统提供的，其余部分则由电弧供给。因此在较低的焊接热输入下，其焊接速度已达到或超过普通的熔化极气体保护焊的水平。例如，采用 5 850 W 的能量(电流 450 A、电压 13 V)，就能轻易地获得 5.45 kg/h 的熔敷率。自动热丝钨极氩弧焊的总能量大约为熔化极气体保护焊的 80%。从表 7-5 可看出，在自动热丝钨极氩弧焊 5.45 kg/h 的熔敷率下每千克熔敷金属所需能量为 1 366 W · h/kg，比 GMAW 焊少，只占冷丝自动钨极氩弧焊的一半不到。焊接过程中，熔池的热输入相对减少，因此，焊接热影响区变窄，这对某些热输入敏感的材料焊接具有较为重要的意义，有利于提高这些材料的焊接接头质量。

表 7-5 几种焊接方法的焊接热输入比较

焊接方法	GMAW	热丝 GTAW	冷丝 GTAW
熔敷率/(kg/h)	5.45	5.45	1.36
焊接电流/A	350	450	350
电弧能量/W	9 480	5 850	4 200

续表

焊接方法	GMAW	热丝 GTAW	冷丝 GTAW
热丝能量/W	—	1 600	—
总能量/W	9 480	7 450	4 200
熔敷金属/[(W·h)/kg]	1 740	1 366	3 084

通常情况下，熔敷率太高时，焊缝韧性会下降，但是，通过对焊接设备和焊接参数的调整，自动热丝钨极氩弧焊焊缝性能仍得以改善。人们发现，焊接低合金高强钢时，当熔敷率为 3.5～5.5 kg/h 时，其焊缝的性能与常规的冷丝自动钨极氩弧焊(熔敷率 1.2～1.5 kg/h)相当，甚至优于冷丝自动钨极氩弧焊焊缝性能。表 7-6 为相同焊接热输入条件下，20 钢锅炉管自动热丝钨极氩弧焊与冷丝自动钨极氩弧焊焊缝的力学性能。从表 7-6 看出，自动热丝钨极氩弧焊焊缝的力学性能与冷丝自动钨极氩弧焊相近，但其焊接速度和熔敷率却比冷丝自动钨极氩弧焊快了数倍。

表 7-6　相同焊接热输入热丝钨极氩弧焊与冷丝自动钨极氩弧焊焊缝力学性能

焊接方法	抗拉强度/MPa	延伸率/%	断面收缩率/%
热丝 GTAW	486.7	25.3	45.0
冷丝 GTAW	497.5	24.7	43.9

(3)自动热丝钨极氩弧焊焊接参数

自动热丝钨极氩弧焊的主要参数包括焊接电流、电弧电压、焊接速度、焊丝材料、焊丝直径、焊丝伸长量、送丝速度(熔敷率)、焊丝送入点和送入角等。自动热丝钨极氩弧焊的焊接电流、电弧电压对焊接过程和焊接质量的影响与一般自动冷丝自动钨极氩弧焊相似，在此不再赘述。

1) 焊接材料

在焊丝直径相同的情况下，其单位长度的电阻取决于电阻率，电阻率随温度和成分的改变而变化。相同熔敷率情况下，采用高电阻率焊丝时，焊接电流较小，电压较高。焊丝如果采用电阻率更高的焊丝替代，则应增加热丝电源空载电压以获得较高的电压和较低的电流。反之，当焊丝电阻率很低时，热丝电流要求很大。当热丝电流很大时，势必造成更大的电弧偏吹，使电弧偏摆角度过大，难以控制。同时，也易使熔化不均。

2) 焊丝直径

焊丝直径增加时，为保持相同的熔敷率，则需降低送丝速度。送丝速度越低，单位长度焊丝从导电嘴上的电流传入点到焊件之间的传送时间越长，热量损失越大，这样需要更高的热量以补偿热量的损失。随着直径的增加，单位质量焊丝表面的杂质减少，同时，因焊丝传送时间长，焊丝被加热的时间延长，故热丝表面易挥发的杂质更易去除，焊缝质量得以提高。

因此，在选择自动热丝钨极氩弧焊的焊丝直径时，要考虑到杂质清除的有利一面，同时也应顾及到增加焊丝伸长量时增加送丝系统机械复杂性的一面。经验表明，在许多应用中，根据焊件直径和厚度，一般采用ϕ1～ϕ1.6 mm 的焊丝较为合适。

3）焊丝伸长量

送丝速度取决于熔敷率的要求，而焊丝直径和焊接材料是预先选定的，焊接过程中不会改变，因此，除了调整热丝电源外，调整热丝系统工作状态最有效的手段是控制导电嘴端部与焊件间的焊丝伸出长度。试验表明，焊丝伸长量增加时，熔敷率略有增加，但是，不能用过多增加伸长量的办法来增加熔敷率，因为自动热丝钨极氩弧焊时，由于热丝电流的加热，焊丝会变软，挺度下降，从而影响送丝的稳定性，焊丝不易被送入熔池的固定位置。经验表明，焊丝伸长量实用调节范围为 13～51 mm。

4）送丝速度与熔敷率的匹配

焊接过程中，如果送丝速度太快或电源功率太小，热丝将在熔池表面下熔化。电源功率非常低时，焊丝将插到熔池底部，并上翘露出焊接熔池表面，然后被焊接熔池熔化。

当电源功率太大或送丝速度太慢时，焊丝将在到达熔池前熔化，电磁收缩力将使焊丝断掉，热丝回路中断。这时，所有空载电压将加在焊丝端部与焊件间的间隙上，产生放电现象和很大的响声。

网路电压波动有时会引起送丝速度的改变，但只要其波动范围在 10%以内，则自动热丝钨极氩弧焊无太大的影响。

5）焊接速度

焊接速度较低时，焊道熔宽和增高较大，用于加热焊丝的有效长度近似等于导电嘴端部到焊道的距离。如果增加焊接速度，导电嘴到焊件的距离没有改变，焊道熔宽和增高较小，焊丝有效伸长量将增加，这种情况下，热丝伸长量实际等于导电嘴端部到焊件的距离，而不是导电嘴到焊道的距离。

（4）小直径管对接接头的自动热丝钨极氩弧焊

自动热丝钨极氩弧堆焊坡口焊缝已经在小直径管对接接头焊接中得到广泛应用。其焊枪、焊丝和管子的相对位置如图 7-7 所示，典型焊接参数列于表 7-7。

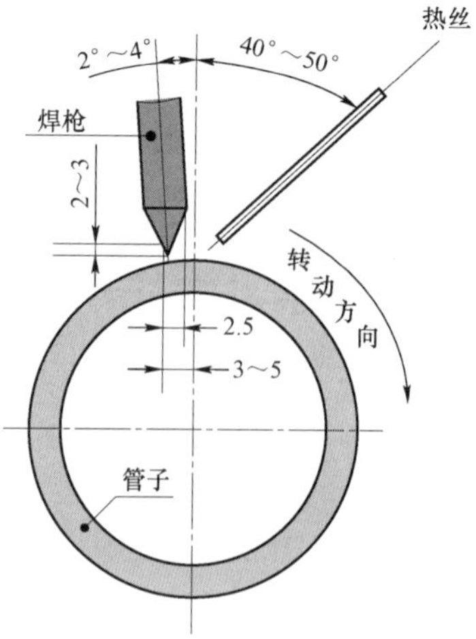

图 7-7　管子焊接时，焊枪、热丝和管子的相对位置

表 7-7 小口径管子自动热丝钨极氩弧焊典型焊接参数

牌号及规格	焊丝直径/mm	焊接电流/A	电弧电压/V	转胎速度/(r/min)	送丝速度/(cm/min)	热丝电流/A	热丝电压/V	干伸长/mm	钨极气体流量/(L/mm)	热丝气体流量/(L/mm)
SUS304HTB ϕ51×9	1.0	145～165	9.5～10	0.4～0.75	110～250	50～80	2.2～3.0	15～20	15～20	7～10
SUS304HTB+12Cr2MoWVTiB ϕ51×8	1.0	145～165	9.5～10	0.4～0.75	110～200	50～90	2.2～3.0	15～20	15～20	7～10

四、熔化极气体保护电弧焊

1. 熔化极气体保护电弧焊概述

熔化极气体保护电弧焊，如图 7-8 所示，采用连续送进的可熔化的焊丝与焊件之间的电弧作为热源来熔化焊丝和母材金属，焊丝金属不断熔化并过渡到熔池，与熔化的母材金属融合形成焊缝金属，从而使焊件相互连接起来。与此同时，向焊接区输送保护气体，使电弧、熔化的焊丝、熔池及附近的母材金属免受周围空气的有害作用。

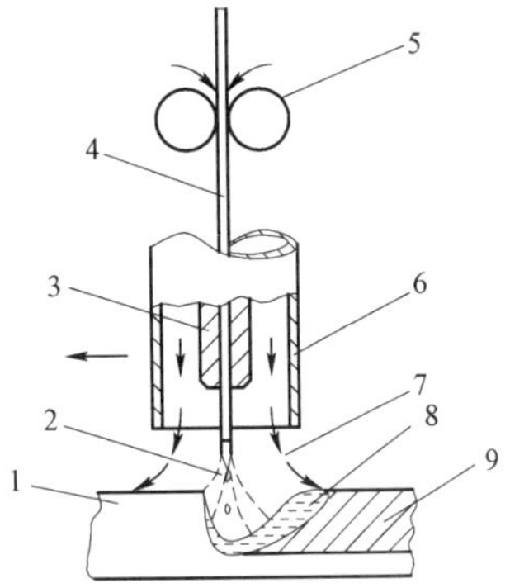

图 7-8 熔化极气体保护电弧焊

1—母材；2—电弧；3—导电嘴；4—焊丝；5—送丝轮；6—喷嘴；7—保护气体；8—熔池；9—焊缝金属

2. 熔化极气体保护电弧焊分类

由于不同的保护气体种类及焊丝类型对电弧状态、电气特性、热效应、冶金反应及焊缝成形等的影响不同，因此，通常根据保护气体种类的不同分为熔化极惰性气体保护焊、熔化极混合气体保护焊和二氧化碳气体保护焊三类如图 7-9 所示。

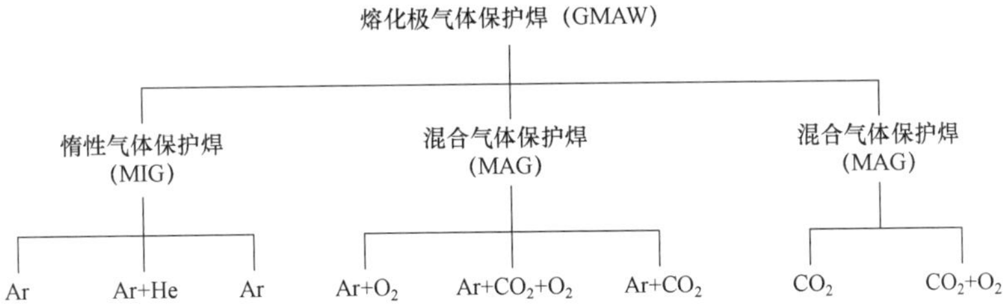

图 7-9 熔化极气体保护焊分类

(1) 熔化极惰性气体保护焊

熔化极惰性气体保护焊焊接区通常采用惰性气体氩(Ar)、氦(He)或氩与氦的混合气体保护。这类惰性气体不与液态金属发生冶金反应，只起严密包围焊接区(电弧、焊丝端头、熔滴、熔池金属和邻近熔池母材金属)，使之与空气隔离的作用。由于电弧是在惰性气体中燃烧，焊丝端头的金属也是在惰性气体中熔化、过渡，所以电弧燃烧稳定，熔滴过渡平稳、安定，无激烈飞溅。在整个电弧燃烧过程中，焊丝连续等速送进。这种焊接方法除应用于铝、铜、钛等有色金属材料的焊接，也可用于钢材的焊接。

熔化极惰性气体保护焊特点：通常采用惰性气体氩、氦或它们的混合气体作为焊接区的保护气体。

由于焊丝外表没有涂料层，电流可大大提高，因而母材熔深大，焊丝熔化速度快，熔敷率高。与钨极氩弧焊相比，可大大提高生产效率，尤其适用于中等厚度和大厚度板材的焊接。

(2) 熔化极混合气体保护焊

熔化极氧化性混合气体保护电弧焊是采用在惰性气体中加入一定量的氧化性气体(活性气体)，如氩气加二氧化碳气体($Ar+CO_2$)、氩气加氧气($Ar+O_2$)、氩气加氧气和二氧化碳气体($Ar+O_2+CO_2$)等作为保护气体的一种熔化极气体保护焊方法。

在惰性气体中混合少量氧化性气体(一般为 O_2:2%～5%，CO_2:5%～20%)的目的是在基本不改变惰性气体电弧基本特性的条件下，进一步提高电弧稳定性，改善焊缝成形，降低电弧辐射强度。熔化极氧化性混合气体保护焊可采用短路过渡、喷射过渡和脉冲喷射过渡进行焊接，且能获得稳定的焊接工艺性能和良好的焊接接头，可用于平焊、立焊、横焊和仰焊，以及全位置焊等。

因保护气体具有氧化性，通常该方法被用于碳钢、合金钢等黑色金属材料的焊接。

采用氧化性混合气体作为保护气体的作用可归纳为以下几点：

1) 提高熔滴过渡的稳定性；

2) 稳定阴极斑点，提高电弧燃烧的稳定性；

3) 改善焊缝熔深形状及外观成形；

4) 增大电弧的热功率；

5) 控制焊缝的冶金质量，减少焊接缺陷；

6) 降低焊接成本。

(3) 二氧化碳气体保护焊

二氧化碳气体保护焊的保护气体是二氧化碳。由于二氧化碳气体的热物理性能的特殊影响，通常需要采用短路过渡形式。此时，由于焊接过程不断发生熔滴短路和熔滴缩颈爆断，因此，与 MIG 焊自由过渡相比，飞溅较多。但如采用优质焊机，焊接参数选择合适，可以得到很稳定的焊接过程，使飞溅降低到最小的程度。由于所用保护气体价格低廉，采用短路过渡时焊缝成形良好，加上使用含脱氧剂的焊丝即可获得无内部缺陷的高质量焊接接头。因此这种焊接方法目前已成为黑色金属材料的最重要焊接方法之一。

二氧化碳气体保护焊具有成本低、抗氢气孔能力强、适合薄板焊接、易进行全位置焊等优点，广泛应用于低碳钢和低合金钢等黑色金属材料的焊接。

二氧化碳气体保护焊的主要缺点是焊接过程中产生金属飞溅。飞溅不但会降低焊丝的熔敷系数，增加焊接成本，而且飞溅金属会粘着导电嘴端面和喷嘴内壁，引起送丝不畅，使电弧燃烧不稳定，降低气体保护作用，并使劳动条件恶化。必要时需停止焊接，进行喷嘴清理工作。这对于自动化焊接是不利的。

由于高温下 CO_2 气体分解时要消耗大量热量，同时由于分解出来的 CO 气体和氧气体积增加一倍，故电弧的冷却压缩作用增强、电弧电压增高、熔深增大。因此，CO_2 电弧焊按理不适合于薄板材料的焊接。

但是采用短路过渡 CO_2 焊时，由于焊丝细、电压低、电流小且短路与燃弧过程交替出现，母材熔深主要决定于燃弧电弧的能量、调节燃弧时间便可控制母材熔深，因此，可以实现薄板或全位置焊接。

3. 焊接参数

熔化极气体保护焊的主要焊接参数是：焊丝直径、焊接电流、电弧电压、回路电感、焊接速度、焊丝干伸长度、焊枪倾角及气体流量。正确地选用焊接参数是保证焊接质量和提高生产率的重要措施。

(1) 焊丝直径

焊丝直径是一个重要的焊接参数。更换焊丝直径，一则涉及焊接材料的供应；二则要相应地更换导电嘴、送丝轮槽和调整压力以及改变焊接电流、电弧电压等。

焊丝直径的大小直接影响焊接状态，在相同电流时应尽量使用细焊丝。焊丝直径加粗，焊接电流相应增大，生产率提高；大的焊接电流会使飞溅增加，形成熔深大、熔宽小，即焊缝成形系数(熔宽/熔深)过小，易产生气孔和热裂纹。焊缝成形也较差。如果用同样的焊接电流、同样的焊接电压及同样的焊接速度，而焊丝直径变细，则焊缝的熔宽减小、熔深增大，余高增加及熔敷速度提高。

(2) 焊接电流

焊接电流选择的依据是：母材的板厚、焊丝直径、焊缝空间位置、焊接接头、焊缝及坡口形式，而主要是焊丝直径和焊缝空间位置。

焊接电流决定着焊丝的熔化量和母材的熔化量。焊接电流与焊丝的熔化量基本上成正比；焊接电流越大，母材的熔化量越多，熔透深度越大。在相同的焊丝直径、电弧电压、焊接速度的条件下，虽然增大焊接电流母材的熔化量会增多，而熔宽增加不多，所以熔深显著增大，同时焊缝的余高也有所增高。

一般情况下，增大焊接电流的同时，必须提高电弧电压与其相匹配。通常在保护良好的条件下，满足焊接过程的稳定性和焊接质量的同时，尽可能采用大电流，以提高生产效率。

(3) 电弧电压

电弧电压是重要的焊接参数之一。电弧电压就是电弧的两极(焊丝和母材)之间的电压，它也是电弧长度的标志。送丝速度不变时，调节电源外特性，此时焊接电流几乎不变，弧长将发生变化，电弧电压也会发生变化。通常焊接打底焊缝或全位置焊缝时，常采用短路过渡方式，在立焊和仰焊时，电弧电压应略低于平焊位置，以保证短路过渡过程的稳定。

在正常的短路过渡条件下，电弧电压的范围是不大的：17～25 V。

(4) 气体流量

保护气体的流量要具有良好的保护电弧和熔池的效果。CO_2 气体的流量，应根据对焊接区的保护效果来选取。选取时应主要考虑焊接接头和焊缝形式、焊接电流、电弧电压、焊接速度及作业条件等。

(5) 焊丝干伸长度

焊丝干伸长度是指从导电嘴端部到焊丝末端的距离，它和喷嘴至焊件的距离有着密切的关系。根据生产经验，合适的焊丝干伸长度应为焊丝直径的 10～12 倍。一般在 10～20 mm 之内，200 A 以下 10～15 mm；200～350 A 干伸长度 15～20 mm；350 A 以上干伸长度 20～25 mm。但如果焊丝金属的电阻率高(如不锈钢焊丝)，焊丝上的电阻热较大，这时的焊丝干伸长度应小。

其他焊接参数不变,焊丝伸出长度增加时,焊丝刚性减小,易左右摇摆,引起电弧加热宽度增大,即熔宽增大,同时焊接电流下降,熔深减小,余高也减小,焊丝上的电阻热增大,焊丝的熔化加快。当焊丝伸出长度过长时,易产生气孔、弧坑过大、引弧不好、焊接过程电弧不稳定、焊丝容易发生过热而成段熔断,飞溅严重等缺陷。

其他焊接参数不变,焊丝伸出长度过短时,会出现熔深变大、使焊工观察电弧困难,看不清熔化金属而且喷嘴易被飞溅物堵塞。

(6) 送丝速度

当电源外特性不变,改变送丝速度时电弧电压几乎不变,焊接电流发生变化。送丝速度越快,焊接电流越大。在相同的送丝速度下,随着焊丝直径增加,焊接电流也增加。因此,焊接电流的选择也就决定了送丝速度的选择。

(7) 焊枪倾角

熔化极气体保护焊焊接过程中焊枪的倾角是影响焊接质量的不容忽视的因素。

大多数焊工是右手握焊枪操作的,而焊接方向可以向左或向右。因此,半自动熔化极气体保护焊有两种方法操作:左焊法和右焊法。左焊法是焊枪向焊接方向相反方向倾斜一个角度,又称前倾焊法(俗称推焊法);右焊法是焊枪向焊接方向倾斜一个角度,又称后倾焊法(俗称拉焊法)。

采用右焊法时,由于电弧吹力将弧坑内的液体金属吹开,电弧可以进一步深入熔化母材,所以熔深增加,余高增大,但焊缝窄,焊缝成形不好。药芯焊丝一般采用右焊法,这是因为电弧的吹力搅拌熔池,有利于焊剂中的合金元素能够更完全、均匀地过渡到焊缝金属中,冶金反应完善。有时为保证坡口焊透,也采用右焊法。

采用左焊法时,电弧吹力作用使液体金属流向前方,这些液体金属阻碍了电弧进一步熔化母材,所以熔深浅,焊缝宽,余高小,焊缝成形好。熔化极气体保护焊一般采用左焊法。

当焊枪倾角小于 10°时,不论是左焊法和右焊法对焊接过程和焊接质量都没有明显的影响。左焊法的倾角通常为10°～20°,倾角过大时,易产生未焊透及较大飞溅;右焊法的倾角也以 10°～20°为宜,倾角过大时,会使焊道变凸,甚至产生咬边,且飞溅加剧。

(8) 焊接速度

焊接速度对焊缝的成形和焊接接头的性能都有着很大的影响。在其他焊接参数不变的情况下,加快焊接速度,电弧对单位长度焊接接头的热输入减小,这使熔深减小,熔宽变窄;同时单位长度焊接接头上焊丝熔敷量减小,焊缝宽度和余高也有所减小;容易产生咬边、未熔合等缺陷,甚至由于保护变坏,还可能出现气孔。如果焊接速度太慢,除产生烧穿和焊瘤等缺陷外,还会降低生产率,增大焊接变形。

(9) 电弧长度

电弧电压是电弧长度的标志。在正常的短路过渡条件下,电弧电压的范围是不大的,为17～25 V。如果在这个范围内,只增高电弧电压而焊丝直径、焊接电流、焊接速度均不变,这时电弧长度拉长,电弧活动范围增大,即熔宽显著增大。由于焊接电流不变,焊丝熔化量近似不变,熔敷金属量也不变,结果是由于熔宽增大而引起余高减小。

4. 焊接操作

(1) 保护气体流量的选择

在焊接工艺规程规定的范围内,保护气体的流量应根据现场实际情况确定。对于一定孔径的喷嘴，流量过小，气流挺度太差，排除周围空中的能力弱，轻微的侧向风也能使其偏离和散乱，保护效果不好，会产生大颗粒飞溅，电弧不稳，焊缝易产生气孔。但流量过大，喷出的气流近壁层流很薄，甚至为湍流，则易混入空气，保护效果也不好。

造成气体保护效果差的主要原因有：风的影响、气体流量不足、喷嘴和母材间的距离太大、喷嘴黏附着飞溅物、气体流量过大造成湍流而使空气侵入等。

在焊接电流较大、焊接速度较快，焊丝伸出长度较长以及在室外作业等情况下，气体流量要适当增大，以使保护气体有足够的挺度，提高其抗干扰的能力。

(2) 母材表面处理

焊接母材表面的油污、铁锈会影响引弧及焊缝质量，因此施焊前应仔细将这些污物清理干净，同时采用脱氧性强的焊丝。母材表面吸附的水分会增加焊缝金属的含氢量甚至产生气孔，焊前清除水分也是至关重要的。

(3) 焊枪运行轨迹方法

焊枪运行轨迹方法很多，常用的有三种形式，即直线形焊枪运行轨迹法，锯齿形焊枪运行轨迹法和月牙形焊枪运行轨迹法。常用焊枪运行轨迹方法及适用范围见表 7-8。

表 7-8　常用焊枪运行轨迹方法及适用范围

焊枪运行轨迹方法	示意图	适用范围
直线形焊枪运行轨迹法		薄、厚板的打底层焊接
小摆动焊枪运行轨迹法		小间隙薄、厚板的打底层焊接
锯齿形焊枪运行轨迹法		厚板的填充和盖面层焊接
月牙形焊枪运行轨迹法	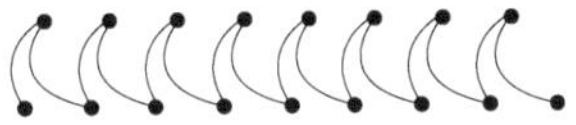	大间隙的打底层焊接和厚板的填充和盖面层焊接
8 字形焊枪运行轨迹法	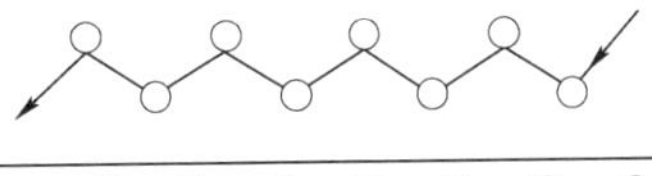	大间隙的打底层焊接和厚板的填充和盖面层焊接
斜 O 字形焊枪运行轨迹法		打底层焊接和堆焊

(4) 焊道接头

在焊接过程中，由于某种原因，一条焊缝没有焊完，中途停止，就叫熄弧。再引燃电弧继续焊接，就出现了焊道接头(以下简称接头)。

无论焊接打底层焊道或填充层焊道，控制接头的质量很重要，因为接头是两段焊缝交接的地方。由于温度的差别和填充金属量的变化，该处易出现未焊透、夹渣、气孔和成形不良等缺陷，所以焊接过程中应尽量避免停弧，减少接头次数。但是在实际操作时，需要更换焊丝、焊接位置的变化，或要求对称分段焊等，必须停弧，因此接头是不可避免的。问题是应尽可能地设法控制接头质量。接头要采取正确的方法，即先将收弧处磨出圆滑过渡的斜坡状并检查是否清除缩孔、裂纹等缺陷，然后在离弧坑斜前焊缝上 15～20 mm 处引弧，等电弧基本形成稳定后，如图 7-10 所示，再返回弧坑接点处。焊接速度由快逐渐转慢并压低电弧进行焊接,焊枪也在弧坑处的地方稍做停顿、待弧坑处的铁水填满时,即可转入正常焊接。

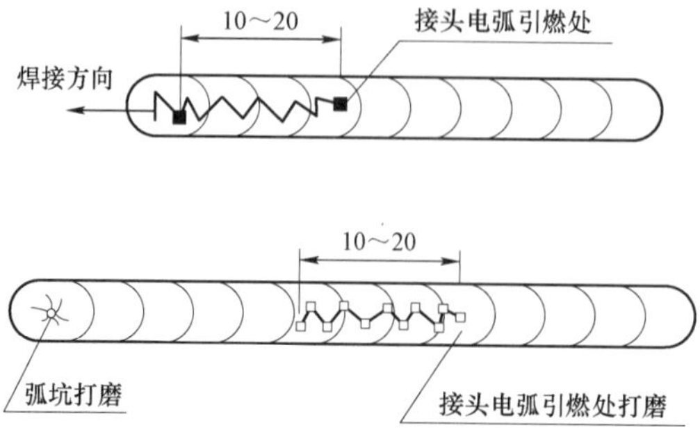

图 7-10 焊道接头操作技术示意图

(5) 收弧

收弧技术的好坏,将直接影响焊缝质量和成形的美观。半自动焊接由于使用焊接电流较大,突然断弧,在收弧处容易留下很大弧坑缺陷。一般要使用带收弧处理的焊机收弧。带收弧处理的焊机的开关有四个程序,每个程序的功能都不一样:① 按下焊枪开关;② 松开开关,焊接开始,此时焊接电流和电弧电压均在调好规定的范围内供给;③ 再按住焊枪开关不撒手,转换成收弧状态,此时焊接电流和电弧电压逐渐减小,铁水也逐渐填满弧坑;④ 再松开开关,电源断开,电弧熄灭。

五、药芯焊丝电弧焊

1. 药芯焊丝电弧焊概述

药芯焊丝是继焊条、实芯焊丝之后广泛应用的又一类焊接材料。使用药芯焊丝作为填充金属的各种电弧焊方法统称药芯焊丝电弧焊。药芯焊丝电弧焊的基本原理是以可熔化的金属外皮和芯部药粉两部分构成的药芯焊丝作为电极,母材作为另一极,加或不加保护气体。焊接时,在电弧热作用下,熔化焊剂材料、焊丝金属、母材金属和保护气体相互之间发生冶金作用,同时形成一层较薄的液体熔渣包覆熔滴并覆盖熔池,对熔化金属形成了又一层保护。气体保护药芯焊丝电弧焊示意如图 7-11 所示。

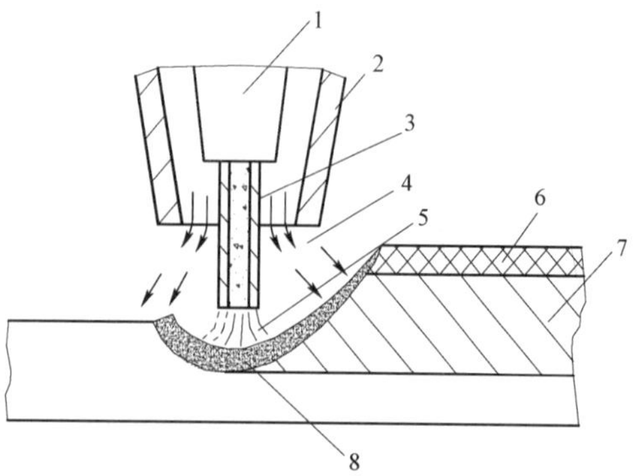

图 7-11 气体保护药芯焊丝电弧焊示意图

1—导电嘴;2—喷嘴;3—管状焊丝;4—保护气体;5—电弧;6—熔渣;7—焊缝;8—熔池

药芯焊丝电弧焊按焊接方法分类，还可分为：气体保护药芯焊丝电弧焊，不熔化极药芯焊丝电弧焊，自动保护药芯焊丝电弧焊，埋弧药芯焊丝电弧焊和热喷涂药芯焊丝电弧焊。

药芯焊丝电弧焊通常用于半自动焊。采用不同的焊丝和保护气体相配合，可以进行平、立、横和仰位及全位置的焊接。与普通熔化极气体保护焊(GMAW)相比，可采用较短的焊丝伸出长度和较大的焊接电流。与焊条电弧焊(SMAW)相比，焊接角焊缝时，可得到较大的焊脚尺寸。

药芯焊丝电弧焊通常用于焊接碳钢、低合金钢、不锈钢和铸铁。使用药芯焊丝活性气体保护焊这种焊接方法是焊接钢材代替 SMAW 实现自动化和半自动化焊接最有前途的一种方法。

核安全设备中反应堆压力容器支撑(RPVHS)、反应冷却管道限位装置(RHS)、蒸汽发生器水平支撑(SGHHS)等使用的焊接方法是带脉冲气体保护药芯焊丝电弧焊。

2. 药芯焊丝电弧焊的特点

药芯焊丝电弧焊综合了焊条电弧焊(SMAW)和普通熔化极气体保护焊(GMAW)的优点，其效率是焊条电弧焊的 2～3 倍，这对提高产品质量和生产效率，降低操作者的劳动强度具有重要意义。

(1) 药芯焊丝电弧焊的优点

1) 焊接工艺性能好。引弧容易、电弧稳定、飞溅少且细颗粒。采用气—渣联合保护，焊缝成形美观。易于清渣。

2) 熔敷速度快，熔敷效率(85%～90%)和生产率较高(生产率比 SMAW 高 2～3 倍)。

3) 应用范围广，焊接各种钢材的适应性强，通过调整焊剂的成分与比例，可提供所要求的焊缝金属化学成分。

4) 能耗低、综合成本低。

(2) 药芯焊丝电弧焊的缺点

1) 焊丝制造过程复杂。

2) 送丝较实芯焊丝困难，需要采用降低送丝压力的送丝机构等装置。

3) 焊丝外表容易锈蚀、焊剂易吸潮。因此，需要对焊丝的保存严加管理。

3. 焊接参数

药芯焊丝电弧焊的焊接参数主要包括：焊接电流、电弧电压、焊接速度、保护气体流量、焊丝伸出长度、焊丝直径和焊丝与试件的相对位置等。

(1) 焊接电流和电弧电压

由于药芯焊丝电弧焊使用的焊剂成分改变了电弧特性，因此，直流、交流、平特性或下降特性均可以使用。但通常采用直流平特性电源。

当其他条件不变时，焊接电流与送丝速度成正比。当电流变化时，电弧电压需要做相应的变化，以保持电弧电压与焊接电流的最佳匹配关系。采用纯 CO_2 气体保护时，通常采用长弧法焊接，焊接电流为 200～700 A，电弧电压为 25～35 V。

(2) 焊丝伸出长度和焊丝位置

焊丝伸出长度对电弧的稳定性、熔深、焊丝熔敷速度、电弧能量等均有影响。对于给定的送丝速度，实测的焊丝伸出长度随焊接电流的增加而减小。焊丝伸出长度太长会使电弧不稳且飞溅过大；焊丝伸出长度太短会使电弧弧长过短，过多的飞溅物易堵塞喷嘴，使气体保护不良，焊缝中易产生气孔。通常焊丝伸出长度在 19～38 mm 范围。

平焊位置通常采用 2°～15°行走角。焊接角焊缝时，工作角为 40°～50°。如果行走角太大，会降低气体保护效果。

(3) 保护气体流量

保护气体流量的选择可根据焊接电流的大小、气体喷嘴的直径和保护气体的种类等因素来确定。

4. 焊接速度

焊接电流和电弧电压不仅对焊缝几何形状产生影响，而且对焊接质量也有影响。焊接速度过快导致熔渣覆盖不均匀，焊缝成形变坏，当试件清理不干净时焊接速度过快易产生气孔。焊接速度过慢，熔融金属容易先行，易产生未熔合等焊接缺陷。半自动药芯焊丝电弧焊的焊接速度通常在 400～700 mm/min 范围内。自动药芯焊丝电弧焊的焊接速度可达 1 m/min 以上。

六、等离子弧焊

1. 等离子弧焊接概述

等离子弧焊是一种不熔化极电弧焊。等离子弧焊是利用等离子枪将阴极(如钨极)和阳极之间的自由电弧压缩成高温、高电离度、高能量密度及高焰流速的电弧，利用等离子弧来熔化金属进行焊接的方法称为等离子弧焊接。

等离子弧焊接几乎可以焊接电弧焊所能焊接的所有材料和多种难熔金属及特种金属材料，并具有很多优越性。在极薄金属的焊接方面，它能进行氩弧焊所不能进行的材料和焊件的焊接。

2. 等离子弧的特性与类型

普通的等离子弧焊与钨极氩弧焊一样，都使用钨极作为不熔化电极。不同的是焊枪内的离子气在喷嘴内电离，由于电离后的离子气仍具有流体的性质，在收缩效应的作用下从喷嘴孔径喷射出的电弧带电质点的运动速度明显提高(可达到 300 m/s)，所以等离子弧具有较小的扩散角及较大的电弧挺度，这也是等离子弧最突出的优点。

收缩效应是等离子弧所特有的效应：

等离子弧焊枪有压缩喷嘴，其电极缩进喷嘴里面，如图 7-12 所示。中性的离子气在喷嘴内电离后使喷嘴内压力增加，因此喷嘴内壁与电极之间的空间称增压室。电离了的离子气从喷嘴流出时受到孔径限制，使弧柱截面变小，该孔径对弧柱的压缩作用称为机械压缩。

由于水冷喷嘴温度较低，在喷嘴内壁形成一层冷气膜，一方面使喷嘴与弧柱相对绝缘，另一方面使弧柱有效面积进一步收缩，这种收缩称为热收缩。

另外弧柱电流自身磁场对弧柱也有压缩作用，称为磁收缩。电流密度越大，磁收缩作用越强。

根据等离子弧电源的供电方式可分为非转移型、转移型及联合型三种形式，其中非转移弧和转移弧是基本的等离子弧形式。

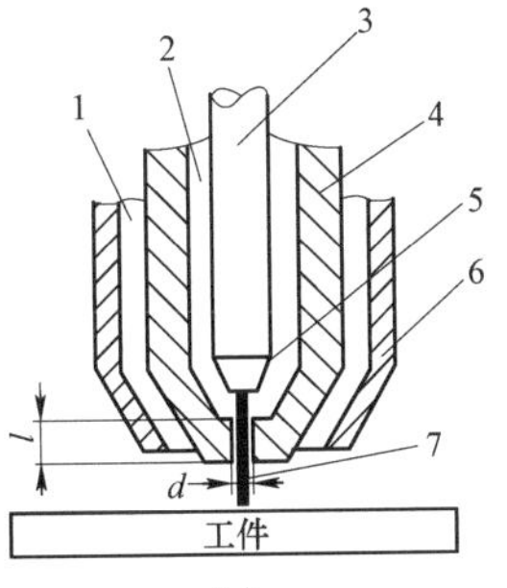

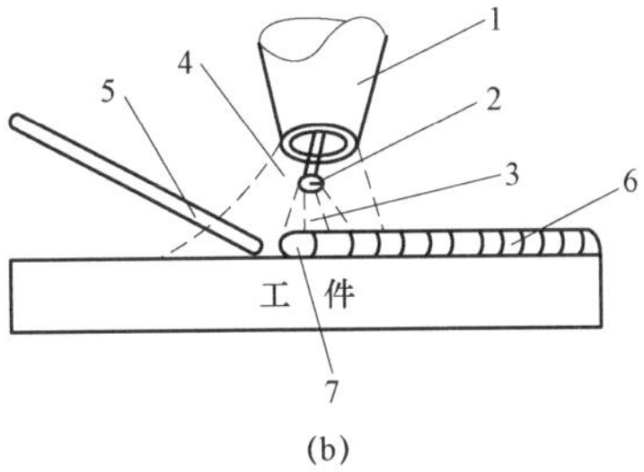

图 7-12　等离子弧焊与钨极氩弧焊对比

(a) 等离子弧焊示意图；
1—保护气；2—离子气；3—钨极；4—压缩喷嘴；5—增压室；
6—保护气罩；7—等离子弧；d—喷嘴孔径；l—喷嘴孔道长度

(b) 钨极氩弧焊示意图
1—喷嘴；2—钨极；3—电弧；4—惰性气体；
5—填充焊丝；6—焊缝；7—熔池

(1) 非转移型等离子弧

电极接负，喷嘴接正，等离子弧建立在电极与喷嘴之间，连续送入的离子气穿过电弧空间后，成为从喷嘴内喷出的等离子焰来加热熔化金属，非转移弧主要用于非金属材料的焊接。由于其加热能量和温度较低，故不宜用于较厚材料的焊接。

(2) 转移型等离子弧

电极接负，焊件接正，等离子弧首先在电极与喷嘴之间产生，即先引燃非转移弧，然后再将电弧转移至电极与焊件之间，此时电极与喷嘴间的电弧熄灭。当焊件成为另一个电极，高温的阳极斑点在焊件上，把较多的能量传递给焊件，金属材料的焊接一般都采用转移弧。

(3) 联合型等离子弧

非转移弧和转移弧同时存在的等离子弧称为联合型弧。联合型弧需用两个独立电源供电，主要用于电流小于 30 A 的微束等离子弧焊接。

3. 等离子弧焊接的分类

等离子弧焊接根据焊缝成形原理可分为两种：小孔型等离子弧焊和熔透型离子弧焊，30 A 以下的熔透型离子弧焊又称为微束等离子弧焊。

(1) 小孔型等离子弧焊

利用小孔效应实现等离子弧焊的方法称为小孔型等离子弧焊，亦称穿透性焊接法。小孔型等离子弧焊是利用等离子弧的高温及能量集中的特点，迅速将焊件焊缝处的金属加热到熔化状态。对一定厚度范围内的金属进行焊接时，焊接参数(电流、离子气流及焊接速度)选择适当，电弧挺度适中，等离子弧将穿透整个焊件厚度，形成一个贯穿焊件的小孔，小孔周围的液态金属在电弧吹力、液体金属重力与表面张力作用下保持平衡，随着等离子弧的向前移动，在小孔前沿的熔化金属沿着等离子弧柱流动到小孔后面并逐渐凝固形成焊缝。可在不开坡口和背面不用衬垫的情况下进行单面焊接双面成形。

小孔型等离子弧焊采用的焊接电流较大(100～300 A)，随着板厚增加所需能量密度也增加。由于等离子弧能量密度的提高有一定限制，因此 小孔型等离子弧焊只能在有限板厚内进行，板厚范围为 1.6～9 mm。

(2) 熔透型等离子弧焊

焊接过程中,只熔透焊件但不产生小孔效应的等离子弧焊方法称为熔透型焊接法。

熔透法原理:当离子气流量较小,弧柱受压缩程度较弱时,这种等离子弧在焊接过程中只熔化焊件而不产生小孔效应,焊缝成形原理与氩弧焊类似。主要用于薄板焊接及厚板多层焊。

(3) 微束等离子弧焊

利用小电流(通常小于 30 A)进行焊接的等离子弧焊。微束等离子弧焊通常采用联合弧,由于非转移弧的存在,焊接电流小至 1 A 以下电弧仍具有较好的稳定性,能够焊接厚度在 0.01～2 mm 的薄板及金属丝网。加在钨极与喷嘴间产生的非转移弧称维持电弧(维弧),其作用是维持气体电离,引燃和稳定主弧;另外加在钨极和焊件间产生的转移弧称为主弧,其作用是提供焊接热源。

4. 等离子弧焊接的特点

(1) 与钨极氩弧焊相比,熔透法等离子弧焊具有的优点

1) 温度高、电弧能量集中。等离子弧的导电性高,承受电流密度大,因此温度高(16 000～33 000 ℃),又因其截面很小,则能量密度高度集中。因此焊接工艺具有焊接速度快、焊缝深宽比大,截面积小、薄板焊接变形小、厚板焊接缩孔倾向小及热影响区窄等优点。等离子弧与钨极氩弧的温度分布。

2) 电弧挺直性好。一般的电弧未受到外界的压缩,弧柱截面随着功率的增加而增加,因而弧柱中的电流密度近乎常数,其温度也就被限制在 5 730～7 730 ℃,这种电弧称为自由电弧,自由电弧的扩散角约为 45°。如在提高电弧功率的同时,依靠压缩效应限制弧柱截面的扩大或减小弧柱直径,就能够获得导电截面小、能量集中、弧柱中气体电离程度高,放电过程稳定的等离子弧。

等离子弧的扩散角仅为 5°左右,基本上是圆柱形,所以挺直性好,如图 7-13 所示。

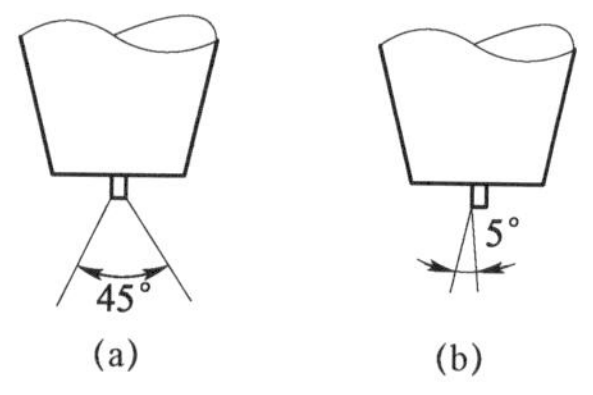

图 7-13 自由电弧与等离子弧的扩散角
(a) 自由电弧;(b) 等离子弧

3) 焊缝没有夹钨。由于等离子弧焊焊枪的钨极内缩在喷嘴之内,电极不可能与焊件接触,因而没有焊缝夹钨的问题。

4) 焊接速度比钨极氩弧焊快(特别是厚度大于 3.2 mm 的材料)。

5) 能够焊接更细更薄的零件。目前低至 0.1 A 电流的等离子弧焊接设备已在生产上应用。

(2) 等离子弧焊的主要缺点

1) 喷嘴要求准确对中焊缝。由于电弧直径小,要求焊枪喷嘴轴线更准确地对中焊缝。

2) 焊枪结构、电源及电气控制线路复杂,加工精度高。设备费用一般是氩弧焊的 2～5 倍。

3) 喷嘴对焊接质量有着直接影响,寿命较短,必需定期检查、维修,及时更换。

5. 焊接参数

(1) 小孔型等离子弧焊的焊接参数

确保在焊接过程中形成稳定的穿透小孔是获得优良焊缝成形的前提。影响小孔形成的

焊接参数主要有喷嘴孔径、焊接电流、离子气成分及流量、焊接速度、喷嘴到焊件距离和保护气体成分及流量等。

1）喷嘴孔径

在焊接生产中，根据焊件厚度初步确定焊接电流的大致范围，然后再根据焊接电流来选择喷嘴孔径，见表7-9。

表7-9　小孔型等离子弧焊电流与喷嘴孔径的关系

焊接电流/A	1～25	20～75	40～100	100～200	150～300	200～500
喷嘴孔径/mm	0.8	1.6	2.1	2.5	3.2	4.8

2）焊接电流

随着电流的增加，等离子弧穿透能力增大，电流的大小应根据焊件厚度确定，电流过小不能形成小孔，电流过大会使熔池金属流淌。另外，电流过大还可能引起双弧现象。

3）离子气成分及流量

为了避免钨极烧损过快，离子气必须是具有较高纯度的惰性气体。应用最广的是氩气，引弧比较容易且适合于所有金属。

离子气流量增加，可使离子流力和熔透能力增大，在其他条件不变时，为了形成小孔，必须有足够的等离子气流量，但离子气过大会使缩孔直径增大而不能保证焊缝成形。当喷嘴孔径确定后，根据焊接电流和焊接速度确定其离子气流量的大小，它们之间要匹配恰当。

4）焊接速度

焊接速度也是影响小孔效应的一个重要因素，其他条件一定时，焊接速度增加，焊接热输入减少，小孔直径随着减少，最后消失。相反，如果焊接速度太慢，母材过热，焊缝会出现下陷，甚至熔池淌漏等。焊接速度取决于离子气流量和焊接电流。

5）喷嘴到焊件距离

喷嘴高度一般为 3～8 mm，喷嘴到焊件的距离过大，熔透能力降低；距离过小则造成喷嘴被飞溅物粘污。

6）保护气体成分及流量

大电流等离子弧焊时，保护气体通常与离子气相同，否则电弧稳定性会受到影响。小电流等离子弧焊时，所用的保护气体只要对接头性能不起有害作用，不一定要与离子气相同。但是保护气体流量应与离子气流量适当匹配，否则会导致气流紊乱，影响电弧稳定性和保护效果。

（2）熔透型等离子弧焊的焊接参数

影响熔透型等离子弧焊的焊接参数与小孔型等离子弧焊相同，由于熔透型等离子弧焊的焊缝成形过程与钨极氩弧焊相似，因此其焊接参数的选定原则大体上与钨极氩弧焊相同，只需考虑保证熔深和熔宽。但要注意维弧电流不能选太大，维弧的作用是引燃和稳定主弧，一般取 3 A 左右，避免喷嘴过热烧损。

6. 等离子弧焊常出现的焊接缺陷

等离子弧焊常见的特征缺陷有：咬边、气孔等。

(1) 咬边

产生原因:

1) 离子气流量过大,电流过大及焊速过高。

2) 焊枪向一侧倾斜。

3) 装配错边,坡口两侧边缘高低不平,则高位置一边咬边。

4) 电极与压缩喷嘴不同心。

5) 采用多孔喷嘴时,两侧辅助孔位置倾斜。

6) 焊接磁性材料时,电缆连接位置不当,导致磁偏吹,造成单边咬边。

(2) 气孔

产生原因:

1) 焊速过高,在一定的焊接电流、电压下,焊接速度过高会引起气孔,小孔焊接时甚至产生贯穿焊缝方向的长气孔;

2) 其他条件一定,电弧电压过高;

3) 填充丝送进速度太快;

4) 起弧和收弧处焊接参数配合不当。

七、埋弧焊

1. 埋弧焊概述

埋弧焊是一种利用于焊剂层下电极与焊件之间燃烧的电弧产生的热量熔化电极、焊剂和母材金属的焊接方法。

埋弧焊原理如图7-14所示,电极和焊件分别与焊接电源的输出端相接,电极由送进机构连续向覆盖焊剂的焊接区送给;连续送进的电极在一层可熔化的颗粒状焊剂覆盖下引燃电弧;电弧引燃后,焊剂、电极和母材在电弧热的作用下立即熔化并形成熔池;熔渣和由焊剂熔化所产生的气体共同保护熔池金属不与空气接触。随着电弧的移动,电弧力将液态金属推向后方并逐渐冷却凝固成焊缝。未熔化的焊剂具有隔离空气、屏蔽电弧光和热的作用。

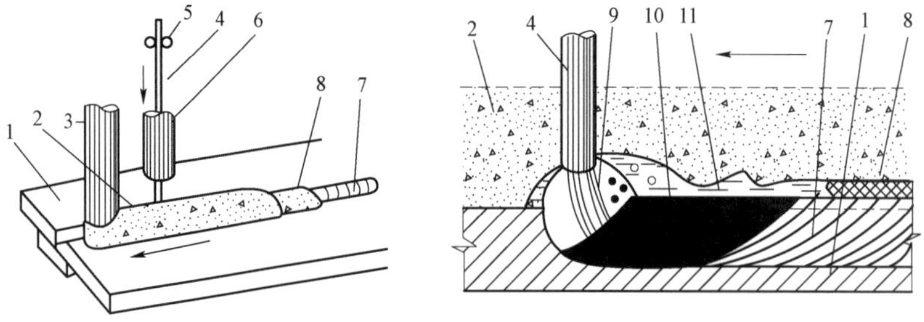

图7-14 埋弧焊原理示意图

1—焊件;2—焊剂;3—焊剂漏斗;4—焊丝;5—送丝滚轮;6—导电嘴;7—焊缝;8—渣壳;9—电弧;10—熔池金属;11—熔渣

埋弧焊熔深大、生产率高、机械化操作的程度高,因而适于焊接中厚板结构的长焊缝。在造船、锅炉与压力容器、桥梁、起重机械、铁路车辆、工程机械、重型机械和冶金机械、管道、核电厂、海洋结构等制造部门有着广泛的应用,是当今焊接生产中最普遍使用的焊接方法之一。

随着焊接冶金技术与焊接材料生产技术的发展，埋弧焊能焊的材料已从碳素结构钢发展到低合金结构钢、不锈钢、耐热钢等以及某些有色金属，如镍基合金、钛合金、铜合金等。

2. 焊接参数

埋弧焊主要焊接参数是焊接电流、电弧电压、焊接速度、焊丝伸出长度等。

其中，板对接和管纵缝焊接的焊接速度由焊接小车的行走速度决定；管对接水平转动焊的焊接速度是由支撑焊件的焊接滚轮架的转速决定的，焊件旋转的线速度就是焊接速度。这就要求滚轮架不但能够无级调速来满足焊接时对焊速的不同要求，还应具有自动的轴向防窜动装置，保证焊接过程中焊丝始终处于正确的位置。

除此之外，起弧前焊丝相对筒体中心的偏移量也对焊缝的质量有着重要的影响，偏移量的选择应使得内、外环缝焊接时，焊接熔池能基本上保持在水平位置凝固，使得环缝成形良好。

3. 埋弧焊焊接操作

埋弧焊中操作难度较大的是管对接水平转动焊焊接。大直径管对接水平转动焊一般是圆柱形筒体的环缝焊接。环缝焊接与直缝焊接最大的不同点是焊接时必须将焊件置于滚轮架上，由滚轮架带动焊件旋转，焊机固定在操作机上不动，仅有焊丝向下输送的动作。因此，焊件旋转的线速度就是焊接速度。如果是焊接筒体内环缝，则需将焊机置于操作机上，操作机伸入筒体内部进行焊接。环缝对接焊的焊接位置属于平焊位置。

环缝焊接时一个重要的技术关键是焊丝相对于筒体的位置。环缝焊接虽属平焊，但当筒体旋转时，常常因焊丝位置不当而造成焊缝成形不良。例如，焊接外环缝时，如将焊丝对准环缝的最高点，焊接过程中，随着筒体转动，熔池便处于电弧的右下方，所以相当于上坡焊，结果使焊缝厚度和余高增加，宽度减小。同样，焊接内环缝时，如将焊丝对准环缝的最低点，熔池便处于电弧的左上方，所以相当于下坡焊，结果使焊缝厚度变浅，宽度和余高减小，严重时将造成焊缝中部下凹。筒体直径越小，上述现象越突出。

解决的方法是在进行环缝埋弧焊时，将焊丝逆筒体旋转方向相对于筒体中心有一个偏移量α，使内、外环缝焊接时，焊接熔池能基本上保持在水平位置凝固，因此能得到良好的环缝成形。但是，应严格控制焊丝的偏移量，太大或太小的偏移均将恶化焊缝的外表成形，在外环缝上偏移太小或在内环缝上偏移太大，均会造成深熔、狭窄、凸度相当大的焊缝形状，并且还可能产生咬边。如果外环缝上偏移太大或内环缝上偏移太小，会形成浅熔而凹形的焊缝。

环缝对接焊根据焊件的厚度，也可分成不开坡口和开坡口两种形式，其焊接方法基本相同。由于环缝对接焊焊后焊件不产生角变形，所以内、外环缝不必交替焊接。为了便于焊后清根，所以总是先焊内环缝，后焊外环缝。

直径小于 500 mm 的小直径筒体进行外环缝焊接时，由于筒体表面的曲率较大，焊剂往往不能停留在焊接区域周围，容易向两侧散失，使焊接过程无法进行。在生产中通常采用一种保留盒，将焊接区域周围的焊剂保护起来。焊接时，保留盒轻轻靠在筒体上，不随筒体转动。待焊接结束后，再将保留盒去掉。

4. 窄间隙埋弧焊

窄间隙埋弧焊可以大幅度地减少坡口截面积，在不太大的焊接热输入下，提高生产效率,由于熔敷金属的减少,接头中有害氢含量下降,接头的应力水平和变形量也都有所下降,因而被作为一种经济的、能够得到优良力学性能的、变形小的优质焊接接头的焊接方法,广泛应用于各种大型重要结构。

在国外,窄间隙埋弧焊得到了广泛的使用,具有相当成熟的工艺和各种辅助工装、工具。例如日本,使用窄间隙埋弧焊最多的领域同样是核安全设备、压力容器、锅炉制造,其次是大型产业机械和建筑,再次是压力水管、海洋构造、造船和桥梁等。

现阶段国内基本使用的仍是进口的窄间隙埋弧焊机。由于投资较高,这种高效焊接方法的运用还不够广泛,目前仅在几家大型的锅炉压力容器厂家获得了应用。在国产化1 000 MW核1级设备蒸发器、稳压器、反应堆压力容器和2级设备硼注射器的制造中,其纵、环缝均采用了窄间隙埋弧焊。

窄间隙埋弧焊方法可使用普通的埋弧焊机,除了使用由耐热绝缘胶带包裹的长导电嘴或矩形截面的焊嘴以外无须特殊装置,能够方便地采用纵列多丝焊接,且具有效率高,经济性好,焊接参数范围宽,不易产生缺陷,焊接区质量好,性能高等特点。

(1) 窄间隙埋弧焊的特点

1) 提高效益和效率

在窄间隙埋弧焊厚板焊接时,采用 I 形坡口,间隙 15～25 mm,其中尤其以 18～24 mm 用得更多。避免了厚板接头通常采用的 U 形或双 U 形大坡口(坡口角度 60°～70°),因而大大节省了填充金属。但在实际生产中,有时为了脱渣和清渣的便利,以及坡口两侧的熔合良好,一般采用U形窄坡口(坡口角度 2°～3°)代替I形坡口。与普通埋弧焊所用的坡口形状相比,其坡口截面积仅有普通坡口的 50%。

2) 提高焊接接头质量

由于窄间隙坡口面积小,热输入量小,使得材料性能变化非常小,尤其是大大提高了焊接接头的韧性;变形也比一般埋弧焊小,容易达到产品要求。而且核安全设备压力容器的窄间隙埋弧焊多采用多层双道焊,焊道多而薄,焊缝金属受到热处理的部分大,也能得到高而稳定的韧性

3) 坡口跟踪装置要求高

在窄而深的坡口中,需要保证每层焊道与根部间隙侧壁的良好焊透和稳定的电弧。因此焊丝端部与侧壁的距离以及与坡口底部的距离需要保持稳定。采用普通埋弧焊机的手动调节方法显然不适应难于目视观察的窄间隙焊接,这就要求焊机应具备横向及高度方向的自动跟踪系统,以保证焊丝的精确定位。目前生产中使用的窄间隙焊机采用光电传感器对坡口及弧压进行跟踪,比普通的接触式传感器更为灵敏和精确。

4) 坡口加工要求高

窄间隙坡口需要采用机械加工方式进行制备,以保证坡口没有大的凹凸不平和适宜的坡口宽度和角度。过大的凹凸不平容易产生夹渣和咬边等焊接缺陷。而且尽管装备了先进的跟踪装置,但由于从传感器探测到信息到机头动作需要一定的时间,机头很容易撞上坡口并打弧,造成焊接机头的损坏。坡口宽度和角度过大,失去了窄间隙焊的意义不能提高效益和效率;坡口宽度和角度过小,机头无法伸入坡口底部,或者造成坡口两侧的未熔合。一般核安全设备压力容器的窄间隙焊接坡口底部宽度大约 20 mm,单边坡口角度为 1°。

5) 焊剂脱渣性要求高

由于焊缝窄,焊渣不易脱落,难于清理,尤其是焊接厚板的焊接底层时。这就要研究改进焊剂,使形成的焊渣易脱落除去。

一般在单层单道焊或宽坡口内焊接时,脱渣性良好的焊剂被用于窄间隙埋弧焊,其脱渣性也变坏。窄坡口时脱渣性变坏的主要原因是渣的侧面紧密黏附于坡口内表面,使得坡口内表面对渣产生拘束。因此,对窄间隙埋弧所用的焊剂来说,必须有很好的焊道成形和脱渣性,特别要求渣的形状使得渣侧面和坡口内表面的接触面积小。另外,为改善焊道成形和坡口内表面的脱渣性,渣凝固后的收缩量要大。

6) 需要配备专用的工装、工具

窄间隙埋弧焊的工装、工具与普通埋弧焊相似,如焊接滚轮架、变位器等。但考虑窄坡口的实际情况,对滚轮架的轴向防窜有较高的要求,避免机头撞坏。除此之外,特殊的焊剂回收装置不但可以清除多余的焊剂和焊渣,而且能够对焊剂进行再利用。当然如果没有特殊的焊剂焊渣分离装置,在核安全设备制造中,不允许回收焊剂再利用。为了对窄间隙焊缝进行清根,需要配备专用的自动磨挫机。一些小工装、工具也需要适应厚板,窄坡口的需要。如用直径 6～8 mm 的钢棒制成扁錾用来清渣,其长度应比一般的稍长一些。

(2) 窄间隙埋弧焊焊接操作

由于在核安全设备的窄间隙埋弧焊中采用了多层双道焊,焊道多而薄,后一层的焊道对前一层的焊道有一个重复回火的作用,改善了焊缝的性能,减少了气孔、裂纹等缺陷的发生。但由于窄坡口的特点,容易在坡口两侧形成咬边,造成夹渣或未熔合。这就要求操作工能够恰当地调节焊丝的位置,使得每一层焊道在坡口两侧都成形良好。此外,为了进一步改善焊缝的性能,对在焊缝剩余厚度至少 6 mm 或最少能焊两层时有特殊的要求。

焊接操作工在焊缝剩余厚度至少 6 mm 或最少能焊两层时焊接最终焊道,而且采用了稍小一点的焊接电流,并附加焊接回火焊道(最后应打磨去除),保证了焊缝表面焊道也能得到自回火作用,提高韧性。同时,规定具体的焊道搭接量(d 值)和回火焊道位置(w 值),也使得焊缝热影响区的性能得到极大的改善。对最终焊道和回火焊道 d、w 值的要求如图 7-15 所示。

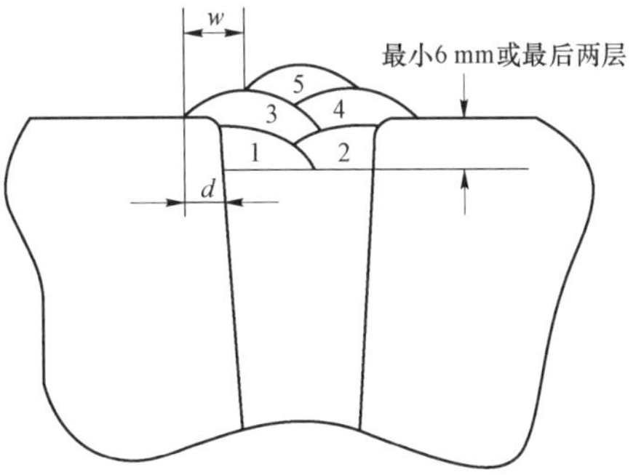

图 7-15 最终焊道和回火焊道 d、w 值的要求

焊道 1,2,3,4—最终焊道;焊道 5—回火焊道;w—最终焊道约 1/3 宽;

d—最终焊道搭接量,目标值为 5 mm

5. 带极埋弧堆焊

(1) 带极埋弧堆焊概述

埋弧焊除了用于金属结构中构件的连接外,还可在基体金属表面堆焊耐磨或耐腐蚀的合金层。随着核能源、石油化学工业的发展,容器种类日益繁多,要求也不断提高,对耐高温、高压和腐蚀的各种容器的要求不断增加。越来越多的容器要求进行内壁大面积的堆焊。对于大面积堆焊而言,焊条电弧焊和丝极自动堆焊不但效率低,而且在堆焊层与基层母材结合处往往易产生缺陷,因此带极埋弧堆焊技术应运而生,被广泛地用于容器内壁大面积堆焊之中。

目前,带极埋弧堆焊以其显著的优越性在核电产品的生产中将成为国内各厂家优先选用的焊接工艺方法,而得到广泛运用。例如,已经在我国 300 MW、600 MW 和 1 000 MW 核岛的关键设备稳压器、硼注射器及反应堆压力容器的筒节、封头内壁耐腐蚀堆焊以及蒸汽发生器管板堆焊中得到广泛运用。

带极埋弧堆焊主要用长方形断面的带状电极取代圆截面的丝状电极,利用带极与母材之间产生的电弧熔化带极、焊剂和母材,在母材表面形成堆焊层的一种焊接方法。带极埋弧堆焊的原理如图 7-16 所示。在焊接过程中,电弧热分布在整个电极宽度上,带极熔化形成熔滴过渡到熔池,冷凝形成焊道。与丝极不同,带极埋弧堆焊可进一步提高熔敷速度。焊道宽而平整,熔深浅而均匀,稀释率比普通熔化极气体保护焊、丝极埋弧焊、焊条电弧焊低,最低可达 10%。一般带极厚为 0.4～0.8 mm,宽约 60 mm,如果借助外加磁场来控制电弧减少磁偏吹,则可用 210 mm 宽的带极进行堆焊。

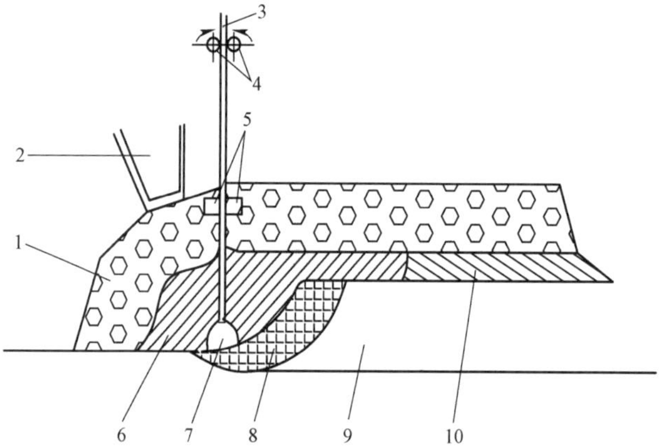

图 7-16　带极埋弧堆焊原理

1—焊剂;2—焊剂斗;3—焊带;4—驱动轮;5—导电块;6—液态焊渣;7—电弧;8—液态熔敷金属;9—熔敷金属;10—焊渣

(2) 带极埋弧堆焊的特点

1) 稀释率低,熔敷效率高,焊缝成形美观,质量可靠

带极埋弧堆焊时,电弧在带极端部局部点燃,并沿带极迅速移动,这就类似于不断摆动的焊丝,因此熔深浅而宽,稀释率较低,堆焊层成分稳定,性能良好,光滑平整外形美观熔敷率高,经济合理。而且由于焊带的截面积较大,可以采用更大的焊接电流。用圆焊丝时,如果使用大电流则焊缝熔深增加,焊道变窄,及焊缝的形状系数减小,容易产生裂纹。用带状

电极时，电弧在电极端面上往返快速移动，使热量分散，焊缝的形状系数得以提高，焊缝抗裂纹能力较强。

对核安全容器类设备，如反应堆压力容器、稳压器和硼注射器的内壁堆焊层都是为了抵抗含硼冷却剂的腐蚀。对于这种抗腐蚀的堆焊层，必须保证完整无缺。因为裂纹、针眼孔、夹渣等小缺陷都可能产生快速的局部腐蚀而引起灾难性的破坏。与此同时，堆焊层成分的变化对腐蚀性能影响也很大，所以必须严格控制稀释率。鉴于带极埋弧堆焊稀释率低、效率高、质量稳定，在核安全设备压力容器的堆焊中基本都采用了这种焊接方法。

2）焊接辅助要求高

带极埋弧堆焊对焊接操作工技能要求不高，只需要能够熟练地操作焊机即可。但在焊接前后及焊接过程中有一些特殊的要求。焊前，由于带极堆焊复杂的热循环和较大的温度梯度，一般要求对堆焊层进行预热处理，为了预热均匀，要求将预热装置均匀分布。为了防止焊后的开裂，还需要缓慢冷却。为了避免焊道搭接出现错边，对滚轮架应进行防窜处理，或调整至与变位器旋转中心同心。焊接过程中，必须控制道间温度。焊后及时进行后热处理。

3）焊接过程中对焊道位置和搭接量有明确要求

堆焊过程中，为了减小稀释率，减少缺陷的发生，得到稳定的焊接质量，对每一层每一焊道的位置及其搭接量都有明确的要求。合理的焊道位置和稳定的搭接量，使得焊缝的化学成分相对恒定，焊接热影响区也十分均匀，焊缝抗腐蚀能力强。

4）焊接过程中要求仔细修磨

每一条焊道完成后，应当对整个焊道凸起边缘和弧坑处修磨，消除所有可能"粘在"焊道边缘的焊渣颗粒。如果出现意外情况熄弧，重新起弧前，必须打磨弧坑，起弧位置应该按照特殊的规定。

（3）带极埋弧堆焊焊接参数

带极埋弧堆焊过程中，堆焊参数对堆焊层表面质量和性能影响最大。正确选择焊接参数，是获得优质堆焊层的重要前提。因此，必须掌握各种焊接参数对熔深、稀释率、焊道厚度、焊道宽度的影响。熔深和稀释率将会直接影响到堆焊层的化学成分，使熔合线和热影响区的组织性能发生变化。

1）焊接电流

焊接电流对堆焊层的质量和成形影响较大。焊接电流过小，则会导致焊道过窄，边缘不均匀，还可能出现未焊透，电弧燃烧也不稳定，甚至出现熄弧、短路、焊带顶出导电块等现象。如焊接电流过大，则亦会恶化焊道形状。在较大的焊接电流和较高的堆焊速度下，熔渣会流到带极前面，而影响焊道成形。

带极尺寸不同，带极埋弧堆焊所选用的焊接电流也不同。实际生产中电流密度（单位面积的焊带通过的电流强度）比电流本身更重要。带极埋弧堆焊的典型电流密度在 20～25 A/mm^2 范围内。其他条件一定的情况下，焊接电流的高低将影响焊缝金属的熔深，焊接电流值增大，熔深加深，且母材的熔化量增加，从而导致稀释率增大，而稀释率在一定程度上又决定了堆焊层的化学成分及组织，特别是 C、Cr、Ni 的含量，C、Cr、Ni 的含量又将直接影响堆焊层抗腐蚀的能力。因此，选取合适的电流值进行堆焊是保证焊接层质量的关键。

2）电弧电压

焊接过程中电弧燃烧是否稳定与电弧电压有直接的关系，电弧电压对堆焊层的质量，特别是堆焊焊缝的表面形状和光滑程度有较大的影响,但对带极的熔化率和母材的熔透深度影响较小。电弧电压的选取取决于带极的材料和焊剂的类型。对于耐蚀合金的堆焊,电弧电压可在 26～32 V 范围内选定。对于耐磨合金堆焊,适用的电弧电压范围为 32～35 V。对于碳素钢堆焊,合适的电弧电压范围为 28～31 V。

过高的电弧电压会引起咬边,在小直径圆柱体焊件表面堆焊时,则会导致熔池金属的流失。过低的电压则难以引弧,且电弧燃烧不稳定,焊缝宽度变窄。

3) 焊接速度

带极堆焊速度的快慢决定着堆焊层熔敷金属的厚度,也影响着堆焊层的化学成分及组织。它取决于带极的规格,带极材料的种类,焊剂的类型和焊件结构形状等,堆焊速度也应与所选定的焊接电流和电弧电压相匹配。

选择恰当的堆焊速度,可以达到必需的母材熔透深度和较高的堆焊效率。焊接速度太快,焊缝的中间部位趋向于变凹。同样,如果焊接速度太慢,将促使熔透深度减小,堆焊金属层厚度增加,焊缝表面变得粗糙且不均匀,并可能会引起飞边,焊下一道焊缝时,可能产生焊接缺陷。焊接速度对焊缝形状的影响如图 7-17 所示。因此,在焊接操作过程中,应随时测量焊缝高度,调整焊缝的高度在 4～5 mm 范围内。

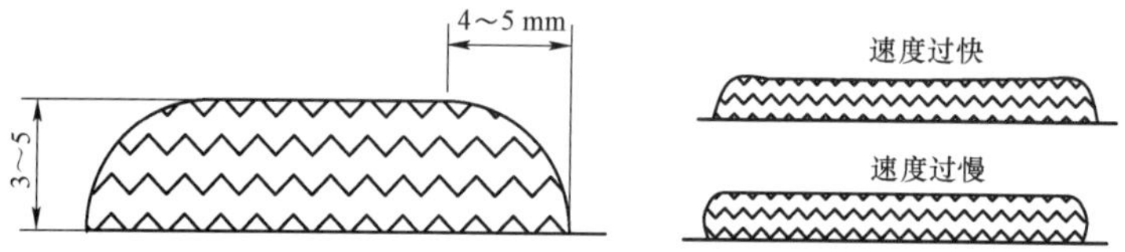

图 7-17　焊接速度对爆道成形的影响

4) 焊道搭接量

焊缝的搭接为了使两焊道间平滑过渡,焊道间不产生夹渣、咬边和凹陷,同时也为了焊道间避免产生应力集中,更好地控制稀释率,得到平滑的焊缝。

搭接量是指焊带边缘到前一个焊缝边缘的重叠距离,焊缝的搭接量必须严格控制。搭接量由熔敷金属类型和焊缝厚度决定,通常搭接范围在 5～10 mm 范围内,如图 7-18 所示。堆焊时,若后续焊道对先前焊道的搭接量太小,易在焊道搭接处产生咬边或凹陷,前焊道与后焊道的焊接热影响区之间形成尖角,产生应力集中。搭接量过大,则焊道搭接不平整或产生夹渣。

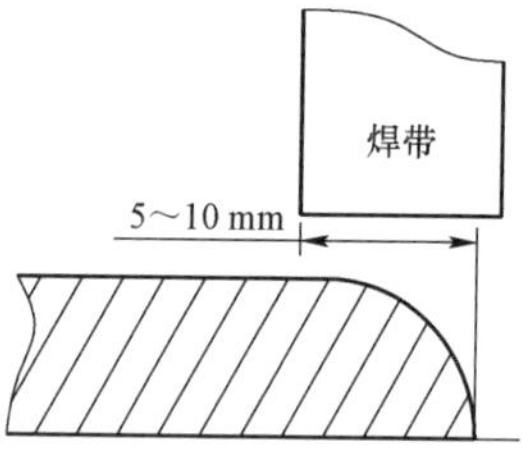

图 7-18　焊道间搭接量

实践中,对每一焊道的起弧、收弧、搭接量及中断后重新起弧都有特殊的要求。对起弧、收弧及中断后重新起弧的要求保证了焊缝成形美观,消除弧坑缺陷和焊缝凹陷,保证了焊缝质量。

5) 焊剂覆盖高度

当焊剂层覆盖深度过浅时将会产生电弧不稳,飞溅大,同时更容易产生缺陷。当焊剂层覆盖深度过深时,压在熔敷金属上的焊剂过重而留下痕迹。焊缝边缘不能形成较好的圆滑过渡,而且熔池内的气体不易排出,容易产生缺陷。焊剂的覆盖深度通常为 25～35 mm。

6) 焊缝的接头

由于某些情况而必须进行焊缝的接头时,用砂轮把收弧处 20～25 mm 的范围打磨平滑

再重新开始施焊,如图 7-19 所示

7) 焊接电压、焊带伸长量及焊剂的堆积厚度

焊带伸出长度决定着焊带的电阻热,伸出长度增加,电阻热增加,熔敷效率增加,稀释率减少,通常焊带伸出长度以 30～40 mm 为宜。为了方便起弧,焊带的引弧端应剪成 45°～60°或 90°～120°的夹角,如图 7-20 所示。在堆焊中,电弧电压、焊带伸长量及焊剂的堆积厚度之间存在一种优化组合关系,这种优化组合不仅决定熔池的保护效果,而且与焊道的宽度、外观成形以及熔深大小、焊道间是否产生夹渣等都有影响。实践中,当电弧电压为 25～29 V、焊带伸长量为 20～30 mm、焊剂的堆积厚度为 20～40 mm 时,能获得满意的焊缝质量。

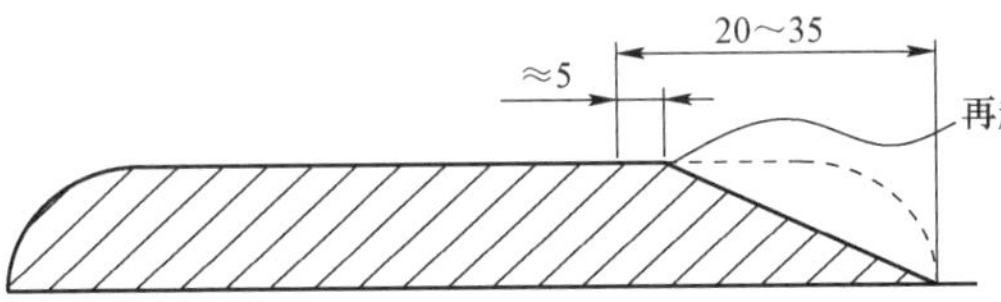

图 7-19 焊缝接头

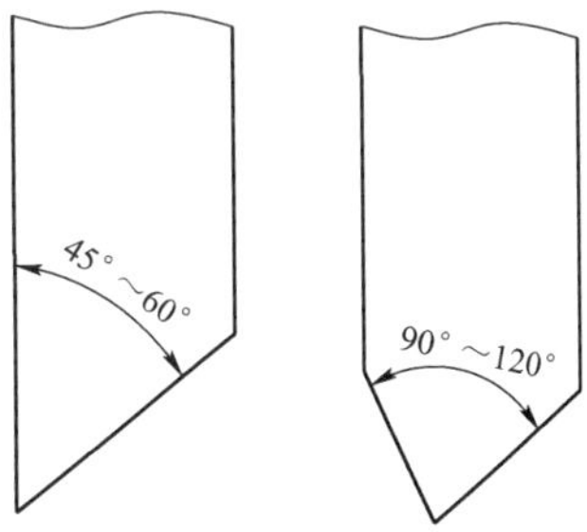

图 7-20 焊带引弧端形状

8) 焊带的位置

堆焊时注意控制好焊带与焊件的相对位置。对于圆筒形焊件内外壁堆焊时,偏离中心的距离取决于圆筒的直径,直径越大,偏离中心的距离越大。通常情况下偏离中心的距离为 17～60 mm。

在实际生产中,带极埋弧堆焊的焊接参数见表 7-10。

表 7-10 带极埋弧堆焊典型的焊接参数

焊带尺寸/mm ($t\times w$)	电源特性	焊接电流/A	电弧电压/V	焊接速度/(cm/min)	焊带伸出长度/mm	焊剂覆盖深度/mm
0.4×25	直流反接	350～450	25～30	15～20	30	25
0.4×37.5	直流反接	550～650	25～30	15～20	30	25
0.4×50	直流反接	750～850	25～30	15～20	35	30
0.4×75	直流反接	1 100～1 300	25～30	15～18	40	30

八、电子束焊

1. 电子束焊接概述

电子束焊接是 20 世纪中期发展起来的一种新的、高能量密度的熔化焊接方法。电子束焊接最早就是应用在核工业上的。1954 年,法国的斯托哥博士利用自己设计制造的电子束焊接装置,为法国原子能委员会焊接了核反应堆的燃料罐外壳,其材料是锆和铍等。真空电子束焊接技术的成功应用,为活性金属和难熔金属及其合金的焊接开辟了一条新的途径,因

此引起了世界各国的极大注意。1958 年美国的西屋公司试制成功了 150 kV 的高压真空电子束焊机。

电子束焊接是利用加速和聚焦的电子束轰击焊件，将部分动能转化为热能，从而使焊件熔化，形成焊缝。

电子束是从电子枪中产生的。阴极加热后，发射的电子通过聚束极，经阴极—阳极间强电场加速并定向形成电子束流，再由电磁透镜聚焦而会聚成高能量密度的束流。电子束撞击到焊件的表面时，电子的动能就转变为热能，使焊件金属迅速发生熔化和强烈的蒸发，在高压金属蒸汽的作用下熔化的金属被排开，电子束就能继续撞击深处的固态金属，很快在被焊焊件上钻出一个锁形小孔(俗称"匙孔")，小孔的周围被液态金属包围。随着电子束与焊件的相对移动，液态金属沿小孔周围流向熔池后部，逐渐冷却、凝固形成焊缝。匙孔的存在从根本上改变了焊接熔池的传质、传热规律，由一般的熔焊方法的热导焊转变为穿孔焊，这是所有高能束流焊接的共同特点。

目前，在核安全机械设备制造领域，电子束焊接主要用于控制棒驱动机构中控制棒导向筒组件的制造。控制棒驱动机构是确保核反应堆安全可控的重要动作部件，用以带动各种用途的控制棒组件在堆芯内上下抽插，实现反应堆的启动、调节和停闭。控制棒导向筒组件是其重要的组成部分。控制棒导向筒组件按所处位置可分为上部导向筒组件与下部导向筒组件。其中上部导向筒为圆柱形，下部导向筒横截面为方形。上部导向筒组件中上法兰与上部导向筒的环形焊缝及下部导向筒的半方管纵焊缝均采用电子束焊接。电子束焊接之所以应用在导向筒焊接中主要有以下原因。

(1) 在导向管半方管纵缝对接焊时不允许焊透以防止背面余高阻碍控制棒的上下抽插。电子束焊接可以通过调节相关焊接工艺参数以达到部分焊透，因此满足控制棒导向管的制造要求。

(2) 电子束焊接时深宽比大，速度快，热影响区小，可以减小焊后变形。因导向筒母材为奥氏体不锈钢，采用电子束在真空室焊接时不会引起氧化，无须进行背面保护。

(3) 对电子束焊缝的焊接质量要求比较严格，对半方管焊缝每一个反应堆一般设定两个见证件，焊接见证件应在熔合线边界取样。焊工必须按照《民用核安全设备焊工焊接操作工资格管理规定》进行考试，要有合格的焊接工艺评定，焊后要进行超声波检验，以验证焊缝熔深是否满足相关图样提出的要求。

此外在核安全电气设备部分仪器仪表的制造中也采用电子束焊接。

一般来说，电子束焊接的分类方法有两种。一种是按加速电压的高低来分，即在电子枪中，按照加速电子运动的阴极和阳极之间的电压高低，将其分为高压、中压和低压电子束焊；另一种是按工作室的真空度来分，将其分为高真空、低真空和非真空电子束焊，具体见表 7-11。

表 7-11 电子束焊接分类

依据	加速电压/kV			工作室真空度/Pa		
类别	高压	中压	低压	高真空	低真空	非真空
	≥120	60～120	≤60	10^{-4}～10^{-1}	10^{-1}～10	大气压

目前,高真空电子束焊接应用最多。其良好的真空条件防止了金属元素的氧化和烧损,适于焊接活性金属、难熔金属和质量要求高的焊件。但由于其真空系统相对复杂,抽真空时间长,降低了生产率且增加了焊接的成本。对于低真空电子束焊接来说,工作室抽真空时间显著缩短,因而生产率较高,适用于批量大的零件焊接以及在生产线上使用。对于非真空电子束焊接来说,它是将高真空条件下产生的电子束,引入到大气压力的工作环境中对焊件进行施焊。此法主要优点在于不需要真空室,生产率高,成本较低,可焊接尺寸大的焊件,扩大了电子束焊接的应用范围。

2. 电子束焊接的特点

(1) 能量密度高

电子束焊接能量密度很高(106～108 W/cm^2),比焊条电弧焊电弧功率密度高 100～1 000 倍,对于绝大多数材料,包括高熔点钨、钼等材料,其母材都能快速熔化。一般不用填充金属,靠零件自身材料熔接而成。

(2) 焊缝气孔少,强度大

电子束焊接多在真空中进行,可防止材料氧化及其他有害气体侵入,适于焊接活性金属如钛等。并且由于熔池与真空气压差的存在,有利于焊缝熔池中所含气体排出,减少焊缝气孔,提高焊缝强度。

(3) 宽深比大,工件变形小

电子束焊接时焊缝深宽比很大(即熔深与熔宽之比),焊缝又深又窄,因而零件变形小。对于大厚度钢板可采用I形坡口单面焊,而采用普通焊接方法就需多次填充。

(4) 适应性强

可焊最薄小于 0.1 mm、最厚一次焊透 300 mm 的焊件;焊接两种物理性质差异大(如热传导或热容量)的材料所构成的零件时,两种材料可同时瞬间熔化再快速凝固,如铜与钢。

(5) 电子束焊接可控性较好

电子束焊接可以通过电磁场对电子束进行快速而精确的控制。电子束可以聚得很细,偏转方便,所以可焊很精细零件。可焊难以达到的焊接点,对特殊结构和特别精细的零件用电子束焊接是非常适宜的。

(6) 焊接速度快

能量密度高,焊接速度快,热影响区范围很小,不会对邻近半导体器件或其他热敏器件产生不良影响。

这种焊接方法的主要缺点是设备复杂、造价高、维修困难并且费用很高;焊接时对接头的加工装配要求严格,在空气中会产生X射线等。

3. 电子束焊接缺陷及质量检验

(1) 焊接缺陷及防止

电子束焊接接头会出现裂纹、未熔合、焊缝下陷、气孔等常见熔化焊的缺陷。此外,电束焊缝特有的缺陷有冷隔、钉尖缺陷等。

1) 裂纹:用电子束焊接易淬火钢和难熔金属时,在焊缝金属和熔合线附近会出现结晶裂纹。主要的防止措施应从改善母材的性能着手。从工艺角度方面,用改变焊接参数来调节焊缝截面形状,对防止结晶裂纹的产生也有一定的效果。

2）气孔:在焊接厚板时,气孔是容易出现的缺陷之一。焊件表面清理不净、接头设计不合理以及焊接参数选择不当均会产生气孔。防止方法除了认真清理表面、改进接头设计外,还应降低焊接速度。对于整体或分离式衬垫接头,焊后可采用机械加工方法将根部去掉,以消除根部气孔。

3）未熔合:产生未熔合的主要原因是电子束轴线与坡口轴线错位或倾斜、母材和夹具等材料的剩磁或外界磁场的影响。防止措施是电子束对中应准确、退磁要彻底、重新设计接头形式及正确选择焊接参数等。

4）焊缝下陷:应用电子束进行单面焊时,由于金属蒸发的反作用力和熔化金属的自重,易于造成焊缝金属上表面下陷缺陷,严重时出现烧漏。最有效的防止方法是采用留底或锁底的接头形式。

5）冷隔:厚板电子束焊在未焊透的情况下,往往在焊缝根部或稍高处会出现较大的空洞,这样把熔化金属隔开了,所以称这种缺陷为冷隔。造成冷隔的原因与电子束焊缝的成形特征有关。当采用深熔焊时,焊缝金属中气体逸出时,受到电子束排开的液体金属的阻碍所致。所以冷隔在厚板焊接时易于出现。防止的办法是减少气体的来源、用降低焊接速度或旋转偏转电子束来增加熔宽而改善焊缝的截面形状。

6）钉尖缺陷:常发生在部分焊透的焊缝根部。产生的原因可能是电子束功率的脉动。当液态金属表面张力和冷却速度均过大而液相金属来不及流入所致。由于它密集,且呈钉尖状,容易造成应力集中而导致使用时的破坏。加垫板或采用锁底接头,可将此缺陷引出受力部位,防止发生破坏。如允许采用全熔透工艺,也能消除这种缺陷。

（2）质量检验

电子束焊焊前准备情况的检查十分重要。焊前准备情况的检验包括设备是否完善,特别是安全措施方面;焊件和夹具的退磁是否达到规定指标;焊件是否严格按产品图样要求进行加工、装配等。焊接完成后一般先用肉眼检查焊接接头的外部质量,也可采用磁粉探伤。内在质量检查主要用射线和超声波探伤仪器,有些还要求做密封性检验、耐压检验等。

要根据产品规程或产品标准来确定焊缝是否满足质量要求,对于不合格的焊接接头可以返修或补焊。

4. 电子束焊接的安全防护

在电子束焊接时要防止高压电击、X射线以及烟气等。

高压电源和电子枪应保证有足够的绝缘和良好的接地。电子束焊接设备应装置专用地线,设备外壳应用粗铜线接地,公用间地面要铺绝缘胶板。操作人员要戴耐高压的绝缘手套和穿绝缘鞋。更换阴极组件和维修时应切断高压电源,并用放电棒接触准备更换的零件,以防电击。

电子束焊接时将有不超过 1%的电子束能量转变为X射线,可以在电子束焊机的设计上考虑使X射线对外辐射的强度降低到不至于危害人体健康的程度,如加速电压在60 kV以下的焊机一般靠钢板厚度来防护,加速电压高于 60 kV 以上的焊机外壳应附加 4～6 mm 铅防护层,真空室观察窗用普通玻璃、铅玻璃和钢化玻璃三层作保护。此外,在新焊机使用前要请专业部门来检测X射线的放射剂量并检查防护措施。焊机操作人员每年所受X射线的最大剂量应在规定范围内。

应采用抽气装置将真空室排出的油气、烟尘等及时排出，设备周围应易于通风。焊接过程中不允许用肉眼观察熔池。

九、螺柱焊

1. 螺柱焊概述

在核安全设备制造和安装中，经常需要将金属螺柱或类似的紧固件(栓、钉)焊到焊件上，螺柱焊就是完成此类工作的焊接方法。螺柱焊是一种压力熔焊方法，是将螺柱或形状相似的紧固件利用电弧热熔化其端面，并立即向焊件挤压形成接头。螺柱焊最常用的方法是电弧法螺柱焊。

螺柱焊具有效率高、质量可靠、生产成本低和易于实现自动化等优点，它可在安装螺柱或类似的紧固件方面可取代铆接、钻孔、焊条电弧焊、电阻焊或钎焊，已在核电设备安全壳钢衬里、压力容器、电站锅炉、冶金设备、造船、车辆和建筑等行业得到普遍的应用。

2. 螺柱焊的分类

在核工业中一般是用电弧法螺柱焊，其是利用电弧加热和熔化螺柱(或类似紧固件)与焊件间的接触面，使螺柱快速插入焊件而形成焊缝的焊接方法。焊接过程中电弧引燃、燃弧时间和快速插入动作均采用自动控制。

根据所用焊接电源不同，电弧法螺柱焊可分为稳定电弧螺柱焊、不稳定电弧螺柱焊和短周期螺柱焊三种。

(1) 稳定电弧螺柱焊

稳定电弧螺柱焊又称电弧螺柱焊。螺柱端部与焊件表面之间产生稳定的电弧过程，电弧作为热源在焊件上形成熔池，螺柱端被加热形成熔化层，在压力(弹簧等机械压力)作用下将螺柱端部浸入熔池，并将液态金属全部或部分挤出接头之外，从而形成连接。

这种螺柱焊的电源一般是弧焊整流器、焊接逆变器或直流弧焊发电机，即普通弧焊电源就可以。电弧螺柱焊的电弧放电是持续而稳定的电弧过程，焊接电流不经过调整，焊接过程中基本上是恒定的。

黑色金属电弧螺柱焊，通常采用直流正接(螺柱负极、焊件正极)，有色金属电弧螺柱焊则采用直流反接。电弧螺柱焊通常采用陶质护圈来屏蔽电弧并挡住熔化的焊缝金属。

(2) 不稳定电弧螺柱焊

不稳定电弧螺柱焊又称电容放电螺柱焊或电容储能螺柱焊。电容放电螺柱焊由电容器存储电能，电弧由所储电能瞬时放电产生。电容器在螺柱端部与焊件表面间的放电过程是不稳定的电弧过程，即电弧电压与焊接电流在瞬时变化着，焊接过程是不可控的。

除与镀锌或电镀表面焊接外，电容放电螺柱焊一般采用直流正接。由于电容放电螺柱焊焊接时间(即电弧燃烧时间)极短，只有 2～3 s，空气来不及侵入焊接区，接头就已形成了，所以电容放电螺柱焊一般不用保护措施。

电容放电螺柱焊根据引燃电弧的方式不同，可分为预接触式、预留间隙式和拉弧式三种。预接触式电容放电螺柱焊的特征是先接触后通电，加压在通电之前，再完成焊接；预留间隙式电容放电螺柱焊是留间隙，先通电后接触放电加压，完成焊接；拉弧式电容放电螺柱焊的特征是接触后拉起引弧，再电容放电完成焊接。

(3) 短周期螺柱焊

短周期螺柱焊是焊接电流经过波形控制的电弧螺柱焊。这种螺柱焊的电源,一般情况下是用两个并联的电源先后给电弧供电,可以是两个弧焊接整流器,也可以是整流器加电容器组,只有采用逆变器作电源时可以不用双电源。短周期螺柱焊采用逆变器或双整流器作电源时的电弧过程是阶段稳定的电弧过程。当双电源中含有电容器组时,电容放电产生的电弧过程仍然是不稳定的。

短周期螺柱焊是普通电弧螺柱焊的一种特殊形式。焊接时间只有电弧螺柱焊的十分之一到几十分之一,所以叫短周期或短时间螺柱焊。短周期螺柱焊与电容放电螺柱焊一样,焊接过程不用采取像普通电弧螺柱焊所用的陶瓷环及保护气体等保护措施。

电弧螺柱焊、不稳定电弧螺柱焊及短周期螺柱焊三类焊接方法,既有共同的技术特点又有各自最佳的应用范围。生产实践中,应根据不同产品被焊焊件材料不同的技术要求,及焊件的不同厚度、螺柱的不同尺寸规格等具体情况进行科学合理地选择和应用。

3. 螺柱焊焊接操作

焊接前,应对所选用的焊接工艺进行焊接工艺评定,按焊接工艺评定合格的焊接工艺进行施焊。焊接中要注意以下几点。

(1) 清理

螺柱端部和焊件待焊处应具有清洁表面,无漆层、轧鳞和油水污垢等。

(2) 连接

检查焊接电缆、导电夹头是否正常,导电回路是否牢固连接。

(3) 调整

将螺柱装入夹头,检查螺柱对中及伸出长度,并通过三角架及伸缩杆进行相应调整。

(4) 防止磁偏吹

焊接时将螺柱插入夹头底部,并调整夹持松紧度。长焊件焊接时为防止磁偏吹,应采用两根地线对称,与焊件相接,焊接过程中可随时调整地线位置。

(5) 气体流量与夹持

采用惰性气体保护时,按要求调整好气体流量。采用陶瓷圈保护时,将瓷圈套入,用瓷圈保持架夹持牢靠。

(6) 极性

钢螺柱焊采用直流正接,铝及其合金螺柱焊采用直流反接。调节好焊枪提升量、螺柱超出保护圈外长度、焊接电流和燃弧时间。保证焊枪与焊件垂直,压紧固定后再按扳机引弧、焊接,焊接过程中不能移动或摇晃焊枪,熄弧后再抬枪,以防拔起螺柱(脱焊)。

4. 螺柱焊接方法的选择及应用

在核电设备生产制造过程中,螺柱焊焊接方法的选用应根据被焊焊件的厚度、材质和螺柱规格的具体情况进行科学地选择及合理地应用。常见螺柱焊接方法的主要特点见表 7-12。

螺柱直径大于 8 mm 的一般是受力接头,适合采用电弧螺柱焊方法(大型管屏通常采用电弧螺柱焊)。虽然电弧螺柱焊可以焊直径 3～25 mm 的螺柱,但 8 mm 以下的螺柱,采用其他方法如电容放电螺柱焊或短周期螺柱焊更为合适。

表 7-12 常见螺柱焊接方法的主要特点

项目 \ 焊接方法	电弧螺柱焊	电容放电螺柱焊			短周期螺柱焊
		预测接触式	预留间隙式	拉弧式	
焊接时间/ms	100～2 000	1～3	1～3	4～10	20～100
可焊螺柱直径/mm	3～25	3～10	3～10	3～10	3～10
可焊焊件厚度/mm	3～30	0.3～3.0	0.3～3.0	0.3～3.0	0.4～3.0
溶池深度/mm	2.5～5	<0.2	<0.2	<0.2	<0.2
d/δ	3～4	≤8	≤8	≤8	≤8
生产率/(个/min)	2～15	2～15	2～15	2～15(手动) 40～60(自动)	2～15(手动) 40～60(自动)
螺柱端部形状	圆、方、异形等可加工成锥形的螺柱	圆法兰和凸台	圆法兰和凸台	圆法兰、平头钉	圆法兰、平头钉

焊件厚度δ和螺柱直径d有个比例关系，对电弧螺柱焊$d/\delta=3\sim4$，对电容放电螺柱焊和短周期螺柱焊，这个比值可以达 8 左右，所以焊件厚度 3 mm 以下最好采用电容放电螺柱焊或短周期螺柱焊，而不要采用电弧螺柱焊。

对于碳钢、不锈钢及铝合金，电弧螺柱焊、电容放电螺柱焊及短周期螺柱焊都可以选用，但对铝合金、铜及涂层钢板薄板或异种金属材料螺柱焊最好选用电容放电螺柱焊。

十、激光焊

1. 激光焊概述

激光焊是以聚焦的激光束作为能源轰击焊件所产生的热量进行焊接的方法。与传统焊接方法相比，激光焊具有能量密度高、穿透深、精度高、适应性强等优点。焊接时无机械接触，有利于实现在线质量监控和自动化生产，经济效益显著。随着航空航天、微电子、医疗及核工业等的迅猛发展，对材料性能要求也越来越高，传统的焊接方法难以满足要求，激光焊日益得到广泛应用。

2. 激光焊的原理及分类

(1) 激光焊的原理

激光焊接时，激光照射到被焊接材料的表面，与其发生作用，一部分被反射，一部分进入材料内部。对于不透明材料，透射光被吸收。对于金属，激光在金属表面 0.01～0.1 μm 的厚度中被吸收转变成热能，导致金属表面温度升高，再传向金属内部。

激光焊接的原理是：光子轰击金属表面使金属蒸发形成蒸气，蒸发的金属可防止剩余能量被金属反射掉。如果被焊金属有良好的导热性能，则会得到较大的熔深。激光在材料表面的反射、透射和吸收，本质上是光波的电磁场与材料相互作用的结果。激光光波入射材料时，材料中的带电粒子依照光波电矢量的步调振动，使光子的辐射能变成了电子的动能。物质吸收激光后，首先产生的是某些质点的过量能量，如自由电子的动能，束缚电子的激发能或者还有过量的声子。这些原始激发能经过一定过程再转化为热能。

激光是一种崭新的光源，它与其他光源一样是一种电磁波，但它具有其他光源不具备的其他特性，如高方向性、高亮度（光子强度）、高单色性和高相干性。激光加工时，材料吸收的光能向热能的转换是在极短的时间（约为 10^{-9} s）内完成的。在这个时间内，热能仅仅局限于材料的激光辐照区，而后通过热传导，热量由高温区传向低温区。

金属对激光的吸收，主要与激光波长、材料的性质、温度、表面状况以及激光功率密度等因素有关。一般来说，金属对激光的吸收率随着温度的上升而增大，随着电阻率的增加而增大。

（2）激光焊的分类

根据激光对工件的作用方式，激光焊可分为脉冲激光焊和连续激光焊。脉冲激光焊时输入到工件上的能量是断断续续的、脉冲的，每个激光脉冲在焊接过程中形成一个圆形焊点。连续激光焊在焊接过程中形成一条连续的焊缝。

根据实际作用在工件上的功率密度，激光焊可分为热传导焊（功率密度小于 10^5 W/cm^2）和深熔焊（功率密度大于或等于 10^5 W/cm^2）

1）热传导焊

热传导焊时，激光将金属表面加热到熔点与沸点之间，金属材料表面将吸收的激光能转变为热能，使金属表面温度升高而熔化，然后通过热传导方式把热能传向金属内部，使熔化区逐渐扩大，凝固后形成焊点或焊缝，其熔深轮廓近似为半球形。

热传导焊的特点是激光光斑的功率密度小，很大一部分光被金属表面所反射，光的吸收率较低，焊接熔深浅，焊接速度慢。热传导焊主要用于薄（厚度小于 1 mm）、小工件的焊接加工。

2）深熔焊

深熔焊时，当激光光斑上的功率密度足够大时，金属表面在激光束作用下，温度迅速上升到沸点，金属迅速蒸发形成的蒸气压力、反冲力等能克服熔融金属的表面张力以及液体的静压力等而形成小孔，激光束可直接深入材料内部，因而能形成深宽比大的焊缝。

如果激光功率足够大而材料相对较薄，激光焊形成的小孔贯穿整个板厚且背面可以接收部分激光，这种方法也可称为薄板激光小孔效应焊。

从机理上看，这两种焊接方法的前提都是焊接时存在小孔，二者没有本质的区别。小孔周围被熔池金属所包围，熔化金属的重力及表面张力有使小孔弥合的趋势，而连续产生的金属蒸气则力图维持小孔的存在。小孔随光束的运动而运动，但其形状和尺寸却是稳定的。

小孔的前方形成一个倾斜的烧蚀前沿，在这个区域，小孔的周围存在压力梯度和温度梯度。在压力梯度的作用下，烧熔材料绕小孔的周边由前沿向后沿流动。温度梯度沿小孔的周边建立了一个前面大后面小的表面张力，这就进一步驱使熔融材料绕小孔周边由前沿向后沿流动，最后在小孔后方凝固起来形成焊缝。激光焊焊接时伴有声音和颜色的变化，可据此监控焊接过程。

3. 激光焊的特点及应用

（1）激光焊的特点

激光焊是利用高能量密度的激光束作为热源进行焊接的一种高效精密的焊接方法，不仅生产率高于传统的焊接方法，而且焊接质量也较高。

1）适于精密焊接和微细焊接

聚焦后的激光功率密度可达 $10^5 \sim 10^7$ W/cm^2，加热集中，完成单位长度、单位厚度工件焊接所需的热输入低，热影响区也很窄，特别适宜于精密焊接和微细焊接。

2）适于远距离和难以接近部位焊接

激光能在空间传播相当距离而衰减很小，可进行远距离或一些难以到达部位的焊接；激光可通过光导纤维、棱镜等光学方法传输、偏转、聚焦，特别适于难以接近部位的焊接。

3）焊接变形极小

可获得深宽比大的焊缝，焊接厚件时可不开坡口一次成形，不开坡口单道焊接钢板的厚度已达 50 mm。激光焊缝的深宽比目前可达 12:1，因而工件产生的变形极小。

4）可以实现一机多用

一台激光器可供多个工作台进行不同的工作，既可用于焊接，又可用于切割、合金化和热处理，实现一机多用。

5）适用范围广

适宜于难熔金属、热敏感性强的金属以及热物理性能差异悬殊工件、尺寸和体积悬殊工件间的焊接。可穿过透明介质对密闭容器内的工件进行焊接。激光束不受电磁干扰，无磁偏吹现象存在，适宜于磁性材料的焊接。不需真空室，不产生X射线，观察与对中方便。

激光焊的不足之处是：设备的一次性投资大，特别是高功率连续激光器，价格昂贵；激光器的电光转换及整体运行效率都很低，光束能量转换率仅为 10%～20%；对高反射率的金属直接进行焊接比较困难。

（2）激光焊的应用

用激光能很好地焊接很多材料，所以激光焊作为一种独特的焊接方法日益受到重视。激光焊在汽车、钢铁、船舶、航空、轻工等行业得到了日益广泛的应用，特别是在航空航天领域得到了成功的应用。

虽然激光焊的焊接深宽比比电子束焊小一些，但由于可免去电子束焊真空室对零件的局限，无须在真空条件下进行焊接，故其应用前景更为广阔。国外 20 世纪 80 年代以来，激光焊设备每年以 25%的比例增长。激光加工设备常与机器人结合起来组成柔性加工系统，应用范围得到进一步扩大。

在电厂的建造及化工行业，有大量的管—管、管—板接头，用激光焊可得到高质量的单面焊双面成形焊缝。激光焊还应用于电动机定子铁芯的焊接，发动机壳体、机翼隔架等飞机零件的生产，以及航空涡轮叶片的修复等。

激光焊还有其他形式的应用，如激光钎焊、激光电弧焊、激光填丝焊、激光压焊等。激光钎焊主要用于印制电路板的焊接，激光压焊主要用于薄板或薄钢带的焊接。

4. 激光焊的焊接性

（1）激光焊的焊缝形成特点

1）熔池呈周期性变化

激光热传导焊焊缝的形成特点与一些常规焊接方法相似。激光焊的熔池有周期性变化，主要原因是激光与物质作用过程中的自振荡效应。这种自振荡的频率与激光束的参数、金属的热物理性能和金属蒸气的动力学特性有关。一般其频率为 $10^2 \sim 10^4$ Hz，而温度波动的振幅约为$(1\sim5)\times10^2$ K。

自振荡效应使熔池中的小孔和金属的流动现象也发生周期性变化。当金属蒸气和等离子体屏蔽激光束时,金属蒸发也减少,作为充满金属蒸气的小孔也会缩小,底部就会被液态金属所填充。一旦解除对激光束的屏蔽,又重新形成小孔。同样,液态金属的流动速度和扰动状态也会发生周期性变化。

2）焊缝凝固速度快

高功率密度的激光可以使材料的熔化在很短的周期内完成,并以很快的速度凝固,导致焊缝组织与常规熔焊组织区别较大。激光焊缝的组织细、热影响区窄,经常含有较多的非平衡组织,相的固溶度通常较高。

由于激光深熔焊的热输入是电弧焊的 1/10～1/3,因此凝固过程很快完成。特别是在焊缝的下部,因很窄且散热情况好,故有很高的冷却速度,使焊缝内产生细化的等轴晶,晶粒的尺寸为电弧焊的 1/3。

3）焊缝易产生气孔

熔池的周期性变化,有时会在焊缝中产生两个特有的现象。

① 气孔

按气孔大小而言,也可以称为空洞。充满金属蒸气的小孔,由于发生周期性变化,同时熔化的金属又在它的周围从前沿向后沿流动,加上激光焊时焊缝金属的冷却速度较常规焊接快得多,因此气体就不容易从焊缝中逸出,滞留在焊缝中形成气孔。

② 焊缝根部熔深的周期性变化

这与小孔的周期性变化有关,是由激光深熔焊自振荡现象的物理本质所决定的。

4）焊缝具有层状组织

从焊缝的纵剖面来看,由于熔池中熔化金属从前部向后部流动的周期变化,使焊缝形成层状组织。由于周期变化的频率很高,所以层间距离很小。这些因素和激光的净化作用,都有利于提高焊缝的力学性能和抗裂性。

（2）金属的激光焊接性

所有可以用常规方法进行焊接的材料或具有冶金相容性的材料都可以采用激光焊接,一些用常规方法难焊的材料,也可以采用激光焊接。这是因为激光焊的接头具有良好的抗热裂能力和抗冷裂能力,这些性能是一些常规焊接方法所不能比拟的。

1）抗热裂能力

CO_2 激光焊与钨极氩弧焊(TIG)相比,焊接低合金高强度钢时,热裂纹敏感性较低。激光焊虽然有较高的焊接速度,但其热裂纹敏感性却低于 TIG 焊。这是因为激光焊焊缝组织晶粒较细,可有效防止热裂纹的产生。如果焊接参数选择不当,也会产生热裂纹。热裂纹产生的同时也会促使冷裂纹形成和扩展。

2）抗冷裂能力

冷裂纹的评定指标是 24 h 在试样中心不产生裂纹所加的最大载荷产生的应力,即临界应力(σ_{cr})。对于低合金高强度钢,激光焊的临界应力 σ_{cr} 大于 TIG 焊,这就是说激光焊的抗冷裂纹能力大于 TIG 焊。焊接低碳钢时,这两种焊接方法的临界应力几乎相同。

焊接含碳量较高的 35 钢,激光焊与 TIG 焊相比,有较大的冷裂纹敏感性。35 钢的原始组织是珠光体,由于 TIG 焊焊接速度慢,热输入大,冷却过程中奥氏体发生高温转变,焊缝和热影响区的组织大都为珠光体。激光焊的冷却速度较快，焊缝和热影响区是典型的奥氏体低温转变产物马氏体。因为含碳量高，所形成的马氏体有很高的硬度(650 HV)，具有较高的组织转变应力，冷裂纹敏感性高。

合金结构钢12Cr2Ni4A进行TIG焊时，焊缝和热影响区组织为马氏体+贝氏体，而激光焊时，组织是低碳马氏体，两者的显微硬度相当，但激光焊时的晶粒却细得多。高的焊接速度和较小的热输入，使激光焊用于合金结构钢时，可获得综合性能(特别是抗冷裂性能)良好的低碳细晶粒马氏体，接头具有较好的抗冷裂纹能力。

激光焊冷却速度快，导致含碳量高的材料产生硬度高、含碳量高的片状或板条状马氏体，是冷裂纹敏感性大的主要原因。若接头设计不当而造成应力集中，也会促使焊接冷裂纹的形成。

3）残余应力及变形

CO_2 激光焊加热光斑小，热输入小，使得焊接接头的残余应力和变形比常规焊接方法小得多。激光焊虽有较陡的温度梯度，但焊缝中最大残余拉应力仍然要比TIG焊时略小一些，而且激光焊工艺参数的变化几乎不影响最大残余拉应力的幅值，由于激光焊加热区域小，拉伸塑性变形区小，因此最大残余应力比 TIG 焊减少 40%～70%。这对于薄板的焊接格外重要，因为用 TIG 焊焊接薄板时，常常因为残余应力的存在而发生波浪变形，而且这种变形很难消除。但用激光焊焊接薄板时，变形大大减小，一般不会产生波浪变形，激光焊残余应力和变形小，是一种精密的焊接方法。

4）冲击韧性

某研究所在研究 Hy-130 钢激光焊焊接接头的冲击性能时发现，激光焊接头的冲击吸收功大于母材金属的冲击吸收功，见表7-13。进一步研究发现，Hy-130钢 CO_2 激光焊焊接接头冲击吸收功提高的原因之一是焊缝金属的净化效应。

表7-13　Hy-130钢激光焊焊接接头的冲击吸收功

激光功率/kW	焊接速度/(cm/s)	试验温度/℃	冲击吸收功/J	
			焊接接头	母材
5.0	1.90	−1.1	52.9	35.8
5.0	1.90	23.9	52.9	36.6
5.0	1.48	23.9	38.4	32.5
5.0	0.85	23.9	38.6	33.9

5. 激光的危害与安全防护

(1) 激光的危害

焊接中所用激光器输出功率或能量非常高，对于脉冲激光为数焦耳至数百焦耳。激光辐射眼睛或皮肤时，如果超过了人体的最大允许照射量，就会导致组织损伤。

1）对眼睛的危害

当眼睛受到过量照射时，视网膜会烧伤，引起视力下降，甚至会烧坏色素上皮和邻近的光感视杆细胞和视锥细胞，导致视力丧失。

我国激光从业人员的损伤率超过千分之一，其中有的基本丧失视力，所以对眼睛的防护要特别关注。

2）对皮肤的危害

当脉冲激光的能量密度接近几焦耳每平方厘米或连续激光的功率密度达到 0.5 W/cm^2 时，皮肤就可能遭到严重的损伤。

可见光波段(400～780 nm)和红外光波段激光的辐射会使皮肤出现红斑，进而发展为水泡；极短脉冲、高峰值功率激光辐射会使皮肤表面炭化；对紫外光波段激光的危害和累积效应虽然缺少充分研究，但仍不可掉以轻心。

3）火灾

激光束直接照射或强反射会引起可燃物的燃烧导致火灾。

4）电击

激光器中还存在着数千伏至数万伏的高压，存在着电击的危险。

5）有害气体

激光焊时，材料受剧烈加热而蒸发、汽化，产生各种有毒的金属烟尘，高功率激光加热时形成的等离子体会产生臭氧，对人体有一定损害。

(2）激光的安全防护

1）一般防护

① 最有效的措施是将整个激光系统置于不透光的罩子中。

② 对激光器装配防护罩或防护围封，防护罩用以防止人员接收的照射量超过最大允许辐射量(MPE)，防护围封用以避免人员受到激光照射。

③ 工作场所的所有光路包括可能引起材料燃烧或二次辐射的区域都要封闭，尽量使激光光路明显高于人体身高。

2）人身防护

① 激光防护眼镜。其最重要的部分是滤光片(有时是滤光片组合件)，它能有选择地衰减特定波长的激光，并尽可能透过非防护波段的可见辐射光。激光防护眼镜有普通眼镜型、防侧光型和半防侧光型等。

② 激光防护面罩。实际上是戴有激光防护眼镜的面盔，主要用于防紫外激光。

③ 激光防护手套。工作人员的双手最易受到过量激光的照射，特别是高功率、高能量激光的意外照射对双手的危害很大，因此要戴激光防护手套予以保护。

④ 激光防护服。防护服由耐火及耐热材料制成。

除此之外，只允许有经验的工作人员对激光器进行操作。而且，焊接区应配备有效的通风或排风装置。

复习思考题

(1）焊条电弧焊代号?钨极氩弧焊代号?

(2）焊条电弧焊的引弧方法有哪些?

(3）钨极氩弧焊的优点和缺点?

(4）简述手工钨极氩弧焊的填丝要点?

(5) 熔化极气体保护电弧焊的分类?

(6) O_2是否可以作为熔化极气体保护电弧焊的保护气体?

第四节　焊接接头种类及坡口制备

学习目标:

- 了解焊接接头如何分类;
- 了解如何加工坡口;
- 掌握影响焊接接头质量的因素;
- 掌握焊接接头的组成部分;
- 掌握焊接接头的特点;
- 掌握影响焊接接头性能的主要因素。

一、焊接接头的分类及组成

1. 焊接接头概述

焊接接头是由两个或两个以上零件用焊接组合或已经进行焊接组合的节点,焊接接头的质量和性能直接关系到核安全设备的质量和安全。焊接接头应是在充分考虑核安全设备工况条件、结构特点、材料特性、生产效率的前提下,由焊接工艺人员选定合适的焊接方法、匹配的焊接材料和合理的规范参数,并经过焊接工艺评定合格之后,制定出产品焊接工艺,再由有合格资质的焊工或焊接操作工正确施焊而成的。

2. 焊接接头分类

一般讲焊接接头的分类有两种:一种是按焊接接头形式分类;一种是按焊接接头在核安全设备上的位置分类。

(1) 按焊接接头分类

根据 GB/T 3375《焊接术语》中的规定,焊接接头主要分为对接接头、角接接头、T 形接头、搭接接头 4 种形式。4 种主要形式焊接接头如图 7-21 所示。

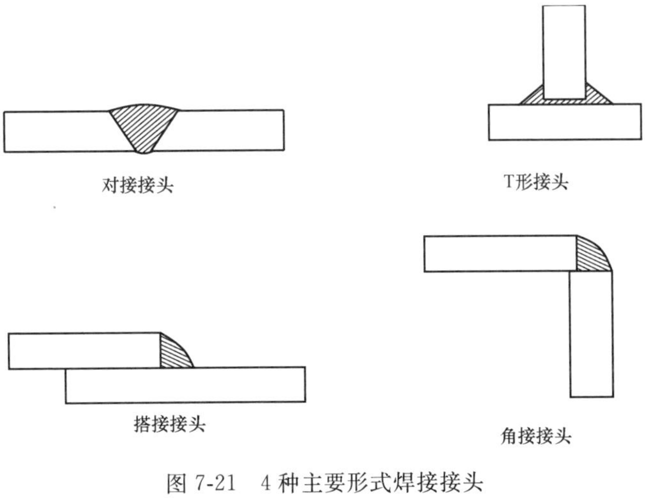

图 7-21　4 种主要形式焊接接头

1）对接接头:两件表面构成大于或等于 135°,小于或等于 180°夹角的接头。

2）角接接头:两件端部构成大于 30°,小于 135°夹角的接头。

3）T 形接头:件之端面与另一件表面构成直角或近似直角的接头。

4）搭接接头:两件部分重叠构成的接头。

(2) 按焊接接头在核安全设备上的位置分类

美国 ASME 标准将焊接接头按照其在设备中的位置进行了分类,如图 7-22 所示。对不同类型的接头,有不同的制造和检验要求。

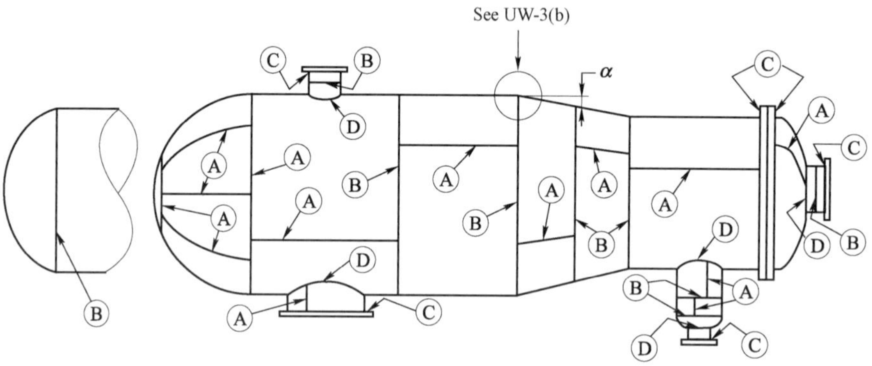

图 7-22 ASME 标准对焊接接头进行的分类

A 类接头包括主壳体、连通室、直径过渡段或接管上的纵向焊接接头;球体、成形封头或平、或箱形容器的侧板上的任何焊接接头;半球形封头与主壳体、直径过渡段、接管或连通室相连接的环形焊接接头。

B 类接头包括主壳体、连通室、直径过渡段或接管上的环向焊接接头;包括过渡大端和过渡小端与圆筒体之间的焊接接头;半球形封头以外的成形封头与主壳体、直径过渡段、接管或连通室相连接的环向焊接接头。

C 类接头包括法兰、翻边搭环、管板和平封头与主壳体、成形封头、直径过渡段、接管或连通室上相连接的焊接接头;半球形封头以外的成形封头与主壳体、直径过渡段、接管或连通室相连接的环向焊接接头;平板容器的侧板与侧板相连接处的任何焊接接头。

D 类接头包括连通室或接管与主壳体、球体、直径过渡段、封头或平板容器相连接的焊接接头,以及接管与连通室相连的焊接接头。直径过渡段小端上的接头见 B 类接头。

3. 焊接接头的组成

焊接接头通常是由焊缝、熔合区、热影响区三部分组成。

(1) 焊缝

焊接后焊件中所形成的结合部分称为焊缝。它是由焊接填充材料及部分母材熔化凝固形成的冶金组织,其化学成分和组织都不同于母材。焊缝是构成焊接接头的主体部分,不同标准对焊缝形式的分类也有所不同。

1）GB/T 3375《焊接术语》中焊缝主要划分为对接焊缝和角焊缝两种基本形式。

2）ASME 第Ⅸ卷中焊缝主要划分为坡口焊缝和角焊缝两种基本形式。

3）在《民用核安全设备焊工焊接操作工技能评定》中焊缝形式分为对接焊缝、角焊缝、堆焊三种形式。

GB/T 3375《焊接术语》中，对接焊缝定义是在焊件的坡口面间或一零件的坡口面与另一零件表面间焊接的焊缝。在 ASME 第Ⅸ卷中，坡口焊缝的定义是在一个或两个被焊构件之间的坡口内形成的焊缝。由此可见，GB/T 3375《焊接术语》中对接焊缝和 ASME 第Ⅸ卷中坡口焊缝的定义基本是相同的。为不引起混淆在使用时依据以下几个原则：

① 坡口焊缝和对接焊缝是在一个或两个被焊构件之间的坡口内形成的焊缝；

② 角焊缝为在搭接、T 形和角接焊接接头中，连接大体互成直角或接近直角的两个表面的焊缝，焊缝的横截面近乎三角形；

③ 接管焊缝是指管—板或管—管非对接接头和搭接接头的焊缝，它是对接焊缝和角焊缝的组合焊缝，此节提到的接管焊缝是坡口焊缝的一种特殊形式。

(2) 熔合区

熔合区是接头中焊缝与热影响区之间过渡的区域，是焊缝边界上固液两相交错地共存而又凝固的部分，因此其化学成分和物理性能极不均匀。此区很窄，低碳钢和低合金钢的熔合区为 0.1～0.5 mm，但却是接头中最薄弱的地带，许多焊接结构破坏的事故，常因该处的某些缺陷引起，如冷裂纹、脆性相、再热裂纹、奥氏体型不锈钢的刀状腐蚀等均源于此。这与该区经历热、冶金和结晶等过程，造成化学成分和物理性能极不均匀有关。

(3) 热影响区

热影响区是母材受焊接热的影响(但未熔化)而发生金相组织和力学性能变化的区域。它的宽度与焊接方法及热输入量大小有关。它的组织和性能的变化与材料的化学成分、焊前热处理状态以及焊接热循环等因素有关。焊后热影响区上有可能产生脆化、硬化和软化的不利现象。

综上所述，焊接接头是一个几何不连续、力学性能不均匀、具有较大焊接残余应力和变形的不均匀体。在焊接结构中焊接接头起两方面的作用，第一是连接作用，即把两煤件连接成一个整体；第二是传力作用，即传递焊件所承受的载荷。

二、焊接接头的质量影响因素

1. 焊接接头的组织和性能

(1) 焊缝的组织和性能

焊缝金属是在高温热源作用下由部分熔化的母材与熔化的焊接材料搅拌混合后凝固结晶形成的冶金组织。熔池的凝固结晶和焊缝固态相变对焊缝金属的组织、性能具有重要影响。

1) 熔池凝固结晶组织(焊缝一次结晶组织)

焊接时熔池的凝固结晶过程对焊缝金属的组织性能具有重要影响。由于熔池凝固条件不同，其凝固结晶具有冷却速度快、熔池金属温度高、动态结晶等特点。实践证明，熔池中成分过冷的分布在焊缝的不同部位是不同的，因此将会出现不同的结晶形态。在熔合区附近，由于温度梯度较大，结晶速度较小，所以平面晶得到发展。随着远离熔化边界向焊缝中过渡时，温度梯度逐渐变小，而结晶速度逐渐增大，所以结晶形态将由平面晶向胞状晶、树枝包状晶(柱状晶区)和等轴晶发展。但在实际焊缝中，由于化学成分、板厚和接头形式不同，不一定具有上述全部结晶形态。

焊缝的凝固结晶组织形态不仅对结晶过程中裂纹的产生有影响,而且对焊缝的力学性能,特别是韧性,也有决定性影响。

除焊缝金属化学成分对结晶形态有影响之外,焊接参数(焊接速度和焊接电流)也有很大影响。

2) 焊缝金属的化学成分不均匀性

在熔池金属结晶过程中,由于冷却速度很快,化学成分来不及扩散,造成合金元素的分布不均匀,出现偏析现象。焊缝金属中,溶质元素偏离其平均浓度的不均匀分布,称为偏析。一般焊缝中的偏析主要有显微偏析、区域偏析、层状偏析。同时焊缝金属中还含有较多的杂质,这些杂质主要是冶金反应产生的氧化物、硫化物等。焊缝中化学成分不均匀和夹杂均对焊缝造成不良影响,严重的偏析和夹杂可导致气孔、热裂纹和冷裂纹等缺陷产生。

3) 焊缝固态相变组织(焊缝二次结晶组织)

焊接熔池完全凝固以后,随着连续冷却过程的进行,焊缝金属将发生组织转变。转变后所获得的组织是根据焊缝的化学成分和冷却条件而定。

对于低碳钢焊缝,由于含碳量较低,固态相变后的结晶组织主要是铁素体加少量珠光体。铁素体一般都是首先沿原奥氏体边界以柱状晶向焊缝中心线成长,其晶粒十分粗大,甚至可出现魏氏组织。如果采用多层焊或经热处理后可以使粗大柱状晶破坏,获得细小的铁素体和少量的珠光体。焊缝化学成分相同时,冷却速度越大,焊缝中珠光体越多、越细,焊缝的力学性能越好。

低合金钢焊缝固态相变后的组织比低碳钢焊缝组织要复杂和多样,它随焊缝金属合金成分和冷却速度的不同而变化。除铁素体和珠光体之外还有多种形态的贝氏体和马氏体,它们对焊缝金属的性能具有十分重要的影响。

焊缝的结晶形态和组织对焊缝金属性能具有重要影响,因此改善焊缝结晶形态和固态相变组织是提高焊缝性能的重要保证。在生产上改善焊缝结晶形态和相变组织的途径很多,主要有焊缝的固溶强化、变质处理(微合金化)和调整焊接工艺。

经研究表明,通过焊接材料向熔池中加入细化晶粒的合金元素可以改变结晶形态,使焊缝金属的晶粒细化,既可提高焊缝的强度和韧性,又可改善抗裂性能。除采用上述变质处理外,还可通过调整焊接工艺来改善焊缝的性能,主要有振动结晶、焊后热处理、多层焊接、锤击焊道表面、跟踪回火处理等。

此外,熔池凝固结晶时产生的气孔和夹杂也是焊接生产中经常遇到的缺陷,它不仅会削弱焊缝的有效工作截面,同时也会带来应力集中,显著降低焊缝金属的强度和韧性,对动载强度和疲劳强度更为不利,在个别情况下,气孔和夹杂还会引起裂纹。因此对焊接生产出现的气孔和夹杂要十分重视。

(2) 熔合区的组织和性能

焊接条件下由于温度分布极不均匀、母材晶粒导热方向差异、母材各点化学成分不均匀等方面原因,在热影响区向焊缝过渡的区域形成局部熔化和局部不熔化的固、液两相共存的区域,即熔合区,又称半熔化区。熔合区是整个焊接接头中的最薄弱环节,某些缺陷如冷裂纹、再热裂纹等常起源于此,危害较大。熔合区的特点主要有以下几点。

1）化学不均匀性

熔合区最大的特征是具有明显的化学不均匀性，从而引起组织的不均匀性。在异种钢焊接时，更为明显。例如，用奥氏体不锈钢焊接材料焊接低碳钢时，在熔合区由于合金元素不足以形成奥氏体，而是形成马氏体，使该区的性能显著恶化。

2）碳迁移过渡层特性

如果母材和焊缝的合金化程度不同，还可能在熔合区发生碳迁移现象，从而影响焊接接头的组织和性能。

3）晶界液化现象

在熔合区由于固、液相的相互作用，使化学成分易于转入液相中，使晶界偏析增大。晶界偏析常促使在固相线以下产生晶界液化现象，在塑性应变作用下，易形成液化裂纹。

4）物理不均匀性

熔合区在不平衡加热时，还会出现空位和位错聚集或重新分布，即所谓物理不均匀性。其对接头的断裂强度有重大影响。

(3) 热影响区的组织和性能

焊接时母材热影响区上各点距焊缝的远近不同，所以各点经历的焊接热循环也不同，这就会出现不同的组织，也就具有不同的性能。因此，整个焊接热影响区的组织和性能是不均匀的。为便于分析焊接热影响区组织变化的规律，可根据淬火对性能影响的程度，将钢材大致分为不易淬火钢和易淬火钢两类来分析讨论。

1）不易淬火钢

如16Mn、5MnV、15MnTi的焊接热影响区可分为以下三个区。

① 过热区

此区的温度范围是处在固相线以下到 1 100 ℃ 左右，金属处于过热的状态，奥氏体晶粒发生严重长大的现象，冷却后便得到粗大的组织。此区韧性很低，通常要降低 20%～30%。过热区的大小与焊接方法、焊接热输入和母材厚度等有关。电渣焊时较宽，手工电弧焊和埋弧自动焊时较窄，而在电子束焊和激光焊时过热区几乎不存在。过热区是热影响区的最薄弱环节。

② 相变重结晶区（正火区）

焊接时母材金属被加热到 A_{c3} 以上的部位，将发生重结晶，即铁素体和珠光体全部变为奥氏体。由于加热速度快，在高温停留时间短，所以奥氏体晶粒还未十分长大，故该区快速冷却后，得到均匀细小的铁素体和珠光体组织，相当于热处理中的正火组织。此区的塑性和韧性都比较好，所处的温度范围在 A_{c3}～1 100 ℃ 之间。

③ 不完全重结晶区

此区是温度范围处于 A_{c1}～A_{c3} 之间的热影响区。因为处于 A_{c1}～A_{c3} 温度范围内只有部分铁素体熔入奥氏体，冷却后转变为细小的铁素体和珠光体；而未熔入奥氏体的铁素体不发生转变，随着温度的升高，晶粒略有长大。所以此区的特点是晶粒大小不一，组织不均匀，因此力学性能也不均匀。

焊接热影响区的大小受许多因素的影响，例如，焊接方法、母材厚度、热输入以及工艺规范等都会使热影响区的尺寸发生变化。

2）易淬火钢

如 18MnMoNb、30CrMnSi,焊接热影响区一般可分为以下三个区。

① 完全淬火区

焊接时当加热温度达到 A_{c3} 以上区域时,由于钢种的淬硬倾向较大,故冷却后得到淬火组织(马氏体)。在靠近焊缝附近(相当于低碳钢的过热区),由于晶粒严重长大,故得到粗大的马氏体,相当于正火区的部位得到细小的马氏体。根据冷却速度和热输入的不同,还可能出现贝氏体或索氏体,从而形成了与马氏体共存的混合组织(但以马氏体为主)。这个区在组织特征上都属于同一类型(马氏体),只有粗细之分,所以统称为完全淬火区。

由于出现淬火组织,故硬度和强度提高,塑性和韧性下降,出现脆化现象,易产生裂纹。

② 不完全淬火区

母材被加热到 A_{c1}～A_{c3} 温度之间的热影响区,在快速加热的条件下,铁素体很少溶解,而珠光体、贝氏体和索氏体等转变为奥氏体,在随后快速冷却过程中,奥氏体转变为马氏体,原铁素体保持不变,并有不同程度的长大,最后形成马氏体—铁素体组织,故称为不完全淬火区。如果含碳量和合金含量不高或冷却速度较小时,也可能出现索氏体和珠光体。该区性能不均匀,塑性和韧性下降。

③ 软化区

母材焊前是“淬火(正火)+回火”状态,焊接热影响区的组织除存在上述的完全淬火区和不完全淬火区之外,还存在软化区。此区加热温度介于母材回火温度与 A_{c1} 之间,该区强度低于焊前母材强度。如果焊后焊接接头不进行“淬火(正火)+回火”处理,该区性能无法恢复。

总之,在接热循环的作用下,焊接接头的组织分布是不均匀的。熔合区和过热区出现了严重的晶粒粗化,是整个焊接接头的最薄弱区域。对于含碳高、合金元素较多、淬硬倾向较大的钢种,还会出现脆性淬火组织马氏体,降低材料的塑性和韧性,因而易于产生裂纹。

2. 影响焊接头性能的主要因素

(1) 焊接材料

选择焊接材料时必须考虑到两方面的问题:一是焊缝没有缺陷,二是满足使用性能要求。选择焊接材料时应充分考虑焊接材料的化学成分、焊接接头抗裂性和焊接热循环特点。从焊接接头抗裂性考虑,一般焊缝金属中含碳量不超过 0.10%,最大不超过 0.14%,同时其磷、硫含量也低于相应母材含量。同时考虑到焊缝的结晶和固态相变特点,通过调整焊缝金属的化学成分来实现改善焊接接头的组织和力学性能。例如,焊接低碳钢或低合金钢时,为提高焊缝的塑性和韧性,常在焊接材料中加入碳化物或氮化物的形成元素,如钼、铌、钒、钛、铝等,以细化焊缝组织;焊接奥氏体不锈钢时,为提高焊缝金属抗热裂能力,常在焊接材料中加入少量铁素体的形成元素,以获焊双相组织。

(2) 焊接方法的影响

不同的焊接方法对焊缝和焊接热影响区的性能也会产生不同的影响。焊条电弧焊和埋弧焊,由于分别采用了气—渣联合保护和渣保护,合金元素烧损较少,焊缝金属的性能也较好;手工钨极氩弧焊,由于采用了氩气保护,在氩气保护较好及操作合理的条件下,合金元素基本不会烧损,焊缝中气体和杂质元素的含量极少,可得到较为纯净的焊缝,故手工钨极氩弧焊焊缝的性能优于焊条电弧焊和埋弧焊所获得的焊缝。从焊接热影响区的宽度来看，在一般情况下，电渣焊较宽，焊条电弧焊次之，埋弧焊较窄。

由此可见，在选择焊接工艺方法时，应根据其对所焊接产品的焊接接头组织和性能的技术要求特点，结合其他技术的要求综合进行考虑。如为了提高焊接接头的质量，在低碳钢和耐热钢管的焊接中，一般采用钨极氩弧焊；在低温钢焊接时，由于埋弧焊的焊接热输入很大，一般不采用。

(3) 熔合比的影响

局部熔化的母材金属在焊缝金属中所占的比例称为熔合比。母材金属熔入到焊缝中所占比例越大，熔合比越大。

熔合比对焊缝组织和性能的影响与焊接材料和母材的化学成分有关。通常对于一般低碳钢和低合金钢焊接时，焊接材料的含碳量和磷、硫含量低于母材，焊接时随着熔合比增加，则焊缝金属含碳量和磷、硫含量相应增加，会造成焊缝强度增加，塑、韧性下降，焊缝抗裂性变差，因此应适当控制其熔合比。

在奥氏体不锈钢+珠光体钢异种钢焊接时，在焊缝金属和熔合区存在一个马氏体过渡带，熔合比越大，马氏体过渡带越宽，焊接接头塑、韧性越差。此外在堆焊不锈钢耐蚀层时，熔合比越大，堆焊层化学成分被稀释程度越严重，从而影响堆焊层的耐蚀性。因此对于这类材料的焊接时，应严格控制其熔合比以保证接头性能满足使用要求。

在实际焊接中，熔合比和坡口形式、焊接热输入、预热温度和道间温度等有关。一般情况下坡口越大，熔合比就越小；焊接热输入越大，熔合比越大；预热温度和道间温度越高，熔合比越大。所以在实际焊接施焊时，应根据焊接接头性能对熔合比的要求选择合适的坡口形式和合理的焊接热输入进行焊接，并对预热温度和道间温度进行控制。

(4) 焊接热输入的影响

焊接热输入的大小直接影响焊接热循环的冷却时间($t_{8/5}$或 t_{100})和相变以上温度的停留时间(t_H)两个重要参数，从而影响焊缝金属和热影响区的组织组成，并最终影响焊接接头的力学性能和抗裂性。焊接热输入对焊接接头性能的影响与材料的合金体系、强度级别、热处理状态等关系密切。因此很难对焊接热输入做出统一规定。因此只能根据每种材料自身的组织性能特点，并结合具体的结构形式和使用要求，选择合适的焊接热输入。

一般含碳量较低的热轧钢(09Mn2、09MnNb 等)可以适应较大的焊接热输入。因为这类钢焊接热影响区的脆化及冷裂倾向较小。含钒、铌、钛微合金化元素的钢种(15MnVN 等)，为降低热影响区粗晶区的脆化，确保焊接热影响区具有优良的低温韧性，应选择较小的焊接热输入。对合金元素含量较高的低合金高强钢(18MnMoNb)，选择焊接热输入时既要考虑钢种的淬硬倾向，同时也要兼顾热影响区粗晶区的过热倾向。因此应选择合适的焊接热输入保证焊接接头具有优良的综合性能。

(5) 焊接的操作方法与技能的影响

1) 多层焊接

焊接相同厚度的钢板，采用多层焊可以有效提高焊缝金属的性能。这种方法一方面由于每层焊缝变小而改善了熔池凝固结晶条件，另一方面，更主要的原因是后一层对前一层焊缝及热影响区具有附加热处理的作用，从而改善了焊缝的固态相变组织。

2）锤击焊道表面

锤击焊道表面既能改善焊缝凝固结晶组织,也能改善前层焊缝的固态相变组织。因为锤击可使前一层焊缝不同程度地晶粒破碎,使后层焊缝在凝固时晶粒细化,这样逐层锤击焊道就可以改善整个焊缝的组织性能。此外产生塑性变形而降低残余应力,从而提高焊缝金属的韧性。

3）跟踪回火处理

所谓跟踪回火,就是每焊完一层后立即用气焊火焰加热焊道表面,温度控制在 900～1 000 ℃ 。采用跟踪回火,对每道焊缝在焊接过程中将经受正火处理+回火处理,可同时改善焊缝的组织和整个焊接接头的性能。但由于其操作繁琐,火焰加热温度难以控制,因此实际焊接生产中很少应用,只有在其他方法难以保证或无法采用其他方法保证焊接接头性能的情况下采用。

(6）焊后热处理的影响

在焊接工作完成以后,为改善焊接接头的组织性能和消除焊接残余应力而进行的热处理称为焊后热处理。焊后热处理的目的主要有松弛焊接残余应力、稳定结构的形状和尺寸、改善焊接接头的组织和性能。锅炉、压力容器及核安全设备制造中常用的焊后热处理类别主要有消除应力热处理、正火处理及稳定化处理等。

1）消除应力热处理

消除应力热处理是目前焊接结构制造中应用最广泛的一种焊后热处理,其主要目的是消除焊接残余应力、稳定结构形状和尺寸、改善焊接接头组织和性能,保证焊接接头使用时安全可靠性。焊后是否需要进行消除应力热处理应从使用工况、结构尺寸、材料性能等方面综合考虑。

2）正火处理

一般对于采用电渣焊的焊接接头,由于热输入量大,焊缝及热影响区晶粒粗大,焊接接头综合性能差,焊后应进行正火处理以细化晶粒,从而改善焊接接头性能。

3）稳定化处理

对于含有稳定化元素(钛、铌)的奥氏体不锈钢,为了提高焊接接头的抗晶间腐蚀性能,在焊后进行稳定化处理(加热温度为 850 ℃ ,保温 2 h 后空冷),使之优先形成碳化铌或碳化钛,避免在晶界上析出碳化铬($Cr_{23}C_6$)而产生贫铬现象,从而提高抗晶间腐蚀的能力。

综上所述,影响焊接接头组织和性能的因素很多,所以应采取合理的措施,使其组织和性能得以完善,并减小性能的不均匀程度,从而得到优质的焊接接头。

三、焊缝坡口制备

1. 坡口形式

根据设计或工艺需要,将焊件的待焊部位加工成一定几何形状的沟槽称为坡口。开坡口的目的是得到在焊件厚度上全部焊透的焊缝。其作用是:

(1）使热源(电弧或火焰)能进入焊缝根部,保证根部焊透;

(2）便于操作和清理焊渣;

(3）调整焊缝成形系数,获得良好的焊缝成形;

(4) 调节基本金属和填充金属的比例。

坡口的形式可参见 GB/T 985.1《气焊、焊条电弧焊、气体保护焊和高能束焊的推荐坡口》、GB/T 985.2《埋弧焊的推荐坡口》等标准。常见的坡口形式有 I 形坡口、Y 形坡口、带钝边 U 形坡口、双 Y 形坡口、带钝边单边 V 形坡口等。

2. 坡口的结构

(1) 坡口面：焊件上所开坡口的表面称为坡口面，如图 7-23 所示。

(2) 坡口面角度和坡口角度：焊件表面的垂直面与坡口面之间的夹角称为坡口面角度，两坡口面之间的夹角称为坡口角度，如图 7-23 所示。开单面坡口时，坡口角度等于坡口面角度；开双面对称坡口时，坡口角度等于两倍的坡口面角度。坡口角度(或坡口面角度)应保证焊条能自由伸入坡口内部，不和两侧坡口面相碰，但角度太大将会消耗太多的填充材料，并降低劳动生产率。

(3) 根部间隙：焊前在接头根部之间预留的空隙称为根部间隙。亦称装配间隙。根部间隙的作用在于焊接底层焊道时，能保证根部可以焊透。因此，根部间隙太小时，将在根部产生焊不透现象；但太大的根部间隙，又会使根部烧穿，形成焊瘤，如图 7-23 所示。

(4) 钝边：焊件开坡口时，沿焊件厚度方向未开坡口的端面部分称为钝边。钝边的作用是防止根部烧穿，但钝边值太大，又会使根部焊不透，如图 7-23 所示。

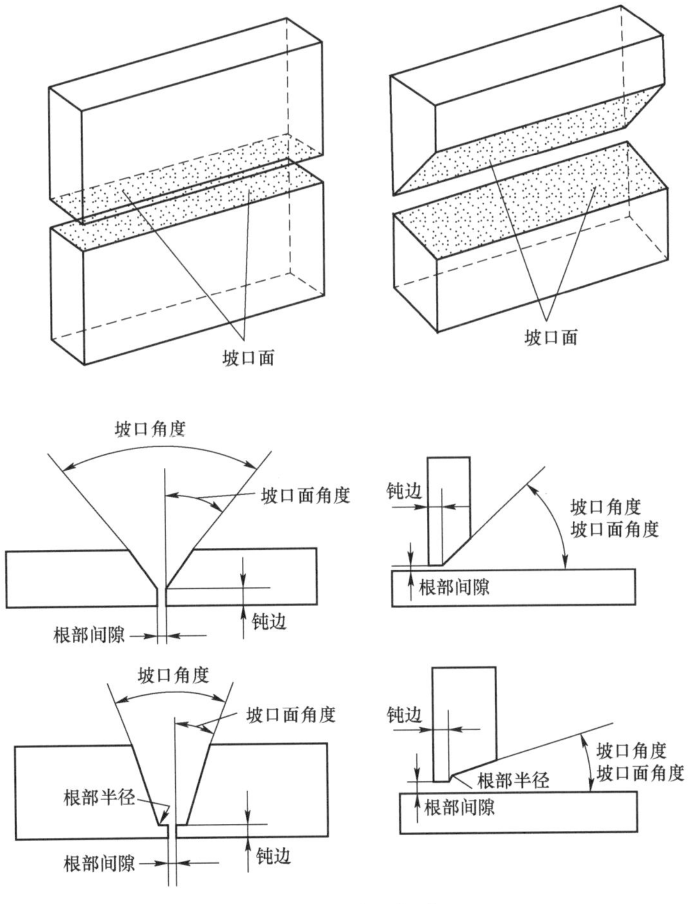

图 7-23　坡口组成

(5) 根部半径:U 形坡口底部的半径称为根部半径。根部半径的作用是增大坡口根部的横向空间,使焊条能够伸入根部,促使根部焊透,如图 7-23 所示。

3. 坡口制备

(1) 开坡口的原则

1) 便于加工;

2) 便于操作和清渣;

3) 尽量减少填充金属量,焊接效率最高且焊后应力及变形最小;

4) 保证一定的熔合比,从而防止结晶裂纹、碳迁移等缺陷;

5) 焊缝坡口应与焊接方法一起考虑,不同的焊接方法特点不同,所以坡口形式要求也不同,反之亦然;坡口与钢板或管子壁厚有关、与产品要求有关、与实际工况有关。

(2) 坡口加工

焊接接头设计时为了保证构件的强度和避免过大的角焊缝尺寸,一般中厚板的对接接头和 T 形接头都要进行开坡口焊接。坡口形式主要由接头强度、焊接方法、焊接效率、焊接成本等综合因素来决定,如果坡口精度(坡口角度、钝角尺寸、坡口表面粗糙度和平直度等)高则焊缝质量就能保证焊接成本也低;反之坡口精度差,易出现严重的焊接缺陷,焊接成本也随之增加。坡口角度、钝角尺寸可参照 GB/T 985.1《气焊、焊条电弧焊、气体保护焊和高能束焊的推荐坡口》、GB/T 985.2《埋弧焊的推荐坡口》等标准。

生产中实用的坡口加工方法有许多种,以下介绍几种主要的坡口加工方法。

1) 气割

在热切割坡口中最常采用的是氧气切割方法。氧气切割与机械加工切割相比,具有设备简单、投资费用少、操作方便且灵活性好等一系列优点,尤其是能够切割各种含曲线形状的零件和大厚工件,切割质量良好,因此一直是工业生产中切割碳钢和低合金钢的基本方法而被普遍使用。氧气切割时在正确掌握切割参数和操作技术的条件下,气割坡口的质量良好,可直接用于装配和焊接。

2) 等离子切割

不锈钢、有色金属多采用等离子切割。不锈钢因含有较多的铬,在一般氧气切割时切口中形成高熔点、黏性大的 Cr_2O_3 熔渣,黏附在切口面上,阻碍切割。而等离子切割是利用高温等离子电弧的热量使工件切口处的金属局部熔化,并借高速等离子的动量排除熔融金属以形成切口的一种加工方法。与利用铁—氧燃烧反应化学过程的氧气切割法不同,它是利用物理过程的熔割法。

由于等离子切割速度快,所以在切割碳钢时也有所采用,但是其切割面的表面粗糙度不如气割。而且在切割厚板时得不到直角切割面。另外,碳素钢空气等离子切割时,切割面上形成白色氮化层,这种切割面直接用于焊接,往往会产生气孔,因此,在用于焊接前须进行打磨或再加工。

3) 碳弧气刨

采用碳弧气刨可加工坡口,但是刨削面精度不高,而且噪声大,污染严重。碳弧气刨的另一个主要用途是去除有缺陷的焊缝,用于焊缝返修。

4）切削

用切削加工坡口，尺寸精度和坡口面的表面粗糙度都很高，没有热影响区。加工坡口的方法有刨、铣两种。用切削加工坡口的缺点是不论是刨还是铣，加工面与刃口的冷却及润滑都必须用润滑油，坡口面的润滑油如果清除不干净，焊接时往往造成气孔、裂纹、氢脆等缺陷。

5）剪切

剪切加工面根据加工时的应力状态分为喇叭口、剪切面、断裂面、飞边四个部分。各部分对于板厚的关系一般是：上刃和下刃间隙大，喇叭口和飞边就大，剪切面变小。因此采用剪切加工的坡口面由于有喇叭口和飞边部分，所以坡口面、钝边都不易整齐，一般经剪切后需进行切削加工。

6）磨削

磨削加工坡口，几乎都是用手提砂轮机加工。现在的磨削工具小型、轻便，使用起来比较方便，但是工作效率低、不够安全，且卫生条件差。因为这种加工方法基本是凭操作者的经验和直觉所以要保证坡口精度是困难的。但是风动砂轮、电动砂轮总成本低，而且用途广，对于厚度小于 8 mm 的部件多采用磨削方法加工坡口，这种方法更适用于现场修磨坡口。

使用这种方法时，应注意的是砂轮的选取特别是对于超低碳不锈钢以及有色金属，砂轮的砂粒会污染工件，从而造成脆化所以对砂轮的选择和使用的管理必须予以充分注意。

7）水切割

水切割加工是利用超高压技术可以把普通的自来水加压到 250～400 MPa 压力，然后再通过内孔直径 0.15～0.35 mm 的宝石喷嘴喷射形成速度为 800～1 000 m/s 的高速射流，俗称其为水箭，该水箭具有很高的能量，可用来切割金属等材料。水切割属于冷切割，不产生热变形或热效应；切口光滑、无熔渣，无须二次加工；可一次完成钻孔、切割、成形工作。

复习思考题

(1) 焊接接头由哪几部分组成？

(2) 焊接接头有哪些特点？

(3) 影响焊接接头质量的因素有哪些？

(4) 影响焊接接头性能的主要因素有哪些？

(5) 开坡口的目的及作用？

(6) 开坡口的原则是什么？

(7) 开坡口的方法有哪些？

第五节　焊接应力与变形

学习目标：

- 了解焊接变形与应力的典型分布；
- 了解焊接应力及变形的一些基本概念；

- 掌握减少焊接应力与变形的方法;
- 掌握焊接变形的分类。

一、焊接应力与变形的产生及危害

1. 焊接应力及变形的一些基本概念

(1) 应力和内应力

当物体受到外力作用下,物体内部就同时产生一种与外力平衡的抗力,单位面积上的抗力就称为应力。应力根据其作用的方向分为压应力和拉应力,这种应力往往随外力去除而消失。

内应力是在没有外力作用下产生于物体内部的应力。这种应力存在于许多工程结构中,如铆接结构、铸造结构、焊接结构等。同时在焊件加工过程中也会产生内应力,如机械加工、金属切割和焊接等。

(2) 焊接应力和焊接残余内应力

顾名思义,焊接应力就是因焊接而产生的存在焊件内的内应力。焊接应力根据其产生的主要原因分为:温度应力(又称为热应力)和组织应力(又称为相变应力)。热应力是由于构件受热不均匀而存在着温度差异,各处膨胀变形或收缩变形不一致互相约束而产生的内应力。在焊接过程中,由于不均匀的局部加热和冷却会形成较大的热应力。组织应力是由于固态相变引起体积变化并受到约束而产生的内应力。

在焊接过程中,热应力和组织应力是一种瞬态应力,随焊接过程而变化。如果应力低于金属材料的屈服强度,变形均在弹性范围内,焊件冷却到室温后,应力将随之消失;反之,如果焊接达到金属材料的屈服点,材料将发生局部塑性变形,那么当焊件冷却到室温后,焊件中就存在残存的应力,这种应力称为焊接残余内应力。我们通常所说的焊接应力一般指焊接残余内应力。

(3) 变形及焊接变形

任何物体在外力或热作用下都会产生形状和尺寸变化,这种现象称为变形。当变形在外力去除后能恢复到原来形状和尺寸的变形称为弹性变形;当外力去除后变形仍然存在,这种永久性的变形称为塑性变形。

焊接变形是由于焊接的热应力或组织应力而引起的变形。焊接过程中,焊件在热源作用下温度受热膨胀,热源移开后焊件冷却收缩,这种膨胀和收缩是焊接过程中的瞬态变形;与此同时,焊接冷却过程中的凝固和结晶过程也会造成膨胀或收缩。当这种膨胀和收缩在不均匀加热、约束等多种因素相互作用下,会导致焊件焊接后的尺寸收缩、弯曲和翘曲变形,这些变形都是焊接残余变形。我们一般讲的焊接变形是指焊接残余变形。

2. 焊接应力及变形产生的基本原理

表 7-14 以长杆加热和冷却过程为例,说明加热和冷却受约束条件下的残余应力和残余变形产生的简单原理。

金属杆件实例分析了构件均匀加热不同约束条件下的变形和应力情况。实际上,焊接的加热冷却和约束情况更为复杂,表现在焊接温度场是极不均匀、极不稳定的,焊缝周围金属对焊缝金属的约束随着焊接过程而不断变化,同时材料的性能随温度变化而变化,构件的形状和尺寸表现出多种多样，焊缝分布的位置也千差万别等，因此其应力和变形十分复杂。

表 7-14　长杆在加热冷却过程中产生的应力和变形原理

过程条件	杆件变形和受力示意图	变形过程说明	应力变化过程说明
在一端自由状态下将杆加热到温度 T，再冷却到原始温度	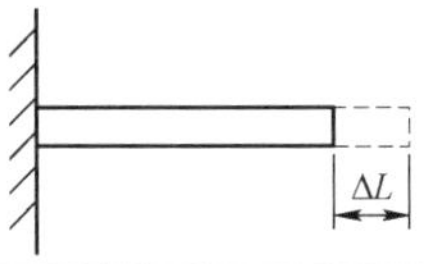	杆件加热时自由伸长，伸长量 ΔL，冷却时自由缩短，缩短量 ΔL，最终杆件无变形	无应力
在一端自由状态下将杆加热到温度 T，然后另一端固定再冷却到原始温度	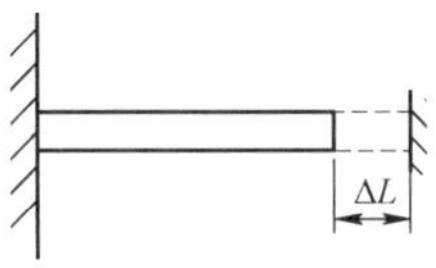	杆件加热时自由伸长，伸长量 ΔL，冷却时不能自由缩短，最终杆件保持原有变形 $\Delta L=\Delta L_s+\Delta l_e$，$\Delta L_s$ 为弹性变形，Δl_e 为塑性变形	加热时无应力，冷却后产生拉应力
一端刚性固定，一端膨胀受阻将杆加热到温度 T，再冷却到原始温度	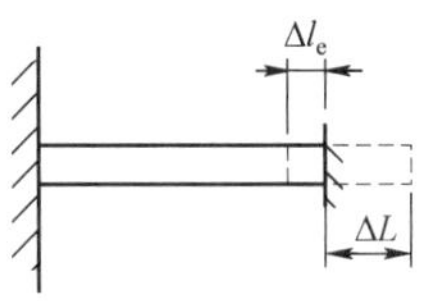	1. 杆件加热时应伸长 ΔL，但由于约束实际伸长量为零，杆被压缩产生了弹性变形 ΔL_s 和塑性变形 Δl_e；$\Delta L=\Delta L_s+\Delta l_e$； 2. 杆件冷却时，杆件自由缩短，缩短量应为 ΔL，同时加热时的弹性压缩变形恢复，最终杆件收缩 Δl_e	加热时产生压应力，冷却后无应力
两端刚性固定，将杆加热到温度 T，再冷却到原始温度	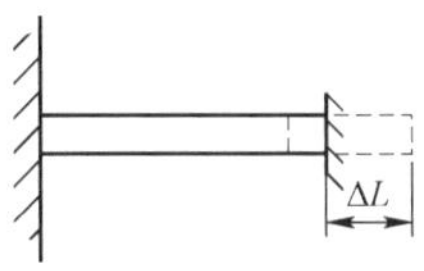	1. 杆件加热时应伸长 ΔL，但由于约束实际伸长量为零，杆被压缩产生了弹性变形 ΔL_s 和塑性变形 Δl_e；$\Delta L=\Delta L_s+\Delta l_e$； 2. 杆件冷却时，温度收缩量应为 ΔL，由于杆件不能自由缩短，最终杆件无变形，但内部产生拉伸弹性变形和塑性变形	加热时产生压应力，冷却后存在拉应力

除了热应力影响之外，焊接接头的组织相变也是造成焊接应力的主要因素。我们知道，不同组织的体积不一样，当金属加热和冷却时如发生相变会产生体积变化，奥氏体转变为铁素体或马氏体，其体积将增大，反之体积将缩小。在焊接过程中，一部分金属在焊接热循环作用下发生相变，组织的转变引起体积变化，这样也会产生应力和变形。这种现象在焊接合金钢时尤为明显。

低碳钢的相变点 A_{c1} 温度较高(约 723 ℃)，材料在此温度呈完全塑性状态，此时奥氏体转变时发生的体积变化不受任何阻力，所以对以后的应力和变形不产生影响。有淬火倾向的合金钢则不同，这些钢焊后在较低温度(一般为 200～350 ℃)下发生马氏体转变，这时材料已完全恢复弹性，马氏体转变时体积膨胀受到周围金属的约束而产生压缩变形和压应力，这样就产生了所谓的相变应力。

在焊接的过程中，由于接头形式的不同，焊接熔池内熔化金属的散热条件有所差别，使得熔化金属凝固时产生的收缩量亦不相同。这种熔化金属凝固、冷却快慢不一引起收缩变形的差别也会导致焊接应力和变形的产生。

3. 焊接应力及变形的危害

焊接应力直接影响焊接结构的性能、安全可靠性。

首先,焊接应力影响构件的尺寸稳定性和机械加工精度。焊接应力是平衡于焊件内的内应力,会随着时间和温度而发生失效,拉、压应力峰值会逐渐减小,应力重新分配而导致焊件变形。另一方面当对焊接构件进行机械加工时,机械切削将一部分金属加工掉,那其应力也就得到释放,焊件内应力将重新平衡而变形,在焊件从夹具上松开后表现出来。

其次,焊接应力影响结构的承载能力。当部件承受载荷时,焊接应力与工作应力叠加,使总的应力水平提高。如果材料有足够的塑性,局部应力水平达到材料的屈服强度,会产生塑性变形,此时应力不断增加,塑性变形不断增大,不断消耗材料的塑性,材料的塑性耗尽就发生破坏。如果材料没有足够的塑性,不能产生一定的塑性变形,结构不能进行应力均匀化,应力峰值会随工作应力不断增加,应力峰值超过材料的抗拉强度时,构件就会发生局部破坏。

再次,焊接应力会产生应力腐蚀裂纹,当裂纹扩展到某一临界值,焊件就会产生低应力脆性断裂。焊接应力还会影响结构的疲劳强度。因此,核电承压和承力等重要构件焊后都应根据法规要求采取有效措施进行消应力处理。

焊接变形引起焊件的形状尺寸超差,增加加工和矫正的工作量。造成人力和物力的浪费,严重的焊接变形还会造成焊件报废。

因此,焊接过程中,应采取有效手段和措施来控制焊接应力和焊接变形。掌握控制和减少焊接应力和焊接变形的方法或手段,是焊工和焊接操作工必要的职业技能之一。

二、焊接变形的种类和焊接应力的典型分布

1. 焊接变形的种类

焊接变形大致可分以下七类。

(1) 纵向收缩变形

构件焊后在焊缝方向发生收缩。焊接构件的纵向收缩变形往往通过预放收缩余量来控制。

(2) 横向收缩变形

构件焊后在垂直焊缝方向发生收缩。焊接构件的横向收缩变形往往也通过预放收缩余量来控制。

(3) 弯曲变形

构件焊后发生弯曲,如图 7-24 所示。弯曲可由焊缝的纵向收缩[见图 7-24(a)]和横向收缩[见图 7-24(b)]引起。这些都是由于焊缝分布不对称导致构件弯曲变形。另外,即使焊缝对称分布,也会因焊接顺序原因,存在的先后焊接而产生弯曲变形,如图 7-24(c)所示。此类变形往往通过刚性固定、反变形等方法来控制。

(4) 角变形

焊后构件的平面围绕焊缝产生的角位移。角变形是由于焊缝横向收缩引起。角变形往

往通过反变形法、刚性固定法来加以控制。

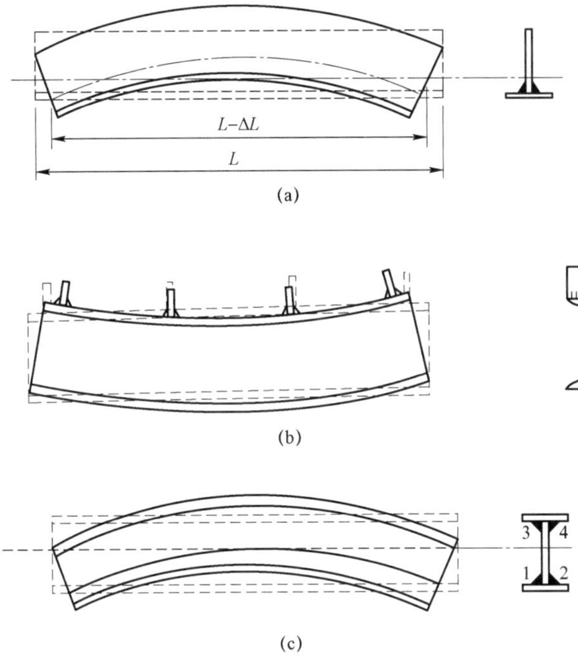

图 7-24　弯曲变形

(a) 由纵向收缩引起的翘曲;(b) 由横向收缩引起的翘曲;(c) 由焊接顺序引起的翘曲

(5) 波浪变形

焊后构件呈波浪形,这种变形由加热时膨胀受阻或焊缝横向和纵向收缩变形引起,往往是在薄板焊接时最容易发生。这种变形很难通过热矫正的方法来消除,应通过选用合理的焊接方法,控制热输入量,或采用刚性固定等方法加以控制。

(6) 错边变形

在焊接过程中,两焊件的热膨胀不一致,可能引起长度方向上的错边和厚度方向上的错边。导热系数或热膨胀系数不一致的异种钢或异种金属焊接时容易导致这种变形;同时,即使同种钢焊接因两焊件厚度不一样也会导致此类变形。

(7) 扭曲变形

焊后在构件上出现的扭曲,如图 7-25 所示。扭曲变形往往是由于焊接方向不一致引起。扭曲变形很难矫正,应尽量通过正确的焊接顺序来避免此变形。

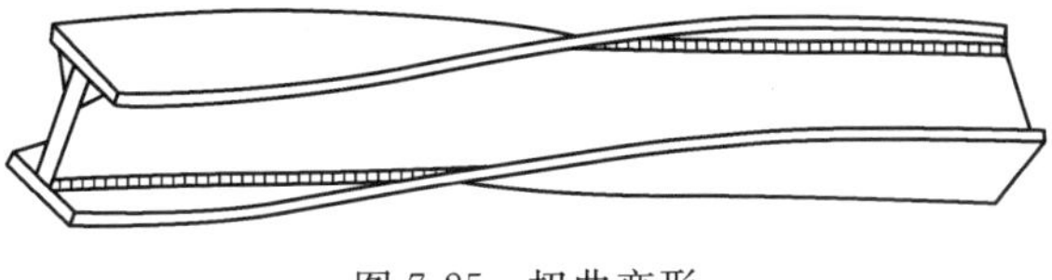

图 7-25　扭曲变形

2. 焊接应力的典型分布

前面我们分析了焊接应力产生的原理和过程,其基本原因就是焊接热源的不均匀加热。

焊接工艺和焊接结构的不同,焊接应力和应力分布也就各不相同。焊接应力有单向应力、双向应力和三向应力三种情况,即焊接方向上的纵向应力、焊缝宽度方向上的横向应力和厚度方向的应力。一般细小杆件或窄板条对接焊缝往往只有单向应力,宽板材对接焊缝存在双向应力,在厚板结构中往往存在三个方向的残余应力。下面仅就中厚板对接焊缝结构中的双向应力的分布进行简单介绍。

(1) 纵向应力

在低碳钢、普通低合金钢和奥氏体钢焊接结构中,焊缝及其附近区域的纵向应力是拉应力,其数值一般达到材料的屈服极限(焊件尺寸过小时除外)。在焊缝和邻近焊缝的母材中,纵向应力为拉应力,在远离焊缝的母材中,纵向应力为压应力。

(2) 横向应力

垂直于焊缝的横向应力的分布情况比较复杂。它可分为两个组成部分,其中一个是由于焊缝及其附近的塑性变形区的纵向收缩引起的,用σ_1表示;另一个是由焊缝及其附近塑性变形区的横向收缩的不同所引起的,用σ_2来表示。平板对接时,焊缝中心截面上的σ_1在两端为压应力,中间为拉应力。σ_1的数值与板的尺寸有关,σ_2的分布与焊接方向和顺序有关。

横向应力在与焊缝平行的各截面上的分布大致与焊缝纵向截面上的相似,但是离开焊缝的距离越大,应力值就越低,到边缘上应力为0。

三、焊接应力的降低和消除

1. 降低焊接应力的方法

通常可以通过采取一些简单的设计或工艺措施来调节焊接结构的内应力,降低焊接残余应力的峰值,避免在大面积内产生较大的拉应力,并使内应力分布更为合理。这些措施不但可以降低焊接残余应力,而且也可以降低焊接过程中的内应力,因此有利于防止焊接裂纹。现在把这些措施分述如下。

(1) 设计措施

为了减少焊接应力,在构件的设计中设计人员应从以下方面考虑。

1) 尽量减少焊缝的尺寸和数量。

2) 避免焊缝过分集中和交叉,焊缝间应保持足够的距离。

3) 采用刚性较小的接头形式。如用翻边式连接代替插入式连接可降低焊缝的拘束度。

4) 在残余应力为拉应力的区域内,应该避免几何不连续性,减少应力集中。

(2) 工艺措施

工艺人员在编制焊接工艺方案时,焊工在实际操作中,也应积极采取措施降低焊接应力。主要有以下工艺措施。

1) 使用热输入量小、能量集中的焊接方法。

2) 采用预热措施和确定合理的预热参数来减小焊接应力。

3) 制定合理的消应力热处理参数。

4) 采用合理的焊接顺序和方向,调整焊接应力的分布和应力峰值。一般先焊收缩量较大的焊缝,使焊缝能较自由地收缩。先焊错开的短焊缝,后焊直通长焊缝,使焊缝有较大的横向收缩余地。先焊在工作时受力较大的焊缝,使内应力分布合理。

5）降低焊缝的拘束度。在焊接镶块的封闭焊缝或其他拘束度大的焊缝时，可采用反变形法降低焊件的局部拘束度，从而减少焊缝的拘束度。

6）锤击焊缝。可用头部带小圆弧的工具锤击焊缝，使焊缝得到延展，降低内应力，锤击应保持均匀适度，避免锤击过分，以防止产生裂缝。一般不要锤击第一层和表面层。往往该方法用于不便热处理条件下的焊接返修、现场补焊等。

7）加热减应法。在焊接结构的适当部位加热使之伸长，加热区的伸长带动焊接部位，使它产生一个与焊缝方向相反的变形。在加热区冷却收缩时，焊缝就可能比较自由地收缩，从而减少内应力。

2. 焊后消除焊接应力的方法

由于焊接应力将影响焊件的结构强度、使用性能，因此在很多重要结构中都要求焊接后进行消应力处理，特别是锅炉压力容器、核安全设备等。用什么方法减小焊件的残余应力，应从结构的用途、尺寸（特别是厚度）、所用材料的性能以及工作条件等方面综合考虑决定。焊后减小内应力的方法可分为：整体高温回火、局部高温回火、机械拉伸、温差拉伸以及振动法等几种。整体高温回火、局部高温回火在降低内应力的同时还可以改善焊接接头的性能，提高其塑性。

四、焊接变形的控制和变形矫正

1. 焊接变形的控制

（1）控制焊接变形的设计原则

1）选择焊接工艺性好的结构形式。

2）设计合理的焊缝尺寸和接头形式。

3）合理安排焊缝布局和接头位置，尽可能减少焊缝数量。

4）选用型材等，构成最佳焊接结构。

（2）控制焊接变形的工艺措施

1）反变形法

反变形法是生产中经常使用的方法。它是按照事先估计好的焊接变形的大小和方向，在装配时预加一个相反的变形，使其与焊接产生的变形相抵消。也可以在构件上预制出一定量的反变形，使之与焊接变形相抵消来防止焊接变形。图 7-26～图 7-31 所示为反变形在各种情况下的应用。当构件刚度过大（如大型箱形梁等），采用上述强制反变形有困难时，可以先将梁的腹板在下料拼板时做成上挠的，然后再进行装配焊接。在薄壳结构上，如需在壳体上焊接支承座之类的零件，焊后壳体往往产生塌陷，如图 7-27(a)所示，影响结构尺寸的精确度。为了防止焊后支承座的塌陷，可以在焊接前将支承座周围的壳壁向外顶出，然后再进行焊接，如图 7-27(b)所示。这样做不但可以防止壳体变形，而且还可以减小焊接应力。

2）合理的装配和焊接顺序控制变形

对于复杂构件，焊缝数量较多，由于焊缝的位置对于所组成的构件截面中性轴的位置是不同的，这样对于任何一条焊缝，由于零件的装配顺序不同，焊缝到截面中性轴的距离也不同，因此这条焊缝所引起的焊接变形对于不同的装配焊接顺序是不同的。

要选择出变形最小的装配焊接顺序，首先要弄清每一条焊缝所引起构件变形的大小和方向,这样才可以使各条焊缝引起的变形相互抵消,或者是使那些变形不能相互抵消的不对称焊缝在能自由收缩的情况下焊接。通常情况下,应把构件适当地分成几个组件,分别装配焊接,然后再拼焊成整体,使不对称的焊缝或收缩量较大的焊缝能比较自由地收缩而不影响整体结构。按照这个原则生产复杂的大型焊接结构既有利于控制焊接变形,又能扩大作业面,缩短生产周期。

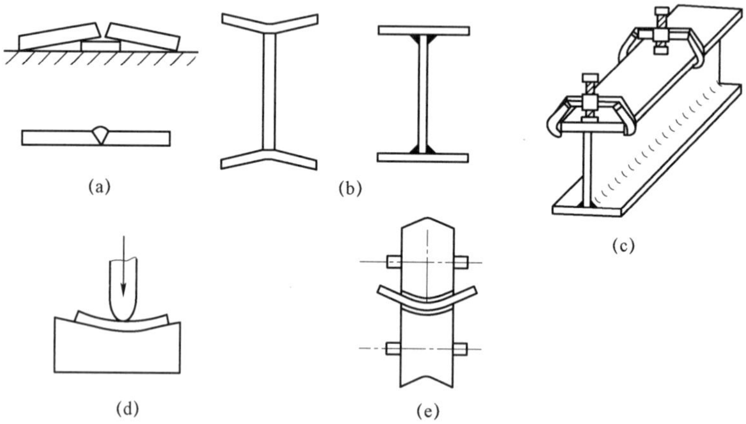

图 7-26 几种反变形措施
(a) 对接焊反变形装配;(b) 塑性预弯反变形;(c)~(e) 强制反变形

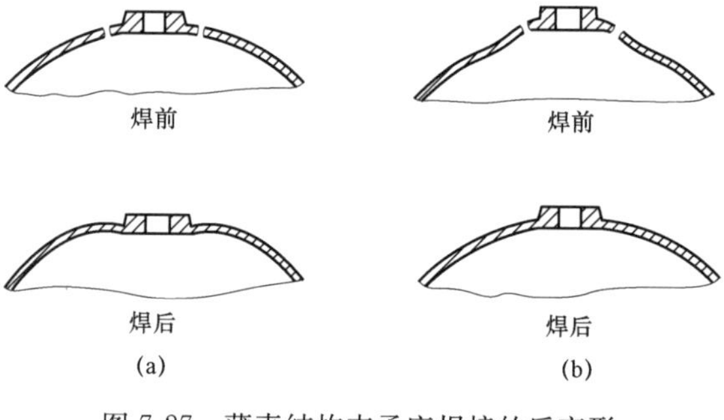

图 7-27 薄壳结构支承座焊接的反变形

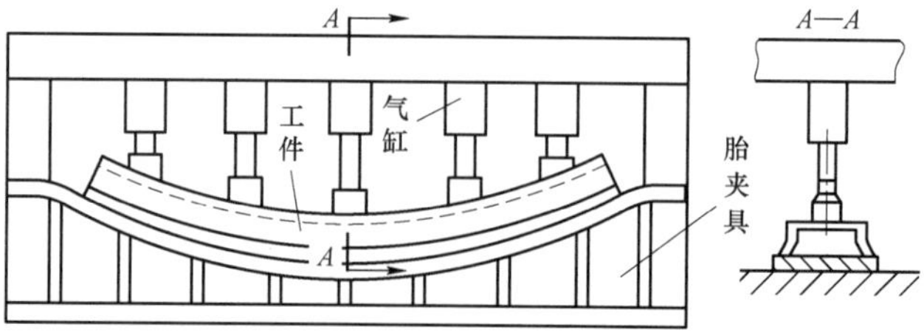

图 7-28 防止构件弯曲的强制反变形

3) 对称焊接法

设计时,安排焊缝尽可能对称于中心轴,或者使焊缝接近中心轴。工艺编制时,应采取对称焊接工艺。焊缝对称于中心轴并同时施焊,可使焊缝所引起的挠曲或旁弯变形相互抵消。这对减少梁、柱等一类结构的挠曲或旁弯变形有良好的效果。当梁、柱类构件焊缝数量较多,不可能做到完全对称时,应尽量使焊接变形朝着易于校正的方向变化。

4）刚性固定法

这个方法是在没有反变形的情况下,将构件加以固定来限制焊接变形。用这种方法来预防构件的挠曲变形,只能在一定程度上减小这种变形,效果远不如反变形。但对角变形和波浪变形有效。例如,图 7-29 所示的利用刚性固定法焊接消除法兰面的角变形。

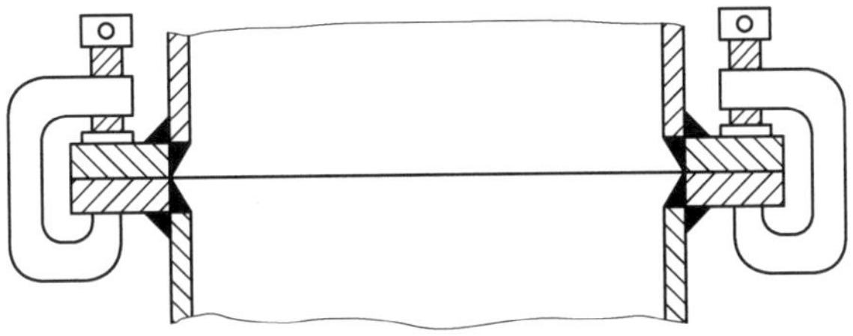

图 7-29　利用刚性固定法焊接法兰盘

焊接薄板时为防止波浪变形,在焊缝两侧紧压固定(见图 7-30),加压位置应尽量接近焊缝并保持压力均匀。为此,可采用带一定挠度的压块或者采用琴键式的多点压块。

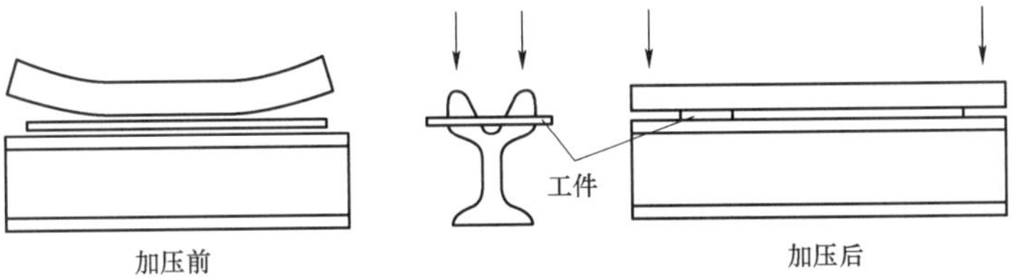

图 7-30　焊缝两侧加压防止薄板焊接失稳变形

5）散热法

散热法是通过强迫冷却,使焊缝附近的材料所受的热量大大减少,缩小焊接热场的分布,从而减少焊接变形。散热法可以通过正面或背面水冷却,或在水中施焊来达到减小焊接变形的目的。散热法不适合于焊接易淬火钢材,否则将会引发焊接裂纹。

6）锤击焊道法

锤击焊缝金属能促使金属产生塑性变形,从而减小焊接变形。锤击焊缝不但减少焊接变形还能降低焊接应力。锤击最好在热状态下进行,这时金属的塑性较好。锤击焊缝的路线如图 7-31 所示。为了防止冷作硬化,底层焊道和盖面层焊道一般不予以锤击。锤击时还应防止产生裂纹。

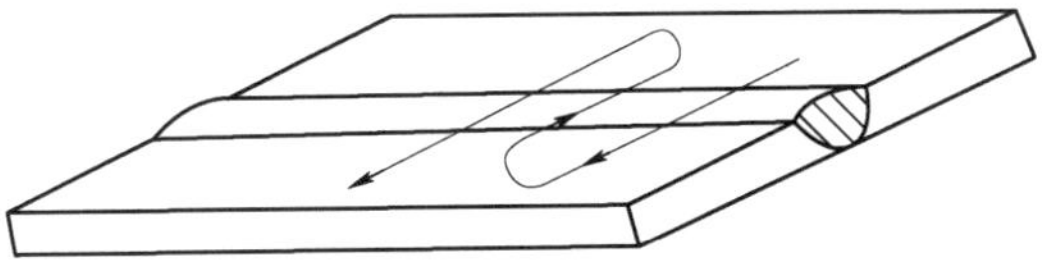

图 7-31　锤击焊缝的路线

2. 焊接变形的矫正

对于焊件尺寸要求较高的零件或焊接需要加工的零件,往往需要将变形加以矫正,以达到图纸要求。常用的矫正方法如下。

(1) 利用机械方法矫正

所谓机械方法就是通过手锤、千斤顶、压力机等设施,使构件发生与变形相反的塑性变形,使原来缩短部分得到伸长,恢复形状。

(2) 局部加热校正

该方法是采用火焰将构件特定区域加热,产生压缩塑性变形,使焊接变形得到消除。通常对碳钢和低合金钢的矫正温度为600～800 ℃(材料的A_{c1}温度点以下)。往往局部矫正时也可以采用千斤顶等工具施加一定的压力,来增加矫正的效果。根据加热区域的不同,可分为点状加热法、线状加热法、三角加热法等几种方法。

(3) 热处理消除变形

预先将焊接变形的部位通过刚性夹具或支撑,将变形恢复到原来形状或图纸工艺要求的形状,然后整体加热到某一温度,使构件的形状固定下来,达到矫正的目的。热处理消除变形,还可以采用加荷载法。即对于发生了挠曲变形梁、柱、管道等杆件产品,在热处理时给杆件产品的上挠面加以配重,杆件在高温下因材料屈服强度下降而发生塑性变形,达到矫正目的。

复习思考题

(1) 焊接应力和焊接变形的定义?
(2) 焊接应力和焊接变形产生的原因?
(3) 焊接应力和焊接变形的危害有哪些?
(4) 焊接变形的种类有哪些?
(5) 降低和消除焊接应力的方法有哪些?
(6) 焊接变形如何矫正?

第六节 焊接缺陷

学习目标:

- 了解焊接缺陷的定义及分类;
- 了解焊接缺陷的危害;
- 掌握焊接缺陷形成的原因;
- 掌握焊接缺陷的预防措施。

一、概述

焊接技术作为一种十分重要的工艺手段,在民用核安全设备的制造过程中得到了广泛应用。但是,由于焊接工艺的特殊性,焊接缺陷的多样性、易发性和隐蔽性直接影响到焊接结构的安全使用。

焊接缺陷是指"焊接过程中在焊接接头中产生的金属不连续、不致密或连接不良的现象",焊接缺陷的种类、数量及尺寸是决定焊接产品最终质量首要的、关键的因素。掌握各类焊接缺陷的形成条件及其影响因素,有针对性地制定合理的焊接工艺,在产品制造过程中严格执行工艺纪律，是防治焊接缺陷、提高产品质量的根本途径。焊接质量控制和质量保证的最终目的也就是为了在生产过程中避免或减少焊接缺陷的发生，尽可能及时发现焊接接头中的各种缺陷，从而使焊件质量最大程度地得到保证。

焊接缺陷的类型和分类方法很多，按照它在焊接接头中的位置，可分为内部缺陷及外部缺陷两类。外部缺陷位于焊缝外表面，用肉眼或低倍放大镜就可以看到，如焊缝尺寸不符合要求、咬边、焊瘤、凹坑（包括弧坑）、塌陷、烧穿以及表面气孔、表面裂纹等；内部缺陷位于焊缝内部，这类缺陷可用无损检测或破坏性检验的方法来发现，如未焊透、未熔合、夹渣以及内部气孔、内部裂纹等。

焊接缺陷还可按照其形成的主要原因分成三大类，如图 7-32 所示。

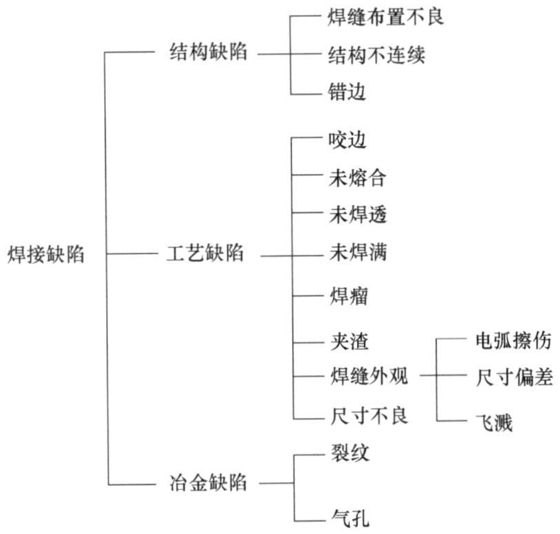

图 7-32　按照焊接缺陷形成的主要原因分类图

在 GB/T 6417.1《金属熔化焊接头缺欠分类及说明》将焊接缺陷分为六大类，即形状和尺寸不良、未熔合及未焊透、孔穴、固体夹杂、裂纹、其他缺陷。

在核安全设备焊接活动中，形状和尺寸不良、未熔合及未焊透、气孔、夹渣以及裂缝是较常见的焊接缺陷。

二、焊接缺陷产生的原因及其危害

焊接是一个快速加热和冷却的过程，影响焊接缺陷产生的因素是错综复杂的，其中除了焊工技能是重要因素外，还包括材料、结构、冶金和工艺因素。生产实践表明，焊接缺陷越大、越长、越接近表面或越密集，对焊接结构的安全性影响就越大。

1. 形状和尺寸不良

一般来说，焊缝形状缺陷是指焊缝外观的几何形状发生突变，如焊缝外表形状高低不平，波形粗劣；焊缝宽度不齐——太宽或太窄；焊缝余高过高或高低不均；角焊缝焊脚尺寸不均等，这类缺陷可以通过外观检查发现，可采用修磨补焊方法消除。

(1) 焊缝尺寸不符合要求

焊缝尺寸不符合要求一般是指焊缝的几何尺寸不符合施工图纸或技术标准的规定。如

图 7-33 以角焊缝为例说明了焊缝尺寸不符合要求的情况。

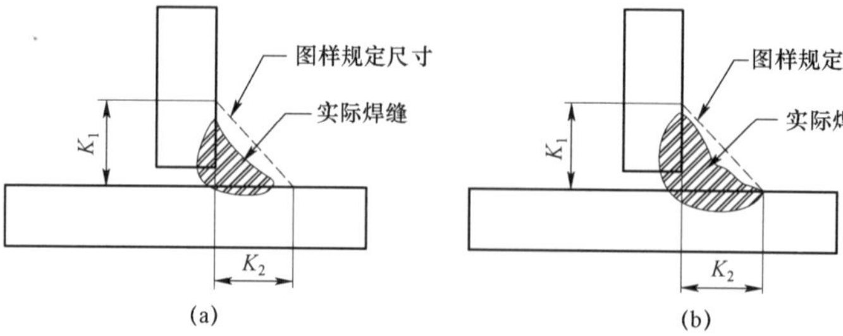

图 7-33 焊缝尺寸不符合要求示意图

(a) K_1,K_2 偏小;(b) K_1 偏小(单边)

焊缝尺寸不符合要求主要与焊工不明确尺寸和工艺要求有关,例如,焊接坡口角度不当或装配间隙不均匀、焊接电流过大或过小、焊接速度不当、埋弧焊焊接参数不当等;其次与焊工操作技术有关,如手工焊时横向摆动不均匀、焊接速度不稳定、运条手法不正确、焊条角度选择不合适等。

焊缝尺寸过小会使承载截面变小,降低结构的承载能力;焊缝尺寸过大,不仅浪费焊接材料和工时,还会削弱结构承受动载的能力。

(2) 咬边

咬边是指“由于焊接参数选择不当,或操作方法不正确,沿焊趾的母材部位产生的沟槽或凹陷”,如图 7-34 所示。

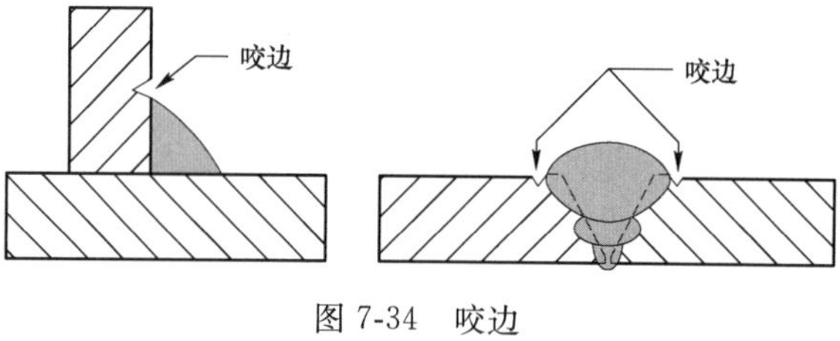

图 7-34 咬边

咬边产生的主要原因如下。

1) 焊接参数不合适:焊接电流过大;电弧电压过高;焊接速度太慢等。

2) 电弧偏吹:电弧偏吹破坏电弧稳定性,使电弧偏离理想焊道,形成咬边。

3) 操作技术不熟练:电弧长度稳定性差;焊条或焊枪角度不正确;摆动手势不恰当等。

4) 焊接位置对咬边的影响:不同焊接位置产生咬边的可能性不同。一般来说,立焊、仰焊位置产生咬边的可能性较大,横角焊缝上焊趾处也易产生咬边,船形焊产生咬边的可能性最小。

5) 埋弧焊时焊接速度过大。

咬边不仅减弱了母材的有效面积,降低了焊接接头的强度,而且在咬边处形成应力集中,承载后有可能在咬边处产生裂纹。

(3) 下塌与烧穿

下塌是指“单面熔焊时,由于焊接工艺不当,造成焊缝金属过量透过背面,而使焊缝正面塌陷,从背面凸起的现象",如图 7-35(a)所示。

烧穿是指"在焊接过程中,熔化金属自坡口背面流出的现象,形成穿孔的缺陷的现象",如图 7-35(b)所示。

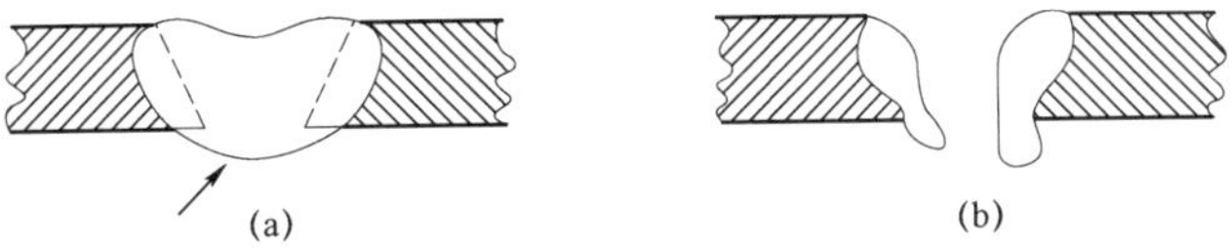

图 7-35　下塌与烧穿

下塌和烧穿产生原因如下。

1) 焊接参数不当:焊条或焊丝直径选择不当,焊接电流过大,焊接速度太慢,坡口间隙太大等。

2) 焊接方法和设备选择不正确。

3) 操作技术不熟练:焊接速度不均匀,电弧停顿时间长短不一,电弧移动不到位等。

下塌和烧穿是埋弧焊和电弧焊中常见的一种缺陷。前者削弱了焊接接头的承载能力;后者则可能使焊接接头完全失去了承载能力,是一种绝对不允许存在的缺陷。

(4) 焊瘤

焊瘤是指"焊接过程中,熔化金属流淌到焊缝之外未熔化的母材上所形成的金属瘤",如图 7-36 所示。

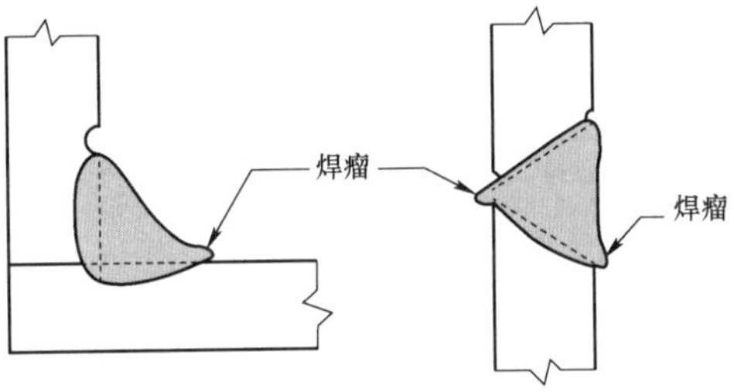

图 7-36　焊瘤

焊瘤产生的原因如下。

1) 焊接参数不当:焊接电流过小、电弧电压过低、易在焊缝正面形成焊瘤;焊接电流过大、电弧电压过度,则易在焊缝背面产生焊瘤(多伴随烧穿出现)。

2) 焊接区域不洁净,使局部区域母材熔化不充分而形成焊瘤。

3) 操作不当(如焊条摆动角度不正确)使局部母材未能熔化,形成焊瘤。

焊瘤会引起焊缝几何形状突变而产生应力集中;伴随出现未熔合,未焊透等缺陷;在管子内部时影响流通截面。

(5) 凹坑与弧坑

凹坑是指"焊后在焊缝表面或焊缝背面形成的低于母材表面的局部低洼部分",如图 7-37(a)所示。弧坑也是凹坑的一种,它是指弧焊时,由于断弧或收弧不当,在焊道末端形成低于母材表面凹陷现象。如图 7-37(b)所示。

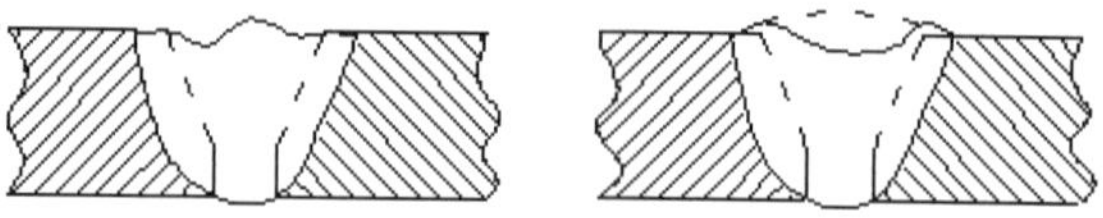

图 7-37 凹坑与弧坑
(a) 凹坑;(b) 弧坑

凹坑与弧坑产生的原因如下。

1) 焊工操作技能不熟练,不善于控制熔池的形状。

2) 焊接表面焊缝时,焊接电流过大,焊条又未适当摆动,熄弧过快。

3) 过早地进行表面焊缝焊接或中心偏移等。

4) 收弧或断弧处停留时间过短,或未采取适当的收弧措施,缺乏足够的填充金属所致。

凹坑与弧坑都使焊缝的有效端面被削弱,降低了焊缝的承载能力,并因冶金反应不充分而产生偏析现象,同时往往伴随着气孔、夹渣及裂纹等缺陷出现。

2. 未焊透与未熔合

未焊透与未熔合都是焊接接头结合不完全的现象,既可能出现在接头根部或焊缝表面,也可能出现在接头中间而无法直接观察到。未焊透直接减小接头的有效面积,降低了焊缝的承载能力,并易在根部尖角处产生较大的应力集中,诱发产生裂纹,是一种危害性较大的缺陷。

未焊透是指"焊接时接头根部未完全熔透的现象,对于对接焊缝也是指焊缝深度未达到设计要求的现象",如图 7-38 所示。

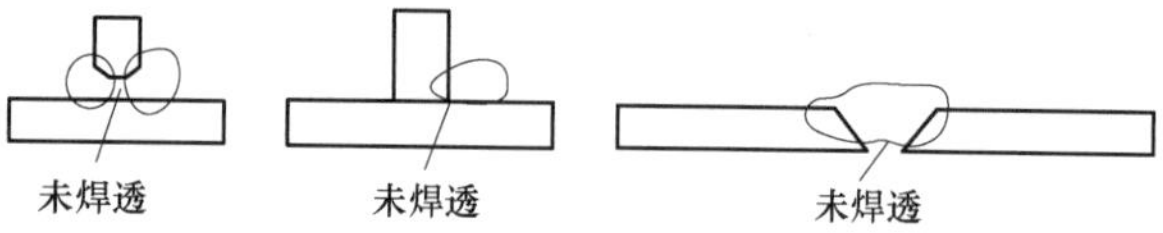

图 7-38 未焊透

未焊透产生原因如下。

(1) 接头尺寸不恰当:坡口角度太小、间隙过小、预留钝边太大等。

(2) 焊接参数不当:焊条直径过粗、焊接电流过小、焊接速度太快等。

(3) 操作不当:如电弧偏离焊道中心、焊条或焊枪角度不正确等。

未熔合是指"熔焊时,焊道与母材之间或焊道与焊道之间,未完全熔化结合的部分",如图 7-39 所示。一般情况下的未熔合多为面性缺陷,易产生很大的应力集中,其力学性质类似于裂纹,因而危险性较大。同时,未熔合的检验难度较高,使其危害程度也加大。

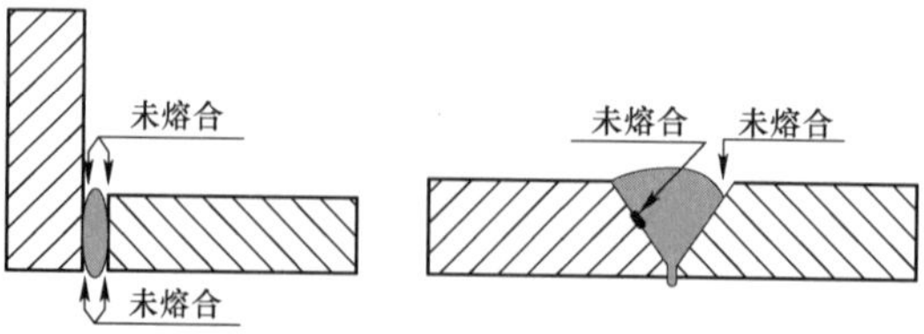

图 7-39 未熔合

未熔合产生原因如下。

(1) 焊接参数不恰当:焊接电流过小、焊接速度过快、电弧电压过高等。

(2) 焊接区域存在难熔的氧化皮或其他杂质,影响母材或焊道金属的正常熔化。

(3) 操作技术欠缺,如焊条或焊枪摆动角度偏离正常位置,焊道布置不合理形成较深沟槽等。

3. 气孔

气孔是指焊接时,熔池中的气泡在凝固时未能逸出而残留下来所形成的空穴。气孔会减少焊缝的有效面积,降低了焊缝的承载能力,造成应力集中;当与其他缺陷构成贯穿性缺陷时,破坏焊缝的致密性;连续气孔是导致结构破断的重要原因。

(1) 气孔种类

气孔种类可有以下几种划分方式:

1) 根据气孔存在的位置:可将气孔分为内部气孔(存在于焊缝内部)和表面气孔(开口于焊缝表面的气孔)。

2) 根据气孔的分布状态及数量:可将气孔分为疏散气孔、密集气孔和连续气孔。

3) 根据气孔形状:可将气孔分为密集气孔、条虫状气孔和针状气孔等。

4) 按产生气孔的气体种类不同:可将气孔分为氢气孔、一氧化碳气孔、氮气孔等。

依据气孔的位置和形状进行分类,如图 7-40 所示。

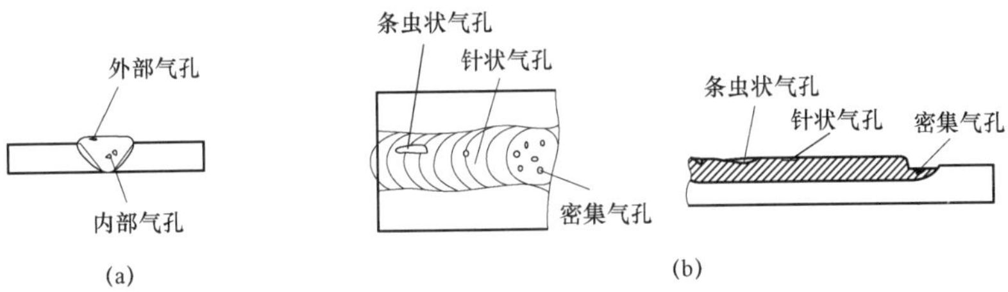

图 7-40　气孔的分类

(a) 按气孔位置分类;(b) 按气孔形状分类

(2) 氢气孔产生的主要原因

氢气孔常常出现于焊缝表面,断面多为螺钉状。当存在于焊缝内部时,则为圆形或椭圆形,并且在气孔的四周有光滑的内壁。

在电弧的高温作用下,H_2 分解为原子,并以原子或正离子的形式溶解于金属熔池中,而且温度越高,金属溶解气体的量越多,从而促使金属为氢所饱和。在冷凝结晶过程中,氢在金属中的溶解度急剧下降,金属从液态转变为固态时,氢的溶解度可从 28 mL/100 g 降至 10 mL/100 g,致使金属呈氢的过饱和状态,这时便有氢析出,析出的氢原子在遇到非金属夹杂时,便积聚形成气泡猛烈向外排出,在焊缝冷却过程中,来不及浮出的氢便形成气孔。

影响生成氢气孔的因素如下。

1) 焊接区域不洁净,存在较高含氢杂质(如油污、铁锈等)。

2) 焊接材料(焊条、焊丝、焊剂)潮湿或生锈。

3) 保护气体不纯,存在较多的水分。

4) 焊接参数的影响,如电流过大或过小、电压过高等。

(3) 一氧化碳气孔产生的原因

一氧化碳气孔一般出现在焊缝内部,并多沿结晶方向分布,常呈条虫状,表面光滑。一氧化碳气体主要来源于冶金反应,故又称“反应型气孔”。

在焊接铁碳合金时,电弧气氛中的一氧化碳的含量是较高的,电弧中的一氧化碳主要来自焊丝、保护气体(如二氧化碳)、药皮和焊接熔池。

在焊接熔池中,碳被空气直接氧化或通过冶金反应都会生成一氧化碳,即:

$$C+O = CO$$

$$FeO+C = CO+Fe-Q$$

碳被氧化的反应是吸热反应,当温度升高时,反应向着生成一氧化碳的方向进行。上述两个反应在熔滴过渡过程中都能进行。由于一氧化碳不溶解在液体金属中,所以当反应向生成一氧化碳方向进行时,一氧化碳就立即以气泡的形式从熔池中析出,大部分一氧化碳是在液态熔池温度较高,并离其凝固还有一段时间时形成的。可以说,焊接时所形成的一氧化碳大部分是来得及从液体金属中排出到大气中去的。

随着反应的进行,熔池中氧化亚铁和碳的含量便降低了,同时随着熔池温度的下降,则上述反应也减慢下来,直至停止。

但是当焊接熔池开始结晶或在结晶过程中,由于钢中的碳及氧化亚铁容易偏析,结果使氧化亚铁和碳的含量在局部地区增多,因此虽然是冷却过程,但由于浓度的增加会使上述反应继续进行,生成一氧化碳。这时金属黏度增大了,吸热反应又加速了冷凝结晶速度,因而使一氧化碳气泡来不及排出形成气孔。

影响生成一氧化碳气孔的因素:

1) 焊接区域存在氧化皮、铁锈等含氧杂质;

2) 使用脱氧元素较少的焊接材料;

3) 焊接材料的含碳量较高;

4) 焊接热输入过小。

4. 夹渣

夹渣是指焊后残留在焊缝中的焊渣,如图 7-41 所示,其中分为夹杂物和夹钨两种。

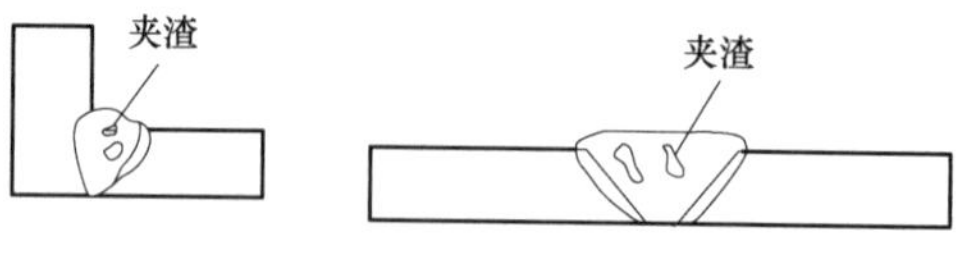

图 7-41 夹渣

夹渣的几何形状不规则,往往存在棱角或尖角,易造成应力集中,常是裂纹的起源。同时夹渣也削弱了焊缝的有效面积,降低了焊缝的力学性能,易使焊接结构在承载时遭受破坏,因此夹渣的危害性较之气孔更大。

夹渣产生的原因是:

(1) 焊接参数不适当,焊接电流过小,焊接速度过快等;

(2) 坡口形状不规则或过于窄小;

(3) 焊件边缘或多层焊时,清渣不彻底;

(4) 操作技术不熟练,如焊条电弧焊时运条不当造成熔渣与铁水分离不清,多层焊时形状过深、尖角等。

5. 裂纹

焊接裂纹是指在焊接应力及其他致脆因素共同作用下,焊接接头中焊缝或热影响区局部的金属原子结合力遭到破坏而形成的新界面所产生的缝隙。它具有尖锐的缺口和大的长宽比的特征。

在焊接生产中出现的裂纹形式是多种多样的,有的裂纹出现在焊缝表面,肉眼就能观察到;有的隐藏在焊缝内部,不通过探伤检查就不能发现。有的产生在焊缝中;有的则产生在热影响区中。

由于焊接裂纹具有尖锐的缺口和大的长宽比的特点,易引起强烈的应力集中,并具有扩展延伸的趋势,导致结构破断,是所有缺陷中最危险的。

(1) 裂纹的分类

对裂纹进行分类的方法很多,主要有以下几种。

1) 按裂纹存在方向分类

裂纹按存在方向分为横向裂纹和纵向裂纹,如图 7-42 所示。

① 纵向裂纹:平行于焊道方向的裂纹。

② 横向裂纹:垂直于焊道方向的裂纹。

2) 按裂纹存在位置分类

裂纹按存在位置分为下列几种类型,如图 7-43 所示。

① 焊道裂纹:在焊道中产生的裂纹。

② 焊道下裂纹:在焊接热影响区内产生的裂纹。

③ 弧坑裂纹:在弧坑中产生的热裂纹。

④ 焊根裂纹:沿应力集中的焊缝根部所形成的焊接冷裂纹。

⑤ 其他:如内部裂纹、表面裂纹、贯穿性裂纹等。

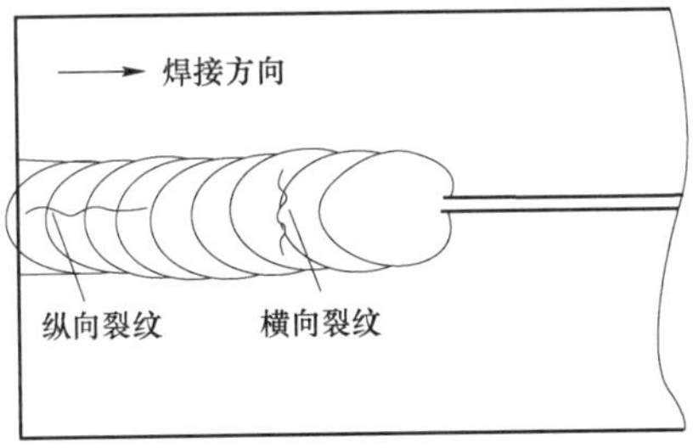

图 7-42 不同方向的裂纹

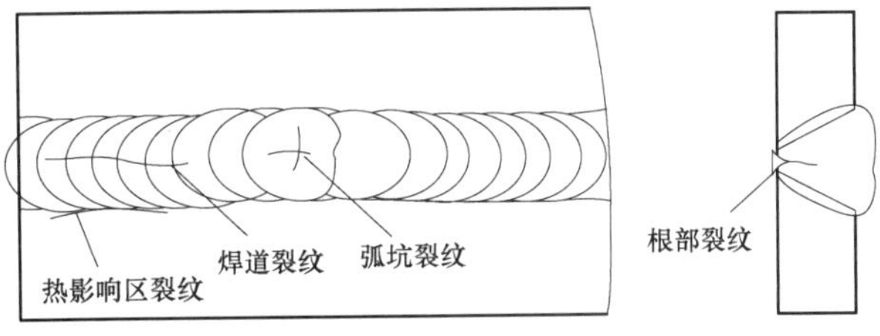

图 7-43 不同位置的裂纹

3) 按裂纹产生的原因及性质分类

① 热裂纹:焊接过程中,焊缝和热影响区金属冷却到固相线附近的高温区产生的焊接裂纹。

② 冷裂纹:焊接接头冷却到较低温度下(对钢来说在 M_s 温度以下)时产生的焊接裂纹。

③ 再热裂纹:焊后焊件在一定温度范围再次加热(消除应力热处理或其他加热过程)而产生的裂纹。

④ 层状撕裂:焊接时,在焊接构件中沿钢板轧层形成的呈阶梯状的一种裂纹。

(2) 热裂纹的特点及产生的原因

1) 热裂纹的特点

① 产生的时间。它的发生和发展都处在高温下,从时间上说,它产生在焊接过程中。

② 产生的部位。热裂纹绝大多数产生在焊缝金属中,有的是纵向的,有的是横向的。发生在弧坑中的热裂纹往往是呈星状的。有时热裂纹也会发生在母材中。

③ 外观特征。热裂纹或者处在焊缝中心,或者处在焊缝两侧,露在焊缝表面的有明显的锯齿形状;也常有不明显的锯齿形状。凡是露出焊缝表面的热裂纹,由于氧在高温下进入裂纹内部,所以在裂纹断面上都可以发现明显的氧化色彩。

④ 金相结构上的特征。当对产生裂纹处的金相断面作宏观分析时,发现热裂纹都发生在晶界上,因此不难理解,热裂纹的外形之所以是锯齿形的,是因为晶界就是交错生长的晶粒的轮廓线,故不可能是平滑的。

2) 热裂纹产生的原因

① 低熔点化合物的偏析:钢材中的硫、磷杂质元素通过冶金反应生成的低熔点化合物存在较严重的宏观偏析现象,往往在焊缝中心部位形成液相薄膜,它是产生热裂纹最重要的原因。

② 焊接应力的影响:焊接过程不均匀加热与冷却产生的拉应力促使液相薄膜破坏而开裂,它是产生热裂纹的又一重要原因。

③ 其他因素的影响:不同物质的热物理特性不同,产生的焊接应力也不同,不同的焊接方法及工艺参数,其焊接热输入不同;一次结晶的晶粒粗细,也会影响焊接应力的大小;焊缝的成形系数对偏析有较大影响。这些因素都会造成热裂纹的产生。

(3) 冷裂纹的特点及产生的原因

1) 冷裂纹的特点

冷裂纹发生在焊接之后,形成裂纹的温度约在 300 ℃ 以下,即马氏体转变范围。

冷裂纹可以在焊接后立即出现,但也有些可以延迟至几小时、几天、几周甚至一两个月之后,这种冷裂纹又称为延迟裂纹。大的冷裂纹不是一下子就生成的,它是先发生几处小的(或显微的)裂纹,然后逐步向长度或深度上发展,几个小裂纹陆续连接起来。某些焊接结构,当小裂纹发展到一定程度后,可能在瞬间内迅速扩大,引起结构整体的突然断裂,甚至同时产生较大的声响和机械振动。

冷裂纹大多数产生在母材或母材与焊缝交界的熔合线上,但也有可能产生在焊缝上。根据冷裂纹产生的部位有:焊道下裂纹、焊趾裂纹、根部裂纹。

显露在接头金属表面的冷裂纹,断面上没有明显的氧化色彩,所以裂口发亮。

冷裂纹一般为穿晶型裂纹,在少数情况下,也可能沿晶界发展。

2) 冷裂纹产生的原因

影响冷裂纹产生的因素相当复杂,概括起来,主要有以下三个方面。

① 含氢量的影响。以原子状态存在的氢能在固态金属中扩散并向原子排列缺陷处聚集,形成分子氢,产生的气体造成很大的内压力,易于导致开裂。同时氢的存在会显著降低钢材的塑性,也使冷裂倾向更明显。

② 淬硬组织的影响。淬硬组织(通常是马氏体)的塑性和韧性较低,同时组织转变使体

积膨胀产生很高的内应力,这种具有高内应力的淬硬组织是形成冷裂纹的敏感基体。

③ 应力的作用。焊接残余应力是产生冷裂纹的重要条件之一,当应力超过断裂强度时,便产生裂纹。

(4) 再热裂纹的特点及产生的原因

1) 再热裂纹的特点

再热裂纹是指在一些含铬、钼或钒的高强度钢焊接以后,在为消除应力退火的过程中产生的裂纹,所以又称为焊后热处理裂纹或应力消除回火裂纹。

再热裂纹一般发生在高强度低合金钢的热影响区中。

2) 再热裂纹产生的原因

焊接接头存在敏感组织(主要是粗大晶粒组织)和较高残余应力,它们是产生再热裂纹的主要原因。同时,一些元素(如 V、Ti、Nb、Mo 等)在晶内析出的弥散合金碳化物阻碍塑性变形,引起晶内强化和塑性降低现象,也是产生再热裂纹的重要原因之一。

(5) 层状撕裂的特点及产生的原因

1) 层状撕裂的特点

大型厚壁结构,焊接过程中因在厚度方向常承受较大的拉伸应力,沿钢板轧制方向出现的台阶状裂纹,一般称为层状撕裂。层状撕裂常出现在 T 形接头和十字接头中。

2) 层状撕裂产生的原因

引起层状撕裂的主要原因,除了“Z”向(厚度方向)必须具备足够引起撕裂的拘束应力外,主要是钢板轧制过程中在板厚方向上形成了非金属夹杂物的层状结构。

① 非金属夹杂物。钢板在轧制过程中,把钢内的一些非金属夹杂物(硫化物、硅酸盐等)轧成平行于轧制方向的带状物,这就造成了钢材力学性能的各向异性,它是焊接结构产生层状撕裂的潜在的因素,也是产生层状撕裂的主要原因。

② 拘束应力。由于焊接热循环作用,焊接接头会出现拘束应力,对于某一给定的轧制厚板 T 形和十字形等接头,在焊接参数不变的条件下,存在着一个临界拘束应力或弯曲拘束强度,当大于此值时易产生层状撕裂。

③ 扩散氢。氢是致裂的促进因素,当氢聚集在夹杂端部的空隙中时,由于某种原因氢结合成分子,以致局部压力剧增,而促使非金属夹杂和金属失黏,并会拉断相邻夹杂的金属,在断口上显示氢致断裂特征。

④ 母材性能。虽说夹杂物是层状撕裂的唯一原因,但金属基体的某些力学性能对层状撕裂也有很重要的影响,金属的塑性、韧性越差,裂纹越易扩展,这就意味着抗层状撕裂的能力就差。

三、焊接缺陷预防措施

焊接结构在使用过程中常发生各种形式的断裂,特别是脆断,往往造成灾难性的事故。实践表明:焊接缺陷是酿成脆断的重要因素之一。焊接缺陷的存在和扩展,决定了焊接接头质量的优劣和安全可靠性,在金属焊接过程中母材金属和填充金属、焊接方法、焊接热输入的大小、接头几何形状、拘束应力、焊后热处理、焊工技能因素是影响焊接接头质量的主要因素。根据各种缺陷的原因,“对症下药”采取不同的预防措施,才能有效地防止和消除焊接缺陷。

1. 焊缝形状缺陷

(1) 焊缝尺寸不符合要求

焊缝尺寸不符合要求通常采取的防止措施如下:

1) 首先要仔细阅读施工图样及有关标准规定,明确尺寸要求,选择适当的坡口角度和装配间隙;

2) 正确选择焊接参数,特别是焊接电流值;

3) 熟练操作技术,掌握正确的运条方法及运条速度,随时适应焊件装配间隙的变化,以保持焊缝形状尺寸的均匀;

4) 在角焊缝时要注意保持正确的焊条角度、运条速度及手法。

(2) 咬边

咬边通常采取的防止措施如下:

1) 根据不同的焊件尺寸,焊接位置等工艺变素选择合适的焊接参数,特别是焊接电流;

2) 采取适当的减小电弧偏吹的措施;

3) 熟练操作技术;稳定电弧长度;根据不同的接头形式,选择焊接位置及坡口形式;

4) 采取合适的手势及焊条(焊枪)角度。

(3) 下塌与烧穿

下塌与烧穿通常采取的防止措施如下:

1) 根据焊件尺寸(主要是板厚或管壁厚度)选择合适的焊接方法及设备;

2) 根据焊件尺寸选择合适的焊接参数,如焊条(焊丝)直径,焊接电流、坡口间隙及钝边尺寸等;

3) 熟练操作技术,尽量保持焊速均匀及电弧的均匀停顿,电弧移动偏差不能过大。

(4) 焊瘤

焊瘤通常采取的防止措施如下:

1) 选择合适的焊接参数,正确选用焊接电流和焊接速度;

2) 彻底清理待焊区域,特别是坡口表面的氧化皮及其他难熔杂质;

3) 熟练掌握操作技能,善于控制熔池的形状,使用碱性焊条时宜采用短弧焊接,运条速度要均匀。

(5) 凹坑与弧坑

凹坑与弧坑通常采取的防止措施如下:

必须熟练掌握操作技能,避免弧坑,在焊条电弧焊时,焊条必须在收尾处作短时间的停留或作几次环形运条,如采取循环法、回焊法、熄弧法等收弧措施。

2. 未焊透与未熔合

(1) 未焊透

未焊透通常采取的防止措施如下:

1) 正确选用坡口形式和装配间隙;

2) 选择合适的焊接参数;

3) 采取正确的焊条或焊枪角度并保持电弧轨迹位于焊道中心。

(2) 未熔合

未熔合通常采取的防止措施如下：

1) 采用合适的焊接参数；

2) 彻底清理焊接坡口和焊道表面的氧化物、杂质及熔渣；

3) 合理布置焊道并避免产生过深的沟槽，采用正确的焊条或焊枪摆动角度。

3. 气孔

(1) 氢气孔

氢气孔通常采取的防止措施如下几点。

1) 限制气体来源，彻底清理待焊区域；烘干焊条焊剂；清理焊丝；使用纯度合乎要求的保护气体；采用低氢型的焊接材料等。

2) 采用合适的焊接参数，运条速度不得太快。

3) 适当预热有利于气泡逸出而减少气孔倾向。

(2) 一氧化碳气孔

一氧化碳气孔通常采取的防止措施如下：

1) 彻底清理待焊区域中的氧化物杂质；

2) 使用含碳量较低，脱氧元素含量较高的焊接材料；

3) 适当增大焊接热输入(一般可采用较大焊接电流匹配较快焊接速度)；

4) 适当预热。

4. 夹渣

夹渣通常采取的防止措施如下几点。

(1) 采用具有良好工艺性能的焊条，焊条直径必须与焊接接头的坡口、深度相适应，避免坡口过于窄小。

(2) 选择合适的焊接参数。

(3) 多层焊时合理布置焊道防止出现尖角，并仔细清理熔渣。

(4) 掌握正确的操作技术，利于熔渣浮出。如在操作过程中需注意熔渣的流动方向，特别是在采用酸性焊条焊接时，必须使熔渣在熔池的后面，若熔渣流到熔池的前面，就很容易产生夹渣，特别是在横角焊时更为严重。当使用碱性焊条焊接立角焊时，须正确选用焊接电流，并采用短弧焊接，同时运条要均匀，避免产生焊瘤，并且立角焊缝的焊瘤下面常有夹渣产生。

5. 裂纹

(1) 热裂纹

热裂纹通常采取的防止措施有以下几点。

1) 冶金措施

① 控制焊缝化学成分。为了减少焊缝形成低熔点化合物的倾向，尽可能限制母材硫、磷的含量；降低焊缝的含碳量，提高焊丝的含锰量。

② 改变焊缝组织状态。如要完全消除有害杂质以致根本不形成低熔点共晶体，是不可能的。为了使得在拉应力作用下不产生裂纹，常采用向焊缝金属加变质剂，从而调整焊缝金属化学成分，在焊缝中形成双相组织，以打乱焊缝金属的结晶方向，使低熔点共晶不能集中

分布,从而减少热裂纹的倾向。

2) 工艺措施

① 控制焊缝形状

当焊缝如图 7-44(a)所示的形状,即焊缝窄而深,杂质正好集中在柱状晶体对接的部位,焊缝抵抗拉应力的能力特别弱,稍有应力作用,就可能产生裂纹。当焊缝如图 7-44(b)所示的形状,即焊缝的宽度和深度比例适当,则焊缝的散热方向改变,柱状晶体有向上生长的倾向,低熔点杂质大部分被挤向表面,拉伸应力对它的作用就显著减弱,焊缝的抗热裂能力就大大提高。当焊缝形状如图 7-44(c)所示的形状时,即焊缝宽而浅,这时低熔点杂质虽然也是浮在焊缝表面层,但焊缝照样容易从焊缝中间断裂开,其原因是焊缝太薄,强度不够所造成的。

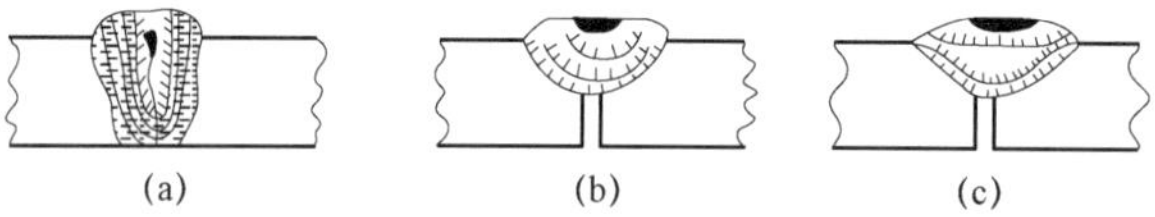

图 7-44 不同位置的裂纹

② 选择合理的焊接顺序和焊接方向

一般来说,焊接顺序应是使焊件的刚度逐步加大,使焊缝有收缩的可能,从而使焊接应力减小。如果焊接顺序和方向使焊件的刚度瞬时增加,那么在焊接后面几道焊缝时,焊缝就没有收缩的可能,产生热裂纹的可能性就增大。

③ 采用碱性焊条和焊剂

由于碱性焊条和焊剂的熔渣具有较强的脱硫能力,因此具有较高的抗热裂能力。

④ 填满弧坑或采用引出板

在焊接终了断弧时,由于弧坑冷却速度较快,常因偏析而在弧坑处形成热裂纹。所以终焊时应逐渐断弧,并填满弧坑。必要时可采用与母材材料相同的引出板,将弧坑移出焊件外,此时即使产生弧坑裂纹,也因焊后去除引出板而不影响结构本身。

防止产生热裂纹最根本的途径还在于减少低熔点化合物的数量,采取适当的措施降低焊接拉应力,合理控制焊缝成形系数,减小焊接电流,从而防止热裂纹的产生。

(2) 冷裂纹

1) 冶金措施

① 采用能降低接头含氢量的焊接材料。

② 选用奥氏体焊条。对于高强度钢,可采用不锈钢焊条芯或用奥氏体镍基合金等焊条芯和焊丝,这些合金的塑性比较好,可抵消马氏体转变时造成的一部分应力。另一方面氢在奥氏体中的溶解度较高,扩散速度慢,故氢不易向热影响区扩散聚集。

2) 工艺措施

① 彻底清理待焊区域内的油污、铁锈等含氢杂质。

② 保持焊接材料干燥,使用纯度合乎要求的保护气体。

③ 正确选择电源与极性,注意操作方法。

④ 焊前预热。在材料淬硬倾向大,钢板厚度大,气温低等条件下,采取焊前预热或一边焊接一边补充加热的方法,是防止冷裂纹的有效措施。预热可以是整个焊件总体加热,也可

以是焊缝附近局部加热。预热的作用在于通过减缓冷却速度,改善接头的显微组织,降低焊接热影响区的硬度和脆性,提高塑性,并使焊缝中的氢加速向外扩散。预热也可以起到减少焊接应力的作用。

⑤ 选用适当的焊接参数。适当减慢焊接速度,使焊接接头的冷却速度慢一些,对防止产生冷裂纹是有利的。焊接速度过大,焊接接头冷却大,容易产生淬硬组织;焊接速度过小,热影响区过热加大,晶粒粗大,而粗大的晶粒会增加金属淬火的倾向。同样,由于热影响区增大而淬火区加宽,这都将促使冷裂纹的产生,因此焊接参数应选用合适。

⑥ 焊后消氢处理。焊接后立即对焊件的全部或局部进行 350～400 ℃ 的加热和保温,以使其缓冷的工艺措施称为消氢处理,又称后热。它主要是使扩散氢能充分从焊缝中逸出,对于防止延迟裂纹有明显的效果。

⑦ 采用合理的装焊焊接顺序。采用合理的装焊顺序、焊接顺序、焊接方向等,可以改善焊件的应力状态。

⑧ 焊后热处理。焊件在焊后及时进行热处理,例如,高温回火,可以改善接头的组织和性能,可以使氢扩散排出,也可以减少焊接应力。

(3) 再热裂纹

再热裂纹通常采取的防止措施有以下几点。

1) 正确选用焊接材料

正确选用焊接材料,减小析出强化倾向;一般认为钒是引起再热裂纹的主要因素,钼仅次于钒。而当钒和钼同时加入时,则极为有害。因此,低合金钢中Cr-Mo-V钢的再热裂纹倾向最大。

2) 控制焊接工艺

① 选用低匹配的焊接材料。选用低匹配的焊接材料可以降低焊缝强度,并提高其塑性变形能力,同时可以减轻热影响区金属塑性应变的集中程度,因而有利于降低再热裂纹的敏感性。生产实践表明,如果在焊缝表面用低强度塑性焊条盖面,有一定的降低再热裂纹产生倾向的效果。

② 进行适当的预热。预热是防止再热裂纹的有效措施之一。一般预热温度应比推荐温度高 50～100 ℃ 。如焊后及时后热处理,预热温度可适当降低。

③ 选择适当的焊接热输入。焊接热输入的影响比较复杂,这与钢种成分、热影响区组织状态及残余应力等有关。采用回火焊道,有助于细化热影响区晶粒,并减少应力集中,从而减少再热裂纹倾向。表面回火焊道有利于减少接头的残余应力。

④ 减少缺陷产生。咬边及根部未焊透等缺陷是应力的集中源,防止这一类缺陷,可以在一定程度上减少再热裂纹的产生。

⑤ 减小焊缝余高。正确合理地安排施焊顺序,将焊缝余高削平,可以显著减少热影响区的应力集中;正确合理地安排施焊顺序,对减少残余应力也很重要。

3) 焊后热处理

对于低合金钢,存在着再热裂纹最敏感的温度范围,如能避开这一范围就能有利于防止再热开裂。但前提是应能满足改善组织或消除应力的基本要求。因此在保证金属材料强度性能的同时,应适当提高消除应力的退火温度和延长保温时间,注意在再热裂纹敏感区的冷却速度,尽量使热处理工艺规范避开或减少在再热裂纹敏感区的停留。

(4) 层状撕裂

层状撕裂通常采取的防止措施如下：

1) 改善接头设计，减小应力值，改变应力方向；

2) 减少母材的层状夹杂物或夹杂物球化；

3) 改进焊接工艺，如采用低氢焊接法、采用低强组配的焊接材料、适当减小焊接热输入等；

4) 采用适当预热，焊后锤击等措施。

复习思考题

(1) 焊接缺陷的分类及形成原因？

(2) 咬边的防止措施？

(3) 未焊透和未熔合的防止措施？

(4) 气孔的分类及防止措施？

(5) 裂纹的分类及防止措施？

第七节　焊接工艺文件

学习目标：

- 了解焊接工艺文件分类；
- 了解焊接工艺评定的变素。

焊接工艺文件分为焊接管理文件和焊接技术文件。焊接管理文件包括一些管理程序或管理制度，例如，焊工管理程序，焊接工艺试验和评定程序，焊接工艺控制程序，焊接材料管理程序，焊接试件和试样管理程序等。焊接技术文件包括技术标准和指导焊接生产的文件(焊接工艺评定、焊接工艺规程或焊接规程、焊缝识别卡、各种焊接方法工艺守则等)。

一、焊接工艺评定

为了保证核安全设备的焊接质量，核安全设备制造和安装单位应根据所进行的核安全设备活动的适用规范，进行焊接工艺评定。

焊接工艺评定要求按照拟定的焊接工艺评定指导书，准备工艺评定试件；依据焊接工艺规程焊接并初步检验工艺评定试件；依照焊接工艺评定指导书检验和评定焊接接头性能；汇总焊接方法、焊前准备、加工、装配、焊接材料、焊接设备、焊接顺序、焊接操作、焊接热输入以及焊后热处理等工艺因素和试验记录及结果，并整理成焊接工艺评定报告；必要时，修订焊接工艺规程。

焊接工艺评定的目的是验证焊接接头力学性能、理化性能和密封性能等是否符合设计的技术要求；评定施焊单位是否有能力进行符合所用规范要求的焊接活动；验证施焊单位所制定的焊接工艺规程的正确性和准确性。

1. 焊接工艺评定依据的标准

核安全设备焊接工艺评定依据的标准应为核安全设备活动适用规范要求的标准。

对于使用 ASME 规范的核安全设备，焊接工艺评定应使用美国 ASME 规范第Ⅸ卷《焊接和钎焊评定》和第Ⅲ卷有关章节。

ASME 规范第Ⅸ卷《焊接和钎焊评定》是对所有压力容器进行焊接工艺评定的通用卷，当用到核安全设备上时必须附加第Ⅲ卷的要求才是最完整的。第Ⅸ卷适用于 ASME 规范其他卷所允许的各种手工或机械化焊接方法的焊接工艺规程的制定及焊接工艺及焊工的评定。第Ⅸ卷表明：为了确保所焊的产品焊缝具有预期的使用性能，焊接工艺应进行评定，获得符合要求的焊接工艺规程(WPS)和工艺评定报告(PQR)。

焊接工艺规程(WPS)是为焊工或焊接操作工制造符合规范要求的产品焊缝而提供指导的、经过评定的焊接工艺文件，是指导焊接工作的依据，无论在焊工培训、考试或产品焊缝实施中都应认真地贯彻执行。

对于使用 RCC-M 规范的核安全设备，焊接工艺评定使用法国 RCC-M S 篇 S3000 章。

RCC-M S3000 焊接工艺评定一章对碳钢和低合金钢、奥氏体或奥氏体—铁素体不锈钢、镍基合金等的对接焊、特殊焊缝(异种金属焊接、特殊密封焊、马氏体不锈钢对接焊、角焊缝、焊缝挖补修复电子束焊等)、奥氏体—铁素体不锈钢和镍基合金的堆焊、热交换器或蒸汽发生器管板与传热管焊接、耐磨堆焊、管道焊缝以及复合钢板、预堆边焊和模拟补焊等的焊接工艺评定分别进行了规定。

2. 焊接工艺评定的变素

影响焊接质量的工艺条件、参数和因素很多，如焊接方法、焊前准备、加工、装配、焊接材料、焊接设备、焊接顺序、焊接操作、焊接热输入以及焊后热处理等。在进行焊接工艺评定时将这些工艺条件、参数和因素归纳为变素，或称为工艺变素。

ASME 规范第Ⅸ卷对于焊接工艺规程(WPS)中参数的类型分为重要变素、附加重要变素和非重要变素三类。重要变素是指影响焊缝力学性能(冲击韧性除外)的焊接条件的某一变化。附加重要变素是指影响焊缝冲击韧性的焊接条件的某一变化。非重要参数是指不影响焊缝力学性能和焊接条件的变化。

焊接工艺评定的基本准则是任一重要变素有了变化，则需重新评定。当标准规范要求冲击韧性时，则附加重要变素即为新的重要变素，如有变化，亦需重新评定。如果任一非重要变素有了变化，则仅需做工艺修订或修改，改变了原来的非重要变素不必对工艺进行重新评定。

法国 RCC-M S3000 规范对焊接工艺评定变素的分类也遵循 ASME 规范。但对于某些非重要变素的变化也重新评定。

3. 焊接工艺评定的基本步骤

(1) 确定焊接工艺评定项目，编制焊接工艺评定任务书；

(2) 确定或编制焊接工艺规程；

(3) 按照焊接工艺评定指导书对母材和填充材料进行复验，并委托试件的加工；

(4) 在评定主持人或有关监督人员的监督下，按照焊接工艺规程焊制工艺评定试件并进行初步检验，同时做好记录；

(5) 按照焊接工艺评定指导书进行试样加工和检验；

(6) 各项检验结束后，根据检验结果，编制焊接工艺评定报告，做出综合评定结论；

(7) 修订、审核和批准焊接工艺规程。

4. RCC-M 规范焊接工艺评定应注意的问题

(1) 焊接工艺评定的有效期

不同的焊接标准对焊接工艺评定有效期的规定有所不同，根据 RCC-M S3170，只要实际焊接过程中没有规律性的出现焊接缺陷以及产品见证件合格，那么焊接工艺评定将长期有效。但是对于 RCC-M B4231 和 C4231 中列举的焊缝，应通过实际操作证明其能达到按 RCC-M S6232 规定所要求的技术水平。

当产品见证件不合格时，焊接工艺评定应暂停使用，除非制造商提供证据证明焊接工艺没有问题。

(2) 焊接工艺评定的转移

RCC-M S6500 规定，在某车间或现场进行的焊接工艺评定必须在相应的车间或现场焊接产品焊缝。为了使在某一车间或现场的焊接工艺评定扩大到同一制造厂的另一个车间或现场，这个新的车间或现场必须符合焊接操作车间或现场的技术评定条件，即设备、人员、生产经验等方面要求的条件。另外，制造厂还必须提供新车间或现场的评定报告，在报告中明确指出有关的规定(技术注意事项和人员编制)，以便在转移后，保证技术和经验的连续性。

焊接工艺评定绝对不允许在制造厂之间转让。

(3) 焊接工艺评定试件的保管

根据 RCC-M S1400 的规定，焊接工艺评定试样件和截取试样后的余件，由制造商保留 3 年。

二、焊接工艺规程

焊接工艺规程是指导焊接活动的主要焊接工艺文件，是焊工焊接操作的依据。焊接工艺规程在不同的单位有不同的叫法和内容(如焊接规程、焊接工艺指导书、焊接工艺流转卡等)，但都是在焊接工艺评定合格后方可生效。

焊接工艺规程至少应包括以下内容：

(1) 焊接工艺规程编号和日期、焊接工艺评定报告编号；

(2) 焊接方法和自动化程度；

(3) 接头和坡口形式简图(包括焊道分布和顺序)；

(4) 母材钢号、分类号、母材和熔敷金属厚度范围、管子直径范围焊接材料特征参数、焊接位置和方向；

(5) 焊接预热和层间温度；

(6) 焊接电特性参数、焊接操作技术和焊接程序、热处理及编制人和审批人签字、日期等。

为了在产品生产中正确选用对应的焊接工艺规程，需要编制产品或部件的焊缝识别卡。生产组织者根据焊缝识别卡中各种焊接接头对应焊缝的焊接工艺规程和所要求的焊工考试合格项目代号，选择合适的焊工进行焊接。

三、焊接数据包

根据 RCC-M S1120 规定，每一个焊接数据包对应一个部件。承压部件和堆内构件均要求有焊接数据包。

焊接数据包应包括：标记了全部焊接接头位置的部件总图或简图。在管道的特殊情况下（一回路管道除外），不使用设备总图或简图来标记焊接接头的位置，此时可通过等轴测图等尽可能标出焊接接头的类型；除了管道以外的部件，应有一个包括焊接试件、部件各部分焊接顺序以及相关的消除应力处理和检验的列表；全部接头一览表：对每一个焊接接头，或者管道的每一类型的接头，应包含下列内容：标有尺寸的简图、采用的焊接工艺和相应的焊接工艺数据单、每次的热处理、正确标注的评定试件或确认焊接工艺有效的试件、整个设备评定试件的总列表，以及能从中得出每个试件评定有效范围的焊接工艺数据单、产品见证件的一览表。

复习思考题

(1) 焊工焊接时是根据自己的喜好调节电流的吗？

(2) 所有的工艺评定都是永久有效的吗？

(3) 焊接工艺规程应包含的内容？

(4) 焊接工艺评定的基本步骤？

第八章 焊接检验知识

第一节 焊接检验概述

学习目标：

- 了解焊接检验的定义；
- 了解常用的焊接检验分类。

一、焊接检验概述

质量检验又称“技术检验”。采用一定检验测试手段和检查方法测定产品的质量特性，并把测定结果同规定的质量标准作比较，从而对产品或一批产品做出合格或不合格判断的质量管理方法。其目的在于，保证不合格的原材料不投产，不合格的零件不转下一道工序，不合格的产品不出厂；并收集和积累反映质量状况的数据资料，为测定和分析工序能力，监督工艺过程，改进质量提供信息。

焊接检验是采用各种可行的方法，把焊接质量同焊接产品的使用要求相比较的过程。广义的焊接检验是针对整个焊接活动过程，包括焊前检验、焊接过程中的检验和焊后成品的检验。而狭义的焊接检验则主要是针对焊后的成品检验，这是本章主要论述的内容。

二、常用检验分类

按照检验方法本身对成品是否具有破坏作用，将检验方法分为破坏性检验和非破坏性检验两大类。如图 8-1 所示。

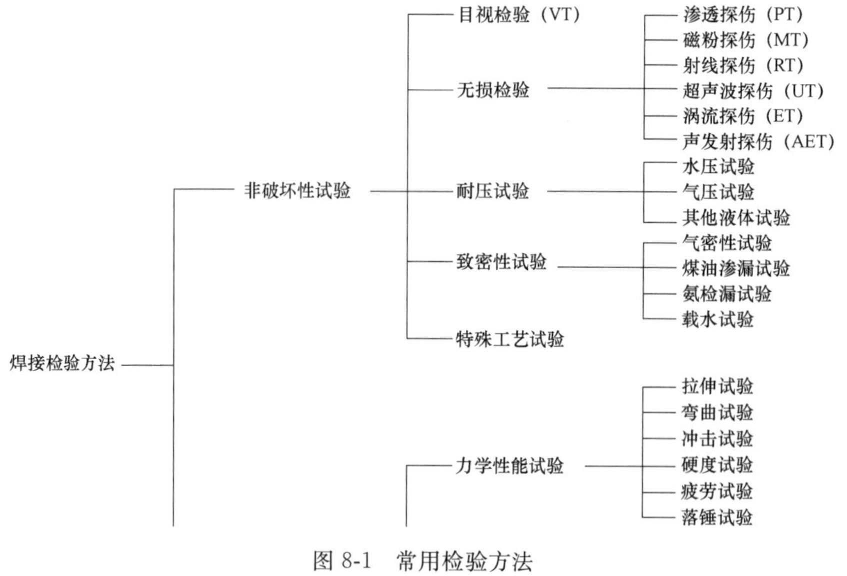

图 8-1 常用检验方法

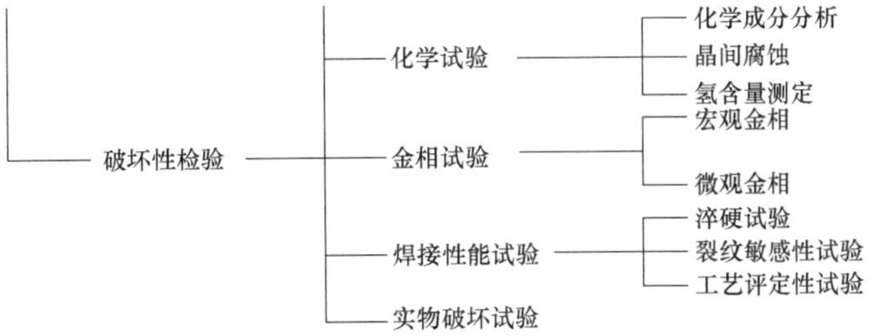

图 8-1　常用检验方法(续)

复习思考题

(1) 质量检验的定义是什么?

(2) 广义焊接检验和狭义焊接检验的区别?

(3) 常用检验是如何分类?

第二节　焊缝外观质量检验

学习目标:

- 了解外观检验在核设施制造过程中重要意义;
- 掌握焊缝外观质量检验的内容;
- 了解常规外观检验的项目。

一、焊缝外观质量检验的重要性

随着对核安全设备、工业产品的焊接质量要求的不断提高,无损检测技术作为核安全设备焊接活动在质量与表面质量检测的主要手段,受到普遍重视。

核设施主要设备具有包容带有或可能带有强烈的放射性物质,同时设备处在或可能处在高剂量的辐照环境下运行。为保证核安全和避免或减少设备维修和更换,核设施设备造价较高,应用无损检验及时排除不合格的工序和零部件,免去进一步加工的成本。在核设施运行过程中以无损检验方法检测设备的完整性,避免可能引发的核泄漏事故意义重大。焊接作为其中一个重要工序,对焊缝外观的质量检验的意义不言而喻。本节的目视检验包含了焊缝的外观检验。

二、焊缝外观检查

焊接人员作为焊接质量的第一责任人,在焊接活动实施过程中对焊接质量的影响至关重要。对焊接我们要求有全过程控制的质量意识,而不仅仅是依赖于最终焊缝的无损检验。外观检验贯穿整个焊接过程的始终,它不仅是对产品最终焊缝外观尺寸和表面质量的检验,对产品焊接过程中的每一道焊缝也应进行外观检验,如厚壁焊件进行多层焊时,为防止前道焊道的缺陷带到下一焊道,每焊完一道焊道便需要进行外观检验。在生产实际中,具体表现如下所述。

1. 焊前质量检查要求

焊接开始前，要求工件坡口及两侧 20 mm 范围内不得有锈蚀、油污、氧化物等影响焊接质量的杂物。必要时可采用磨光机等打磨至露出金属光泽。对于特殊有要求的焊缝，可采取液体渗透等方式进行焊前检查以确保坡口质量。

2. 定位焊质量检查

定位焊后的焊缝质量检查包括：

(1) 定位焊缝的尺寸(长度一般不超过 20 mm)及位置符合标准或图纸要求；

(2) 对于熔合在正式焊缝中的定位焊缝，不得有气孔、裂纹、夹渣、未熔合、未焊透、焊瘤和可能影响焊接的其他缺陷；

(3) 错边量符合标准或图纸要求，若不满足要求，必须进行校正或重新装配；

(4) 临时附件焊缝(定位棒、点固块)的检查。

3. 焊接过程中检查

在焊接实施过程中，焊接人员在每完成一道焊缝后，要对焊缝进行氧化皮的清理并进行质量检查，焊缝表面不得有裂纹、气孔、夹渣、未熔合、焊瘤、弧坑等缺陷。如有，必须进行处理并进行原因分析，防止再次产生该缺陷。

4. 焊后外观质量检查

对于焊接完成后的最终焊缝，必须按照标准或图纸要求保持焊缝状态(原始焊态、打磨状态、机加工表面等)。

焊缝与母材必须保持圆滑过渡，不允许存在如下缺陷：

1) 裂纹、未焊透、未熔合；

2) 未填满(对于仰焊允许≤0.5 mm 的未填满)；

3) 焊瘤；

4) 气孔、缩孔及所有穿透性缺陷。

对于产品焊缝，咬边、电弧击伤、飞溅等容易引起无损检验误判的缺陷都属于不合格，必须进行清理。对于最终表面为原始焊态的焊缝，只有当表面的不规则引起后续的渗透及 磁粉检验产生超出允许范围的指示时，才需将表面的不规则清除。

焊缝的余高、焊缝宽度等符合标准或图纸的要求。

拆除临时性附件的检查，必要时需进行其他无损检查。

复习思考题

(1) 对核设施焊缝外观检验的重要意义是什么？

(2) 焊缝外观检查中哪些缺陷是不允许存在的？

(3) 简述焊接过程中外观检查的意义及检查内容有哪些？

(4) 焊缝外观检验通常检验哪些项目？

第三节　无损检验的方法与特点

学习目标：

- 了解核设施常用的无损检验方法；
- 掌握常用的无损检验方法原理及特点。

一、无损检验概述

随着对核安全设备的焊接质量要求的不断提高，无损检测技术作为核安全设备焊接活动在质量与表面质量检测的主要手段，受到普遍重视。无损检测技术作为一种综合性应用学科，是在不破坏或损伤被检对象的前提下，以物理或化学方法为手段，利用先进的技术和设备器材，来探测各种材料和部件的内部和表面缺陷，以及几何特性测量、组织结构和力学性能变化的评定，并对所获得的各种技术参数做出相应的判定，从而达到保证被检材料和部件的可靠性的目的。

常用的无损检测方法有：目视检验(VT)、渗透检验(PT)、磁粉检验(MT)、超声波检验(UT)、射线检验(RT)、涡流检验(ET)、氦捡漏(LT)等。本节对目视检验(VT)、渗透检验(PT)、磁粉检验(MT)、超声波检验(UT)、射线检验(RT)等重点介绍。

二、目视检验(VT)

目视检验是利用眼睛的视觉或借助辅助工具和仪器，如放大镜、内窥镜等，进行直接或者间接地观察检验物体表面缺陷的无损检测方法，适用于检查接头的形状和尺寸以及表面的焊接缺陷。当工作环境不能直接到达时(如在役检查蒸发器安全端)，常借助遥控内窥镜等工具进行间接目视检查。

核设施焊接接头的目视检验是一种简便而又广泛应用的检验方法。外观检验贯穿整个焊接过程的始终，它不仅是对产品最终焊缝外观尺寸和表面质量的检验，对产品焊接过程中的每一道焊缝也应进行外观检验，如厚壁焊件进行多层焊时，为防止前道焊道的缺陷带到下一焊道，每焊完一道焊道便需要进行外观检验。

1. 目视检验的先决条件

(1) 被检工件表面要求

被检工件表面的光照度符合标准要求，以能清楚进行观测，推荐值为 540～2 500 Lx。

(2) 人眼距离被检区域要求

眼睛距离被检区域的距离应不超过 600 mm。

(3) 眼睛与被检工件的夹角

眼睛与被检工件的夹角应大于 30°。

(4) 工件表面的状态要求

工件表面的状态符合检查要求，所有焊缝的边缘及附近应无熔渣、飞溅及阻碍外观检验的附着物等。

(5) 检验规程和验收标准

目视检验须具备相应的检验规程和验收标准。

(6) 检测工机具及设备要求

需要的检测工机具及设备,如焊检尺、内窥镜、照度计等必须检定合格。

2. 焊缝表面缺陷的检查

通常焊缝的目视检验在其他无损检验之前进行,在热处理之后应再进行一次外观检查。因目视检验工作较简单、直观、方便、效率高,要求对焊接结构的所有可见焊缝进行目视检验。对于结构庞大、焊缝种类或形式较多的焊接接头,为避免目视检验时遗漏,可按焊缝的种类或形式分为区、块、段逐次检查。检查的内容包括:

(1) 焊缝表面状态符合图纸要求(如打磨、磨平、焊态、粗糙度等),在役焊缝其焊后的外观检查包括打磨后的最终状态检验;

(2) 焊缝表面应与母材圆滑过渡,角焊缝最好呈凹形;

(3) 焊缝表面及热影响区不允许存在如下缺陷:裂纹、夹渣、气孔、缩孔、咬边、弧坑、焊瘤、烧穿、未熔合、未焊透、塌陷、未填满及可能引起后续无损检验误判的缺陷等;

(4) 如焊缝的外观或轮廓不合格,可进行机械加工处理,如需进行补焊(或返修),应按补焊(或返修)工艺进行;

(5) 钎焊焊接接头上不得有钎焊尺寸不足或变色(过热)区域且管子和管件连接必须是连续的;

(6) 热处理后的焊缝必须进行再一次的焊缝外观检验。

3. 焊缝外形尺寸的检查

焊缝应完整,无漏焊,焊缝与母材连接处应圆滑过渡。对于焊缝的高低宽窄、角焊缝的焊脚尺寸等应使用专业的检查工具测得并符合标准要求,焊后检查包括以下几点。

(1) 对错边、余高、焊脚、焊喉、焊宽等,主要使用焊缝检查尺、模板、钢直尺等工机具进行尺寸检查,应符合标准或图纸要求。

(2) 完工的焊接接头表面不应存在裂纹、未焊透、密集气孔、夹杂物、塌陷、咬边、缩沟、局部隆起等外观缺陷。

(3) 仰焊位置的焊缝表面可有不大于 0.5 mm 深的未焊满,其他焊接位置的焊缝表面均不应存在未焊满。

(4) 摩擦焊焊缝表面不应有任何可见缺陷。

(5) 余高的要求:

1) 焊缝余高:焊缝表面两焊趾连线上的那部分金属高度;

2) 当焊缝背面可接近时,背面余高应满足标准规定,当设计图纸另有规定时焊缝余高应满足设计图纸的要求;

3) 焊缝表面的凹凸,在焊缝任意 25 mm 长度范围内,焊缝余高的差值不得大于 3 mm;

4) 在任何可达的情况下,当采用机械化焊时,余高应≤3 mm,余高差≤2 mm;当采用手工焊时,平焊位置余高应≤3 mm,余高差≤2 mm,其他位置余高应≤4 mm,余高差≤3 mm。

注意:特殊焊缝的要求可按专用技术条件或相关工艺要求执行,如顶盖、Ω 接头焊缝、热交换器或蒸汽发生器管板焊缝等,应按照专用的工艺评定技术要求进行外观检查。

4. 目视检测报告要求

通常，在核电建造过程中，用在质量计划上签字代替检测报告。当确有需要出具报告时，检测报告至少应包括下列内容：

1）制造厂、订货单和设备的名称及识别号；

2）被检件名称、代号、材料及加工方式等；

3）采用的目视检测文件；

4）检测区域；

5）检测时机；

6）检测条件准备，如光照度、表面状态等；

7）检测使用的设备；

8）检测结果；

9）检测人员和审核人员的姓名及资格；

10）承担检测的分承包商名称（如果有）；

11）检测人员和审核人员的签名及检测日期。

5. 常用检查工机具的应用举例

（1）60 型焊检尺的使用方法

1）余高测量（见图 8-2(a)）：首先把咬边深度尺对准零位并紧固螺钉，然后滑动高度尺与焊缝余高接触，高度尺示值即为焊缝余高。

2）宽度测量（见图 8-2(b)）：先用主体测量角紧靠焊缝一边，然后旋转多用尺的测量角紧靠焊缝的另一边，读出焊缝宽度示值，注意读数的两点连线应垂直于焊缝轴线。

3）错边量测量（见图 8-2(c)）：先用主尺贴紧焊缝一边，然后滑动高度尺使之与焊缝另一边接触，高度尺示值即为错边量。

4）焊脚高度测量（见图 8-2(d)）：用尺的工作面靠紧焊件和焊缝，并滑动高度尺与焊件的另一边接触，高度尺示值即为焊脚高度。

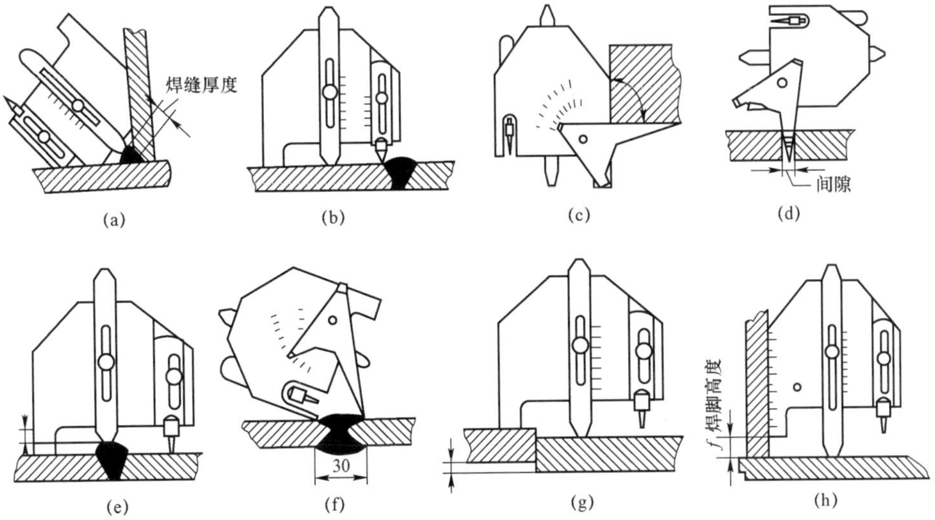

图 8-2　焊缝检验尺的使用方法

5）角焊缝厚度测量(见图 8-2(e)):把主尺的工作面与焊件靠紧,并滑动高度尺与焊缝接触,高度尺示值即为角焊缝厚度。

6）咬边深度测量(见图 8-2(f)):把高度尺对准零位并紧固螺钉,然后使用咬边深度尺测量咬边深度。

7）角度测量(见图 8-2(g)):将主尺和多用尺分别靠紧被测角的两个面,其示值即为角度值。

8）间隙测量(见图 8-2(h)):用多用途尺插入两焊件之间,测量两焊件的装配间隙。

(2) 内窥镜

内窥镜通常用来检验肉眼无法直接观察到的工件表面(间接目视检验),分为刚性内窥镜和柔性内窥镜两大类。

1）刚性内窥镜:用于观察者和观察区之间是直通道的场合,根据使用要求的不同,可有不同的类型。典型的刚性内窥镜如图 8-3 所示。在不锈钢镜管内,光导纤维束将光从外部光源切入,以照明观测区,由接物镜、一系列消色差转像透镜和接目镜组成的光学系统,使观测者可对观测区进行高分辨力的观测,放大倍数常为 3～4 倍,也有放大到 50 倍。

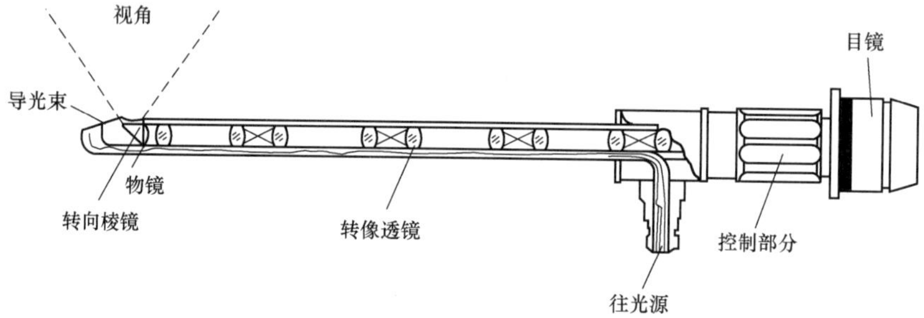

图 8-3　焦距可调刚性内窥镜典型结构示意图

2）柔性内窥镜(见图 8-4):主要用于观察者和观察区之间无直通道的场合,它是通过光导纤维进行图像传导的。一根非常细的光纤不可能传送足够的光,将许多单根光纤整齐排列成光纤束,则每根光纤的端面都可看成是一个取像单元,这样,通过光纤束即可把图像从入射端面传送到出射端面,从而完成图像的传送。

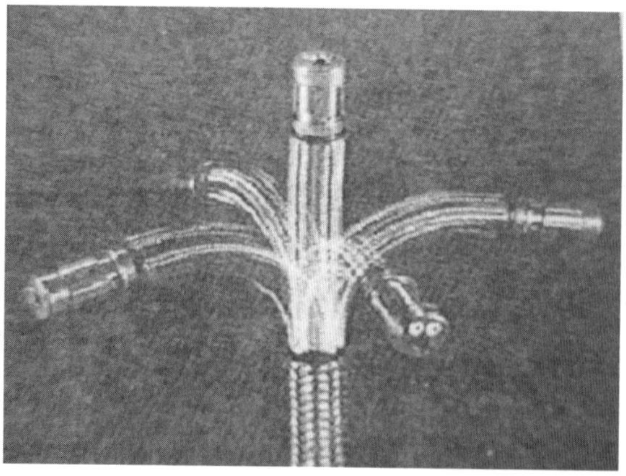

图 8-4　柔性内窥镜探头示意图

三、渗透检验(PT)

渗透检测是一种以毛细管作用原理为基础的检查表面开口缺陷的无损检测方法,采用带有荧光染料(荧光法)或红色染料(着色法)的渗透剂的渗透作用,显示缺陷痕迹。常用的有着色探伤和荧光探伤。

1. 渗透检验原理

液体靠毛细现象渗入工件表面的气孔、裂纹等开口缺陷,经过一段时间,或多或少地会渗出,这种效应在显像剂的作用下会更明显,进而通过显示判断缺陷。

着色探伤是利用某些渗透性很强的有色油液渗入工件的表面缺陷中,除去工件表面的油液后,涂上吸附油液的显像剂,就在显像剂上显示出彩色的缺陷形状的图像。从其出现的图像情况可以判断出缺陷的位置、大小以及严重程度。

荧光探伤是利用某些渗透性很强的荧光油液渗入工件的表面缺陷中,除去工件表面的油液后,在工件表面撒上氧化镁粉末,一段时间后吹去粉末,在暗室中用紫外线照射工件,留在缺陷处的荧光物质会发出明亮的荧光,由此来判别缺陷的位置、大小以及严重程度。

2. 应用范围

渗透检验对工件表面有一定尺寸的开口缺陷具有较好的检测效果,但不能用于检测工件内部的缺陷,对一些微小表面缺陷的检测灵敏度也较差。由于渗透检测不受材料磁性的限制,除多孔材料外,几乎所有材料的表面缺陷都可以采用这种方法进行检测。渗透检测的操作工序较复杂,但不受工件体积、形状及场地、电源等客观条件的限制,应用较广。

3. 操作过程(以着色渗透检测为例)

(1) 预处理:用丙酮等溶剂去除工件表面油污、铁锈、油漆、氧化皮等污染物。

(2) 干燥:清洗后的工件必须彻底干燥,利于渗透剂的充分渗透。

(3) 渗透:将渗透剂喷涂在工件表面,在 10～15 min 内喷涂几次,使工件表面保持不干状态。

(4) 清洗:乳化作用的时间一般在 2～3 min,之后用水或其他清洗剂将工件表面多余的渗透剂洗掉。

(5) 显像:采用喷涂方法时,应在距工件表面 300 mm 处喷涂显像剂,使涂层薄而均匀;采用刷涂方法时,只能按一个方向刷涂显像剂。

(6) 观察:一般情况下,着色渗透检测显示的缺陷是白色衬底上的彩色图像,其形状就是缺陷形状,其位置就是缺陷所在位置。观察一般在喷涂显像剂 5～30 min 后进行。

(7) 后处理:检测结束后,将显像剂从工件表面去除。

4. 液体渗透报告要求

检测报告至少应包括下列内容:

1) 委托单位;

2) 受检工件相关参数,如名称、代码、规格、材质及制造工艺等;

3) 所使用的检测文件名称;

4) 受检工件表面状况;

5) 渗透检测材料名称、牌号、批号等;

6）检测工艺,如检测范围、预清洗方法、渗透剂施加方法、显像剂施加方法、去除方法、表面温度、渗透时间、显像时间等;

7）渗透检测显示记录及照片或草图等;

8）检测结果;

9）检测人员、审核人员姓名、签字及资格等级;

10）检测日期。

四、磁粉检验(MT)

磁粉检验是利用在强磁场中铁磁性材料表层缺陷产生的漏磁场吸附磁粉现象而进行的无损检验方法。

1. 磁粉检验应用范围

铁磁性材料在外磁场感应作用下被磁化,若材料中存在缺陷,则缺陷部位的磁导率发生变化,磁力线发生弯曲。如果缺陷位于表面或近表面,弯曲的磁力线一部分泄漏到空气中,在工件表面形成漏磁场,如图 8-5 所示。磁力线有沿磁阻最小的路径通过的特性,如果在漏磁场处撒上磁导率很高的磁粉,漏磁场就会吸引磁粉,在有缺陷的位置形成磁粉堆积。根据磁粉堆积的图形来判断缺陷的形状和位置。

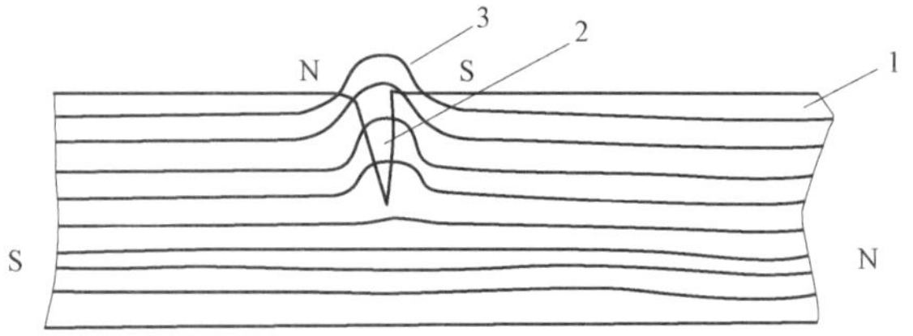

图 8-5 漏磁场

1—工件;2—缺陷;3—磁力线

2. 磁粉检验应用范围

磁粉检验可以检测铁磁性材料的表面和近表面缺陷。操作方法较简单,缺陷显示直观,结果可靠。但它仅适用于导磁性材料,对于有色金属、奥氏体不锈钢等非导磁材料无法适用,磁粉堆积也不能确定缺陷的深度,经磁粉探伤后构件中有剩磁,应采取去磁处理。

3. 操作过程

(1) 湿粉连续磁化法

1）在工件充磁的同时,将磁悬液浇到工件上;

2）停浇磁悬液;

3）在停浇磁悬液的瞬间通电磁化。

(2) 干粉连续磁化法

1）将工件充磁;

2）向工件表面喷干磁粉;

3）吹去多余的干磁粉;

4）关闭电源,切断磁化电流。

干粉检验法较适合表面粗糙的工件，并具有在高温 1 300 ℃以下的特殊探测功能。

(3) 剩磁法

1) 将工件充磁；

2) 切断电源，切断磁化电流；

3) 向工件表面浇磁悬液。

4. 磁粉检验报告

检测报告至少应包括下列内容：

1) 制造厂、订货单和设备的名称及识别号；

2) 被检件名称、代号及加工方式等；

3) 使用的检测文件名称；

4) 检测时机；

5) 检测条件准备，如受表面状态、温度和光照度等；

6) 所用的检测设备、检测介质和标准试片；

7) 采用的磁化方法；

8) 检测顺序；

9) 磁化规范；

10) 检测结果；

11) 检测人员和审核人员姓名及资格等级；

12) 承担检测的分承包商名称(如果有)；

13) 检测人员和审核人员的签名及检测日期。

五、超声检验(UT)

超声检验是利用超声波探测材料内部缺陷的无损检测方法。

1. 超声检验原理

超声波检测是使用 500～10 000 kHz 的频段穿透零部件，通过反射波的位置、高度、波形的静态和动态特征来显示其内部和表面缺陷的一种无损检测方法。超声波无损检测设备有：超声探伤仪、探头、耦合剂及标准试块等。一般应用在检测焊接接头裂纹、夹渣、未熔合、未焊透等缺陷及厚度测定。

超声检测以声波振动原理为基础，超声波频率高，则传播的直线性强，又易于在固体中传播，并且在遇到两种不同介质形成的界面时易于反射，这样就可以用它来探伤。通常要求超声波探头与待探零件表面良好接触，探头则可有效地向零件发射超声波，并能接收缺陷界面反射出来的超声波，同时转化成电信号，再传输给仪器进行处理。根据超声波在介质中传播的速度和传播的时间，就可知道缺陷的位置。当缺陷越大，则反射面越大，其反射的能量也越大，故可根据反射能量的大小来查知各缺陷当量的大小。

2. 超声检验应用范围

超声波检测速度快，能立即给出检验结果，厚度不受限制，T 形接头也可检查，对焊缝中的危害性缺陷如裂纹、未熔合等缺陷具有较高的探测灵敏度，对缺陷能比较准确地定位。超声波检测设备相当轻便，并且不受检测材料种类的限制，是一种应用极为广泛的检测方法。

但超声波检测对气孔等表面光滑的球形缺陷探测灵敏度低,缺陷的种类和形状难以定性,对缺陷没有直观性;另外,超声波检测对被检测表面光洁度要求较高,需要耦合剂和对比标准试块,检测结果不直观,结果的准确性依赖于检测人员的操作技能和职业素质。

3. 超声检测探头

(1) 直探头

直探头(见图 8-6)用于发射和接收纵波。声波方向垂直于工件表面,一般用于检测板材、铸件、锻件、焊缝。

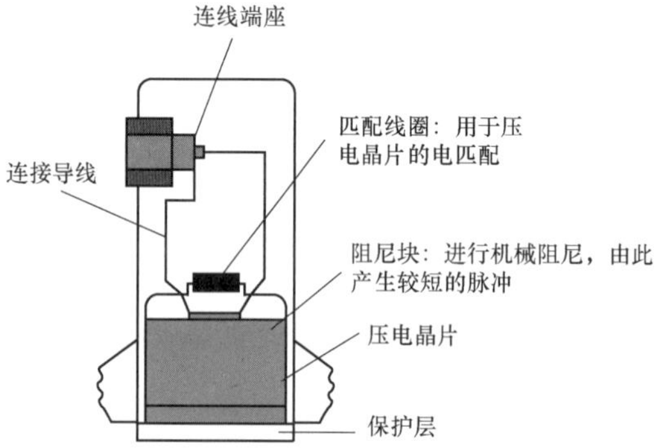

图 8-6　直探头

(2) 双晶探头

双晶探头(SE)用于检测厚度较薄的工件,特别适用于离检测面很近的反射体的检测。因为其发射脉冲通过延迟块从而使评定范围被推移,同时入射波发射器(S)和接收器(E)的声、电系统分离,避免了互相振荡的干涉,改善了近场分辨率,如图 8-7 所示。

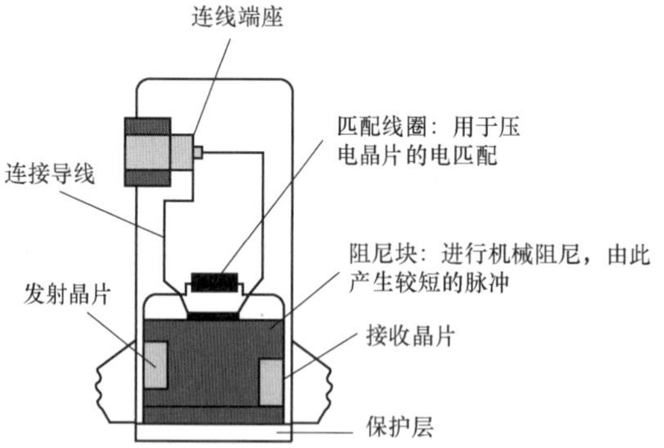

图 8-7　双晶探头

(3) 斜探头

在实际工作中所遇到的缺陷,更多的是与检测面不平行。在这种情况下,就会用到斜探头,以一定的角度对工件进行入射已达到检测的目的,一般多用于焊缝检测。斜探头实际是直探头加透声斜楔组成的,直探头发出的纵波通过透声斜楔实现波型转换,使声束斜射到检测面上,这样由反射及折射公式可知,在楔形块中具有反射波,而在工件中只具有折射横波,如图 8-8 所示。

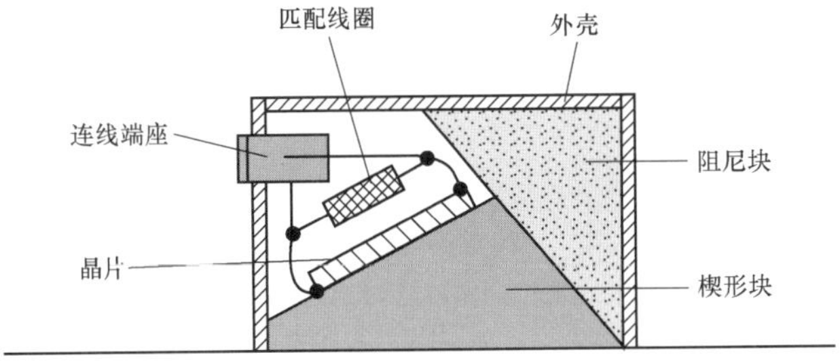

图 8-8　斜探头

4. 试块

为调节和检查仪器和探头的性能，经过长期的应用与发展，形成了两种比较完美的试块 K_1 和 K_2。

5. 入射角度的选择

探头角度的选择要适合被检缺陷的几何形状、位置、板厚及坡口角度。检测钢的入射角一般在 35°～80°之间，常用的是 45°、60°、70°。

6. 频率的选择

1）粗晶粒组织：低频率（2 MHz 及 1 MHz），使组织散射的显示较小，有利于发现缺陷；

2）细晶粒组织：高频率（4 MHz），分辨率较高，有利于缺陷定位、定性。

六、射线检验（RT）

射线检验是采用 X 射线或 γ 射线照射焊接接头，检查焊接接头内部缺陷的无损检验方法。

1. 射线检验方法分类

（1）按记录介质分

1）射线照相法：用 X 射线感光胶片记录，是目前最常用的使用方法，胶片也是产品质量非常有力的客观证据。

2）荧光屏观察法：靠荧光屏上的荧光亮度差进行评定。

3）X 射线电视检查法：通过电视屏幕上的亮度差进行评定。

（2）按射线源分

1）普通 X 射线检验：用管电压 500 kVp 以下的 X 射线检验；

2）高能 X 射线检验：用 1 MeV 以上的电子加速器产生的高能 X 射线检验；

3）γ射线检验：用放射性元素产生的γ射线检验。

（3）按透照方法分

1）单壁单影技术

射线束穿过工件的一个壁厚，胶片置于远离射源侧的工件表面上。其中包括以下几种技术：

① 射源在外，胶片在内的单壁单影技术；

② 周向曝光技术：射源在内，胶片在外，主要用于环焊缝的检验；

③ 全景曝光技术：射源在内，胶片在外，主要用于球体所有焊缝一次性曝光检验。

2）双壁透照技术

① 双壁双影技术：射线束穿过工件双壁，在底片上同时得到上下两个焊缝影像，即通常所说的椭圆透照技术；

② 双壁单影技术：射线束穿过工件双壁，在底片上仅留下胶片侧焊缝的影像。此法灵敏度低，很少采用。

2. 射线检验原理

X 射线和γ射线有很强的穿透能力，而且在穿透过程中不同物质（如被检物中的缺陷与它周围的完好部分）对其衰减不同，因而透过的射线强度上存在差异，利用一定的介质（如 X 射线感光胶片）将这一差异记载并显示出来，就可以用来分析判断被检物中的缺陷情况（见图 8-9）

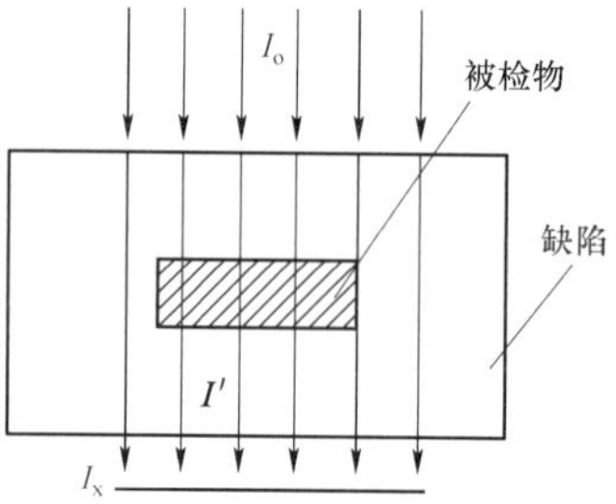

图 8-9 射线检验原理图

I_o—射线原始强度；I_x—透过完好部位的强度；I'—透过缺陷后的强度

1）当 $I'>I_x$（如焊缝中气孔，夹渣等缺陷），射线底片上缺陷呈黑色影像；

2）当 $I'<I_x$（如焊缝中夹钨缺陷），射线底片上缺陷呈白色影像。

3. 射线检验应用范围

射线检验的应用范围相当广泛，凡是同时具备以下条件的产品，均可采用射线检验方法：

1）缺陷与产品材质对射线的衰减存在较大差异；

2）缺陷沿射线方向有一定尺寸；

3）射线能量足以穿透工件；

4）有合理的空间布置射线源、工件及显示装置；

5）对焊接接头的射线检验，除非相关产品设计文件或采购技术文件中另有规定，射线检测应在焊后实施。对于有延迟裂纹倾向材料制成的焊接接头，射线检测至少应在焊接完成后的 24 h 后进行。

4. 射线防护

射线防护的方法有三种：时间防护、距离防护、屏蔽防护。

1）时间防护是指应尽可能减少接触射线和在辐射场中的停留时间。对于从事放射性工作的人员，其放射性工作全身均匀照射时，按照目前辐射防护标准中规定的年剂量当量限值是 50 mSv。

2）距离防护在进行野外或流动性检测时是非常经济有效的方法，这是因为射线的剂量率与距离的平方成反比，通过增大距离可使射线剂量率大大降低。

3）屏蔽防护是利用各种屏蔽材料来吸收射线，以减少射线对人体的伤害。屏蔽材料和防护层厚度的选择是根据 X 射线机的基本参数及使用情况来确定。此外，探伤室门缝及孔道的射线泄漏问题应特别注意，原则上不留直缝、直孔。

5. 射线检验报告

射线检测报告至少应包括以下内容：

1）制造厂、订货单和设备的编号；

2）焊接接头或被检区域的编号；

3）所采用的检测文件名称；

4）检测时机；

5）被检工件的公称厚度；

6）射线源的类型及其有效焦点尺寸；

7）胶片型号；

8）增感屏与滤光板的尺寸、数量和厚度；

9）像质计的型号；

10）透照方式和焦距；

11）曝光时间；

12）胶片处理条件；

13）像质计最小可见线径；

14）检测结果的评定；

15）操作人员和评定人员的姓名和资格；

16）检测日期和检测人员的签名。

七、涡流检验(ET)

涡流检测是以电磁感应原理为基础，利用涡流的变化检测工件重点不连续性的方法称为涡流检测，如图 8-10 所示。

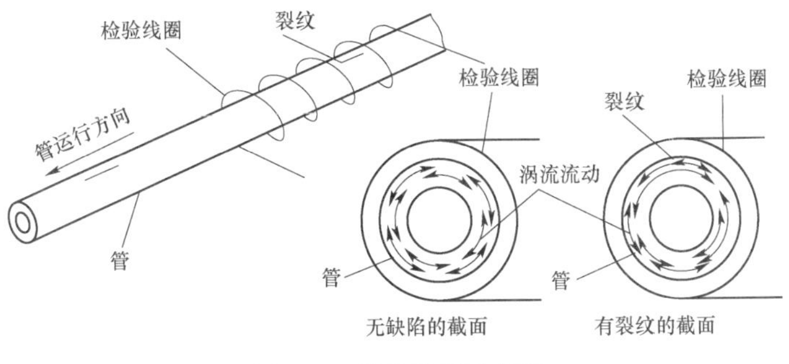

图 8-10　涡流检测示意图

与渗透检测相比，它检测时不需要对零部件进行清洗；与磁粉检测相比，它对磁性和非磁性材料都非常有效；与超声检测相比，它不需要使用机械耦合系统，且探头比较简单和易于制造；与射线检测相比，它获得结果较快。

涡流检测在零部件表面以下的探测受到频率、耦合因子等因素的限制：零部件不同时，涡流也相应的有所不同。这常常产生模棱两可的结果：对开口很小的裂纹不太敏感；零部件表面的光洁度、平整度、界面等对检测都有较大的影响。

八、泄漏检验(LT)

泄漏检测是用来检测液体或气体泄漏及工件的致密性的一种无损检测方法。从而使运行介质(气态、液态或固态)尽可能少地从装置中渗漏到周围环境中，或确保环境中的物体不能进入被检装置中。

检测方法的选用一方面要看选用的方法能否满足必要的检验灵敏度，也就是说能够检测被检工件是否符合泄漏性的要求。另一方面检测的实施以及检测条件的选择，应该能符合被检工件以后的实际工作条件(如工作压力、工作温度、介质等)。

泄漏检测一般包括液体检漏法、变压法、超声检漏法、冒泡法、氦气检漏法等方法。

九、焊缝致密性检验

致密性检验主要是检查焊缝的致密程度，有无泄漏，从中发现贯穿性裂纹、气孔、夹渣、未焊透等缺陷。常用的致密性检验方法有水压试验、气压试验、煤油透漏试验等。

水压试验：水压试验前具备的技术条件和技术资料应符合设计院图纸、合同中相关的技术规定以及国家现行的有关标准、规范、规程、验评标准的要求。

气压试验：用压缩空气对容器和管道进行泄漏、耐压试验，多用于低压力容器的检验。

复习思考题

(1) 核设施无损检验的方法有哪些？

(2) 核电站焊缝常用的无损检验方法有什么？

(3) 核电站焊缝常用的无损检验方法的特点是什么？

(4) 常见的 PT、RT 报告至少应包含哪些内容？

(5) 常用的无损检验方法的安全措施？

第四节　破坏性检验的方法与特点

学习目标：

- 了解核电站常用的破坏性检验方法；
- 掌握常用力学性能检验原理及特点。

一、破坏性检验概述

在产品投产前，要进行焊接性试验和焊接工艺评定试验，其试验结果是编制焊接工艺文件的依据。焊接性试验和焊接工艺评定试验时，要进行焊接接头大量的破坏性检验。在制造过程中，产品的一些重要焊接接头，要制备焊接产品见证件或者直接从产品部件上截取检查试样进行焊接接头的破坏性检验，以检验产品接头的性能是否符合产品技术条件的要求。目前我国在核设备活动现行的规范标准中（美国 ASME 核电规范与标准、法国压水堆核岛机械设备设计和建造规则）都对破坏性试验规定了标准。

破坏性检验项目包括理化试验、力学性能以及产品制造技术条件所要求的其他使用性能检验。

二、力学性能试验

力学性能是指金属材料在受外力作用时所反映出来的性能。力学性能指标是选择、使用和评价金属结构材料的重要依据。金属材料力学性能主要有：强度、塑性、硬度、冲击韧性和疲劳强度等。

常用的焊接接头力学性能试验主要有焊接接头的弯曲及压扁试验、冲击试验、焊接接头及堆焊金属硬度试验和焊缝金属的拉伸试验。而焊接接头断裂韧性试验、疲劳试验、持久试验和蠕变试验等使用焊接性试验，只是在材料进行焊接件试验时，有选择性地进行。

1. 焊接接头拉伸试验

拉伸试验根据温度不同分为高温拉伸和室温拉伸。室温的温度范围一般为 10～35 ℃，对温度要求严格的试验，试验环境温度为 23 ℃ ±5 ℃。高温试验温度为大于 35 ℃。

（1）焊接接头拉伸试样取样及位置要求

试样的取样位置应从焊接接头垂直于焊缝轴线方向截取，对小直径管可采用整管拉伸。相关标准未做特殊规定时，“小直径管”指外径小于或等于 18 mm 的管子。拉伸试样图见图 8-11。每个试样应做标记以便识别其在试件中的准确位置，焊接接头拉伸试验所使用的符号及相应的说明参见表 8-1。

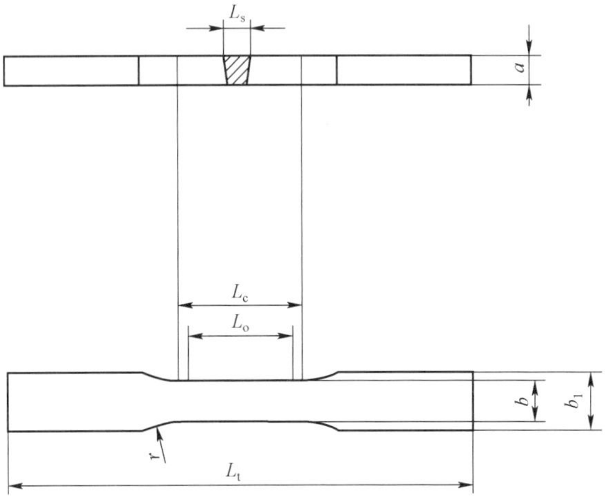

(a)

图 8-11　板及管板状拉伸试样

(a) 板接头

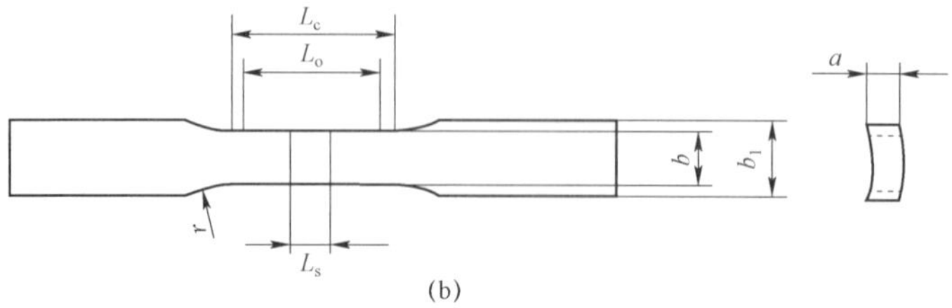

(b)

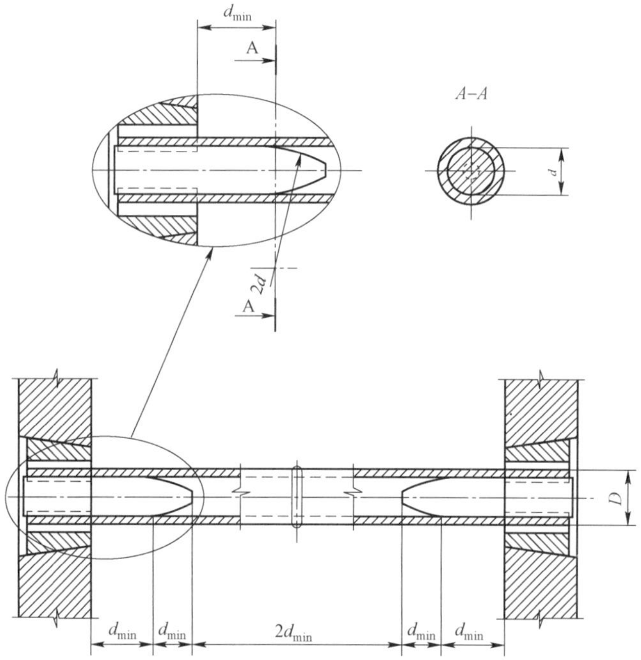

(c)

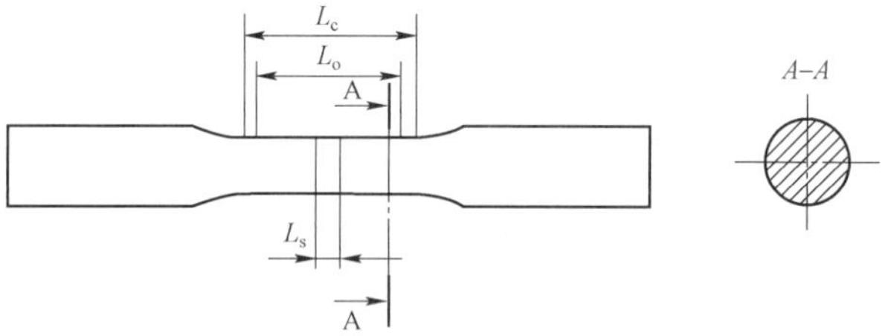

(d)

图 8-11　板及管板状拉伸试样(续)

(b) 管接头;(c) 整管拉伸试样;(d) 实芯圆柱形试样

表 8-1　焊接接头拉伸试验所使用的符号及相应的说明

符号	说明	单位
b	平行长度部分宽度	mm
b_1	夹持端宽度	mm
d	管塞直径	mm

续表

符号	说明	单位
D	管外径	mm
l	辊筒间距离	mm
L_e	平行长度	mm
L_0	原始标距	mm
L_s	加工后焊缝的最大宽度	mm
L_t	试样总长度	mm
r	过渡弧半径	mm
t	焊接接头厚度	mm
t_s	试样厚度	mm

(2) 焊接接头拉伸试样尺寸

板及管板状试样其形状和尺寸应符合表 8-2 及图 8-11 的规定。

表 8-2　板及管板状试样尺寸　　单位:mm

名称		符号	尺寸
试样总长度		L_t	适用于所使用的试验机
夹持端宽度		b_1	$b+12$
长度部分宽度	板	b	$12(t\leqslant 2)$;$25(t>2)$
	管子	b	$6(D\leqslant 50)$;$12(50<D\leqslant 168)$;$25(D>168)$
平行长度		L_e	$\geqslant L_s+60$
过渡弧半径		r	$\geqslant 25$

实芯截面试样尺寸应根据协议要求。当需要机加工成圆柱形试样时,试样尺寸应依据 GB/T 228 要求,只是平行长度 L_e 应不小于 L_s+60 mm。

依据 GB/T 228 规定对试样逐渐连续加载。

(3) 焊接接头拉伸试验结果和报告

依据 GB/T 228 规定确定试验结果,出具试验报告。

试验报告还应包括以下内容:

1) 依据的国家标准,如 GB/T 2651;

2) 试样的类型和位置,如果需要可附示意图;

3) 试验温度;

4) 断口位置;

5) 观察到的缺欠的类型和尺寸。

2. 焊缝及熔敷金属拉伸试验

焊缝及熔覆金属拉伸试验按 GB/T 228 进行。除非另有规定，试验应在环境温度为 23 ℃ ±5 ℃ 条件下进行。

(1) 焊缝及熔覆金属拉伸试样取样及位置要求

当母材厚度超过 8 mm，不得采用剪切方法。当采用热切割或可能影响切割面性能的其他切割方法从焊件或试件上截取试样时，应确保所有切割面距离试样的表面至少 8 mm 以上。平行于焊件或试件的原始表面的切制，不应采用热切制方法。

试样应从试件的焊缝及熔敷金属上纵向截取，加工完成后，试样的平行长度应全部由焊缝金属组成。该试验方法均采用圆形试样，见图 8-12。

(2) 焊缝及熔覆金属拉伸试样尺寸

每个试样应具有圆形横截面，而且平行长度范围内的直径 d 应符合 GB/T 228 的规定。试样的公称直径 d 应为 10 mm，如果无法满足这一要求，直径应尽可能大，且不得小于 4 mm。试验报告应记录实际的尺寸。试样的夹持端应满足所使用的拉伸试验机的要求。试样的表面应避免产生变形硬化或过热。依据 GB/T 228 规定对试样逐渐连续加载。

(3) 试验结果及报告

试验结果按照 GB/T 228 确定，试验报告除应包含 GB/T 228 要求的内容，还应包括以下内容：

1) 依据的国家标准，如 GB/T 2652；
2) 试样的位置，如果需要可附示意图；
3) 试验温度；
4) 观察到的缺欠的类型和尺寸；
5) 试样直径 d。

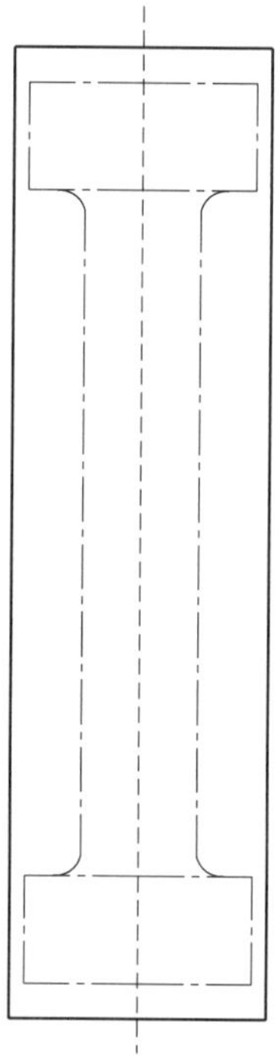

图 8-12 熔覆金属试样的位置示例(纵向截面)

3. 焊接接头弯曲试验

对从焊接接头截取的横向或纵向试样进行弯曲，不改变弯曲方向，通过弯曲产生塑性变形，使焊接接头的表面或横截面发生拉伸变形。除非另有规定，试验环境温度应为 23 ℃ ± 5 ℃ 。

(1) 试样的制备

1) 取样位置

取样位置要求见表 8-3。

表 8-3 取样位置规定表

对接接头	横向弯曲试验	从产品或试件的焊接接头上横向截取试样以保证加工后焊缝的轴线在试样的中心或适合于试验的位置
	纵向弯曲试验	从产品或试件的焊接接头上纵向截取
带堆焊层的弯曲试验		试样的位置应符合相关标准或协议的要求

2）标记

每个试样都应标记以便识别其在试件中的准确位置。如标准有要求，应标记试样的加工方向（轧制方向或挤压方向）。

3）试样截取

当厚度大于 8 mm 时不能采用剪切方法截取。如果采用热切割或其他可能产生影响切割表面的切割方法从试件截取试样时，任意切割面距离试样的表面应大于或等于 8 mm。采用机加工或热加工方法截取的试样不应改变试样的性能。

(2) 试样的尺寸

试样的尺寸要求参见表 8-4 和表 8-5。

表 8-4　弯曲试验符号及说明

符号	说明	单位
b	试样宽度	mm
b_1	熔合线外宽度	mm
d	压头直径	mm
D	管外径	mm
l	辊筒间距离	mm
L_f	焊缝中心线与试样和辊筒接触点间初始距离	mm
L_0	原始标距	mm
L_s	加工后试样上焊缝的最大宽度	mm
L_t	试样总长度	mm
r	试样棱角半径	mm
R	辊筒半径	mm
t	试件厚度	mm
t_c	堆焊层厚度	mm
t_s	试样厚度	mm
t_w	焊接接头的厚度	mm
α	弯曲角度	(°)

表 8-5　弯曲试样的尺寸

试样类别	试样取样位置	标识	图例
对接弯曲试样（FBB、RBB）	通常试样厚度 t_s 等于接头处母材的厚度；当接头厚度 30 mm 以上时，可截取若干个试样覆盖整个厚度	当接头 30 mm 以上时，在接头厚度方向的位置做标识	见图 8-13

续表

试样类别	试样取样位置	标识	图例
对接侧弯(SBB)	试样宽度 b 应等于接头处母材的厚度，试样厚度 t_s 应为(10±0.5)mm，且 $b \geqslant 1.5t_s$；当接头厚度>40 mm 时，可从接头截取几个试样代替一个全厚度试样，b 的范围 20～40 mm	当接头厚度>40 mm，在接头厚度方向的位置做标识	见图 8-14
对接纵向弯曲(FBB、RBB)	试样厚度 t_s 应等于接头处母材的厚度。如试件厚度 $t>12$，则 t_s 应为(12±0.5)mm，且试样应取自焊缝的正面或背面		见图 8-15
带堆焊层正弯(FBC)	试样厚度=基材厚度+堆焊层厚度，最大 30 mm；当超过 30 mm 时，可去除部分基材使加工好的试样厚度符合要求		见图 8-16
带堆焊层侧弯(SBC)	试样宽度 b 应等于基材厚度+堆焊层厚度，最大 30 mm。试样厚度应为(10±0.5)mm 且 $b \geqslant$ 试样厚度的 1.5 倍；当超过 30 mm 时，可去除部分母材使加工好的试样宽度符合要求		见图 8-17

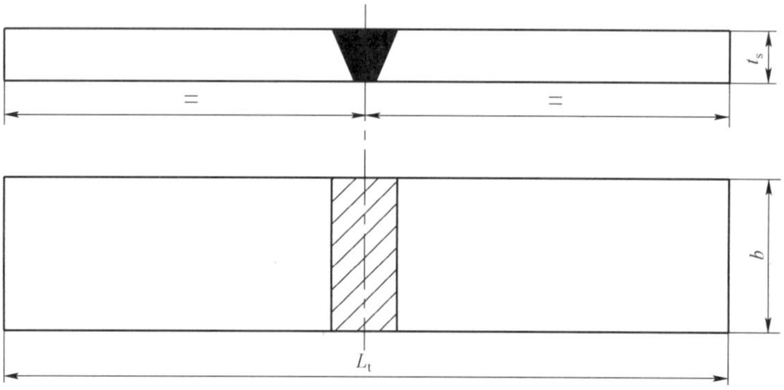

图 8-13　对接接头弯曲试样(FBB 和 RBB)

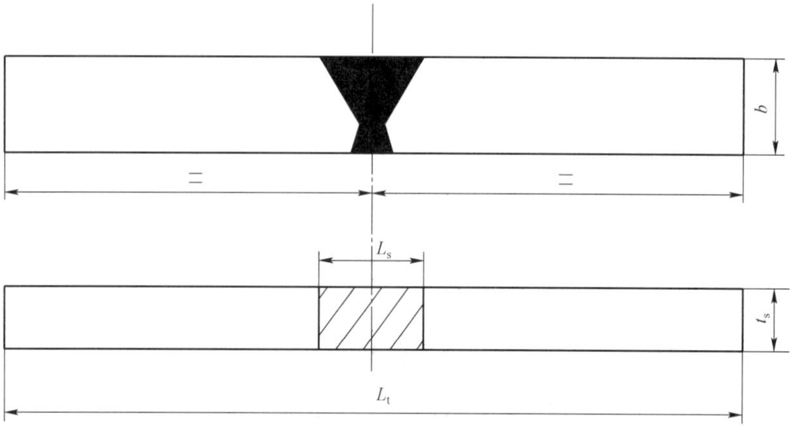

图 8-14　对接接头侧弯试样(SBB)

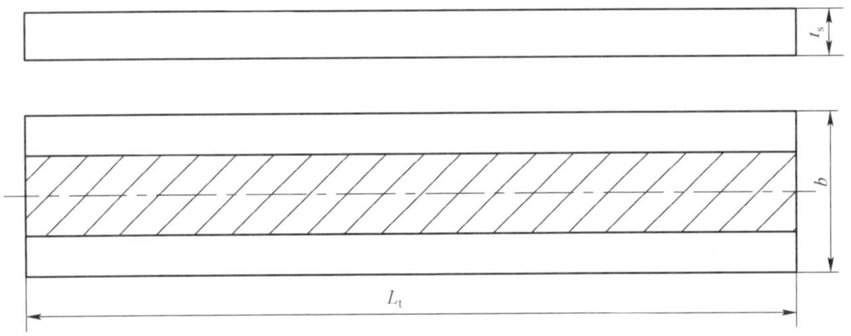

图 8-15　对接接头纵向弯曲试样(FBB 和 RBB)

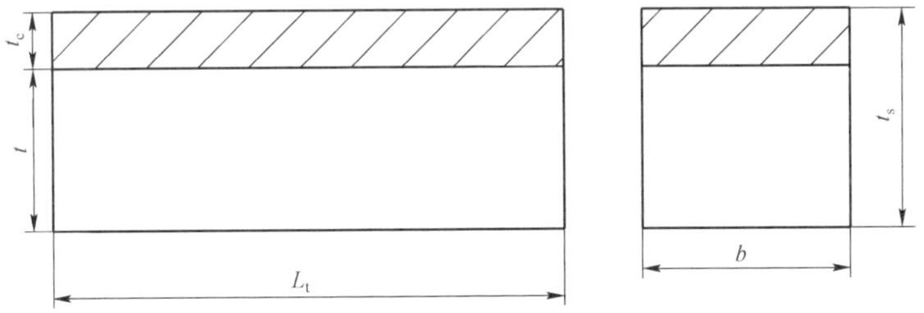

图 8-16　带堆焊层正弯试样(FBC)

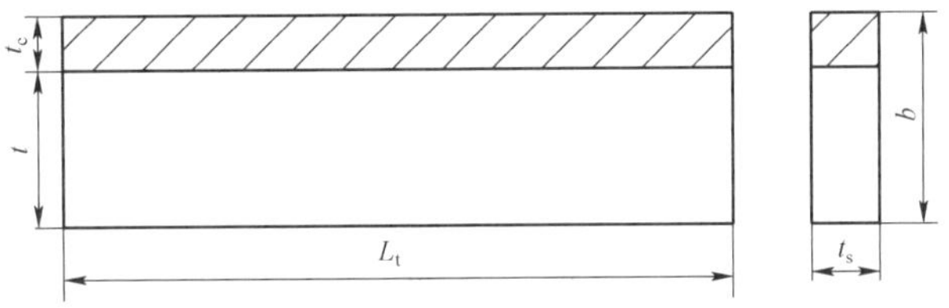

图 8-17　带堆焊层侧弯(SBC)

试样尺寸满足如下要求:

1）长度:试样的长度 L_t 应为 $L_t \geqslant l+2R$,且至少满足相关标准要求;

2）厚度:试样厚度 t_s 的要求见表 8-5;

3）宽度:横向正弯和背弯试样板与管要求不同;侧弯试样宽度一般等于接头处母材厚度;纵向弯曲试样宽度 $b=L_s+2b_1$,尺寸见表 8-5。

表 8-6　纵向弯曲试样宽度　　单位:mm

材料	试样厚度 t	试样宽度 b
钢	≤20	$L_s+2\times10$
	>20	$L_s+2\times15$
铝、铜及其合金	≤20	$L_s+2\times15$
	>20	$L_s+2\times25$

4. 焊接接头冲击试验

根据所用技术条件的要求,试验结果可以用冲击吸收功 A_k,也可以用冲击韧性值 α_k 表达。金属夏比冲击试验适用于处在简支梁状态的金属(包括母材、焊缝金属和焊接热影响区)试样,在冲击负荷作用下折断时吸收能量、纤维断面率和侧膨胀值的测定及韧脆转变曲线的绘制。落锤试验(TNDT 的测定)适用于测定铁素体钢(包括母材、焊缝金属和焊接热影响区)的 TNDT。

金属夏比(V 形缺口)冲击试验简述如下。

(1) 试样及试验机

试样尺寸按 GB/T 229 的规定执行。优先采用 10 mm×10 mm×55 mm 标准夏比 V 形缺口冲击试样。一次试验由三个试样组成,三个试样应尽可能并排截取。

试验机应按照 GB/T 3808 要求进行定期检验,并在有效期内使用。宜使用标准冲击能量为 300 J±10 J 和 150 J±10 J 的试验机,也可根据需要使用其他冲击能量的试验机。冲击能量应在试样报告中注明。

(2) 试验方法

夏比冲击试验按 GB/T 229 的规定执行,并符合以下要求。

1) 试样的吸收能量 K 应不超过实际初始势能的 80%。试样从高温或低温装置移出至打断的时间应不大于 5 s。

2) 试样的纤维断面率和侧膨胀值(LE)应按 GB/T 12778 要求测定,示图参见图 8-18。在采用测微计测量侧膨胀值时,应按下列规定:

① $LE=(e-el)$mm;

② 对于试样两个平分段的 A 面与 B 面,测量时应处于同一平面(P)内;

③ 侧膨胀值应取 3 次不同测量结果的平均值。

3) 韧脆转变曲线的绘制应符合以下要求:

根据下列条件至少进行 5 个不同温度的试验:

① 0 ℃;

② 低于 10%纤维断面率对应的温度;

③ 100%纤维断面率对应的温度;

④ 根据需要选定其他温度,使之能更好地确定曲线形状。

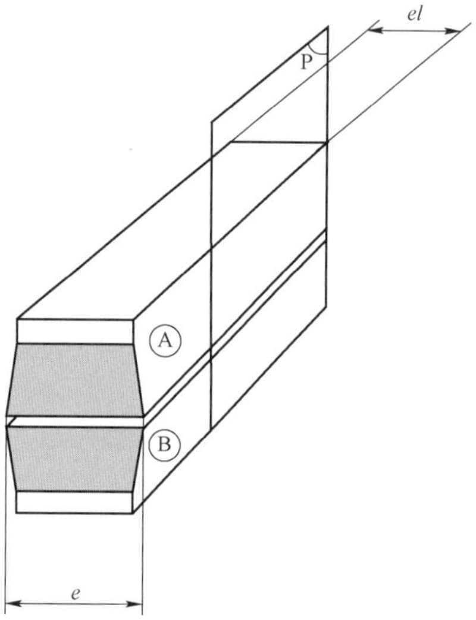

图 8-18 侧膨胀值测量

在曲线图中应标出:

① 吸收能量为试验温度的函数;

② 纤维断面率为试验温度的函数。

5. 硬度试验

金属材料焊接接头及堆焊金属的硬度试验用以测定洛氏、布氏、维氏硬度。试验报告应记录测点硬度值、测点位置简图,并根据相应的标准或产品技术条件进行评定。

(1) 金属维氏硬度试验

金属维氏硬度试验按 GB/T 4340.1 的规定执行。

硬度计的检验与校准按 GB/T 4340.2 的规定执行。

标准硬度块的标定按 GB/T 4340.3 的规定执行。

(2) 金属布氏硬度试验

金属布氏硬度试验按 GB/T 231.1 的规定执行。

硬度计的检验与校准按 GB/T 231.2 的规定执行。

标准硬度块的标定按 GB/T 231.3 的规定执行。

(3) 金属洛氏硬度试验

金属洛氏硬度试验按 GB/T 230.1 的规定执行。

硬度计的检验与校准按 GB/T 230.2 的规定执行。

标准硬度块的标定按 GB/T 230.3 的规定执行。

三、焊接接头的金相试验

焊接接头的金相检验是借助金相显微镜来观察焊接接头金属组织变化特征和确定焊缝内部缺陷的检验方法，基本分为宏观金相和微观金相两部分。

1. 宏观金相检验

宏观金相检验是对焊缝断口和接头试片用肉眼或放大镜(20 倍以下)来观察其金属塑性或脆性破坏、接头及焊缝熔池形状、结晶状态和严重组织不均匀性以及未焊透、夹渣、裂纹、气孔、偏析等缺陷。

2. 微观金相检验

微观金相检验是在 100～1 500 倍显微镜下对焊接接头试片观察并确定接头的显微缺陷(裂纹、夹渣、未熔合、未焊透等)和组织缺陷。

按照金相检查的部位，其检查又可分表面金相复型检验和断面金相检验。表面金相复型检验是在现场条件下无法拍摄金相照片而采用的方法，复型检验组织不如原组织清晰，如果用大工件金相检查仪器与复型金相配合使用效果更好。用此检验法在施工现场进行质量监督最为方便。

四、焊接接头的晶间腐蚀试验

金属受介质的化学及电化学作用而破坏的现象称为腐蚀，在金属晶粒边界附近发生有选择性的腐蚀现象称为晶间腐蚀。晶间腐蚀多与晶界层的“贫铬”现象有关系。

对于检验奥氏体、奥氏体—铁素体不锈钢接头的晶间腐蚀倾向，根据相关产品标准的要求，可选用下列检验方法中的一种进行检验。

1. 方法一

(1) 试样加工

① 腐蚀试验至少需要加工两块试样：一块腐蚀试验，一块对比试验；

② 试样的尺寸一般为(60～70)mm×10 mm×(3～4)mm；

③ 锻件和轧件的取样根据标准要求与铸件的取样各不相同；

④ 试样应仔细用丙酮或酒精去油脂。如试样的一个表面代表成品的一个表面，该表面不应酸洗或抛光。

⑤ 在敏化处理后腐蚀试验前，所有试样表面应进行机加工，加工深度不应超过 0.2 mm，并用 150～280 号无铁磨料抛光。应防止试样在抛光期间过热，应沿试样长度方向

抛光，抛光线不相互交叉，然后用丙酮或酒精仔细去油脂。

(2) 试样的敏化处理

腐蚀试验前，试样可选用表 8-7 所示方法之一进行敏化处理：

表 8-7 敏化处理表

A 处理	B 处理	C 处理
1. 在实验室加热炉中加热至规定温度：a. 不含钼钢，T=650 ℃ ±10 ℃；b. 含钼钢，T=675 ℃ ±10 ℃	1. 在实验室加热炉中加热的温度 T：a. 不含钼钢，T=700 ℃ ±10 ℃；b. 含钼钢，T=725 ℃ ±10 ℃	如交货产品为厚度小于 3 mm 的板材或带材，可用焊接处理代替 A 处理。焊接方法见 NB/T 20004-201418.2.2c
2. 升温至规定温度 T 的时间不超过 5 min，保温 10 min，将试样浸入水中冷却。然后将试样加工至 3～4 mm 厚	2. 升温至规定温度 T 的时间不超过 5 min，保温 30 min，将试样在炉内以 (60±5) ℃/h 的恒定速率缓冷至 550 ℃，然后在空气中冷却。将试样加工至 3～4 mm 厚	

(3) 试验条件

试验方法按 GB/T 4334 方法 E 执行，并符合以下要求：

1) 试样应在沸腾的溶液中浸泡 72 h，如试剂中放入铜屑，浸泡时间可缩短至 24 h，试验溶液配制符合要求；

2) 每一试验试样都要完全浸泡在一个至少装有 250 mL 试剂的玻璃烧瓶内，试样不应与瓶底直接接触。如果试样是由两块板材焊接而成，则需要 500 mL 的试剂溶液。

(4) 试验结果评定

腐蚀试验后对试样进行检查，以评定试样是否存在晶间腐蚀倾向。

检查方法有声响试验、弯曲及压扁试验、当对检验结果产生疑问时，采用金相检验。

2. *方法二*

(1) 试样加工

① 锻轧棒材或焊丝：直径≤6 mm 时，试样尺寸为全直径 D×75 mm；直径＞6 mm 时，试样尺寸为 6 mm×25 mm(最大)×(75～125) mm；

② 锻轧板材：厚度≤5 mm，试样尺寸为全厚度 t×(9～25) mm×75 mm；厚度＞5 mm 时，试样尺寸为(5～13) mm×(9～25) mm×75 mm；

③ 管材：直径≤38 mm 时，试样尺寸为 25 mm 长的整环段；直径＞38 mm 时，试样尺寸为 75 mm(弧长)×25 mm；

④ 试样表面的缺陷应去除。允许化学方法去除表面缺陷。机加工去除表面缺陷应使用 120 号无铁氧化铝磨料；

⑤ 试样应仔细用丙酮和酒精去除油脂。

(2) 试样的敏化处理

腐蚀试验前，对超低碳不锈钢和稳定化不锈钢试样应进行敏化处理，敏化温度为 675 ℃ ±5 ℃ 下保温 1 h，空冷。

(3) 试验条件

试验方法按 GB/T 4334 方法 E 执行,并符合以下要求:

1) 试样应在加入铜屑的沸腾试验溶液中浸泡 15 h。试验溶液配制比例严格按照标准要求;

2) 试验所用的硫酸铜—硫酸溶液应足以浸没全部试样,按全部试样的表面积计算至少 8 mL/cm^2。

(4) 试验结果评定

将试样缓慢弯曲成 180°,弯芯直径等于试样厚度;对于直径>38 mm 焊接管试样,焊缝应位于弯曲轴线上。

在 5~20 倍放大镜下观察弯曲试样,试样的受拉表面应无晶间腐蚀裂纹。

当有疑问时,应用金相法进行判断。用 100~250 倍放大镜观察弯曲试样纵向截面的外半径处是否存在晶间腐蚀裂纹。

3. 方法三

(1) 试样加工

1) 试样用试料的尺寸,应能截取规定数量的试样;

2) 试样尺寸及制备符合 GB/T 4334 中表 6 的规定,如图 8-19 所示。

(2) 试样的敏化处理

腐蚀试验前,超低碳不锈钢和稳定化不锈钢试样应进行敏化处理,敏化温度为 650 ℃ ±5 ℃,压力加工试样保温 2 h,铸件试样保温 1 h,空冷。

(3) 试验条件

试验方法按 GB/T 4334 方法 E 执行。

(4) 试验结果评定

试验结果评定按 GB/T 4334 中 8.4 的规定执行。

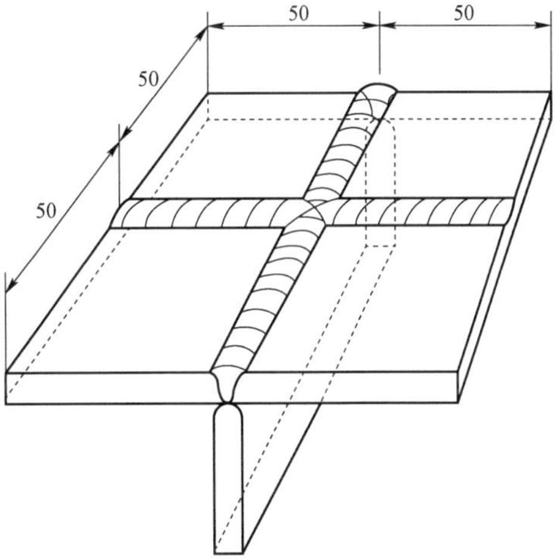

图 8-19　晶间腐蚀试验试样

五、焊接接头的断口检验

焊接接头的断口检验是常用的一种迅速、准确的缺陷检查方法,可发现焊缝中存在的焊接缺陷,借助低倍放大镜确定焊缝金属断口形貌特征(韧性或脆性),并对焊缝质量做出正确的判断。焊接接头的被检断口应是无污染的呈金属光泽的断口,可用肉眼或 5~10 倍放大镜观察断口形貌。可根据断口的破坏特征判断缺陷性质。

复习思考题

(1) 通常焊接接头的力学性能试验包括什么?

(2) 焊接接头的拉伸与弯曲试验有什么区别?

(3) 晶间腐蚀有哪几种方法?

(4) 焊接接头拉伸试样的制备有什么不同?

(5) 拉伸、弯曲试验结果的判定应注意什么?

(6) 焊接接头冲击试样的方法一特点?

第九章　电工基本知识

第一节　直流电和电磁基本知识

学习目标：

- 了解电路、直流电及电路有关物理量的基本知识；
- 了解欧姆定律及应用；
- 了解电磁的基本知识。

一、电路、直流电及电路有关物理量的基本知识

1. 电路

电流经过的路径称为电路。最简单的电路由电源、负载和导线组成。图 9-1 所示为简单电路的实物连接图，图中电源是干电池，负载是电灯。电路中常用的导线是铜线、铝线。

电路可以用电路图表示，电路图常用的图形符号见表 9-1。

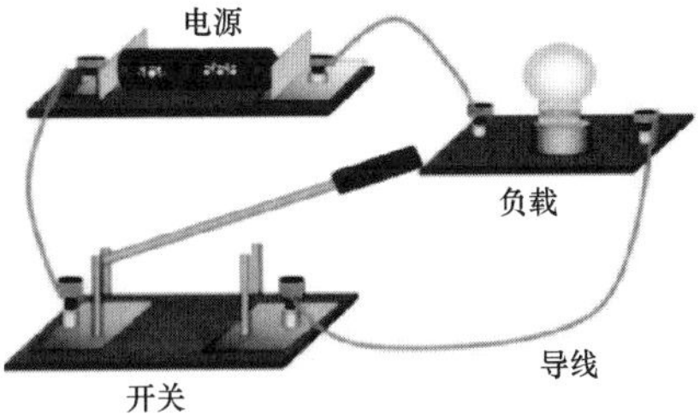

图 9-1　简单电路的实物连接图

表 9-1　电路图常用的图形符号

开关		电阻		接地	
电源		电位器		接机壳	
电能发生器	G	电容		接直流发电机	G
电压表	V	电流表	A	继电器	

2. 电流

电子有规则的定向运动称为电流。电流按其流动的方式区分，可以分为直流电和交流电两大类。电流的方向和大小都不随时间变化的电流称为直流电；电流的方向和大小随时间做周期性变化的电流称为交流电。

电流的方向习惯上规定为正电荷定向移动的方向，实际上在金属导体中电流的方向与自由电子定向移动的方向是相反的。

电流的大小用电流强度表示，简称电流，用字母 I 表示，设在 t 时间内通过导体横截面的

电量为 Q，则电流强度的数学表达式为：

$$I=Q/t$$

若式中电量 Q 的单位为库仑，时间 t 的单位为秒，则电流强度 I 的单位为安培，简称安，以字母 A 表示。电路中电流的大小可以用电流表来测量。断开电路，把直流电流表接在被测电路中如图 9-2 所示，电流表指示的读数即为此电路中电流强度的大小。

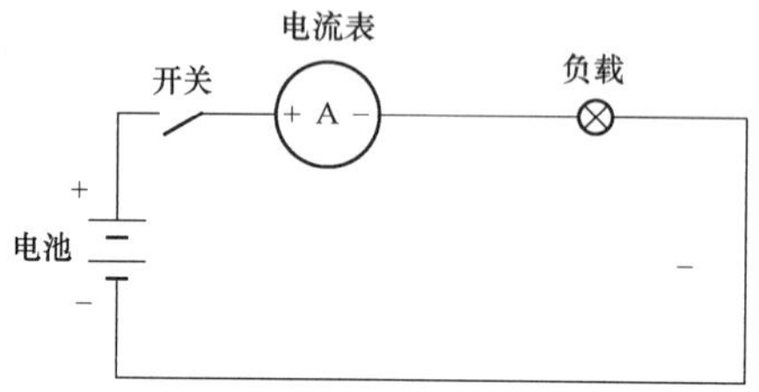

图 9-2 直流电流的测量

3. 电压

在电路中任意两点之间的电位差称为两点间的电压，用符号 U 表示，单位是伏特，简称伏，用 V 表示。

4. 电阻

导体在传导电流的同时又有阻碍电流通过的作用，这种阻碍作用称为导体的电阻，用字母 R 或 r 表示，单位是欧姆，简称欧，用符号Ω表示。

二、欧姆定律及应用

1. 部分电路欧姆定律

如图 9-3 所示为不含电源的部分电路。当在电阻 R 两端加上电压 U 时，电阻中就有电流流过。通过实验知道；当加在电阻 R 两端的电压 U 发生变化时，流过电阻的电流也随着变化，而且这种变化是成正比例关系的，电压和电流的比值是个常数，这个常数就是电路中的电阻，其公式可写成：

$$R=\frac{U}{I} \text{ 或 } I=\frac{U}{R}$$

上式说明：流过导体的电流强度与这段导体两端的电压成正比，与这段导体的电阻成反比。这一规律称为欧姆定律，是德国物理学家欧姆(1787—1854)在 1827 年发现的。欧姆定律揭示了电路中电流、电压和电阻三者之间的基本关系，应用广泛，是电路的基本定律之一。其公式还可以写成：

$$U=IR$$

2. 全电路欧姆定律

全电路是指含有电源的闭合电路，如图 9-4 所示。图中的虚线框内代表一个电源。电源内部都是有电阻的，这个电阻称为内电阻，用字母 R_0 表示，一般在电路图中把 R_0 单独画出，也可在电源符号的旁边注明内电阻的数值。

当开关 S 闭合时，负载 R 上就有电流通过，电压 U 是电动势 E 产生的，它既是电阻两端的电压，又是电源的端电压。

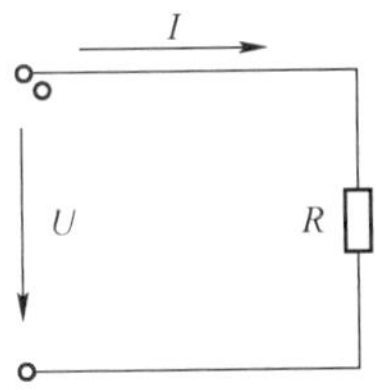

图 9-3　部分电路

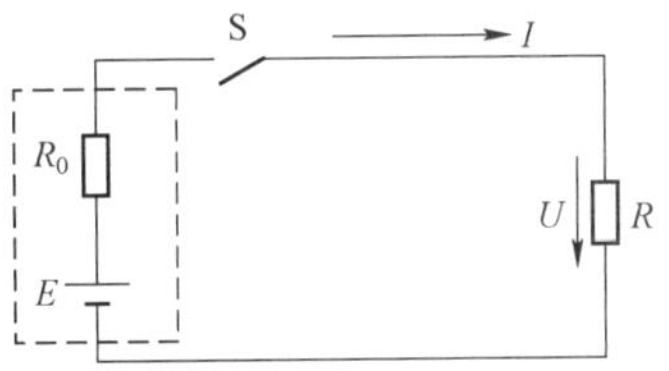

图 9-4　全电路

当开关 S 打开时电源的端电压在数值上等于电源的电动势。当开关 S 闭合时我们用电压表测量电阻 R 两端的电压发现，所测数值比开路电压小，即闭合电路中电源的端电压小于电源的电动势。这是因为电流流过电源内部时，在内电阻上产生了电压降 U_0，$U_0=IR_0$。可见电路闭合时，端电压 U 应该等于电源电动势减去内电压 U_0，用公式表示为：

$$U=E-U_0$$

将 $U_0=IR_0$ 和 $U=IR$ 代入上式，则有：

$$I=\frac{E}{R+R_0}$$

上式表明，在一个闭合电路中，电流强度与电源的电动势成正比，与电路中内电阻和外电阻之和成反比，这个规律即为全电路欧姆定律。

三、电磁的基本知识

1. 磁体的特点

通常磁体的两端磁性最强，磁体中磁性最强的两端称为磁极。如果让磁体能自由转动，指向地球北极的磁极称为磁体的北极，以 N 表示（常涂蓝色或白色），另一个指向地球南极的磁极称为磁体的南极，以 S 表示（常涂红色）。磁体不但能比较明显地吸引铁磁性物质，而且磁体之间也有明显的相互作用，其特点是同性磁极互相排斥，异性磁极互相吸引。磁极间没有接触而存在相互作用的磁力，说明磁体周围空间存在特殊的物质——磁场。磁场既看不见又摸不着，只能通过磁力的作用说明它的客观存在。

2. 电流的磁效应

1820 年丹麦科学家奥斯特发现，在电流周围也存在磁场。在通电导线周围磁针发生偏转，其偏转方向与导线中电流的方向有关，这种现象称为电流的磁效应。

电流产生的磁场方向可用安培定则（即右手螺旋定则）来判断。

(1) 直线电流产生的磁场方向

如图 9-5 所示，右手握住导线，使大拇指指向电流方向，则四指弯曲的指向即为磁场方向。

(2) 通电线圈产生的磁场方向

如图 9-6 所示，右手握住线圈，使四指弯曲方向指向电流方向，则大拇指的指向即为磁场方向。

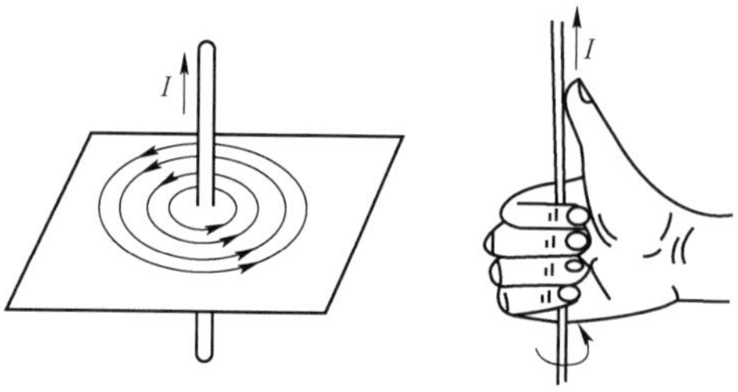

图 9-5 直线电流产生的磁场方向

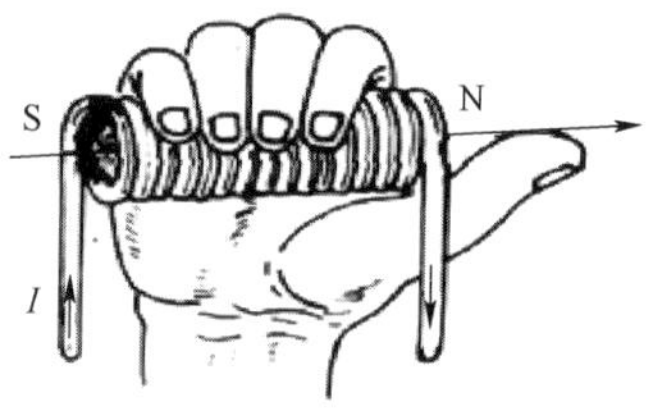

图 9-6 通电线圈产生的磁场方向

3. *磁场对电流的作用*

(1) 通电导体在磁场中所受作用力的方向

通电导体在磁场中所受作用力的方向与磁场的方向和通过导体的电流的方向有关,三者之间的关系可用左手定则来确定,如图 9-7 所示,平伸左手并使拇指与四指垂直,将手心正对磁场 N 极,四指指向电流方向,则大拇指指向就是磁场对通电导体作用力的方向。由左手定则可知,要想改变导体受力方向,可通过改变导体电流方向或磁场方向来实现。

(2) 通电导体在磁场中所受作用力的大小

如图 9-8 所示,与磁场成 α 角的通电导体,在磁场中所受作用力的大小可用下面的公式表示:

$$F=BIL\sin\alpha$$

式中:F——导体受的力,N;

B——磁感应强度,T;

I——导线中电流的大小,A;

L——导线在磁场中的有效长度,m。

也就是说磁场越强,导体中的电流越大,磁场中的导体有效长度越长,则导体所受到的电磁力就越大。

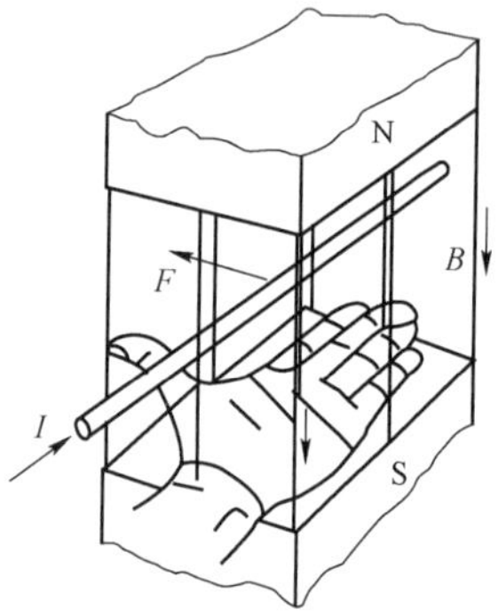

图 9-7 左手定则

4. *电磁感应*

1831 年,英国物理学家法拉第发现了导体在磁场中相对运动时可以产生电流,即当处于磁场中的导体相对磁场作切割磁感应线的运动时,或穿过线圈的磁通量发生变化时,在导体或线圈中都会产生电动势;如果导体或线圈是闭合电路的一部分,那么导体或线圈中将产生电流,这种现象称为电磁感应,把电磁感应产生的电动势称为感应电动势,由感应电动势在闭合电路中产生的电流称为感应电流。导体在恒定磁场中运动时,其感应电动势的大小可用下述公式表示:

$$E=BLv\sin\alpha$$

式中:B——磁感应强度,T;

L——导线在磁场中的有效长度,m;

v——导体切割磁感应线的速度,m/s;

α——导体运动方向与磁感应线的夹角,(°);

E——导体的感应电动势,V。

导体中感应电动势的方向,可用右手定则来判断,如图 9-9 所示,伸平右手,拇指与四指垂直,掌心正对磁场 N 极,使拇指指向运动方向,则四指指向为感应电动势方向。

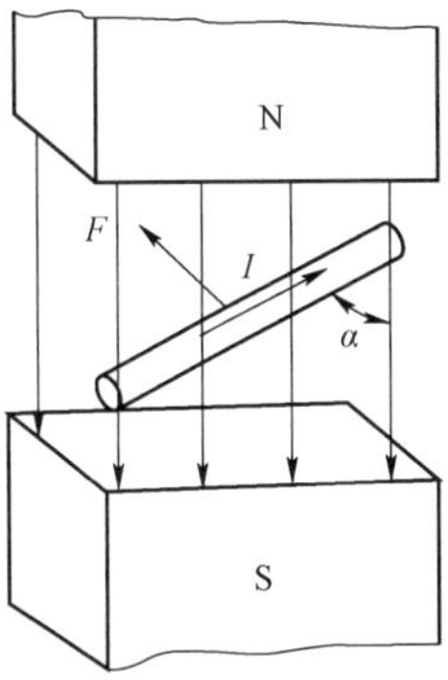

图 9-8　与磁场成α角的通电导体的受力图

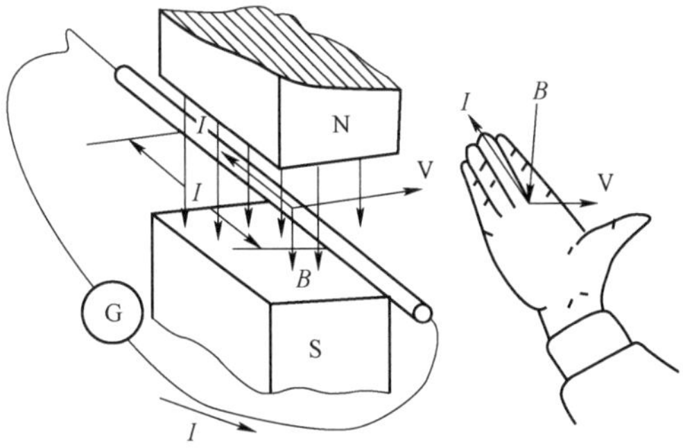

图 9-9　右手定则

复习思考题

(1) 直流电的概念是什么?
(2) 欧姆定律公式是什么?
(3) 解读电流磁效应是什么?
(4) 右手定则的使用方法是什么?

第二节　交流电基本概念

学习目标:

- 了解正弦交流电的基本概念;
- 了解三相交流电的基本概念。

一、正弦交流电的基本概念

交流电是指方向和大小随时间做周期性变化的电流,交流电又可分为正弦交流电和非正弦交流电两类。正弦交流电是指按正弦规律变化的交流电,如图 9-10(a)所示;非正弦交流电不按正弦规律变化,如图 9-10(b)所示。

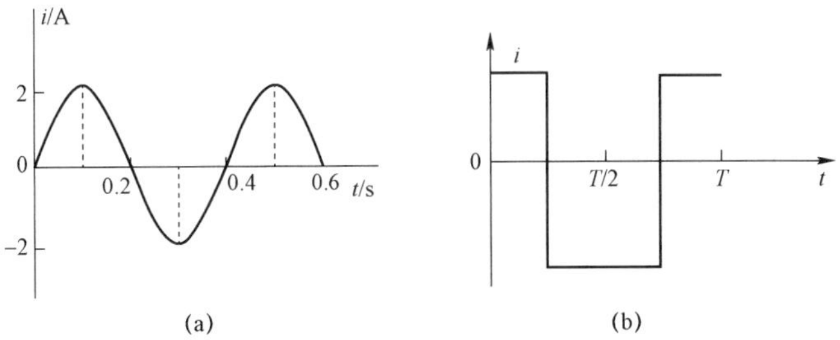

图 9-10　交流电的波形图
(a) 正弦交流电;(b) 非正弦交流电

交流电便于远距离输送，借变压器可获得不同等级交流电压，通过整流又可获得直流电。正弦交流电通常是由交流发电机产生的，基本原理如图 9-11(a)所示。

当转子在定子磁场中转动时，其线圈 a′b′和 a″b″因切割磁感应线而产生感应电动势，由于定子磁极与转子所形成的空隙分布造成不均匀分布，如图 9-11(b)所示。

以达到空隙中磁通密度的分布按正弦的规律变化，这样在线圈中产生的感应电动势必然也按正弦规律变化。

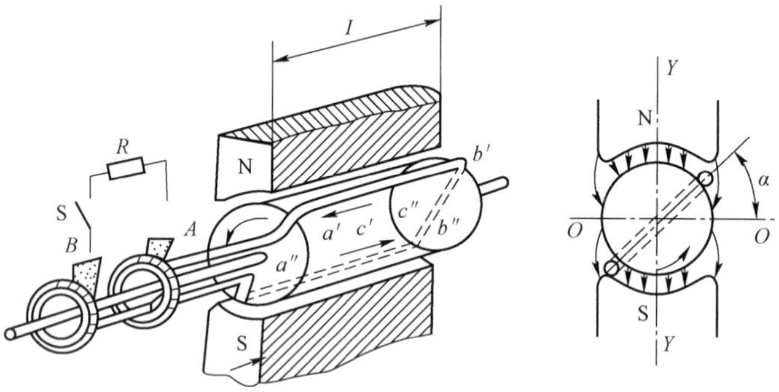

(a)　　(b)

图 9-11　交流发电机基本原理

正弦交流电的基本参数和三要素如下所述。

1. 瞬时值

正弦交流电是随时间按正弦规律变化的，把任意时刻正弦交流电的数值称为瞬时值，一般分别以小写字母 e、u、i 表示。

2. 最大值

交流电在变化中出现的最大瞬时值称为最大值(或称峰值、振幅)。分别用大写字母 E_m、U_m、I_m 表示。最大值有正有负，一般习惯上都以绝对值表示，最大值是正弦交流电的三要素之一。

3. 周期

交流电每变化一次所需要的时间称为周期。用大写字母 T 表示，单位为秒(s)。

4. 频率

交流电在 1 s 内变化的次数称为频率。用字母 f 表示，单位为赫兹(Hz)。我国使用的交流电频率为 50 Hz，周期为 0.02 s。一般习惯上把 50 Hz 称为工频。

5. 角频率

又称角速度，是指交流电在 15 s 内变化的电角度，用字母 ω 表示，单位为弧度/秒(rad/s)。

在 $e=E_m\sin\alpha$ 中，角度 α 的大小反映着感应电动势的大小和方向，这种以电磁关系来计量交流电变化的角度称为电角度。周期、频率、角频率均反映交流电变化的快慢，并称为正弦交流电的三要素之二，它们之间的关系可用下列公式表示：

$$T=1/f$$

$$\omega=2\pi f=2m/T$$

$$\omega=\alpha/t$$

$$\alpha=\omega t$$

6. 初相角

把线圈刚开始转动瞬时(t=0 时刻)的相位角称为初相角,也称为初相位或初相,用 ψ 表示。初相位是正弦交流电的三要素之三。

由 $e=E_m\sin(\omega t+\psi)$知,当正弦交流电的最大值 E_m、角频率 ω 和初相角 ψ 确定后,该正弦交流电的变化情况就完全确定了,因此称正弦交流电的最大值 E_m、角频率 ω 和初相角 ψ 为正弦交流电的三要素。

7. 相位差

两个同频率正弦交流电的相位之差称为相位差,即为初相位之差。

二、三相交流电的基本概念

1. 三相交流电的定义及优点

通常把三相电动势、电压和电流统称为三相交流电。三相对称交流电动势是指同时作用有三个大小相等、频率相同、初相角相互差 120°的电动势。三相交流电的优点有:

(1) 远距离输电时比单相能节约铜 25%;

(2) 三相交流发电机和变压器的结构不复杂,性能优良可靠,维护方便;

(3) 三相交流电动机比单相结构简单,坚固耐用,维护使用方便,运转平稳。

2. 三相交流电动势的产生

三相交流电动势由三相交流发电机产生,其示意图如图 9-12 所示,它主要由转子和定子构成,转子是电磁铁,其磁极表面的磁场按正弦规律分布,定子中嵌有三个彼此相隔 120°匝数与几何尺寸相同的线圈,各线圈的起端分别用 U_1、V_1、W_1 表示,末端分别用 U_2、V_2、W_2 表示,并把三个线圈分别称为 A 相线圈(U_1 与 U_2 构成)、B 相线圈(V_1 与 V_2 构成)和 C 相线圈(W_1 与 W_2 构成)。

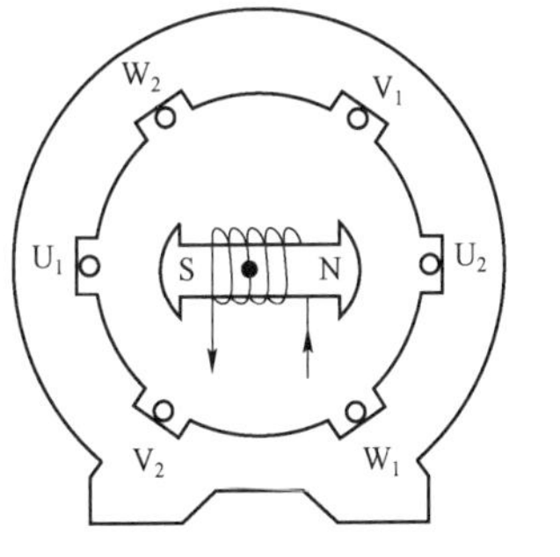

图 9-12　三相交流发电机示意图

当原动机带动转子做顺时针方向转动时,就相当于各线圈做逆时针方向转动切割磁感应线而产生感应电动势,每个线圈中产生的感应电动势分别为 e_A、e_B、e_C,由于各线圈结构相同,空间位置互相差 120°,因此三个电动势的最大值和频率相同,而初相互差 120°,若以 A 相为参考正弦量,则可得它们的瞬时表达式为:

$$e_A=E_m\sin\omega t$$

$$e_B=E_m\sin(\omega t-120°)$$

$$e_C=E_m\sin(\omega t+120°)$$

其波形图和矢量图如图 9-13 所示,通常把它们称为对称三相交流电动势,并规定每相电动势的正方向为从线圈的末端指向始端。

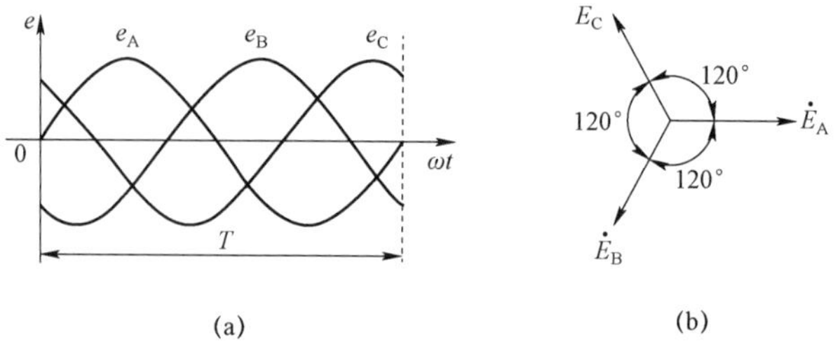

图 9-13 三相交流电的波形图和矢量图

(a) 波形图;(b) 矢量图

3. 三相四线供电制

三相四线供电制是目前低压供电系统中采用最多的供电方式,它是把发电机三个线圈末端 X、Y、Z 连成一点,这一点称为中性点,用符号 O 表示,从中性点引出的输电线称为中性线,简称中线,中线通常与大地相接,把接大地的中性点称为零点,接地的中性线称为零线。从三个线圈始端 A、B、C 引出的输电线称为端线,又称火线。四根输电线常用颜色区分:黄色代表 A 相、绿色代表 B 相、红色代表 C 相,黑色或白色代表零线。由于各相电动势相位互差 120°,因此用相序来表示它们达到最大值的先后次序为 A—B—C。

三相四线供电制可输送两种电压。

1) 相电压:端线与中线间的电压,其有效值分别以 U_A、U_B、U_C 或 $U_{相}$表示。

2) 线电压:任意两相端线之间的电压,其有效值分别用 U_{AB}、U_{BC}、U_{CA} 或用 $U_{线}$表示。

3) 线电压与相电压的关系表达式为:

$$U_{线}=\sqrt{3}\,U_{相}$$

必须指出,线电压与相电压不是同相,线电压相位超前与它相对应的相电压 30°。

复习思考题

(1) 交流电的概念是什么?

(2) 交流电与直流电的区别是什么?

(3) 三相交流电概念是什么?

第三节 电流表与电压表的使用方法

学习目标:

- 掌握常用电流表和电压表的结构和原理;
- 了解电流表和电压表使用注意事项。

一、常用电流表和电压表的结构和原理

常用于测量焊接电流和电压的电表按其产生转动力矩原理的不同可分成:磁电式、电磁式和电动式等。

这类仪表的主要结构核心部分为测量机构,测量机构由固定部分和可动部分组成,测量

机构在与被测物理量(如电流)有关的电磁能量作用下产生转动力矩,驱动可动部分(包括指针在内)偏转,转动力矩可由电磁力、电动力、电场力等产生。仪表的可动部分在转动力矩的作用下偏转时,测量机构中游丝或其他控制装置便产生与偏转角成正比的反作用力矩,达到与转动力矩相平衡,使可动部分不再偏转,这时偏转角的大小就反映出了被测物理量的大小。常用电流表和电压表的类别、用途及特点见表 9-2。

表 9-2　常用电流表和电压表的类别、用途及特点

类别	磁电式	电磁式	电动式	整流式
电流种类	直流	直流; 交流; 交直流两用	交流; 交直流两用	交流
用途	电压、电流	电压、电流	电流、电压、功率、相位、频率	电流、电压
优点	精确度高、抗外磁场能力强、灵敏度高、分度均匀	可直接用于大电流测量、过载能力强、结构简单,耐用价格低	准确度高	是在磁电式仪表中附加整流器组成,广泛应用于交流电路中,灵敏度最高
缺点	过载能力差,结构复杂,价格高	功耗大,易受外磁场影响,准确度低,灵敏度低,分度不均匀	抗外磁场能力差,功耗大,过载能力小,刻度不均匀,造价最高	准确度较低

二、电流表和电压表的使用方法

(1) 电流表使用时应串入待测电路中,电压表使用时应与待测电路并联,其连法如图 9-14 和图 9-15 所示。

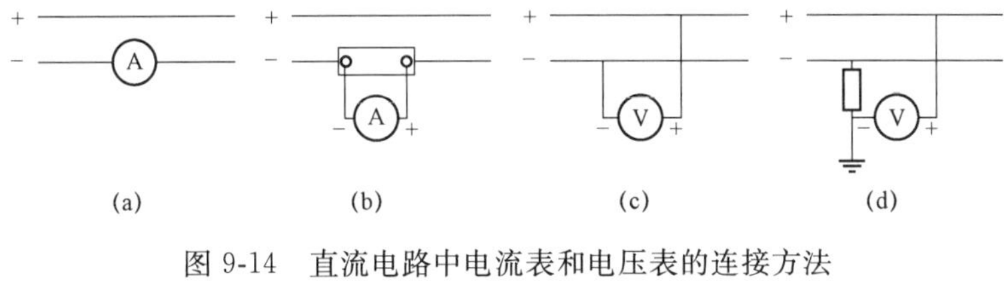

图 9-14　直流电路中电流表和电压表的连接方法
(a)、(b) 电流表;(c)、(d) 电压表

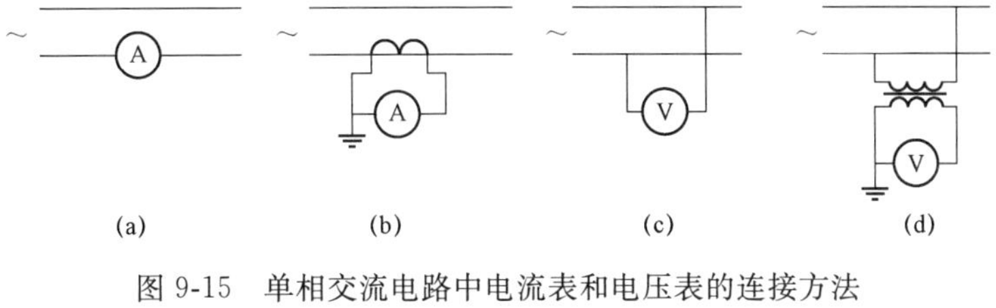

图 9-15　单相交流电路中电流表和电压表的连接方法
(a)、(b) 电流表;(c)、(d) 电压表

(2) 测量直流电流与电压时应注意电表极性。

(3) 对带有外附分流器的直流电流表,使用时将分流器串联接于电路中,电流接于分流器的电位接头上,并应注意极性,如图 9-16(b)所示,分流器与电流表的连接线应当用规定的定值导线。

(4) 交流电表通过互感器接入电路时,应按规定接线,如图 9-17(b)、(d)所示。

1) 使用电流互感器的注意事项

① 电流互感器的次级绕组应可靠接地。

② 电流互感器次级绕组电路中不得加装熔断器,严禁开路。

③ 与电流互感器配套使用的交流电流表应选 5 A 量程。

2) 使用电压互感器的注意事项

① 运行中电压互感器的次级绕组严防发生短路现象,一般可采用熔断器保护。

② 电压互感器的铁心及次级绕组的一端必须接地,防止绝缘一旦损坏时,初级绕组一侧的高压窜入次级绕组电路一侧,造成人身和设备事故。

③ 与电压互感器配套使用的交流电压表应选 100 V 量程。

(5) 电表使用时必须按仪表所标明的使用位置使用。

(6) 仪表的安装和使用地点应无振动,环境的温度和湿度都应与仪表的要求相符。

(7) 电表的使用电量值应小于电表的量程,即满刻度值。

复习思考题

(1) 电流表和电压表的类别是什么?

(2) 电压表和电流表的连接方式是什么?

(3) 电流表和电压表在使用过程中的注意事项有哪些?

第十章　化学基本知识

第一节　化学元素符号

学习目标：

- 掌握元素的概念；
- 熟悉元素符号。

一、元素

自然界是由各种物质构成的，所有物质又是由各种微粒构成的，构成物质的微粒有分子、原子、离子等。从宏观角度看，物质又是由各种元素所组成的，元素是指具有相同核电荷数（即质子数）的一类原子的总称。

自然界里的物质有的是由同种元素组成的，如氧气是由氧元素组成的，铁是由铁元素组成的，这种由同种元素组成的物质叫作单质。以单质形态存在的元素叫作元素的游离态。

而有些物质的组成相对比较复杂，如氯化钠是由氯和钠两种不同的元素组成的，硫酸银是由氧、硫和银三种不同的元素组成的。这些由不同元素组成的物质叫作化合物。以化合物形式存在的元素叫作元素的化合态。

元素本身没有“三态”（固、液、气）的区分，只有当元素组成具体物质的时候，才有固态、液态、气态的区别。例如，氢元素以游离态形式存在，组成氢气，即为气态；氢元素在以化合态存在的时候，与氧元素组成水，即为液态。

元素是一个宏观概念，原子则是一个微观概念。可以说水是由氢元素和氧元素组成，但是不能说水是由一个氧元素和两个氢元素构成，只能说一个水分子是由两个氢原子和一个氧原子构成。元素和原子的区别和联系见表 10-1。

表 10-1　元素和原子的区别和联系

	元素	原子
区别	物质是由元素组成的	原子是构成物质的一种微粒
	具有相同核电荷数的一类原子的总称	是化学反应中的最小微粒
	是一种宏观的概念，只有种类之分，没有数量和大小之分	是一种微观的粒子，有种类之分，也有数量、大小、质量的含义
联系	具有相同核电荷数的一类原子总称为元素，原子是体现元素性质的最小微粒	

在自然界里，物质的种类非常多，有几百万种以上。但是构成这些物质的元素并不多，到目前为止已经知道的元素有 110 多种，包括十几种人造元素。地壳中分布最广的元素为氧元素，占地壳质量的 48.6%；其次是硅元素，占 26.3%；再次分别是铅元素、铁元素、钙元素等。

二、元素符号

为了方便起见，在化学上采用不同的符号表示各种元素。例如，用“O”表示氧元素，用“C”表示碳元素，用“Fe”表示铁元素，用“Zn”表示锌元素等，这种符号称为元素符号，元素符号在国际上是通用的。

元素符号通常用该元素的拉丁文名称的第一个字母(大写)来表示。如果几种元素的拉丁文名称第一个字母相同，就在该字母后面加上元素名称中另一个字母(小写)加以区别。因此，元素符号有的是一个字母，有的是两个字母。书写时要注意，凡是一个字母的元素符号一定要大写，而双字母的元素符号，第一个字母一定要大写，第二个字母一定要小写。如氢的元素符号一定要写成 H，不能写成 h，汞的元素符号一定要写成 Hg，不能写成 hg。若误写，有时会代表不同的含义，如 Co 是金属元素钴的符号，如果第二个字母“o”也大写，即写成 CO，它就不代表钴元素，而代表由碳元素和氧元素组成的一种化合物——一氧化碳。

(1) 元素符号的含义有两种，宏观上代表这种元素，微观上代表这种元素的一个原子，如 H 代表氢元素或一个氢原子。除此之外，大多数固态的单质也用构成这种单质的元素符号来表示，如 C、Na、Ca 分别代表碳、钠、钙三种单质。

(2) 在元素符号旁附上不同的数字或者标记时，可表示各种意义，以氧元素的符号O举例。

O：表示氧元素或一个氧原子。

2O：表示两个氧原子。

O_2：氧气的分子式，表示一个氧分子，或者氧单质。

$_8O$：表示氧元素的核电荷数为 8。

^{16}O：氧原子的质量数为 16。

O^{2-}：氧原子带有两个负电荷。

为方便起见，人们把所有元素按照核电荷数的多少给各种元素编号，这种序号叫作元素的原子序数。原子序数在数值上等于这种原子的核电荷数，也等于该原子的原子核内质子数和核外电子数。

常见元素和元素符号见表 10-2。

表 10-2 常见元素和元素符号

原子序数	元素名称	元素符号	原子序数	元素名称	元素符号	原子序数	元素名称	元素符号
1	氢	H	10	氖	Ne	19	钾	K
2	氦	He	11	钠	Na	20	钙	Ca
3	锂	Li	12	镁	Mg	21	钪	Sc
4	铍	Be	13	铝	Al	22	钛	Ti
5	硼	B	14	硅	Si	23	钒	V
6	碳	C	15	磷	P	24	铬	Cr
7	氮	N	16	硫	S	25	锰	Mn
8	氧	O	17	氯	Cl	26	铁	Fe
9	氟	F	18	氩	Ar	27	钴	Co

续表

原子序数	元素名称	元素符号	原子序数	元素名称	元素符号	原子序数	元素名称	元素符号
28	镍	Ni	40	锆	Zr	74	钨	W
29	铜	Cu	41	铌	Nb	78	铂	Pt
30	锌	Zn	42	钼	Mo	79	金	Au
31	镓	Ga	47	银	Ag	80	汞	Hg
32	锗	Ge	48	镉	Cd	82	铅	Pb
33	砷	As	50	锡	Sn	83	铋	Bi
34	硒	Se	51	锑	Sb	88	镭	Ra
35	溴	Br	53	碘	I	90	钍	Th
36	氪	Kr	58	铈	Ce	92	铀	U

复习思考题

(1) 元素的概念是什么?
(2) 元素之间最本质的区别有什么?
(3) 元素和原子的区别与联系是什么?
(4) 地壳中含量最多的元素有哪些?

第二节　原子结构

学习目标:掌握原子的概念和构成。

一、原子的概念

原子是化学变化中最小的微粒,在化学反应中分子可以分解成原子,而原子能再分,即在化学变化中不会产生新的原子。原子很小,一亿个原子排成行,长度也不过 1～2 cm。

二、原子的构成

原子是由原子核和核外电子组成的复杂体系。由于在原子中,原子核所带的正电荷和核外电子所带的负电荷数量相等,所以原子呈中性,一旦二者数目不等,原子就变成离子。

1. 原子核

原子很小,但原子核更小,它的直径约为原子直径的十万分之一。比如说,若把一个原子放大成直径 100 m 的圆球,原子核也不过芝麻粒大小。因此,原子内有着极大的空间,电子就在这个空间内作高速运动。

原子的质量主要集中在原子核上。原子核是由质子和中子组成的,原子核带正电荷,其核电荷数等于核内质子数。

质子,构成原子的一种基本微粒,和中子一起构成原子核。

质子带一个单位正电荷,电量为 1.602×10^{-19} C,和电子所带电量相等,但电性相反,质子的质量为 $1.672\,6\times10^{-27}$ kg。氢的原子核就是质子。

2. 中子

中子是构成原子的一种基本微粒,和质子一起构成原子核。

中子是不带电的中性粒子,它的质量为 $1.674\,9\times10^{-27}$ kg,与质子的质量相近,略大一些。

由于电子质量很小,原子的质量主要集中在原子核上,所以原子的相对原子质量约等于原子核内质子和中子数之和。例如,氧原子的原子核内有 8 个质子和 8 个中子,所以氧的相对原子质量为 16。将原子核内质子和中子的相对质量取近似数值,加起来所得的数值叫作原子的质量数,用符号 A 表示。中子数用 N 表示,质子数用 Z 表示。那么:

$$质量数(A)=质子数(Z)+中子数(N)$$

质量数和核电荷数是表示原子核的两个基本量。通常表示原子核的方法是在元素符号的左上角标出质量数,在左下角标出核电荷数。

3. 电子

电子是构成原子的一种基本微粒,与原子核一起构成原子。

电子带负电荷,电量为 1.602×10^{-19} C,这个电量是电荷的最小单位,一个单位的电荷叫作电子电荷,也叫作元电荷。电子的质量为 9.110×10^{-31} kg,约为氢原子质量的 1/1 840,因此在讨论相对原子质量时,电子的质量可以忽略不计。

电子以接近光速的速度围绕原子核做高速运动,运动规律与宏观物体的运动规律不同,并不能归为宏观的机械运动。

复习思考题

(1) 原子的概念是什么?

(2) 原子的构成有哪些?

(3) 原子质量数、质子数、中子数之间的联系是什么?

第三节　化学反应的基本知识

学习目标:

- 了解化学方程式的概念;
- 化学反应的种类。

一、化学方程式

1. 化学方程式的概念

化学方程式是用化学式来表示化学反应的式子。

每一个化学方程式都是根据实验结果得出的,它表示一个真实的化学反应。化学方程式具体地表明了参加反应的物质(反应物)和反应后生成的物质(生成物)以及这些物质之间量的关系。通过相对(分子)质量,还可以表示各物质之间的质量关系。

化学方程式反映化学反应的客观事实,因此,书写化学方程式要遵守两个原则:一是必须以客观事实为基础,决不能凭空臆想、臆造事实上不存在的物质以及化学反应;二是必须遵守质量守恒定律,即方程式左右两边的各元素的原子总数相同,即化学方程式必须配平。

2. 化学方程式的书写步骤

书写化学方程式的步骤如下。

(1) 将反应物的化学式写在式子的左边,生成物的化学式写在式子的右边,中间暂时画一短线,各反应物和生成物之间分别用"+"号相连。例如:

$$Al(OH)_3 + H_2SO_4(稀) \xlongequal{} Al_2(SO_4)_3 + H_2O$$

(2) 用观察法或者最小公倍数法等方法给各化学式配上适当的系数,使短线两边的各种元素原子的总数完全相同,然后将短线改成等号,这个过程叫做化学方程式的配平。例如:

$$2Al(OH)_3 + 3H_2SO_4(稀) \xlongequal{} Al_2(SO_4)_3 + 6H_2O$$

(3) 在等号的上面或下面注明必要的反应条件,如加热(用"△"表示)、催化剂、压力、光照等。生成物中有气体的,在其化学式右边用"↑"标明;生成物中有沉淀的,在其化学式的右边用"↓"标明。

但是,如果反应物和生成物中都有气体,气体生成物不需标注"↑"号。同样,溶液中的反应如果反应物和生成物中都有固体,固体生成物也不需标注"↓"。

3. 化学方程式的配平方法

所谓化学方程式的配平,就是在反应物以及生成物的分子式前面加上适当的系数,使式子左右两边各个元素的总原子数相等。常用的配平方法有以下几种。

(1) 观察法

对一些比较简单的化学方程式,采用观察法配平。如氧气和氢气燃烧生成水的反应:

$$H_2 + O_2 \xlongequal{} H_2O$$

从分子式中可以看出,每个氧分子中有两个氧原子,每个水分子中有一个氧原子,因此对应一个氧分子需要有两个水分子生成,所以水分子的系数为 2。两个水分子中又有 4 个氢原子,因此,反应物中对应的氢分子之前的系数为 2。配平后的方程式为:

$$2H_2 + O_2 \xlongequal{} 2H_2O$$

(2) 最小公倍数法

找出式子两端各出现一次的元素,对原子个数不相等的元素采用最小公倍数法进行配平。例如,用氯酸钾分解制取氧气的方程式:

$$KClO_3 \xlongequal[\triangle]{MnO_2} KCl + O_2$$

在 K、Cl、O 三种元素中,只有氧左右的个数不等,左边为 3 个,右边是 2 个,最小公倍数是 6。所以,左边 $KClO_3$ 的系数为 2,右边的系数为 3。在写方程式的时候注意反应条件,写出的方程式为:

$$2KClO_3 \xlongequal[\triangle]{MnO_2} 2KCl + 3O_2\uparrow$$

此外,还有其他各种配平方法,如奇数配偶数法,利用氧化还原反应化合价以及电子得失而进行的配平。

二、化学反应

化学反应的种类有很多,化学反应按照反应形态不同可以分为化合反应、分解反应、置换反应、复分解反应。根据元素的化合价有没有发生变化,可分为氧化还原反应和非氧化还原反应

1. 化合反应

由两种或两种以上的物质生成一种新物质的反应叫做化合反应。例如,碳在氧气中燃烧生成二氧化碳的反应:

$$C+O_2 \xlongequal{点燃} CO_2$$

2. 分解反应

分解反应是一种物质生成两种或两种以上其他物质的反应。例如,大理石(碳酸钙)在加热的时候,分解生成二氧化碳和生石灰(氧化钙)的反应:

$$CaCO_3 \xlongequal{\triangle} CO_2\uparrow+CaO$$

3. 置换反应

由单质和化合物作用,生成另种单质和另一种化合物的反应叫作置换反应。典型的置换反应如金属和酸的反应,生成氢气和对应的盐,例如金属锌和稀盐酸的反应:

$$Zn+2HCl = ZnCl_2+H_2\uparrow$$

4. 复分解反应

由两种化合物互相交换成分,生成两种新的化合物的反应叫作复分解反应。例如,硫化亚铁溶解于稀硫酸溶液中,放出带有臭鸡蛋气味的硫化氢气体:

$$FeS+H_2SO_4 = FeSO_4+H_2S\uparrow$$

中和反应是酸和碱作用生成盐和水的反应,是一种特殊的复分解反应,例如:

$$NaOH+HCl = NaCl+H_2O$$

$$2KOH+H_2SO_4 = K_2SO_4+2H_2O$$

中和反应的实质是酸中的氢离子和碱中的氢氧根离子结合成水的反应。

5. 氧化还原反应

氧化还原反应是根据元素化合价变化判断的一种化学反应。凡是有电子得失的化学反应都叫作氧化还原反应。氧化还原反应可以是分解反应、化合反应,也可以是置换反应。在反应中,一种物质被氧化,另一种物质被还原。氧化和还原反应必然同时发生。例如:

$$\overset{+2}{Cu}O+\overset{0}{H_2} \xlongequal{高温} \overset{0}{Cu}+\overset{+1}{H_2}O$$

CuO 失去氧发生还原反应,而 H_2 在反应中和氧结合生成水是氧化反应。从另一个角度来认识 CuO 中+2 价的铜元素变成 0 价,化合价降低,发生还原反应;而 H_2 中氢元素的化合

价由 0 价变成+1 价，化合价升高，发生氧化反应。在氧化还原反应中，有一种物质被氧化，必然有另一种物质被还原。也就是说，元素化合价升高的总数，一定等于其他元素化合价降低的总数。氧化还原反应的实质是电子的转移(电子的得失或电子的偏移)，原子或离子失电子的过程叫作氧化，原子或离子得电子的过程叫作还原，而电子的转移必将引起元素化合价的升高或降低。

在氧化还原反应中，氧化与还原、氧化剂与还原剂、氧化性与还原性等概念有如下关系：

1） 非金属原子(或金属阳离子)→得电子→化合价降低→被还原→该物质是氧化剂→具有氧化性；

2） 金属原子(成非金属阴离子)→失电子→化合价升高→被氧化→该物质是还原剂→具有还原性。

复习思考题

（1） 化学方程式的概念是什么？

（2） 化学反应的种类有哪些？

（3） 不同种类化学反应的区别是什么？

第十一章　安全文明生产和环境保护知识

第一节　安全文明施工

学习目标：

- 了解安全文明施工的要求；
- 了解安全文明施工的意义。

一、安全文明施工的要求和意义

标准化文明施工，就是施工项目在施工过程中科学地组织安全生产，规范化、标准化管理现场，使施工现场按现代化施工的要求保持良好的施工环境和施工秩序，这是施工企业的一项基础性的管理工作。标准化文明施工实际上是建筑安全生产工作的发展、飞跃和升华，是树立以人为本的指导思想。在安全达标的基础上开展的创建文明工地活动，标准化文明施工，是现代化施工的一个重要标志，作为企业文化的一部分具有重要意义。

1. 企业文化的有形载体

所谓企业文化就是以企业理念为信心，包含一切企业的制度、管理、产品及至生产关系、分配关系、人际关系等；企业文化对不同行业来说，有不同的特色，就企业个体而言，这种特色是通过一系列精心的设计从视觉上表现强烈的个性特征，通过人的行为，从感觉上表现出企业的精神面貌，从产品上，凝聚企业文化内涵。对建筑行业来说，有别于制造业的地方在于产品生产是在不同的地点、不同的时间段，按项目进行产品加工，各个项目各有不同的环境条件，并且整个加工过程被置于客户、监理、质检部门的共同监督之下，是相对开放的加工环境。因此，建筑业要形成标准的生产管理模式其难度较大，资金投入较多，其意义也更为重要。它是体现企业的生存能力、生产能力、管理能力的一种基本的要素。由于建筑业的加工环境相对开放，因此，最能直观体现建筑业企业文化的就是让每一个不同的工程项目都采取标准化文明施工的管理方式。这种标准主要包括生产环境、管理模式两方面。标准的建设是在充分考虑建筑业的行业特点，如环境的多样化，生产产品的不确定性，安全生产的复杂性，施工人员的不稳定性等的基础上，归纳共性，以国家规范、行业标准为基础，并与长期的企业经验积累相结合而综合制定的。因此，标准本身就是企业文化的集中浓缩，在项目施工中，标准的具体执行过程就是企业文化的一种有形载体，同时，标准的执行也是企业文化的一种很好的展示过程。

2. 企业视觉识别系统的补充和活化

一般企业为了宣传自己、包装自己，往往会采用企业自身独特的视觉形象识别系统，从标志牌的图案、徽记，到信封、信笺等都有统一的设计符号或色彩标识，这样会加强该企业的可识别性，给人留下深刻的印象，在复杂的环境中能一眼认出是某某企业。对建筑行业来说，仅仅有上述的统一标志是不够的，因为建筑业生产场地的流动性大，涉及范围广，施工队伍庞大而结构复杂，要想让每一个项目都是对企业的一种正面的宣传，就需要有很好的管理手段，在注重产品质量控制和有形的标识包装的同时，还需要有另一种能体现企业精神的东西，这就是标准化的文明的施工现场。

在硬件方面，利用有限的施工条件营造良好的临时性施工环境，有利于施工的有序性和合理性，利用有限的条件，营造优美适度的生活环境，可以体现企业的人文关怀，焕发作业人员的工作热情，无形中潜移默化地规范作业人员的行为模式，提高文明意识。

在软件方面，通过标准化的管理模式，可以营造蓬勃向上的氛围，充分展示企业的活力，并且以此感染和改善周边的社会小环境，以加深社会对企业精神的认识。从这个意义上说，标准化文明施工又是企业视觉识别系统的补充和活化。

3. 有利于增强施工项目班子的凝聚力和集体使命感

标准化文明施工是一项科学的现代化的基础性管理工作，而在管理和生产中起主导、决定性作用的无疑是人，企业中的人不仅仅是单纯意义上的个体，更需要强调集体主义、群体意识。个人形象的好坏会直接影响到整个企业的形象，只有调动起各岗位人员的主人翁积极性，充分发挥其才能，用共同的智慧、集体的力量才能创造出精品优良工程。

标准化文明施工的另一重要作用就在于它能增强凝聚力。通过标准化的管理，如着装统一、挂牌上岗、岗前教育、班前教育等活动，可以增加单个人员的企业认同感和集体意识。如果在施工过程中能够将标准化文明施工贯穿始终，并且能够坚持的话，必然能够提高整个施工队伍的文化、技术、思想素质，增强团结协作的大生产意识，让项目最终得以顺利完成，并赢得良好的声誉。

4. 是体现项目管理水平的依据之一

目前，一个企业经济效益的好坏很大程度上取决于其管理水平的高低，而实现标准化文明工地是衡量一个工程项目管理水平高低的重要依据，也是一支优秀施工队伍在施工现场管理中所必须进行的一项综合性基础管理工作。管理的目的就是要提高工作效率，降低工程成本，获取更多的利润。采取标准化文明施工的措施，并加以落实、贯彻执行，使施工现场整洁有序，施工人员精神饱满，在加强安全生产的同时也保证了产品质量，提高了经济效益，从而反映出我们企业管理水平的高低，并使之不断提高、完善。

二、安全生产标准化基本规范

1. 目标职责

(1) 目标

企业应根据自身安全生产实际，制定文件化的总体和年度安全生产与职业卫生目标，并纳入企业总体生产经营目标。明确目标的制定、分解、实施、检查、考核等环节要求，并按照所属基层单位和部门在生产经营活动中所承担的职能，将目标分解为指标，确保落实。

企业应定期对安全生产与职业卫生目标、指标实施情况进行评估和考核，并结合实际及时进行调整。

(2) 机构和职责

1) 机构设置

企业应落实安全生产组织领导机构，成立安全生产委员会，并应按照有关规定设置安全生产和职业卫生管理机构，或配备相应的专职或兼职安全生产和职业卫生管理人员，按照有关规定配备注册安全工程师，建立健全从管理机构到基层班组的管理网络。

2）主要负责人及领导层职责

企业主要负责人全面负责安全生产和职业卫生工作，并履行相应责任和义务。

分管负责人应对各自职责范围内的安全生产和职业卫生工作负责。

各级管理人员应按照安全生产和职业卫生责任制的相关要求，履行其安全生产和职业卫生职责。

（3）全员参与

企业应建立健全安全生产和职业卫生责任制，明确各级部门和从业人员的安全生产和职业卫生职责，并对职责的适宜性、履行情况进行定期评估和监督考核。

企业应为全员参与安全生产和职业卫生工作创造必要的条件，建立激励约束机制，鼓励从业人员积极建言献策，营造自下而上、自上而下全员重视安全生产和职业卫生的良好氛围，不断改进和提升安全生产和职业卫生管理水平。

（4）安全生产投入

企业应建立安全生产投入保障制度，按照有关规定提取和使用安全生产费用，并建立使用台账。

企业应按照有关规定，为从业人员缴纳相关保险费用。企业宜投保安全生产责任保险。

（5）安全文化建设

企业应开展安全文化建设，确立本企业的安全生产和职业病危害防治理念及行为准则，并教育、引导全体人员贯彻执行。

企业开展安全文化建设活动，应符合 AQ/T 9004 的规定。

（6）安全生产信息化建设

企业应根据自身实际情况，利用信息化手段加强安全生产管理工作，开展安全生产电子台账管理、重大危险源监控、职业病危害防治、应急管理、安全风险管控和隐患自查自报、安全生产预测预警等信息系统的建设。

2. 制度化管理

（1）法规标准识别

企业应建立安全生产和职业卫生法律法规、标准规范的管理制度，明确主管部门，确定获取的渠道、方式，及时识别和获取适用、有效的法律法规和标准规范，建立安全生产和职业卫生法律法规、标准规范清单和文本数据库。

企业应将适用的安全生产和职业卫生法律法规、标准规范的相关要求转化为本单位的规章制度、操作规程，并及时传达给相关从业人员，确保相关要求落实到位。

（2）规章制度

企业应建立健全安全生产和职业卫生规章制度，并征求工会及从业人员意见和建议，规范安全生产和职业卫生管理工作。

企业应确保从业人员及时获取制度文本。

企业安全生产和职业卫生规章制度包括但不限于下列内容：

1）目标管理；

2）安全生产和职业卫生责任制；

3）安全生产承诺；
4）安全生产投入；
5）安全生产信息化；
6）四新(新技术、新材料、新工艺、新设备设施)管理；
7）文件、记录和档案管理；
8）安全风险管理、隐患排查治理；
9）职业病危害防治；
10）教育培训；
11）班组安全活动；
12）特种作业人员管理；
13）建设项目安全设施、职业病防护设施“三同时”管理；
14）设备设施管理；
15）施工和检维修安全管理；
16）危险物品管理；
17）危险作业安全管理；
18）安全警示标志管理；
19）安全预测预警；
20）安全生产奖惩管理；
21）相关方安全管理；
22）变更管理；
23）个体防护用品管理；
24）应急管理；
25）事故管理；
26）安全生产报告；
27）绩效评定管理。

(3）操作规程

企业应按照有关规定，结合本企业生产工艺、作业任务特点以及岗位作业安全风险与职业病防护要求，编制齐全适用的岗位安全生产和职业卫生操作规程，发放到相关岗位员工，并严格执行。

企业应确保从业人员参与岗位安全生产和职业卫生操作规程的编制和修订工作。

企业应在新技术、新材料、新工艺、新设备设施投入使用前，组织修订相应的安全生产和职业卫生操作规程，确保其适宜性和有效性。

(4）文档管理

1）记录管理

企业应建立文件和记录管理制度，明确安全生产和职业卫生规章制度，操作规程的编制、评审、发布、使用、修订、作废，以及文件和记录管理的职责、程序和要求。

企业应建立健全主要安全生产和职业卫生过程与结果的记录，并建立和保存有关记录的电子档案，支持查询和检索，便于自身管理使用和行业主管部门调取检查。

2）评估

企业应每年至少评估一次安全生产和职业卫生法律法规、标准规范、规章制度、操作规程的适用性、有效性和执行情况。

3）修订

企业应根据评估结果、安全检查情况、自评结果、评审情况、事故情况等，及时修订安全生产和职业卫生规章制度、操作规程。

3. 教育培训

（1）教育培训管理

企业应建立健全安全教育培训制度，按照有关规定进行培训。培训大纲、内容、时间应满足有关标准的规定。

企业安全教育培训应包括安全生产和职业卫生的内容。

企业应明确安全教育培训主管部门，定期识别安全教育培训需求，制定、实施安全教育培训计划，并保证必要的安全教育培训资源。

企业应如实记录全体从业人员的安全教育和培训情况，建立安全教育培训档案和从业人员个人安全教育培训档案，并对培训效果进行评估和改进。

（2）人员教育培训

1）主要负责人和安全管理人员

企业的主要负责人和安全生产管理人员应具备与本企业所从事的生产经营活动相适应的安全生产和职业卫生知识与能力。

企业应对各级管理人员进行教育培训，确保其具备正确思想岗位安全生产和职业卫生职责的知识与能力。

法律法规要求考核其安全生产和职业卫生知识与能力的人员，应按照有关规定经考核合格。

2）从业人员

企业应对从业人员进行安全生产和职业卫生教育培训，保证从业人员具备满足岗位要求的安全生产和职业卫生知识，熟悉有关的安全生产和职业卫生法律法规、规章制度、操作规程，掌握本岗位的安全操作技能和职业危害防护技能、安全风险辨识和管控方法，了解事故现场应急处置措施，并根据实际需要，定期进行复训考核。

未经安全教育培训合格的从业人员，不应上岗作业。

煤矿、非煤矿山、危险化学品、烟花爆竹、金属冶炼等企业应对新上岗的临时工、合同工、劳务工、轮换工、协议工等进行强制性安全培训，保证其具备本岗位安全操作、自救互救以及应急处置所需的知识和技能后，方能安排上岗作业。

企业的新入厂（矿）从业人员上岗前应经过厂（矿）、车间（工段、区、队）、班组三级安全培训教育，岗前安全教育培训学时和内容应符合国家和行业的有关规定。

在新工艺、新技术、新材料、新设备设施投入使用前，企业应对有关从业人员进行专门的安全生产和职业卫生教育培训，确保其具备相应的安全操作、事故预防和应急处置能力。

从业人员在企业内部调整工作岗位或离岗一年以上重新上岗时，应重新进行车间（工段、区、队）和班组级的安全教育培训。

从事特种作业、特种设备作业的人员应按照有关规定，经专门安全作业培训，考核合格，取得相应资格后，方可上岗作业，并定期接受复审。

企业专职应急救援人员应按照有关规定，经专门应急救援培训，考核合格后，方可上岗，并定期参加复训。

其他从业人员每年应接受再培训，再培训时间和内容应符合国家和地方政府的有关规定。

3）其他人员教育培训

企业应对进入企业从事服务和作业活动的承包商、供应商的从业人员和接收的中等职业学校、高等学校实习生，进行入厂（矿）安全教育培训，并保存记录。

外来人员进入作业现场前，应由作业现场所在单位对其进行安全教育培训，并保存记录。主要内容包括：外来人员入厂（矿）有关安全规定、可能接触到的危害因素、所从事作业的安全要求、作业安全风险分析及安全控制措施、职业病危害防护措施、应急知识等。

企业应对进入企业检查、参观、学习等外来人员进行安全教育，主要内容包括：安全规定、可能接触到的危险有害因素、职业病危害防护措施、应急知识等。

4．现场管理

（1）设备设施管理

1）设备设施建设

企业总平面布置应符合 GB 50187 的规定，建筑设计防火和建筑灭火器配置应分别符合 GB 50016 和 GB 50140 的规定；建设项目的安全设施和职业病防护设施应与建设项目主体工程同时设计、同时施工、同时投入生产和使用。

企业应按照有关规定进行建设项目安全生产、职业病危害评价，严格履行建设项目安全设施和职业病防护设施设计审查、施工、试运行、竣工验收等管理程序。

2）设备设施验收

企业应执行各设施采购、到货验收制度，购置、使用设计符合要求、质量合格的设备设施。设备设施安装后企业应进行验收，并对相关过程及结果进行记录。

3）设备设施运行

企业应对设备设施进行规范化管理，建立设备设施管理台账。

企业应有专人负责管理各种安全设施以及检测与监测设备，定期检查维护并做好记录。

企业应针对高温、高压和生产、使用、储存易燃、易爆、有毒、有害物质等高风险设备，以及海洋石油开采特种设备和矿山井下特种设备，建立运行、巡检、保养的专项安全管理制度，确保其始终处于安全可靠的运行状态。

安全设施和职业病防护设施不应随意拆除、挪用或弃置不用；确因检维修拆除的，应采取临时安全措施，检维修完毕后立即复原。

4）设备设施检维修

企业应建立设备设施检维修管理制度，制订综合检维修计划，加强日常检维修和定期检维修管理，落实“五定”原则，即定检维修方案、定检维修人员、定安全措施、定检维修质量、定检维修进度，并做好记录。

检维修方案应包含作业安全风险分析、控制措施、应急处置措施及安全验收标准。检维修过程中应执行安全控制措施，隔离能量和危险物质，并进行监督检查，检维修后应进行安全确认。

5）检测检验

特种设备应按照有关规定，委托具有专业资质的检测、检验机构进行定期检测、检验。涉及人身安全、危险性较大的海洋石油开采特种设备和矿山井下特种设备，应取得矿用产品安全标志或相关安全使用证。

6）设备设施拆除、报废

企业应建立设备设施报废管理制度。设备设施的报废应办理审批手续，在报废设备设施拆除前应制订方案，并在现场设置明显的报废设备设施标志。报废、拆除涉及许可作业的，应按照经过安全部门审批合格的专项拆除作业方案执行，方案中应包含具体的作业流程、安全措施、环境保护措施以及应急预案等，并在作业前对相关作业人员进行培训和安全技术交底。报废、拆除应按方案和许可内容组织落实。

（2）作业安全

1）作业环境和作业条件

企业应事先分析和控制生产过程及工艺、物料、设备设施、器材、通道、作业环境等存在的安全风险。

生产现场应实行定置管理，保持作业环境整洁。

生产现场应配备相应的安全、职业病防护用品（具）及消防设施与器材，按照有关规定设置应急照明、安全通道，并确保安全通道畅通。

企业应对临近高压输电线路作业、危险场所动火作业、有（受）限空间作业、临时用电作业、爆破作业、封道作业等危险性较大的作业活动，实施作业许可管理，严格履行作业许可审批手续。作业许可应包含安全风险分析、安全及职业病危害防护措施、应急处置等内容。作业许可实行闭环管理。

企业应对作业人员的上岗资格、条件等进行作业前的安全检查，做到特种作业人员持证上岗，并安排专人进行现场安全管理，确保作业人员遵守岗位操作规程和落实安全及职业病危害防护措施。

企业应采取可靠的安全技术措施，对设备能量和危险有害物质进行屏蔽或隔离。

两个以上作业队伍在同一作业区域内进行作业活动时，不同作业队伍相互之间应签订管理协议，明确各自的安全生产、职业卫生管理职责和采取的有效措施，并指定专人进行检查与协调。

危险化学品生产、经营、储存和使用单位的特殊作业，应符合 GB 30871 的规定。

2）作业行为

企业应依法合理进行生产作业组织和管理，加强对从业人员作业行为的安全管理，对设备设施、工艺技术以及从业人员作业行为等进行安全风险辨识，采取相应的措施，控制作业行为安全风险。

企业应监督、指导从业人员遵守安全生产和职业卫生规章制度、操作规程，杜绝违章指挥、违规作业和违反劳动纪律的“三违”行为。

企业应为从业人员配备与岗位安全风险相适应的、符合 GB/T 11651 规定的个体防护装备与用品，并监督、指导从业人员按照有关规定正确佩戴、使用、维护、保养和检查个体防护装备与用品。

3）岗位达标

企业应建立班组安全活动管理制度，开展岗位达标活动，明确岗位达标的内容和要求。

从业人员应熟练掌握本岗位安全职责、安全生产和职业卫生操作规程、安全风险及管控措施、防护用品使用、自救互救及应急处置措施。

各班组应按照有关规定开展安全生产和职业卫生教育培训、安全操作技能训练、岗位作业危险预知、作业现场隐患排查、事故分析等工作，并做好记录。

4）相关方

企业应建立承包商、供应商等安全管理制度，将承包商、供应商等相关方的安全生产和职业卫生纳入企业内部管理，对承包商、供应商等相关方的资格预审、选择、作业人员培训、作业过程检查监督、提供的产品与服务、绩效评估、续用或退出等进行管理。

企业应建立合格承包商、供应商等相关方的名录和档案，定期识别服务行为安全风险，并采取有效的控制措施。

企业不应将项目委托给不具备相应资质或安全生产、职业病防护条件的承包商、供应商等相关方。企业应与承包商、供应商等签订合作协议，明确规定双方的安全生产及职业病防护的责任和义务。

企业应通过供应链关系促进承包商、供应商等相关方达到安全生产标准化要求。

（3）职业健康

1）基本要求

企业应为从业人员提供符合职业卫生要求的工作环境和条件，为解除职业危害的从业人员提供个人使用的职业病防护用品，建立、健全职业卫生档案和健康监护档案。

产生职业病危害的工作场所应设置相应的职业病防护设施，并符合 GBZ 1 的规定。

企业应确保使用有毒、有害物品的作业场所与生活区、辅助生产区分开，作业场所不应住人；将有害作业与无害作业分开，高毒工作场所与其他工作场所隔离。

对可能发生急性职业危害的有毒、有害工作场所，应设置检验报警装置，制定应急预案，配置现场急救用品、设备，设置应急撤离通道和必要的泄险区，定期检查监测。

企业应组织从业人员进行上岗前、在岗期间、特殊情况应急后和离岗时的职业健康检查，将检查结果书面告知从业人员并存档。对检查结果异常的从业人员，应及时就医，并定期复查。企业不应安排未经职业健康检查的从业人员从事接触职业病危害的作业；不应安排有职业禁忌的从业人员从事禁忌作业。从业人员的职业健康监护应符合 GBZ 188 的规定。

各种防护用品、各种防护器具应定点存放在安全、便于取用的地方，建立台账，并有专人负责保管，定期校验、维护和更换。

涉及放射工作场所和放射性同位素运输、贮存的企业，应配置防护设备和报警装置，为接触放射线的从业人员佩戴个人剂量计。

2）职业危害告知

企业与从业人员订立劳动合同时，应将工作过程中可能产生的职业危害及其后果和防护措施如实告知从业人员，并在劳动合同中写明。

企业应按照有关规定，在醒目位置设置公告栏，公布有关职业病防治的规章制度、操作规程、职业病危害事故应急救援措施和工作场所职业病危害因素检测结果。对存在或产生职业病危害的工作场所、作业岗位、设备、设施，应在醒目位置设置警示标识和中文警示说明；使用有毒物品作业场所，应设置黄色区域警示线、警示标识和中文警示说明，高毒作业场所应设置红色区域警示线、警示标识和中文警示说明，并设置通信报警设备。高毒物品作业岗位职业病危害告知应符合 GBZ/T 203 的规定。

3）职业病危害申报

企业应按照有关规定，及时、如实向所在地安全生产监督管理部门申报职业病危害项目，并及时更新信息。

4）职业病危害检测与评价

企业应改善工作场所职业卫生条件，控制职业病危害因素浓（强）度不超过 GBZ 2.1、GBZ 2.2 规定的限值。

企业应对工作场所职业病危害因素进行日常监测，并保存监测记录。存在职业病危害的，应委托具有相应资质的职业卫生技术服务机构进行定期检测，每年至少进行一次全面的职业病危害因素检测；职业病危害严重的，应委托具有相应资质的职业卫生技术服务机构，每 3 年至少进行一次职业病危害现状评价。检测、评价结果存入职业卫生档案，并向安全监管部门报告，向从业人员公布。

定期检测结果中职业病危害因素浓度或强度超过职业接触限值的，企业应根据职业卫生技术服务机构提出的整改建议，结合本单位的实际情况，制订切实有效的整改方案，立即进行整改。整改落实情况应有明确的记录并存入职业卫生档案备查。

（4）警示标志

企业应按照有关规定和工作场所的安全风险特点，在有重大危险源、较大危险因素和严重职业病危害因素的工作场所，设置明显的、符合有关规定要求的安全警示标志和职业病危害警示标识。其中，警示标志的安全色和安全标志应分别符合 GB 2893 和 GB 2894 的规定，道路交通标志和标线应符合 GB 5768（所有部分）的规定，工业管道安全标识应符合 GB 7231 的规定，消防安全标志应符合 GB 13495.1 的规定，工作场所职业病危害警示标识应符合 GBZ 158 的规定。安全警示标志和职业病危害警示标识应标明安全风险内容、危险程度、安全距离、防控办法、应急措施等内容，在有重大隐患的工作场所和设备设施上设置安全警示标志，标明治理责任、期限及应急措施；在有安全风险的工作岗位设置安全告知卡，告知从业人员本企业、本岗位主要危险有害因素、后果、事故预防及应急措施、报告电话等内容。

企业应定期对警示标志进行检查维护，确保其完好有效。

企业应在设备设施施工、吊装、检维修等作业现场设置警戒区域和警示标志，在检维修现场的坑、井、渠、沟、陡坡等场所设置围栏和警示标志，进行危险提示、警示，告知危险的种类、后果及应急措施等。

5. 安全风险管控及隐患排查治理

（1）安全风险管理

1）安全风险辨识

企业应建立安全风险辨识管理制度，组织全员对本单位安全风险进行全面、系统的辨识。

安全风险辨识范围应覆盖本单位的所有活动及区域，并考虑正常、异常和紧急三种状态，及过去、现在和将来三种时态。安全风险辨识应采用适宜的方法和程序，且与现场实际相符。

企业应对安全风险辨识资料进行统计、分析、整理和归档。

2）安全风险评估

企业应建立安全风险评估管理制度，明确安全风险评估的目的、范围、频次、准则和工作程序等。

企业应选择合适的安全风险评估方法，定期对所辨识出的存在安全风险的作业活动、设备设施、物料等进行评估。在进行安全风险评估时，至少应从影响人、财产和环境三个方面的可能性和严重程度进行分析。

矿山、金属冶炼和危险物品生产、储存企业，每 3 年应委托具备规定资质条件的专业技术服务机构对本企业的安全生产状况进行安全评价。

3）安全风险控制

企业应选择工程技术措施、管理控制措施、个体防护措施等，对安全风险进行控制。

企业应根据安全风险评估结果及生产经营状况等，确定相应的安全风险等级，对其进行分级分类管理，实施安全风险差异化动态管理，制定并落实相应的安全风险控制措施。

企业应将安全风险评估结果及所采取的控制措施告知相关从业人员，使其熟悉工作岗位和作业环境中存在的安全风险，掌握、落实应采取的控制措施。

4）变更管理

企业应制定变更管理制度。变更前应对变更过程及变更后可能产生的安全风险进行分析，制定控制措施，履行审批及验收程序，并告知和培训相关从业人员。

（2）重大危险源辨识和管理

企业应建立重大危险源管理制度，全面辨识重大危险源，对确认的重大危险源制定安全管理技术措施和应急预案。

涉及危险化学品的企业应按照 GB 18218 的规定，进行重大危险源辨识和管理。

企业应对重大危险源进行登记建档，设置重大危险源监控系统，进行日常监控，并按照有关规定向所在地安全监管部门备案。重大危险源安全监控系统应符合 AQ 3035 的技术规定。

含有重大危险源的企业应将监控中心（室）视频监控资料、数据监控系统状态数据和监控数据与有关监管部门监管系统联网。

（3）隐患排查治理

1）隐患治理

企业应建立隐患排查治理制度，逐渐建立并落实从主要负责人到每位从业人员的隐患排查治理和防控责任制。并按照有关规定组织开展隐患排查治理工作，及时发现并消除隐患，实行隐患闭环管理。

企业应依据有关法律法规、标准规范等，组织制定各部门、岗位、场所、设备设施的隐患排查治理标准或排查清单，明确隐患排查的时限、范围、内容和要求，并组织开展相应的培训。隐患排查的范围应包括所有与生产经营相关的场所、人员、设备设施和活动，包括承包商和供应商等相关服务范围。

企业应按照有关规定，结合安全生产的需要和特点，采用综合检查、专业检查、季节性检查、节假日检查、日常检查等不同方式进行隐患排查。对排查出的隐患，按照隐患的等级进行记录，建立隐患信息档案，并按照职责分工实施监控治理。组织有关人员对本企业可能存在的重大隐患做出认定，并按照有关规定进行管理。

企业应将相关方排查出的隐患统一纳入本企业隐患管理。

2）隐患治理

企业应根据隐患排查的结果，制定隐患治理方案，对隐患及时进行治理。

企业应按照责任分工立即或限期组织整改一般隐患。主要负责人应组织制订并实施重大隐患治理方案。治理方案应包括目标和任务、方法和措施、经费和物资、机构和人员、时限和要求、应急预案。

企业在隐患治理过程中，应采取相应的监控防范措施。隐患排除前或排除过程中无法保证安全的，应从危险区域内撤出作业人员，疏散可能危及的人员，设置警戒标志，暂时停产停业或停止使用相关设备、设施。

3）验收与评估

隐患治理完成后，企业应按照有关规定对治理情况进行评估、验收。重大隐患治理完成后，企业应组织本企业的安全管理人员和有关技术人员进行验收或委托依法设立的为安全生产提供技术、管理服务的机构进行评估。

4）信息记录、通报和报送

企业应如实记录隐患排查治理情况，至少每月进行统计分析，及时将隐患排查治理情况向从业人员通报。

企业应运用隐患自查、自改、自报信息系统，通过信息系统对隐患排查、报告、治理、销账等过程进行电子化管理和统计分析，并按照当地安全监管部门和有关部门的要求，定期或实时报送隐患排查治理情况。

（4）预测预警

企业应根据生产经营状况、安全风险管理，以及隐患排查治理、事故等情况，运用定量或定性的安全生产预测预警技术，建立体现企业安全生产状况及发展趋势的安全生产预测预警体系。

6. 应急管理

（1）应急准备

1）应急救援组织

企业应按照有关规定建立应急管理组织机构或指定专人负责应急管理工作，建立与本企业安全生产特点相适应的专(兼)职应急救援队伍。按照有关规定可以不单独建立应急救援队伍的，应指定兼职救援人员，并与邻近专业应急救援队伍签订应急救援服务协议。

2）应急预案

企业应在开展安全风险评估和应急资源调查的基础上，建立生产安全事故应急预案体系，制定符合 GB/T 29639 规定的生产安全事故应急预案，针对安全风险较大的重点场所(设施)制订现场处置方案，并编制重点岗位、人员应急处置卡。

企业应按照有关规定将应急预案报当地主管部门备案，并通报应急救援队伍、周边企业等有关应急协作单位，企业应定期评估应急预案，及时根据评估结果或实际情况的变化进行修订和完善，并按照有关规定将修订的应急预案及时报当地主管部门备案。

3）应急设施、装备、物资

企业应根据可能发生的事故种类特点，按照规定设置应急设施，配备应急装备，储备应急物资，建立管理台账，安排专人管理，并定期检查、维护、保养，确保其完好、可靠。

4）应急演练

企业应按照AQ/T 9007的规定定期组织公司（厂、矿）、车间（工段、区、队）、班组开展生产安全事故应急演练，做到一线从业人员参与应急演练全覆盖，并按照AQ/T 9009的规定对演练进行总结和评估，根据评估结论和演练发现的问题，修订、完善应急预案，改进应急准备工作。

5）应急救援信息系统建设

矿山、金属冶炼等企业，生产、经营、运输、储存、使用危险物品或处置废弃危险物品的生产经营单位，应建立生产安全事故应急救援信息系统，并与所在地县级以上地方人民政府负有安全生产监督管理职责部门的安全生产应急管理信息系统互联互通。

（2）应急处置

发生事故后，企业应根据预案要求，立即启动应急响应程序，按照有关规定报告事故情况，并开展先期处置。

发出警报，在不危及人身安全时，现场人员采取阻断或隔离事故源、危险源等措施；严重危及人身安全时，迅速停止现场作业，现场人员采取必要的或可能的应急措施后撤离危险区域。

立即按照有关规定和程序报告本企业有关负责人，有关负责人应立即将事故发生的时间、地点、当前状态等简要信息向所在地县级以上地方人民政府负有安全生产监督管理职责的有关部门报告，并按照有关规定及时补报、续报有关情况；情况紧急时，事故现场有关人员可以直接向有关部门报告；对可能引发次生事故灾害的，应及时报告相关主管部门。

研判事故危害及发展趋势，将可能危及周边生命、财产、环境安全的危险性和防护措施等告知相关单位与人员；遇有重大紧急情况时，应立即封闭事故现场，通知本单位从业人员和周边人员疏散，采取转移重要物资、避免或减轻环境危害等措施。

请求周边应急救援队伍参加事故救援，维护事故现场秩序，保护事故现场证据。准备事故救援技术资料，做好向所在地人民政府及其负有安全生产监督管理职责的部门移交救援工作指挥权的各项准备。

（3）应急评估

企业应对应急准备、应急处置工作进行评估。

矿山、金属冶炼等企业，生产、经营、运输、储存、使用危险物品或处置废弃危险物品的企业，应每年进行一次应急准备评估。

完成险情或事故应急处置后，企业应主动配合有关组织开展应急处置评估。

7. 事故查处

（1）报告

企业应建立事故报告程序，明确事故内外部报告的责任人、时限、内容等，并教育、指导从业人员严格按照有关规定的程序报告发生的生产安全事故。

企业应妥善保护事故现场以及相关证据。

事故报告后出现新情况的，应当及时补报。

(2) 调查和处理

企业应建立内部事故调查和处理制度，按照有关规定、行业标准和国际通行做法，将造成人员伤亡（轻伤、重伤、死亡等人身伤害和急性中毒）和财产损失的事故纳入事故调查和处理范畴。

企业发生事故后，应及时成立事故调查组，明确其职责与权限，进行事故调查。事故调查应查明事故发生的时间、经过、原因、波及范围、人员伤亡情况及直接经济损失等。

事故调查组应根据有关证据、资料，分析事故的直接、间接原因和事故责任，提出应吸取的教训、整改措施和处理建议，编制事故调查报告。

企业应开展事故案例警示教育活动，认真吸取事故教训，落实防范和整改措施，防止类似事故再次发生。

企业应根据事故等级，积极配合有关人民政府开展事故调查。

(3) 管理

企业应建立事故档案和管理台账，将承包商、供应商等相关方在企业内部发生的事故纳入本企业事故管理。

企业应按照 GB 6441、GB/T 15499 的有关规定和国家、行业确定的事故统计指标开展事故统计分析。

8. 持续改进

(1) 绩效评定

企业每年至少应对安全生产标准化管理体系的运行情况进行一次自评，验证各项安全生产制度措施的适宜性、充分性和有效性，检查安全生产和职业卫生管理目标、指标的完成情况。

企业主要负责人应全面负责组织自评工作，并将自评结果向本企业所有部门、单位和从业人员通报。自评结果应形成正式文件，并作为年度安全绩效考评的重要依据。

企业应落实安全生产报告制度，定期向业绩考核等有关部门报告安全生产情况，并向社会公示。

企业发生生产安全责任死亡事故，应重新进行安全绩效评定，全面查找安全生产标准化管理体系中存在的缺陷。

(2) 持续改进

企业应根据安全生产标准化管理体系的自评结果和安全生产预测预警系统所反映的趋势，以及绩效评定情况，客观分析企业安全生产标准化管理体系的运行质量，及时调整完善相关制度文件和过程管控，持续改进，不断提高安全生产绩效。

复习思考题

(1) 安全文明施工的要求有哪些？

(2) 安全文明施工的意义有哪些？

(3) 应急管理由哪几部分构成？

第二节　焊接环境保护及安全操作知识

学习目标：

- 了解环境保护的重要性；
- 了解焊接中产生的污染环境的有害因素；
- 了解气焊气割的安全操作要求；
- 掌握焊条电弧焊的安全操作要求；
- 掌握埋弧焊的安全操作要求；
- 掌握气体保护焊的安全操作要求；
- 了解等离子弧焊与切割的安全操作要求；
- 了解碳弧气刨和切割的安全操作要求；
- 了解电阻焊的安全操作要求。

一、环境与环境保护

1. 人与环境

环境是以人类社会为主体的外部世界的总体，主要指人类已经认识到的直接或间接影响人类生存和社会发展的周围世界，可分为自然环境和人工环境两种。环境是人类生存的必要条件，环境的组成以及质量好坏与人体健康的关系极为密切。由于人为因素，工业生产中产生的"三废"会使环境发生异常变化，超过人体正常的调节范围，会引起人体疾病并且影响人的寿命。

因此，人与环境的关系密切，环境状态不仅影响人的生存条件和身体健康，而且影响着一个企业、一个国家的可持续发展。《中华人民共和国环境保护法》明确规定"保证在社会主义现代化建设中，合理地利用自然环境，防止环境污染和生态破坏，为人民创造清洁适宜的生活和劳动环境，保护人民健康，促进经济发展。"这是各行各业都要贯彻的方针。

2. 保护劳动环境的重要性

工业生产中产生的"三废"（废气、废水、废渣），以及噪声、有毒物质、电磁辐射和电离辐射等，除了污染周围的生活环境，还直接污染生产场所的劳动环境，对工人的身体健康产生不利影响。

保护劳动环境，消除污染劳动环境的各种有害因素，是一项极其重要的工作。我国明确规定，对新建、改扩建、续建的工业企业必须把各种有害因素的治理设施与主体工程同时设计、同时施工、同时投产；对现有工业企业有污染危害的，也应积极采取行之有效的措施逐步消除污染，并规定车间对环境卫生的要求。

3. 焊接环境安全问题

焊接环境问题是伴随焊接技术的发展而提出和逐渐被重视的。在焊接过程中产生的有毒气体、烟尘等有害物质，对环境造成严重污染，对焊工身心健康造成直接危害。"焊接与环境""焊接与可持续发展"已成为国内外研究的热点之一。很多发达国家已经制定了水平较高、要求严格的法规和标准。

多年来,我国在焊接劳动保护方面做了大量工作。但目前,我国在焊接健康安全环境方面与发达国家相比还存在差距。相应的标准和法规还需要进一步完善,需要建立完善的劳动保护产品质量保证体系。贯彻国际标准,建立环境管理体系,借鉴国际经验,缩短环境治理与世界先进水平的差距已成为共识。

二、污染环境的有害因素

在焊接中产生的有害因素,可分为物理有害因素和化学有害因素两大类。

物理有害因素:焊接弧光(包括紫外线、红外线以及过亮可见光)、高频电磁波、热辐射、噪声及放射线等。

化学有害因素:焊接烟尘以及有害气体等。

各种焊接方法在焊接过程中产生的有害因素见表 11-1。

表 11-1　各种焊接方法在焊接过程中产生的有害因素

焊接方法	有害因素						
	电弧辐射	高频电磁波	烟尘	有毒气体	金属飞溅	射线	噪声
酸性焊条电弧焊	O		OO	O	O		
低氢型焊条电弧焊	O		OOO	O	OO		
高效铁粉焊条电弧焊	O		OOOO	O	O		
碳弧气刨	O		OOO	O			O
镀锌铁焊条电弧焊	O		OOOO	O	O		
电渣焊			O				
埋弧焊			OO	O			
实芯细丝 CO_2 气体保护焊	O		O	O	O		
实芯粗丝 CO_2 气体保护焊	OO		OO	O	OO		
钨极氩弧焊(铝、钛、铜、镍,铁)	OO	OO	O	OO	O	O	
钨极氩弧焊(不锈钢)	OO	OO	O	O	O	O	
熔化极氩弧焊	OO		O	OO	O		

注:O 表示激烈程度,其中 O 轻微,OO 中等,OOO 强烈,OOOO 最强烈。

(1) 焊接烟尘

在焊接工艺过程中产生的焊接烟尘主要是由填充材料或母材形成的氧化物、氟化物等。当这些有害物质超过容许浓度时,就会危害焊工的身体。形成焊接烟尘的高温蒸气主要来自焊条或焊丝端部的液态金属以及熔渣、过渡的液滴及飞溅颗粒。

焊接烟尘的成分见表 11-2,常见焊条的发尘量见表 11-3。

表 11-2 焊接烟尘成分

药皮类型成分	Fe_2O_3/%	SiO_2/%	MnO/%	TiO_2/%	AL_2O_3/%	CaO/%	MgO/%	CaF_2/%	Ca/%
钛钙型	45.6～51.8	20.75～21.38	6.99～8.10	5.22～6.76	1.19～2.35	0.9～2.15	0.38～1.08	—	0.2
低氢钠型	33～36	7.44～12.30	5.46～7.27	0.8～1.99	1.32～2.47	14.655～26.7	0.38	7.57～18.2	0.12

表 11-3 常用焊条的发尘量

焊条型号(牌号)	药皮类型	直径/mm	电流/A	发尘量/(g/kg)
E4303	钛钙型	4	—	7.30
E5015	低氢钠型	4	—	15.60
奥 407	低氢钠型	4	170	12.02
铬 207	低氢钠型	4	160～170	10.18
热 317	低氢钠型	4	180	14.03
堆 256	低氢钠型	4	170	18.10

(2) 有害气体

在各种熔焊过程中,焊接区都会产生或多或少的有害气体,主要有一氧化碳、臭氧、氮氧化物、氟化物和氯化物等。

1) 一氧化碳(CO)。一氧化碳是无色无臭的气体,密度是空气的 1.5 倍,可以与人类血液中的血红蛋白结合,从而使血红蛋白失去正常的携带氧气的能力,造成人体组织缺氧而中毒。

在二氧化碳气体保护焊或者二氧化碳配比较高的熔化极气体保护焊中,由于二氧化碳的热分解作用,会使一氧化碳达到临界浓度。另外,碳在缺氧状态下的任何形式的燃烧过程都会产生一氧化碳。

2) 臭氧(O_3)。臭氧是一种浅蓝色气体,带有强烈刺激性的腥臭味。臭氧是强氧化剂,易与各种物质发生化学反应,使橡胶和棉制品老化。

由于在焊接中电弧光与等离子弧辐射出的紫外线使空气中的氧气分解成氧原子,氧原子和氧分子获得一定能量后互相撞击,生成臭氧。

3) 氮氧化物。氮气在火焰和电弧的边缘被空气中的氧气氧化生成氮氧化物。

氮氧化物包括多种化合物,如氧化亚氮(N_2O)、一氧化氮(NO)、二氧化氮(NO_2)、三氧化二氮(N_2O_3)、四氧化二氮(N_2O_4)和五氧化二氮(N_2O_5)等。除二氧化氮以外,其他氮氧化物均极不稳定,遇光、湿或热变成二氧化氮及氧化氮,一氧化氮又变为二氧化氮。

二氧化氮为红棕色气体,毒性较大,遇水可以变成硝酸或亚硝酸,有强烈刺激性。

4) 氟化物。在使用碱性焊条电弧焊时,药皮中的萤石在高温下产生氟化氢(HF);埋弧焊时采用酸性焊剂,也可以产生氟化氢。

氟化氢是一种具有强烈刺激性气味的无色气体溶于水呈弱酸性,在空气中发出烟雾、蒸气，有强腐蚀性和毒性。

聚四氟乙烯在温度超过 450 ℃ 时，可分解产生毒性极大的八氟异丁烯、氟光气等，刺激呼吸道黏膜和神经系统，严重时可导致肺水肿和中毒性心肌炎。在热切割和焊接氟塑料时，必须采取较好的通风防毒措施。

5）氯化物。在实际工作中，往往采用四氯化碳、三氯乙烯、四氯丁烯等对容器和管道进行脱脂。如脱脂后清洗不干净，在残留少量氯化溶剂时焊接，会产生有毒的光气（$COCl_2$），损害人体健康。

6）涂层材料所产生的气体。当焊接表面带有底漆（表面防锈涂层）时，所产生的气体取决于涂层的化学成分。在焊接时不仅会产生金属氧化物，还会形成一氧化碳、甲醛、氢氰化物、氯化氢等气体。

（3）弧光辐射

弧光辐射是由紫外线、可见光、红外线辐射组成的。

弧光辐射的强度与焊接方法、焊接参数、施焊点的距离以及保护方法有关。

各种明弧焊、保护不好的埋弧焊及处于造渣阶段的电渣焊都要产生外露电弧，形成弧光辐射。

焊接弧光的紫外线过度照射会引起电光性眼炎，红外线对人体的危害主要是引起组织的热作用，眼睛被弧光的可见光照射后，会使眼睛疼痛看不清东西，通常叫作“晃眼”。皮肤被强烈紫外线作用后，可引起皮炎、弥散性弧斑。此外，焊接电弧的紫外线辐射对纤维的破坏能力强，可导致棉布工作服氧化变质。为保护眼睛不受弧光伤害，焊接时必须使用镶有特制防护镜片的面罩。

（4）高频电磁辐射

当交流电的频率达到每秒钟振荡 10 万次以上时，周围会形成高频电场和磁场称为高电频辐射。

等离子焊和钨极气体保护焊采用高频振荡器引弧时，会形成高频电磁辐射。

（5）热辐射

绝大多数焊接过程是利用高温热源把金属加热到融化状态进行连接的，所以施焊时有大量热能以辐射形式向作业环境中扩散，叫作热辐射。

焊接电弧有20%～309%的热量要逸散到焊接环境中，使环境温度升高；预热工件时或焊后保温均会使焊接环境温度升高。

焊接环境温度过高，可导致作业人员代谢机能显著变化，使人大量出汗，体内水盐比例失调，增加触电危险。

焊接作业要特别注意高温下的保护问题，严格控制环境温度不要过高，及时供给作业人员盐汽水，以补充人体内的水盐含量，严防触电事故发生。

（6）放射线

放射线主要指钨极氩弧焊和等离子焊的钍放射性污染和电子束焊的 X 射线。焊接过程中的放射线污染不严重，钍钨极现在一般被铈钨极取代，对电子束焊 X 射线的防护主要是屏蔽以减少泄漏。

（7）噪声

噪声是指强度和频率变化都无规律，杂乱无章的声音。在焊接环境中，噪声存在于一切焊接方法中。其中声强很大、危害突出的焊接方法是等离子切割、等离子喷涂以及碳弧气刨,其噪声强度可达 20～130 dB 或更高。焊工接触的噪声还来自其他工种(如校正时的锤击、铲边、修复铲根),这些噪声水平远高于焊接方法及设备产生的噪声强度,故应采取措施,防止伤害焊工。

在高噪声环境中工作,短期会产生听觉疲劳,当长期在高噪声环境中工作时,由于持续不断地受到噪声的刺激,日积月累,听觉疲劳会发展成噪声性耳聋,即职业性听力损失,噪声还可引起多种疾病。焊接噪声已经成为某些焊接和切割工艺中存在着的主要职业有害因素。

三、气焊气割的安全操作要求

1. 一般安全要求

(1) 乙炔的最高工作压力禁止超过 147 kPa(1.5 kgf/cm^2)表压。

(2) 禁止使用银或铜的质量分数[w(Cu)](含铜量)在 70%以上的铜合金制造的仪表、管件等与乙炔气体接触。

(3) 回火防止器、氧气瓶、乙炔气瓶、液化石油气瓶、减压器等,都应采取防冻措施,一旦冻结,应用热水或水蒸气解冻,严禁用火烤或用铁器敲打解冻。

(4) 氧气瓶、乙炔气瓶、液化石油气瓶等应该直立使用,或者装在专用的胶轮车上使用。

(5) 氧气瓶、乙炔气瓶、液化石油气瓶等,不要放在阳光下直晒、热源直接辐射或容易受电击的地方使用。

(6) 氧气瓶、溶解乙炔气瓶等气体不要用完,气瓶内必须留有不小于 98～198 kPa(1～2 kgf/cm^2)表压的余气。

(7) 禁止使用电磁吸盘、钢绳、链条等吊运各类焊接与切割设备。

(8) 气瓶漆色的标志应符合国家颁发的《气瓶安全监察规程》的规定,禁止改动,严禁充装与气瓶漆色不符的气体。

(9) 气瓶应配备手轮或专用扳手关闭瓶阀。

(10) 工作完毕、工作间隙、工作地点转移之前都应关闭瓶阀,戴上瓶帽。

(11) 禁止使用气瓶作为登高支架和支承重物的衬垫。

(12) 留有余气需要重新灌装的气瓶,应关闭瓶阀旋紧瓶帽,标明空瓶字样或记号。

(13) 氧气、乙炔的管道,应涂上相应气瓶漆色规定的颜色和标明名称,便于识别。

(14) 同时使用两种不同气体进行焊接时,在不同气瓶减压器的出口端,都应装有各自的单向阀,防止相互倒灌。

(15) 液化石油气瓶、溶解乙炔气瓶和液体二氧化碳气瓶等用的减压器,应该位于瓶体的最高部位,防止瓶内的液体流出。

(16) 减压器卸压的顺序是:先关闭高压气瓶的瓶阀,然后放出减压器内的全部余气,放松压力调节杆使表针降到 0 位。

(17) 焊接与切割用的氧气胶管为蓝色,乙炔胶管为红色(GB 9448—1999)。

(18) 禁止将在使用中的焊炬、割炬的嘴头与平面摩擦用来清除嘴头的堵塞物。

2. 溶解乙炔气瓶的安全要求

(1) 溶解乙炔气瓶的充装、检验、运输、存储等均应符合原国家劳动总局颁布的《溶解乙炔气瓶安全监察规程》(试行)和《气瓶安全监察规程》的规定。

(2) 溶解乙炔气瓶的搬运、装卸、使用时都应直立放稳,严禁在地面上卧放并直接使用,一旦要使用已卧放的乙炔气瓶,必须先直立后,静止 20 min 后再连接乙炔减压器使用。

(3) 开启乙炔气瓶瓶阀时,应该缓慢进行,不要超过一转半,一般情况下只开启 3/4 转即可。

(4) 禁止在乙炔气瓶上放置物件、工具或缠绕悬挂橡胶管及焊、割炬等。

(5) 乙炔气瓶在使用时,必须配用合格的乙炔专用减压阀和回火防止器。

(6) 乙炔气瓶距火源应在 10 m 以上,夏季不得在烈日下暴晒,瓶体温度不得超过 40 ℃。

(7) 乙炔气瓶运输、存储和使用时,应该轻装轻卸、用小车运送,严禁人抬、肩扛或在地面上滚动。瓶体不得受激烈振动或撞击,以免填料下沉形成净空间,使部分气态乙炔处于高压状态,容易引起事故发生。

(8) 乙炔气瓶用后要留有余气,余气的压力为 98～198 kPa(1～2 kgf/cm^2)表压。

(9) 乙炔气瓶减压器一旦冻结,只能用热水或蒸汽解冻,禁止采用明火或用铁器敲打解冻。

(10) 定期检查乙炔压力表与安全阀的准确运行。

3. 液化石油气瓶的安全要求

(1) 用于气割、气焊的液化石油气钢瓶,其制造和充装量都应符合有关 CJ31《液化石油气钢瓶标准》的规定。瓶阀必须密封严密,瓶座、护罩(护手)应齐全。

(2) 液化石油气钢瓶内的气将要用完时,瓶内要留有余气。

(3) 液化石油气钢瓶应严格按有关规定充装,禁止超装。

(4) 在室外用液化石油气钢瓶气割、焊接或加热时,气瓶应平稳地放在空气流通的地面上,与明火(火星飞溅、火花)或热源距离必须保持在 5 m 以上。

(5) 液化石油气钢瓶应加装减压器,禁止用橡胶管直接与液化石油气钢瓶阀门连接。

(6) 当液化石油气钢瓶着火时,应立即关闭瓶阀,如果无法靠近钢瓶时,可用大量的冷水喷射,使瓶体降温,然后关闭瓶阀,切断气源灭火,同时,还要防止着火的气瓶倾倒。

(7) 液化石油气瓶的最大工作压力为 1.6 MPa,水压试验的压力为 3 MPa。

(8) 瓶内的气体不得用尽,应留有不少于体积分数为 0.5%～1.0%规定充装量的剩余气体。

(9) 液化石油气对普通橡胶制的导管、衬垫有腐蚀作用,必须使用耐油性强的橡胶,不得随意更换衬垫和胶管,以防止腐蚀后漏气。

(10) 液化石油气点火时,要火等气,先点燃引火物,然后再点气,不要颠倒次序。

(11) 不要将液化石油气靠向其他气瓶倒装,不得自行处理液化石油气瓶内的残液。

(12) 严禁液化石油气槽车直接向气瓶灌装。

(13) 液化石油气瓶漏气而又不能制止时,应把气瓶移至室外安全地带,让其自行逸出,直到瓶内气体排尽为止。

(14) 有缺陷的气瓶和瓶阀,送到专业部门修理,经检验合格后,才能重新使用。

4. 氧气瓶的安全要求

(1) 氧气瓶应符合国家颁布的《气瓶安全监察规则》和《氧气站设计规范》的规定，定期进行技术检查，气瓶使用期满和送检不合格的，不准继续使用。

(2) 氧气瓶使用前，应稍打开瓶阀，吹出瓶阀内的污物后立即关闭瓶阀，然后连接减压器使用。

(3) 开启氧气阀时，操作者应站在瓶阀气体吹出方向的侧面缓慢开启，避免氧气吹向人体。同时也要避免吹向可燃气体或火源。

(4) 禁止在带压力的氧气瓶上，以拧紧瓶阀和垫圈螺母的方法消除漏气。

(5) 严禁将沾有油脂的手套、棉纱和工具等同氧气瓶阀、减压器及管路等接触。

(6) 氧气瓶与乙炔气瓶、明火或热源的距离应大于 5 m。

(7) 禁止单人肩扛氧气瓶，气瓶无防振胶圈或在气温−10 ℃以下时，严禁在地面用转动的方式搬运氧气瓶。

(8) 禁止用手托瓶帽、瓶座在地面转动的方式来移动氧气瓶。

(9) 氧气瓶不允许停放在人行通道上，也不允许停放在电梯间、楼梯间附近，防止被物件撞击、碰倒。如实在非停不可，应采取妥善的保护措施。

(10) 禁止用氧气代替压缩空气吹净工作服、乙炔管道，或用作试压和气动工具的气源。

(11) 禁止用氧气对局部焊接部位通风换气。

四、焊条电弧焊的安全操作要求

1. 焊机的安全要求

(1) 焊机必须符合现行有关焊机标准规定的安全要求。

(2) 当焊机的空载电压高于现行有关焊机标准规定时，而又在有触电危险的场所作业时，焊机必须采用空载自动断电装置等防止触电的安全措施。

(3) 焊机的工作环境应与焊机技术说明书上的规定相符。如工作环境的温度过高或过低、湿度过大、气压过低以及在腐蚀性或爆炸性等特殊环境中作业，应使用适合特殊环境条件性能的焊机，或采取防护措施。

(4) 防止焊机受到碰撞或激烈振动(特别是整流式焊机)，室外使用的焊机必须有防雨、雪的防护措施。

(5) 焊机必须有独立的专用电源开关。其容量应符合要求，当焊机超负荷时，应能自动切断电源。禁止多台焊机共用一个电源开关。

(6) 焊机的电源开关应装在焊机附近人手便于操作的地方，周围留有安全通道。

(7) 采用启动器启动的焊机，必须先闭合电源开关，然后再启动焊机。

(8) 焊机的一次电源线长度一般为 2～3 m，当有临时任务需要较长的电源线时，应沿墙或设立柱用瓷瓶隔离布设，其高度必须距地面 2.5 m 以上，不允许将一次电源线拖在地面上。

(9) 焊机外露的带电部分应设有完好的防护(隔离)装置。其裸露的接线柱必须设有防护罩。

(10) 使用插头插座连接的焊机，插销孔的接线端应用绝缘板隔离，并装在绝缘板平面内。

(11) 禁止连接建筑物的金属构架和设备等作为焊接电源回路。

(12) 焊机不允许超负荷运行,焊机运行时的温升不应超过焊机标准规定的温升限值。

(13) 焊机应平稳放在通风良好、干燥的地方,不准靠近高热及易燃易爆危险的环境。

(14) 禁止在焊机上放任何物品和工具,启动焊机前,焊钳和焊件不能短路。

(15) 焊机必须经常保持清洁,清扫焊机必须停电进行,焊接现场如有腐蚀性、导电性气体或飞扬的浮尘,必须对焊机进行隔离防护。

(16) 每半年对焊机进行一次维修保养,发生故障时,应该立即切断焊机的电源,及时进行检修。

(17) 经常检查和保持焊机电缆与焊机接线柱接触良好,保持螺母紧固。

(18) 工作完毕或临时离开工作场地时,必须及时切断焊机电源。

2. 电焊机接地的安全要求

(1) 各种焊机、电阻焊机等设备或外壳、电气控制箱、焊机组等,都应按现行(SDJ)《电力设备接地设计技术规程》的要求接地,防止触电事故发生。

(2) 焊机接地装置必须经常保持接触良好,定期检测接地系统的电气性能。

(3) 禁止用乙炔管道、氧气管道等易燃易爆气体管道作为接地装置的自然接地极,防止由于产生电阻热或引弧时冲击电流的作用,产生火花而引爆。

(4) 焊机组或集装箱式焊接设备,都应安装接地装置。

(5) 专用的焊接工作台架应与接地装置连接。

3. 焊接电缆的安全要求

(1) 焊接电缆的外皮必须完整、绝缘良好、柔软,绝缘电阻不小于 1 MΩ。

(2) 连接焊机与焊钳必须使用柔软的电缆线,长度一般不超过 20～30 m。

(3) 焊机的电缆线必须使用整根的导线,中间不应有连接接头,当工作需要接长导线时,应使用接头连接器牢固连接,并保持绝缘良好。

(4) 焊接电缆线要横过马路时,必须采取保护套等保护措施,严禁搭在气瓶、乙炔发生器或其他易燃易爆物品的容器或材料上。

(5) 禁止利用厂房的金属结构、轨道、管道、暖气设施或其他金属物体搭接起来做焊接导线的电缆。

(6) 禁止焊接电缆与油、脂等易燃易爆物品接触。

4. 焊钳的安全要求

(1) 焊钳必须有良好的绝缘性与隔热能力,手柄要有良好的绝缘层。

(2) 焊钳应保证操作灵便、重量不超过 600 g。

(3) 禁止将过热的焊钳浸在水中冷却后使用。

五、气体保护焊的安全操作要求

1. 钨极氩弧焊的安全操作要求

(1) 气体保护焊焊机内的接触器、断电器的工作元器件,焊枪夹头的夹紧力以及喷嘴的绝缘性能等,都要定期进行检验。

(2) 用高频引弧的焊机或装有高频引弧装置的焊机,所用的焊接电缆都应有铜网编织的屏蔽套并且可靠接地。

(3) 焊机在使用前应该检查供气系统、供水系统是否完好，不得在漏水、漏气的情况下使用。

(4) 气体保护焊机焊接作业结束后，禁止立即用手触摸焊枪的导电嘴，避免烫伤。

(5) 焊工打磨钨极应在专用的、有良好通风装置的砂轮上进行或在抽气式砂轮上进行，并且要穿戴好个人劳动保护用品，打磨工作结束后，应立即洗手和洗脸。

(6) 钍钨极在焊接过程中有放射性危害，虽然放射剂量很小，危害不大，但是，当放射性气体或微粒进入人体作为内放射源时，则会严重影响身体健康。

(7) 钨极氩弧焊时，如果采用高频起弧，所产生高频电磁场的强度应控制在 60～110 V/m之间，超过卫生标准(20 V/m)数倍，如果频繁起弧或把高频振荡器作为稳弧装置在焊接过程中持续使用时，会引起焊工头昏、疲乏无力、心悸等症状，对焊工的危害较大。

(8) 盛装保护气体的高压气瓶，应小心轻放直立固定，防止倾倒。气瓶与热源距离应大于 3 m，不得暴晒。瓶内气体不可全部用尽，要留有余气。用气开瓶阀时，应缓慢开启，不要操作过快。

(9) 氩弧焊用的钨极，应有专用的保管地点且放在铅盒内保存，并由专人负责发放，焊工随用随取，报废的钨极要收回集中处理。

(10) 在氩弧焊过程中，会产生对人体有害的臭氧(O_3)和氮氧化物，尤其是臭氧的浓度远远超出卫生标准，所以，焊接现场要采取有效的通风措施。

(11) 为了防备和削弱高频电磁场的影响，进行氩弧焊时，在保证焊接质量的前提下，可适当降低频率。

(12) 由于在氩弧焊时，臭氧和紫外线的作用较强烈，对焊工的工作服破坏较大，所以氩弧焊焊工适宜穿戴非棉布的工作服(如耐酸呢、柞丝绸等)。

(13) 在容器内进行氩弧焊而又不能进行通风时，可以采用送风式头盔、送风式口罩或防毒口罩等防护措施。

2. CO_2气体保护焊的安全操作要求

(1) CO_2 气体保护焊时，电弧的温度为 6 000～10 000 ℃，电弧的光辐射比焊条电弧焊强，因此要加强防护。

(2) CO_2 气体保护焊时，焊接飞溅较多，尤其是用粗焊丝焊接时，飞溅更多，焊工要注意防止被飞溅物灼伤。

(3) CO_2 气体在焊接高温作用下，会分解成对人体有害的 CO 气体，所以在容器内焊接时，必须加强通风，而且还要使用能供给新鲜空气的特殊设备，容器外要配备监护人。

(4) CO_2 气体预热器，使用的电压不得大于 36 V，外壳要可靠接地，焊接工作结束后，立即切断电源。

(5) 装有液态 CO_2 的气瓶，满瓶的压力为 0.8～0.7 MPa。当受到热源加热时，液体二氧化碳就会迅速蒸发为气体，使瓶内气体压力升高，压力越升高，则压力也就越大，这样就有爆炸的危险。所以 CO_2 气瓶不能靠近热源，同时还要采取防高温的措施。

(6) 大电流粗丝 CO_2 气体保护焊时，应防止焊枪的水冷系统漏水而破坏绝缘，发生触电事故。

(7) CO_2 气体保护焊时,由于焊接飞溅大,飞溅物粘在喷嘴内壁上,引起送丝不畅,造成电弧不稳定,气体保护作用降低,使焊缝质量降低,所以要经常清理粘在喷嘴内壁上的飞溅物或更换喷嘴。

3. 熔化极气体保护焊的安全操作要求

(1) 熔化极气体保护焊机内的接触器、断电器的工作元器件,焊枪夹头的夹紧力以及喷嘴的绝缘性能等,应该定期进行检查。

(2) 由于熔化极气体保护焊时,臭氧和紫外线的作用较强烈,对焊工的工作服破坏较大,所以氩弧焊焊工适宜穿戴非棉布的工作服(如耐酸呢、柞丝绸等)。

(3) 熔化极气体保护焊时,电弧的温度为 6 000～10 000 ℃,电弧的光辐射比焊条电弧焊强,因此要加强防护。

(4) 熔化极气体保护焊时,工作现场要有良好的通风装置,则有利于排出有害气体及烟尘。

(5) 焊机在使用前,应检查供气系统、供水系统,不得在漏气漏水的情况下运行,以免发生触电事故。

(6) 盛装保护气体的高压气瓶,应小心轻放直立固定,防止倾倒。气瓶与热源距离应大于 3 m,不得暴晒。瓶内气体不可全部用尽,要留有余气。用气开瓶阀时,应缓慢开启,不要操作过快。

(7) 移动焊机时,应取出机内的易损电子元器件,以便单独搬运。

六、等离子弧焊与切割的安全操作要求

(1) 等离子弧焊枪与割枪,应保持电极与喷嘴的同心,供气供水系统应严密,不漏气、不漏水。

(2) 等离子弧焊与切割用的气源充足,并设有气体流量调整装置。

(3) 等离子弧焊与切割作业现场,应配备工作台,并设有局部排烟和净化空气装置。

(4) 防电击。等离子弧焊与切割的空载电压较高,尤其是在手工操作时有触电的危险。因此,在使用焊接电源时,要可靠接地。另外焊枪枪体或割枪枪体与手接触的部分必须绝缘可靠。如果启动开关在手把上,必须把露在外面的开关套上绝缘胶管,避免手直接接触开关发生触电事故。

(5) 防弧光辐射。电弧的弧光辐射是由紫外线辐射、可见光辐射和红外线辐射组成的。而等离子弧焊与切割的弧光辐射,较其他电弧的光辐射强度大,特别是紫外线,对人体皮肤的损伤就更为严重。因此,操作者在焊接或切割时,必须穿戴有吸收紫外线镜片的面罩、工作服、手套等保护用品。机械化操作时,可以在操作者和操作区之间设置防护屏。等离子弧切割时,可以采用水中切割方法,利用水来吸收光辐射。

(6) 防烟防尘。在等离子弧焊与切割过程中,有大量汽化的金属蒸气、臭氧、氮化物等产生。同时,由于切割过程气体流量大,使工作现场扬起大量的灰尘。这些烟气与灰尘对操作者的呼吸道、肺等器官产生严重的影响。

(7) 防噪声。等离子弧焊与切割时,会产生高强度、高频率的噪声,其噪声的能量集中在 2 000～8 000 Hz 范围内。要求操作者必须戴耳塞。在可能的情况下,使操作者在有良好

隔声效果的操作室内工作,或采用水中切割法,用水吸收噪声。

(8) 防高频。等离子弧焊与切割是用高频振荡器引弧,高频对人体有一定的危害。引弧频率在 20～60 Hz 较为合适,操作前焊件要可靠接地,引弧完成后要立即切断高频振荡器的电源。

七、碳弧气刨和切割的安全操作要求

(1) 碳弧气刨和切割时的电流较大,要防止焊机因过载发热而损坏。

(2) 碳弧气刨和切割过程中,大量的高温铁液被电弧吹出,容易引起烫伤和火灾事故。

(3) 碳弧气刨和切割时的噪声较大,尖锐、刺耳的噪声容易危害人体的健康。

(4) 碳弧气刨和切割的烟气和灰尘较大,在容器内或较小的作业现场操作时,必须采取有效的排烟除尘的措施。

(5) 碳弧气刨和切割的电流比焊接电流大得多,弧光更强烈,弧光的伤害也最大,应注意防护。

(6) 在容器内进行碳弧气刨和切割时,除了应加强通风排气以外,还要有专人监护安全,并且安排好工间休息。

(7) 碳弧气刨和切割时,注意防止触电事故。

(8) 碳弧气刨和切割操作现场 15 m 半径以内不准有易燃易爆物品存在。

八、电阻焊的安全操作要求

(1) 防触电。电阻焊的二次电压很低,不会有触电的危险,但是,一次电压可高过千伏,因为晶闸管一般都带水冷,所以水柱带电,容易造成触电事故的发生,故电阻焊机必须可靠接地。检修控制箱中的高压部分,必须在切断电源后进行。高压电容放电类的焊机,应加装门开关,焊机门开后会自动切断电源。

(2) 防压伤和撞伤。电阻焊机须一个人操作,防止因多人操作配合不当而产生压伤和撞伤事故。如对焊机上的夹紧按钮,采用双钮式,操作人员必须双手同时各按一按钮才能夹紧,杜绝发生夹手事故。多点焊机的周围应设置栏杆,操作人员放完焊件后必须撤离到一定的距离,关上门后才能启动焊机,确保运动的焊件不致撞伤人员。

(3) 防烧伤。电阻焊常有喷溅发生,尤其是闪光对焊,喷溅如火花持续数秒,因此操作人员应戴好防护镜、穿好防护服,防止烫伤。闪光产生的区域宜用黄铜防护罩罩住,以便防止产生火灾和烫伤事故。

(4) 防污染,在电阻焊焊接镀锌板时,会产生有毒的锌、铅烟尘;在闪光焊时,会有大量的金属蒸气产生;修磨电极时,会有金属尘产生;其中镉铜电极、铍钴铜电极中的镉与铍均有很大的毒性,因此一定要采取有效的通风措施。

(5) 装有电容储能装置的电阻焊机,在密封的控制箱门上应该装有连锁机构,当控制箱门被打开时应使电容短路,手动操作开关亦应附加电容短路的安全措施。

(6) 复式、多工位操作的焊机,应在每个工位上装有紧急制动按钮。

(7) 手提式焊机的构架,应能经受在操作中产生的振动,吊挂的变压器应有防坠落的保险装置,并要经常检查。

(8) 焊机的脚踏开关应有牢固的防护罩,防止焊机意外开动起来。

(9) 电阻焊机的作业现场，应有防护挡板或防护屏，防止焊接过程中产生的火花飞溅。

(10) 焊接控制箱装置的检修与调整应由专业人员进行。

(11) 缝焊作业时，焊工必须注意电极盘的滚动方向，防止滚轮切伤手指

(12) 焊机的工作场所，应保持干燥，地面铺设防滑板。外水冷式焊机的焊工作业时，应穿绝缘靴进行焊接工作。

(13) 焊接工作结束，切断电源，焊机的冷却水应延长 10 min 再关闭，在冬季或气温较低时，还应排出水路内的积水，防止冻结。

九、手持式电动砂轮机安全操作要求

(1) 使用砂轮机前请仔细检查保护罩、辅助手柄，必须完好无松动。

(2) 装好砂轮片前注意是否出现有受潮现象和缺角等现象，并且安装必须牢靠无松动，严禁不用专用工具而用其他外力工具敲打砂轮夹紧螺母。

(3) 插头插上之前，务必确认砂轮机开关处在关闭的位置。

(4) 使用的电源插座必须装有漏电开关装置，并检查电源线有无破损现象。

(5) 操作砂轮机前必须佩戴防护眼镜及防尘口罩，防护设施不到位不准作业。

(6) 砂轮机在使用前必须要开机试转，看砂轮片运行是否平稳正常，确认无误后方可正常使用。

(7) 砂轮机在操作时的磨切方向严禁对着周围的工作人员及一切易燃易爆危险物品，以免造成不必要的伤害。保持工作场地干净、整洁。正确使用，确保人身及财产安全。

(8) 事前夹紧工件，磨片与工件的倾斜角度在 30°～40° 为宜。切割时勿重压、勿倾斜、勿摇晃，根据材料的材质适度控制切割力度。保持切割片与板料切口的平行，不可侧压方式歪斜下切。

(9) 使用砂轮机时要切记不可用力过猛，要缓慢均匀用力，以免发生砂轮片撞碎的现象，如出现砂轮片卡阻现象，应立即将砂轮机提起，以免烧坏砂轮机或因砂轮片破碎，造成不安全隐患。

(10) 严禁使用无安全防护罩的砂轮机，对防护罩出现松动而无法紧固的砂轮机严禁使用并由专人及时修理，严禁当事人擅自拆卸。

(11) 砂轮机工作时间较长而机体温度大于 50 ℃ 以上并有烫手的感觉时，请立即停机待自然冷却后再行使用。

(12) 更换砂轮片时必须关闭电源或拉掉电源线，确认无误后方可进行砂轮片的更换，务必使用专用工具拆装，严禁乱敲乱打。

(13) 定期检查传动部分的轴承、齿轮等部件是否灵活完好，适时对转动部位加注润滑油，以延长砂轮机的使用寿命。

复习思考题

(1) 保护劳动环境的重要性？

(2) 在焊接中产生的有害因素包含哪两类？

(3) 手持电动砂轮机安全操作要求？

第三节　焊接劳动保护知识

学习目标：

- 了解焊接对人体健康的影响；
- 掌握焊接劳动保护措施。

一、焊接对人体健康的影响

焊接工艺方法很多，可以产生多种职业性有害因素。焊工的劳动条件也不尽相同，有室内、室外、高空、密闭环境等，因此焊工在作业过程中可受到不同程度的危害。烟尘、有毒气体、弧光辐射、噪声等有害因素对焊工造成不良影响的程度，与以下因素有关：

焊接烟尘和气体的浓度与性质及其他有害因素的强度；焊工接触有害因素的机会和持续时间；焊工个体因素与个人防护状况；焊工所处生产环境的优劣以及各种有害因素的相互作用。

改进工艺方法、焊接材料，改善生产环境能有效防止焊接有害因素对焊工身体健康的伤害。只有在焊工作业环境很差或缺乏劳动保护的情况下长期作业，才有引起职业病的可能性。

1. 粉尘和有害气体对呼吸系统的影响

(1) 粉尘对呼吸系统的影响——焊工尘肺

焊工尘肺是指长期吸入超过规定浓度的粉尘所引起的肺组织弥散性纤维化的病症。焊工尘肺发病缓慢，发病工龄一般在10年以上，但也有特例，如长期在密闭环境中工作，焊工吸入高浓度的电焊粉尘，经4～5年发病。

焊工尘肺主要表现为呼吸系统症状，在早期多为轻度干咳，合并肺部感染时则有咳痰，晚期咳嗽加剧，有时甚至咯血、胸闷，胸痛多为隐痛、胀痛和刺痛，气候变化或阴雨天加重。

焊工尘肺患者经确诊后，应及时调离焊接岗位。一般认为，患者在脱离和焊接烟尘的接触后，肺部病变不再继续发展或进展极为缓慢。目前尚无特效治疗方法，应适当地劳动、休息，有规律地生活，适当锻炼，注意加强营养和预防呼吸道感染。

(2) 有害气体对呼吸道的影响

1) 吸入高浓度的氮氧化物后，可引起急性哮喘症或产生肺水肿，长期慢性作用可引起慢性呼吸道炎症。

2) 臭氧被吸入人体后、刺激呼吸系统，引起胸闷、咳嗽、严重时引起肺水肿及支气管炎。

3) 吸入高浓度的氟化氢、可立即引起鼻、呼吸道刺激症状，严重时会导致支气管炎、肺炎等。

(3) 焊工的急、慢性呼吸系统疾病

由于焊接烟尘及有毒气体的接触，尤其是当环境通风不良、缺乏个人保护、焊接时间过长，焊工患感冒、喉痛、声音嘶哑者比非焊工多。

2. 光辐射对眼睛和视觉的影响

(1) 过度紫外线辐射对眼睛的影响——电光性眼炎

电光性眼炎为眼部受紫外线过度照射所引起的角膜结膜炎。焊条电弧焊电弧温度达

4 000～6 000 K、氩弧焊可达 8 000 K 或更高，因此可产生很强的中、短波紫外线辐射，其中角膜、结膜上皮吸收最多、使组织分子改变其运动状态，从而产生电光性损害。大部分焊工都有发生数次或更多次电光性眼炎的病史，尤其是初学焊工的技术工人更易发生这种病症。紫外线对眼睛的伤害与照射时间成正比，与电弧和眼睛距离的平方成反比，眼睛距离电弧 1 m 以内，如无防护，十几秒甚至几秒照射，就可导致电光性眼炎。

电光性眼炎发病需要经过一定的潜伏期，潜伏期长短取决于照射剂量，短则 30 min，最长不超过 24 h，一般发病在受照射后 6～8 h，故发作常在夜间或清晨。

轻症或早期患者，眼部有异物感或轻度不适；重症患者眼部有烧灼感和剧痛，并伴有高度畏光、流泪和眼痉挛。轻者可于 12～18 h 自行消退，1～2 天内可恢复，重症可持续 9～5 天。

屡次重复的紫外线照射，可引起慢性睑缘炎和结膜炎，甚至引起类似结节状角膜炎的角膜变性，造成严重的视力障碍。短时重复的紫外线照射，可引起累积作用。

电光性眼炎只要及时处理，一般不会影响视力，急性应卧床闭目休息，戴墨镜，以避免强光对眼睛的刺激。

(2) 红外线辐射对眼睛的影响——白内障及其他对眼睛的损害

焊接弧光的红外线辐射可能引发白内障。未适当保护眼睛，或防护眼镜使用不当，长期慢性小剂量暴露于红外线，也可能发生调试机能减退，发生早期花眼，对工作造成不利影响。

3. 对神经系统的影响

(1) 锰中毒对神经系统的影响

焊条药芯、药皮和被焊金属在电弧高温下发生冶金反应，在焊接烟尘中可含大量氧化锰及锰尘。焊工长期吸入含锰量高的电焊烟尘，可能引起锰中毒。锰中毒发病很慢，为 5～9 年，有的长达 10 年才逐渐发现。早期症状为乏力、头痛、头晕、失眠、记忆力减退及植物神经功能紊乱，进一步发展为神经系统病症明显。锰烟毒性大于锰尘，锰在大脑皮质下有明显的毒作用，可能由于锰可以使脑血管受损。为了防止锰中毒，我国已基本上不使用氧化锰型焊条，进行高锰钢焊接的焊工需注意锰中毒的危害。

(2) 铅中毒对神经系统的影响

焊条电弧焊烟尘中只含微量铅，不可能引起铅中毒。但是，过去在车辆、船舶、管道的钢结构表面都涂以含铅的红丹(Pb_3O_4)作为防锈底漆。在焊接过程中由于红丹漆在高温下燃烧可形成大量的含铅烟雾，若排风排毒设备不良或缺乏，会引起焊工发生急、慢性铅中毒。

铅作用于全身各系统和器官，主要影响神经系统、造血系统、血管和消化系统。铅中毒早期多有下列症状：头晕、头痛、失眠、多梦、记忆力减退、乏力、食欲不振、口内金属味、嗳气、恶心、腹部隐痛、贫血、肝脏肿大。

解决铅中毒的根本途径是改革工艺，采用无铅防锈底漆；对已涂红丹漆的工件，在焊接或切割时加强局部通风；焊工应加强个人防护，使用过滤式防铅烟口罩，有铅吸收的焊工应早期进行驱铅治疗。

(3) 一氧化碳对人的影响

吸入过量的一氧化碳进入肺部，经肺泡进入血液，与血红蛋白结合，导致组织缺氧。另外，直接抑制细胞内呼吸，造成内窒息。中枢神经对缺氧特别敏感，会出现头痛、头晕、眼花、耳鸣、恶心、呕吐、心悸等症状，重者可意识模糊，甚至昏迷。

一般脱离中毒现场，吸入新鲜空气，经及时抢救，数日可恢复，无明显并发症和后遗症。

4.高频电磁波的影响

高频电磁波对人的影响是使人头昏、头痛、乏力、记忆力减退、失眠、多梦、心悸、易激动、消瘦和脱发等。但对于氩弧焊和等离子焊来说，所使用的高频振荡器频率为 250 kHz，属长波段低频率范围，而且仅在引弧时使用，引弧后自动切断，所以对焊工的影响很小，对肌体不造成伤害。

二、焊接劳动保护措施

焊接劳动保护应贯穿于焊接工作的各个环节。首先，应努力改进焊接工艺和提高焊接操作的机械化、自动化程度，从焊接技术角度减少污染源和减少焊工与有害因素的接触，从某种意义上讲，这是更为积极的防护。

1. 焊接劳动保护环节

要大力提倡在焊接结构设计、焊接材料、焊接设备和焊接工艺的改进与选用、焊接车间设计和安全卫生管理等各个环节中，积极改善焊接劳动卫生条件。例如，在焊接结构设计上，应尽量避免让焊工进入通风不良的受限空间内焊接；对封闭结构施焊时，在操作过程中要有合理的通风口。焊接材料和焊接设备应尽可能提高安全卫生性能。在制定施焊工艺时，优先选用对环境污染小的工艺或机械化、自动化程度高的工艺。要经常对焊工进行安全卫生教育，定期监测焊接作业场所中有毒物质的浓度，督促生产和技术部门采取措施改进安全卫生状况。焊接劳动保护应从多方面采取技术措施。

2. 焊接作业防护措施

切实做好施焊作业场所的通风排尘工作和搞好焊工的个人防护，是焊接劳动保护极为重要的内容。下面将作重点介绍。

(1) 通风措施

在焊接过程中，焊接烟尘是危害工人健康的主要因素之一。焊尘的粒径很小，绝大部分属于可吸入粉尘(可直接吸入肺泡的粉尘)，当工人长期在通风不良和没有防护措施的环境中进行焊接作业时，就有可能受到职业性危害，因此采取通风措施、降低工人呼吸空气中带有的烟尘及有害气体浓度，对保护作业工人的健康是极其重要的。一些工厂焊接车间烟尘浓度现场测定见表 11-4。

表 11-4　焊接车间烟尘浓度现场测定

烟尘分类	A/(mg/m^3)	B/(mg/m^3)	C/(mg/m^3)	国家标准/(mg/m^3)	超过国家标准倍数
烟尘总量	2 761.0	—	8 100.0	10.0	276～810
氟化物	36.0	91.0	170.0	1.0	36～170
氧化物	82.0	126.0	773.0	0.3	273～2 577
氮氧化物	113.0	81.0	95.0	5.0	16～23
臭氧	1.1	1.0	11.80	0.2	8～5.9

焊接通风是通过通风系统向车间送入新鲜空气，或将作业区域内的有害烟气排出，从而降低工人作业区域空气中的烟尘及有害气体浓度，使其符合国家卫生标准，以达到改善作业

环境、保护工人健康的目的。

一个完整的通风除尘系统,不是简单地将车间内被污染的空气排出室外,而是将被污染的空气净化后再排出室外,这样才能有效防止对车间外大气的污染。

1) 焊接通风的分类

按通风换气的范围,焊接通风分为局部通风和全面通风两类。焊接局部通风主要为局部排风,即从焊接工作点附近捕集烟气,经净化后再排出室外。全面通风是指对整个车间进行的通风换气,它是以清洁的空气将整个车间空间的有害物质浓度冲淡到最高允许浓度以下,并使之达到卫生标准。

局部通风所需风量小,烟气刚刚散发出来就被排风罩口有效地吸出,因此烟气不经过作业者呼吸带,也不会影响周围环境,通风效果较好。在选择通风方案时,应优先选择局部通风方式。全面通风方式不受焊工工作地点的限制,不妨碍工人操作,但散发出的焊接烟气仍可能通过工人呼吸带。焊接作业点多、作业分散、流动性大的焊接作业场所宜采用全面通风。

2) 焊接通风的特点

焊接烟尘不同于一般机械性粉尘,它的特点有:

① 焊接烟尘粒子小;

② 焊接烟尘黏度大,由于烟尘粒子小、带静电、温度高而使其黏度大;

③ 焊接烟尘温度高,在排风管道和除尘器内空气温度达 60～80 ℃;

④ 焊接过程发尘量大,一个焊工操作一天所产生的烟尘为 600～150 g;

通风除尘系统必须针对以上特点采取有效措施。

3) 局部通风系统

① 局部通风系统的结构。局部通风系统的结构如图 11-1 所示。

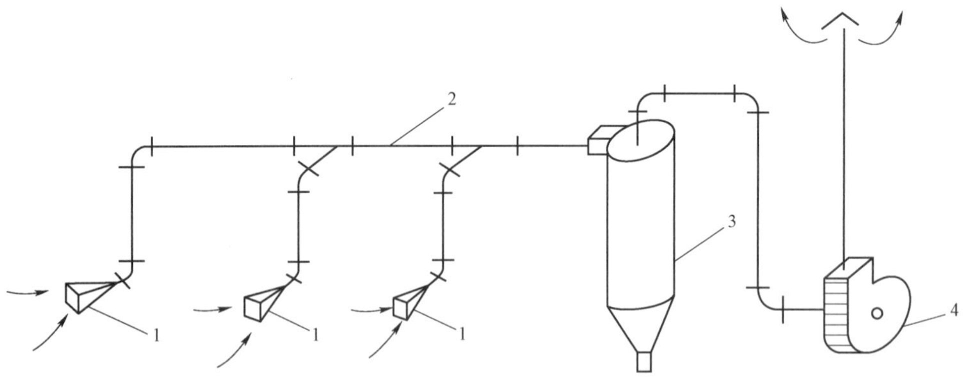

图 11-1　局部通风系统的结构

1—排烟罩;2—风管;9—净化设备;4—风机

局部通风系统由排烟罩、风管、净化设置、风机 4 个部分组成。

a. 排烟罩用于捕集电焊过程中散发的焊接烟尘,装于焊接工作点附近。

b. 风管用于输送由排烟罩捕集的焊接烟尘及净化后的空气。

c. 净化装置(除尘部)用于净化焊接烟尘。根据捕集烟尘的机理不同,有多种形式。

d. 风机用于推动空气在排气系统内的流动,一般采用离心式风机。

② 局部通风系统的形式有固定式、移动式和随机式三种。

a. 固定式排烟罩,如图 11-2 所示。

固定式排烟罩有上抽式、下抽式和侧抽式三种,这类装置适于焊接操作地点固定、工件较小的情况下采用。其中,下抽式排风方法使焊接操作方便,排风效果较好。

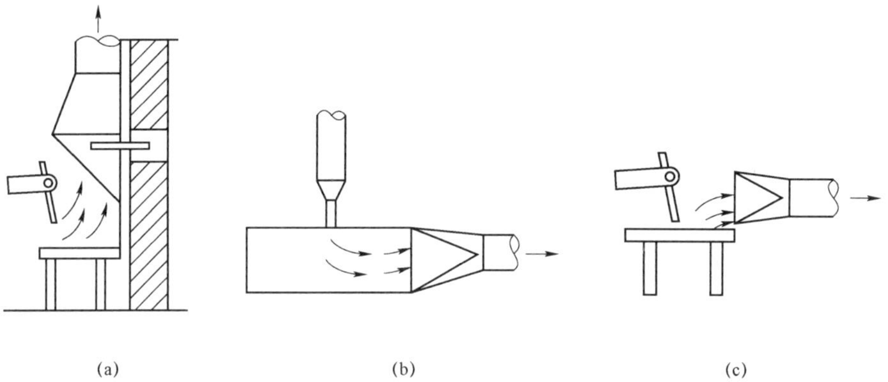

图 11-2　固定式排烟罩

(a) 上抽式;(b) 下抽式;(c) 侧抽式

此种通风装置排烟途径要合理,焊接烟尘不得经过操作者的呼吸带。排风口的风速以 1～2 m/s 为宜。排出管的出口必须高于作业厂房顶部 1～2 m。

b. 活动式排烟罩,如图 11-3 和图 11-4 所示。

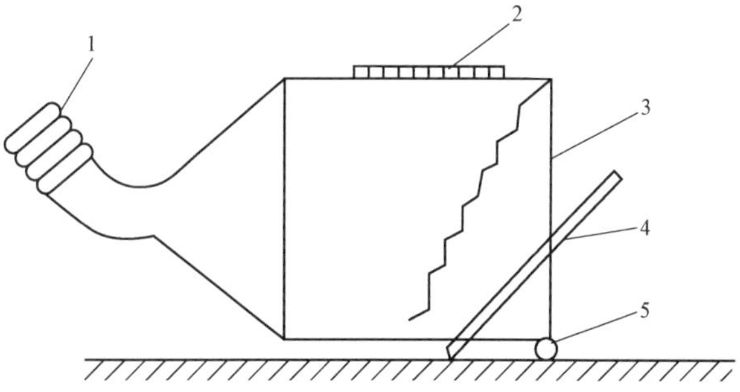

图 11-3　活动式排烟罩

1—排气管;2—滤光片;3—遮蔽部分;4—焊条;5—滚轮

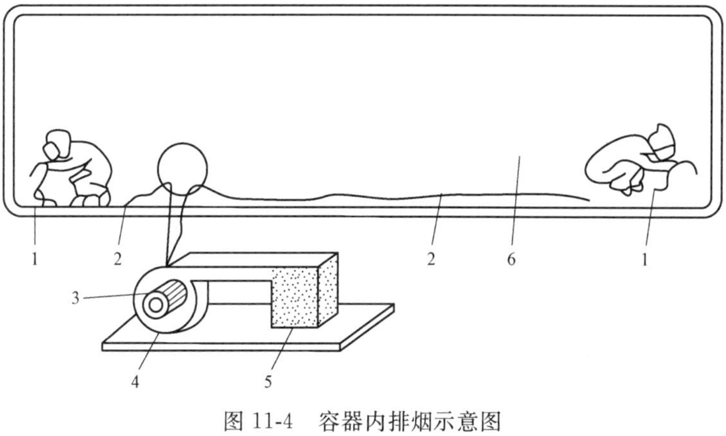

图 11-4　容器内排烟示意图

1—排烟罩;2—软管;3—电动机;4—风机;5—过滤器;6—容器

其结构简单轻便,可根据需要随意移动。在密闭结构、化工容器和管道内施焊或在大厂房非定点施焊时效果良好。

c. 随机式排烟罩,如图 11-5 所示。

随机式排烟罩被固定在自动焊机头上或附近位置,可分为近弧排烟罩和隐弧排烟罩,以隐弧排烟罩效果最好。使用隐弧排烟罩时应严格控制风速和正压,以保证保护气体不被破坏,否则难以保证焊接质量。

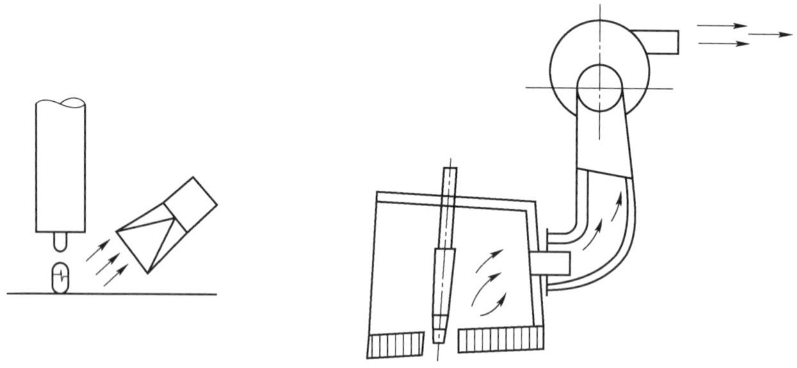

(a) (b)

图 11-5 随机式排烟罩

(a) 近弧排烟罩;(b) 隐弧排烟罩

4) 全面通风系统。焊工作业室内净高度低于 3.5 m 或每个焊工作业空间小于 200 m^3 时,工作间(室、仓、柜等)内部结构影响空气流通,应采取全面通风方式。

全面通风系统包括全面机械通风系统和全面自然通风系统两种。以风机作为动力的通风系统,称为全面机械通风系统,全面机械通风是通过风机及管道等组成的通风系统进入厂房、车间进行通风换气。全面自然通风是通过车间侧窗及天窗进行通风换气。

全面机械通风的效果不仅与换气量及换气机械系统布置方式有关,还与所使用的风机、风管等设备有关。全面通风的目的是尽可能在较大空间范围内减少烟气对操作者及作业环境的污染程度,将焊接烟尘及有害气体从厂房或车间的整体范围内较多地排出,尽量使进、排气流均匀分布,减少通气死角,避免有害物质在局部区域积聚。

(2) 弧光的防御措施

焊接弧光对人体的危害主要发生于眼睛和皮肤,只要采取行之有效的防护技术措施和个人防护措施,就可以完全达到保护作业人员身体健康的目的。

有效的弧光防护措施有以下几方面。

1) 设置防护屏。为保护焊接车间工作人员的眼睛,一般在小件焊接的固定场所设置防护屏,如图 11-6 所示。

防护屏的材料由布料涂上灰色或黑色的无光漆制作。当靠近施焊点设置防护屏时,要采用石棉板、玻璃纤维布、薄铁板等不燃或难燃的材料。

2) 采用合理的墙壁饰面材料。在较小的空间施焊时,焊接弧光的反射造成焊接作业点弧光辐射强度增大,影响人体健康。因此,墙壁饰面材料应采用吸收光线的材料,以减少弧光反射。

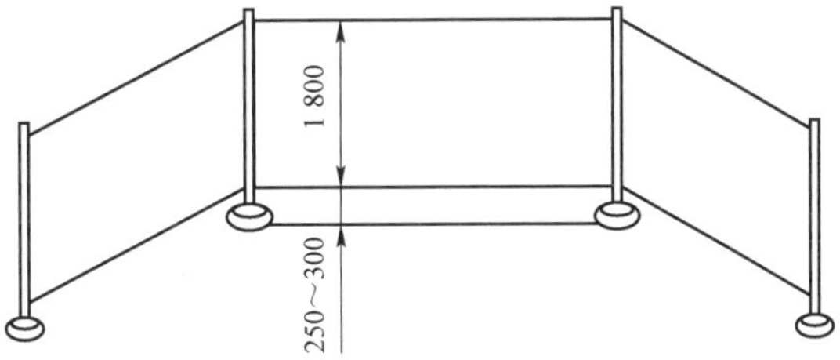

图 11-6　电焊防护屏(单位:mm)

3) 保证足够的防护间距。弧光辐射强度随距离的增大而减弱。在自动或半自动焊作业时,保证足够的防护间距是弧光防护的一个方面。

4) 改革工艺。可用自动焊或半自动焊的地方尽量少用焊条电弧焊,可用埋弧焊的地方尽量少用明弧焊,尽可能使工人远离施焊点操作。

对于弧光很强、危害严重的焊接方法,如等离子喷焊,可将施焊的弧光封闭在密闭小室或密闭装置内,以减小或避免弧光辐射的危害。

5) 对弧光的个人防护。对于弧光辐射危害还应采取个人防护措施。

3. 焊工个人防护措施

在焊接过程中产生的有害因素是多方面的。除了改善焊接环境、排除有害因素等措施外,焊工的个人防护也是十分重要的。

(1) 使用个人防护用品的意义

个人防护用品是保护工人在劳动过程中安全和健康所需要的、必不可少的个人预防性用品。在各种焊接与切割作业中,一定要按规定佩戴,以防造成对人体的伤害。因为在焊接与切割过程中产生的许多有害因素对人体的伤害都有慢性积累的性质,短时间内不佩戴防护用品,尚不能发现对人体有明显的不良影响,但长期不佩戴就会使人体健康出现一系列的不良后果。在工作中一定要合理选用防护用品,持之以恒,坚持下去,才能体现出防护用品的重大作用。

(2) 个人防护用品使用

焊接作业时使用的防护用品种类较多,有防护面罩、头盔、防护眼镜、安全帽、防噪声耳塞、耳罩、工作服、手套、绝缘鞋、安全带、防尘口罩、防毒面具及披肩等。

1) 焊接防护面罩及头盔

① 种类。焊接防护面罩是一种防止焊接金属飞溅物使面部、颈部烫伤,同时通过滤光镜片保护眼睛的一种个人防护用品。常用的有掌上型面罩、头戴式面罩及送风头盔,如图 11-7～图 11-10 所示。

② 使用。头戴式面罩的面罩主体可以上下翻动,便于双手操作,适用于各种焊接作业,特别是高空焊接作业。

输气式头盔主要用于熔化极氩弧焊,因为该焊接方法产生臭氧和大量烟尘,特别是在密闭空间焊接,该头盔可使新鲜空气通达眼、鼻、口三部分,从而达到保护作用。封闭隔离式送风头盔主要应用于高温、弧光强度大、发尘量高的焊接与切割作业,如氩弧焊、空气碳弧焊等,该头盔可使焊工呼吸畅通,既防尘又防毒。

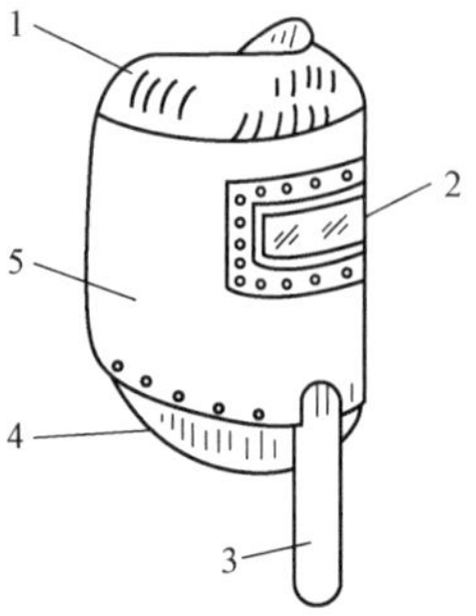

图 11-7 掌上型面罩

1—上弯司;2—观察窗;
3—手柄;4—下弯司;5—面罩主体

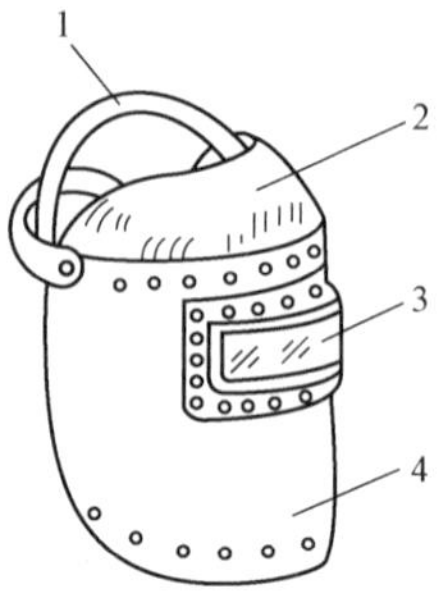

图 11-8 头戴式面罩

1—头箍;2—上弯司;
3—观察窗;4—面罩主体

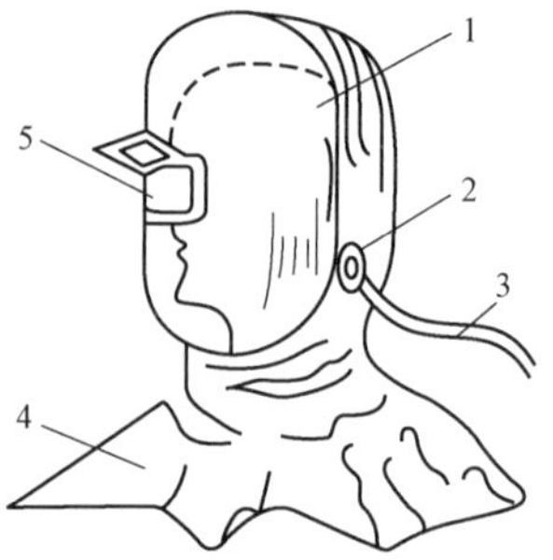

图 11-9 封闭隔离式送风头盔

1—面盾;2—呼气阀;3—送风管;
4—披肩;5—观察窗

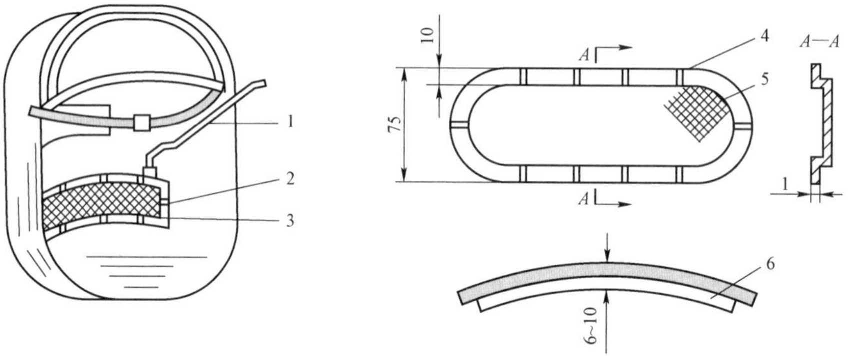

(a) (b)

图 11-10 输气式头盔及送风带

(a) 简易输气式头盔示意图;(b) 送风带构造示意图

1—送风管;2—小孔;3—风带;4—固定孔;5—送风孔;6—送风管插入孔

2) 防护眼镜

焊接弧光中存在紫外线、红外线、可见光,其中紫外线、红外线均对眼睛造成伤害,弧光越强,对眼睛伤害越严重。必须对眼睛采取防护措施,主要是采用防护滤光片。

① 防护眼镜的组成。防护滤光片的遮光编号以可见光透过率的大小决定,可见光透过率越大,编号越小,颜色越浅,滤光片的颜色为黄绿色或蓝绿色。

防护滤光片分为吸收式、吸收-反射式及电光式三种,吸收-反射式比吸收式好,电光式滤光片造价高。

气焊及辅助工戴的护目镜不应是一般眼镜,镜架必须有防侧光的遮光板,辅助工最好用遮光号为 3、4 号的镜片,气焊工最好用 5、6 号的镜片。在气焊、气刨、切割、打磨工件边缘或敲焊渣时,为防止碎屑飞溅伤害眼睛,需要佩戴防碎屑眼镜,镜架必须耐冲击,镜腿要宽,以防碎屑从侧面伤害眼睛。

② 正确选择滤光片。焊接过程中正确选择滤光片对焊工是十分重要的,应根据电流大小、焊接方法、照明强弱及本身视力的好坏来选择滤光片的遮光号。如选择大号的滤光片,紫外线和红外线防护效果较好,但焊工要看清工件和熔池就会缩短与焊接点的距离,会吸入较多的烟尘,而视线因过度集中于熔池,时间过长,也会引起焊工视力下降。如果选择小号

的滤光片，焊接时会看得比较清楚，但红外线、紫外线会较多地伤害眼睛。因此一定要选择正确合理的滤光片遮光号，才能有效保护焊工的眼睛。正确选择滤光片可参考表 11-6。该表主要是根据电流大小推荐使用滤光片的遮光号，如考虑焊工视力及照明情况，遮光号可选择上下一个号。

表 11-6　护目镜滤光片遮光号的选择参考表

焊接方法	焊条尺寸/mm	焊接电流/A	最小遮光号	推荐遮光号
焊条电弧焊	＜ϕ2.5	＜60	7	—
	ϕ2.8-4	60～160	8	10
	ϕ4～6.4	160～250	10	12
	＞ϕ6.4	250～550	11	14
气体保护电弧焊及药芯焊丝电弧焊	—	＜60	7	—
		60～160	10	11
		160～250	10	12
		250～550	10	14
钨极气体保护电弧焊	—	＜50	8	10
		50～100	8	12
		18～250	10	14
空气碳弧切割	—	＜500	10	12
		500～1 000	11	14
等离子弧焊接	—	＜20	6	6～8
		20～100	8	10
		100～400	10	12
		400～800	11	14
硬钎焊	—	—	—	3 或 4
软钎焊	—	—	—	2
炭弧焊	—	—	—	14
气焊	板厚/mm		—	
	＜3			4 或 5
	9～13			5 或 6
	＞13			6 或 8
气割	板厚/mm		—	
	＜25			3 或 4
	28～150			4 或 5
	＞150			5 或 6

如果焊接、切割中电流较大，身边没有遮光号大的滤光片，可将两片遮光号较小的滤光片叠起来使用，效果相同。当把一片滤光片换成两片时，可根据下列公式折算：

$$N=(n_1+n_2)-1$$

式中:N——一个滤光片的遮光号;

n_1、n_2——两个滤光片各自的遮光号。

为保护操作者的视力,焊接工作累积 8 h,一般要更换一次新的滤光片。

各种焊接、切割及焊接辅助工在进行操作时必须佩戴符合国家标准的面罩和护目镜。如不佩戴或长期佩戴不合格的面罩和护目镜,就会发生急性电光性眼炎,电光性眼炎多次发生会使视力下降,也可能因为长期红外线的积累而发生白内障,影响焊工的身体健康及工作。

3) 防尘口罩及防毒面具。在整体或局部通风不能使烟尘浓度降低到卫生标准以下的场所作业时,焊工必须佩戴合适的防尘口罩或防毒面具。

防尘口罩分为过滤式和隔离式两大类,每类又分为自吸式和送风式两种。

过滤式防尘口罩是通过过滤介质,将粉尘过滤干净;隔离式防尘口罩是将人的呼吸道与作业环境隔离,通过导管或压缩空气将干净空气送入口鼻供人呼吸。

防尘口罩要求阻尘效果好、呼吸畅通。送风口罩工作系统如图 11-11 所示。

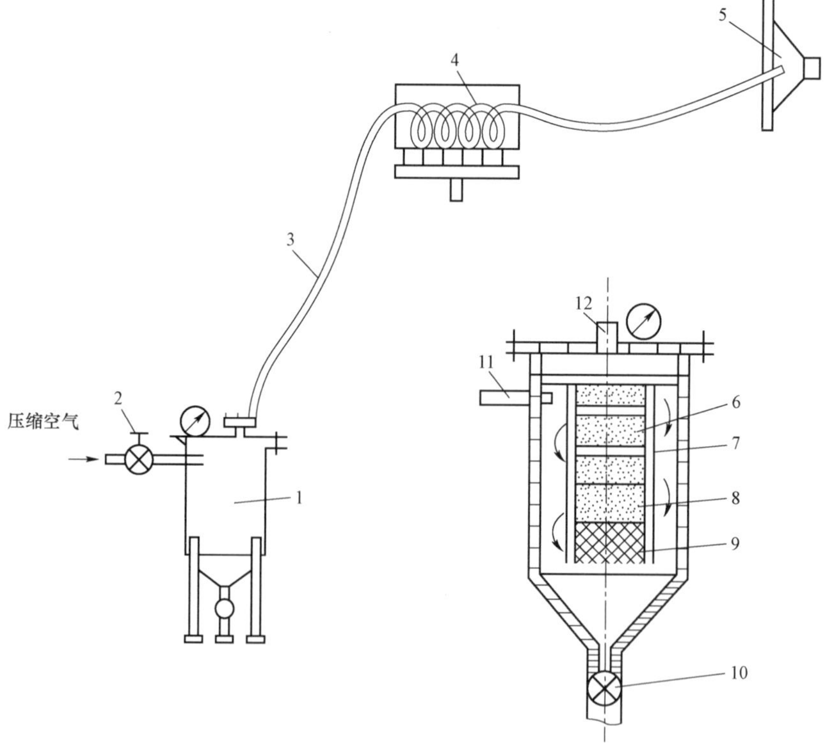

图 11-11 送风口罩工作系统

1—空气过滤器;2—调节阀;3—塑料管;4—空气加热器;5—口罩;6—压紧的棉花;7—泡沫塑料;8—焦炭粒;9—瓷环;10—放水阀;11—进气口;12—出气口

分子筛口罩模式图如图 11-12 所示。

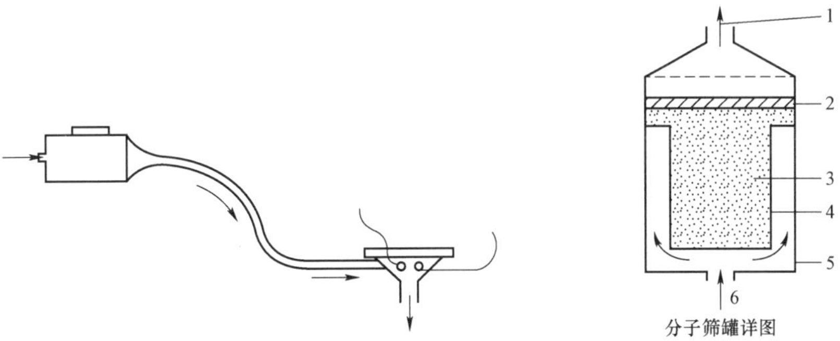

图 11-12 分子筛口罩模式图

1—出气口;2—滤尘尼龙毡;3—分子筛;4—进气孔;5—罐体;6—进气口

防毒面具通常可采用送风头盔来代替,焊接作业中,使用软管式呼吸器或过滤式防毒面具即可。

4) 防噪声用品。防噪声个人防护用品有耳塞、耳罩、防噪声棉等,最常用的是耳塞和耳罩。

① 耳塞。耳塞是插入外耳道最简便的护耳器。

耳塞分为大、中、小三种规格。耳塞的平均隔声值为 15~25 dB。耳塞的优点是防声作用大,体积小,携带方便,易于保存,价格便宜。

佩戴各种耳塞时,要将塞帽部分轻轻推入外耳道内,使它与耳道贴合,但不要用力太猛或塞得太深,以感觉适度为止。

② 耳罩。耳罩是一种以椭圆或腰圆形罩壳把耳朵全部罩起来的护耳器。耳罩对高频噪声有良好的隔离作用,平均隔声值为 15~30 dB。

使用耳罩时,应先检查外壳有无裂纹和漏气,然后将弓架压在头顶适当位置,务必使耳罩软垫圈与周围皮肤贴合。

能否正确佩戴防噪声用品与防噪声效果的好坏有密切关系。当佩戴一种护耳器效果不好时,可同时采用两种护耳器。

5) 安全帽。在多层交叉作业,如登高焊割作业时,为了防止高空或外界飞来物的伤害,焊工应戴好安全帽。

安全帽要符合国家标准,并使用有合格证的产品,每次使用前要检查各部分是否完好,是否有坠落物撞击痕迹,是否有老化裂纹。调整好帽箍使之适合使用者头部,并且调整好帽衬与帽壳内面的垂直距离,保持在 25~50 mm 之间。

6) 防护服。焊接用防护工作服有隔热、反射和吸收等屏蔽作用,保护焊工免受热辐射及飞溅物等伤害。

焊工常用的工作服是白帆布工作服,具有隔热、反射、耐磨、透气性好等优点。

仰焊或切割时,为了防止火星、熔渣溅到面部或额部造成灼伤,焊工可用石棉物的披肩、长套袖、围裙和鞋盖进行防护。

焊接、切割过程中的高温飞溅物如果落到袖卷、衣服、工作裤或裤卷口,会造成皮肤灼伤。因此,穿工作服一定要袖子和衣领扣扣好。工作服不应有口袋,且不应系在工作裤里面。工作服要有一定长度，一般应过腰。工作服还不应有破损孔洞和缝隙，不允许潮湿或沾有油脂，质量应较小。

7）电焊手套、工作鞋和鞋盖。为了防止触电、灼伤和砸伤焊工，一定要佩戴符合要求的电焊手套、工作鞋及鞋盖。

① 电焊手套。焊接和切割作业时，焊工必须戴防护手套。手套要求耐磨、耐热辐射、不易燃和绝缘性能良好，最好采用牛(猪)绒面革质手套。

② 工作鞋。焊接作业必须穿绝缘胶鞋，工作鞋是耐热、不易燃、耐磨、防滑的高筒绝缘鞋，耐高压，需在 500 V 不被击穿。一般可穿翻毛皮面、黏胶底或橡胶底的工作鞋。鞋底不得有鞋钉。

③ 鞋盖。在飞溅强烈的场地，除穿工作鞋外，还应戴有鞋盖，鞋盖最好用帆布或皮革制成，防止飞溅物对脚部的烫伤。

8）安全带。焊工登高焊割作业时，必须戴符合国家标准的防火高空作业安全带。

使用安全带前，必须检查安全带各部分是否完好，救生绳挂钩应固定在牢靠的结构上。安全带系在腰部，绳的挂钩挂在带的同一水平位置；也可以将绳挂在高处，人在下面工作；注意安全带一定不能将绳挂在下面，而人在高处工作，这样极不安全。

复习思考题

(1) 焊接过程对人身体健康有哪些影响?

(2) 光辐射对眼睛有哪些影响?

(3) 焊接劳动保护措施有哪些?

第四节　特殊环境安全操作知识

学习目标：

- 掌握焊接环境的分类；
- 掌握在受限空间中焊接防护措施；
- 掌握核辐射条件下的焊接特点；
- 掌握在辐射条件下焊接的最优化防护；
- 掌握焊接活动中具体的辐射防护措施。

在核安全设备制造和安装过程中，特殊环境下的焊接安全技术是一个非常值得关注的问题，特殊环境主要包括两个方面：在受限空间中焊接和辐射防护条件下的焊接。首先我们应该先了解焊接环境的分类。

一、焊接环境分类

为了预防焊接触电和电气火灾爆炸的发生，首先应该了解该工作环境场所的触电与电气火灾爆炸危险性的类型，以及存在的可能引发触电或火灾爆炸的不安全因素，从而采取有效措施预防事故发生。

1. 触电危险性分类

电焊需要在不同工作环境中进行，按触电的危险性，考虑工作环境的湿度、粉尘、腐蚀性气体或蒸汽、高温等条件的不同，触电危险性环境分为三类。

（1）普通环境。触电危险性较小，应符合以下条件：

1）干燥，相对湿度不超过75%；

2）无导电粉尘；

3）用木材、沥青或瓷砖等非导电性材料铺设地面；

4）金属占有系数（即金属物品所占面积与建筑物面积之比）小于20%。

（2）危险环境。凡具有下列条件之一者，均属危险环境：

1）潮湿，即相对湿度超过75%；

2）有导电粉尘；

3）有泥、砖、湿木板、钢筋混凝土、金属等材料或其他导电性材料的地面；

4）金属占有系数大于20%；

5）炎热、高温，平均温度经常超过30℃；

6）人体能同时接触接地导体和电气设备的金属外壳。

（3）特别危险环境。凡具有下列条件之一者，均属特别危险环境：

1）作业场所特别潮湿，相对湿度接近100%；

2）作业场所有腐蚀性气体、蒸气、煤气或游离物存在；

3）同时具有上列危险条件中的两个条件。

2. 爆炸和火灾危险场所分类

根据发生事故的可能性和后果（即危险程度），在电力装置设计规范中将爆炸和火灾场所划分为三类八级。

（1）第一类是气体或蒸气爆炸性混合物场所，共分为三级。

1）Q-1级场所，在正常情况下能形成爆炸混合物的场所。

2）Q-2级场所，在正常情况下不能形成爆炸性混合物，仅在不正常的情况下才形成爆炸性混合物的场所。

3）Q-3级场所，在不正常情况下整个空间形成爆炸性混合物的可能性较小，爆炸后果较轻的场所。

（2）第二类是粉尘或纤维爆炸性混合物场所，共分为两级。

1）G-1级场所，在正常情况下能形成爆炸性混合物（如镁粉、铝粉、煤粉等与空气的混合物）的场所。

2）G-2级场所，在正常情况下不能形成爆炸性混合物，仅在不正常情况下能形成爆炸性混合物的场所。

（3）第三类是火灾危险场所，共分为三级。

1）H-1级场所，在生产过程中产生、使用、加工、贮存或转运内点高于场所环境温度的可燃物体，而它们的数量和配置能引起火灾危险的场所。

2）H-2级场所，在生产过程中出现的悬浮状、堆积可燃粉尘或可燃纤维，它们虽然不会形成爆炸性混合物，但在数量和配置上能引起火灾危险的场所。

3) H-3 级场所,有固体可燃物质,在数量和配置上能引起火灾危险的场所。

(4) 焊接环境空气中有害物质允许浓度

空气是人类的基本生存条件之一,人体从空气中不断吸入维持生命所需的氧气,并将物质代谢中产生的二氧化碳排出体外。正常人对空气的需要量:轻工作时约为 1.6 m^3/h,重工作时约为 2.5 m^3/h。因此,空气的质量是保证人体健康的必要条件。

在焊接中产生的有害物质是以焊接烟尘和有毒气体两种状态存在于焊接环境空气中。焊接环境空气中有害物质最高允许浓度见表 11-4。

表 11-4 焊接环境空气中有害物质最高允许浓度

有害物质名称	最高允许浓度/(mg/m^3)
金属汞	0.01
氟化氢及氟化物(换算成氟)	1
臭氧	0.3
氧化氮(换算成二氧化氮)	5
氧化锌	5
氧化镉	0.1
氧化氢	0.3
铅烟	0.03
铅尘	0.05
一氧化碳	30.0
硫化铅	0.5
铍及其化合物	0.001
钼(可溶性、不溶性)	4.6
锰及其化合物(换算成二氧化锰)	0.2
铬及其化合物	5
铬酸盐(三氧化二铬)	0.1
含 10%以上二氧化硅粉尘	2.0
含 10%以下二氧化硅粉尘	10.0
其他粉尘	10.0

二、在受限空间中焊接

按照有关安全标准规定,“受限空间”是指:空间无自然通风,同时空间小于 100 m^3 或者其尺寸(长、宽、高、直径)小于 2 m。受限空间主要指:无窗户地下室、封闭管道、锅炉压力容器等条件下的焊接环境。

为了保证焊工在受限空间环境下的自身安全,主要采取以下防护措施:

(1) 受限空间的分离(关闭阀门、法兰连接断开);

(2) 排空和清理;

(3) 通过容器内部结构部分对危险物质实施防护措施;

(4) 气体措施(过滤或通风);

(5) 人身保护措施(呼吸保护罩、重型火焰加工点火装置);

(6) 安全哨位(必须时刻与工作者保持接触、监护,不得擅自离岗)。

如果工作长时间中断时,应将火焰加工焊炬和软管从受限空间中取出,在较高电器危险性条件下,应采取绝缘措施,同时焊接电源应带有“S”的安全标记。

复习思考题

(1) 焊接环境的分类有哪些?

(2) 核辐射条件下的焊接特点有什么?

(3) 在受限空间中焊接防护措施有哪些?

第五节　辐射环境下作业的防护知识

学习目标:

- 掌握核辐射条件下的焊接特点;
- 掌握在辐射条件下焊接的最优化防护;
- 掌握焊接活动中具体的辐射防护措施。

一、核辐射环境下的焊接特点

在役核设施长期运行,在其部分设备中,积存了一定数量的放射性物质和放射性活化部件。因此在役核安全设备的维修工作,就有了特殊环境并带来困难。

从目前世界各国核电厂焊接维修工程的实际情况看,常规的维修焊接设备还起着重要的作用,在相当一段时间内还无法被代替,甚至可以说,完全没有焊工直接参与的核电厂维修焊接工作恐怕也还需要相当一段时间才能实现。

因此,在辐射条件下的焊工的保护及其焊接质量就显得十分重要。

1. 尽量不用手工焊接方法

在役核电站结构的维修焊接工作,目前主要用的仍是电弧焊方法。现在,机械化及自动化的 GTAW(钨极惰性气体保护焊)和 GMAW(熔化极惰性气体保护焊)焊接方法,与机械手或机器人技术相结合,得到了迅速的发展。

2. 重视焊接可操作性

修理部位有时难以达到;有时修理部位可能非常靠近其他构件,要使焊接设备或焊炬接近并达到焊接位置可能受到限制;有时焊接部位的可视性也很差,在修理焊接时需要微型摄像系统直接观察熔池,必要时还需要精确测定修理部位构件的位置和几何关系。

就目前来看,用于核电站维修焊接的弧焊机器人基本上仍属于示范式,例如,用激光测距对焊缝及焊接轨迹进行扫描,通过计算机系统、控制系统及执行系统,转化为焊炬的运动,从而实施焊接。近年来发展起来的具有一定智能功能的弧焊机器人也开始在美英等国的核电厂焊接维修中得到应用,其突出优点是具有相当强的视觉功能。

3. 采取措施处理复杂的焊接条件

有时反应堆构件表面常覆盖有氧化物层,这些氧化物在焊前并非总能清除掉;辐射剂量对修理人员的安全和健康有决定性的影响,并且有时辐射也影响设备的正常工作,特别是对放在反应堆中的光学设备。

4. 修理可靠性考虑

由于焊后遥控无损检测的困难,为了评价修理的可靠性,有时只能在反应堆外做模拟修理并进行无损检测来代替。

二、辐射环境下的焊接防护

在核设施检修期间,焊接人员所受的辐射,主要为外照射。针对外照射的特点而采取必要的防护措施,其目的在于防止有害的确定性效应,并限制随机性效应的发生率,使之达到被认为可以接受的水平。

对在役的商用核电厂,辐射防护的基本原则是最优化。

最优化防护主要体现在运行和维修过程中,对于压水堆型核电厂,又以每一次的换料大修为重点。据 ISOE(职业照射信息系统)第 11 次年度报告的信息显示(不完全统计),在已加入 ISOE 国家的所有商用核电厂中,换料大修期间产生的集体剂量份额约占一个换料周期所有集体剂量的 65%~97%。所以,辐射防护最优化的实施,特别是在大修期间的实施,将有利于降低集体剂量,减小职业辐射工作人员所受到的伤害。

与辐射相关的活动,必须在实施之前进行辐射防护最优化的考虑,而集体剂量是其重要的业绩目标。一项作业的集体剂量与参加该项活动的所有作业人数、作业人员所处位置的辐射场剂量率以及作业人员在具体辐射场中停留的时间有关。要想降低集体剂量,有以下三种方法:即减少参加作业的人数、降低作业人员所处环境的剂量水平和减少作业人员在辐射场中的停留时间。

因此,要做好辐射防护最优化,就必须找到能够影响以上三个方面的因素。下面分析一下可能影响这三个方面的因素。

1. 减少参加作业的人数

(1) 准确地评估该项作业的工作量;

(2) 认真做好同类作业的经验交流;

(3) 采用合适的、先进的作业器具;

(4) 合理地考虑那些必须在辐射现场才能实施的项目;

(5) 不要考虑人员的现场培训,用技术熟练的人员。

2. 减小作业人员所处环境的剂量水平

(1) 去除或减少源项;

(2) 考虑屏蔽效应,即降低源项的影响;

(3) 增加操作距离,即采用合适的、先进的作业器具;

(4) 采用合理的防护用品,以降低表面污染或内照射的概率。

3. 减小作业人员在辐射场中的停留时间

(1) 合理地安排作业计划;

(2) 科学地编制作业程序,必要时建立行动单;

(3) 使用技术熟练的作业人员;

(4) 作业实施前考虑专门培训和模拟演练;

(5) 采用合适的、先进的作业器具;

(6) 良好的信息沟通渠道。

在所有这些因素中,最彻底的是去除、减少或降低源项,其次是采用合适的、先进的作业器具以及使用技术熟练的作业人员。所以一些良好的实践往往是屏蔽、合理的技术改造、合理的作业器具的使用,以及培训方法、培训设施的改进。

三、焊接活动中具体的辐射防护措施

1. 距离防护

在可能的情况下,尽量增加人体与放射源之间的距离以降低人体接受剂量。实验证明,对较高能量的 X、γ射线点源(点源一般是指源本身的线度小于源到参考人点之间距离的 1/5,即如源的线度为 1 cm,则 5 cm 以外区域即可将此源视为点源),离点源距离 d 处的照射量率反比于 d 的平方,即距离增大一倍,照射量率降低到原来的 1/4。

增大与源的距离,方法很多,例如,采用远距离遥控自动焊技术,可以有效地增加人与放射源之间的距离,从而减少对人体的辐射伤害。但实际工作中不允许任意加大操作人员与放射源的距离,只能尽可能加大距离并考虑操作时间的综合影响。在防护区的设置上也应考虑距离的影响。对低能和极低能 X、γ射线,因为空气散射及吸收减弱,距离反平方规律并不适用。对中子,防护距离反平方规律也不适用。

2. 时间防护

操作或接触放射源和放射线时间越长,接受剂量越大,所以应尽量减少接触放射线的时间以减少人体接受剂量。为缩短受照时间,在进行有关操作之前,应做好充分准备,操作时务求熟练、迅速。某些场合下,例如,抢修设备和排除事故,工作人员不得不在强辐射场内进行工作,且可能持续一段时间,此时应采用轮流、替换办法,限制每个人的操作时间,将每人所受的剂量控制在拟定的限值以下。当然,这样安排并不能减少集体剂量,因此,整个工作过程要事先做好周密的计划,使得与完成该项工作相关的集体剂量当量保持在最低水平。

3. 屏蔽防护

在实际工作中,由于条件所限,往往单靠缩短接触时间和增大距离并不能达到安全操作的目的。例如,室内安装一大型 ^{60}Co 辐照源,离工作人员的最大距离也只有几米。在工作人员处的剂量当量可能达 1 Sv/s 以上,这时即使在那里停留 1 s 也是很危险的。因此上述两种方法都不适用,而必须采用屏蔽防护。屏蔽防护就是根据辐射通过物质时被减弱的原理,在人与辐射源之间加一层足够厚的屏蔽物(减弱材料),把外照射剂量减少到控制标准以下,以保护人体安全。

屏蔽所用材料根据射线不同的性质、类型、输出量大小等决定,其厚度根据控制水平来确定。外照射防护中,须根据实际情况,合理应用上述基本措施。在解决具体的防护问题时,这些措施常常是结合使用的。外照射防护,除了上述基本措施外,还应做好工作人员的防护培训,进行工作环境和个人剂量的监测,及时屏蔽或移走暂时无用或多余的放射性物质等。

此外,任何电离辐射与空气相互作用,会产生某些有害的气体,例如,臭氧、氮氧化物。同时,受到高能带电粒子束、中子束或高能光子束照射的物质(包括空气和灰尘),还可能被诱发感生放射性。因此,在应用外部电离辐射源的时候,除了注意外照射的辐射防护,还须采取相应的其他措施(如通风),用以防止内照射、有害气体及其他有害因素对人体的损害。

复习思考题

(1) 核辐射条件下的焊接特点哪些?

(2) 辐射条件下焊接的最优化防护?

(3) 焊接活动中具体的辐射防护措施?

第十二章　冷加工基础知识

第一节　钳工基础知识

学习目标：

- 掌握平面划线的方法；
- 掌握錾削的方法；
- 掌握锯削的方法；
- 掌握锉削的方法。

一、平面划线

根据图样和实物的要求，在毛坯和半成品上，以及在被加工的材料上，划出加工界线、加工图形的过程叫作划线。划线工作可以在毛坯表面进行，也可以在已加工的表面上进行。

按照复杂程度的不同，划线可分为平面划线和立体划线两种。只需在同一个平面上划线就能明确表示出工件的加工界线，称为平面划线；同时在工件几个不同方向的表面上划线才能明确表示出工件的加工界线，称为立体划线。

划线的作用如下：

1）确定工件上各形面的加工位置和加工余量；

2）检查毛坯的形状和尺寸是否符合图样的加工要求。

1. 划线工具

（1）基准工具

基准工具包括划线平台、方箱、V 形架，三角铁及各种分度头等。

（2）直接划线工具

直接划线工具包括划针、划针盘、圆规、样冲、各种角尺及锤子等。

（3）测量工具

测量工具包括钢直尺、游标卡尺、游标高度尺、万能角度尺等。

划线平台由铸铁制成，表面经机械加工，作为划线的基准，同时安放工件。

划针由弹簧钢丝制成，经淬火硬化。直径为 3～5 mm，长约 250 mm。头部磨成 15°～20°的尖角，如图 12-1 所示。划针针头必须保持尖锐，以保证所划线条清晰准确。划针的使用方法如图 12-2 所示。

样冲又名中心冲，如图 12-3 所示，一般由工具钢锻制而成，尖端淬火硬化。经划线复核后，往往用样冲在划好的线条上做小而均匀的冲眼标记，防止所划线条被擦掉。在划圆弧确定圆心或者定钻孔中心时，也要用样冲冲眼。

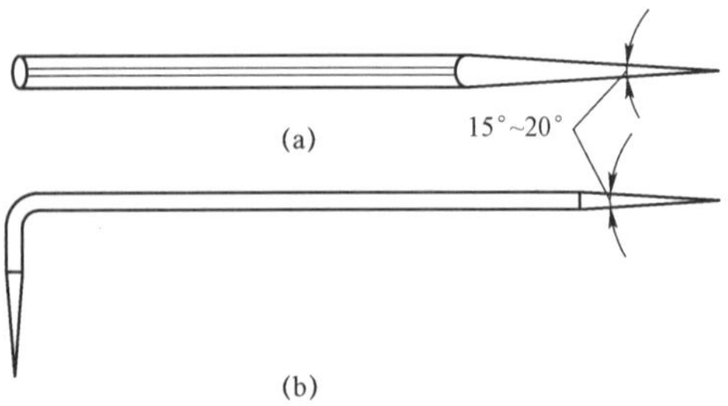

图 12-1 划针
(a) 直划针;(b) 弯头划针

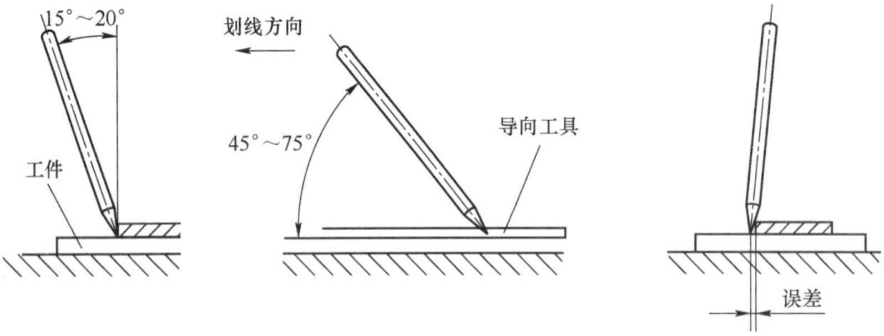

图 12-2 划针的使用方法
(a) 正确;(b) 错误

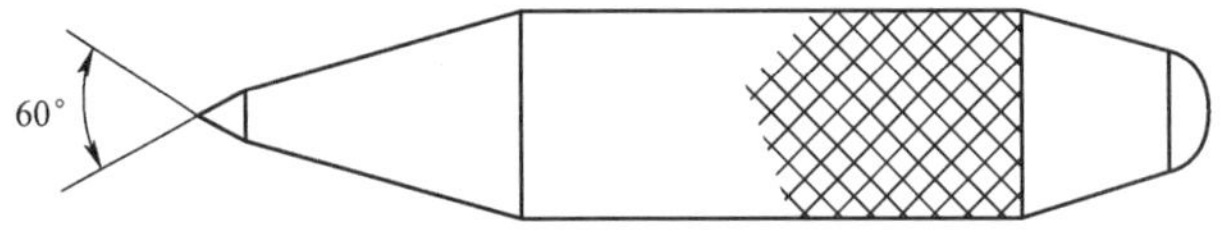

图 12-3 样冲

2. 划线前的准备工作

划线前,首先清理干净毛坯件上的氧化铁皮、浇冒口、残留污垢以及已加工工件的毛刺、切屑;然后涂色,铸铁和锻件表面涂石灰水,已加工表面涂蓝油,精密工件表面涂硫酸铜溶液,使线条明显清晰;最后进行划线。

无论在何种材料的工件上涂色,涂料要尽量刷在要划线的部位,并且要刷得薄而均匀。

3. 划线基准的选择

在划线时用来确定各零件尺寸、几何形状以及相对位置的依据称为划线基准。

在选择划线基准时,应先分析图样,找出设计基准,使划线基准和设计基准尽量一致。

根据零件的不同情况,划线基准的选择一般应遵循如下原则:

(1) 以两条对称中心线为基准;

(2) 以两条互相垂直的线(或平行的线)为基准;

(3) 以一个平面和一条中心线为基准。

4. 平面划线的方法和步骤

(1) 看清图样,正确安置工件;

(2) 确定划线基准;

(3) 划出基准线、辅助线、图形线；

(4) 检查所画图线，复核尺寸；

(5) 在线条上冲眼定位。

二、錾削

用锤子敲击錾子对金属进行切削加工的方法叫作錾削。一般用于不便于机械加工的场合，其工作内容有去除毛刺、分离材料、錾槽等，有时也用于较小平面的粗加工。

錾子(又名凿子)一般由碳素工具钢锻成，并经淬火处理。錾子的前角越大，切削越省力；楔角越大，切削强度越高，切削阻力越大。在切削金属材料时，选用的楔角一般为 60°～70°(钢和铸铁等硬材料)、50°～60°(中硬度材料)、30°～50°(铜和铝等软材料)。

1. 錾子的种类

錾削所用的錾子是按照不同加工内容来选择的，常用的錾子有扁錾、窄錾、油槽錾，如图 12-4 所示。

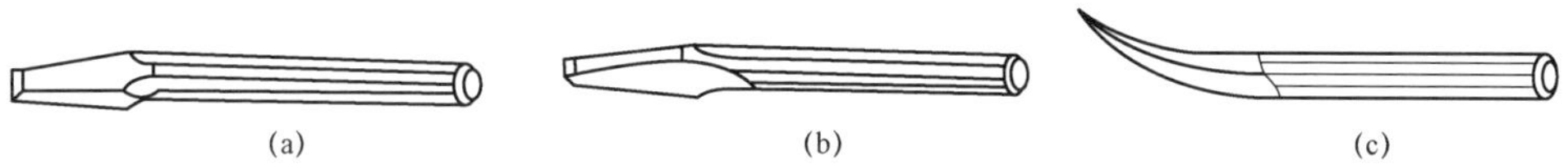

图 12-4　錾子

(a) 扁錾；(b) 窄錾；(c) 油槽錾

扁錾主要用来錾削平面，錾切工件的毛边、尖棱和切断材料等。窄錾主要用于錾削键槽。油槽錾主要用于錾削润滑油槽。

2. 錾子的热处理

錾子的热处理包括淬火和回火两个过程，以保证錾子切削部分有适当的硬度。其热处理过程为：把长约 20 mm 的錾子切削部分加热到 750～780 ℃，然后迅速取出，水冷。待錾子露出水面部分变成黑色时，由水中取出，利用上部的余热进行回火。

3. 錾削方法

錾削时要注意錾子的握法，左手自如地握着錾子，不要握得过紧，以免敲击时掌心承受的振动过大，錾子头部伸出 20 mm 左右。錾削时握錾子的手要保持小臂水平，并能下垂或者提高。

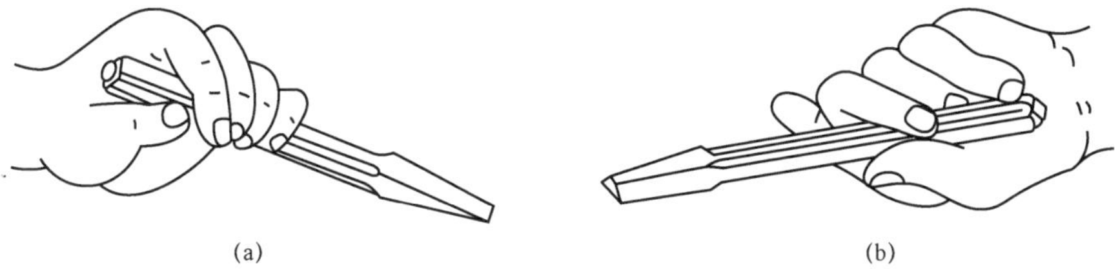

图 12-5　錾子的握法

(a) 正握法；(b) 反握法

正握法：手的腕部伸直，拇指和食指自然接触，松紧适当，用中指、无名指握住錾子，小指自然合拢。

反握法：手心向上，左手拇指、中指握住錾子，食指抵住錾身，无名指、中指自然接触。

大面积錾削、錾槽采用正握法，剔毛刺、侧面錾切及使用较小的錾子时采用反握法，錾切材料时采用正握法。

錾削时，要注意操作，錾到将近尽头时，要掉头换个方向从末端往里錾，以免工件边缘崩裂。

錾削的注意事项：

(1) 錾子要刃磨锋利，过钝的錾子不但工作费时费力，錾出的表面不平整，而且容易打滑，引起手部创伤事故；

(2) 錾子头部有明显的毛刺时，要及时磨掉，避免伤手；

(3) 木柄和锤头应该连接牢固，以免锤头脱落，飞出伤人；

(4) 要防止錾削的碎屑飞溅伤人，必要时可戴上防护眼镜；

(5) 錾子头部不应沾油，以防打滑；

(6) 錾削疲劳时要适当休息片刻，以防手臂过度疲劳而击偏伤手；

(7) 刃磨錾子时，錾子一定要放在砂轮机中心线上，用力不能过猛，防止錾子卡在砂轮机和搁架之间，发生事故。

三、锯削

锯削是用手锯将金属物(或坯料)分割、开缝和锯出狭槽的加工方法。

手锯由钢锯架(锯弓)和钢锯条组成。锯条一般由碳素工具钢制成，性脆易断。锯条长度以两端安装孔中心距来表示，工厂中常用的锯条长度为 300 mm。

锯齿按照齿距分为粗齿(齿距 1.8 mm)、中齿(齿距 1.4 mm)、细齿(齿距 1.1 mm)三种。

锯是在向前推进的时候进行切割的，所以在安装钢锯条时，锯齿的齿尖要朝前，如图 12-6 所示。不应装得倾斜，其拉紧程度以工作时锯条不致弯曲为宜。

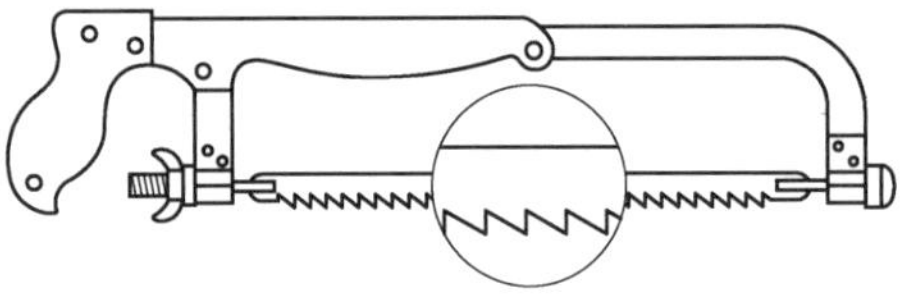

(a)

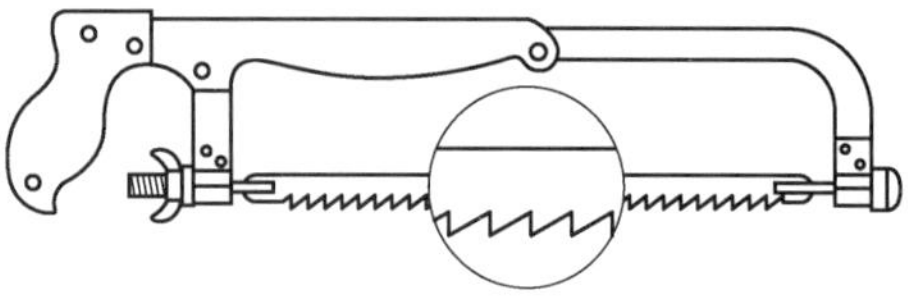

(b)

图 12-6 钢锯条安装的方向

(a) 正确；(b) 错误

1. 锯条锯齿类型的选择

锯削较硬的材料时，应采用细齿钢锯条，因为细齿钢锯条同时参加切削的锯齿多，不易磨损，且材料硬，锯齿不易切入，锯屑量少。锯削较软的材料时，则由于细齿极易被锯屑堵塞，粗齿具有较大的容屑空间，所以应采用粗齿钢锯条。

一般来说，锯削软金属工件时用粗齿钢锯条，锯削硬金属工件及薄壁管子时用细齿钢锯条。当选择粗、细锯齿时，还应该保持在锯削截面上至少要有 3 个锯齿同时参加锯削。

2. 锯削的方法

(1) 起锯

起锯是锯削的开始，直接影响锯削的质量。起锯时，左手拇指靠紧锯条，使锯条正确锯在所需位置。行程要短，压力要小，速度要慢。起锯有近边起锯和远边起锯两种方法，如图 12-7 所示。

起锯时锯条与工件的角度在 15°左右，角度不可过大，否则钢齿容易钩住工件的棱边，使锯条崩断。但起锯的角度也不宜过小，太小时，锯条与工件同时接触的齿数过多，不易切入材料，会引起位置偏离。起锯锯到槽深 2～3 mm 时，左手拇指可离开锯条，扶住锯弓，使锯条向前(或向后)水平，然后向下正常锯削。正常锯削时锯条的有效工作部分全部参加锯削。

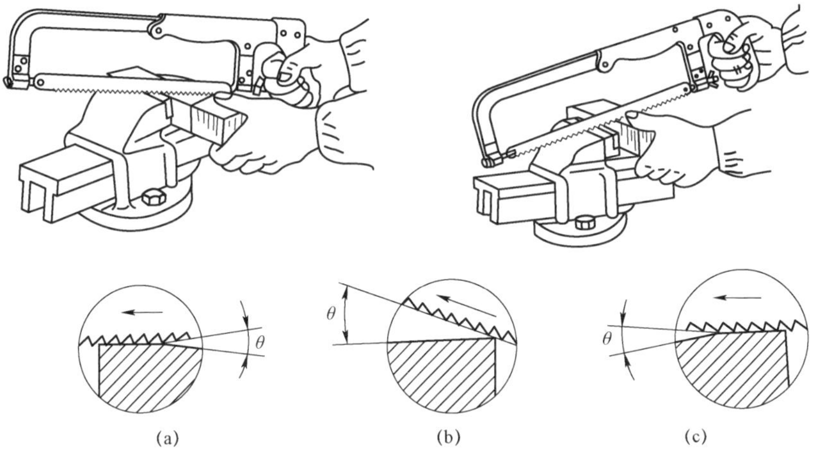

图 12-7　起锯方法

(a) 远边起锯；(b) 起锯角过大；(c) 近边起锯

(2) 锯削的注意事项

1) 锯条的松紧要合适，且锯削时压力不能太大，以防锯条折断伤人；

2) 工作时，用右手握执架柄，拇指在上，用左手轻握锯架前端；锯弓在前进行程中应加压力，回程中不加压力，并将其稍稍抬起；

3) 工件快要锯断时压力要减小，不要突然大力锯削，以防锯条折断弹出伤人；

4) 工件上锯下的部分要防止跌落在脚上；

5) 锯缝歪斜纠偏，应在新的部位重新开锯，切勿在原锯口强行纠正，而使锯条折断；

6) 锯削钢件时，应在钢锯条和锯缝内加少许机油进行润滑和冷却，以减小锯齿的磨损。

四、锉削

用锉刀对工件表面进行切削加工，使其达到所要求的尺寸、形状、位置和表面粗糙度，这种加工方法称为锉削。锉削时，将被锉削工件夹持在台虎钳上，其高度一般为置臂肘于台虎钳钳口上时，手指刚好触及下颚。如果工件稍高，可在脚下放置适当高度的踏板。

1. 锉刀的分类

锉削所用的工具是锉刀。锉刀一般使用碳素工具钢制成，经过热处理淬硬。锉刀由锉身和锉舌组成。锉刀的分类和用途如下。

(1) 按锉刀齿的粗细分类

分为粗齿锉、中齿锉、细齿锉、油光锉。齿的粗细以每 10 mm 长度内的锉纹条数来划分，在每 10 mm 长度中的锉纹条数越多，则锉刀齿越细。

选择锉刀齿的粗细应根据被锉削材料的性质、加工余量的大小、加工精度的高低和表面粗糙度等情况综合考虑。细齿锉适用于锉削加工余量小、加工精度高及表面粗糙度要求高的零件。粗齿锉适用于锉削软金属、加工余量大、加工精度低及表面粗糙度要求低的零件。

(2) 按锉刀的齿纹方向分类

按锉刀的齿纹方向分可分为单齿纹锉刀和双齿纹锉刀。

锉刀上只有一个方向的齿纹为单齿纹。单齿纹的锉齿是平直的,与边呈 70°~80°角,且锉齿齿距大,有足够容纳金属锉屑的空间,不会被锉屑堵塞。主要用于锉铝、镁等软金属。

锉刀上有两个方向排列的齿纹为双齿纹。先剁上去的锉纹叫作底齿纹,后剁上去的锉纹叫作面齿纹或盖齿纹。面齿纹和锉身中心线呈 65°,底齿纹与锉身中心线呈 45°,由于面齿角和底齿角不相同,所以锉削时锉痕不重叠,锉削的表面比较光洁,锉纹也不易被锉屑堵塞,工作时比较省力。

(3) 按锉刀的断面形状分类

分为平锉(板锉)、方锉、三角锉、半圆锉、圆锉,如图 12-8 所示。

(a) (b) (c) (d) (e)

图 12-8 锉刀的断面形状

(a) 平矬;(b) 方锉;(c) 三角锉;(d) 半圆锉;(e) 圆锉

2. 锉削方法

(1) 操作

要锉削的工件形状不同,所采用的锉削方法不同,锉身运动方向也不相同。锉削时先用粗齿锉,后用细齿锉,这都是一致的。锉削平面时,锉身在加工面上做直线运动,基本上都采用顺向锉、交叉锉或推锉,如图 12-9 所示。

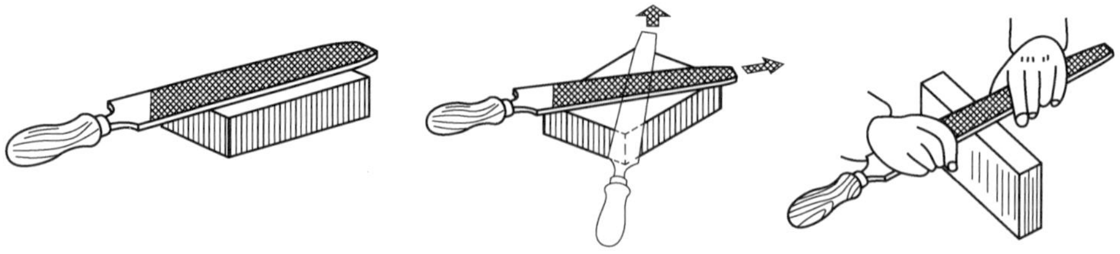

(a) (b) (c)

图 12-9 锉削方法

(a) 顺向锉;(b) 交叉锉;(c) 推锉

平面推锉的工作姿势和锉削方法很重要,锉削时人的站立位置与錾削相似,以能够适应不同的锉削要求且便于用力为准。重心放在左脚上,右腿伸直,左腿稍曲,身体略向前倾,如图 12-10 所示。

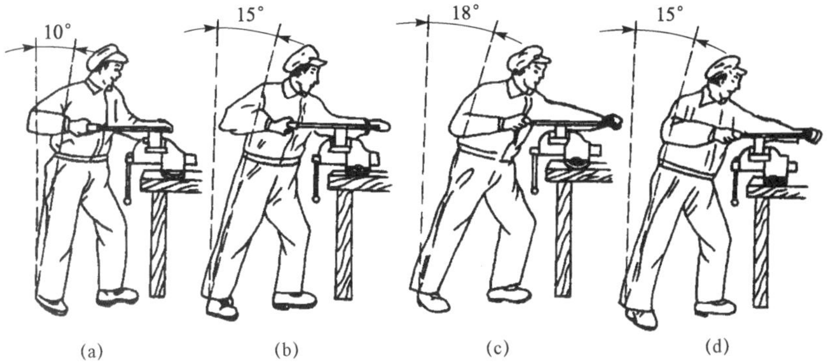

图 12-10　锉削姿势

推送锉刀要平稳，不得摇摆，向前推时要向下压，随着锉刀的推进，左手加的力由小逐渐变大，向后拉时不用压。为避免加工表面产生纹路，锉刀的运动方向要更迭交叉，并随时用平尺放在加工表面上对光检查。如需锉平互成角度的两表面，首先要精确地锉好一个表面，然后再锉另一个表面，并用角尺检查它们的角度。

(2) 锉削注意事项

1) 不使用无柄或柄已裂开的锉刀，防止伤手；

2) 有氧化皮、硬皮和砂粒的铸件，必须在砂轮上磨掉或先用锉刀的前端或边齿加工，然后才可以用锉刀切削；

3) 每次用完锉刀后，要用锉刷把残留的锉屑刷去，以免生锈，不能用嘴吹锉屑，也不能用手清除锉屑；

4) 锉刀要先用一面，在该面磨钝后再用另一面，这样使用期限长；

5) 锉刀不可沾水、沾油，以防锈蚀和锉削时打滑；

6) 锉刀不能当做锤、撬棍使用；

7) 锉削时，避免锉刀柄碰撞工件，以防锉刀舌脱出伤人。

复习思考题

(1) 钳工基本工作涵盖哪些？

(2) 划线基准的选择一般应遵循的原则是什么？

(3) 利用锉刀工作时，如何选择锉刀齿？

(4) 简述锯削的注意事项包括哪些内容？

第二节　钣金工基础知识

学习目标：

- 了解钢材矫正的设备和方法；
- 了解剪切的原理；
- 了解弯管的方法；

- 了解钢板弯曲的方法；
- 了解胀接的方法；
- 了解焊接结构装配的方法。

一、钢材矫正

1. 钢材的变形

金属材料的表面常会出现凹凸不平或弯曲、扭曲、波浪变形等现象，特别是薄钢板及截面积小的型钢。产生这些现象的原因，主要是由于在轧制过程中受到不均匀的加热和冷却、滚压设备磨损，以及在运输、堆放及储存过程中所形成的。

这些变形将会影响焊接结构件生产过程中各工序的正常进行，并降低产品的质量。例如，会使划线号料达不到所要求的精确度，直接影响自动气割机的切割精度，造成零件尺寸误差过大，以致不能保证装配间隙的精度，造成焊接烧穿和未焊透等缺陷，以及产品几何尺寸超差等。所以，凡是变形超过技术要求的金属材料，在划线号料之前必须进行矫正。

金属材料矫正后的允许变形值和所制造的产品精度有关。一般钢结构制造的通用技术条件规定，轧制钢材下料前的允许偏差值见表 12-1。

表 12-1　轧制钢材下料前的允许偏差值

偏差名称	简图	允许值
钢板、扁钢的局部挠度	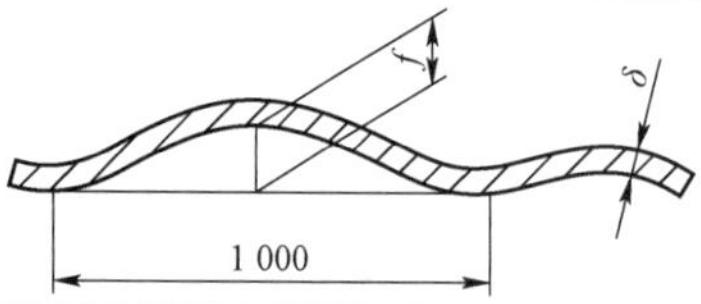	$\delta \leqslant 14$ mm, $f \leqslant 1$ mm/m $\delta > 14$ mm, $\leqslant 1.5$ mm/m
角钢、槽钢、工字钢、管子的直线度	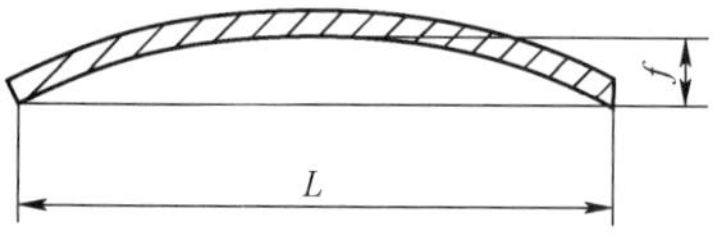	$f \leqslant \frac{L}{1\ 000}$ 且不大于 5 mm
角钢两边的垂直度	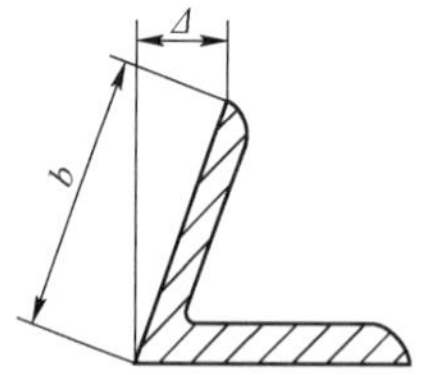	$\Delta \leqslant \frac{b}{100}$(mm)
工字钢、槽钢翼缘的倾斜度	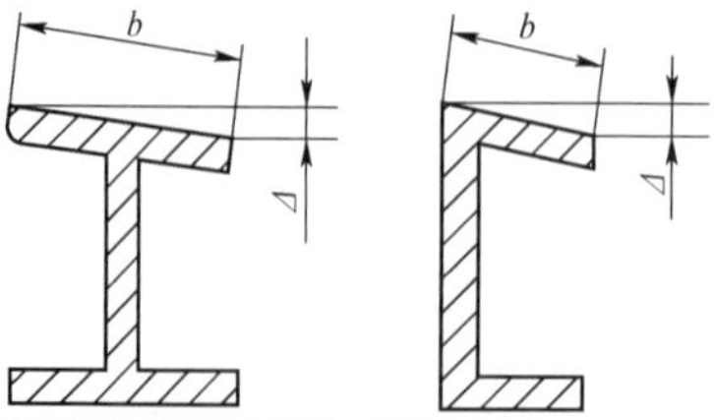	$\Delta \leqslant \frac{b}{80}$(mm)

在结构开始制造之前对钢材进行矫正，称为第一次矫正（或称预先矫正）。在钢材加工时还会引起零件毛坯的变形（如切割以后的扭曲变形），也必须矫正，称为第二次矫正。经过

两次矫正的零件符合图样要求后，才可以进行装备焊接。

钢材的矫正一般是在冷态下进行的，只有当钢材的弯曲程度相当严重，在冷态下矫正会损伤其力学性能时，才在加热状态下矫正。

由于造成钢材变形的原因较多，并具有不确定性，所以并非所有钢材均需经过矫正，但随着数控切割技术的逐渐普及，对钢材原始状态的要求提高，因此矫正的比例和必要性都有所增加。材料的变形和刚度有关，一般情况下，材料刚度越大，需要矫正的比例越小。

钢材的任何变形都是由于材料中某一部分纤维比另一部分纤维缩短或伸长而造成的。因此，矫正工作的基本原理是使材料产生新的变形，使材料的所有纤维长短一致，从而达到矫正的目的。冷态矫正时要使材料的部分纤维产生塑性伸长，这必然会消耗材料的塑性。为了避免过度消耗钢材的塑性，冷态矫正的最大变形量要有一定的限制。Q235A 冷态矫正时变形量最大为 1%，其允许矫正量见表 12-2。

表 12-2　Q235A 钢材的允许矫正量

顺序	型钢	简图	有关轴线	一般矫正量		弯曲时矫正量	
				ρ	f	ρ	f
1	钢板、宽扁钢、扁钢	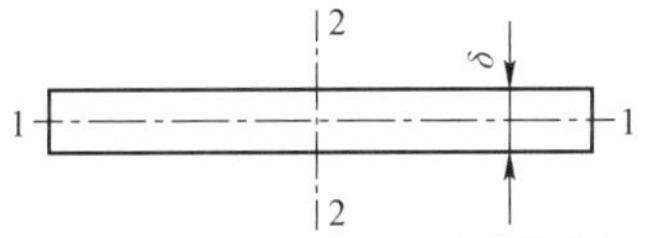	1-1	50δ	$\frac{l^2}{400\delta}$	25δ	$\frac{l^2}{200\delta}$
2	角钢	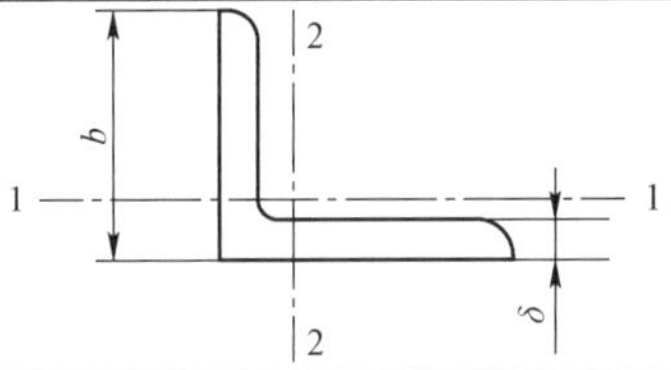	1-1	$90b$	$\frac{l^2}{720b}$	$45b$	$\frac{l^2}{360b}$
3	槽钢	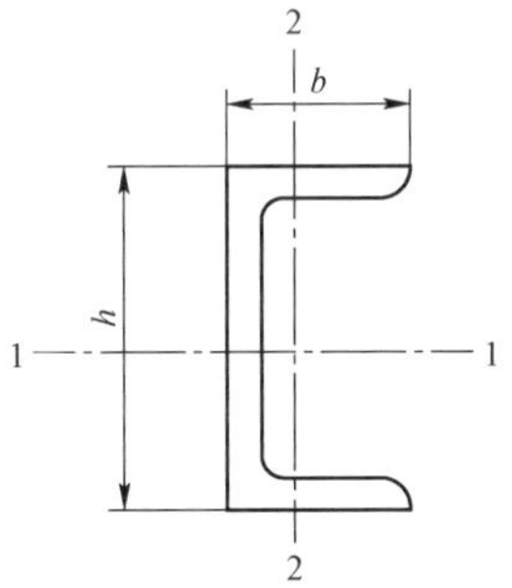	1-1	$50h$	$\frac{l^2}{400h}$	$25h$	$\frac{l^2}{200h}$
			2-2	$90b$	$\frac{l^2}{720b}$	$45b$	$\frac{l^2}{360b}$
4	工字钢	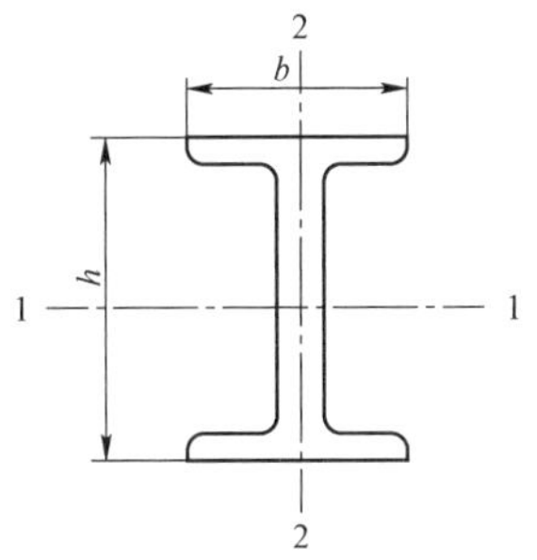	1-1	$50h$	$\frac{l^2}{400h}$	$25h$	$\frac{l^2}{200h}$
			2-2	$90b$	$\frac{l^2}{400b}$	$25b$	$\frac{l^2}{200b}$

注：① 以 l 表示弯曲部分的弧长，该长度与δ、h、b 同一量度。

② ρ为弯曲部分的曲率半径，f 为弯曲部分的挠度。ρ和 f 取等边角钢和不等边角钢的平均值。

2. 矫正设备

矫正工作一般在矫正机床上进行,少数情况下也有用手工矫正的。手工矫正是利用锤子和垫板在刚性平台上进行。手工矫正只能用于不重要的构件,因为锤子在钢材上集中打击会产生严重的局部变形,若变形严重时,会使材料力学性能变差,脆性显著增加。有时在工件上放置垫板,使锤击力均匀,情况可适当改善。此外,手工矫正生产率低、劳动强度大,且要求操作工人技术水平高,因此,只有在没有矫正机床或无法应用机械设备矫正时才采用手工矫正。

常用的矫正机床有钢板矫正机、型材矫正机、调直压力机(顶床),有时也采用杠杆压力机、弯板机、摩擦压力机、偏心压力机、水压机和油压机等进行矫正。

(1) 钢板矫正机

钢板矫正机也称平板机,矫正时钢板在钢板矫正机的两排圆辊之间通过,其基本原理如图 12-11 所示。上下辊之间的水平间隙比被矫正的钢板厚度略小一些。矫正时,圆辊的转动带动钢板多次反复弯曲,在整个断面上得到均匀伸长,此伸长消除了原有的不平。两排辊不能过度靠近,否则将加大钢板的变形量,损害材料的性能。调节上排最外边的辊 1、辊 3 的高度,可以得到平板或有曲率的弯板。

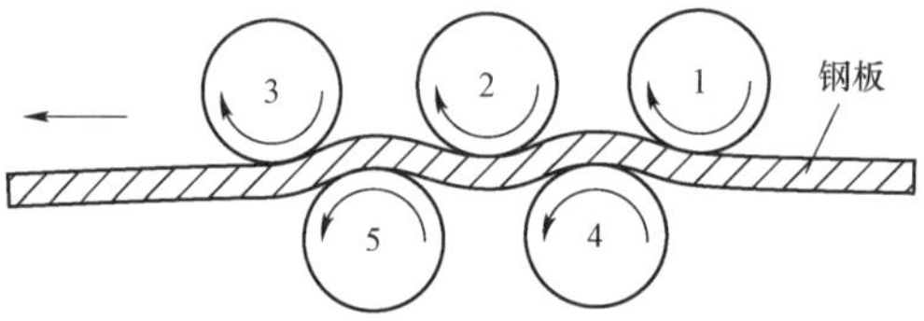

图 12-11　钢板矫正机基本原理

常用的是 7～11 辊的钢板矫正机,辊数最多时可达 21 辊。钢板越薄,矫正时要求的辊数越多;板材越厚越宽,要求辊子的直径和长度比越大。

为了提高钢板矫正机的工作效率,通常在矫正机两端附近设有两个滚轮工作台,以便钢材在矫正过程中来回移动。辊轮工作台台面高度应与矫正机下辊的上表面高度相等。

矫正机工作时,特别要注意上下辊之间间距的调整和被矫正钢板的材质。当钢板强度增大(如合金钢)时,所能矫正的钢板厚度应减小,否则容易过载而损坏机器。上下辊之间的间距不均匀将影响被矫正钢板的平整度。

(2) 型材矫正机

矫正型材通常使用型材矫正机,其工作原理与钢板矫正机基本相同,只是辊轮形状不同。图 12-12 所示为型材矫正机示意图。型材矫正机上的辊轮可以根据不同型材的形状及尺寸进行调换,也可以用几台型材矫正机分别矫正不同类型的型材。

型材矫正机不仅可以矫正长度方向的弯曲,也可以矫正型材中各边之间夹角的偏差。为了操作方便,型材矫正机两端也应配备滚柱工作台。

一般,小规格的钢板和型材也可以在调直压力机、摩擦压力机、曲柄压力机、杠杆压力机、千斤顶等设备上进行矫正。

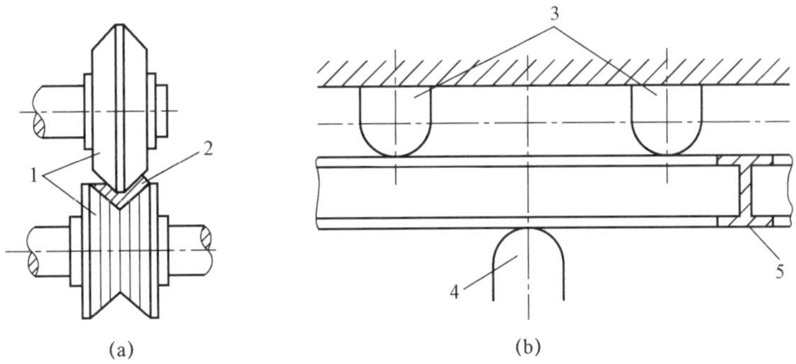

图 12-12　型材矫正机示意图

(a) 角钢矫正机;(b) 调直压力机

1—辊轮;2—角钢;3—固定支座;4—滑动顶块;5—工字钢

3. 矫正工艺过程及操作

调整矫正机上下主动辊的间隙和距离,使其达到预定要求。再将准备矫正的钢板、型材放置到钢板矫正机、型材矫正机的辅助装置——工作台上,开动矫正机,并将要矫正的钢板、型材送入主动辊空隙中进行矫正。矫正过程中若发现仍存在弯曲,可适当调整辊子间隙与距离,并往复矫正几次。若矫正平板,可局部加垫板反复矫正。钢板凹度不同,垫板的厚度也不同,直到凹处纤维与其他部分一致,达到矫正目的。薄钢板($\delta<3$ mm)矫正比厚钢板矫正要困难得多。

二、剪切

按钢材上所划的线或根据剪床上的挡铁所定尺寸,用剪床将钢材剪断称为剪切。

剪床剪切原理示意图如图 12-13 所示。钢板 4 由压头 3 牢牢地压在剪床工作台 5 上,下剪刀 2 固定在剪床上,上剪刀 1 可上下运动。利用剪刀产生的剪切力将钢板剪断,上剪刀首先压入钢板,一般压入深度达 $0.2\delta\sim0.4\delta$(δ为钢板厚度),所施加的力为 P_1,下剪刀相应产生一反作用力 P_2,P_1、P_2 在钢板内产生切应力τ,随着上剪刀的下降,切应力τ不断增加,当增至抗剪强度时,钢板即被剪断。

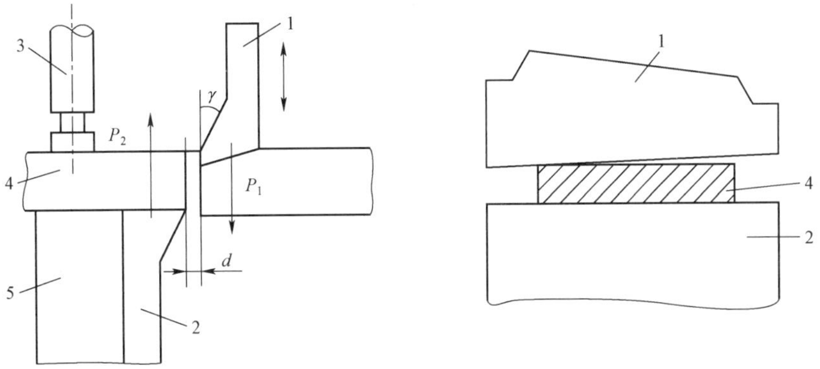

图 12-13　剪床剪切原理示意图

1—上剪刀;2—下剪刀;3—压头;4—钢板;5—工作台

1. 剪切对切口性能的影响

由于钢材在剪切过程中受剪刀的挤压产生弯曲变形及剪切变形，在切口附近产生冷作硬化现象，硬化区宽度一般在 1.5～2.5 mm。

影响冷作硬化区宽度的因素主要有钢材的力学性能、钢材的宽度、剪刀的锐利状况、上下剪刀的间隙、上剪刀斜角。

钢材冷作硬化区的存在将会成为导致脆性断裂的重要因素之一。因此，重要结构的非焊口边缘，在剪切后要将硬化区刨掉，一般规定刨削宽度为 3～6 mm。若是焊口边缘，因受焊接热循环作用，可消除或改善硬化现象，则可直接装配，不必刨削。

上剪刀与床面的倾斜角不同，在剪切同一强度级别钢材时的容许厚度是不同的。仅以剪切 12 mm×2 000 mm 钢材的龙门剪床为例，倾斜角大，容许剪切的钢材厚度就大。

2. 钢材的剪切质量要求

对钢材的剪切质量有两项要求：切口平整度和剪切零件的尺寸公差。切口平整度是指切口应与钢材表面垂直，斜度不大于1:10，刻痕不大于1 mm，毛刺高度不大于0.5 mm。剪切零件的尺寸公差可参考表 12-3。

表 12-3　剪切零件的尺寸公差

零件尺寸/mm	钢板厚度/mm			零件尺寸/mm	钢板厚度/mm		
	6～8	10～12	14～16		6～8	10～12	14～16
	零件尺寸公差/mm				零件尺寸公差/mm		
<100	±1.0	±1.5	±1.5	>1 600～2 500	±2.5	±2.5	±3.5
>100～250	±1.5	±1.5	±2.0	>2 500～4 000	±2.5	±3.0	±3.5
>250～650	±1.5	±2.0	±2.5	>4 000～6 500	±3.0	±3.0	±3.5
>650～1 000	±2.0	±2.0	±2.5	>6 500～10 000	±3.0	±3.5	±4.0
>1 000～1 600	±2.0	±2.5	±3.0				

1）剪切设备有龙门剪床和冲剪两用机床等。

2）剪切圆形或曲线形零件可使用圆盘剪床，其工作原理如图 12-14 所示。

3）剪切角钢可使用角钢剪床，也可使用冲剪两用机床。

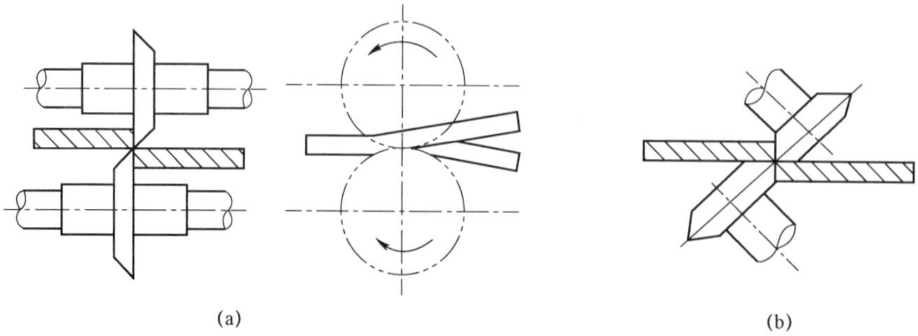
(a)　　(b)

图 12-14　圆盘剪床工作原理

三、弯管

弯管是指将管子弯制成一定的平面角度或者空间角度，通常在弯管机上进行。根据弯曲时的温度，可分为冷弯和热弯两种。

1. 冷弯

冷弯又分有心冷弯和无心冷弯两种。

(1) 有心冷弯

有心冷弯是指在弯曲时，在管子的弯曲变形处插入一定直径的心棒，在一定程度上可以防止弯头内侧形成褶皱，并能减小管子的椭圆度。缺点是由于使用了心棒，使操作复杂，劳动强度大；心棒与管子内壁的摩擦会使内壁拉毛；弯头外侧壁厚减薄量增大；弯管功率较大，并对小直径管子不适用。

(2) 无心冷弯

无心冷弯就是将空心管直接在弯管机上进行弯曲。无心冷弯的优点是没有心棒，弯曲时管内也不必涂油，简化了工序，提高了生产率；管壁减薄量减小；内壁不会有机械损伤，质量较高；为弯管的机械化、自动化创造了条件，广泛用于弯制ϕ32～108 mm 的管子。管子冷弯机示意图如图 12-15 所示。

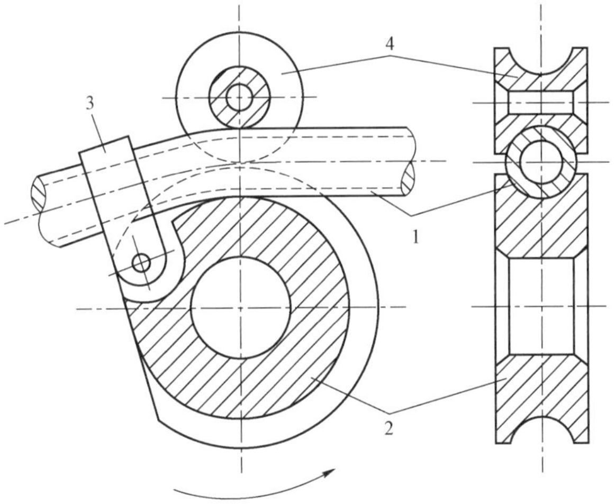

图 12-15　管子冷弯机示意图

1—管子；2—下辊；3—固定装置；4—上辊

2. 热弯

热弯通常用于一次性生产、弯头数量极少、制造冷弯模具不经济、没有弯管设备或弯管设备功率不足等情况，热弯多数用于大直径管子弯制。常用的方法是中频热弯和火焰热弯两种。

(1) 中频热弯

中频热弯是利用一台特殊的中频加热弯管机，将管子置于具有强大中频电磁场的感应圈宽度范围内(一般为 10～20 mm)，管子被均匀加热到 90～100 ℃，随即将管子的加热部分弯曲，感应圈内的冷却水同时向前喷射，冷却已弯曲段的管子。

加热区被限制在一受限范围内，前后均处于冷却状态。当管子在弯曲机内进行弯曲时，只有在这受限的加热区内发生弯曲变形。这样，局部区域的加热—弯曲—冷却连续进行，就完成了整个弯头的弯制工作。这种弯管机可弯制 180°弯头,但弯制后弯头外侧壁厚减薄量较大,如图 12-16 所示。

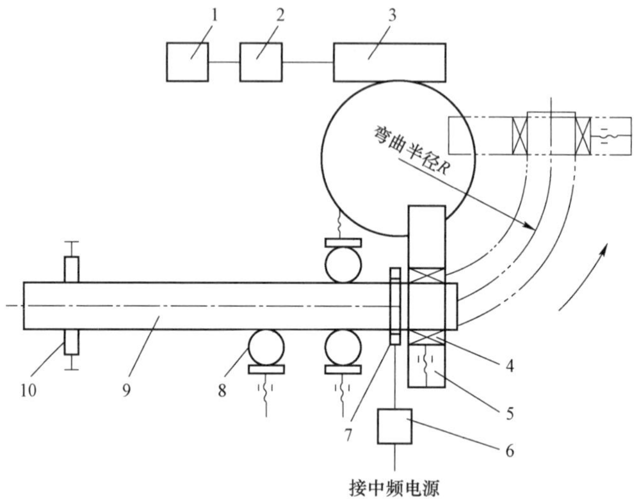

图 12-16　中频加热弯管机工作原理

1—调速电动机;2—减速箱;3—蜗杆;4—夹头;5—转臂;6—变压器;7—感应圈;8—导向导轮;9—管子;10—滚轮架

(2) 火焰热弯

火焰热弯是利用氧乙炔焰通过火焰加热对管子进行局部弯曲,达到热弯各种管子的目的。与中频热弯相比,火焰热弯的设备简单、投资小、成本低、耗电量少。但温度控制比较困难,生产率低,一般适用于弯曲大直径管子。

四、钢板的弯曲

凡圆筒形构件,如圆柱形压力容器、锅炉的筒体都需要经弯曲加工成形,钢板在卷板机的辊子之间受到弯曲力矩的作用,产生塑性变形而弯曲。

弯曲加工应在卷板机上进行。卷板机有三辊及四辊两类,其工作原理如图 12-17 和图 12-18 所示。

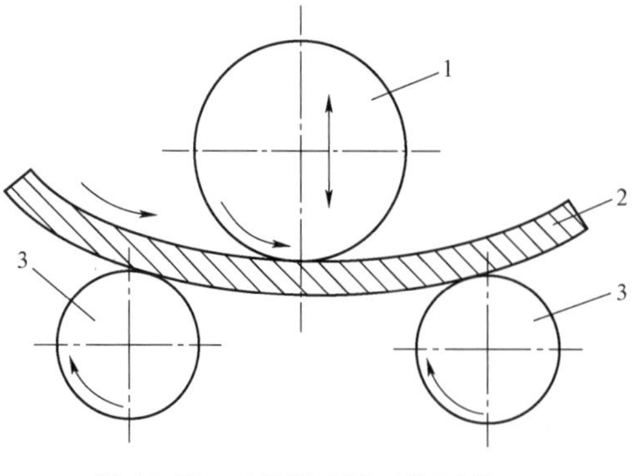

图 12-17　三辊卷板机工作原理

1—上辊;2—板材;9—下辊

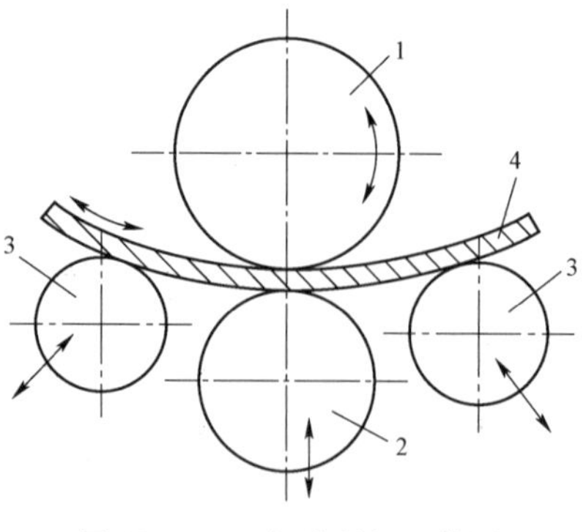

图 12-18　四辊卷板机工作原理

1—上辊;2—下辊;3—侧辊;4—板材

卷板机根据辊子的位置与动作不同可分为 4 种形式，如图 12-19 所示。

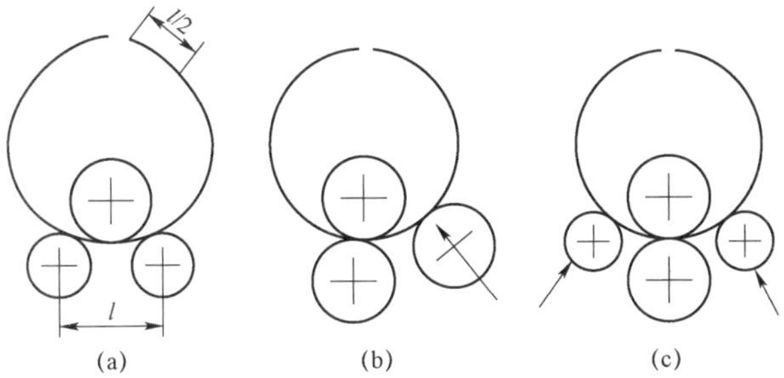

图 12-19　三辊及四辊卷板机辊子位置图

(a) 三辊对称；(b) 三辊不对称；(c) 四辊对称；(d) 四辊不对称

如图 12-19(a)所示，三辊卷板机在滚圆时，钢板两端至少有长度为 1/2 的段无法滚圆而保持直线段，必须事先采取端部预弯措施。

如图 12-19(b)～(d)所示三种形式的卷板机，都有一个或两个侧辊可按箭头方向移动，将钢板端部按一定曲率弯曲，可以免去端部的预弯工序。

钢板的弯曲，为了不影响其力学性能，通常当 $D/\delta>40$ 时可进行冷弯，$D/\delta\leqslant40$ 时则必须热弯(D 为圆筒的直径，δ为钢板厚度)。对于低碳钢板，加热温度在 900～1 100 ℃，停弯温度在 700 ℃，当工件温度降至 300～500 ℃时，不得进行弯曲加工。

五、胀接

胀接是利用管子和管板变形来实现密封和紧固的一种连接方法。它可以采用不同的方法，如机械、爆炸和液压等方法扩大管口直径，使管子端部产生均匀的径向塑性变形，管子孔壁产生弹性变形，利用管板孔壁的回弹对扩张的管子施加径向压力，使管子和管板保持紧密接触，并具有足够的胀接强度，以保证连接接头工作时管子不会从管孔中脱落出来。同时可以具有较好的密封性，在承受工作压力时，可以保证设备内的介质不会从连接接头处泄漏出来。

胀接广泛用于加热器、冷凝器等热交换器，在锅炉和中央空调设备生产中使用也极为普遍。胀接主要有光孔胀接、开槽胀接、翻边胀接、胀接加端面焊接等多种形式。胀管器是胀管工艺中的主要设备，可分为螺旋式胀管器、前进式胀管器、后退式胀管器、自动胀管器等。

六、装配

装配是将焊前加工好的零、部件，采用适当的工艺方法，按生产图样和技术要求连接成部件或整个产品的工艺过程。装配工序的工作量大，约占整体产品制造工作量的 30%～40%，且装配的质量和顺序将直接影响焊接工艺、产品质量和劳动生产率。所以，提高装配工作的效率和质量，对缩短产品制造周期、降低生产成本、保证产品质量等方面，都具有重要的意义。

1. 装配方式的分类

装配方式可按结构类型及生产批量、工艺过程、工艺方法及工作地点来分类。

(1) 按结构类型及生产批量的大小分类:单件小批量生产、成批生产;

(2) 按工艺过程分类:由单独的零件逐步组装成结构、由部件组装成结构;

(3) 按装配工作地点分类:固定式装配、移动式装配。

2. 装配的基本条件

在金属结构的装配中,将零件装配成部件的过程称为部件装配,简称部装;将零件或部件装配成最终产品的过程称为总装。通常装配后的部件或整体结构直接送入焊接工序,但有些产品先要进行部件装配焊接,经矫正变形后再进行总装。无论何种装配方案,都需要对零件进行定位、夹紧和测量,这就是装配的三个基本条件。

(1) 定位

定位就是确定零件在空间的位置或零件间的相对位置。

图 12-20 所示为在平台 6 上装配工字梁。工字梁的两翼板 4 的相对位置是由腹板 3 和挡铁 5 来定位的,它们的端部由挡铁 7 来定位。平台 6 的工作面既是整个工字梁的定位基准面,又是结构的支撑面。

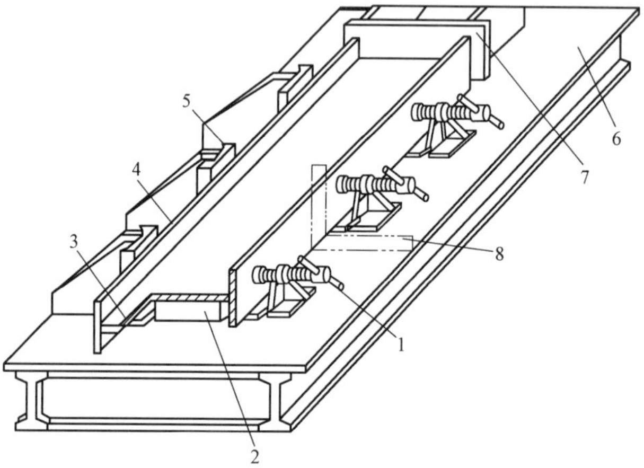

图 12-20 工字梁的装配

1—调节螺杆;2—垫铁;3—腹板;4—翼板;5、7—挡铁;6—平台;80°～90°角尺

(2) 夹紧

夹紧就是借助通用或专用夹具的外力将已定位的零件加以固定的过程,图 12-20 中翼板与腹板间的相对位置确定后,是通过调节螺杆来实现夹紧的。

(3) 测量

测量是指在装配过程中,对零件间的相对位置和各部件尺寸进行一系列的技术测量,从而鉴定定位的正确性和夹紧力的效果,以便调整。

上述三个基本条件是相辅相成的,定位是整个装配工序的关键,定位后不进行夹紧就难以保证和保持定位的可靠与准确;夹紧是在定位的基础上的夹紧,如果没有定位,夹紧就失去了意义;测量是为了保证装配的质量,但在有些情况下可以不进行测量(如一些胎夹具装配,定位原件的定位装配等)。

零件的正确定位,不一定与产品设计图上的定位一致,而是从生产工艺的角度,考虑焊接变形后的工艺尺寸,如图 12-21 所示的槽形梁,设计尺寸应保持两槽板平行,而在考虑焊接收缩变形后，工艺尺寸为 204 mm，使槽板与底板有一定的角度，正确的装配应按工艺尺寸进行。

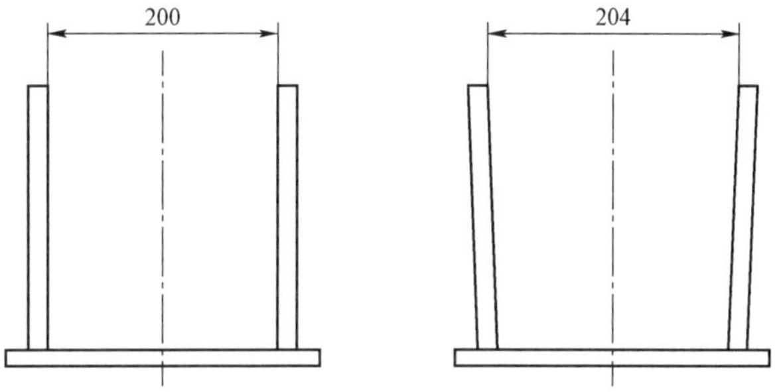

图 12-21　槽形梁的工艺尺寸

3. 装配用工夹具及设备

(1) 装配用工具及量具

常用的装配工具有大锤、小锤、錾子、手动砂轮、撬杠、扳手及各种画线用的工具等。常用的量具有钢卷尺、钢直尺、水平尺、90°角尺、线锤及各种检验零件定位情况的样板等。图 12-22 所示为几种常用装配工具的示意图，图 12-23 所示为常用装配量具的示意图。

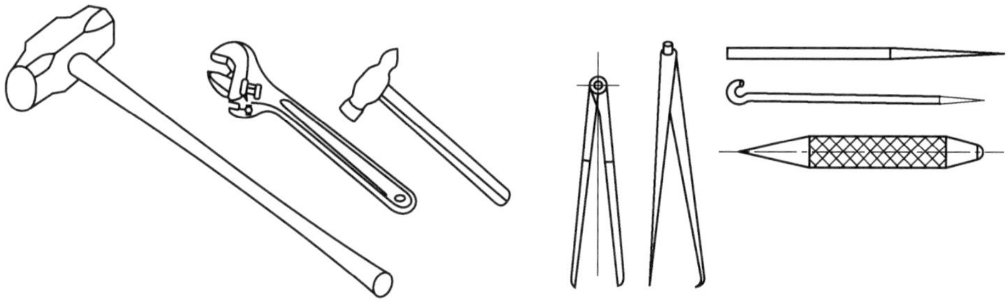

图 12-22　常用的装配工具

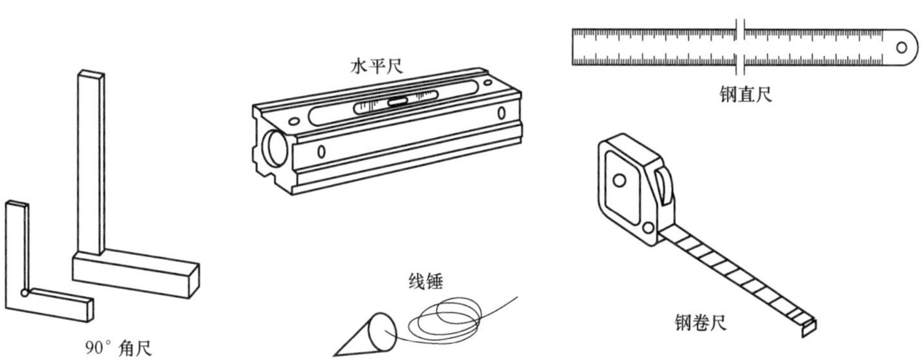

图 12-23　常用的装配量具

(2) 装配用夹具

装配夹具是指在装配中用来对零件施加外力，使其获得可靠定位的工艺装备。主要包括通用夹具和装配胎架上的专用夹具。装配夹具按夹紧力来源分为手动夹具和非手动夹具两大类。手动夹具包括螺旋夹具、楔条夹具、杠杆夹具、偏心轮夹具等;非手工夹具包括气动夹具、液压夹具、磁力夹具等。下面主要介绍装配过程中常用的手动夹具。

1) 螺旋夹具。螺旋夹具是通过螺杆与螺母间的相对运动来传递外力,以紧固零件。根据结构不同,可分别具有夹、压、拉、顶和撑等功能。

① 弓形螺旋夹(又称 C 形夹)。它是利用螺杆起夹紧作用。常用的弓形螺旋夹有图 12-24 所示的几种结构。

图 12-24(a)所示的弓形螺旋夹断面成丁字形,这种结构质量轻、刚性好。图 12-24(b)所示的弓形螺旋夹断面成工字形,其强度比丁字形断面的高。大型的弓形螺旋夹,为了减轻其质量,又不影响其强度,可在弓形板上开孔(见图 12-24(c))。为提高弓形螺旋夹的强度和刚度,断面还可制成箱形结构(见图 12-24(d))。

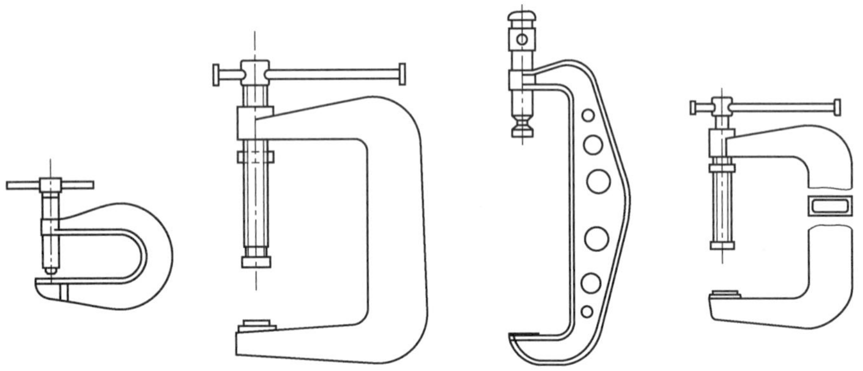

(a) (b) (c) (d)

图 12-24 弓形螺旋夹的形式

(a) 丁字形断面;(b) 工字形断面;(c) 弓形板上开孔;(d) 箱形结构断面

② 螺旋拉紧器。它是利用螺母在螺杆上的相对运动起拉紧作用,其结构形式有多种,图 12-25(a)和(b)所示为常见的螺旋拉紧器,旋转螺母,就可以起到拉紧作用。图 12-25(a)所示的拉紧器有两根独立的螺杆,螺杆上的螺纹方向相反,两螺母用扁钢连成一体,当旋转螺母时,便能调节两螺杆间的距离,起到拉紧作用。图 12-25(b)所示为双头螺栓的拉紧器,螺栓两端的螺纹方向相反,旋转螺栓时,就可以调节两弯头的距离,达到拉紧的目的。

③ 螺旋压紧器。图 12-25(c)和(d)所示是常见的螺旋压紧器。通常是将压紧器的支架临时固定在焊件上,再利用螺杆起压紧作用。图 12-25(c)借助 L 形铁调整钢板的高低;图 12-25(d)借助门形铁达到压紧作用。

④ 螺旋推撑器。它是起顶紧或撑开作用的,可用于装配和矫正。图 12-25(e)和(f)是简单的螺旋推撑器,它由螺杆、螺母、圆管组成。图 12-25(e)所示的螺旋推撑器顶杆头部是尖的,只适宜于顶厚板或较大的型钢。图 12-25(f)螺杆头部增加了垫块,顶压时不会损伤焊件,也不会打滑。

2) 楔条夹具。楔条夹具是用锤击或用其他机械方法获得外力,利用楔条的斜面将外力转变为夹紧力,从而达到对焊件的夹紧。楔条夹具在使用中应能自锁,其自锁条件是楔条(或楔板)的楔角应小于其摩擦角,一般采用的楔角小于 10°~15°,图 12-26 所示为楔条夹具的应用实例。

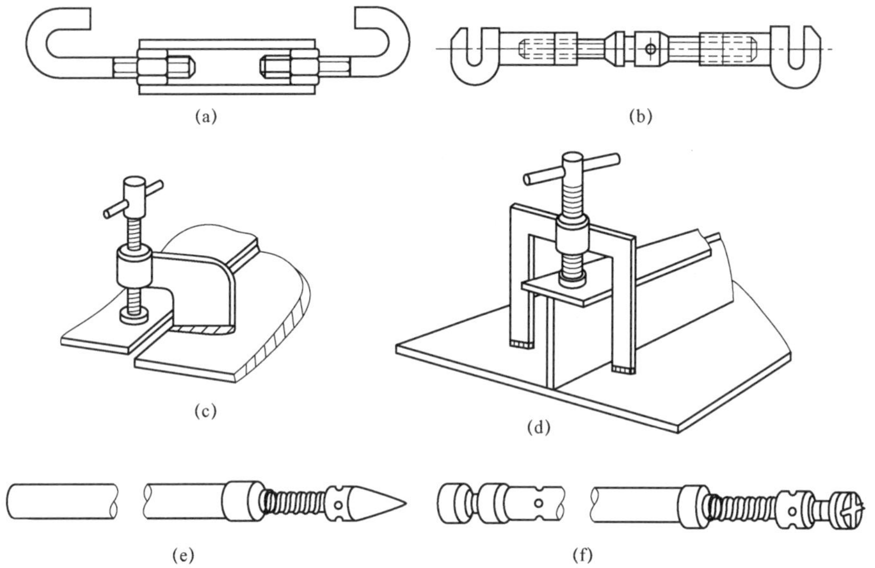

图 12-25　螺旋拉紧器、螺旋压紧器与螺旋推撑器

(a)、(b) 螺旋拉紧器；(c)、(d) 螺旋压紧器；(e)、(f) 螺旋推撑器

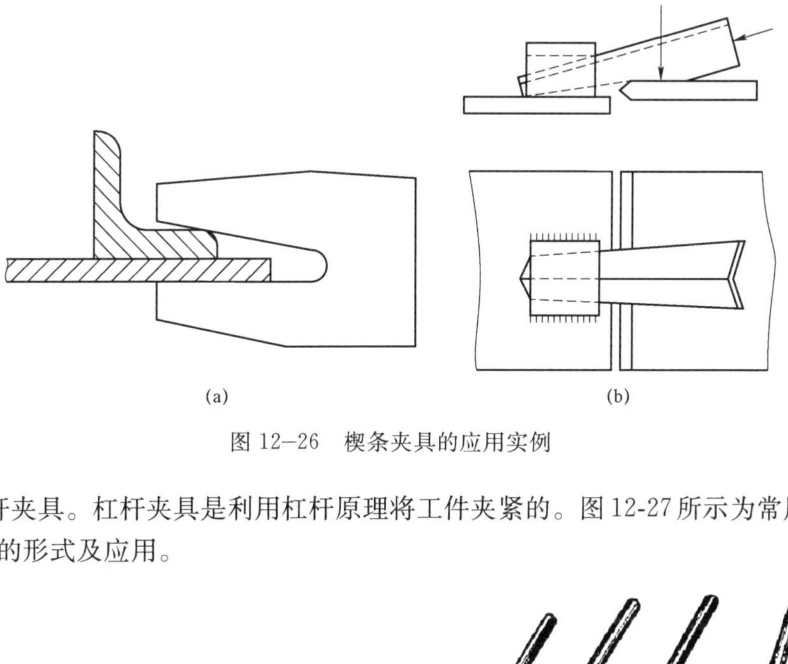

图 12—26　楔条夹具的应用实例

3）杠杆夹具。杠杆夹具是利用杠杆原理将工件夹紧的。图 12-27 所示为常用的集中简易杠杆夹具的形式及应用。

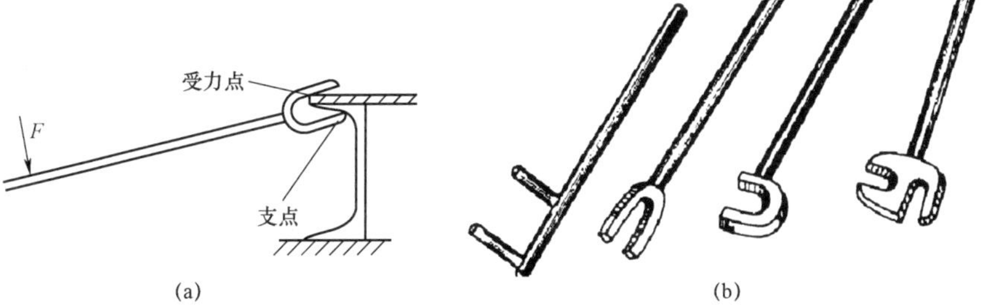

图 12-27　常用的几种简易杠杆夹具

（3）装配用设备

装配用设备有平台、转胎、专用胎架等，对装配用设备的一般要求如下：

1）平台或胎架应具备足够的强度和刚度；

2）平台或胎架表面应光滑平整，要求水平放置；

3）尺寸较大的装配胎架应安置在相当坚固的基础上，以免基础下沉导致胎模变形；

4）胎架应便于对工件进行装、卸、定位焊、焊接等装配操作；

5）设备构造简单，使用方便，成本要低。

① 装配用平台的主要类型及特点如下。

a. 铸铁平台。它是由许多块铸铁组成的，结构坚固，工作表面进行了机械加工，平面度比较高，面上具有许多孔洞，便于安装夹具。常用于进行装配以及用于钢板和型钢的热加工弯曲。

b. 钢结构平台。这种平台是由型钢和厚钢板焊制而成的。它的上表面一般不经过切削加工，所以平面度较差。常用于制作大型焊接结构或制作桁架结构。

c. 导轨平台。这种平台是由安装在水泥基础上的许多导轨组成的。每条导轨的上表面都经过切削加工，并有紧固焊件用的螺栓沟槽。这种平台用于制作大型结构件。

d. 水泥平台。它是由水泥浇注而成的一种简易而又适用于大面积工作的平台。浇注前在一定的部位预埋拉桩、拉环，以便装配时用来固定焊件。在水泥中还放置交叉形扁钢，扁钢面与水泥面平齐，作为导电板或用于固定焊件。这种水泥平台可以拼接钢板、框架和构件，又可以在上面安装胎架进行较大部件的装配。

e. 电磁平台。它是由平台（用型钢或钢板焊成）和电磁铁组成的。电磁铁能将型钢吸紧固定在平台上，焊接时可以减少变形。充气软管和焊剂的作用是组成焊剂垫，用于埋弧焊，可防止漏渣和金属液下淌。

② 胎架。胎架又称为模架，在焊件结构不适于以装配平台作支撑（如船舶、机车车辆底架、飞机和各种容器结构等）或者在批量生产时，就需要制造胎架来支撑工件进行装配。胎架常用于某些形状比较复杂、精度要求较高的结构件。它的主要优点是利用夹具对各个零件进行方便而精确地定位。有些胎架还可以设计成能够翻转的，可把焊件翻转到适合于焊接的位置。利用胎架进行装配，既可以提高装配精度，又可以提高装配速度。但由于投资较大，故多为某种批量较大的专用产品设计制造，适用于流水线或批量生产。

4. 装配的基本方法

（1）装配前的准备

装配前的准备工作是装配工艺的重要组成部分。充分、细致的准备工作，是高质量高效率地完成装配工作的有力保证。通常包括如下几方面。

1）熟悉产品图样和工艺规程。要清楚各部件之间的关系和连接方法，并根据工艺规程选择好装配基准和装配方法。

2）装配现场和装配设备的选择。依据产品的大小、结构的复杂程度选择和安置装配平台及装配胎架。装配工作场地应尽量设置在起重设备工装区间内，对场地周围进行必要的清理，使之达到场地平整、清洁，通道通畅。

3）工量具的准备。装配中常用的工、量、夹具和各种专用吊具，都必须配齐组织到场。此外，根据装配需要配置的其他设备，如焊机、气割设备、钳工操作台、风动砂轮等，也必须安置在规定的场所。

4）零、部件的预检和除锈。产品装配前，对于从上道工序转来或从零件库中领取的零、部件都要进行核对和检查，以便于装配工作的顺利进行。同时，对零、部件连接处的表面进行去毛刺、除锈垢等清理工作。

5）适当划分部件。对于比较复杂的结构，往往是部件装焊之后再进行总装，这样既可以提高装配—焊接质量，又可以提高生产效率，还可以减小焊接变形。为此，应将产品划分为若干部件。

(2) 零件的定位方法

在焊接生产中，根据零件的具体情况选取零件的定位和装配方法。常用的定位方法有画线定位、销轴定位、挡铁定位和样板定位等。

1）画线定位。就是在平台上或零件上画线，按线装配零件。通常用于简单的单件小批装配或总装时的部分较小零件的装配。

2）销轴定位。它是利用零件上的孔进行定位。如果允许，也可以钻出专门用于销轴定位的工艺孔。由于孔和销轴的精度较高，定位比较准确。

3）挡铁定位。这种方法应用得比较广泛，可以利用小块钢板或小块型钢作为挡铁，取材方便。也可以使用经机械加工后的挡铁，可提高精度。挡铁的安置要保证构件重点部位(点、线、面)的尺寸精度，也要便于零件的装拆。

4）样板定位。它是利用样板来确定零件的位置、角度等的定位方法，常用于钢板之间的角度测量定位和容器上各种管口的安装定位。

(3) 零件的装配方法

焊接结构生产中应用的装配方法很多，可根据结构的形状尺寸、复杂程度以及生产性质等进行选择。装配方法按定位方式不同可分为画线定位装配、工装定位装配；按装配地点不同可分为焊件固定式装配、焊件移动式装配。下面分别进行简单介绍。

1）画线定位装配法。画线定位装配法是利用在零件表面或装配台表面画出焊件的中心线、接合线、轮廓线等作为定位线，来确定零件间的相互位置，以定位焊固定进行装配。

图 12-28(a)是以画在焊件底板上的中心线和接合线作为定位基准线，以确定槽钢、立板和三角形加强肋的位置；图 12-28(b)是利用大圆筒盖板上的中心线和小圆筒上的等分线(也常称其为中心线)来确定两者的相对位置。

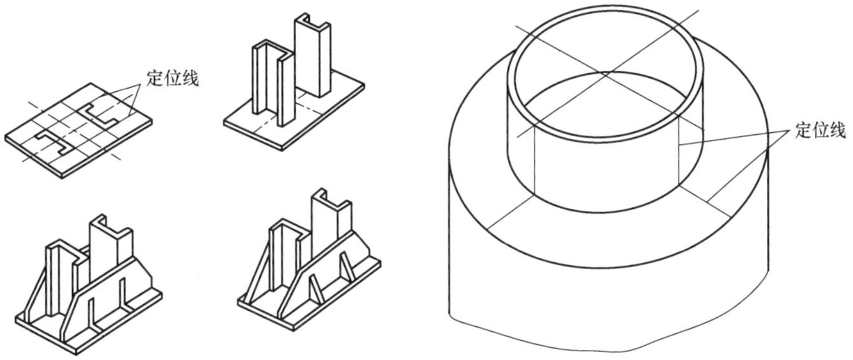

(a)　　(b)

图 12-28　画线定位装配示例

图12-29所示为钢屋架的画线定位装配。现在装配平台上按1:1的实际尺寸画出屋架零件的位置和结合线(称地样)(见图 12-29(a)。然后依照地样将零件组合起来(见图 12-29(b))。此装配也称“地样装配法”。

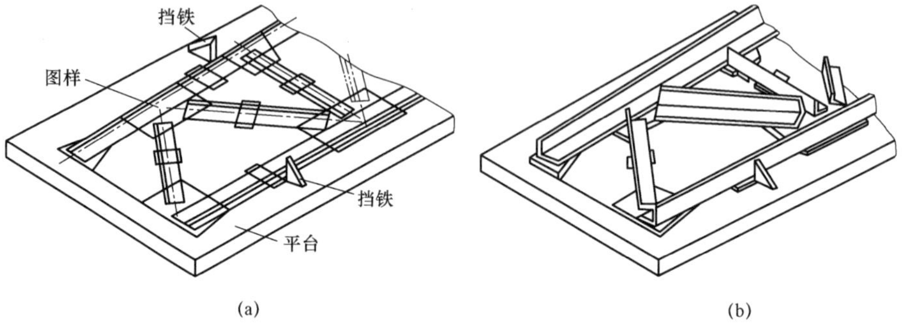

图 12-29　钢屋架地样装配法

2) 工装定位装配法。其主要有下列几种方法。

① 样板定位装配法:它是利用样板来确定零件的位置、角度等的定位,然后夹紧并经定位焊完成装配的装配方法。常用于钢板与钢板之间的角度装配和容器上各种管口的固定式装配。

图 12-30 所示为斜 T 形结构的样板定位装配,根据斜 T 形结构立板的斜度,预先制作样板,装配时在立板与平板接合线位置确定后,即以样板去确定立板的倾斜度,使其得到准确定位后实行定位焊。

断面形状对称的结构,如钢屋架、梁、柱等结构,可采用样板定位的特殊形式—仿形复制法进行装配。图 12-31 所示为简单钢屋架部件的装配过程:将图 12-29 中用“地样装配法”装配好的半片屋架吊起翻转后放置在平台上作为样板(称仿模),在其对应位置放置对应的节点板和各种杆件,用家具卡紧后进行定位焊,便复制出仿模对称的另一半屋架。

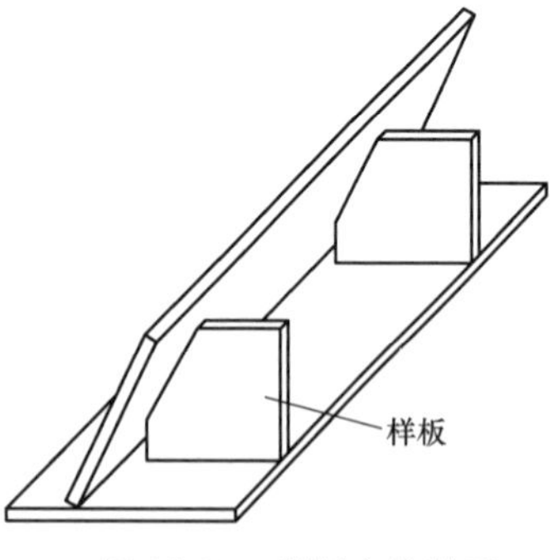

图 12-30　样板定位装配

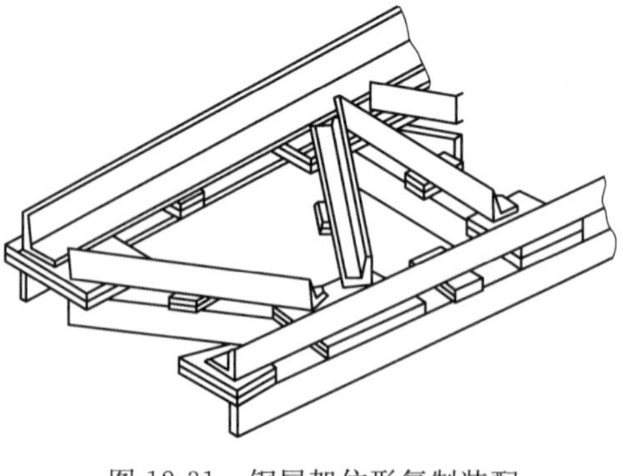

图 12-31　钢屋架仿形复制装配

② 定位元件定位装配法:用一些特定的定位元件(如板块、角钢、销轴等)构成空间定位点,来确定零件位置,并用装配夹具夹紧装配。它不需要画线,装配效率高,质量好,适用于批量生产。

图 12-32 所示为挡铁定位装配法示例。在大圆筒外部加装钢带圈时,在大圆筒外表面焊

上若干挡铁作为定位元件，确定钢带圈在圆筒上的高度位置，并用弓形螺旋夹紧器把钢带圈与筒体壁夹紧密贴，定位焊牢，完成钢带圈装配。

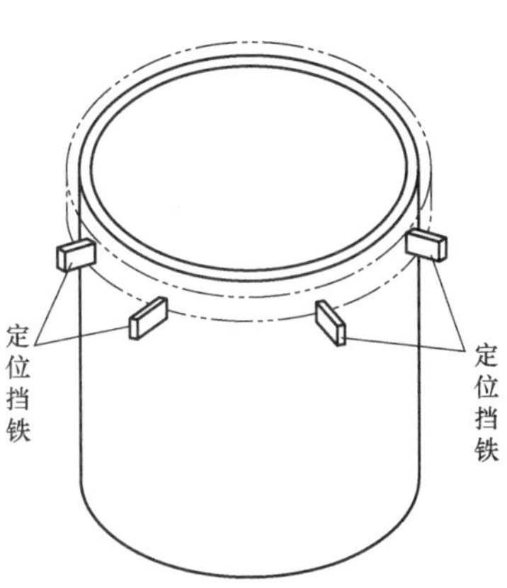

图 12-32　挡铁定位装配法

图 12-33 为双臂角杠杆的焊接结构，它由三个轴套和两个臂杆组成。装配时，臂杆之间的角度和三孔距离用活动定位销和固定定位销定位，两臂杆的水平高度位置和中心线位置用挡铁定位，两端轴套高度用支承垫定位，然后夹紧，定位焊完成装配。它的装配全部用定位元件定位后完成，装配质量可靠，生产率高。

应当注意的是，用定位元件定位装配时，要考虑装配后焊件的取出问题。因为零件装配时是逐个分别安装上去的自由度大，而装配完后，零件与零件已连成一个整体，如定位元件布置不适当，则装配后焊件难以取出。

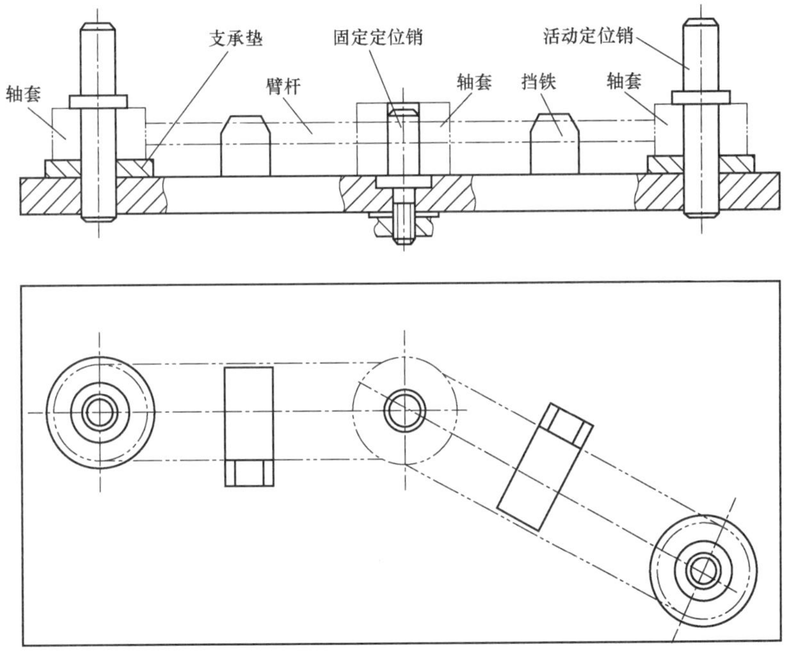

图 12-33　双臂角杠杆的装配

③ 胎夹具(又称胎架)装配法：对于批量生产的焊接结构，若需装配的零件数量较多，内部结构又不很复杂时，可将焊件装配所用的各定位元件、夹紧元件和装配胎架三者组合为一个整体，构成装配胎架。

利用装配胎架进行装配和焊接，可以显著地提高装配工作效率，保证装配质量，减轻劳动强度，同时也易于实现装配工作的机械化和自动化。

3）固定式装配法。固定式装配法是装配工作在一处固定的工作位置上装配完全部零、部件，这种装配方法一般用在重型焊接结构产品和产量不大的情况下。

4）移动式装配法。移动式装配方法是焊件顺着一定的工作地点按工序流程进行装配。

在工作地点上设有装配胎位和相应的工人。这种方式不完全限于轻小型产品上,有时为了使用某些固定的专用设备也常采用这种方式,在较大批量或流水线生产中通常也采用这种方式。

(4) 装配中的定位焊

定位焊用来固定各焊接零件之间的相互位置,以保证整体结构件得到正确的几何形状和尺寸。

定位焊缝一般比较短,而且该焊缝作为正式焊缝留在焊接结构之中,故所使用的焊条或焊丝应与正式焊缝所使用的焊条或焊丝牌号和质量相同。进行定位焊时应注意以下几点。

1) 由于定位焊缝比较短,并且要求保证焊透,故应选用直径小于 4 mm 的焊条或 CO_2 气体保护焊直径小于 1.2 mm 的焊丝。又由于焊件温度较低,热量不足而容易产生未焊透,故定位焊焊接电流应较正式焊缝时大 10%～15%。

2) 定位焊缝有未焊透、夹渣、裂纹、气孔等焊接缺陷时,应该铲掉并重新焊接,不允许留在焊缝内。

3) 定位焊缝的引弧和熄弧处应圆滑过渡,否则,在焊正式焊缝时在该处易造成未焊透、夹渣等缺陷。

4) 定位焊缝长度一般根据板厚选取 15～20 mm,间距为 50～300 mm。板薄取小值,板厚取大值。对于强行装配的结构,因定位焊缝承受较大的外力,应根据具体情况适当加大定位焊缝长度,间距适当缩小。对于装配后需吊运的焊件,定位焊缝应保证吊运中零件不分离,因此对起吊中受力部分的定位焊缝,可加大尺寸或数量;或在完成一定的正式焊缝以后吊运,以保证安全。

复习思考题

(1) 剪切时影响冷作硬化区宽度的主要包括哪些因素?

(2) 冷弯的分类?试分析两种冷弯的优缺点有什么?

(3) 装配夹具按夹紧力来源分为哪两大类?各举例三项。

(4) 零件的装配方法包括哪几种?

第十三章　相关法律、法规知识

学习目标：

- 了解《中华人民共和国劳动法》相关知识；
- 了解《中华人民共和国安全生产法》相关知识；
- 了解《中华人民共和国环境保护法》相关知识；
- 了解《中华人民共和国放射性污染防治法》相关知识；
- 了解《中华人民共和国核安全法》相关知识；
- 了解《在役核设施质量保证安全规定》相关知识；
- 了解《民用核安全设备焊接人员资格管理规定》相关知识。

第一节　《中华人民共和国劳动法》相关知识

《中华人民共和国劳动法》(以下简称《劳动法》)是国家为了保护劳动者的合法权益，调整劳动关系，建立和维护适应社会主义市场经济的劳动制度，促进经济发展和社会进步，根据宪法而制定颁布的法律。从狭义上讲，《劳动法》是指 1994 年 7 月 5 日第八届全国人民代表大会常务委员会第八次会议通过，1995 年 1 月 1 日起施行的《中华人民共和国劳动法》；从广义上讲，《劳动法》是调整劳动关系的法律法规，以及调整与劳动关系密切相关的其他社会关系的法律规范的总称。

随着社会主义市场经济的发展和劳动市场的多样化，1995 年施行的劳动法需要更新以适应新的社会条件。为了更有效地保护劳动者的合法权益，调整和规范劳动关系，通过建立更加公正合理的劳动制度，促进经济和社会的全面进步。2009 年全国人大常委会为了保护劳动者的合法权益，调整劳动关系，建立和维护适应社会主义市场经济的劳动制度，促进经济发展和社会进步。2018 年全国人民代表大会常务委员会的决定对《中华人民共和国劳动法》等七部法律进行了修改。这是继 2009 年后的再次重要修订，一方面反映了我国劳动市场和经济发展的新需求，另一方面也体现了对劳动者权益保护的进一步加强。

以下对《劳动法》中的劳动合同、工作时间和休息休假、工资、劳动安全卫生、女职工和未成年工特殊保护等进行了简单解析和说明，并配有部分案例以供学习参考。

一、劳动合同

1. 劳动合同的订立和变更

劳动合同是劳动关系建立、变更、解除和终止的一种法律形式，劳动合同法律制度是《劳动法》的重要组成部分。劳动合同的订立和变更必须遵循以下原则：平等自愿原则、协商一致原则、不得违反法律、行政法规的规定的原则。

劳动合同的必备条款涉及 7 项：劳动合同期限、工作内容、劳动保护和劳动条件、劳动报酬、劳动纪律、劳动合同终止的条件、违反劳动合同的责任。劳动合同除前款规定的必备条款外，当事人可以协商约定其他内容。

2. 劳动合同的解除

劳动合同可以经双方协商一致解除。在某些特定情况下，如劳动者患病或非因工负伤医疗期满不能从事原工作等，用人单位可以依法解除劳动合同，但需提前三十日以书面形式通知劳动者本人，并给予经济补偿。

1）劳动者有下列情形之一的，用人单位可以解除劳动合同：

- 在试用期间被证明不符合录用条件的；
- 严重违反劳动纪律或者用人单位规章制度的；
- 严重失职，营私舞弊，对用人单位利益造成重大损害的；
- 被依法追究刑事责任的。

2）有下列情形之一的，用人单位可以解除劳动合同，但是应当提前三十日以书面形式通知劳动者本人：

- 劳动者患病或者非因工负伤，医疗期满后，不能从事原工作也不能从事由用人单位另行安排的工作的；
- 劳动者不能胜任工作，经过培训或者调整工作岗位，仍不能胜任工作的；
- 劳动合同订立时所依据的客观情况发生重大变化，致使原劳动合同无法履行，经当事人协商不能就变更劳动合同达成协议的。

3）用人单位濒临破产进行法定整顿期间或者生产经营状况发生严重困难，确需裁减人员的，应当提前三十日向工会或者全体职工说明情况，听取工会或者职工的意见，经向劳动行政部门报告后，可以裁减人员。

4）劳动者有下列情形之一的，用人单位不得依据前述 2)和 3)条的规定解除劳动合同：

- 患职业病或者因工负伤并被确认丧失或者部分丧失劳动能力的；
- 患病或者负伤，在规定的医疗期内的；
- 女职工在孕期、产期、哺乳期内的；
- 法律、行政法规规定的其他情形。

5）用人单位解除劳动合同，工会认为不适当的，有权提出意见。如果用人单位违反法律、法规或者劳动合同，工会有权要求重新处理；劳动者申请仲裁或者提起诉讼的，工会应当依法给予支持和帮助。

6）劳动者解除劳动合同，应当提前三十日以书面形式通知用人单位。

7）有下列情形之一的，劳动者可以随时通知用人单位解除劳动合同：

- 在试用期内的；
- 用人单位以暴力、威胁或者非法限制人身自由的手段强迫劳动的；
- 用人单位未按照劳动合同约定支付劳动报酬或者提供劳动条件的。

【案例】工程师王某与 A 公司签订了 5 年的劳动合同。合同执行到第 3 年时，王某提出加薪要求，A 公司以“乙方的要求超出合同约定及公司支付能力”为由拒绝。王某在接到拒绝通知的第二天即跳槽到 B 公司，获得比原来高的薪酬。王某在跳槽前未向 A 公司提出解除劳动合同申请。

问题：王某这么做是否合法？

分析：王某与A公司签订的劳动合同为有效合同。A公司没有出现违反《劳动法》的行为。《劳动法》中规定用人单位与劳动者协商一致，可以解除劳动合同；劳动者提前三十日以书面形式通知用人单位，可以解除劳动合同。

王某在未与A公司协商一致、未提前30天书面通知A公司的情况下，单方终止劳动合同，属违法行为。王某应按照合同约定向A公司赔偿相应的损失。

二、工作时间和休息休假

1. 工作时间

工作时间是指劳动者根据国家的法律规定，在1个昼夜或1周之内从事本职工的时间《劳动法》规定劳动者每日工作时间不超过8小时，平均每周工作时间不超过44小时。

2. 休息休假时间

休息时间指劳动者工作日内的休息时间、工作日间的休息时间和工作周之间的休息时间；法定节假日休息时间、探亲假休息时间和年休假休息时间则称为休假。《劳动法》规定用人单位在元旦、春节、国际劳动节、国庆节以及法律法规规定的其他休假节日中进行休假。用人单位由于生产经营需要，经与工会和劳动者协商后可以延长工作时间，一般每日不得超过一小时；因特殊原因需要延长工作时间的，在保障劳动者身体健康的条件下延长工作时间每日不得超过三小时，但是每月不得超过三十六小时。

3. 延长工作时间

延长工作时间是指根据法律的规定，在标准工作时间之外延长劳动者的工作时间，一般分为加班和加点。《劳动法》对于延长工作时间的劳动者范围、延长工作时间的长度、延长工作时间的条件都有具体的限制。被延长工作时间的劳动者有权获得相应的报酬。

三、工资

1. 工资分配的原则

工资分配必须遵循以下原则：按劳分配、同工同酬的原则，工资水平在经济发展的基础上逐步提高的原则，国家对工资总量实行宏观调控。用人单位根据本单位的生产经营特点和经济效益，依法自主确定本单位的工资分配方式和工资水平的原则。

2. 最低工资

最低工资是指劳动者在法定工作时间或依法签订的劳动合同约定的工作时间内提供了正常工作的前提下，用人单位依法应支付的最低劳动报酬。国家实行最低工资保障制度。最低工资的具体标准由省、自治区、直辖市人民政府规定，报国务院备案。用人单位支付劳动者的工资不得低于当地最低工资标准。在劳动合同中，双方当事人约定的劳动者在未完成劳动定额或承包任务的情况下，用人单位可低于最低工资标准支付劳动者工资的条款不具有法律效力。

【案例】孙某为河北省莱县农民,在某市打工。2000 年 12 月经人介绍,孙某到某搬家公司作搬运工人,公司每月支付孙某工资 300 元,并安排孙某在公司的集体宿舍居住。2001 年 2 月,某市在公共场所宣传《劳动法》,孙莱听到宣传,得知当地的最低工资标准为每月 412 元,遂找到公司徐经理,要求增加工资。徐经理不同意,说公司给孙某提供住处不是免费的,而是每月从工资中扣除 100 元,而且公司为工人提供免费午餐,并给工人统一购买服装,遇到加班加点还按法律规定付给加班加点费,这些费用加起来孙某的每月收入早已超过 412 元,公司没有违反当地最低工资的规定。如果孙某不愿意干,可以辞职。

问题:(1) 徐经理对公司没有违反最低工资规定的表述是否正确?为什么?(2) 若公司的行为不符合法律规定,应承担哪些法律责任?

分析:(1) 徐经理对公司没有违反最低工资规定的表述不正确。最低工资,是指用人单位对单位时间劳动必须按法定最低标准支付的工资。对最低工资应正确计算,根据《企业最低工资规定》,加班加点工资、劳动保护待遇、福利待遇等不得作为最低工资组成部分。徐经理将工作午餐、劳动保护费用、福利待遇计算在最低工资范畴内是错误的。本案中孙某每月只得到 300 元工资,没有达到当地月工资 412 元的最低工资标准,搬家公司的行为已违反了法律规定。

(2) 用人单位应承担的责任:用人单位支付劳动者的工资报酬低于当地最低工资标准的,要在补足标准部分的同时,另外支付相当于低于部分 25%的经济补偿。

四、劳动安全卫生

劳动安全卫生主要是指劳动保护,是指规定劳动者的生产条件和工作环境状况,保护劳动者在劳动中的生命安全和身体健康的各项法律规范,有利于保护劳动者的生命权和健康权,有利于促进生产力的发展和劳动生产率的不断提高。

用人单位必须建立、健全劳动安全卫生制度,严格执行国家劳动安全卫生规程和标准,对劳动者进行劳动安全卫生教育,防止劳动过程中的事故,减少职业危害。用人单位必须为劳动者提供符合国家规定的劳动安全卫生条件和必要的劳动防护用品,对从事有职业危害作业的劳动者应当定期进行健康检查。劳动者在劳动过程中必须严格遵守安全操作规程。劳动者对用人单位管理人员违章指挥、强令冒险作业,有权拒绝执行;对危害生命安全和身体健康的行为,有权提出批评、检举和控告。

五、女职工和未成年工特殊保护

1. 女职工特殊保护

由于女性的身体结构和生理机能与男性不同,有些工作会给女性的身体健康带来危害,从保护女职工生命安全、身体健康的角度出发,法律规定了女职工禁止从事的劳动范围,这不属于对女职工的性别歧视,而是对女职工的保护。同时,对女职工特殊生理期间的保护,即对女职工在经期、孕期、产期、哺乳期的保护,也称为女职工的"四期"保护。

2. 未成年工特殊保护

未成年工指年满十六周岁未满十八周岁的劳动者。不得安排未成年工从事矿山井下、有毒有害、国家规定的第四级体力劳动强度的劳动和其他禁忌从事的劳动。用人单位应当对未成年工定期进行健康检查。

【案例】李某与某宾馆签订了为期5年的劳动合同，其中有一条款“鉴于宾馆服务行业本身的特殊要求，凡在本宾馆工作的女性服务员，合同期内不得怀孕。否则企业有权解除劳动合同。”合同履行约 1 年后，李某的男友单位筹建家属楼，为能分到住房，李某与男友结婚，不久怀孕。宾馆得知后，以李菜违反合同条款为由作出与李菜解除劳动合同的决定。

问题：该宾馆能否单方解除劳动合同？

分析：该宾馆不能单方解除与李某的劳动合同。为保护女职工的合法权益，《劳动法》明确规定女职工在孕期、产期、哺乳期内的，用人单位不得解除劳动合同，合同应继续履行。

除以上内容之外，《劳动法》还对促进就业、集体合同、职业培训、社会保险和福利、劳动争议监督检查、法律责任等都作了具体规定。该法律的发布和施行，对于保护劳动者的合法权益，调整劳动关系，建立和维护适应社会主义市场经济的劳动制度意义重大。

复习思考题

(1) 劳动合同的订立必须遵循什么原则？
(2) 用人单位应当保证劳动者每周至少休息几日？
(3) 工资分配必须遵循什么原则？

第二节　《中华人民共和国安全生产法》相关知识

《中华人民共和国安全生产法》是为了加强安全生产工作，防止和减少生产安全事故，保障人民群众生命和财产安全，促进经济社会持续健康发展，制定本法。由中华人民共和国第九届全国人民代表大会常务委员会第二十八次会议于 2002 年 6 月 29 日通过公布，自 2002 年 11 月 1 日起施行。2014 年 8 月 31 日第十二届全国人民代表大会常务委员会第十次会议通过全国人民代表大会常务委员会关于修改《中华人民共和国安全生产法》的决定，自 2014 年 12 月 1 日起施行。2021 年 6 月 10 日第十三届全国人民代表大会常务委员会第二十九次会议通过《中华人民共和国安全生产法》第三次修正。自 2021 年 9 月 1 日起施行。

安全的基本概念：从广义上讲，安全是预知人类活动的各个领域里的存在的固有的或潜在的危险，并且为消除这些危险所采取的各种手段、方法和行为的总和。无危则安，无缺则全。是指人的身心免受外界因素危害的存在状态。从生产的角度讲，安全就是一种不发生死亡、伤害、职业病及财产损失的状态。安全是防止灾害、消除最终导致死亡、伤害、职业病及各种损失发生的条件。

新版《中华人民共和国安全生产法》共 7 章 119 条，具有丰富的内涵。其核心内容简略归纳如下。

一、三大目标

本法旨在通过强化安全生产监督管理，防止和减少生产安全事故，实现以下基本目标：

保障人民群众生命和财产安全，促进经济社会持续健康发展。这体现了安全生产对人的生命安全的尊重、对财产安全的保护以及对经济发展的推动作用。

二、五方运行机制

《中华人民共和国安全生产法》规定了保障安全生产的国家总体运行机制，包括政府监管与指导、企业实施与保障、员工权益与自律、社会监督与参与、中介支持与服务五个方面。这五个方面的有机结合，共同构成了我国安全生产的运行框架。

三、两结合监管体制

《中华人民共和国安全生产法》明确了我国现阶段实行的国家安全生产监管体制。这种体制是国家安全生产综合监管与各级政府有关职能部门专项监管相结合的体制。有关部门合理分工、相互协调，相应地表明了我国安全生产法的执法主体是国家安全生产综合管理部门和相应的专门监管部门。

四、七项基本法律制度

《中华人民共和国安全生产法》确定了我国安全生产的基本法律制度。分别为：安全生产监督管理制度；生产经营单位安全保障制度；从业人员安全生产权利义务制度；生产经营单位负责人安全责任制度；安全中介服务制度；安全生产责任追究制度；事故应急救援和处理制度。

五、四个责任对象

《中华人民共和国安全生产法》明确了对我国安全生产具有责任的各方，包括政府责任方，即各级政府和对安全生产负有监管职责的有关部门；生产经营单位责任方；从业人员责任方；中介机构责任方。

六、三套对策体系

《中华人民共和国安全生产法》指明了实现我国安全生产的三大对策体系。

（1）事前预防对策体系，即要求生产经营单位建立安全生产责任制、坚持“三同时”、保证安全机构及专业人员落实安全投入、进行安全培训、实行危险源管理、进行项目安全评价、推行安全设备管理、落实现场安全管理、严格交叉作业管理、实施高危作业安全管理、保证承包租赁安全管理、落实工伤保险等，同时加强政府监管、发动社会监督、推行中介技术支持等都是预防策略；

（2）事中应急救援体系，要求政府建立行政区域的重大安全事故救援体系，制定社区事故应急救援预案；要求生产经营单位进行危险源的预控，制定事故应急救援预案等；

（3）建立事后处理对策系统，包括推行严密的事故处理及严格的事故报告制度，实施事故后的行政责任追究制度，强化事故经济处罚，明确事故刑事责任追究等。

七、生产经营单位主要负责人的六项责任

《中华人民共和国安全生产法》特别对生产经营单位负责人的安全生产责任作了专门的

确定。确定如下:建立健全安全生产责任制;组织制定安全生产规章制度和操作规程;保证安全生产投入;督促检查安全生产工作,及时消除生产安全事故隐患;组织制定并实施生产安全事故应急救援预案;及时报告并如实反映生产安全事故。

八、从业人员八大权利

《中华人民共和国安全生产法》明确了从业人员的八项权利。

(1) 知情权,即有权了解其作业场所和工作岗位存在的危险因素、防范措施和事故应急措施;

(2) 建议权,即有权对本单位的安全生产工作提出建议;

(3) 批评权、检举权、控告权,即有权对本单位安全生产管理工作中存在的问题提出批评、检举、控告;

(4) 拒绝权,即有权拒绝违章作业指挥和强令冒险作业;

(5) 紧急避险权,即发现直接危及人身安全的紧急情况时,有权停止作业或者在采取可能的应急措施后撤离作业场所;

(6) 依法向本单位提出要求赔偿的权利;

(7) 获得符合国家标准或者行业标准劳动防护用品的权利;

(8) 获得安全生产教育和培训的权利。

九、从业人员的三项义务

《中华人民共和国安全生产法》明确了从业人员的三项义务。

(1) 自律遵规的义务,即从业人员在作业过程中,应当遵守本单位的安全生产规章制度和操作规程,服从管理,正确佩戴和使用劳动防护用品;

(2) 自觉学习安全生产知识的义务,要求掌握本职工作所需的安全生产知识,提高安全生产技能,增强事故预防和应急处理能力;

(3) 危险报告义务,即发现事故隐患或者其他不安全因素时,应当立即向现场安全生产管理人员或者本单位负责人报告。

十、四种监督方式

《中华人民共和国安全生产法》以法定的方式,明确规定了我国安全生产的多种监督方式。

(1) 工会民主监督,即工会有权对建设项目的安全设施与主体工程同时设计、同时施工、同时投入生产和使用进行监督,提出意见;

(2) 社会舆论监督,即新闻、出版、广播、电影、电视等单位有对违反安全生产法律、法规的行为进行舆论监督的权利;

(3) 公众举报监督,即任何单位存在事故隐患或者个人做出违反安全生产法规的行为时,均有权向负有安全生产监督管理职责的部门报告或者举报;

(4) 社区报告监督,即居民委员会、村民委员会发现其所在区域内的生产经营单位存在事故隐患或者安全生产违法行为时,有权向当地人民政府或者有关部门报告。

十一、三十八种违法行为

《中华人民共和国安全生产法》明确了政府、生产经营单位、从业人员和中介机构可能产生的 38 种违法行为。其中生产经营单位及负责人 30 种，政府监督部门及人员 5 种，中介机构 1 种，从业人员可能存在的违法行为有 2 种。

十二、数种处罚方式

《中华人民共和国安全生产法》明确了相应违法行为的处罚方式：对政府监督管理人员有降级、撤职的行政处罚；对政府监督管理部门有责令改正、责令退还违法收取的费用的处罚；对中介机构有罚款、第三方损失连带赔偿、撤销机构资格的处罚；对生产经营单位有责令限期改正、停产停业整顿、经济罚款、责令停止建设、关闭企业、吊销其有关证照、连带赔偿等处罚；对生产经营单位负责人有行政处分、个人经济罚款、限期不得担任生产经营单位的主要负责人、降职、撤职、处十五日以下拘留等处罚；对从业人员有批评教育、依照有关规章制度给予处分的处罚。无论任何人，造成严重后果，构成犯罪的，依照刑法有关规定追究刑事责任。

十三、新版《中华人民共和国安全生产法》修订要点

(1) 贯彻新思想新理念：增加了"安全生产工作坚持人民至上、生命至上""把保护人民生命安全摆在首位"等规定。

(2) 落实中央决策部署：增加了"重大事故隐患排查治理情况报告""高危行业领域强制实施安全生产责任保险"等重要制度。

(3) 健全安全生产责任体系：明确了生产经营单位主要负责人是第一责任人，强化了各级政府和部门的监管责任。

(4) 强化新问题新风险的防范应对：针对新兴行业、领域及特定风险(如餐饮行业燃气使用)提出了具体的安全管理要求。

(5) 加大对违法行为的惩处力度：提高了罚款金额，增加了联合惩戒措施，如暂停项目审批、上调保险费率等。

2021 版《中华人民共和国安全生产法》在保留原有法律框架的基础上，进行了全面修订和完善，进一步强化了安全生产工作的重要性，明确了各方责任，提高了违法成本，为保障人民群众生命财产安全提供了更加坚实的法律保障。

复习思考题

(1)《安全生产法》的三大目标是什么？

(2)《安全生产法》确定了我国安全生产的基本法律制度。分别是什么？

(3)《安全生产法》明确的从业人员的八项权利是什么？

第三节 《中华人民共和国环境保护法》相关知识

中华人民共和国环境保护法是为保护和改善环境，防治污染和其他公害，保障公众健康，推进生态文明建设，促进经济社会可持续发展制定的国家法律，由中华人民共和国第十二届全国人民代表大会常务委员会第八次会议于 2014 年 4 月 24 日修订通过，自 2015 年 1

月 1 日起施行。

一、环保法的主要内容

第一章 “总则”有 8 条。规定环保法的立法目的；适用范围是中华人民共和国领域和管辖的其他海域；管理体制是环保行政主管部门实施统一监督管理，其他有关部门依照法律规定，对管辖范围内的环境保护实施监督管理；环境保护的基本原则是环境保护与国民经济、社会发展相协调；国家鼓励环境保护科学教育事业的发展；对保护和改善环境有显著成绩的单位和个人给予奖励。

第二章 “环境监督管理”有 7 条。规定了环境质量标准和污染物排放标准的制定权限、程序和实施要求；环境保护规划的拟定、审批和实施责任；跨行政区环境问题的管理和解决程序；规定了新建项目环境影响评价制度、现场检查制度；环境监测的管理以及定期发布环境状况公报。

第三章 “保护和改善环境”有 8 条。规定了各级人民政府对本辖区的环境质量负责及保护和改善环境的措施和要求；各级人民政府对各种自然生态系统，各种特殊保护区域，各种自然遗迹和人文遗迹要加以保护和严禁破坏；在特殊保护区、风景名胜区内不得建设污染环境的生产设施；开发大自然资源，必须采取措施保护生态环境；人民政府要采取措施保护农业环境，防止土壤污染、土地沙化、盐渍化、贫瘠化、沼泽化，防治植被破坏、水土流失、水源枯竭、种源灭绝以及生态失调现象的发生和发展，合理使用化肥和药剂；城乡建设应保护植被、水域和自然景观，加强绿地、园林和风景名胜区的建设；规定了加强海洋环境保护的要求。

第四章 “防治环境污染和其他公害”有 11 条。规定了防治污染和其他公害的原则和制度；产生环境污染和其他公害的单位实行责任制进行防治；新建项目和技术改造项目应采用资源利用率高，污染物排放量少的工艺设备和经济合理的废弃物综合利用技术和污染物处理技术；建设项目防治污染的设施与主体工程同时设计、同时施工、同时投产使用；规定了排污申报登记制度，征收排污费制度，发生污染事故报告制度；对造成严重污染的企业限期治理。

第五章 “法律责任”有 11 条。规定了违反环保法造成环境污染损害的，根据不同情况追究行政责任、民事责任和刑事责任；给予不同的制裁、追究的程序。

第六章 “附则”有 2 条。规定了环保法与我国参加国际条约的关系；环保法的施行时间。

二、环保法在我国环境保护法律体系中的位置

环保法是国家整个法律体系中的重要组成部分之一，又是一个相对独立的法律部门，并具有自身的一套比较完整的体系。

1. 宪法

宪法是中国环保法的立法依据和指导原则。1982 年的宪法第 26 条规定：“国家保护和改善生活环境和生态环境。防治污染和其他公害。国家组织和鼓励植树造林，保护林木。”第 9 条 2 款规定：“国家保障自然资源的合理利用，保护珍贵的动物和植物。禁止任何组织或个人用任何手段侵占或者破坏自然资源。”第 10 条 5 款规定：“一切使用土地的组织和个人必须合理地利用土地。”宪法中的这些条款便是环保法的立法根据。

2. 环境保护基本法

它是环境保护领域里的基本法律,是制定专门性环境保护单行法规的基本依据。1989年12月26日施行的环保法即是环境保护的基本法。

3. 环境保护单行法规

这类单行法规有针对性地保护自然资源和生态环境。这些单行法规的解释权和行政主管部门不一定是环境保护部门。保护自然资源的单行法规有:《中华人民共和国土地管理法》《中华人民共和国森林法》《中华人民共和国草原法》《中华人民共和国水法》《中华人民共和国矿产资源法》《中华人民共和国渔业法》《中华人民共和国野生动物保护法》《中华人民共和国自然保护区管理条例》《水产资源繁殖保护条例》《水土保持工作条例》等。在防治污染和其他公害方面,已经颁布了5个法律:《中华人民共和国海洋环境保护法》《中华人民共和国水污染防治法》《中华人民共和国大气污染防治法》《中华人民共和国固体废物污染环境防治法》《中华人民共和国环境噪声污染防治法》;条例十多个:《放射环境管理办法》《城市烟尘区控制管理办法》《汽车排气污染监督管理办法》《防治尾矿污染环境管理规定》《关于加强乡镇企业环境保护工作的规定》《对外开放地区环境管理暂行规定》等。环境保护单行法规制定的根据是环保法。

4. 环境保护标准

中国的环境保护标准由4个部分组成:环境质量标准、污染物排放标准、环境保护基础标准和环境保护方法标准。环境保护标准分为国家和地方两级。环境保护标准制定的依据是环境保护基本法和环境保护单行法规。

5. 地方环境保护法规

地方环境保护法规和地方环境标准,对于保护和改善地方环境质量起到了很好的作用,因为地方环境保护法规结合地区环境状况制定了严于国家标准的地方标准(不能宽于国家标准)。地方环境保护法规的制定依据是宪法和环保法。

6. 其他有关法律法规

在民法、刑法、经济法、劳动法、行政法等法律法规中,包含着不少有关保护环境的法律规范。例如,在《中华人民共和国民法通则》第124条规定:“违反国家保护环境防止污染的规定,污染环境造成他人损害的,应当依法承担民事责任。”在1997年3月14日的《中华人民共和国刑法》中的第6章第六节规定了“破坏环境资源保护罪”,既包括了破坏环境和资源的犯罪,也包括了污染环境的犯罪。其具体罪名是:第338条规定的违反规定排放倾倒、处置危险废物罪;第339条规定的非法进口固体废物罪;第340条规定的非法捕捞水产品罪;第341条规定的非法捕杀国家重点保护野生动物罪,非法收购、运输、出售国家重点保护野生动物及其制品罪,非法狩猎罪;第342条规定的非法占用耕地罪;第343条规定的破坏矿产资源罪;第344条规定的非法采伐、毁坏珍贵树木罪;第345条规定的破坏森林资源罪。环保法与这些相关法律是平行比照关系,例如,在环保法第43条、第45条都有“依法追究刑事责任”,此时就要适用《中华人民共和国刑法》;第44条规定“依照有关法律的规定承担法律责任”,这就点明了环保法与其他有关法律的关系。

7. 国际条约

中国只参加或缔结了部分环境保护国际公约,还有一些国际公约中国至今没有加入。

20 世纪 90 年代以来参加或缔结的环境保护公约有："《联合国气候变化框架公约》《联合国生物多样性公约》《关于环境与发展的里约宣言》《联合国关于在发生严重干旱和(或)荒漠化的国家特别是在非洲防治荒漠化公约》《关于消耗臭氧层物质的蒙特利尔议定书》伦敦修正案等。环保法与环境保护有关的国际条约的法律关系是：同中华人民共和国法律有不同规定的，适用国际条约的规定，但中华人民共和国声明保留的条款除外。

复习思考题

(1) 环保法在我国环境保护法律体系中的位置？

(2) 环保法的立法目的是什么？

(3) 中国的环境保护标准由哪 4 个部分组成？

第四节　《中华人民共和国放射性污染防治法》相关知识

《中华人民共和国放射性污染防治法》是为了防治放射性污染，保护环境，保障人体健康，促进核能、核技术的开发与和平利用，制定本法。由第十届全国人民代表大会常务委员会第三次会议于 2003 年 6 月 28 日通过，自 2003 年 10 月 1 日起施行。

一、放射性污染防治法共有 8 章 63 条

第一章　"总则"有 8 条。主要规定了放射性污染的防治的指导方针：第三条国家对放射性污染的防治，实行预防为主、防治结合、严格管理、安全第一的方针。社会监督：第六条任何单位和个人有权对造成放射性污染的行为提出检举和控告。监督管理部门：第八条国务院环境保护行政主管部门对全国放射性污染防治工作依法实施统一监督管理。国务院卫生行政部门和其他有关部门依据国务院规定的职责，对有关的放射性污染防治工作依法实施监督管理。

第二章　"放射性污染防治的监督管理"有 9 条。明确标准的制定；提出放射性污染监测制度和核安全人员资格管理制度；理清各政府部门的职责说明单位接受检查的义务和承担污染防治的责任；提出单位预防和人员培训的责任；单独提出运输和标识的必要性；以及含放射性生活用品的要求。规定国家放射性污染防治标准由国务院环境保护行政主管部门根据环境安全要求、国家经济技术条件制定。国家放射性污染防治标准由国务院环境保护行政主管部门和国务院标准化行政主管部门联合发布。国家建立放射性污染监测制度。国务院环境保护行政主管部门会同国务院其他有关部门组织环境监测网络，对放射性污染实施监测管理。国务院环境保护行政主管部门和国务院其他有关部门，按照职责分工，各负其责，互通信息，密切配合，对核设施、铀(钍)矿开发利用中的放射性污染防治进行监督检查。核设施营运单位、核技术利用单位、铀(钍)矿和伴生放射性矿开发利用单位，负责本单位放射性污染的防治，接受环境保护行政主管部门和其他有关部门的监督管理，并依法对其造成的放射性污染承担责任。运输放射性物质和含放射源的射线装置，应当采取有效措施，防止放射性污染。具体办法由国务院规定。放射性物质和射线装置应当设置明显的放射性标识和中文警示说明。生产、销售、使用、贮存、处置放射性物质和射线装置的场所，以及运输放

射性物质和含放射源的射线装置的工具,应当设置明显的放射性标志。

第三章 “核设施的放射性污染防治”有10条17款对核设施的选址、建造、装料、运行和退役的各个过程提出了要求;规定核设施选址,应当进行科学论证,并按照国家有关规定办理审批手续。核设施营运单位在进行核设施建造、装料、运行、退役等活动前,必须按照国务院有关核设施安全监督管理的规定,申请领取核设施建造、运行许可证和办理装料、退役等审批手续。与核设施相配套的放射性污染防治设施,应当与主体工程同时设计、同时施工、同时投入使用。与核设施相配套的放射性污染防治设施,应当与主体工程同时设计、同时施工、同时投入使用。

第四章 “核技术利用的放射性污染防治”6条11款规定生产、销售、使用放射性同位素和射线装置(加速器、中子发生器等)环评制度、许可证制度、同位素登记制度、三同时制度、安全保卫制度、与放射性废物专业处置等。生产、销售、使用放射性同位素和射线装置的单位,应当按照国务院有关放射性同位素与射线装置放射防护的规定申请领取许可证,办理登记手续。转让、进口放射性同位素和射线装置的单位以及装备有放射性同位素的仪表的单位,应当按照国务院有关放射性同位素与射线装置放射防护的规定办理有关手续。生产、销售、使用放射性同位素和加速器、中子发生器以及含放射源的射线装置的单位,应当在申请领取许可证前编制环境影响评价文件,报省、自治区、直辖市人民政府环境保护行政主管部门审查批准;未经批准,有关部门不得颁发许可证。生产、销售、使用、贮存放射源的单位,应当建立健全安全保卫制度,指定专人负责,落实安全责任制,制定必要的事故应急措施。发生放射源丢失、被盗和放射性污染事故时,有关单位和个人必须立即采取应急措施,并向公安部门、卫生行政部门和环境保护行政主管部门报告。公安部门、卫生行政部门和环境保护行政主管部门接到放射源丢失、被盗和放射性污染事故报告后,应当报告本级人民政府,并按照各自的职责立即组织采取有效措施,防止放射性污染蔓延,减少事故损失。当地人民政府应当及时将有关情况告知公众,并做好事故的调查、处理工作。

第五章 “铀(钍)矿和伴生放射性矿开发利用的放射性污染防治”有5条7款。规定开发利用或者关闭铀(钍)矿的单位,应当在申请领取采矿许可证或者办理退役审批手续前编制环境影响报告书,报国务院环境保护行政主管部门审查批准。开发利用伴生放射性矿的单位,应当在申请领取采矿许可证前编制环境影响报告书,报省级以上人民政府环境保护行政主管部门审查批准。与铀(钍)矿和伴生放射性矿开发利用建设项目相配套的放射性污染防治设施,应当与主体工程同时设计、同时施工、同时投入使用。放射性污染防治设施应当与主体工程同时验收;验收合格的,主体工程方可投入生产或者使用。

铀(钍)矿开发利用单位应当对铀(钍)矿的流出物和周围的环境实施监测,并定期向国务院环境保护行政主管部门和所在地省、自治区、直辖市人民政府环境保护行政主管部门报告监测结果。对铀(钍)矿和伴生放射性矿开发利用过程中产生的尾矿,应当建造尾矿库进行贮存、处置;建造的尾矿库应当符合放射性污染防治的要求。铀(钍)矿开发利用单位应当制定铀(钍)矿退役计划。铀矿退役费用由国家财政预算安排。

第六章 “放射性废物管理”有9条18款明确清洁生产、禁止超标排放,定期报告核素排放情况,放射性废物处置,禁止越境转移放射性废物等。核设施营运单位、核技术利用单位、铀(钍)矿和伴生放射性矿开发利用单位,应当合理选择和利用原材料,采用先进的生产工艺和设备,尽量减少放射性废物的产生量。向环境排放放射性废气、废液,必须符合国家放射性污染防治标准。产生放射性废气、废液的单位向环境排放符合国家放射性污染防治标准的放射性废气、废液,应当向审批环境影响评价文件的环境保护行政主管部门申请放射性核素排放量,并定期报告排放计量结果。产生放射性废液的单位,必须按照国家放射性污染防治标准的要求,对不得向环境排放的放射性废液进行处理或者贮存。产生放射性废液的单位,向环境排放符合国家放射性污染防治标准的放射性废液,必须采用符合国务院环境保护行政主管部门规定的排放方式。禁止利用渗井、渗坑、天然裂隙、溶洞或者国家禁止的其他方式排放放射性废液。低、中水平放射性固体废物在符合国家规定的区域实行近地表处置。高水平放射性固体废物实行集中的深地质处置。禁止在内河水域和海洋上处置放射性固体废物。国务院核设施主管部门会同国务院环境保护行政主管部门根据地质条件和放射性固体废物处置的需要,在环境影响评价的基础上编制放射性固体废物处置场所选址规划,报国务院批准后实施。

第七章 “法律责任”有十二条,规定了违法形式及处罚。放射性污染防治监督管理人员违反法律规定,利用职务上的便利收受他人财物、谋取其他利益,或者玩忽职守,有下列行为之一的,依法给予行政处分;构成犯罪的,依法追究刑事责任:

- 对不符合法定条件的单位颁发许可证和办理批准文件的;
- 不依法履行监督管理职责的;
- 发现违法行为不予查处的。

违反本法规定,有下列行为之一的,由县级以上人民政府环境保护行政主管部门或者其他有关部门依据职权责令限期改正,可以处二万元以下罚款:

- 不按照规定报告有关环境监测结果的;
- 拒绝环境保护行政主管部门和其他有关部门进行现场检查,或者被检查时不如实反映情况和提供必要资料的。

违反本法规定,未编制环境影响评价文件,或者环境影响评价文件未经环境保护行政主管部门批准,擅自进行建造、运行、生产和使用等活动的,由审批环境影响评价文件的环境保护行政主管部门责令停止违法行为,限期补办手续或者恢复原状,并处一万元以上二十万元以下罚款。违反本法规定,未建造放射性污染防治设施、放射防护设施,或者防治防护设施未经验收合格,主体工程即投入生产或者使用的,由审批环境影响评价文件的环境保护行政主管部门责令停止违法行为,限期改正,并处五万元以上二十万元以下罚款。违反本法规定,未经许可或者批准,核设施营运单位擅自进行核设施的建造、装料、运行、退役等活动的,由国务院环境保护行政主管部门责令停止违法行为,限期改正,并处二十万元以上五十万元以下罚款;构成犯罪的,依法追究刑事责任。违反本法规定,生产、销售、使用、转让、进口、贮存放射性同位素和射线装置以及装备有放射性同位素的仪表的,由县级以上人民政府环境保护行政主管部门或者其他有关部门依据职权责令停止违法行为,限期改正;逾期不改正的,责令停产停业或者吊销许可证;有违法所得的,没收违法所得;违法所得十万元以上的,并处违法所得一倍以上五倍以下罚款;没有违法所得或者违法所得不足十万元的,并处一万元以上十万元以下罚款;构成犯罪的,依法追究刑事责任。违反本法规定,有下列行为之一的,由县级以上人民政府环境保护行政主管部门责令停止违法行为,限期改正,处以罚款;构成犯罪的,依法追究刑事责任:

- 未建造尾矿库或者不按照放射性污染防治的要求建造尾矿库,贮存、处置铀(钍)矿和伴生放射性矿的尾矿的；

● 向环境排放不得排放的放射性废气、废液的；

● 不按照规定的方式排放放射性废液，利用渗井、渗坑、天然裂隙、溶洞或者国家禁止的其他方式排放放射性废液的；

● 不按照规定处理或者贮存不得向环境排放的放射性废液的；将放射性固体废物提供或者委托给无许可证的单位贮存和处置的。

第八章 “附则”有 4 条对军用核设施的管理、放射性职业病的管理、名词解释、施行时间做出了规定。军用设施、装备的放射性污染防治，由国务院和军队的有关主管部门依照本法规定的原则和国务院、中央军事委员会规定的职责实施监督管理。劳动者在职业活动中接触放射性物质造成的职业病的防治，依照《中华人民共和国职业病防治法》的规定执行。此法中下列用语的含义：

● 放射性污染，是指由于人类活动造成物料、人体、场所、环境介质表面或者内部出现超过国家标准的放射性物质或者射线；

● 核设施，是指核动力厂（在役核设施、核热电厂、核供汽供热厂等）和其他反应堆（研究堆、实验堆、临界装置等），核燃料生产、加工、贮存和后处理设施，放射性废物的处理和处置设施等；

● 核技术利用，是指密封放射源、非密封放射源和射线装置在医疗、工业、农业、地质调查、科学研究和教学等领域中的使用；

● 放射性同位素，是指某种发生放射性衰变的元素中具有相同原子序数但质量不同的核素；

● 放射源，是指除研究堆和动力堆核燃料循环范畴的材料以外，永久密封在容器中或者有严密包层并呈固态的放射性材料；

● 射线装置，是指 X 线机、加速器、中子发生器以及含放射源的装置；

● 伴生放射性矿，是指含有较高水平天然放射性核素浓度的非铀矿（如稀土矿和磷酸盐矿等）；

● 放射性废物，是指含有放射性核素或者被放射性核素污染，其浓度或者比活度大于国家确定的清洁解控水平，预期不再使用的废弃物。

复习思考题

(1) 放射性污染的防治的指导方针？

(2)《中华人民共和国放射性污染防治法》的立法目的是什么？

(3) 哪个部门对全国放射性污染防治工作依法实施统一监督管理？

第五节 《中华人民共和国核安全法》相关知识

《中华人民共和国核安全法》是为保障核安全，预防与应对核事故，安全利用核能，保护公众和从业人员的安全与健康，保护生态环境，促进经济社会可持续发展制定。经 2017 年 9 月 1 日第十二届全国人民代表大会常务委员会第二十九次会议通过，由全国人民代表大会常务委员会于2017年9月1日发布，自2018年1月1日起施行。

一、核安全法共有8章94条

第一章 “总则”有十三条。讲述了此法规指定的目的。为了保障核安全，预防与应对核事故，安全利用核能，保护公众和从业人员的安全与健康，保护生态环境，促进经济社会可持续发展，制定本法。

在中华人民共和国领域及管辖的其他海域内，对核设施、核材料及相关放射性废物采取充分的预防、保护、缓解和监管等安全措施，防止由于技术原因、人为原因或者自然灾害造成核事故，最大限度减轻核事故情况下的放射性后果的活动，适用本法。

核设施，是指：

- 在役核设施、核热电厂、核供汽供热厂等核动力厂及装置；
- 核动力厂以外的研究堆、实验堆、临界装置等其他反应堆；
- 核燃料生产、加工、贮存和后处理设施等核燃料循环设施；
- 放射性废物的处理、贮存、处置设施。

核材料，是指：

- 铀-235材料及其制品；
- 铀-233材料及其制品；
- 钚-239材料及其制品；
- 法律、行政法规规定的其他需要管制的核材料。

放射性废物，是指核设施运行、退役产生的，含有放射性核素或者被放射性核素污染，其浓度或者比活度大于国家确定的清洁解控水平，预期不再使用的废弃物。国家坚持理性、协调、并进的核安全观，加强核安全能力建设，保障核事业健康发展。从事核事业必须遵循确保安全的方针。核安全工作必须坚持安全第一、预防为主、责任明确、严格管理、纵深防御、独立监管、全面保障的原则。核设施营运单位对核安全负全面责任。国家坚持从高从严建立核安全标准体系。国务院核安全监督管理部门、核工业主管部门和能源主管部门应当建立培育核安全文化的机制。核设施营运单位和为其提供设备、工程以及服务等的单位应当积极培育和建设核安全文化，将核安全文化融入生产、经营、科研和管理的各个环节。国家鼓励和支持核安全相关科学技术的研究、开发和利用，加强知识产权保护，注重核安全人才的培养。任何单位和个人不得危害核设施、核材料安全。公民、法人和其他组织依法享有获取核安全信息的权利，受到核损害的，有依法获得赔偿的权利。国家加强对核设施、核材料的安全保卫工作。国家组织开展与核安全有关的国际交流与合作，完善核安全国际合作机制，防范和应对核恐怖主义威胁，履行中华人民共和国缔结或者参加的国际公约所规定的义务。

第二章 “核设施安全”有 24 条。规定国家要对核设施的选址、建设进行统筹规划，科学论证，合理布局。国家根据核设施的性质和风险程度等因素，对核设施实行分类管理。核设施营运单位应当具备保障核设施安全运行的能力，并符合下列条件：

- 有满足核安全要求的组织管理体系和质量保证、安全管理、岗位责任等制度；
- 有规定数量、合格的专业技术人员和管理人员；
- 具备与核设施安全相适应的安全评价、资源配置和财务能力；

- 具备必要的核安全技术支撑和持续改进能力;
- 具备应急响应能力和核损害赔偿财务保障能力;
- 法律、行政法规规定的其他条件。

核设施营运单位应当依照法律、行政法规和标准的要求,设置核设施纵深防御体系,有效防范技术原因、人为原因和自然灾害造成的威胁,确保核设施安全。核设施营运单位应当对核设施进行定期安全评价,并接受国务院核安全监督管理部门的审查。核设施营运单位和为其提供设备、工程以及服务等的单位应当建立并实施质量保证体系,有效保证设备、工程和服务等的质量,确保设备的性能满足核安全标准的要求,工程和服务等满足核安全相关要求。核设施营运单位应当严格控制辐射照射,确保有关人员免受超过国家规定剂量限值的辐射照射,确保辐射照射保持在合理、可行和尽可能低的水平。

核设施运行许可证有效期届满需要继续运行的,核设施营运单位应当于有效期届满前五年,向国务院核安全监督管理部门提出延期申请,并对其是否符合核安全标准进行论证、验证,经审查批准后,方可继续运行。核设施终止运行后,核设施营运单位应当采取安全的方式进行停闭管理,保证停闭期间的安全,确保退役所需的基本功能、技术人员和文件。

核设施操纵人员以及核安全设备焊接人员、无损检验人员等特种工艺人员应当按照国家规定取得相应资格证书。

核设施营运单位以及核安全设备制造、安装和无损检验单位应当聘用取得相应资格证书的人员从事与核设施安全专业技术有关的工作。

第三章 “核材料和放射性废物安全”有 16 条。规定了核设施营运单位和其他有关单位持有核材料,应当按照规定的条件依法取得许可,并采取下列措施,防止核材料被盗、破坏、丢失、非法转让和使用,保障核材料的安全与合法利用:

- 建立专职机构或者指定专人保管核材料;
- 建立核材料衡算制度,保持核材料收支平衡;
- 建立与核材料保护等级相适应的实物保护系统;
- 建立信息保密制度,采取保密措施;
- 法律、行政法规规定的其他措施。

核设施营运单位、放射性废物处理处置单位应当对放射性废物进行减量化、无害化处理、处置,确保永久安全。国务院核工业主管部门会同国务院有关部门和省、自治区、直辖市人民政府编制低、中水平放射性废物处置场所的选址规划,报国务院批准后组织实施。国务院核工业主管部门会同国务院有关部门编制高水平放射性废物处置场所的选址规划,报国务院批准后组织实施。

专门从事放射性废物处理、贮存、处置的单位,应当向国务院核安全监督管理部门申请许可。核设施营运单位利用与核设施配套建设的处理、贮存设施,处理、贮存本单位产生的放射性废物的,无须申请许可。核设施营运单位应当对其产生的放射性固体废物和不能经净化排放的放射性废液进行处理,使其转变为稳定的、标准化的固体废物后,及时送交放射性废物处置单位处置。核设施营运单位应当对其产生的放射性废气进行处理,达到国家放射性污染防治标准后,方可排放。

国家建立放射性废物处置设施关闭制度。放射性废物处置设施有下列情形之一的,应当依法办理关闭手续,并在划定的区域设置永久性标记:

- 设计服役期届满；
- 处置的放射性废物已经达到设计容量；
- 所在地区的地质构造或者水文地质等条件发生重大变化，不适宜继续处置放射性废物；
- 法律、行政法规规定的其他需要关闭的情形。

放射性废物处置设施关闭前，放射性废物处置单位应当编制放射性废物处置设施关闭安全监护计划，报国务院核安全监督管理部门批准。安全监护计划应当包括下列主要内容：

- 安全监护责任人及其责任；
- 安全监护费用；
- 安全监护措施；
- 安全监护期限。

第四章　“核事故应急”有 9 条。规定国家设立核事故应急协调委员会，组织、协调全国的核事故应急管理工作。省、自治区、直辖市人民政府根据实际需要设立核事故应急协调委员会，组织、协调本行政区域内的核事故应急管理工作。国务院核工业主管部门承担国家核事故应急协调委员会日常工作，牵头制定国家核事故应急预案，经国务院批准后组织实施。国家核事故应急协调委员会成员单位根据国家核事故应急预案部署，制定本单位核事故应急预案，报国务院核工业主管部门备案。

核设施营运单位负责制定本单位场内核事故应急预案，报国务院核工业主管部门、能源主管部门和省、自治区、直辖市人民政府指定的部门备案。

核设施营运单位应当按照应急预案，配备应急设备，开展应急工作人员培训和演练，做好应急准备。发生核事故时，核设施营运单位应当按照应急预案的要求开展应急响应，减轻事故后果，并立即向国务院核工业主管部门、核安全监督管理部门和省、自治区、直辖市人民政府指定的部门报告核设施状况，根据需要提出场外应急响应行动建议。

第五章　“信息公开和公众参与”有 7 条。规定国务院有关部门及核设施所在地省、自治区、直辖市人民政府指定的部门应当在各自职责范围内依法公开核安全相关信息。国务院核安全监督管理部门应当依法公开与核安全有关的行政许可，以及核安全有关活动的安全监督检查报告、总体安全状况、辐射环境质量和核事故等信息。

核设施营运单位应当采取下列措施，开展核安全宣传活动：

- 在保证核设施安全的前提下，对公众有序开放核设施；
- 与学校合作，开展对学生的核安全知识教育活动；
- 建设核安全宣传场所，印制和发放核安全宣传材料；
- 法律、行政法规规定的其他措施。

第六章　“监督检查”有 5 条。规定国家建立核安全监督检查制度。

国务院核安全监督管理部门和其他有关部门应当对从事核安全活动的单位遵守核安全法律、行政法规、规章和标准的情况进行监督检查。

国务院核安全监督管理部门可以在核设施集中的地区设立派出机构。国务院核安全监督管理部门或者其派出机构应当向核设施建造、运行、退役等现场派遣监督检查人员，进行核安全监督检查。

国务院核安全监督管理部门和其他有关部门进行核安全监督检查时，有权采取下列措施：

- 进入现场进行监测、检查或者核查；
- 调阅相关文件、资料和记录；
- 向有关人员调查、了解情况；
- 发现问题的，现场要求整改。

第七章 “法律责任”有 17 条。规定了违反本法规定的一些形式及处罚。有下列情形之一的，对直接负责的主管人员和其他直接责任人员依法给予处分：

- 国务院核安全监督管理部门或者其他有关部门未依法对许可申请进行审批的；
- 国务院有关部门或者核设施所在地省、自治区、直辖市人民政府指定的部门未依法公开核安全相关信息的；
- 核设施所在地省、自治区、直辖市人民政府未就影响公众利益的重大核安全事项征求利益相关方意见的；
- 国务院核安全监督管理部门或者其他有关部门未将监督检查情况形成报告，或者未建立档案的；
- 核安全监督检查人员执行监督检查任务，未出示有效证件，或者对获知的国家秘密、商业秘密、个人信息未依法予以保密的；
- 国务院核安全监督管理部门或者其他有关部门，省、自治区、直辖市人民政府有关部门有其他滥用职权、玩忽职守、徇私舞弊行为的。

违反本法规定，危害核设施、核材料安全，或者编造、散布核安全虚假信息，构成违反治安管理行为的，由公安机关依法给予治安管理处罚。

违反本法规定，有下列情形之一的，由国务院核安全监督管理部门或者其他有关部门责令改正，给予警告；情节严重的，处二十万元以上一百万元以下的罚款；拒不改正的，责令停止建设或者停产整顿：

- 核设施营运单位未设置核设施纵深防御体系的；
- 核设施营运单位或者为其提供设备、工程以及服务等的单位未建立或者未实施质量保证体系的；
- 核设施营运单位未按照要求控制辐射照射剂量的；
- 核设施营运单位未建立核安全经验反馈体系的；
- 核设施营运单位未就涉及公众利益的重大核安全事项征求利益相关方意见的。

以及其他违反本法规定，构成犯罪的，依法追究刑事责任。

第八章 “附则”有 3 条。规定了军工、军事核安全，由国务院、中央军事委员会依照本法规定的原则另行规定及一些类似于“核事故”等名词解释。最后规定本法自 2018 年 1 月 1 日起施行。

复习思考题

(1) 放射性废物是指什么？

(2)《中华人民共和国核安全法》的立法目的是什么？

(3) 核设施运行许可证有效期届满需要继续运行的需要怎么做？

第六节 核设施质量保证安全规定相关知识

国防科工委为规范国防科技工业军用核设施(以下简称军用核设施)质量保证工作,保障军用核设施的安全,根据《国防科技工业军用核设施安全监督管理规定》制定国防科技工业军用核设施质量保证规定。该规定共有七章五十八条。

核不仅是军事重要设施,在工业和民用领域,在役核设施也是一项重要的国民用途,根据我国在役核设施发展经验和实际情况,国家核安全局特于2004年制定了《在役核设施质量保证安全规定》。《在役核设施质量保证安全规定》共有十三章,分别是"引言、质量保证大纲、组织、文件控制、设计控制、采购控制、物项控制、工艺过程控制、检查和试验控制、对不符合项的控制、纠正措施、记录、监查"。

一、国防科技工业军用核设施质量保证规定

第一章 总 则

第一条 为规范国防科技工业军用核设施(以下简称军用核设施)质量保证工作,保障军用核设施的安全,根据《国防科技工业军用核设施安全监督管理规定》制定本规定。

第二条 军用核设施质量保证体系的建立,实施、验证、持续改进以及监督管理,适用本规定。

第三条 军用核设施营运单位、承(分)包单位和有关部门必须始终贯彻"安全第一,质量第一"的方针,不断强化核安全文化和质量意识。

第四条 营运单位和承(分)包单位应在军用核设施选址、设计、建造、调试、运行以及退役等各阶段,建立和实施质量保证体系,并进行验证和持续改进。

第五条 国防科工委对军用核设施质量保证体系的建立及其有效性进行监督检查。

第六条 军用核设施质量保证工作应遵守国家保密法律的规定。

第二章 质量保证体系的建立

第一节 质量保证组织机构及其职责

第七条 营运单位和承(分)包单位应根据所承担的任务,建立相应的、能够确保质量保证体系有效实施的质量保证组织机构,明确组织机构内部各部门及人员的职责,编制组织机构图和职责分配表。

第八条 营运单位和承(分)包单位质量保证组织机构的组成人员应包括本单位法定代表人及相关负责人、质量控制人员、质量控制监督人员和质量保证监查人员等质量保证人员。

第九条 营运单位和承(分)包单位应确定本单位内部相关部门之间,以及与外部相关单位在实施质量保证体系时所需的管理方面和技术方面内、外部接口的种类,并由内部相关部门以及与外部相关单位共同制订和实施相应的接口程序。

第二节 质量保证人员的选择和培训

第十条 营运单位和承(分)包单位应根据所承担的任务及其进度的需要,制订质量保证人员的选择标准和配备计划,并确保合格人员及时到位。

第十一条 营运单位和承(分)包单位应制订和实施质量保证人员的培训和再培训大

纲，确保经过培训的人员达到并保持足够的履行其职责所需的技术能力、质量保证能力和熟练程度。对各类人员的培训应制订和实施相应的培训措施和程序。

第三节 质量保证文件构成

第十二条 营运单位和承（分）包单位应制订和实施三个层次的质量保证文件、质量保证大纲、质量保证大纲程序、工作（作业）程序以及图纸、各类实施细则等。

第十三条 营运单位应按照本规定制订军用核设施各阶段的质量保证总大纲（包括由其实施的部分和对承包单位实施部分的要求）经国防科工委审评认可后实施。承包单位应结合所承担的任务，遵照本规定和营运单位的要求，制订本单位的质量保证分大纲，经营运单位审评认可后实施。分包单位应结合所承担的任务，遵照本规定和承包单位的要求，制订本单位的质量保证分大纲，经承包单位审评认可后实施。审评认可单位可要求被审评单位提交必要的质量保证大纲程序。

第十四条 国防科工委、营运单位和承包单位应对审评认可的质量保证大纲，在实施过程中的有效性进行检查。

第十五条 营运单位和承（分）包单位法定代表人应就质量保证体系的建立、实施，验证和持续改进，制订本单位质量保证政策，并在质量保证大纲中发布。

第三章 质量控制的实施

第一节 文件控制

第十六条 营运单位和承（分）包单位应确定所承担的任务中受控文件的种类、范围、负责部门及其职责。

第十七条 受控文件包括质量保证文件体系中的三个层次文件，以及实施质量保证体系所需的其他文件、图纸、记录与报告表式等。

第十八条 营运单位和承（分）包单位应对受控文件的编制、审核、批准、发布标识（编码）复制、分发、定期审查与修订、文件语种和翻译、原件保存与归档、文件废止与处置，以及外来受控文件的接收、复制、转发和原件归档等方面，制订和实施相应的控制措施和程序。

第二节 设计控制

第十九条 营运单位和承（分）包单位应确定所承担任务中的设计类别，设计控制的范围和负责部门及其职责，以及对设计控制人员的具体资格要求。

第二十条 营运单位和承（分）包单位应对设计过程、设计接口、设计验证、设计修改与变更等设计控制范围中的各个方面，制定和实施相应的控制措施和程序。

第三节 采购控制

第二十一条 营运单位和承（分）包单位应明确所承担的任务中需采购的物项、服务和工装与测试器具的类别，采购控制的范围、负责部门与参加部门及其职责。

第二十二条 营运单位和承（分）包单位应对采购计划和采购文件的制订，供方评价和选定，合同签订，对供方工作的验证，物项、服务、工装与测试器具及其文件证据的验收，营运单位或承包单位提供的物项、服务、工装与测试器具以及市售物项采购等采购控制范围中的各个方面，制订和实施相应的采购控制措施和程序。

第四节 物项控制

第二十三条 营运单位和承（分）包单位应明确所承担的任务中需要进行物项控制的物

项类别，物项控制的范围、负责部门及其职责。

第二十四条 营运单位和承(分)包单位应就物项的标识、清洁、包装、搬运、装卸、运输、贮存、发放与领用、保护、维护以及余料回收等物项控制范围中的各个方面，制订和实施相应的控制措施和程序。

第五节 工装和测试器具控制

第二十五条 营运单位和承(分)包单位必须确定所承担任务中使用的受控工装和测试器具类别，工装和测试器具控制的范围、负责部门及其职责，以及对标定(检定)单位和人员的资质要求。

第二十六条 受控工装和测试器具包括在质量控制的实施、检验、测量以及试验过程中使用的主要工装和测试器具。

第二十七条 营运单位和承(分)包单位应对工装和测试器具的标定(检定)、搬运、使用、贮存、定期检查、维护与保养、修理、状态标识等受控工装和测试器具控制范围中的各个方面，制订和实施相应的控制措施和程序。国家有关部门对从事测试器具标定(检定)的单位和人员有资质要求时，有关单位和个人应事先取得相应的资质证书。

第六节 场地与环境控制

第二十八条 营运单位和承(分)包单位应确定承担任务中所需控制的场地类别，场地与环境控制的范围、负责部门及其职责。

第二十九条 营运单位和承(分)包单位应对场地范围标记、安全设施及其标识、场地整洁与环境要求、安全保卫等场地与环境控制范围中的各个方面，制订和实施相应的控制措施和程序。

第七节 过程控制

第三十条 营运单位和承(分)包单位应明确承担任务中所需过程控制的类别和分项，及其主要的一般和特种工艺过程，过程控制的范围和负责部门及其职责，以及对人员的资格要求。

第三十一条 军用核设施过程控制包括对厂址选择过程、设计过程、制造过程、土建过程、安装过程、调试过程，运行过程(包括运行以及停运、换料、维修与改进)和退役过程(包括退役前的封存监护、清洗去污、拆除、处理与处置)等的控制。

第三十二条 营运单位和承(分)包单位应对过程控制人员所用工装和测试器具、物项、场地与环境，以及实施文件等过程控制范围中的各个方面，制订和实施相应的控制措施和程序。营运单位和承(分)包单位应确保由合格的人员，在合适的场地、环境条件下，使用标定合格的工装和测试器具以及合格的物项，并按照经批准、适用的工作(作业)程序等实施过程控制，并作自检和记录。特种工艺过程的质量控制人员或有资格要求的人员应事先取得相应的资格证书。

第八节 检验、测量和试验控制

第三十三条 营运单位和承(分)包单位应确定承担任务中所需检验、测量和试验的类别，检验、测量和试验控制的范围和负责部门及其职责，以及对有资质要求的单位和人员的资质要求。

第三十四条 营运单位和承(分)包单位应对检验、测量和试验人员,所用检验、测量和试验器具,被检验、测量和试验物项、检验、测量、试验大纲和程序,场地与环境条件,记录和报告,结果评定,偏差处理,状态标识等检验、测量和试验控制范围中的各个方面,制订和实施相应的控制措施和程序。国家有关部门对从事检验、测量和试验的单位和人员有资质要求时,有关单位和个人应事先取得相应的资质证书。

第九节 不符合项控制

第三十五条 营运单位和承(分)包单位应确定承担任务中可能发生的不符合项的类别及其定义、不符合项控制的范围、负责部门及其职责。

第三十六条 不符合项的类别应根据物项不符合的严重程度及核安全及有效使用的影响程度确定。

第三十七条 营运单位和承(分)包单位应对不符合项的分类,发现和鉴别,标识和隔离,报告的格式和填写,处理方案的提出、审查和批准,处理和处理情况验证等不符合项控制范围中的各个方面,制订和实施相应的控制措施和程序。

第三十八条 对影响核安全的重大不符合项,营运单位和承(分)包单位应及时报告国防科工委。

第十节 记录和报告控制

第三十九条 营运单位和承(分)包单位应确定承担任务中所需的记录和报告类别,记录和报告控制的范围、负责部门及其职责。

第四十条 受控制的记录和报告应包括实施质量保证文件体系的三个层次文件和其他有关文件所产生的全部记录(含需要保存的试样、底片等)和报告。

第四十一条 营运单位和承(分)包单位应对记录和报告的分类与保存时间、表式、填(编)写、审核或批准、标识(编码)、收集与整理、建档、归档、编索、贮存与保管、借阅、移交和处置等记录和报告控制范围中的各个方面,制订和实施相应的控制措施和程序。

第四章 验 证

第一节 质量控制监督

第四十二条 营运单位和承(分)包单位应确定承担任务中所需质量控制监督的类别、方式、范围、负责部门和职责,以及质量控制监督人员的资格要求和职责。

第四十三条 质量控制监督包括对本单位和对供方质量控制的监督。质量控制监督工作,可根据需要采用跟踪过程监督、按质量计划中所选的停工待检点(H 点)和见证点(w 点)监督,以及随机抽查监督等方式。

第四十四条 营运单位和承(分)包单位应对质量控制监督人员的培训,质量保证分级,监督深度与内容的确定,监督大纲、监督程序和监督计划的制订,监督的实施,监督记录和报告,监督状态标识,以及监督后续行动等方面,制订和实施相应的控制措施和程序。质量控制监督人员应按确定的资格要求事先取得相应的资格证书。

第二节 质量保证监查

第四十五条 营运单位和承(分)包单位必须确定质量保证监查的类别、范围、负责部门及其职责,以及质量保证监查人员的资格要求和职责。

第四十六条 质量保证监查包括内部监查和外部监查以及接受外部监查时的配合工作。

第四十七条 营运单位和承(分)包单位应对质量保证监查人员的培训，监查计划、监查程序和监查提问单的制订，监查的实施，监查记录和报告，以及监查后续行动等方面，制订和实施相应的控制措施和程序。质量保证监查人员应按确定的资格要求事先取得相应的资格证书。

第五章 持续改进

第一节 纠正和预防措施

第四十八条 营运单位和承(分)包单位应确定实施所承担任务中采取纠正和预防措施的场合，纠正和预防措施控制的范围，负责部门以及职责。

第四十九条 营运单位和承(分)包单位应在质量控制、质量控制监督、质量保证监查、外部监督与监查、内部审查、质量和质量保证趋势分析等场合发现的或由其他人员发现的不符合项或不符合时，采取纠正和预防措施。

第五十条 营运单位和承(分)包单位应对不符合项和不符合产生的根本原因分析，纠正和预防措施方案的编制、审核和批准，纠正和预防措施的实施，以及验证和关闭等方面，制订和实施相应的控制措施和程序。

第二节 质量趋势分析和质量保证趋势分析

第五十一条 营运单位和承(分)包单位应确定质量趋势分析和质量保证趋势分析的范围，质量趋势分析和质量保证趋势分析控制范围，负责部门及其职责。

第五十二条 质量趋势分析的范围应包括对质量控制、质量控制监督、外部监督中发现的或由其他人员发现的不符合项的趋势分析。质量保证趋势分析的范围应包括对质量控制、质量控制监督、质量保证监查、外部监督与监查、管理部门审查中发现的或由其他人员发现的质量保证体系实施的不符合的趋势分析。

第五十三条 营运单位和承(分)包单位应对分析资料的收集和汇总、分析额度和方法、分析报告、分析结果的响应行动等质量趋势分析和质量保证趋势分析控制范围中的各个方面，制订和实施相应的控制措施和程序。

第三节 内部审查

第五十四条 营运单位和承(分)包单位在完成全年质量保证监查计划后，每年至少由单位法定代表人组织和主持一次内部审查，对质量保证大纲及质量保证大纲程序的持续适用性和实施状况进行综合审查，并应确定内部审查控制的范围，参加人员、部门及其职责。

第五十五条 营运单位和承(分)包单位应对主要审查内容的确定，增补审查的时机选择，审查的准备和实施，审查报告的表式、内容、编制、审核、批准与分发，审查后续行动等内部审查控制范围中的各个方面，制订和实施相应的控制措施和程序。

第六章 法律责任

第五十六条 对于违反本规定并由此产生质量事故的责任单位或个人，国防科工委视情节轻重，依法给予相应的行政处罚；构成犯罪的，移送司法机关追究刑事责任。

第五十七条 当事人对行政处罚不服的，可在接到处罚通知之日起六十日内向国防科工委申请行政复议。

第七章 附 则

第五十八条 本规定自 2005 年 4 月 1 日起施行。

二、HAF 003 概括

为了保证核电厂的安全,必须制定和有效地实施核电厂质量保证总大纲和每一种工作(例如,厂址选择、设计、制造、建造、调试、运行和退役)的质量保证分大纲。本规定对制定和实施这些大纲提出了原则和目标。各种质量保证大纲所遵循的原则是相同的。

1. 引言

(1) 质量保证的目的是什么?

以实现质量的方法来提高核安全,使安全重要的构筑物、系统和部件的设计、制造、安装、维修、运行达到的质量与其执行的安全功能重要性相适应。即通过实施质量保证来确保核设施的安全。

(2) HAF 003 的适用范围

对安全重要物项和服务的质量具有影响的各种工作,如设计、采购、制造、土建、安装、调试、运行、维修、退役等。同样适用于承担这些活动的所有组织。

(3) 质量保证的实质是有效管理的一个方面,也就是:

对要完成的任务作透彻的分析;确定所要求的技能,选择和培训合格的人员;使用适当的设备和程序;创造良好的开展工作的环境;明确承担任务者的个人责任等。

2. 质量保证大纲

(1) 质保大纲通常分阶段制订:选址、设计、建造、调试、运行和退役。

(2) 质保大纲内容定期评价和修订口。

(3) 管理部门审查的目的:审查大纲的状况和适用性。

3. 组织

(1) 组织结构的建立原则:必须建立一个有明文规定的组织结构。

(2) 实施质保大纲的人员包括管理者、工作执行者和质量验证者。

(3) 质量验证人员和部门必须拥有足够的权力和组织独立性。

(4) 质保部门必须有权向级别足够高的管理部门报告,包括不受经费和进度约束的权力。

(4) 正确理解和实施接口控制:单位之间和单位内部部门之间。

(5) 接口信息交流:规定渠道、书面文件、接口控制。

(7) 人力资源的配备和培训:从事影响质量的活动人员进行资格考核。

4. 文件控制

(1) 文件控制目的:通过对文件编制、审核、批准、发放、变更、作废等进行控制,确保参与活动的人员能够及时得到、了解并使用完成该项活动所需的正确合适的文件。

(2) 文件控制的主要要求有文件的编制、审核和批准:明确负责编、审、批的人员和单位。文件的发布和分发:建立分发清单,定期公布最新有效文件目录清单。文件变更:原文件相同控制,及时分发,撤回作废文件防误用。临时文件:与正式文件同样控制。外来文件:登记制度,控制其接收、审阅、批转。

5. 设计控制

(1) 对设计过程的控制:从设计输入到形成设计输出的每一个环节。

(2) 设计控制范围：辐射防护、材料、应力、热工、水力、抗震、人因、防火、在役检查、维修可达性、故障安全模式等。

(3) 设计接口：设计单位之间、设计单位内部、设计与其他单位之间。

(4) 接口控制：接口文件、设计资料交换。

(5) 设计验证方式：设计审查、使用其他计算方法、执行适当的试验大纲，验证人员：独立性要求。

(6) 设计变更：必须制定设计变更程序；采取与原设计的控制措施，变更引起的设计文件必须按文件变更的控制要求进行。

6. 采购控制

(1) 采购过程涉及的活动：编制采购要求、评价潜在供方、对供方活动的监督、评价和验证、最终验收。

(2) 采购文件必须包括：技术条件、质保要求、买方介入权利、交付资料、不符合项控制、分供方控制。

(3) 供方选择和评价：业绩、质保体系、技术能力、经营/财务能力。

(4) 最终验收：原地验证、接收检查、安装前后的试验验收。

7. 物项控制

(1) 物项定义：材料、零件、部件、系统、构筑物和计算机软件的统称。

(2) 物项的标识：实体标识或记载在可以追溯的记录上，标识的转移及可追溯性。

(3) 物项的装卸、储存和运输：防止设备和材料的损伤、变质和丢失，特定条件下必须提供专用覆盖物、装卸设备及特定的保护环境。

(4) 物项的维护：保证其质量相当于原来规定的质量。

8. 工艺过程控制

(1) 凡对质量有影响的工艺过程，必须按规定要求予以控制。

(2) 特殊工艺过程：对形成的产品是否合格不易或不能经济地进行验证的过程，如焊接、热处理和无损检验等。

(3) 过程控制的要素：

- 人：人员合格；
- 机：设备合适，状态良好；
- 料：规定的材料，并检验合格；
- 法：经过批准的程序和细则，或有效的工艺评定；
- 环：良好的作业环境。

9. 检查和试验控制

(1) 检查：验证物项、服务和影响其质量的各项活动是否符合要求。

(2) 检查包括：源地检查、过程中检查、最终检查、收货检查、维修后检查、在役检查等。

(3) 必须制定检查大纲，“必须对保证质量所必须的每一个工作步骤都进行检查”。

(4) 试验：验证物项达到规定的性能或能够满意地工作。

(5) 试验包括：鉴定试验、调整试验、监督试验、定期试验等。

(6) 必须制定试验大纲以及书面的试验程序。

(7) 测试设备的标定：发现偏差必须重新评定测量和试验的有效性。

(8) 检查、试验和运行状态的显示。

10. 对不符合项的控制

(1) 不符合项的定义:性能、文件或程序方面的缺陷,因而使某一物项的质量变得不可接受或不能确定。

(2) 不符合项的控制过程:

- 发现、通知;
- 标记、标识或实体隔离;
- 制订处理措施;
- 不符合项的审查;
- 不符合项的处理;
- 验证和关闭。

(3) 应对不符项进行分类,必须规定不符合项的审查责任和处理权限:偏离采购要求必须通知采购方,必要时向指定的机构报告。

11. 纠正措施

质量保证大纲必须规定采取适当的措施,以保证鉴别和纠正有损于质量的情况,例如,故障、失灵、缺陷、偏差、有缺陷或不正确的材料和设备以及其他方面的不符合项。对于严重的有损于质量的情况,大纲必须对查明起因采取纠正措施作出规定,以防止其再次出现。对于严重的有损于质量的情况,必须用文件阐明其鉴别、起因和所采取的纠正措施,并向有关各级的管理部门报告。

12. 记录

(1) 记录的定义:为物项或服务的质量以及影响质量的各种活动提供客观证据的文件。

(2) 记录可以是成文的资料,包括电子媒体,也可以是试样、见证件等。

制订和实施记录制度:

- 编写:按有关文件要求产生记录,清楚、完整并具有可追溯性;
- 收集:规定应收集的记录和收集人。

13. 监查

(1) 监查的定义:通过客观证据调查、检查和评价,为确定所制定的程序、细则、技术规格书、规程、标准等文件是否合适,是否得到切实遵守及实施效果如何而进行的审核并提出书面报告的工作。

(2) 监查包括内部监查和外部监查。

(3) 监查人员的资格要求和独立性要求。

(4) 监查的实施:监查前会议、进行调查、检查和评价、监查组内部交流、与被监查单位交流、监查后会议、监查报告、对纠正措施的跟踪验证。

复习思考题

(1) 制定《HAF 003》的目的是什么?

(2) 制定《国防科技工业军用核设施安全监督管理规定》的目的是什么?

(3) 质量保证的目的是什么?

第七节　《民用核安全设备焊接人员资格管理规定》相关知识

《民用核安全设备焊接人员资格管理规定》(以下简称《规定》)于 2019 年 3 月 21 日由生态环境部召开会议审议通过,并于 2019 年 6 月 12 日以生态环境部令第 5 号公布,自 2020 年 1 月 1 日起施行。该《规定》旨在加强民用核安全设备焊接人员的资格管理,确保民用核安全设备的质量,主要依据《中华人民共和国核安全法》和《民用核安全设备监督管理条例》制定。以下是该《规定》相关知识的概要。

一、总则与目的

《民用核安全设备焊接人员资格管理规定》旨在规范我国民用核安全设备焊接人员的资格管理,确保从事核安全设备焊接作业的人员具备必要的专业知识、技能及职业道德水平,以保障核设施的安全运行,防止核事故的发生,保护公众健康和环境安全。该《规定》适用于所有从事民用核安全设备焊接工作的单位及个人。

二、资格考核与管理

本《规定》明确了焊接人员资格考核的组织、实施机构、考核周期、考核程序及管理办法。国家核安全监管部门或其委托的机构负责焊接人员资格考核的指导和监督工作,确保考核的公正性、科学性和有效性。同时,建立了焊接人员资格信息管理系统,实现信息的动态更新和共享,便于监管和查询。

三、焊接人员定义与范围

本规定中的"焊接人员"是指直接参与民用核安全设备焊接作业,对焊接质量负有直接责任的人员。其范围包括但不限于焊工、焊接操作工等。所有从事上述岗位的人员均需按照本规定取得相应的资格证书后方可上岗。

四、资格申请与审核

申请焊接人员资格需满足一定的基本条件,如年龄、身体健康状况、学历或技能水平等,并需提交相关证明材料。申请流程包括个人申请、单位初审、资格审核、现场确认等环节。审核机构将对申请人的资格条件、培训经历、工作经验等进行全面审查,确保申请人符合资格要求。

五、考核内容与标准

考核内容主要包括焊接理论知识、实际操作技能及安全环保知识等各方面。理论知识考核涵盖焊接原理、材料性质、焊接工艺、质量控制等;实际操作技能考核则通过模拟实际焊接作业场景,考察申请人的焊接技术水平和解决问题的能力;安全环保知识考核强调安全生产法律法规、安全防护措施及应急处理能力等。考核标准严格依据国家相关标准和规范制定,确保考核结果的准确性和权威性。

六、资格证书颁发与续期

经考核合格的人员，由国家核安全监管部门或其委托的机构颁发相应等级的焊接人员资格证书。资格证书有效期一般为五年，期满前需按规定进行复审和续期。复审内容主要包括持证期间的工作记录、业绩情况、体检报告等，确保焊接人员持续保持专业能力和职业素养。

七、监督管理与责任

国家核安全监管部门及其派出机构负责对焊接人员资格管理情况进行监督检查，包括资格审核、考核过程、证书颁发及持证人员工作表现等方面。对于违反本规定的行为，将依法依规进行查处，追究相关单位和个人的法律责任。同时，明确了焊接人员及其所在单位在资格管理方面的责任和义务，促进焊接人员资格管理的规范化和制度化。

(1) 聘用单位责任

1) 聘用取得资格证书的人员开展焊接活动，对焊接人员进行岗位管理；

2) 对本单位焊接人员进行培训和技能评定，做好连续操作记录管理。

(2) 焊接人员职责

1) 按照焊接工艺规程开展焊接活动，遵守从业操守，提高知识技能，严格尽职履责；

2) 变更聘用单位需向国务院核安全监管部门提出资格证书变更申请。

(3) 考核单位要求

1) 建立健全考核管理制度，配备相适应的考核场所、档案室、焊接设备和仪器，保证考核的公正公平；

2) 建立并管理焊接人员考试档案，保存期限为 10 年。

八、法律责任与处罚

对于未取得相应资格证书而从事民用核安全设备焊接作业的人员，或伪造、变造、转让资格证书等行为，将依据相关法律法规予以处罚。情节严重的，还将追究刑事责任。此外，对于在焊接作业中因人为因素导致质量问题的，将依法追究相关责任人的法律责任和经济赔偿责任。通过严格的法律责任和处罚措施，确保焊接人员资格管理的严肃性和权威性。

(1) 焊接人员违反相关法律法规和国家规定的，由国务院核安全监管部门根据情节严重程度依法分类予以处罚；

(2) 申请人员隐瞒情况或提供虚假材料的，不予受理或不予许可，并给予警告，1 年内不得再次申请；

(3) 以欺骗、贿赂等不正当手段取得资格证书的，撤销资格证书，3 年内不得再次申请，构成犯罪的依法追究刑事责任；

(4) 伪造、变造或买卖资格证书的，依据《中华人民共和国治安管理处罚法》的相关规定予以处罚，构成犯罪的依法追究刑事责任；

(5) 聘用单位聘用未取得相应资格证书的焊接人员从事焊接活动的，责令改正并处以罚款，拒不改正的暂扣或吊销许可证，对直接负责的主管人员和其他直接责任人员处以罚款。

复习思考题

(1) 制定《民用核安全设备焊接人员资格管理规定》的目的是什么?

(2) 涉及《民用核安全设备焊接人员资格管理规定》的各单位和个人的监督管理责任有哪些?

(3) 申请《民用核安全设备焊接人员资格证》资格考核的人员应当具备哪些条件?